Wagner/Sarx, Lackkunstharze

Hans Wagner†/Hans Friedrich Sarx

Lackkunstharze

5. Auflage, vollständig neu bearbeitet von

Dr. Hellmuth Keßler, Ludwigshafen
Dr. Hans Friedrich Sarx, Köln
Dr. Ernst Schneider, Wiesbaden

mit 7 Abbildungen

Carl Hanser Verlag München 1971

ISBN 3-446-10337-6

Alle Rechte vorbehalten.
© 1971 Carl Hanser Verlag München
Satz und Druck: Julius Beltz, Weinheim
Printed in Germany

Aus dem Vorwort zur dritten Auflage

Das Vorwort zur dritten Auflage möge ein Nachruf für Prof. Dr. *Hans Wagner* sein, der im Alter von 60 Jahren am 15. März 1948 seinem schweren Leiden erlegen ist. Für die Fachwelt war das Hinscheiden dieses Pioniers auf seinem Gebiet ein unersetzlicher Verlust. Ich verlor, wie mancher andere, in ihm einen Menschen, der gleichzeitig Lehrer und Freund zu sein verstand. Ich kann nur hoffen, in der vorliegenden Neubearbeitung das Werk in seinem Sinne fortgesetzt zu haben.

Vorwort zur fünften Auflage

Über 10 Jahre sind seit der vierten Auflage vergangen, die inzwischen vergriffen ist. Gerade diese letzten 10 Jahre haben soviel Neues, z. T. grundsätzlich Neues, auch in unserem Fach gebracht, daß wieder einmal eine im wahren Sinne des Wortes völlige Neubearbeitung unerläßlich war.

Wir haben uns bemüht, der schnell fortschreitenden technologischen Entwicklung gerecht zu werden, die Darstellung also auf den neuesten Stand der Technik zu bringen. Die Einteilung des Stoffes konnte im Grundsatz beibehalten werden. Kennzeichnend für die umwälzende Weiterentwicklung ist jedoch die Tatsache, daß in einem Jahrzehnt grundlegend neue Kunstharzgruppen in Erscheinung traten, wie die wärmehärtenden Acrylharze, die sogenannten ölfreien Polyester oder, als weiteres Beispiel, die wasserverdünnbaren Harze, die in mehreren Kapiteln auftauchen.

Ein so vielfältiger Stoff kann nur sachgerecht behandelt werden, wenn Fachleute auf verschiedenartigen Arbeitsgebieten ihren Beitrag beisteuern.

Zu meinem Bedauern sah sich Herr Dr. *B. Cyriax* nicht in der Lage, das für die zweite und dritte Auflage von ihm bearbeitete Vierte Kapitel „Polymerisationsharze — Vinylharze" zu bearbeiten. Dies übernahm als neuer Mitarbeiter Herr Dr. *H. Keßler,* dem der Text der vierten Auflage eine wertvolle Grundlage war. Für die Neubearbeitung habe ich Herrn Dr. *Keßler* sehr zu danken.

Ebenso bin ich Herrn Dr. *Cyriax* dafür dankbar, daß mir sein Text des Ersten Kapitels der vierten Auflage zur Verfügung stand, darüber hinaus dafür, daß er die neue Fassung einer kritischen Durchsicht unterzog.

Herr Dr. *E. Schneider* gehört, wie bei der vierten Auflage, zu den Autoren. Er hat die Kapitel „Polykondensations- und Polyadditionsharze" außerordentlich gründlich überarbeitet. Zu dieser zeitraubenden Arbeit übernahm Herr Dr. *Schneider* die vollkommene Neugestaltung des Elften Kapitels „Zur Analyse der Lackkunstharze", da Herr Dr. *Marquardt* sich außerstande sah, diese Aufgabe für die fünfte Auflage wiederum zu übernehmen. Herrn Dr. *Schneider* habe ich besonders zu danken; ohne seine Arbeit wäre die fünfte Auflage nicht möglich gewesen.

Herr Dr. *R. Mildenberg,* Duisburg-Meiderich, überprüfte und ergänzte das Kapitel „Cumaron- und Indenharze". Ich bin dankbar dafür, daß sich auch für dieses Kapitel ein Fachmann zur Verfügung stellte.

Herrn Dr. *W. Krauß,* Leverkusen, habe ich für die kritische Durchsicht des Kapitels „Silikon-Harze" sehr zu danken, ebenso Herrn Dr. *K. Hoehne,* Leverkusen, für die Ergänzungen in dem Abschnitt „Derivate des natürlichen und synthetischen Kautschuks".

Beiträge und Anregungen dieser und weiterer Fachkollegen haben wir durch Hinweise im Text gewürdigt.

Herrn Dr. *Jost Herbig* bin ich für die Durchsicht des Manuskriptes, insbesondere für den kritischen Kommentar, sehr verpflichtet.

Herr Dr. *P. Baur* war bei der Beschaffung von Literaturquellen, Herr Dr. *W. Hoselmann* bei der Bearbeitung der Handelsmarken sehr behilflich.

Lackharze herstellenden Firmen des In- und Auslandes haben wir wiederum für die bereitwillig erteilten Angaben zu danken. Auch an dieser Stelle muß betont werden, daß Handelsnamen nur in Form von Beispielen genannt werden konnten und daß die Erwähnung keine Bewertung darstellt.

Die Herren Dr. *Keßler,* Dr. *Schneider* und ich hoffen, daß unsere besonderen Bemühungen, die Darstellung auf das Wesentliche zu beschränken, von Erfolg waren.

Köln, im März 1971 *Hans Friedrich Sarx*

Inhaltsverzeichnis

Erstes Kapitel

Begriffe und Zusammenhänge ... 13
Einführung ... 13
Bildungsreaktionen ... 15
Verzweigung und Vernetzung ... 16
Physikalische Eigenschaften ... 17
Anwendungsprinzipien ... 20

Zweites Kapitel
Dr. Ernst Schneider

Polykondensationsharze ... 22
Über Bildung und Aufbau von Polykondensaten und Polyaddukten ... 22

I. Phenolharze ... 24
    Phenole ... 26
    Formaldehyd und seine Äquivalente ... 29
    1. Phenol-Formaldehyd-Harze ... 30
    1.1. Nichthärtende Phenol-Formaldehyd-Harze (Novolake) ... 45
    1.2. Härtbare Phenol-Formaldehyd-Harze (Resole) ... 46
    1.2.1. Reine Resole ... 47
    1.2.1.1. Wasserlösliche Resole ... 47
    1.2.1.2. Alkohollösliche Resole ... 47
    1.2.2. Kalthärtende Resole ... 48
    1.2.3. Veretherte (in Kohlenwasserstoffen lösliche) Resole ... 49
    1.2.4. Plastifizierte Resole ... 50
    2. Harzsäure-modifizierte Phenol-Formaldehyd-Harze ... 51
    3. Alkylphenolharze ... 56
    4. Sonstige Phenolharze ... 59
    4.1. Terpenphenolharze ... 59
    4.2. Phenolharze mit anderen Aldehyden als Formaldehyd ... 60
    4.2.1. Furanharze ... 60
    4.3. Phenol-Acetylen-Harze ... 61

II. Amid- und Amin-Formaldehyd-Harze ... 61
    1. Harnstoffharze ... 62
    1.1. Nichtplastifizierte Harnstoffharze ... 66
    1.2. Plastifizierte Harnstoffharze ... 67
    2. Carbamidsäureester-Harze (Urethanharze) ... 69
    3. Triazinharze ... 71
    3.1. Melaminharze ... 71
    3.1.1. Abwandlung von Melaminharzen ... 76
    3.2. Andere Triazinharze (Benzoguanamin-Harze) ... 77

	4.	Cyanamidharze	78
	5.	Sulfonamidharze	78
	6.	Anilinharze	79
III.	Benzolkohlenwasserstoff-Formaldehyd-Harze		80
IV.	Aldehyd- und Ketonharze		82
	1.	Aldehydharze	82
	2.	Ketonharze	83
	2.1.	Reine Ketonharze	83
	2.2.	Keton-Formaldehyd-Harze	84
	2.2.1.	Harze aus aliphatischen Ketonen und Formaldehyd	85
	2.2.2.	Harze aus aliphatisch-aromatischen Ketonen und Formaldehyd	85
	2.3.	Harze aus cycloaliphatischen Ketonen und Formaldehyd	85
V.	Polyesterharze		86
	Carbonsäuren		90
	Polyalkohole		94
	1.	Ölfreie gesättigte Polyesterharze	96
	2.	Ölmodifizierte Polyesterharze (Ölalkyde)	99
	3.	Alkydharze auf Basis Isophthalsäure und Terephthalsäure	113
	4.	Metallverstärkte ölmodifizierte Alkydharze	117
	5.	Styrolisierte und acrylierte Ölalkydharze	119
	6.	Alkyd-Dispersionen und wasserlösliche Alkydharze	123
	6.1.	Maleinatöle	128
	7.	Ungesättigte Polyesterharze	129
	8.	Polyesterharze aus Terpen-Dien-Addukten	142
	8.1.	Maleinatharze	143
	8.2.	Harze auf Basis anderer Dien-Terpen-Addukte	145
	9.	Polycarbonate	147
VI.	Polyamide		148

Drittes Kapitel
Dr. Ernst Schneider

Polyadditionsharze 153

I.	Polyisocyanatharze (Polyurethane)	153
	Isocyanate und ihre Reaktionen	154
	Das Ein- und Zweikomponentenverfahren	156
	Polyisocyanate für den Lacksektor	157
	Rapidgrund-Verfahren	164
	Isocyanat-Grundwert	165
	Hilfsmittel für Polyurethan-Lacke	166
	Zur Anwendung von Polyurethan-Lacken	167
	Lösungsmittelfreie Polyurethanlacke	169
	Polyurethan-Teer-Kombination	170
	Verwendung in Dispersionen	172
	Zusammenfassung	172
	Urethanöle und -alkyde	172
II.	Epoxidharze	174
	1. Polymerisation der Epoxidgruppen	180
	2. Polyaddition an die Epoxidgruppen	181
	3. Polykondensation über die Epoxid- und die Hydroxylgruppen	191

Viertes Kapitel
Dr. Hellmuth Keßler

Polymerisationsharze — Vinylharze 195
Über die Synthese der Ausgangsstoffe 196
Der Weg von der Vinylverbindung zum Makromolekül 198
1. Radialketten-Polymerisation 198
2. Die Ionenketten-Polymerisation 199
3. Kettenabbruch. 199
Einfluß der Substituenten auf die Filmeigenschaften der Vinylpolymerisate 200
Die technische Durchführung der Polymerisation 204
1. Blockpolymerisation 204
2. Perlpolymerisation 204
3. Lösungspolymerisation 204
4. Emulsionspolymerisation 205
Anwendungsformen der Vinylpolymerisate in der Lackindustrie 206
Zur Filmbildung aus Lösungen 207
Zur Filmbildung aus Dispersionen 208
Zur Filmbildung aus Pulvern 209
Die als Lackharze verwendeten Vinylpolymerisate 209
1. Polyäthylen 209
2. Chlorsulfoniertes Polyäthylen 211
3. Polymere fluorierte Äthylene 211
4. Polymere chlorierte Äthylene und Propylene 212
5. Polyisobutylen 213
6. Polymerisate und Mischpolymerisate des Vinylchlorids 213
6.1. Polyvinylchlorid, nicht nachchloriert (PCU-Material) 215
6.2. Polyvinylchlorid, nachchloriert (PC-Material) 216
6.3. Mischpolymerisate mit Vinylchlorid als Hauptkomponente 217
6.3.1. Mit Vinylacetat 217
6.3.2. Mit Vinylestern und einer dritten Komponente 218
6.3.3. Mischpolymerisat aus Vinylchlorid/Vinylisobutyläther 218
6.4. Polyvinylchlorid-Mischpolymerisat-Dispersionen 219
7. Polymerisate und Mischpolymerisate des Vinylidenchlorids 219
8. Polyvinylidenfluorid 220
9. Polyvinylester 221
9.1. Polyvinylacetat-Festharze 222
9.2. Polyvinylester-Dispersionen 223
10. Polyvinylalkohol 225
11. Polyvinylacetale 225
12. Polyvinyläther 227
12.1. Polyvinylmethyläther 227
12.2. Polyvinyläthyläther 228
12.3. Polyvinylisobutyläther 228
13. Polyvinylpyrrolidon und Mischpolymerisate 228
14. Polymere Acrylate und Methacrylate 229
14.1. Polyacrylate (härtbar) fest und in organischen Lösungsmitteln 230
14.2. Polyacrylate (härtbar) in wäßriger Lösung bzw. wasserverdünnbar 235
14.3. Polyacrylate (nicht härtbar) fest oder in organischen Lösungsmitteln . . 235
14.4. Polyacrylate (nicht härtbar) in wäßriger Lösung 236
14.5. Polyacrylat-Dispersionen 236
15. Polymerisate und Mischpolymerisate des Styrols 238
16. Mischpolymerisate des Butadiens und Kohlenwasserstoff-Harze 240

Fünftes Kapitel

Polymerisationsharze — Inden- und Cumaronharze 243
Ausgangsstoffe 243
Raffination der Ausgangsstoffe und Durchführung der Polymerisation 244
Eigenschaften und Verwendung von Inden- und Cumaronharzen 245
Handelsprodukte 247

Sechstes Kapitel

Silicon-Produkte 249
Chemischer Aufbau und Darstellungsmethoden 249
Technische Verwendung der Silicone 250
Polyester-modifizierte Siliconharze 253
Silicone als Hydrophobierungsmittel 254

Siebentes Kapitel

Derivate des natürlichen und künstlichen Kautschuks 255
1. Cyclokautschuk 256
2. Chlorkautschuk 258
2.1. Reaktionsvorgang 258
2.2. Technische Herstellung von Chlorkautschuk 259
2.3. Eigenschaften und Verwendung von Chlorkautschuk 259
3. Chlorierte Polymere mit Chlorkautschuk-Charakter 260
4. Chlorhaltiger synthetischer Kautschuk 261

Achtes Kapitel

Veredelte Naturharze 263

Neuntes Kapitel

Cellulose-Derivate 267
1. Celluloseester 268
1.1. Nitrocellulose 268
1.2. Cellulose-Acetat, -Propionat und -Acetobutyrat 268
2. Celluloseäther 269
2.1. Wasserlösliche Celluloseäther, Methyl-, Hydroxyäthylcellulose und Celluloseglykolsäure 269
2.2. Äthylcellulose 270

Zehntes Kapitel

Verschiedene Kunstharze 271
1. Organische Polysulfid-Polymere 271
2. Polysulfon-Harze 271
3. Polyimid-Harze 272
4. Polyspiran-Harze 275
5. Chlorierte Polyäther 275
6. Chlorierungsprodukte mehrkerniger Benzolderivate 276

Elftes Kapitel
Dr. Ernst Schneider

Zur Analyse der Lackkunstharze 277
Vorbemerkung 277
I. Vorproben 278
   1.   Farbreaktion nach Liebermann-Storch-Morawski 279
   2.   Reaktion nach Molisch 279
   3.   Nachweis kennzeichnender Elemente 279
   3.1.   Beilsteinprobe (Nachweis von Halogen) 279
   3.2.   Aufschluß nach Lassaigne 279
   3.3.   Verbrennung nach Schöniger 281
   3.4.   Auswertung der qualitativen Analyse 281
   4.   Entzündungsprobe 283
   5.   Pyrolyse durch trockenes Erhitzen 283
   6.   Untersuchung der Löslichkeit 283
   7.   Bestimmung der Verseifungszahl 287
   8.   Qualitative Prüfung auf Formaldehyd 287
   8.1.   mit Carbazol/Schwefelsäure 287
   8.2.   mit Chromotropsäure 287
   9.   Qualitative Prüfung auf durch Säure abspaltbare Aldehyde 287
   9.1.   mit fuchsinschwefliger Säure 287
   9.2.   mit Hydroxylaminhydrochlorid 288
   9.3.   mit 2,4-Dinitrophenylhydrazin 288
   10.u.11. Auswertung der UV- und IR-Spektren 288
II. Nachweis der einzelnen Kunstharz-Gruppen 289
   1.   Kondensationsharze 289
   1.1.   Phenolharze 289
   1.2.   Furan- und Anilinharze 291
   1.3.   Harnstoff-Formaldehyd-Harze 292
   1.4.   Thioharnstoff-Formaldehyd-Harze 294
   1.5.   Melamin-Formaldehyd-Harze 294
   1.6.   Benzoguanaminharze 296
   1.7.   Dicyandiamidharze 296
   1.8.   Sulfonamidharze 296
   1.9.   Ketonharze 296
   1.10. Alkydharze und andere Polyesterharze 297
   1.11. Polyamidharze 299
   1.12. Maleinatharze 299
   2.   Polyadditionsharze 299
   2.1.   Polyisocyanatharze (Polyurethane) 299
   2.2.   Epoxharze 301
   2.3.   Kolorimetrische Bestimmung von Bisphenol-Epoxidharzen und ihrer Fettsäure-Ester 301
   2.4.   Gehalt an Epoxidsauerstoff 302
   2.5.   Bestimmung von Hydroxylgruppen in Epoxidharzen 302
   3.   Polymerisationsharze 303
   3.1.   Farbreaktionen auf Vinylpolymere 303
   3.2.   Polyvinylchlorid-Mischpolymerisate, Nachweis durch Polyen-Bildung 304
   3.3.   Polyvinylchlorid, Polyvinylidenchlorid 304
   3.4.   Polyvinylester 305
   3.5.   Polyvinylalkohol 305
   3.6.   Polyvinyläther 305
   3.7.   Polyvinylacetale 306
   3.8.   Polyacrylate und Polymethacrylate 306

3.9.	Styrol und α-Methylstyrol enthaltende Polymere	307
3.10.	Cumaron- und Cumaron-Indenharze	308
4.	Siliconharze	308
4.1.	Aufschluß mit H_2SO_4-$HClO_4$	308
4.2.	Farbreaktion mit Benzidin	308
5.	Abgewandelte Naturprodukte	308
5.1.	Chlorkautschuk	308
5.2.	Unterscheidung von Elastomeren und ihren Mischpolymerisaten durch Farbreaktionen mit p-Dimethylaminobenzaldehyd	309
6.	Cellulosederivate	309
6.1.	Allgemeine Farbreaktion auf Cellulosederivate	309
6.2.	Cellulosenitrat (Nitrocellulose)	309
6.3.	Celluloseacetat, Cellulosepropionat und Celluloseacetobutyrat	310
6.4.	Celluloseäther	310
6.5.	Benzylcellulose	310
Literaturzusammenstellung		311

Anhang

Abkürzungen und Anschriften der Hersteller (Europa)	313
Abkürzungen und Anschriften der Hersteller (USA)	315
Schrifttum allgemeinen Inhalts	316
Patentverzeichnis	319
Namenverzeichnis	323
Sachverzeichnis	331

Anmerkung zu den aufgeführten Handelsmarken:
Zahlreiche Handelsmarken werden als Beispiele für die verschiedenen Kunstharz-Arten aufgeführt. In Anbetracht der übergroßen Zahl ist es jedoch unmöglich, die Handelstypen vollständig aufzuzählen; die Erwähnung stellt daher keine Bewertung dar. Es wurden lediglich die Handelsnamen, nicht aber die einzelnen Typen-Nummern angegeben. — Die Mehrzahl der in diesem Buch benutzten Handelsnamen ist geschützt. Das Fehlen einer besonderen Kennzeichnung bedeutet nicht, daß die erwähnten Warenbezeichnungen im Sinne der Warenzeichen- und Markenschutz-Gesetzgebung frei benutzt werden dürfen.
Als Nachschlage-Register für die einzelnen Handelstypen sei verwiesen auf die *„Lackrohstoff-Tabellen"* von *Dr. Erich Karsten,* Curt R. Vincentz Verlag, Hannover, die 1967 in der 4. Auflage erschienen sind.

Erstes Kapitel
Begriffe und Zusammenhänge[1])

Einführung

Unter Lackkunstharzen sind künstlich (synthetisch) hergestellte Harze zu verstehen, die für die Herstellung von Lacken, genauer gesagt Anstrichmaterialien[2]), Verwendung finden. Die Begriffsbestimmung „Harze" ist terminologisch so schwer zu fassen wie analytisch die ihnen zugrundeliegenden Substanzen, die stets Gemische homologer oder chemisch einander sehr ähnlicher Stoffe darstellen. Diese Schwierigkeiten wurden in der 4. Auflage der „Lackkunstharze" (1959) in der Einführung von *B. Cyriax* erläutert.

In der 3. Auflage (1950) wurde der Versuch einer Begriffsbestimmung gemacht, an die nur der maßgebenden historischen Literaturquellen[3]) wegen erinnert wird:
„Harze sind Stoffgemische, die Zwischen- und Endstufen einer natürlichen oder künstlichen Kondensations- oder Polymerisationsreaktion zu einem bestimmten physikalischen Zustand darstellen. Dieser Zustand ist gekennzeichnet durch die Schmelz- und Erweichbarkeit, die Löslichkeit in organischen Lösungsmitteln, die Fähigkeit der Filmbildung aus diesen Lösungen und die vorzugsweise amorphe Beschaffenheit[4])."

In der DIN 55 947 (April 1968) sind folgende Begriffe festgelegt:

Harz (siehe auch Naturharze, Kunstharze) ist ein technologischer Sammelbegriff für feste, harte bis weiche, organische, nichtkristalline Produkte mit mehr oder weniger breiter Molekulargewichtsverteilung. Normalerweise haben sie einen Schmelz- oder Erweichungsbereich, sind in festem Zustand spröde und brechen dann gewöhnlich muschelartig. Sie neigen zum Fließen bei Raumtemperatur („kalter Fluß"). Harze sind in der Regel nur Rohstoffe, z. B. für Bindemittel[5]), härtbare Formmassen[6]), Klebstoffe[7]), Lacke[5]).

---

[1]) Bei der Bearbeitung des I. Kapitels wurde vielfach auf die Darstellung von Dr. *B. Cyriax* in der 4. Auflage zurückgegriffen. Darüber hinaus haben wir Herrn Dr. *Cyriax* aber auch für weitere wertvolle Anregungen zum Manuskript für diese Auflage zu danken.
[2]) Der Begriff „Anstrichmaterialien" ist definiert in DIN 55 945, Blatt 1 — umfassender und zutreffender ist der Begriff „coatings" aus dem anglo-amerikanischen Sprachgebrauch, der Überzüge bedeutet, seien sie aus Lösungen, Dispersionen oder Schmelzen gewonnen.
[3]) *J. Scheiber* u. *K. Sändig,* Die künstlichen Harze, Wiss. Verlagsges., Stuttgart 1929, S. 13. — *A. Tschirch* u. *E. Stock,* Die Harze, Verlag Gebr. Borntraeger, 3. Aufl., Berlin 1933/36. — *R. Houwink,* Phys. Eigenschaften und Feinbau von Natur- und Kunstharzen, Akadem. Verlagsges. Leipzig, 1934. — *J. Scheiber,* Chemie und Technologie der künstlichen Harze, Wiss. Verlagsges. Stuttgart, 1943, S. 12 f. — Hier wird jedoch bereits die Definition der „Harze" als „glasartig-amorph bzw. festflüssige Stoffe" betont.
[4]) Die Bedingung der „amorphen Beschaffenheit" wurde in einer Fußnote eingeschränkt, sie ist heute überholt.
[5]) Begriffe Bindemittel (für Anstrichstoffe) und Lack, siehe DIN 55 945, Bl. 1.
[6]) Begriff Formmasse, siehe DIN 7708, Blatt 1.
[7]) Begriff Klebstoff, siehe DIN 16 921.

Kunstharze sind durch Polymerisation, Polyaddition oder Polykondensation gewonnene Harze, die gegebenenfalls durch Naturstoffe (fette Öle, Naturharz u. ä.) modifiziert sind. Unter Kunstharzen versteht man auch durch chemische Umsetzungen (Veresterung, Verseifung u. a.) veränderte Naturharze. Im Gegensatz zu den Naturharzen kann ein großer Teil der Kunstharze durch Vernetzung in duromere Werkstoffe[8]) übergeführt werden.
Naturharze sind Harze pflanzlichen oder tierischen Ursprungs.

Diese DIN 55 947 ist vom Fachnormenausschuß Kunststoffe im Einvernehmen mit dem Fachnormenausschuß Anstrichstoffe herausgegeben unter dem Titel „Gemeinsame Begriffe für Anstrichstoffe und Kunststoffe" und berücksichtigt u. a. Harze für Formmassen und Klebstoffe. Harze, welche sich für die Herstellung von Überzügen (Coatings) eignen — welche wir etwas zu eng gefaßt nach wie vor als Lackkunstharze bezeichnen — müssen die Fähigkeit zur Filmbildung besitzen.

J. Scheiber erklärte 1961 in der zweiten Auflage seines Standard-Werkes[9]), daß alle Bemühungen um eine Definition der Harze nach gemeinsamen chemischen Stoffkennzeichnungen vergeblich seien. Er stellt nochmals die Analogie zwischen Harzen und Gläsern in den Vordergrund: „Die Auffassung, in den ‚Harzen', ebenso wie in den ‚Gläsern'[10]), Repräsentanten einer besonderen Zustandsform ‚fest-amorph' bzw. ‚extrem-flüssig' sehen zu müssen, bietet dann auch die einzige Möglichkeit, das Wesen der Produkte dem Verständnis näherzubringen."

Zur Nomenklatur ist schließlich DIN 7728, Blatt 1, Februar 1968, zu erwähnen, worin die für Kunststoffe geltenden Kurzzeichen festgelegt sind.

Die ersten Arbeiten zur Herstellung künstlicher Harze[11]) erfolgten zu einer Zeit, als man die Gesetzmäßigkeiten und Bauprinzipien, die diesen Stoffen eigentümlich sind, noch nicht kannte. Erst in den letzten vier Jahrzehnten wurden — insbesondere von *H. Staudinger, K. H. Meyer, H. Mark, W. Kuhn, P. J. Flory* und *G. V. Schulz* — Grundlagen für das Verständnis der Eigenschaften polymerer Stoffe geschaffen[12]). Diese Erkenntnisse waren die Grundlage technischer Verfahren, Kunstharze mit bestimmten Eigenschaften „nach Maß zu schneidern".

---

[8]) Begriff Duromere, siehe DIN 7724 (z. Z. noch Entwurf).

[9]) *J. Scheiber*, Chemie und Technologie der künstlichen Harze, Band I, Wissensch. Verlagsges., Stuttgart, 1961.

[10]) *P. Beyersdorfer*, Der Glaszustand, Chem.-Ztg. *76* (1952), 110.

[11]) Zur geschichtlichen Entwicklung siehe *E. B. von Wehrenalp, H. Saechtling*, Jahrhundert der Kunststoffe in Wort und Bild, Düsseldorf 1952, S. 7 ff. — *H. F. Sarx*, Entwicklung der Lackbindemittel in der Zeit von 1947—1967, Farbe u. Lack *73* (1967) Nr. 8, 726 u. Dtsch. Farben Z. *21* (1967) Nr. 8, 390. — *E. Schulte*, Official Digest Vol. *33* (April 1961) Nr. 435, 525. — *E. Warson*, Paint Manuf. Vol. *36* (Juni 1966), 43 — dito Vol. *37* (April 1967), 37, dito Vol. *38* (Juni 1968), 39 mit insges. 426 Lit.quellen.

[12]) *H. Staudinger*, Ber. Dtsch. Chem. Ges. 59 (1926) 3019. — *H. Staudinger*, Die hochmolekularen organischen Verbindungen, Springer-Verl. Berlin 1932. — *C. Ellis*, The Chemistry of Synthetic Resins, Reinhold, New York 1935. — *G. V. Schulz*, Z. Phys. Chem. B *30* (1935) 379 ff. — *P. J. Flory*, J. Amer. Chem. Soc. *59* (1937) 241. — *W. Röhrs, H. Staudinger, R. Vieweg*, Fortschritte der Chemie, Physik und Technik der makromolekularen Stoffe I & II, Lehmann, Berlin, 1939/42. — *H. Staudinger*, Organische Kolloidchemie, Vieweg, Braunschweig, 1940. — *F. Krcil*, Kurzes Handbuch der Polymerisationstechnik I & II, Akadem. Vlgsges., Leipzig, 1940/41. — *J. Scheiber*, Chemie und Technologie der Kunstharze, Wiss. Vlgsges., Stuttgart, 1943. — *R. Gäth*, Kunststoffe *39* (1949) 1. — *K. H. Meyer, H. Mark*, Hochpolymere Chemie I & II, Akadem. Vlgsges., Leipzig, 1950. — *F. Würstlin*, Angew. Physik *2* (1950) 121. — *R. Gäth*, Kunststoffe *41* (1951) 1. — *K. Hamann*, Angew. Chemie *63* (1951) 231. — *C. E. Schildknecht*,

Bildungsreaktionen

Drei Reaktionsprinzipien liegen der Erzeugung von Kunstharzen zugrunde: Die *Polykondensation*, die *Polyaddition* und die *Polymerisation*.
Eine typische *Polykondensation* ist die Veresterung eines zweiwertigen Alkohols mit einer zweibasischen Säure, z. B. Bernsteinsäure mit Äthylenglykol:

$$HO-CH_2-CH_2-OH + HOOC-CH_2-CH_2-COOH$$
$$\downarrow$$
$$HO-CH_2-CH_2-OOC-CH_2-CH_2-COOH + H_2O \qquad 1.1$$

Der zunächst entstehende Monoester kann weiterreagieren, an der Carboxylgruppe mit einem weiteren Glykolmolekül, an der Hydroxylgruppe mit einem weiteren Säuremolekül. Jedes so entstehende Molekül kann die Molekülverknüpfung — geeignete Reaktionsbedingungen vorausgesetzt — nach dem gleichen Reaktionsschema fortsetzen. So entstehen lange Kettenmoleküle; man spricht auch von Fadenmolekülen. Der Molekülfaden wächst also nur an den beiden Enden; er ist jedoch meist mehr oder weniger geknäuelt. Die in der Praxis angewandten Reaktionen bedienen sich allerdings meist höherfunktioneller Moleküle, so daß dreidimensionale verknüpfte Makromoleküle entstehen (vgl. hierzu S. 17). Es ist kennzeichnend für die Polykondensation, daß der Molekülaufbau stufenweise durchgeführt werden kann, und daß ein niedrigmolekulares Produkt, im obigen Fall Wasser, abgespalten wird. Nach dieser Reaktion entstehen u. a. Alkydharze, die Phenol-, Harnstoff- und Melamin-Formaldehydharze, Maleinatharze, Polyamide u. a.

Eine typische *Polyaddition* ist die Umsetzung von Polyisocyanaten mit Substanzen, welche mehrere bewegliche Wasserstoffatome besitzen, z. B. Hexamethylendiisocyanat mit 1,4-Butandiol.

$$O=C=N-(CH_2)_6-N=C=O + HO-(CH_2)_4-OH \longrightarrow$$
$$O=C=N-(CH_2)_6-NH-COO-(CH_2)_4-OH \qquad 1.2$$

Dieses noch nicht abgesättigte Primäraddukt reagiert mit Isocyanat- oder Alkohol-Gruppen weiter (vgl. S. 155). — Ein weiteres bekanntes Beispiel ist die Härtung von Epoxyharzen mit mehrwertigen Aminen.
Die *Polyaddition*, die auf der Umlagerung von Atomen oder Atomgruppen beruht, unterscheidet sich von der Polykondensation dadurch, daß keine niedrigmolekularen Produkte abgespalten werden. —
Die Polymerisation geht von ungesättigten Produkten mit reaktionsfähigen Doppelbindungen aus, vor allem von Derivaten des Äthylens, also Produkten der allgemeinen Formel

$$CH_2=CH \atop | \atop X \qquad 1.3$$

Vinyl and Related Polymers, Wiley, New York, Chapman & Hall, London 1952. — *H. A. Stuart*, Die Physik der Hochpolymeren I-IV, Springer, Berlin-Göttingen-Leipzig 1952—56. — *F. Patat*, Angew. Chem. 65 (1953), 173. — *R. Houwink*, Chemie u. Technologie der Kunststoffe I & II, Akadem. Vlgses., Leipzig 1954—56. — *G. Schulz*, Die Kunststoffe, Carl Hanser Verlag, München, 1959. — *J. Scheiber*, Chemie und Technologie der künstlichen Harze, Wiss. Verlagsges., Stuttgart, 2. Aufl. Bd. I, 1961. — *H. Peukert*, Kunststoffe, Eine zusammenfassende Übersicht, Beckacite-Nachrichten 20 (1961), Nr. 1 (u. a. Energieinhalt der Haupt- und Nebenvalenz-Bindemitteln). — *W. Kern*, Farbe und Lack 72 (1966) Nr. 12, S. 1216. — *D. H. Solomon*, The Chemistry of Organic Film Formers, J. Wiley & Sons Inc., New York u. London 1967.

Hierbei kann X unter anderem sein: -O-CO-CH$_3$,-O-CO-C$_2$H$_5$,-Cl , ⟨◯⟩ ,-O-Alkyl 1.4

Zunächst muß diese Äthylenverbindung, das „Monomere", durch Energiezufuhr (z. B. Licht oder Wärme) oder durch Katalysatoren aktiviert und das Molekül in einen Zustand erhöhter Reaktivität, in ein Molekül mit ungepaartem Elektron umgewandelt werden[13]). Diese Umwandlung geschieht durch Addition eines aus dem Katalysator entstandenen Radikals R•:

$$R\cdot + CH_2 = \underset{X}{CH} \longrightarrow R-CH_2-\underset{X}{CH}\cdot \qquad 1.5$$

Das neugebildete Radikal lagert nun weitere Monomere an, und zwar so lange, wie der Radikalzustand erhalten bleibt: die Kettenwachstumsreaktion

$$R-CH_2-\underset{X}{CH}\cdot + n\left[CH_2=\underset{X}{CH}\right]$$
$$\downarrow$$
$$R-CH_2-\underset{X}{CH}\left[CH_2-\underset{X}{CH}\right]_{n-1}CH_2-\underset{X}{CH}\cdot \qquad 1.6$$

Die Beendigung der Wachstumsreaktion nennt man Kettenabbruch; über seine Ursachen s. S.199.

Für die Polymerisation ist typisch, daß keine niedermolekularen Produkte abgespalten werden und daß nach dem Kettenabbruch fertige Makromoleküle vorliegen, die ohne Reaktivierung nicht mehr weiterwachsen können.

Zu den Polymerisationsharzen gehören alle Vinylharze, Polyolefine (z. B. Polyäthylen), natürliche und künstliche Kautschuke und Cumaronharze.

Verzweigung und Vernetzung

Bei der Beschreibung der drei Grundreaktionen, die zur Bildung von Makromolekülen führen, wurde jeweils ausgegangen von zweiwertigen Reaktionspartnern: Dicarbonsäuren, Dialkoholen, Diisocyanaten, Monomeren mit einer Doppelbindung, d. h. zwei ungesättigten C-Atomen. Wenn man jedoch von drei- und höherwertigen, tri- bzw. polyfunktionellen[14]) Ausgangsstoffen ausgeht, also z. B. dreiwertigen Alkoholen, dreibasischen Säuren, Monomeren mit zwei Doppelbindungen, also vier ungesättigten C-Atomen, so erhält man nicht mehr kettenförmige, sondern verzweigte Moleküle[15]). Glyzerin und Bernsteinsäure beispielsweise ergeben bei der Veresterung Moleküle, die an mehr als zwei Stellen reaktionsfähige Gruppen enthalten:

$$HOOCCH_2CH_2CO\overline{|OH} + H\overline{|O}CH_2\underset{OH}{CH}CH_2O\overline{|H} + HO\overline{|}OCCH_2CH_2COOH \longrightarrow$$

$$HOOCCH_2CH_2COOCH_2\underset{OH}{CH}CH_2OOCCH_2CH_2COOH + 2H_2O \qquad 1.7$$

---

[13]) Über den andersartigen Mechanismus der Ionen-Kettenpolymerisation, s. S.199.
[14]) Zu dem Ausdruck „Funktionalität": Eine chemische Verbindung, die eine reaktionsfähige Gruppe (-OH, -COOH, -NH$_2$, -NCO) besitzt, nennt man monofunktionell, bei zwei oder mehr reaktionsfähigen Gruppen polyfunktionell, wobei man noch bi- oder trifunktionell unterscheidet für Verbindungen mit zwei bzw. drei derartigen Gruppen.
[15]) Der Begriff der „Verzweigung" und ihre Auswirkung wird eingehend geschildert von *H. Dexheimer, O. Fuchs* und *M. Suhr*, Die Verzweigung von Makromolekülen und ihr Einfluß auf die Eigenschaften, Dtsch. Farben Z. 22 (1968) Nr. 11, 481 mit 260 Literaturstellen. —

Diese verzweigten Moleküle mit mehr als zwei reaktionsfähigen Gruppen können unter geeigneten Bedingungen mit anderen verzweigten Molekülen an mehreren Stellen reagieren. Bei dieser als „Vernetzung"[16]) bezeichneten Reaktion wird ein räumliches Netzwerk gebildet (das hier nur zweidimensional dargestellt werden kann):

```
            HOOCCH2CH2COO
                 |
      CH2OOCCH2CH2COOCH2CHCH2OOC
       |                      |
  HO-CH                      CH2
   |                          |
  COOCH2                     CH2
   |                          |
   CH2                       CH2OOC
   |                          |
   CH2                       CHOOCCH2                    1.8
   |                          |
  COOCH2CHCH2OOCCH2CH2COOCH2  CH2
   |                          |
   COO                        OOC
   |                          |
   CH2                       CH2
   |                          |
   CH2                       CH-OOC
   |                          |  |
  COOCH2CHCH2OOCCH2CH2COOCH2  CH2
   |                             |
   OH                           CH2
                                 |
                                HOOC
```

Die einzelnen Teile eines derartigen „Netzes" können sich nicht mehr ganz voneinander entfernen; die Produkte sind daher nicht mehr schmelzbar und in Lösungsmitteln nicht mehr löslich, sondern höchstens soweit quellbar, wie die Vernetzungsbrücken eine Verformung erlauben. Bei der Herstellung der Kunstharze für Lackzwecke wird man also dafür sorgen, daß, soweit möglich, nicht vernetzte, sondern höchstens verzweigte und darum noch einwandfrei lösliche Zwischenstufen erhalten werden, die erst später auf der zu lackierenden Oberfläche voll vernetzen, d. h. aushärten müssen. Viele Phenol-, Harnstoff- und Melaminharze des Handels sind derartige härtbare Harze, vernetzbar durch Einwirken höherer Temperatur, sogenanntes Einbrennen (s. S. 41) oder durch Säureeinwirkung (s. S. 48). Trocknende Alkydharze vernetzen durch Reaktion der konjugierten Doppelbindungen unter Mitwirkung von Sauerstoff (s. S. 99). Bei allen diesen Reaktionen bilden sich dreidimensional vernetzte Makromoleküle. Ein sehr geringer Vernetzungsgrad führt zu noch weitgehend quellbaren Produkten; Moleküle mit sehr engem Netz dagegen quellen praktisch nicht mehr und ergeben deshalb Lösungsmittel-beständige Lackfilme, wie z. B. ausgehärtete Phenolharzlacke.

Physikalische Eigenschaften

Nach den drei geschilderten Grundreaktionen (S.15) kann man hochmolekulare, kettenförmige Moleküle erhalten[17]). Das endgültige Produkt ist stets ein Gemisch ver-

---

[16]) Die Bedeutung der „Vernetzung", und zwar 1. als vernetzende Polyreaktion (Einstufensynthese), 2. als Vernetzung von Polymermolekülen (Zweistufensynthese) schildert anschaulich auch W. Funke, Synthese und Bildungsmechanismen vernetzter Polymerer, Chimia 22 (1968) Nr. 3, S. 111.

[17]) Dem Lacktechniker sind kettenförmige Polykondensationsharze weniger geläufig. Jedoch bestehen z. B. die Novolake (s. S. 45) in der Tat aus Kettenmolekülen und zeigen thermoplastisches Verhalten. Technisch bedeutende kettenförmig gebaute Polykondensationsprodukte sind vor allem wichtige Faser- und Folienstoffe, z. B. viele Polyamide, der Polyester aus Terephthalsäure und Äthylenglykol, Polycarbonate u. a.

schieden großer Moleküle gleichen oder sehr ähnlichen Aufbaues, ein polymerhomologes Stoffgemisch, von dem die meisten meßbaren Eigenschaften nur Mittelwerte darstellen, wie z. B. das breite Schmelzintervall eines Harzes im Gegensatz zum genau definierten Schmelzpunkt einer einheitlichen niedrigmolekularen Substanz.

Kunstharze, die man nach den besprochenen Bildungsweisen erhält, bestehen also aus einem Gemisch langer Kettenmoleküle, und die einzelnen Moleküle können sich etwa wie die einzelnen Fäden aus einem Wollknäuel voneinander trennen. Allerdings muß man bei dieser Trennung — sei es durch Lösen in geeigneten Lösungsmitteln, sei es durch Erwärmen bis zum plastischen Fließen — Kohäsionskräfte überwinden, die verschiedene Ursachen haben können. Je länger z. B. das einzelne Kettenmolekül ist, um so mehr wird es sich in dem Knäuel verfilzen, und um so schwieriger ist es auch, ein solches Molekül aus dem Knäuel herauszulösen, und desto höher ist die Viskosität der Lösung[18]. Durch geeignete Kondensations- oder Polymerisationsbedingungen kann man, von den chemisch gleichen Ausgangsstoffen ausgehend, ein Kunstharz in verschiedenen Einstellungen erhalten, die sich lediglich durch ihr verschieden hohes Molekulargewicht, also die verschieden große mittlere Länge ihrer Molekülkette unterscheiden. Die Lösungen dieser verschiedenen Einstellungen des chemisch artgleichen Kunststoffes unterscheiden sich durch ihre Viskosität. Je höher das mittlere Molekulargewicht, desto höher die Viskosität.

Abhängigkeit der Viskosität von Lösungen hochmolekularer Stoffe vom Molekulargewicht:

k-Wert	Polyvinylacetat vom Molekulargewicht	Viskosität der 20%igen Lösungen in Äthylacetat bei 20 °C in Centipoise
20	ca. 35 000	5
30	ca. 110 000	25
50	ca. 260 000	110
70	ca. 1 000 000	2 200

Ein Kettenmolekül kann jedoch in verschiedenen Formen vorliegen; es kann das Bestreben haben, sich möglichst lang zu strecken oder sich zu verknäulen oder irgendeinen Zwischenzustand einzunehmen. Je gestreckter die Einzelmoleküle, desto höher die Viskosität der Lösung, je stärker zusammengeknäuelt, desto niedriger. So erklärt sich die unterschiedliche Viskosität ein und desselben Produktes in verschiedenen Lösungsmitteln; denn diese üben je nach Molekulargewicht, Molekularaufbau und Polarität einen starken Einfluß auf die gelösten Makromoleküle aus. Auch die Lösungstemperatur und das Alter der

---

[18] Die Viskositäten der Lösungen polymerer Stoffe gleichen Aufbaues im gleichen Lösungsmittel sind bei gleicher Konzentration eine Funktion ihrer Molekülgröße. Je länger die Moleküle sind, um so mehr steigt auch die Viskosität der Lösung. Ein zahlenmäßiger Ausdruck hierfür ist der k-Wert nach *Fikentscher;* s. hierzu: *H. Fikentscher,* Cellulose-Chemie 13 (1932) 58. — *Berl-Lunge,* Chemisch-technische Untersuchungsmethoden. Springer, Berlin 1934, Bd. 5, S. 945. — *F. Wilborn,* Physikalische und technologische Prüfverfahren für Lacke und ihre Rohstoffe, Berliner Union, Stuttgart 1953, S. 301 (hier auch Zusammenstellung typischer Lackrohstoffe mit ihren k-Werten).

Lösung kann die Form der Makromoleküle und damit die Viskosität ihrer Lösung verändern.

Eine wichtige Rolle spielen die Anziehungskräfte zwischen den einzelnen Kettenmolekülen. Sie sind von der Polarität des einzelnen Moleküls sowie auch von der Entfernung der Moleküle voneinander abhängig. Diese Kräfte sind um so kleiner, je geringer die Polarität, d. h. das Dipol-Moment des Moleküls ist und je weiter die einzelnen Moleküle voneinander entfernt sind. Kettenmoleküle ohne raumerfüllende Seitengruppen oder mit besonders symmetrischem Bau können sich einander so weit nähern, daß sie unter dem Einfluß zwischenmolekularer Kräfte ganz oder teilweise kristallisieren. Solche Produkte — wie Polyäthylen, Polytetrafluoräthylen, Polyvinylidenchlorid, auch bestimmte Polyamide — lassen sich nur sehr schwer oder gar nicht auflösen, weil die Lösekraft des Lösungsmittels nicht mehr ausreicht, um die sehr starken Kristallisationskräfte zu überwinden. Derartige Stoffe sind für Lackzwecke nur noch sehr bedingt verwendbar. Ein Produkt wie Polyäthylen besitzt einen ziemlich scharfen Schmelzpunkt der kristallinen Bereiche, der bei Hochdruckpolyäthylen bei ca. 113 – 115 °C liegt, daneben einen nicht äußerlich erkennbaren Erweichungspunkt der relativ geringen amorphen Bereiche von ca. – 68 °C (s. S. 201).

Derartige Beobachtungen führten zu dem Begriff der „*Einfrier-Temperatur*" oder nach neuerer Terminologie „Glastemperatur". Diese (physikalische) Material-Konstante gibt die Temperatur an, oberhalb der die Hauptkette des Polymeren beweglich wird.

Sie kennzeichnet eine Änderung der physikalischen Eigenschaften, die übrigens nicht sprunghaft erfolgt[19]. Die Einfriertemperatur wird bestimmt u. a. durch Ermittlung der Temperaturabhängigkeit des Schubmoduls, der Dielektrizitätskonstanten oder des Brechungsindex.

Geometrie und Polarität der Polymerketten bestimmen die Steifigkeit und den gegenseitigen Zusammenhalt der Makromoleküle und damit die den Lackchemiker interessierenden Eigenschaften wie Härte, Kratzfestigkeit, Elastizität, Biegsamkeit, Haftfestigkeit. Wenn in oder an der Kette der Moleküle Gruppen mit gleichgerichteter elektrischer Ladung dicht gedrängt sitzen, dann stoßen sie sich gegenseitig ab, und das Molekül erhält eine Spannung, die sich in einer Steifigkeit der Kette äußert. Außerdem bedingen die polaren Gruppen eine Wechselwirkung mit den Nachbarmolekülen, die ebenfalls einer freien Beweglichkeit der einzelnen Makromoleküle entgegenwirkt. Gleichartige Wirkung haben stark raumerfüllende Gruppen in den Seitenketten des Moleküls, da sie die Beweglichkeit der Polymerkette sterisch behindern. Daher sind Produkte wie Polyvinylchlorid mit der Anhäufung von polaren Chloratomen oder Polystyrol mit seinen raumerfüllenden Phenylseitengruppen steifer und härter als etwa Polyisobutylen (vgl. hierzu Abschnitt Vinylharze S. 202).

Die bei Lösungen nieder- und hochmolekularer Verbindungen auftretenden physikalischen Phänomene und die für die Löslichkeit maßgeblichen Stoffeigenschaften erläutert eingehend *O. Fuchs*[20].

---

[19]) Vgl. hierzu: *W. König*, FATIPEC-Kongreßbuch, Verlag Chemie Weinheim 1962. — *L. Turunen*, Neues Verfahren zum Studium des Einfrierbereiches an unges. Polyesterharzen, Kunststoffe *52* (1962) Nr. 11, 672; — vgl. auch S. 202).

[20]) *O. Fuchs*, Lösungen von nieder- und hochmolekularen Verbindungen, ihre Eigenschaften und deren Deutung, Dtsch. Farben Z. *22* (1968) Nr. 12, 548 — *23* (1969) Nr. 1, 17 — *23* (1969) Nr. 2, 57 — *23* (1969) Nr. 3, 111. —

Eine für die Ermittlung der Löslichkeits-Eigenschaften makromolekularer Stoffe wichtige Materialkonstante ist der *Löslichkeitsparameter* [21]). Bei Lösungsmitteln ist diese Konstante — der Gradient der Kohäsionsenergie — eine Funktion von Verdampfungswärme und Molvolumen. Für den Praktiker sind die σ-Werte der Kunstharze Tabellen zu entnehmen. Berücksichtigt man gleichzeitig die (hier in drei Gruppen eingeteilte) Tendenz zur Wasserstoff-Brückenbindung[22]), so lassen σ-Werte gleicher Größenordnung Mischbarkeit bzw. Löslichkeit erwarten.

Anwendungsprinzipien

Polykondensationsharze für Lacke sind meist noch niedrigmolekulare Stoffe mit verzweigten Molekülen, die erst bei der Filmbildung endgültig vernetzen. Da sie keine langen Kettenmoleküle, sondern infolge der Verzweigung eher kugelig sind, sind ihre Lösungen niedrigerviskos als solche linearer Produkte gleichen Molekulargewichts in gleich konzentrierter Lösung.

Bei den *Polyadditionsharzen* läßt man in den meisten Fällen die Ausgangsmaterialien überhaupt erst im Film reagieren, d. h. man mischt die Partner, z. B. einen polyfunktionellen Polyalkohol (Polyester mit freien OH-Gruppen) mit einem polyfunktionellen Isocyanat oder ein Epoxidharz mit einem polyfunktionellen Amin erst kurz vor der Verarbeitung. Der gebrauchsfertige Lack bleibt naturgemäß nur beschränkte Zeit haltbar („pot life" — Topf- oder Gebrauchszeit), da die Reaktion gleich nach dem Mischen der Partner beginnt und durch Lösungsmittel usw. höchstens verlangsamt wird: Zweikomponentenlacke.

Bei den *Polymerisationsharzen* kann die Polymerisationsreaktion nicht stufenweise ablaufen, sondern führt stets zum endgültigen Produkt. Es gilt daher einen Kompromiß zu finden zwischen einer genügend niedrigen Viskosität der Lösung, gleichbedeutend mit niedrigem Molekulargewicht des Polymerisats, und möglichst guten mechanischen Eigenschaften, die lange Fadenmoleküle und damit hohes Molekulargewicht voraussetzen.

Ein eleganter Ausweg aus dieser Schwierigkeit ist die Verarbeitung von Polymerisationsharzen in Form von Dispersionen. Über die zwei Arten von Dispersionen, die man unterscheiden muß — die sogenannten Kunststoffdispersionen, in denen Wasser als kontinuierliche (äußere) Phase dient, und die sogenannten Plastisole und Organosole, in welchen organische Flüssigkeiten, Weich-

---

[21]) Solubility Parameters For Film Formers, *Harry Burrel,* Official Digest Vol. 27 (Oct. 1955) No. 369, S. 726—758. — Solubility Parameters of Resins, *Harry Burrel,* Official Digest Vol. 29 (Nov. 1957) No. 394, S. 1069—1075. — The Use of the Solubility Parameter Concept in the United States, *Harry Burrel,* FATIPEC-Kongreßbuch, Verl. Chemie, Weinheim 1962, S. 21. — *R. Johannsen,* Bedeutung und Anwendung des Löslichkeitsparameters, Dtsch. Farben Z. *17* (1963) 264. — *O. Fuchs* warnt allerdings vor einer kritiklosen Anwendung des Löslichkeitsparameters: Kritische Bemerkungen zu den Löslichkeitsparametern von nieder- und hochmolekularen Verbindungen, Dtsch. Farben Z. *20* (1966) Nr. 1, 3. — *H. Burrel,* The Challenge of the Solubility Parameter, J. Paint Techn. (Off. Dig.) Vol. *40* (1968) No. 520, S. 197. —

[22]) *O. Bayer* erklärt die Wasserstoff-Brückenbindung als „elektronische Anziehung zwischen dem Proton der X-H-Gruppe und freien Elektronenpaaren des Acceptoratoms Y", wobei „X und Y praktisch immer die stark elektronegativen Elemente Sauerstoff, Stickstoff und die Halogene sind. Bei Schwefel-Wasserstoff- und Kohlenstoff-Wasserstoff-Gruppierungen findet man keine oder nur sehr schwache H-Brückenbindungen". (Auch die Wasserunlöslichkeit der reichlich OH-Gruppen tragenden Cellulose wird so erklärt — s. S.269).— „Chemie in unserer Zeit", 2. Jg. (April 1969), 61. —

Anwendungsprinzipien

macher und flüchtige Nichtlöser als Dispergiermittel dienen — siehe Seite 208. In beiden Fällen ist die Viskosität der kontinuierlichen Phase unabhängig vom Molekulargewicht der diskontinuierlichen (inneren) Phase.

Ferner kann man, ähnlich wie bei der Polyaddition, die für den Aufbau des Filmbildners notwendige Polymerisationsreaktion bei der Filmbildung selbst durchführen, wobei mit Rücksicht auf die lacktechnisch notwendigen Viskositätsverhältnisse meist einer der Reaktionspartner bereits harzartig ist. Ein typisches Beispiel hierfür bieten die „Ungesättigten Polyesterharze", bei denen Monostyrol die Rolle eines polymerisierbaren Lösungsmittels spielt.

Für die Lackpraxis infolge ihrer Kristallinität oder zu hohen Molekulargewichtes nicht mehr ausreichend lösliche Kunstharze trägt man nach dem Flammspritzverfahren (s. S. 151) oder dem Wirbelsinterverfahren (s. S. 151) in geschmolzenem Zustand auf. Gemahlene, mit Pigmenten in geschmolzenem Zustand versetzte Kunstharze „trocken" aufzubringen, ermöglicht das „elektrostatische Kunststoffpulver-Spritzen". Ein auf dem Untergrund haftender geschlossener Überzug entwickelt sich durch Schmelzen und Aushärten der Pulverschicht beim Einbrennen im Ofen (vgl. S. 207).

Zweites Kapitel

Polykondensationsharze

Dr. Ernst Schneider

Über Bildung und Aufbau von Polykondensaten und Polyaddukten

Im ersten Kapitel sind die drei grundsätzlichen Bildungsarten, die durch „Polyreaktionen"[1]) zu künstlichen Harzen führen können, nämlich die Polymerisation, die Polykondensation und die Polyaddition bereits in ihren wesentlichen Umrissen klargelegt worden, ebenso die Begriffe „Verzweigung" und „Vernetzung". Die beiden nachfolgenden Kapitel befassen sich nun ausschließlich mit solchen Lackharzen, die ihre Entstehung Polykondensations-[2]) und Polyadditionsreaktionen verdanken. Diese beiden Aufbaumöglichkeiten weisen aber eine Reihe derart verwandter Wesenszüge auf, daß es gerechtfertigt ist, sie auch in einem beiden Kapiteln vorangestellten Abschnitt zu besprechen und zu erläutern.

Sehr anschaulich hat *R. H. Kienle*[3]) die Entstehung makromolekularer Stoffe erklärt. Er faßt die Bildungsmöglichkeiten, das Verhalten und die physikalischen Eigenschaften in einer Reihe von Postulaten zusammen, deren wichtigste folgende sind:

1. Nur von polyfunktionellen Verbindungen ausgehend, kann es zur Bildung hochmolekularer Stoffe kommen.
2. Form und Dimensionen der in Reaktion tretenden Moleküle, ebenso die Anzahl und die Stellung der in ihnen vorhandenen reaktiven Gruppen bestimmen die allgemeinen Eigenschaften der Reaktionsprodukte.
3. Bei der Umsetzung zweier Stoffe, die jeweils beide bifunktionell sind, entstehen stets nur lineare, durch Hitzeeinwirkung nicht in den unlöslichen, unschmelzbaren Zustand umwandelbare Produkte. Er prägte hierfür den Begriff „2,2-Reaktion". Ist dagegen mindestens eine der Ausgangskomponenten tri- oder höherfunktionell, so ist der Übergang zu unlöslichen, unschmelzbaren Harzen gegeben: „2,3-, 2,4, 3,3- usw. Reaktionen".

Da z. B. Polymerisationsreaktionen im allgemeinen nach dem 2,2-Prinzip durchgeführt werden, ergeben sie keine dreidimensional vernetzten, unlöslichen Harze. Die Polymerisation führt zudem normalerweise sofort zum fertigen Endprodukt, ohne daß hierbei irgendwelche noch reaktionsbereiten Zwischenstufen abgefangen werden können.

---

[1]) *K. Hultzsch,* Kunststoffe *42* (1952), 385.
[2]) *W. W. Korschak,* Grundgesetze der Polykondensation; Bd. 96 d. Schriftenreihe d. Verlages Technik, VEB Technik, Berlin.
[3]) Ind. Engng. Chem. *22* (1930), 590.

Die Mehrzahl der als Lackrohstoffe wichtigen Harze entsteht aber nach dem Typus der 2,3- oder ähnlicher Reaktionen. Der besondere Wert solcher Lackharze ist darin begründet, daß sie meist nicht in einem Zuge den dreidimensionalen, vernetzten Zustand erreichen, sondern auch als noch weiterhin reaktionsfähige Zwischenstufen zu erhalten sind. Diese Tatsache bedingt ihre Härtbarkeit, die ihrerseits wiederum verschiedener Natur sein kann.

Polyfunktionelle Verbindungen bzw. daraus hergestellte Harze können die für Härtungsreaktionen notwendigen reaktiven Gruppen bereits im Molekülverband durch Hauptvalenzen chemisch fest gebunden enthalten. Solche Produkte werden als „eigenhärtend" bezeichnet. Ein Beispiel für derartige Harze sind die Phenol-Formaldehyd-Resole (s. S. 46).

Es ist aber auch durchaus möglich, für sich allein nichthärtende Produkte durch Umsetzung mit geeigneten polyfunktionellen Verbindungen zu vernetzen und damit zu härten. Unter der Voraussetzung, daß die ersteren noch genügend reaktionsfähige Stellen in den Molekülen enthalten, können sie nach Zugabe des polyfunktionellen *Härtungsmittels* in einem weiteren Reaktionsschritt, der *indirekten Härtung*, in den vernetzten Endzustand übergehen. Auf diese Weise ist es auch durchaus möglich, zunächst in einer 2,2-Reaktion bereits harzartige, jedoch nicht eigenhärtende Vorprodukte zu erzeugen und ihnen später durch Beimischen von Härtungsmitteln ebenfalls die Eigenschaft der Härtbarkeit zu erteilen. Beispiele hierfür sind die indirekte Härtung von Phenol-Formaldehyd-Novolaken mit Hexamethylentetramin (s. S. 46) und von nichttrocknenden Alkydharzen mit Aminharzen, die Polyaddition von noch freie Hydroxylgruppen enthaltenden Polyestern mit Polyisocyanaten (s. S. 155) und die Härtung von Epoxidharzen mit polyfunktionellen Aminen, Dicarbonsäuren u. dgl. (s. S. 181).

Es gilt also ganz allgemein sowohl für Polykondensate als auch für Polyaddukte, daß bei ihrer Herstellung oder Weiterverarbeitung gehärtete Endstufen erst dann erreicht werden, wenn Reaktionen mindestens nach dem 2,3-Prinzip ablaufen können. Zu erwähnen ist noch, daß allerdings auch 1,2-, 1,3- oder ähnliche Reaktionen eine nicht unbedeutende Rolle beim Aufbau von Polykondensations- und Polyadditionsprodukten als Reaktionsregulatoren spielen können. Sie wirken so beispielsweise als „Kettenstopper" durch Endgruppenbildung oder durch „Reaktionsverdünnung" als Modifikatoren für den Vernetzungsgrad.

Den nach beiden Reaktionsmechanismen entstehenden Stoffen ist ferner gemeinsam, daß ihre Endprodukte vielfach ein ähnliches Aufbauprinzip aufweisen. Ihr Grundgerüst besteht nicht, wie bei den meisten Polymerisaten nur aus -C-C-Bindungen, vielmehr treten neben diesen als weitere Kettenglieder oft Sauerstoff, Stickstoff oder auch beide auf.

Im Gegensatz zur Polymerisation erfolgen sowohl bei der Polykondensation als auch bei der Polyaddition die einzelnen Schritte des Molekülwachstums stufenweise und nacheinander, was die Isolierung von reaktionsfähigen Zwischenprodukten ermöglicht. In den meisten Fällen sind besonders die den Polykondensaten zugehörigen Lackharze bewußt „gelenkte" oder „gebremste" Zwischenstufen auf dem Wege zum Endprodukt, die erst im Verlaufe ihrer endgültigen Formgebung durch Ablauf weiterer Polyreaktionen in den angestrebten Zustand gebracht werden. Beide Reaktionstypen sind, ebenfalls im Gegensatz zur Polymerisation, stöchiometrisch beeinflußbar. Durch Variationen der Mengenverhältnisse der Ausgangsstoffe können daher auch die Eigenschaften der Endprodukte verändert werden. Der wesentliche Unterschied zwischen der Polykondensation und der Polyaddition besteht in der Verschiedenheit der Wege, nach denen jeweils die Endprodukte zustande kommen. Bei der Polykondensation erfolgt während des fortschreitenden

Harzaufbaues stufenweise Abspaltung von niedermolekularen Stoffen, in den meisten Fällen von Wasser. Sie ist zudem eine typische Gleichgewichtsreaktion, bei der durch Entfernung der Abspaltprodukte (z. B. Wasser) das Gleichgewicht zugunsten der Bildung des angestrebten Polykondensationsproduktes verschoben werden kann. Dies ist in vielen Fällen sogar notwendig, weil sonst die Bildungsreaktion rückläufig wird und zu einem Gemisch von Reaktionsprodukten mit unzulänglichen Eigenschaften führen würde.

Die Polyaddition wird dadurch charakterisiert, daß sich das Molekülwachstum durch Reaktionen grundsätzlich verschiedenartiger Stoffe vollzieht. Im Gegensatz zur Polykondensation verläuft sie zudem ohne die Abspaltung irgendwelcher Stoffe. Die Polyaddition kann zwar in einzelnen Fällen ebenfalls eine Gleichgewichtsreaktion sein, jedoch ist dabei die Neigung zur Verschiebung des Gleichgewichtes in Richtung auf die Ausbildung des Polyadduktes durchwegs stärker ausgeprägt als die rückläufige Reaktion.

Es erklärt vielleicht den Reaktionsmechanismus der Polyaddition noch besser, wenn man sich vergegenwärtigt, daß bei der Herstellung mindestens einer der beiden Komponenten bereits eine Kondensationsreaktion zweier verschiedener Reaktionspartner vorausgegangen ist[4]. Beispiele hierfür sind die Umsetzung von Phosgen und Aminen zu Isocyanaten unter Abspaltung von Chlorwasserstoffsäure und die Bildung von Epoxiden aus Epichlorhydrin bzw. Dichlorhydrin und Dioxyverbindungen wie Bisphenolen, ebenfalls unter HCl-Abspaltung.

Zwischen Polymerisation und Polyaddition besteht zwar auf den ersten Blick rein äußerlich eine Ähnlichkeit, da bei beiden keine Abspaltungsprodukte auftreten. Sie ist aber nur scheinbar, denn zunächst reagieren bei der Polyaddition ganz verschiedenartige Reaktionspartner miteinander, was bei der Polymerisation nicht der Fall zu sein braucht. Weiterhin verlaufen Polymerisationen auf Grund der Elektronenstruktur der Doppelbindung der Monomeren entweder nach dem Mechanismus einer Radikalkettenpolymerisation (S. 198) oder einer Ionenkettenpolymerisation (S. 199). Dagegen erfolgt bei der Polyaddition stets Wanderung eines beweglichen Wasserstoff-Atoms von dem einen auf ein anderes Molekül (vgl. das Formelbild der Umsetzung eines Diisocyanates mit einem Glykol auf S. 155). Gerade dieses Merkmal der Wasserstoff-Wanderung grenzt die Polyadditionsreaktionen deutlich gegenüber den Polymerisationsreaktionen ab.

Zwischen den hier beschriebenen Grundreaktionen liegt noch eine ganze Reihe nicht einfach abzugrenzender Übergänge von der einen zur anderen Form. Ebenso können bei einigen Produkten mehrere dieser Einzelvorgänge zusammen oder nacheinander ablaufen. Die gesamten Probleme sind in der Literatur entsprechend ihrer allgemeinen Bedeutung ausführlicher behandelt[5][6][7][8].

I. Phenolharze

Historische Entwicklung

Die Phenol-Formaldehyd-Harze, kurz Phenolharze oder auch Phenoplaste genannt, gehören technologisch und wirtschaftlich zu den bedeutendsten Erzeugnissen der

---

[4] und [5]) *K. Hultzsch,* Kunststoffe 22 (1952), 385.
[6]) *W. Kern,* Chem. Ztg. 76 (1952), 667.
[7]) *W. Kern,* Kapitel „Die organische Chemie der Kunststoffe" in *R. Houwink,* Chemie u. Technologie der Kunststoffe, Akademische Verlagsges. Leipzig, Bd. I, 1954.
[8]) *A. Greth:* Die chem. Bindungsarten in Kunstharzen für Lackfilme u. Beschichtungen, Farbe u. Lack 72 (1966), 5.

I. Phenolharze 25

Kunststoff-Industrie. Sie sind zugleich historisch und entwicklungsmäßig gesehen die ersten durch bewußte Synthese aufgebauten „künstlichen Harze" überhaupt. Schon aus diesen Gründen mag das vorliegende Kapitel über Polykondensations-Harze mit der Besprechung solcher Produkte aus Phenol und Formaldehyd eingeleitet werden. Das Studium ihrer Bildungsweisen hat zudem eine bei den anderen durch Polykondensations-Reaktionen entstehenden Harzen kaum mehr zu findende Vielfalt an Aufbauprinzipien ergeben und auf diese Weise zur theoretischen und praktischen Beherrschung des ganzen Gebietes maßgebend beigetragen.

A. v. *Baeyer*[9]) berichtete bereits 1872 über die zu harzigen Substanzen führende Kondensationsreaktion zwischen Phenolen und Aldehyden; *G. T. Morgan*[10]) stellte 1893 ein Harz aus Phenol und Formaldehyd her. Aber erst die Arbeiten von *L. H. Baekeland*[11]), *H. Lebach*[12]) und anderen gaben den eigentlichen Anstoß zur Industrie der Phenolharze. Diese Pioniere auf dem Gebiet der Phenolharze lehrten die Reaktionen unter Kontrolle zu bringen; ihre Erfindungen, unter bestimmten Bedingungen für die Praxis brauchbare Harzprodukte herzustellen, leiten bereits zu den heute noch in Gebrauch befindlichen Arten der Phenoplaste über[13]).

Es ist verständlich, daß man sich schon frühzeitig mit Versuchen befaßte, ihre wertvollen Eigenschaften auch für das Gebiet des Oberflächenschutzes heranzuziehen. Dies bereitete jedoch zunächst erhebliche Schwierigkeiten und führte erst dann zu Erfolgen, als es gelang, die Harze und ihre Vorprodukte in geeigneter Weise abzuwandeln.

Als erstes technisch hergestelltes Lackharz ist das als Schellack-Ersatz gedachte *Laccain* von *Blumer* anzusehen[14]). Die Entwicklung der besonders für die Lackindustrie so bedeutungsvoll gewordenen sogenannten modifizierten Phenolharze ist eng mit den Namen *L. Berend, E. Fonrobert* und *A. Greth* verbunden. Die Einführung der lacktechnisch ebenfalls bedeutsamen Alkylphenolharze geht auf *H. Hönel*[15]) zurück. Zur Aufklärung der bei der Phenolharz-Bildung und -Härtung ablaufenden Vorgänge führten zahlreiche Arbeiten von *M. Koebner, N. Megson, A. Greth, A. Zinke, H. v. Euler, K. Hultzsch* und deren Mitarbeiter. *K. Hultzsch* hat die inzwischen so umfangreich gewordene Phenolharzchemie einer wissenschaftlich ordnenden Bearbeitung unterzogen und eingehend in seiner Monographie „Chemie der Phenolharze"[16]) dargestellt; hier ist auch eine erschöpfende Literaturzusammenstellung aller wesentlichen Forschungsbeiträge bis zum Jahre 1949 zu finden. Eine Kurzfassung dieser Erkenntnisse vom gleichen Autor gibt einen Abriß über Bildungsmechanismus und Härtung der Phenolharze, sowie über Eigenschaften

---

[9]) Ber. dtsch. chem. Ges. 5 (1872), 25, 280, 1094.
[10]) Zitiert n. *P. D. Ritschie*, A Chemistry of Plastics & High Polymers, Cleaver-Hume Press, London 1949.
[11]) DRP 233 803; 237 790; 281 454. Weitere Literatur z. d. Arbeiten v. *Baekeland: W. Röhrs*, Leo Hendrik Baekeland, Kunststoffe 28 (1938), 287. — *K. H. Hauck*, Kunststoff-Rdsch. 6 (1959), 85; hier auch Wiedergabe d. Arbeit v. *Baekeland* aus Chem. Ztg. 33 (1909), 317, 326, 347, 358 u. des ihm erteilten DRP 233 803 (1908).
[12]) Angew. Chem. 22 (1909), 1598; Chem. Ztg. 33 (1909), 680, 705.
[13]) Ausführl. Darstellung d. historischen Entwicklung: *A. I. Buck*, Brit. Plastics 7, 8 u. 9 (1936—1938). — *Hultzsch*, Phenolharze, s. Fußnote 16).
[14]) DRP 17 277 (1902), Louis Blumer.
[15]) Zur Entwickl. d. Phenolkunstharze in der Lackindustrie: *H. Hönel*, Beckacite-Nachr. 6 (1938), 2. — *E. Fonrobert*, Dtsch. Farben-Z. 6 (1952), 223.
[16]) Organische Chemie in Einzeldarstellungen, 3. Bd., Springer-Verlag, Berlin-Göttingen-Heidelberg 1950. Wird im folgenden als „*Hultzsch*, Phenolharze" zitiert.

technischer Produkte und über analytische Methoden zur Aufklärung ihrer Konstitution[17]).

Aus der reichhaltigen Literatur über Phenolharze kann auf eine Reihe weiterer Monographien hingewiesen werden, die sich eingehend mit der Materie beschäftigen. Es sind dies das Werk von *J. Scheiber*[18]), welches das gesamte Kunstharzgebiet umfaßt, und das Handbuch von *R. Houwink*[19]). Ebenfalls eine Zusammenstellung der bei der Phenolharz-Bildung ablaufenden Grundreaktionen geben *R. Wegler* und *H. Herlinger*[20]) unter dem Titel „Polyadditions- und Polykondensationsprodukte von Carbonylverbindungen mit Phenolen". In der englisch-amerikanischen Literatur seien als Autoren *T. S. Carswell*[21]), *P. Robitschek* und *A. Lewin*[22]), *R. W. Martin*[23]), *N. J. L. Megson*[24]) und *A. A. K. Whitehouse, E. G. K. Pritchett* und *G. Barnett*[25]) genannt.

Rohstoffe

Grundrohstoffe für die Herstellung von Phenolharzen sind Phenol und seine Homologen, sowie Aldehyde und zwar vornehmlich Formaldehyd und seine Äquivalente[26]).

Phenole

Neben Phenol (Carbolsäure) selbst sind die Kresole, die Xylenole, Bisphenol A (s. S. 29), außerdem bestimmte Alkylphenole (mit längeren Seitenketten anstelle der Methylgruppe) die wichtigsten Phenolverbindungen zur Herstellung von Phenol-Formaldehyd-Lackharzen.

Phenol

Phenol wird heute nur noch zu einem geringen Anteil an der Gesamtproduktion aus den Mittelölfraktionen der Teerdestillation gewonnen. Die modernen großtechnischen Synthesen verwenden zumeist Benzol als Rohstoff[27]), wobei die Hydroxylgruppe auf verschiedene Weise in den aromatischen Kern eingeführt werden kann. Hierbei dürften Methoden wie

---

[17]) Angew. Chem. *63* (1951), 168.
[18]) *J. Scheiber,* Chemie u. Technologie der künstlichen Harze, Wissenschaftliche Verlagsges. Stuttgart 1943. Als „*Scheiber,* Künstl. Harze (1943)" zitiert.
[19]) *R. Houwink,* Chemie u. Technologie der Kunststoffe, Bd. II, 3. Aufl. Akademische Verlagsges. Leipzig 1956.
[20]) *R. Wegler* u. *H. Herlinger* in Houben-Weyl: Methoden der organischen Chemie, Bd. XIV/2, Makromolekulare Stoffe, Thieme Verlag, Stuttgart 1963.
[21]) *T. S. Carswell,* High Polymers, Vol. VII, Phenoplasts, Interscience Publ. Inc. New York. London 1947.
[22]) *P. Robitschek* u. *A. Lewin,* Phenolic Resins, their Chemistry and Technology, Iliffe & Sons Ltd. London 1950.
[23]) *R. W. Martin,* The Chemistry of Phenolic Resins, I. Wiley & Sons, Inc. New York 1956.
[24]) *N. J. L. Megson,* Phenolic Resin Chemistry, Butterworths Scientific Publications London 1958 (referiert eingehen alle seit 1939 erschienenen experimentellen Arbeiten).
[25]) *A. A. K. Whitehouse, E. G. K. Pritchett* u. *G. Barnett,* Phenolic Resins, Iliffe Books Ltd. London 1967.
[26]) Kurze Zusammenfassung v. Herst.-Verfahren von Rohstoffen f. d. Phenolharze, z. B.: *P. W. Sherwood,* Paint Technol. *26* (1962), Nr. 7. S. 45; Nr. 8, S. 22 u. Nr. 9, S. 21.
[27]) Moderne techn. Phenol-Synthesen: *H. Kropf* u. *O. Lindner,* Chemie-Ing.- Techn. *36* (1964), 759.

1. die Alkalischmelze der durch Sulfonieren von Benzol gewonnenen Benzolsulfonsäure

$$\text{C}_6\text{H}_5\text{-SO}_3\text{Na} + \text{NaOH} \longrightarrow \text{C}_6\text{H}_5\text{-OH} + \text{Na}_2\text{SO}_3 \qquad 2.1$$

und

2. die alkalische Hydrolyse von Chlorbenzol unter Druckerhitzung und als Variante hierzu seine katalytische Wasserdampf-Hydrolyse (Raschig-Verfahren)

$$\text{C}_6\text{H}_5\text{-Cl} + \text{H}_2\text{O} \xrightarrow[\text{Katal.}]{450\,°\text{C}} \text{C}_6\text{H}_5\text{-OH} + \text{HCl} \qquad 2.2$$

wohl nur noch historische Bedeutung zukommen.

3. Bei der Phenolsynthese nach dem Cumol-Verfahren[28]) wird das aus Benzol und Propylen hergestellte Cumol (Isopropylbenzol) in Cumolhydroperoxid übergeführt und dieses durch Säure hydrolytisch in Phenol und Aceton gespalten:

$$\underset{\substack{|\\ \text{H}_3\text{C}-\text{C}-\text{H}\\ |\\ \text{CH}_3}}{\text{C}_6\text{H}_5} \xrightarrow{\text{Autoxyd.}} \underset{\substack{|\\ \text{H}_3\text{C}-\text{C}-\text{O}-\text{OH}\\ |\\ \text{CH}_3}}{\text{C}_6\text{H}_5} \xrightarrow{\text{Säure}} \underset{\text{OH}}{\text{C}_6\text{H}_5} + \text{CH}_3\text{COCH}_3 \qquad 2.3$$

Die auf Cumol-Basis beruhende Erzeugung an Phenol beträgt heute weit über 50% der Weltkapazität. Nach diesem Verfahren lassen sich übrigens auch substituierte Phenole herstellen.

4. Auch die direkte Oxydation von Benzol ist ein technisch genutzter Weg der Phenolsynthese[29]).

5. Eine weitere interessante Synthese führt vom Toluol ausgehend über Benzoesäure zum Phenol. Hierbei wird Toluol zunächst zu Benzoesäure oxidiert, die anschließend oxidativ zu Phenylbenzoat decarboxyliert wird

$$2\,\text{C}_6\text{H}_5\text{-COOH} \xrightarrow{1/2\,\text{O}_2} \text{C}_6\text{H}_5\text{-C(=O)-O-C}_6\text{H}_5 + \text{CO}_2 + \text{H}_2\text{O} \qquad 2.4$$

Letzteres wird sodann durch Verseifung in Phenol und Benzoesäure aufgespalten[30]).

Kresole

Das Gemisch der drei isomeren Verbindungen, o-, m- und p-Kresol (Formeln s. S. 32) wird neben Phenol aus der Mittelölfraktion der Teerdestillation gewonnen. Für die Lackharz-Herstellung ist meist der Gehalt an m-Kresol ausschlaggebend,

---

[28]) *H. Hock* u. *H. Kropf,* Angew. Chem. 69 (1957), 313.
[29]) Zusammenstellung v. Synthesen: *P. Sherwood,* Seifen-Öle-Fette-Wachse 89 (1963), 615.
[30]) AP 2 766 294 (1952), California Research Corp. — AP 2 727 926 (1954) u. 2 954 427 (1957), beide Dow Chemical Co. — S. a. Fußnote 16).

da dieses bei der Umsetzung mit Formaldehyd die stärkste Reaktivität aufweist. Man verwendet im allgemeinen Gemische mit einem Gehalt von 40—60% an m-Kresol[31]). Die neuesten Verfahren zur Herstellung von Kresolen, aber auch von Xylenolen beruhen auf einer Synthese aus Phenol + Methanol[32]).

Xylenole

Die Xylenole sind ebenfalls Produkte der Steinkohlen- und Braunkohlen-Teerdestillation, in deren hochsiedenden Fraktionen sie enthalten sind. Von den sechs möglichen Isomeren (Formeln s. S. 32) sind wegen der Abhängigkeit der Reaktivität von den vorhandenen freien und aktiven Wasserstoff-Atomen (s. S. 32) nur vier, nämlich die 1,3,5-, 1,2,3-, 1,2,5- und 1,3,4-Verbindungen für die Harzherstellung wertvoll. Infolge der dreifachen Substitution des Benzolkernes ist das Härtungsvermögen von Xylenolharzen vermindert[32a]), auch ist die Herstellung gleichmäßiger Harze sehr erschwert, da die Zusammensetzung der Xylenolfraktionen starken Schwankungen unterworfen ist.

Alkylphenole

Phenole, die andere Substituenten als die Methyl-Gruppe tragen, wie z. B. p-tertiär-Butyl-, p-tert.-Amyl-, p-tert.-Octyl-, o- bzw. p-Cyclohexyl-, p-Phenylphenol u. a., liegen den sogenannten Alkylphenolharzen (S. 56) zugrunde. Die wichtigsten Verfahren zur Synthese von Alkylphenolen, die alle die Anwesenheit geeigneter Katalysatoren voraussetzen, sind[33]):

1. Reaktion von Phenol mit Alkoholen:

$$C_6H_5OH + R \cdot OH \rightarrow C_6H_5OR \xrightarrow{\text{Umlagerung}} R \cdot C_6H_5OH^{34}) \qquad 2.5$$

2. Reaktion von Phenol mit Alkylhalogeniden:

$$C_6H_5OH + R \cdot Hal \rightarrow C_6H_5OR \xrightarrow{\text{Umlagerung}} R \cdot C_6H_5OH \qquad 2.6$$

3. Addition von Olefinen an Phenol:

$$H_2C = CH \cdot R + \text{C}_6\text{H}_5\text{OH} \longrightarrow \text{(H}_3\text{C)(R)(H)C-C}_6\text{H}_4\text{-OH} \qquad 2.7$$

---

[31]) Bestimmung d. m-Kresol-Gehaltes: *W. Quist,* Z. analyt. Chem. *65* (1924), 289 u *68* (1926), 257. — o-Kresolgehalt über die Cineol-Verbindung: *F. M. Potter* u. *H. B. Williams,* J. Soc. Chem. Ind. *51* (1932), 59 T; Ref. Z. analyt. Chem. *93* (1933), 237.
[32]) Hersteller: Union Rheinische Braunkohlen-Kraftstoff A.G., Wesseling.
[32a]) Unterschiede im Verhalten von Phenol, Kresolen u. Xylenolen b. d. Kondensation mit Formaldehyd: *H. F.* u. *I. Müller,* Kunststoffe *38* (1948), 221.
[33]) Lit. u. weitere Verfahren: *Scheiber,* Künstl. Harze (1943), S. 453. — *Kirk-Othmer,* Encyclopedia of Chemical Technology, 2. Aufl., Interscience Publishers Inc., New York-London 1963, S. 901.
[34]) p-tert.-Butylphenol aus Phenol + Isobutanol mit Kationenaustauscher als Katalysator: *W. I. Isaguljani* u. *E. W. Panidi,* J. angew. Chem. (russ.) *34* (1961), 1849; Ref. Angew. Chem. *73* (1961), 783.

Bisphenol A

Das zuerst von ,A. Dianin[34a]) durch saure Kondensation von Aceton mit Phenol erhaltene 4,4'-Dioxy-diphenyl-2,2-Propan (Bisphenol A, Dian)

$$HO-\langle\bigcirc\rangle-H + O=C(CH_3)_2 \longrightarrow HO-\langle\bigcirc\rangle-C(CH_3)_2-\langle\bigcirc\rangle-OH + H_2O \quad\quad 2.8$$
$$HO-\langle\bigcirc\rangle-H$$

Bisphenol A

ist auch gleichzeitig das erste in großtechnischem Maßstabe hergestellte Mehrkernphenol. Seine Fähigkeit, mit Formaldehyd eine Tetramethylol-Verbindung zu liefern (s. S. 34) und die Abwesenheit von freien Wasserstoff-Atomen in para-Stellung zu den phenolischen Hydroxylgruppen machen es zu einem wichtigen Rohstoff für die Herstellung von Phenolharzen (s. S. 54). Darüber hinaus ist es auch als Ausgangsstoff für die Erzeugung von Epoxidharzen (S. 176) und von Polycarbonaten (S. 147) von grundlegender Bedeutung[35]).

Formaldehyd und seine Äquivalente

Formaldehyd[36])

Formaldehyd, HCHO, eine über $-21\,°C$ gasförmige Verbindung, ist bei weitem der wichtigste Aldehyd für die Phenolharz-Herstellung. Er wird durch katalytische Oxydation von Methanol hergestellt[36a])

$$CH_3OH + \tfrac{1}{2}O_2 \xrightarrow[\text{Katal.}]{450°C} H\cdot C{\overset{H}{\underset{O}{\lessgtr}}} + H_2O \quad\quad 2.9$$

und kommt meist als 30- bis 40%ige wäßrige Lösung (Formalin, Formol) zur Anwendung.

Der Gehalt solcher wäßrigen Lösungen an freiem Formaldehyd ist allerdings verhältnismäßig gering, da in ihnen eine Reihe von der Konzentration an Formaldehyd und der Temperatur stark abhängige Gleichgewichte zwischen Formaldehyd, Methylenglykol ($CH_2(OH)_2$) und dessen polymeren Hydraten ($HO(CH_2O)_nH$) vorliegt:

$$HCHO + H_2O \rightleftharpoons HO\cdot CH_2OH$$
$$2\, HOCH_2OH \rightleftharpoons HOCH_2\cdot O\cdot CH_2OH + H_2O \quad\quad 2.10$$
$$HOCH_2OH + HO\cdot CH_2\cdot O\cdot CH_2OH \rightleftharpoons HOCH_2\cdot O\cdot CH_2\cdot O\cdot CH_2OH + H_2O \quad\text{usw.}$$

Lösungen mit mehr als 30% Formaldehydgehalt enthalten Methanol als Stabilisator (in der Regel ca. 8—12%), um die Neigung zur Bildung und Ausfällung höherer, wasserunlöslicher Polyoxymethylen-Verbindungen[37]) zu vermindern.

[34a]) Ber. *25* R (1892), 334; s. a. *J. v. Braun*, Liebigs Ann. Chem. *472* (1929), 1. — AP 2 468 982 (1949), B. F. Goodrich Co. — DAS 1 142 366 (1963), Ciba.
[35]) *H. Schnell* u. *H. Krimm*, Über die Bild. u. Spaltung v. Dihydroxy-diarylmethan-Derivaten: Angew. Chem. *75* (1963), 662.
[36]) Monographie: *J. F. Walker*, Formaldehyde, 3. Edition Reinhold Publishing Corp. New York-London 1964.
[36]) Herstellung siehe z. B.: Chemie f. Labor u. Betrieb *20* (1969), 299 (3 Verfahren).
[37]) Polyoxymethylene: *W. Kern*, Angew. Chem. *73* (1961), 177. — Der Kunststoff „Delrin" (DuPont) ist z. B. ein Polyoxymethylen und wird durch Polymerisation von wasserfreiem Formaldehyd hergestellt.

Der Siedepunkt von Formalin liegt je nach Konzentration in der Nähe von 100 °C.

Paraformaldehyd

Paraformaldehyd ist eine feste, polymere Form des Formaldehyds und wird durch Entwässern von Formalin in Gegenwart einer geringen Menge von Säure als ein weißes Pulver erhalten. Er besteht zu 95—97% (der Rest ist locker gebundenes Wasser) aus komplexen Polymeren $(CH_2O)_n$ und ihren hydratisierten Formen $(CH_2O)_n \cdot H_2O$, mit n zwischen 20 und 100. Der Schmelzpunkt von Paraformaldehyd hängt vom Polymerisationsgrad ab und bewegt sich zwischen 120 und 170 °C.

Hexamethylentetramin (Hexa)

Formaldehyd addiert im Gegensatz zu seinen höheren Homologen Ammoniak nicht unter Bildung eines Aldehydammoniaks, es entsteht vielmehr unter spontaner Wasserabspaltung Hexamethylentetramin:

$$6\,HCHO + 4\,NH_3 \longrightarrow \text{[Struktur]} + 6\,H_2O \qquad 2.11$$

Schon beim gemeinsamen Eindampfen von Formalin und konzentriertem Ammoniak bilden sich farblose Kristalle dieser sehr leicht in Wasser löslichen Verbindung vom Adamantan-Typ[38]).

Hexamethylentetramin liefert nicht nur in Umkehrung seiner Bildungsweise wieder Formaldehyd und damit die $-CH_2$-Gruppe, sondern es vermag unter geeigneten Arbeitsbedingungen auch noch seinen Stickstoff in die entstehenden Reaktionsprodukte mit einzubringen (s. Hexahärtung S. 38).

Andere Aldehyde

Andere Aldehyde, z. B. Acetaldehyd, Benzaldehyd, Acrolein und Furfurol[39]), ebenso Ketone[40]), ergeben ebenfalls mit Phenolen harzartige Polykondensationsprodukte, doch treten alle diese Verbindungen in ihrer Bedeutung für die Herstellung von Phenolharzen weit hinter Formaldehyd zurück.

1. Phenol-Formaldehyd-Harze

Bildung und Aufbau der Phenolharze

Unter dem allgemeinen Begriff Phenolharze werden eine Reihe von Harzprodukten zusammengefaßt, die in der Regel recht unterschiedlich aufgebaut sein können. Zum besseren Verständnis der ihnen zugrunde liegenden vielseitigen chemischen Reaktionen ist es zweckmäßig, den in Frage kommenden Bildungsweisen eine etwas ausführlichere Behandlung zu widmen. Es werden daher zunächst, ohne eine strenge

---

[38]) Adamantan, $C_{10}H_{16}$: tricyclisches Paraffin mit einer dem Raumgitter des Diamanten entsprechenden Anordnung der Kohlenstoff-Atome.
[39]) Zusammenstellung: *Scheiber*, Künstl. Harze (1943), S. 566—573.
[40]) Ebenda, S. 574.

1. Phenol-Formaldehyd-Harze

Aufgliederung nach den einzelnen Phenolharztypen einzuhalten, Bildung und Aufbau der Harze ganz allgemein dargestellt. Anschließend werden sodann die als Lackrohstoffe wichtigen Harze nach ihren Typenmerkmalen geordnet aufgeführt. Überschneidungen und Wiederholungen werden sich allerdings hierbei nicht vermeiden lassen.

Die Umsetzung von Phenolen mit Formaldehyd kann je nach den Reaktionsbedingungen zu grundsätzlich verschiedenen Stoffen führen. Es ergeben sich aber in jedem Fall Harze, die in eine der nachstehenden beiden Hauptgruppen eingeordnet werden können:

1. *Novolake:* Nicht selbsthärtende Phenolharze, die dauernd löslich und schmelzbar sind.
2. *Resole:* Eigenhärtende Phenolharze, die im Anfangsstadium zwar löslich und schmelzbar sind, die aber durch geeignete Maßnahmen, wie Hitze- oder Säureeinwirkung, in den unlöslichen, unschmelzbaren Zustand, in sogenannte Resite, übergeführt werden können.

Als eine weitere, gewissermaßen zwischen diesen beiden Phenolharz-Grundtypen stehende Gruppe sind die „indirekt härtenden" Phenolharze anzusehen. Es sind dies Gemische aus einem für sich allein nicht zur Selbsthärtung geeignetem Harz, also einem Novolak und einem „Härtungsmittel". Derartige Mischungen sind ebenfalls härtbar und können daher in den Resitzustand übergeführt werden. Als Härtungsmittel dienen hierbei in der Regel Hexamethylentetramin oder Paraformaldehyd. Solche „indirekt härtenden" Phenolharze spielen vor allem auf dem Gebiet der härtbaren Formmassen eine bedeutende Rolle.

Reaktivität und Funktionalität

Zum Verständnis der eigentlichen Anlagerungsreaktionen von Formaldehyd an Phenole müssen zwei ganz allgemeine, in diesem Zusammenhang aber wichtige Begriffe der organischen Chemie erläutert werden, nämlich die Reaktivität und die Funktionalität.

Im Gegensatz zu ihrem Stammkohlenwasserstoff Benzol sind Phenol und seine Homologen sehr reaktionsfreudige Verbindungen. Dieser Umstand ist auf die durch den Eintritt der phenolischen Hydroxylgruppe gestörte Symmetrie der Elektronenverteilung im Benzolsystem zurückzuführen. Die durch den Elektronensog dieses Substituenten „beweglicher", das heißt reaktionsfähiger gewordenen Wasserstoffatome unterliegen aber noch einem weiteren Einfluß dieser phenolischen Hydroxylgruppe. Sie bewirkt nämlich zusätzlich als Substituent 1. Ordnung eine bevorzugte Aktivierung der ortho- und der para-Stellungen des aromatischen Ringsystems, so daß Umsetzungen mit anderen Reaktionspartnern praktisch nur an diesen Stellen stattfinden. Sind noch weitere Substituenten neben der OH-Gruppe im Benzolkern vorhanden, so beeinflussen auch diese, je nach ihrer Stellung und Natur, die Reaktionsfreudigkeit der Kernwasserstoffatome. Es kann so zu einer Verstärkung, aber auch zu einer Abschwächung der Reaktionsfähigkeit der Phenole kommen. Im meta-Kresol z. B. bewirkt die ebenfalls als Substituent 1. Ordnung wirkende Methylgruppe eine Verstärkung des lockernden Einflusses auf die in den nachstehenden Formelbildern mit x bezeichneten Wasserstoffatome und erklärt so die bemerkenswert gesteigerte Reaktionsfähigkeit von meta-Kresol bei der Umsetzung mit Formaldehyd gegenüber den viel trägeren ortho- bzw. para-Kresolen. Eine weitere OH-Gruppe in dem Molekül, wie im Falle des Resorcins, bewirkt zusätzlich eine Steigerung der Reaktivität.

Trifunktionelle Phenole		Bifunktionelle Phenole		Monofunktionelle Phenole	
Phenol	OH, x an 2,4,6 (Positionen 1-6 am Ring)	o-Kresol	OH, CH$_3$ an 2, x an 4,6	1,2,6-Xylenol	OH, CH$_3$ an 2 und 6, x an 4
m-Kresol	OH, CH$_3$ an 3, x an 2,4,6	p-Kresol	OH, x an 2,6, CH$_3$ an 4	1,2,4-Xylenol	OH, CH$_3$ an 2 und 4, x an 6
Resorcin	OH an 1 und 3, x an 2,4,6	1,3,4-Xylenol	OH, x an 2,6, CH$_3$ an 3 und 4		
1,3,5-Xylenol	OH, CH$_3$ an 3 und 5, x an 2,4,6	1,2,5-Xylenol	OH, CH$_3$ an 2 und 5, x an 4,6		
		1,2,3-Xylenol	OH, CH$_3$ an 2 und 3, x an 4,6		

2.12

Etwa im Phenol-Ring noch anwesende Substituenten 2. Ordnung, wie die Carboxylgruppe —COOH, die Aldehydgruppe —CHO oder die Nitrogruppe —NO$_2$ dirigieren an sich in meta-Stellung. Da diese Substituenten aber eine mehr oder weniger stark ausgeprägte Abschwächung der auflockernden Wirkung der phenolischen Hydroxylgruppe verursachen, wirken sie sich in substituierten Phenolen meist im Sinne einer Verminderung der Reaktionsfreudigkeit gegenüber Formaldehyd aus.

Weiterhin muß in die allgemeinen Betrachtungen der Begriff der *Funktionalität* mit einbezogen werden. Wie bereits im einleitenden Kapitel über Polykondensationsvorgänge (s. S. 15) dargelegt wurde, kann es nur dann zur Ausbildung von großen Molekülen kommen, wenn die Reaktionspartner mindestens bi- und höherfunktionell sind. Die durch die reaktiven Kernwasserstoffatome gekennzeichneten Stellen der Moleküle bedingen nun aber gleichzeitig die jeweilige Funktionalität der Phenole. Da letztere wiederum ihre ihnen eigene Funktionalität auch auf die bei ihrer Umsetzung mit Formaldehyd gebildeten, nachstehend beschriebenen Phenolalko-

Abb. 1 Teilansicht der Produktionshalle für Kunstharze und Formaldehyd-Anlage, Werk Hamburg der Reichhold-Albert-Chemie AG

Werkfoto Reichhold-Albert-Chemie AG, Hamburg und Wiesbaden-Biebrich

hole übertragen, wird verständlich, daß vom Grade der Funktionalität der phenolischen Komponente auch der weitere Ablauf der Harzbildung abhängt.

Die phenolische Hydroxylgruppe selbst tritt bei der Kondensation mit Formaldehyd nicht als funktionelle Gruppe auf, da sie unter normalen Bedingungen nicht mit dem Aldehyd in Reaktion tritt[41,42]).

Einer Aufklärung der Struktur der Phenolharze allein mit den üblichen chemischen und physikalischen Methoden der Analytik stellen sich erhebliche Schwierigkeiten in den Weg. Ganz versagen diese Verfahren bei den völlig unlöslichen, stark vernetzten Harzen. Man ist deshalb gezwungen, die Reaktionen, die zur Bildung der Endprodukte führen können, zunächst an möglichst einfach gebauten Modellsubstanzen zu studieren, um auf diese Weise zum Verständnis ihres Aufbaues zu gelangen. Mit dieser Aufgabe haben sich vor allem *H. v. Euler, K. Hultzsch* und *A. Zinke* befaßt. In Hinblick auf die Vielfalt an Reaktionsmöglichkeiten, die sich vor allem bei den Vorgängen der Härtung von Phenolharzen ergeben, können die Schlußfolgerungen dieser Autoren nachstehend nur gedrängt zusammengestellt werden. Sie haben jedenfalls in Verbindung mit den Erfahrungen der Praxis heute auf diesem Gebiete im wesentlichen Klarheit gebracht.

Die Bildung der Phenolharze erfolgt ganz allgemein durch eine fortlaufende Verknüpfung der Phenolkerne durch Brückenglieder, die vom Formaldehyd geliefert werden. Die wesentlichen Bindungselemente sind die Methylenbrücke — CH_2 — und die Dimethylenätherbrücke —CH_2-O-CH_2 —. Erstere erfordert zu ihrer Bildung nur ein Molekül Formaldehyd, während für die letztere zwei Moleküle Formaldehyd nötig sind.

Die erste Stufe der Phenolharzbildung besteht immer in der Anlagerung von Formaldehyd an Phenol zu Phenolalkoholen, die demnach als Ausgangspunkt für die gesamte Phenolharz-Chemie zu betrachten sind. Erst der weitere Molekülaufbau kommt dann durch andere, später zu besprechende, Kondensationsreaktionen zustande.

Die Phenolalkohole

Die Umsetzung von Phenolen mit Formaldehyd unter dem Einfluß alkalischer sowie saurer Katalysatoren verläuft in der ersten Stufe nicht als ein eigentlicher Kondensationsvorgang, sondern ist vielmehr eine Additionsreaktion entsprechend einer Aldoladdition (s. S. 83). Dabei entstehen Oxymethylphenol-Verbindungen, die sogenannten Phenolalkohole oder Methylol-phenole. Die Addition erfolgt an den freien ortho- und para-Stellen der Phenolkerne und führt je nach Zahl der zur Verfügung stehenden freien Reaktionsstellen und entsprechend dem Molverhältnis der Reaktionspartner sowie der Funktionalität der Phenole zu Mono-, Di- und Polymethylolphenolen. So ist z. B. das trifunktionelle Phenol in der Lage, bis zu drei Moleküle Formaldehyd zu addieren, wobei je nach dem Formaldehyd-Einstand Mono-, Di- und Trimethylolphenole, im allgemeinen nebeneinander entstehen:

---

[41]) Nachweis der Nichtteilnahme der phenolischen OH-Gruppen am Härtungsprozeß durch stabile H-Isotope: *S. S. Smirnowa* u. *W. J. Serenkow*, (russ.), Wyssokomolek. Ssoedinenija *2* (1960), 1067; Ref. Kunststoff-Rdsch. *8* (1961), 303.

[42]) Weitere Ausführungen zur Reaktivität u. Funktionalität: z. B. *Hultzsch*, Phenolharze, S. 15 ff.

2.13

Der einfachste Phenolalkohol ist das Saligenin (= o-Oxy-benzylalkohol = o-Methylolphenol), bzw. sein Para-Isomeres. Mehrkernphenole wie Bisphenol A (S.29) oder die bei der Verknüpfung von Phenolkernen durch Formaldehyd entstehenden Mehrkernphenole (s. S. 36) können ebenfalls Phenolalkohole bilden, z. B.

2.14

Der Reaktivitätsgrad der o- und p-Stellung im Phenol bzw. der Reaktivitätsgrad der Mono- und Dimethylolverbindungen unterscheiden sich im alkalischen Bereich nicht wesentlich voneinander, dagegen wird im sauren Milieu die p-Position bevorzugt.

Methylolgrupen in o-Stellung werden durch intramolekulare Protonbrücken[43]) (s. S. 37) unter Bildung sechsgliedriger Ringsysteme stabilisiert[43a]):

2.15

Durch Erhitzen oder in der Kälte schon durch Einwirkung starker Säuren wird diese Stabilisierung o-ständiger Methylolgruppen wieder aufgehoben. Dieses Verhalten ist einer der Hauptgründe für die Härtbarkeit der Resole durch Einwirkung von Wärme oder Säure, da durch das rückläufige Öffnen der unter der Mitwirkung von Protonbrücken entstandenen Ringe die weiteren Kondensationsvorgänge an den o-Phenolalkolen ausgelöst und damit die Härtungsschritte eingeleitet werden

---

[43]) Über Proton- bzw. Wasserstoffbrücken siehe z. B. *B. Eistert,* Chemismus u. Konstitution, Bd. I, Stuttgart 1948.
[43a]) S. z. B.: *G. R. Sprengling,* J. Amer. Chem. Soc. 76 (1954), 1190.

können. Bei der sauer katalysierten Umsetzung von Formaldehyd mit Phenol ist eine derartige Stabilisierung durch Protonbrücken von Anfang an zudem unmöglich, so daß sofort Weiterkondensation unter Wasserabspaltung zu Diphenylmethan-Derivaten eintritt. Bei p-ständigen Methylolgruppen ist eine Stabilisierung durch intramolekulare Ringbildung schon aus strukturellen Gründen nicht möglich, so daß auch hier die Reaktion, meist unter Methylenbrückenbildung, gleich weitergeht. Aus diesem Grunde braucht auch die Anwesenheit p-ständiger Methylolgruppen kaum in Betracht gezogen zu werden.

Die Phenolalkohole sind zum Teil in gut kristallisierter Form isolierbar. Die Reindarstellung der einfacheren Körper ist zwar schon lange Zeit bekannt[44]), gestaltet sich jedoch meist recht schwierig. Das Auftreten von Gemischen infolge einer großen Zahl möglicher Isomeren und steigender Mehrkernsysteme, die dadurch bedingte gegenseitige Löslichkeit, zumal in Verbindung mit den Reaktionspartnern Phenol und wäßrigem Formaldehyd, sowie die hohe Reaktionsfähigkeit sind dafür in erster Linie verantwortlich. Die vollständige Trennung der nebeneinander entstehenden Phenolalkohole aus den alkalischen Reaktionsansätzen bereitet außerordentliche Schwierigkeiten, um so mehr, als die üblichen Methoden, wie Destillation und fraktionierte Kristallisation hier versagen. Durch experimentelles Geschick sowie durch Verfeinerung der Verfahren konnte später aber eine große Zahl von Methylolverbindungen, insbesondere von Mehrkernphenolen präparativ in rationeller Synthese aufgebaut werden[45]). Im Zusammenhang damit hat auch die Papierchromatographie klärend geholfen, mit deren Mitteln besonders eindrucksvoll die Bildung einzelner Methylolverbindungen und ihre Verharzungsvorgänge zu verfolgen ist[46]). Die phenolische Hydroxylgruppe unterscheidet die Phenolalkohole grundsätzlich vom Benzylalkohol[47]) und ist die Ursache für ihre so große Reaktionsfreudigkeit. Manche Phenolalkohole sind überdies nur in ganz reinem kristallisierten Zustand beständig und verharzen schon durch die geringsten äußeren Einflüsse. Auf dieser großen Empfindlichkeit beruht schließlich ihre starke Neigung zur Harzbildung.

Als Grundkörper der Phenolharzkondensation liefern die Phenolalkohole bei der eigentlichen Kondensation, je nach saurem, neutralem oder alkalischem Reaktionsmedium, von Fall zu Fall unterschiedliche Phenolharze, deren Eigenschaften mehr oder weniger durch verschiedene und mengenmäßig unterschiedlich auftretende Bindungsarten bestimmt werden.

Die Reaktionsmöglichkeiten der Phenolalkohole werden zur Vereinfachung und Übersichtlichkeit nur an den Monomethylol-Verbindungen besprochen. Sie vollziehen sich aber bei Polymethylol-phenolen grundsätzlich an allen vorhandenen Methylolgruppen. Dies ist an sich auch die Voraussetzung für das weitere Molekülwachstum und insbesondere für die Resitbildung.

Die Kinetik und den Mechanismus der alkali-katalysierten Kondensation von Di- und Trimethylolphenolen untereinander und mit Phenol untersuchten *D. J. Francis* u. *L. M. Yeddanapalli*[48]), vor allem unter dem Gesichtspunkt der unterschiedlichen Reaktionsfähigkeiten der o- und p-ständigen Methylolgruppen.

---

[44]) Z. B. *R. Piria*, Liebigs Ann. Chem. 48 (1843), 75; 56 (1845), 37. — *L. Lederer*, J. prakt. Chem. (2) 50 (1894), 223. ⌣ AP 563 786. — *O. Manasse*, Ber. dtsch. chem. Ges. 27 (1894), 2409; 35 (1902), 3844. — DRP 85 588, Bayer & Co. u. a.

[45]) Umfass. Zusammenstellung d. Synthesen s. *N. J. L. Megson*, Fußn. 24). — Molekulareinheitl. Phenol-Formaldehyd-Kondensate: *H. Kämmerer* u. *H. Lenz*, Makromol. Chem. 27 (1958), 162.

[46]) *S. R. Finn, I. W. James* u. *G. I. S. Standen*, Chem. and Ind. 1954, 188. — *J. Reese*, Angew. Chem. 66 (1954), 170; Kunststoffe 45 (1955), 137. — *G. Schiemann* u. *E. Hartmann*, Z. analyt. Chem. 190 (1962), 126.

[47]) *K. Hultzsch*, Angew. Chem. A 60 (1948), 181.

[48]) Makromol. Chem. 125 (1969), 119.

Die Methylen- und die Dimethylenäther-Brücke

Die *Methylen-Bindung* — CH_2 — ist die stabilste Verknüpfungsart zweier Phenolkerne und stellt vielfach das hauptsächlichste Bindungsprinzip in den Harzen dar. Sie entsteht in erster Linie durch Kondensation der alkoholischen Hydroxylgruppe eines Phenolalkohols mit einem der reaktionsfähigen Kern-Wasserstoffatome eines Phenols unter Bildung von Dioxydiphenyl-methanen (Methylenphenolen)[49]:

$$\text{HO-C}_6\text{H}_4\text{-CH}_2\text{OH} + \text{H-C}_6\text{H}_4\text{-OH} \longrightarrow \text{HO-C}_6\text{H}_4\text{-CH}_2\text{-C}_6\text{H}_4\text{-OH} + H_2O \qquad 2.16$$

Die große Bereitschaft zur Ausbildung der Methylen-Brücke ist daraus ersichtlich, daß, wie bereits ausgeführt wurde, bei Anwendung starker Säuren als Kondensationsmittel die Methylolstufe überhaupt nicht faßbar ist. Sie wird vielmehr so schnell durchlaufen, daß in diesem Falle als Endprodukte aus der Umsetzung von Phenol mit Formaldehyd unmittelbar nur Methylenphenole entstehen.

In alkalischem Medium können Phenolalkohole ebenfalls unter Methylenbrücken-Bildung weiterkondensieren. Diese Reaktion kann in der Weise gedeutet werden, daß die Methylolgruppe eines Phenolalkohol-Moleküls die Methylolgruppe eines anderen Moleküls verdrängt, wobei gleichzeitig Wasser und Formaldehyd abgespalten werden[50]):

$$2\,\text{HO-Ar}(CH_2OH)_2\text{-CH}_2OH \longrightarrow \text{HO-Ar}(CH_2OH)_2\text{-CH}_2\text{-Ar}(CH_2OH)_2\text{-OH} + H_2O + HCHO \qquad 2.17$$

Eine weitere Möglichkeit zur Bildung von Methylenbrücken beruht auf der Umwandlung der nachstehend angeführten Dimethylenäther-Brücke durch Abspaltung von Formaldehyd[51]):

$$\text{HO-C}_6\text{H}_4\text{-CH}_2\text{-O-CH}_2\text{-C}_6\text{H}_4\text{-OH} \longrightarrow \text{HO-C}_6\text{H}_4\text{-CH}_2\text{-C}_6\text{H}_4\text{-OH} + HCHO \qquad 2.18$$

Der dabei abgespaltene Formaldehyd vermag erneut zur Molekülvergrößerung durch Vernetzung beizutragen.

Die zweite wichtige Bindungsform der Phenolharze kommt durch eine gegenseitige Verätherung der Methylolgruppen von Phenolalkoholen zustande[52]).

$$\text{HO-C}_6\text{H}_4\text{-CH}_2OH + HOH_2C\text{-C}_6\text{H}_4\text{-OH} \longrightarrow \text{HO-C}_6\text{H}_4\text{-CH}_2\text{-O-}H_2C\text{-C}_6\text{H}_4\text{-OH} + H_2O \qquad 2.19$$

---

[49]) M. Koebner, Angew. Chem. 46 (1933), 251.
[50]) Hultzsch, Phenolharze, S. 41 ff.
[51]) E. Ziegler u. G. Zigeuner, Kunststoffe 39 (1949), 191.
[52]) K. v. Auwers. Liebigs Ann. Chem. 356 (1907), 124.

1. Phenol-Formaldehyd-Harze

Diese Reaktion tritt sehr glatt beim Erwärmen der Phenolalkohole ein und verläuft in der Regel am leichtesten in neutralem Medium. Es entstehen dabei Dioxy-dibenzyläther mit der charakteristischen *Dimethylenäther-Gruppierung* -CH_2-O-CH_2-. Die Tendenz zur Bildung dieser Verbindungen ist so stark, daß sich Phenolalkohole bereits ohne Katalysatoren schon in wäßriger Lösung bei 70—100 °C miteinander veräthern[53]). Sie wird allerdings bei Zugabe von Säuren im allgemeinen zugunsten einer Ausbildung von Methylenbrücken zurückgedrängt. Die Dimethylenäther-Bindung als Anhydroform der Phenolalkohole ist im Prinzip den gleichen Reaktionen zugänglich wie diese selbst, besitzt also noch eine gewisse Reaktivität, die jedoch gegenüber den Phenolalkoholen bereits stark gemindert ist. Trotzdem stellt sie im Harzverband für den Molekülaufbau eine durchaus stabile Brücken-Bindung dar.

Im allgemeinen ist die Dimethylenätherbindung in Analogie zu anderen Äthern gegenüber Alkalien beständiger als gegen Säuren. Sie kann beispielsweise durch wasserfreie Halogenwasserstoffsäuren quantitativ gespalten werden[54]). Die Beständigkeit der zum phenolischen Hydroxyl in ortho-Stellung befindlichen Dimethylenäther-Bindung in neutraler oder alkalischer Lösung wird in ähnlicher Weise wie bei den o-Methylolphenolen auf eine Stabilisierung durch Ausbildung intramolekularer Protonbrücken zurückgeführt[55]):

2.20

Die Existenz von Protonbrücken in Phenolharzen ist durch Infrarot-Analyse bewiesen[56]), wie überhaupt bei der Aufklärung der Struktur der Phenolharze die IR-Spektroskopie wichtige und wertvolle Beiträge geliefert hat und viele auf andere Weise erhaltenen Befunde unterstützen und ergänzen konnte[57]).

Die Methylolgruppen der Phenolalkohole veräthern nicht nur untereinander, sondern ebenso leicht auch mit anderen Alkoholen[58]):

2.21

Derartige Umsetzungen sind die Grundlage für die Herstellung verätherter, in Benzolkohlenwasserstoffen löslicher Resole[59]) (vgl. S. 49).

---

[53]) *Hultzsch*, Phenolharze, S. 38.
[54]) *A. Zinke* u. *E. Ziegler*, Ber. dtsch. chem. Ges. 77 (1944), 264. — *E. Ziegler* u. *J. Hontschik*, Mh. Chem. 78 (1948), 325.
[55]) *K. Hultzsch*, Angew. Chem. A 60 (1948), 181.
[56]) *R. E. Richarts* u. *H. W. Thompson*, J. Chem. Soc. 1947, 1260.
[57]) S. z. B. *P. J. Secrest*, Infrared Studies of Phenolic Resins, Off. Digest Federat. Soc. Paint Technol. 37 (1965), 187; hier auch zahlreiche Literaturstellen über weitere IR-Untersuchungen an Phenolharzen.
[58]) *K. v. Auwers* u. *F. Baum*, Ber. dtsch. chem. Ges. 29 (1896), 2329.
[59]) *A. Greth*, Angew. Chem. 51 (1938), 719.

Stickstoff enthaltende Brückenbindungen

Methylen- und Dimethylenäther-Brücken sind wie ausgeführt die wichtigsten Verknüpfungsarten der Phenolkerne. Eine andere Möglichkeit der Molekülvereinigung ergibt sich bei Verwendung von Ammoniak als Kondensationsmittel sowie von Hexamethylentetramin als Härtungsmittel.

In beiden Fällen entstehen praktisch Mischkondensate aus Phenol, Formaldehyd und Ammoniak, so daß man im Endeffekt von einer Art *Mannich*-Reaktion[60]) sprechen kann.

Formaldehyd und Ammoniak reagieren beim Zusammentreffen augenblicklich unter Bildung von Hexamethylentetramin (s. S. 30). Dieses wiederum setzt sich beim Erwärmen mit Phenol in der Weise um, daß neben Methylenbrücken auch stickstoffhaltige Brückenbindungen, und zwar vorzugsweise die Dimethylenamin-Bindung -CH_2-NH-CH_2- sowie gegebenenfalls eine dreibindige Trimethylenamin-Gruppe

$$-CH_2-N\begin{matrix}CH_2-\\CH_2-\\CH_2-\end{matrix}\qquad\qquad 2.22$$

zwischen die Phenolkerne eingebaut werden[61]):

$$(CH_2)_6N_4 + 6\ \text{Phenol} \longrightarrow \begin{matrix} 3\ \text{HO-}C_6H_4\text{-}CH_2\text{-NH-}H_2C\text{-}C_6H_4\text{-OH} + NH_3 \\ 2\ (HO\text{-}C_6H_4\text{-}CH_2)_3N + 2\,NH_3 \end{matrix} \qquad 2.23$$

Das abgespaltene Ammoniak kann erneut mit Formaldehyd Hexamethylentetramin bilden, das mit weiterem Phenol in der gleichen Weise reagieren kann. Die entstandenen Oxy-benzylamin-Basen wirken u. U. als Kondensationsmittel für eine Weiterkondensation von Phenolen mit Formaldehyd über Methylolgruppen.

Ein erheblicher Überschuß an Phenol läßt schließlich die Reaktion so verlaufen, daß der gesamte im Hexamethylentetramin gebundene Formaldehyd in Gestalt von Methylenbrücken eingebaut wird:

$$(CH_2)_6N_4 + 12\ \text{Phenol} \longrightarrow 6\ \text{HO-}C_6H_4\text{-}CH_2\text{-}C_6H_4\text{-OH} + 4\,NH_3 \qquad 2.24$$

---

[60]) *Mannich*-Reaktion: Kondensation einer Verbindung mit bewegl. H-Atom, Formaldehyd u. Ammoniak.
[61]) *K. Hultzsch,* Ber. dtsch. chem. Ges. **82** (1949), 16; Hultzsch, Phenolharze, S. 87 ff. — *T. Shono,* C. 1931 II, 2728.

1. Phenol-Formaldehyd-Harze

Die bei der Ammoniak-Kondensation bzw. der Hexa-Härtung zu beobachtende Gelbfärbung rührt von Nebenreaktionen her, bei denen analog den Redox-Vorgängen der Chinonmethide (s. S. 40) Schiffsche Basen auftreten[62]).

Chinonmethide

Die bisher behandelten Reaktionen verlaufen stets unter intermolekularer Wasserabspaltung. Diese kann aber bei Phenolalkoholen und Dioxydibenzyläthern auch intramolekular unter Bildung von *Chinonmethiden* stattfinden.

2.25

oder analog bei entsprechender p-Substitution:

2.26

Chinonmethide sind allerdings derart instabil, daß sie in monomerer Form für sich nicht zu fassen sind, sondern nur als Di- und Trimerisationsprodukte.
Hultzsch[63]) sowie auch *H. v. Euler* u. Mitarbeiter[64]) konnten durch experimentelle Befunde nachweisen, daß derartige Chinonmethide bei der Bildung der Phenolharze eine bedeutungsvolle Rolle spielen. In ihrer Funktion als Zwischenstufen können viele ihrer Reaktionen von einer ionischen Form, einem Oxybenzyl-Carbenium-Kation

2.27

abgeleitet werden.
Infolge ihres stark ungesättigten Charakters sind die Chinonmethide zu vielseitigen Anlagerungsreaktionen befähigt, auf denen auch ihre große Bedeutung für die ganze Phenolharzchemie beruht. So lagern sie unter anderem sehr leicht Verbin-

---

[62]) *Hultzsch,* Phenolharze, S. 99.
[63]) *Hultzsch,* Phenolharze, S. 63.
[64]) Arkiv för Kemi, Mineralogi och Geologi, Ser. A bz. B: *14 A,* Nr. 14; *15 A,* Nr. 7 u. 10 (1941); *15 A,* Nr. 11 (1942); *16 A,* Nr. 11 (1943); *18 A,* Nr. 7 (1944); C. *1941 II,* 2258: *1942 I,* 1435, 2590, 2591; *1943 II,* 20; *1944 II,* 835.

dungen mit beweglichem Wasserstoff an und können so zur Molekülvergrößerung beitragen, wie z. B.

[Reaction 2.28 — chinonmethide + phenolalkohol → dimethylenäther-verknüpftes Produkt]

Ausbildung der Dimethylenäther-Brücke aus Chinonmethid und Phenolalkohol

Durch ihr Bestreben, sich unter Wasserstoff-Aufnahme abzusättigen, wirken Chinonmethide stark dehydrierend, wodurch sie vor allem bei hohen Temperaturen Redox-Vorgänge auslösen. Sie können dabei einmal den phenolischen Komponenten Wasserstoff unter Bildung von Chinonverbindungen bei gleichzeitiger Ausbildung von Methyl-Endgruppen (I) entziehen. Zum anderen kann es zur Verknüpfung über Äthylbrücken -CH$_2$-CH$_2$- kommen, wobei Dioxy-diphenyläthan-Verbindungen entstehen (II)[65]:

[Reaktionsschema 2.29 — Bildung von (I) Methyl-Endgruppe + Chinon]

(I)

[Reaktionsschema — Bildung von (II) Dioxy-diphenyläthan]

(II)

Derartige Vorgänge spielen vor allem bei der Hitzehärtung von Phenolharzen eine Rolle, wobei die Chinonbildung in Zusammenhang zu bringen ist mit den aus der Praxis bekannten mehr oder weniger starken Verfärbungen beim Einbrennen von Phenolharz-Lackfilmen[66]).

Das Auftreten von Phenolaldehyden bei der Hitzehärtung[67]) kann ebenfalls als Redox-Vorgang erklärt werden:

[Reaktionsschema 2.30 — Chinonmethid + Phenolalkohol → Methylphenol + Phenolaldehyd]

---

[65]) *K. Hultzsch*, Ber. dtsch. chem. Ges. 75 (1942), 363.
[66]) Über die Umwandlung der sehr oxydationsempfindl. Gruppen in Polykondensaten bei Anwesenheit v. Sauerstoff siehe z. B. *M. S. Jacivic*, Double Liaison Nr. 98 (1963), 21; Ref. Seifen-Öle-Fette-Wachse 90 (1964), 366.
[67]) *K. Hultzsch*, Ber. dtsch. chem. Ges. 75 (1942), 363.

1. Phenol-Formaldehyd-Harze

In einer Dien-Addition an Verbindungen mit Kohlenstoff-Doppelbindungen werden *Chromanderivate* gebildet:

2.31

Diese Reaktionsweise der Chinonmethide und damit der Phenolharze selbst ist eines der Grundprinzipien für die Herstellung der harzsäuremodifizierten und der plastifizierten Phenolharze, sowie der Verkochung von Alkylphenolharzen mit ungesättigten Ölen[68]).

Härtung und Härtungsvorgänge

Bei den als Lackrohstoffe verwendeten Phenolharzen werden praktisch nur die unter sauren Kondensationsbedingungen hergestellten Novolake in einem Zuge bis zum Erreichen ihres Endzustandes kondensiert. Im Falle der eigenhärtenden Harze, der Resole, wird fast ausschließlich das mit alkalischen Kondensationsmitteln eingeleitete Molekülwachstum in einer auf den jeweiligen weiteren Verwendungszweck abgestimmten Stufe der Harzbildung unterbrochen, also sozusagen eingefroren. Die solchen Harzen eigene Härtbarkeit bleibt hierbei uneingeschränkt erhalten. Der Abschluß der Kondensation, praktisch demnach die Überführung in den Resitzustand, wird meist mit der endgültigen Formgebung verbunden; bei Lackharzen also mit der Ausbildung der Lackfilm-Schicht.
Die Wiederaufnahme der Kondensationsvorgänge nach einer zeitlichen Unterbrechung und der weitere Ablauf der Reaktionen umschließen den Begriff der Härtung. Diese wichtige Abschlußphase der Harzbildung verleiht dem Endprodukt die erwünschten guten Eigenschaften, wie Härte, mechanische Festigkeit und Beständigkeit gegen vielseitige Beanspruchungen. Die Durchführung der Härtung kann unterschiedlich erfolgen, und zwar entweder durch Hitzeeinwirkung oder durch den Einfluß von Säuren, wobei allerdings diese beiden gebräuchlichen Methoden zu Resiten unterschiedlicher Struktur und Molekülgröße führen.
Insoweit stellen also die bisher besprochenen Möglichkeiten zur Verbindung von Phenolkernen untereinander die eigentlichen Härtungsvorgänge dar, die jedoch für die technische Resitbildung zur Voraussetzung haben, daß diese Reaktionen im Sinne einer Polykondensation an mindestens zwei Stellen des Moleküls einsetzen. Darüber hinaus ist es für eine wirkungsvolle Vernetzung außerdem unerläßlich, daß eine hinreichende Menge trifunktioneller Phenole vorhanden ist. Andernfalls kann es nur zur Ausbildung von verhältnismäßig kurzen, meist unverzweigten, kettenartigen Molekülen und Endgruppen kommen.
Zusammenfassend ergibt sich, daß die Härtung der Phenolharze, ganz gleich ob durch Hitze oder Säure bedingt, aber auch die indirekte Härtung der Novolake, sich im Prinzip zurückführen läßt auf eine Verknüpfung von Phenolkernen mit Bindungsgliedern, die ursprünglich aus Formaldehyd entstanden sind. Hierbei tritt vorwiegend die Methylenbrücke als Verknüpfungselement auf, aber auch die Dimethylenätherbrücke bleibt je nach den Härtungsbedingungen in gewissem Umfange bestehen[69]). Bei den mit Ammoniak oder Hexamethylentetramin konden-

---

[68]) *A. Greth,* Kunststoffe *31* (1941), 345. — *K. Hultzsch,* J. prakt. Chem. (2) *158* (1941), 275 u. Ber. dtsch. chem. Ges. *74* (1941), 898.
[69]) *Hultzsch,* Phenolharze, S. 151.

sierten Harzen ist zusätzlich noch mit der Anwesenheit von stickstoffhaltigen Brückenbindungen zu rechnen.

Andere mit den Harzen im Verlauf der Härtung reagierende Verbindungen oder Stoffe können mit einbezogen werden; z. B. steht hiermit im Zusammenhang die Ölreaktivität (s. S. 45) der Resole. Die mit dem Knüpfen eines Netzwerkes zu vergleichende Vergrößerung der Moleküle führt schließlich zu dem dreidimensionalen, mehr oder weniger engmaschigen Gerüst der gehärteten, unlöslich und unschmelzbar gewordenen Harze. Gerade weil bei dem Vorgange der Härtung eine Reihe von Einzelreaktionen mit- und nebeneinander ablaufen kann, ergibt sich daraus auch die bekannte Mannigfaltigkeit der Phenolharze[70]).

Struktur der Phenolharze

Die Struktur der Harze, also ihr innerer Aufbau, wird von einer ganzen Reihe ineinandergreifender Faktoren beeinflußt. Die Ausgangsreaktion ist in jedem Falle die Bildung der Phenolalkohole; dabei wird durch die Anzahl der gebildeten Methylolgruppen bis zu einem gewissen Grade die künftige Struktur der Harze bereits vorbestimmt. Wie sich von den Phenolalkoholen ausgehend dann der weitere Aufbau gestaltet, ist von verschiedenen Faktoren abhängig.

So spielt einerseits die Funktionalität und die Reaktivität der Ausgangsphenole, andererseits auch das Molverhältnis der Reaktionspartner Phenol und Formaldehyd eine wesentliche Rolle, weil auch die Bildungsreaktionen der Phenolharze dem Gesetz des chemischen Gleichgewichts unterworfen sind. Hierbei können sich in bekannter Weise Konzentrationsänderungen der Komponenten auf die Lage des Gleichgewichtes auswirken. Weiterhin sind aber auch in entscheidendem Maße die Kondensationsbedingungen bestimmend, sowohl hinsichtlich der chemischen Natur der Kondensationsmittel als auch der Konzentration und der Temperatur des Ansatzes.

Im einzelnen ergeben sich folgende Möglichkeiten:

1. Bei der Reaktion von 1 Mol Phenol mit weniger als 1 Mol Formaldehyd in Anwesenheit stark *saurer Kondensationsmittel* werden die anfänglich gebildeten Methylolgruppen verhältnismäßig rasch durch das überschüssige Phenol in Form von Methylenbrücken festgelegt (s. S. 36)[71]). In diesem Falle kommt es sowohl zu o,p-Ringverknüpfungen[72]) als auch zu solchen über o,o- bzw. p,p-Wasserstoffatome, so daß im Endprodukt ein Gemisch verschiedener o- und p-substituierter Polymethylenphenole vorliegt.

Weitere Reaktionen finden kaum statt, so daß üblicherweise auch keine nennenswerten Mengen an reaktiven Gruppen oder Brückenbindungen im Harz verbleiben. Folglich entstehen ausschließlich löslich und schmelzbar bleibende Harze, die wohl Verzweigungen, aber keine oder nur sehr geringe Vernetzungen aufweisen: *Novolak-Bildung.*

Kondensiert man mit einem Überschuß an Formaldehyd, so kann auch im sauren Bereich eine Bildung von resitähnlichen Harzen stattfinden. Bei Erhöhung des Anteiles an Formaldehyd auf etwa 1 Mol und darüber erfolgt nämlich eine zusätzliche Vernetzung der kettenförmig aufgebauten Polyoxyphenylmethane untereinander durch Methylenbrücken[73]).

---

[70]) Deutung der Harzbildung und Härtung als Reaktionen komplexer Kationen des o-Oxybenzylalkohols: *J. F. Ehlers,* Kunststoff-Rdsch. *1* (1954), 51.
[71]) *A. Wanscheidt et al.* Ber. dtsch. chem. Ges. *69* (1936), 1900; C. *1935 I,* 3053; *1938 II,* 189.
[72]) *F. Seebach,* Kunststoffe *27* (1937), 55, 287.
[73]) *W. Kleeberg,* Liebigs Ann. Chem. *263* (1891), 283.

1. Phenol-Formaldehyd-Harze

Weil aber in diesem Falle, bedingt durch die saure Kondensation, die Harzbildung in einem Zuge bis zu unlöslichen, unschmelzbaren und nicht verarbeitungsfähigen Produkten fortschreitet, ist ein derartiges Verfahren ohne jede technische Bedeutung.

Es wurde bereits darauf hingewiesen (S. 34), daß im sauren Milieu eine Bevorzugung der p-Stellung bei der Phenolalkohol-Bildung festzustellen ist. Um hohe Reaktivität bzw. kurze Härtungszeiten bei den Novolaken zu erzielen, ist man auf verschiedene Weise bemüht, so z. B. mit Hilfe chelatbildender Katalysatoren[74], die sauer geleitete Phenol-Formaldehyd-Reaktion so zu lenken, daß möglichst viele freie, hochreaktive p-Positionen am Phenolkern erhalten bleiben. Die selektive o,o-Verknüpfung von Phenolalkoholen mit Phenolen (*„ortho-Novolake"*) ist besonders bei hoher Phenolkonzentration ausgeprägt und wird vor allem durch Komplexbildung mit Zinkionen und anderen zweiwertigen Metallionen begünstigt[75].

2. Im Gegensatz zur sauren Kondensation, bei der die Methylolgruppen sehr schnell weiterreagieren, bleiben diese bei der *alkalischen Kondensation* zunächst weitgehend erhalten, wodurch *Resole* gebildet werden. Diese stellen ein Gemisch von Mono- und Polymethylolverbindungen ein- und mehrkerniger Phenolverbindungen dar und können auch noch Reste der Ausgangsphenole sowie freien Formaldehyd enthalten. Als Kondensationsmittel werden teils sehr geringe (etwa $1/40$ Mol), teils molare Mengen Alkali eingesetzt. Nach Beendigung der Resolbildung wird das Kondensationsmittel meist neutralisiert und u. U. in geeigneter Weise abgetrennt.

In Hinblick auf Herstellungsweise und damit zusammenhängenden Eigenschaften kann man für Resole etwa folgende Untergliederung treffen, wobei die Übergänge natürlich fließend sind:

2.1. Kondensiert man 1 Mol Phenol mit 1,5—2 Mol und mehr an Formaldehyd bei schonenden Temperaturen (etwa höchstens bis 70 °C) in Gegenwart von Alkalien oder Erdalkalien, so entstehen bevorzugt die Phenolalkohole von Ein- und Zweikernphenolen. In diesem Falle bewirkt nämlich das hohe Angebot an Formaldehyd die Ausbildung zahlreicher Methylolgruppen und verringert dementsprechend die Zahl der aktiven Kernstellen, die sonst für Umsetzungen in Richtung Methylenbrücken-Bildung zur Verfügung stehen würden. Unterstützt wird diese Reaktionsweise durch die verhältnismäßig milde Kondensationstemperatur, die ihrerseits eine gegenseitige Umsetzung von Methylolgruppen zu Methylen- oder Dimethylenäther-Brücken nicht begünstigt. Für derart vorsichtig kondensierte Harze wurde auch die Bezeichnung *einfache Resole* vorgeschlagen[76].

Solche einfachen Resole finden wegen ihrer hohen Reaktivität vor allem Verwendung für Härtungsvorgänge, bei denen gleichzeitig eine Modifikation der Harze durch Umsetzung mit anderen Stoffen und Verbindungen (Alkoholen, Harzsäuren, fetten Ölen u. a.) stattfinden soll.

2.2. Wird dagegen 1 Mol Phenol nur mit einem geringen Überschuß an Formaldehyd (1,0—1,5 Mol) in Anwesenheit von wenig Alkali (etwa $1/5$ der molaren Phenolmenge) umgesetzt und steigert man zudem noch die Reaktionstemperatur über 70 °C, so wird die Entstehung höhermolekularer Resole gefördert. In die-

---

[74] *H. L. Bender*, Mod. Plastics *30* (Febr. 1953), 136; *31* (März 1954), 115. — *K. Hultzsch* u. *W. Hesse*, Kunststoffe *53* (1963), 167. — EP 760 698/9 (1953); DAS 1 022 005 (1954), beide Distillers Co. — DAS 1 086 432 (1958), Catalin Ltd.

[75] *A. K. Kuriakose* u. *L. M. Yeddanapalli*, J. Sci. Ind. Research (India), 20 B (1961), 418. — *J. Snuparek* u. *D. Beranova*, Plaste u. Kautschuk *10* (1963), 724. — AP 2 475 587 (1949), *H. L. Bender* u. *A. G. Farnham*.

[76] *Hultzsch*, Phenolharze, S. 120.

sen sind mehr Phenolkerne durch Methylen- oder auch Dimethylenäther-Brücken miteinander verknüpft und dementsprechend ist der prozentuale Anteil an härtbaren Gruppen zurückgedrängt. Solche Produkte können in gewissem Sinne als „vorgehärtete" Harze aufgefaßt und als *hochkondensierte Resole*[77]) bezeichnet werden. Sie erfordern im Vergleich zu den einfachen Resolen weniger härtbare Gruppen oder Brückenbindungen, um zu Resiten weiter zu härten.

Hochkondensierte Resole entstehen auch dann, wenn zunächst mit wenig Formaldehyd ein Harz vom Novolak-Typ hergestellt und an dieses dann durch Zugabe von weiterem Formaldehyd alkalisch Methylolgruppen angelagert werden.

Wird der Formaldehydgehalt bei der alkalischen Kondensation unter 1 Mol gesenkt, so entstehen Resole mit einem hohen Gehalt an freiem Phenol. Derartige Resole können durch eine Nachbehandlung bei hoher Temperatur in Harze vom Novolak-Typ übergeführt werden.

2.3. Bei der Umsetzung von Phenol und Formaldehyd mit Ammoniak als Kondensationsmittel wird Stickstoff in das Harz, vornehmlich als Dimethylenamin-Brücke und Trimethylenamin-Verknüpfung, mit eingebaut (s. S. 38). Überschüssiger Formaldehyd wird darüber hinaus in Form von Methylolgruppen angelagert.

Die Herstellung derartiger *Ammoniak-Resole* hat deshalb Bedeutung, weil sich bei ihnen zur Erzielung aschefreier Harze eine umständliche Entfernung des Kondensationsmittels erübrigt. Die Ammoniak-Resole sind zudem leicht als feste Harze zu erhalten, im Gegensatz zu den anderen Resolen, die im allgemeinen als zähflüssige und klebrige Produkte anfallen.

2.4. Die Methylolgruppen der Phenolalkohole lassen sich beim gemeinsamen Erhitzen auch mit anderen Alkoholen veräthern (s. S. 37), wodurch in Kohlenwasserstoffen lösliche, mit Naturharzen und fetten Ölen verträgliche Resole entstehen. Da diese Ätherbildung in der Praxis hauptsächlich mit Butanol als Partner erfolgt, führte sich für derartige Harze auch die Bezeichnung *butanolisierte Resole* ein. Die Verätherung schwächt zwar die Reaktivität dieser Resole ab; sie können jedoch infolge der Spaltbarkeit ihrer Ätherbindungen noch uneingeschränkt zu Resiten härten.

3. Eine Sonderstellung unter den Resolen nehmen solche aus Alkylphenolen ein. Als Alkylphenole im technischen Sinne pflegt man dabei nur Phenolverbindungen zu bezeichnen, die in para- oder ortho-Stellung einen Substituenten mit mindestens drei Kohlenstoff-Atomen tragen. Solche substituierten Phenole sind demnach nur bifunktionell und können daher bei der Kondensation mit Formaldehyd keine für sich allein bis zur Resitstufe härtenden Resole liefern. Die *Alkylphenolharze* weisen infolge Steigerung des unpolaren Charakters durch die höhere Substitution eine gute Löslichkeit in fast allen organischen Lösungsmitteln und in fetten Ölen auf. Mit Naturharzen sind sie einwandfrei kombinierbar.

Um ihre Reaktivität zu steigern, werden nach *H. Hönel*[78]) Alkylphenolharze mit viel Formaldehyd (etwa 2 Mol) und meist molaren Alkalimengen bei mäßiger Temperatur hergestellt. Unter derartigen Reaktionsbedingungen werden nur wenige Alkylphenolkerne miteinander über Methylenbrücken verknüpft, da infolge der Substitution in para- bzw. ortho-Stellung im Zuge der Reaktion sehr bald keine reaktionsfähigen Kern-Wasserstoffatome mehr zur Kernverknüpfung zur Verfügung stehen. Der eingebaute Formaldehyd liegt daher in der Hauptsache als Methylol-

---

[77]) *Hultzsch*, Phenolharze, S. 121.
[78]) DRP 563 876 (1928), A. G. f. Stickstoffdünger, Knapsack. — DRP 565 413 (1929); 584 858 (1929); 698 054 (1939), alle H. Hönel.

gruppe und nach der üblicherweise vorgenommenen Vorhärtung zum Teil als Dimethylenätherbrücke vor, deren Ausbildung hier bevorzugt ist[79]).
Dabei bilden sich neben linearen Mehrkernverbindungen mit endständigen Methylolgruppen auch ringförmige Kondensate durch gemeinsame Verätherung der endständigen Methylolgruppen[80]). In technischen Alkylphenolharzen sind durchschnittlich etwa 3—5 Phenolkerne über Dimethylenätherbrücken, aber z. T. auch über Methylenbrücken linear oder ringförmig miteinander verbunden[81]).
Bei Alkylphenolharzen vom Novolaktyp erfolgt die Verknüpfung der Phenolkerne weitgehend über Methylenbrücken, es können allerdings, vor allem in höhersubstituierten Alkylphenolharzen, auch in geringem Umfange Ätherbrücken auftreten. Bei ausreichend hohem Formaldehydgehalt ist es möglich, daß auch Alkylphenol-Novolake erhebliche Anteile an Ringkondensaten enthalten[82]).
Eine interessante Umsetzung der Alkylphenolharze[83]) basiert auf ihrer sogenannten „Ölreaktivität". Beim gemeinsamen Erhitzen dieser Harze mit ungesättigten Ölen, insbesondere mit Holzöl, läuft nämlich eine chemische Umsetzung zwischen Harz und Öl unter Chromanringbildung ab[84]). Einzelheiten hierzu s. S. 57.
4. Technisch sehr wichtig ist die Umsetzung von Phenolharzen mit Naturharzen zu den harzmodifizierten Phenolharzen (s. S. 51), der ebenfalls wenigstens teilweise eine Chroman-Bildung zwischen ortho-Chinonmethiden und ungesättigten Gruppen der Harzsäuren zugrunde liegt.

1.1. Nichthärtende Phenol-Formaldehyd-Harze (Novolake)

Bei der auf S. 42 beschriebenen Novolakbildung aus Phenolen und Formaldehyd kommt es im allgemeinen nur zur Ausbildung von kettenförmigen Molekülen[85]) einfachen Aufbaues, die u. U. auch verzweigt sein können. Novolake[86]) stellen Gemische von verschieden hoch kondensierten Harzen mit einer großen Zahl von Isomeren dar. Bei fraktionierter Trennung wurden als höchste Molekulargewichte ca. 900—1100[87]) gefunden, entsprechend einer Verknüpfung von 10—11 Phenolkernen durch Methylenbrücken. Das Durchschnittsmolekulargewicht von Novolaken ist dementsprechend niedriger und liegt je nach eingebauter Formaldehydmenge etwa zwischen 500 und 800. Bei der Novolak-Herstellung kommen als Kondensationsmittel organische oder anorganische Säuren und deren saure Salze zur Anwendung.
Diese Harze sind nicht eigenhärtend und behalten ihre Löslichkeit und Schmelzbarkeit dauernd bei. Sie lösen sich nur in relativ polaren organischen Lösungsmitteln, vor allem in Alkoholen, Ketonen und Estern. Dagegen besitzen Alkylphenol-Novolake wegen ihrer schwächer polaren Natur auch mit Kohlenwasserstoffen und fetten Ölen gute Verträglichkeit. Infolge der in diesen Harzen unver-

---

[79]) H. Hönel, Fette u. Seifen 45 (1938), 636, 682; 46 (1939), 29.
[80]) H. Hönel, Fußn. 78). — A. Zinke et al. Mh. Chem. 89 (1958), 135.
[81]) H. Kämmerer et al., Makromol. Chem. 39 (1960), 39. — K. Hultzsch, Kunststoffe 52 (1962), 19.
[82]) K. Hultzsch, Kunststoffe 52 (1962), 19.
[83]) Harze dieser Art werden im Gegensatz zu den mit Naturharzen modifizierten Phenolharzen häufig auch als 100%ige Phenolharze bezeichnet.
[84]) A. Greth, Kunststoffe 31 (1941), 345. — K. Hultzsch, J. prakt. Chem. 158 (1941), 275; Ber. dtsch. chem. Ges. 74 (1941, 898; Kunststoffe 37 (1947), 43.
[85]) A. Koebner, Angew. Chem. 46 (1933), 251.
[86]) Weil diese Harze zunächst als Ersatz für Schellack (niederländisch „schellak" = Schalenlack) vorgesehen waren, erhielten sie die Bezeichnung „Novolake".
[87]) H. F. u. I. Müller, Kunststoffe 38 (1948), 221.

ändert gebliebenen phenolischen Hydroxylgruppen und des verhältnismäßig niedrigen Molekulargewichtes zeigen sie zwar allgemein gute Löslichkeit in starken wäßrigen Alkalien, nicht aber in schwachen Alkalien (Soda, Borax), wie sie gerade beim Schellack so geschätzt wird. Man hat zwar versucht, diese Eigenschaften auf Umwegen zu erreichen, u. a. durch die Verwendung verschiedener Phenolcarbonsäuren zur Kondensation mit Formaldehyd oder durch eine Nachbehandlung der Novolake mit halogenierten Carbonsäuren[88]). Über eine technische Auswertung dieser Verfahren ist allerdings nichts bekannt.

Versuche, die den Novolaken fehlende Verträglichkeit mit fetten Ölen herbeizuführen[89]), haben heute in Hinblick auf die Alkylphenolharze nur noch historische Bedeutung.

Die Harze sind mit einigen Vinylpolymeren, z. B. Polyvinylacetat und Polyvinylbutyral verträglich und lassen sich gut mit Resolen, Aminharzen und Epoxidharzen kombinieren. Sie finden Verwendung als Modell-Lacke und für Isolieranstriche. In der Druckfarbenindustrie werden Novolake für den Flexodruck eingesetzt.

Die Novolake ergeben benzin- und ölfeste Filme; bei ihrer Verwendung in Sperrgründen muß aber berücksichtigt werden, daß sie etwas zum Versprö den neigen und die Trocknung von Öllacken u. U. verzögern können. Eine gewisse Vergilbung der Novolakfilme stört für viele Verwendungszwecke nicht. Die Überführung von Novolaken in indirekt härtende Harze durch Zugabe von Hexamethylentetramin oder Paraformaldehyd ist lacktechnisch ohne Bedeutung, dagegen von Wichtigkeit für die Herstellung von Preßmassen.

Beispiele für Handelsprodukte:

Alnovol	Reichhold-Albert
Bakelite-Harz	Rütag
Catalin/Synco	Necof
Crayvallac	Cray Valley
Crestin	Crosfield
Liacin	Sichel
Laccain	VEB Zwickau
Sirfen	SIR
Wresinoid	Resinous Chemicals

1.2. Härtbare Phenol-Formaldehyd-Harze (Resole)

Resole spielen auf dem Lackgebiet eine unvergleichlich größere Rolle als Novolak-Harze. Die aus ihnen erhältlichen Resitfilme, die im allgemeinen bei Temperaturen zwischen 120—200 °C „eingebrannt" werden, zeichnen sich nämlich durch außerordentliche Härte, große Widerstandsfähigkeit gegen organische Lösungsmittel und weitgehende Beständigkeit gegen Alkalien und Säuren aus; sie sind auch bei hinreichender Aushärtung thermisch recht beständig und besitzen gute Isolationseigenschaften[90]).

---

[88]) Z. B. DRP 357 758 (1920); 364 040 (1919); 386 733 (1920): 391 539 (1920); 439 962 (1920) u. 449 276 (1920), alle I. G. Farben bzw. Farbwerke Hoechst.
[89]) Z. B. DRP 587 576 (1933), Bakelite Ges. Berlin.
[90]) Zum Thema „Einbrennlacke" im umfassenden Sinne: Z. B. *K. Weigel*, Farbe u. Lack *70* (1964), 179: Zusammenstellung v. Veröffentlichungen a. d. internationalen Fachschrifttum. Behandlung einer breiten Kunstharzbasis, wie Phenol-, Harnstoff- u. Melaminharze, Epoxidharze, -ester, Polymerisate, Copolymere usw. — Desgl. *A. Vlachos* Farbe u. Lack *70* (1964), 111.

1.2. Härtbare Phenol-Formaldehyd-Harze (Resole)

Die zu lackierenden Flächen sind einwandfrei zu säubern, vor allem gut zu entfetten, da Phenolharze weit mehr als die meisten anderen Harze für Einbrennlacke zu Störungen bei der Filmbildung neigen, was sich durch „Blasen"- oder „Kraterbildung" und „Auseinanderlaufen" der Filme bemerkbar macht. Bis zu einem gewissen Grade kann man diese Fehler in der Oberfläche durch Mitverwendung höherer Alkohole wie Butanol, Benzylalkohol oder Octanol beheben.

1.2.1. Reine Resole

1.2.1.1. Wasserlösliche Resole

Einfache Resole besitzen in ihren Anfangsstufen als Phenolalkohole von Ein- oder Zweikernphenolen noch eine gute Wasserlöslichkeit und finden daher in großem Umfange in dieser Form als „Technische Phenolharze" für die verschiedensten Verwendungszwecke, wie Veredlung von Textilfasern, Imprägnierungen, Verleimungen, als isolierende Bindemittel für Holz, Papier, Glas- und Steinwolle u. a. einen ausgedehnten Markt[91].

Als Grundlage für die Herstellung wasserverdünnbarer Lacke sind sie aber in dieser Form ungeeignet, da es nicht gelingt, mit solchen Harzen ungestörte Filmoberflächen zu erzeugen. Aus diesem Grunde müssen die Resole stärker hydrophil gemacht werden, was durch den Einbau von Carboxylgruppen in den Harzverband oder durch Kombination mit Plastifizierharzen erfolgen kann, die noch freie Hydroxyl- und Carboxylgruppen enthalten[92].

Die Auflösung in Wasser erfolgt durch Salzbildung mittels Ammoniak oder Aminen. Durch Einbrennen härten die Lackfilme aus, werden dabei wasserunlöslich und erreichen die gewünschten schützenden Eigenschaften.

Derartige wasserlösliche Einbrennlacke finden für Industrielackierungen sowohl nach konventionellen Methoden als auch zur Elektrotauchlackierung, vor allem für Grundierungen (z. B. Autokarosserien), vielfache Verwendung.

Beispiele für Handelsprodukte:

Bakelite-Harz	Rütag
Catalin/Synco	Necof
Resydrol	Reichhold-Albert
Sirfen	SIR

1.2.1.2. Alkohollösliche Resole

Die Löslichkeit der Resole beschränkt sich auf Alkohole, Ketone und Ester, allgemein also auf Sauerstoff enthaltende (polare) Lösungsmittel. Dieser Nachteil, in Verbindung mit der Sprödigkeit der durch Einbrennen hergestellten Filme, engt ihre Verwendung erheblich ein. Für gewisse Spezialzwecke, etwa in der Elektro-

---

[91] S. z. B. *K. H. Hauck*, Kunststoffe *39* (1949), 237.
[92] *H. Hönel*, Farbe u. Lack *59* (1953), 174. — *H. Brintzinger* u. *K. Weißmann*, Farbe u. Lack *58* (1952), 270. — *A. Tremain*, Paint Manuf. *30* (1960), 433. — *E. S. J. Fry* u. *E. B. Bunker*, J. Oil Colour Chemists' Assoc. *43* (1960), 640; (Herst. u. Anwend. v. Industrie-Einbrennlacken auf Basis wässeriger Bindemittel); Ref. Dtsch. Farben-Z. *14* (1960), 465. — Water-soluble resins for industrial finishes: *F. Hellens*, Paint Manuf. *32* (1962), 230. — DBP-Anm. p 34 109 D (1949), Vianova-Kunstharzf. — Oe P 180 407 (1949), H. Hönel. — DBP 943 715 (1956), Reichhold-Chemie. — DAS 1 113 774 u. 1 113 775; AP 2 981 703 (1961), alle Vianova-Kunstharzf. — EP 665 195 (1952), H. Hönel.

industrie, haben sie sich jedoch für die Herstellung isolierender Metall-Lackierungen gut eingeführt und hier teilweise den Naturschellack verdrängt, den sie hinsichtlich Härte und chemischer Widerstandsfähigkeit meist übertreffen.
Die Sprödigkeit ihrer Filme und deren vielfach geringe Haftfestigkeit kann man durch Zusätze alkohollöslicher Weichmacher in gewissem Umfange mildern. Als solche finden z. B. Polykondensationsprodukte (Polyester) aus Dicarbonsäuren und Polyalkoholen mit noch unveresterten Hydroxylgruppen Verwendung. Derartige Weichharze sind alkohollöslich und mit den Resolen verträglich, zudem kann während des Härtungsvorganges eine gegenseitige Verätherung von Methylolgruppen des Resols mit Hydroxylgruppen des Polyesters und damit die Ausbildung einer chemischen Bindung zwischen den beiden Harzen erfolgen[93]).
Interessant ist die Verträglichkeit von Resolen mit bestimmten Polymerisations-Harzen, z. B. Polyvinylacetalen, deren Mitverwendung bei geeigneten Phenolharztypen tatsächlich zu einer weitgehenden Verbesserung der Geschmeidigkeit führt. Diese Art der Plastifizierung wird in der Praxis auch vielfach angewandt.
Als besonders wertvoll hat sich die gemeinsame Verarbeitung von Resolen und Epoxidharzen erwiesen, da sich auf diese Weise bei Anwendung von Einbrenntemperaturen um 200 °C und darüber ausgezeichnet chemikalienfeste, sehr elastische und haftfeste Lackierungen erzielen lassen. Auf dem Gebiet der Blechlackierung sind daher Epoxidharz-Phenolharz-Kombinationen entsprechend dem Stand der Technik ohne Zweifel die heute gebräuchlichsten Konservendosen-Lacke. Als Lösungsmittel für diese Anwendungszwecke scheiden naturgemäß niedere Alkohole wie Äthanol oder Isopropanol aus, es kommen vielmehr überwiegend Glykole, deren Ester und höhere Alkohole zur Anwendung.
Neben der Pigmentierung mit gebräuchlichen Pigmenten, wie Titandioxid oder Eisenoxidrot, wird zur Herstellung pigmentierter Lacke auch die Verwendung von faser- oder schuppenförmigen Pigmenten empfohlen, da diese die Haftung und den Zusammenhalt der Filme verbessern können.

Beispiele für Handelsprodukte:

Atephen A	Hoechst
Bakelite-Harz	Rütag
Catalin/Synco	Necof
Corephen	Bayer
Crayvallac	Cray Valley
Crestin	Crosfield
Phenodur	Reichhold-Albert
Sirfen	SIR
Wresinyl	Resinous Chemicals

1.2.2. Kalthärtende Resole

Neben der Hitzehärtung von Phenolharzen spielt auch deren Säurehärtung in der Lackindustrie eine Rolle. Da die Reaktion bei normaler Temperatur vorgenommen werden kann, hat sich dafür auch die Bezeichnung „Kalthärtung" eingeführt. Im übrigen hat die Härtung durch Säuren schon seit vielen Jahren praktische Anwendung in Gestalt der kalthärtenden Kunstharzkitte und -leime[94]) gefunden.
Obwohl alle technisch üblichen Resole, auch die mit Butanol verätherten (s. u.), unter Einwirkung von Säuren mehr oder weniger rasch härten, genügen diese

---
[93]) *A. Greth,* Kunststoffe *31* (1941), 345; Farben, Lacke, Anstrichstoffe *3* (1949), 75.
[94]) *H. F.* u. *I. Müller,* Kunststoffe *37* (1947), 75.

Abb. 2 Aufnahme von dem Albertol-Betrieb der Reichhold-Albert-Chemie AG, Werk Wiesbaden
Werkfoto Reichhold-Albert-Chemie AG, Hamburg und Wiesbaden-Biebrich

1.2. Härtbare Phenol-Formaldehyd-Harze (Resole)

Harze im allgemeinen nicht den Anforderungen in Hinblick auf lichtechte, glatte, poren- und rißfreie Lackierungen. Es mußten daher speziell für die Kalthärtung geeignete Resole entwickelt werden, die diese Mängel nicht zeigen[95]). Die daraus hergestellten Lackierungen sind scheuerfest, beständig gegen Wasser und eignen sich besonders für die Holzlackierung. In Verbindung mit Polyvinylacetalen, z. B. Polyvinylbutyral, finden sie Verwendung für die Herstellung von Haftgrundierungen und Wash-primern.

Als Härter werden in der Praxis vornehmlich Phosphorsäure, Salzsäure oder Toluolsulfosäure herangezogen, aber auch eine Reihe organischer Substanzen, deren Wirkung meist auf einer zur Säureabspaltung befähigten Gruppe beruht[96]).

Da die Härtungsreaktion mit Säuren auch in den Harzlösungen bereits einsetzt, darf zur Erzielung einer genügend langen Standzeit (Potlife) die Säurezugabe erst kurz vor der Verarbeitung erfolgen. Die Mitverwendung von alkoholischen Lösungsmitteln wirkt sich hinsichtlich der Haltbarkeit der Lacklösungen und der Beschaffenheit der daraus erzeugten Lackfilme günstig aus.

Harnstoffharze, die ebenfalls der Säurehärtung zugänglich sind, können in Verbindung mit Resolen Anwendung finden bzw. bereits durch eine Mischkondensation mit in die Harze eingebaut werden.

Die Säurehärtung nimmt einen von der Hitzehärtung abweichenden Verlauf. Die Endprodukte sind niedriger im Kondensationsgrad und enthalten als Verknüpfungselemente ausschließlich die Methylenbrücke[97]). Bei der Kalthärtung mit Säuren ist die Abspaltung von Formaldehyd und Wasser weit weniger vollständig als bei der Hitzehärtung. Durch Säuren gehärtete Lackfilme verfärben sich auch lange nicht so stark wie eingebrannte Filme.

Beispiele für Handelsprodukte:

Bakelite-Harz	Rütag
Catalin/Synco	Necof
Diphen	VEB Zwickau
Phenodur	Reichhold-Albert
Scadoform	Scado
Sirfen	SIR
Synresen	Synres

1.2.3. Verätherte (in Kohlenwasserstoffen lösliche) Resole

Die auf S. 37 erwähnte Verätherung von Resolen mit Alkoholen ergibt Harze, die in Benzol-, teilweise sogar in Benzinkohlenwasserstoffen löslich sind. Die Reaktion setzt bereits beim gemeinsamen Erhitzen von Resol und Alkohol ein und liefert je nach Reaktionsführung Endprodukte, die weitgehend auf den gewünschten Verwendungszweck abgestimmt werden können. Neben gesättigten, meist aliphatischen Alkoholen werden auch Allylverbindungen zur Verätherung der Resole verwendet.

Die allgemeinen Eigenschaften der Filme aus verätherten Resolen, wie Haftung, Geschmeidigkeit und Beschaffenheit der Oberfläche, sind gegenüber den reinen Resolen wesentlich verbessert. Vor allem ist aber die Verträglichkeit mit plastifizierenden Stoffen derart gesteigert, daß nicht nur Polyester-Weichharze sondern

---

[95]) *A. Greth*, Angew. Chem. 52 (1939), 663. — *E. Fonrobert*, Farbenztg. 48 (1943), 26. — *A. Kraus*, Kunststoffe 34 (1944), 197.
[96]) Z. B. p-Toluolsulfochlorid: DRP 596 409 (1930); Benzotrichlorid oder Dibenzylsulfat: DRP 642 767 (1934), beide I. G. Farben.
[97]) *K. Hultzsch*, Kunststoffe 37 (1947), 205.

auch andere, die Plastizität erhöhende Stoffe, wie Polyvinyl- und Polyacrylverbindungen, sowie vor allem fette Öle und ölmodifizierte Alkydharze mit verwendet werden können[98]). Lackfilme aus verätherten Resolen sind bemerkenswert beständig gegen Lösungsmittel und Treibstoffe.

Phenolresole, deren phenolische Hydroxylgruppen zusätzlich veräthert sind (z. B. mit Allylalkohol), zeigen neben der hohen Resistenz der normalen verätherten Phenolharze gegen Säuren, Lösungsmittel und Feuchtigkeit noch Beständigkeit gegen Alkalien und Oxydationsmittel[99]).

Beispiele für Handelsprodukte:

Bakelite-Harz	Rütag
Durophen	Reichhold-Albert
Limophen	Sichel
Luphen A	BASF (inzw. gestrichen)
Sirfen	SIR
Viaphen	Vianova

1.2.4. Plastifizierte Resole

Obwohl auch spritlösliche Resole bis zu einem gewissen Grade mit geeigneten Weichmacherharzen plastifiziert werden können, weisen die mit Alkoholen verätherten Resole eine vielseitigere Kombinationsmöglichkeit auf. Eine entscheidende Verbesserung bringt allerdings erst der chemische Einbau der plastifizierenden Komponenten in den Phenolharzverband schon während des Kondensationsprozesses[100]). Je nach der chemischen Natur der modifizierenden Komponente kann eine solche Reaktion in der Veresterung von Methylolgruppen, einer Umesterung oder einer Verätherung bestehen. Mit Stoffen, die aktive Doppelbindungen enthalten, kann es zur Chromanbildung kommen, zumindest kann eine solche schon eingeleitet werden[101]).

Zur Plastifizierung werden entsprechend ihrer Reaktionsfähigkeit vorzugsweise Holzöl oder Ricinusöl herangezogen[102]), aber auch andere Öle wie Leinöl, sowie Fettsäuren, auch Tallölfettsäuren finden Verwendung.

Auch die Plastifizierung von Resolen mit Polyestern wird in der Praxis durchgeführt. Teilweise ist es möglich, die Mengenverhältnisse umzukehren, d. h. mehr Polyester als Resol einzusetzen, und dadurch Einbrennharze zu schaffen, die sehr haftfeste und geschmeidige Filme ergeben. Die Verwendung von Di- oder Polyphenolen, deren Phenolkerne durch Zwischenketten von fünf oder mehr Kohlenstoffatomen verbunden sind, strebt eine „innere Plastifizierung" an[103]).

---

[98]) *A. Greth,* Kunststoffe *31* (1941); Farben, Lacke, Anstrichstoffe *3* (1949), 75.
[99]) *P. V. Steenstrup,* Paint Ind. *76* (1961), 7; Ref. Farbe u. Lack *67* (1961), 450. — Handelsprodukte: z. B. Methylon resins der General Electric Co.
[100]) *A. Greth,* Angew. Chem. *51* (1938), 719.
[101]) *A. Greth,* Kunststoffe *31* (1941), 345. — *Hultzsch,* Phenolharze, S. 152. — Vgl. auch *E. Fonrobert,* Fette u. Seifen *50* (1943), 514.
[102]) DRP 605 917 (1931); 684 225 (1932), Chem. Fabr. Dr. K. Albert.
[103]) FP 889 799 (1943, dtsch. Prior. 1941), Beckacite Kunstharzfabr. — DAS 1 026 071, *H. Kölbel* u. *K. Wekua.* — AP 2 623 891 (1947); EP 653 501 (1747); DRP-Anm. p 27 847 D (1948), alle *F. J. Hermann.* — Über weitere Arbeiten zur Plastifizierung von Phenolharzen durch a) Nutzbarmachung d. sterischen Hinderung zur Erzielung bestimmter Strukturen, b) Chromanringreakt. mit Butadien-acrylnitril-Kautschuk, c) Elastifizierung durch Umsetzung m. chlorierten Paraffin-Kohlenwasserstoffen siehe Ref. über 138. Tagung d. Amer. Chem. Soc. in Dtsch. Farben-Z. *14* (1960), 420.

Plastifizierte Resole finden für mechanisch feste, hochwiderstandsfähige Einbrennlackierungen, auch für manche Spezialzwecke, vielfache Verwendung. Vom technologischen Standpunkt aus kann man für die Eigenschaften plastifizierter Resole etwa folgendes als besonders bemerkenswert herausstellen:
1. Keine Oberflächenstörungen der eingebrannten Lackfilme,
2. Große Härte bei guter Haftfestigkeit und Elastizität, auch bei thermischer Dauerbelastung,
3. Ausgezeichnete Beständigkeit gegenüber Alkalien und vielen anderen Chemikalien, auch gegen Lösungsmittel und Treibstoffe,
4. Ihre gute Löslichkeit in den gebräuchlichen Lösungsmitteln und ihre vielseitige Verträglichkeit mit anderen Lackrohstoffen eröffnen ihnen ein weites Feld der Anwendungsmöglichkeiten.

Als typische Anwendungsbeispiele können genannt werden: Gegen chemische Beanspruchungen, vor allem gegen Treibstoffe beständige Lackierungen; in geeigneter Kombination Draht- und Isoliertränk-Lacke[104]); ganz allgemein für Lacke mit guter Stanz- und Verformungsbeständigkeit bei beachtlicher Dauerwirkung gegen verschiedene aggressive Füllgüter.

Mit Alkydharzen, Harnstoff- und Melaminharzen sowie Epoxidharzen besteht bedingte Verträglichkeit, die auch abhängig ist vom jeweiligen Aufbau des Kombinationspartners.

Beispiele für Handelsprodukte:

Bakelite-Harz	Rütag
Beckophen	Beck, Koller
Crayvallac	Cray Valley
Durophen	Reichhold-Albert
Sirfen	SIR
Synresen	Synres

2. Harzsäure-modifizierte Phenol-Formaldehyd-Harze

In dem Bestreben, die Phenolformaldehydharze auch für die Lackindustrie brauchbar zu machen, hatte *L. Behrend* schon sehr frühzeitig den bahnbrechenden Gedanken, sie mit Naturharzsäuren von der Art des Kolophoniums umzusetzen, um auf diese Weise die den reinen Phenolharzen selbst fehlende Löslichkeit in fetten Ölen zu vermitteln.

Die ersten Patente[105]) befassen sich noch mit der Kombination von schon fertig vorgebildeten Phenolharzen mit Naturharzen. Bereits auf diese Weise konnten neuartige öllösliche Produkte erhalten werden, die in der Folgezeit in ihrer weiteren Entwicklung als „*Albertole*" die bis dahin dominierenden natürlichen Hartharze wie Kopale und Bernstein innerhalb der Lackindustrie völlig verdrängt haben. Wegen der ihnen zukommenden bemerkenswerten Eigenschaften werden sie auch als „Kunstkopale" bezeichnet[106]).

---

[104]) *G. Neuberg*, Farbe u. Lack *70* (1964), 128.
[105]) DRP 254 441 (1910); 269 659 (1911); 281 939 (1913); 289 968 (1914), alle Chem. Fabr. Dr. K. Albert.
[106]) Literaturzusammenfassung: *G. Dantlo*, Peintures, Pigments, Vernis *23* (1947), 171; Ref. C. *1947 I*, 1240. — Kunststoff-Handbuch, Bd. X Duroplaste, Hanser Verlag München 1968, S. 129.

Die ursprüngliche Arbeitsweise war jedoch keineswegs befriedigend, da die Umsetzungen durch sehr langes Erhitzen auf beträchtliche Temperaturen (um 300 °C) erzwungen werden mußten, was erhebliche Nachteile, wie starke Dunkelfärbung und Zersetzungen mit sich brachte. Diese Mängel konnten beseitigt werden, als zur Umsetzung mit den Naturharzsäuren die niedrigen Kondensationsstufen der Resole aus Formaldehyd und hochaktiven Phenolen herangezogen wurden. Ein weiterer Schritt bestand darin, die restlichen Carboxylgruppen der Naturharzsäuren durch Veresterung mit Polyalkoholen, vornehmlich Glycerin, zu neutralisieren[107]). Da bei der Albertol-Herstellung im allgemeinen der Anteil an Harzsäuren überwiegt, kann auch von einer Veredlung von Naturharzen durch Phenolharze gesprochen werden. Die Kondensationsprodukte aus Harzsäuren und Resolen sind in die Literatur unter der Bezeichnung „Albertolsäuren" eingegangen[108]). Das Prinzip des Aufbaues von Kunstkopalen kann formal und in großen Zügen als die Synthese von Albertolsäuren und ihre gemeinsame Veresterung mit überschüssigen Harzsäuren durch Polyalkohole charakterisiert werden.

Zur Herstellung von harzmodifizierten Phenolharzen dienen als Naturharzsäuren die Kolophoniumsorten[109]) verschiedener Herkunft (Balsam-, Wurzelharz) sowie in begrenztem Umfang auch dimerisiertes Kolophonium. Anstelle von Kolophonium lassen sich auch die aus Tallöl gewonnenen Harzsäuren (Tall-Kolophonium, Tallharz) verwenden. Hingegen ist hydriertes und disproportioniertes Kolophonium mangels ausreichend zur Umsetzung mit den Resolen befähigter Reaktionsstellen ungeeignet. Art und Qualität der Naturharz-Komponente üben einen nicht unbeträchtlichen Einfluß auf die Harzbildung aus.

Den Mechanismus der Albertolsäure-Bildung haben *A. Greth*[110]) und *K. Hultzsch*[111]) weitgehend aufgeklärt. Demnach werden die monofunktionellen Harzsäuren des Kolophoniums durch Bindeglieder aus Phenol-Formaldehyd-Kondensaten zu Di- und Polycarbonsäuren (Albertolsäuren) verknüpft und diese gemeinsam mit weiterem Kolophonium und mit Polyalkoholen wie Glycerin oder Pentaerythrit verestert.

Im einzelnen kann der Aufbau dieser Polycarbonsäuren entweder durch Ausbildung von Chromanringen[112]) (Reaktionsprinzip I) oder durch Bindeglieder mit freien phenolischen Hydroxylgruppen[113]) (Reaktionsprinzip II) erfolgen. Wegen des im Vergleich zu anderen Olefinen besonders leichten Ablaufes der Umsetzung von Naturharzsäuren mit reaktiven Phenolharzen ist allerdings anzunehmen, daß der Reaktionsablauf nach II offenbar stark bevorzugt wird[113]). In Schema I wird der Mechanismus an Lävopimarsäure, einer isomeren Form der Abietinsäure, formuliert. $X = H$ oder $-CH_2-\ldots$

---

[107]) DRP 440 003 (1917); 474 787 (1923); 492 592 (1924); AP 1 614 171 (1927); EP 259 030 (1926); FP 592 548 (1925), alle Chem. Fabr. Dr. K. Albert.
[108]) *A. Greth*, Kunststoffe *31* (1941), 345. — Die erste Strukturskizze einer Albertolsäure gab *Greth* in der niederländ. Ztsch. „De Ingenieur" Nr. 50 (1939).
[109]) Kolophonium ist ein Gemisch von Terpen-Monocarbonsäuren und besteht vorwiegend aus isomeren ungesättigten Harzsäuren vom Abietinsäure-Typ (s. S.264).
[110]) *A. Greth*, Kunststoffe *28* (1938), 129.
[111]) *K. Hultzsch*, J. prakt. Chem. (2) *158* (1941), 275; Ber. dtsch. chem. Ges. *74* (1941), 898. — Siehe auch: *P. O. Powers*, Ind. Engng. Chem. *43* (1951), 1770.
[112]) S. Fußn. 110) u. 111).
[113]) *K. Hultzsch* in: Kunststoff-Handbuch, Bd. X Duroplaste, S. 119.

2. Harzsäure-modifizierte Phenol-Formaldehyd-Harze

[Lävopimarsäure]

2.32

Reaktionsprinzip I: Chromanbildung aus Naturharzsäuren und reaktiven Phenolharzen

[Abietinsäure]

2.33

oder

Reaktionsprinzip II: Ankondensation von Resolen an Naturharzsäuren. (Nach K. Hultzsch in: Kunststoff-Handbuch, Bd. X Duroplaste, Hanser Verlag München 1968, S. 120.)

Eine weiter in Einzelheiten gehende Festlegung dieser Reaktionen ist allerdings kaum möglich, da sich schon bei den Harzsäuren beispielsweise durch Wanderung ihrer Doppelbindungen wechselnde Reaktionsstellen ergeben können. Weiterhin ist auch von seiten der reagierenden Phenolharze mit zahlreichen Variationsmöglichkeiten zu rechnen. Außerdem müssen noch variable Kombinationen der Reaktionswege I und II in Betracht gezogen werden.

In den vorstehenden Formeln sind die dritten funktionellen Stellen der Phenolkerne nur als X bzw. Methylengruppen mit freien Valenzen geschrieben. Unter Einbeziehung weiterer Reaktionsmöglichkeiten an diesen Stellen ist dann auch die

Bildung von noch höheren Polycarbonsäuren zu erklären, weshalb auch die Verwendung von mindestens trifunktionellen Phenolen bei der Herstellung der Kunstkopale bevorzugt wird.

Andere Deutungen des Reaktionsablaufes bei der Umsetzung von reaktiven Phenolharzen mit Naturharzsäuren[114]) konnten sich nicht durchsetzen und haben daher nur noch rein historische Bedeutung.

Den Resolen aus trifunktionellen Phenolen graduell gleichzustellen sind solche aus *Dian* (Bisphenol A, s. S. 29), das mit vier reaktiven o-ständigen Wasserstoffatomen unter Bildung von Tetramethylolen in den Reaktionsablauf eingreifen kann. Bei naturharzmodifizierten Phenolharzen auf Basis Dian ist die Vergilbung wesentlich geringer als bei den mit Phenol- oder Kresol-Resolen hergestellten Produkten. Diese erwünschte Eigenschaft ist auf die Abwesenheit von Wasserstoffatomen in para-Stellung zu den phenolischen Hydroxylgruppen zurückzuführen, weil in diesem Falle keine gefärbten chinoiden Körper gebildet werden können. Unter Verwendung von Dian hergestellte Kunstkopale stehen daher schon aus diesem Grunde an der Spitze der ganzen Harzgruppe.

Die anschließende Veresterung der Albertolsäuren mit Polyalkoholen bietet eine weitere Möglichkeit der Molekülvergrößerung nach den Grundsätzen der Polyesterbildung (s. S. 87). Ursprünglich hatte man auch für die Albertolsäurebildung eine Veresterungsreaktion der Carboxylgruppe der Harzsäuren mit dem Phenol-Resol in Betracht gezogen[115]). Als einer der Beweise für die weitgehende Verknüpfung über die Doppelbindungen der Harzsäuren kann jedoch gelten, daß vollständig hydrierte Abietinsäure nicht zur Bildung von Albertolsäuren befähigt ist[116]).

Kunstkopale sind im Vergleich zu einfachen Harzestern (s. S. 263) nicht nur wesentlich härter, sondern auch erheblich wasserfester und zeigen eine geringere Oxydationsanfälligkeit. Gegenüber Naturkopalen liegt ein wesentlicher Vorteil in ihrer stets gleichmäßigen Qualität und Reinheit. Ferner erfordern sie nicht wie die natürlichen Kopale einen umständlichen und verlustreichen Ausschmelz-Prozeß, um Öllöslichkeit zu erreichen. Der wesentlichste Vorzug dürfte jedoch sein, daß es der Kunstharzhersteller in der Hand hat, durch geeignete Auswahl der Rohstoffe und der Arbeitsmethoden wichtige Eigenschaften in weitem Umfange zu variieren und dadurch den speziellen Wünschen der Verarbeiter gerecht zu werden. Die Harze verbinden durchwegs große Härte mit guter Ölverträglichkeit, so daß, wenn überhaupt nötig, einfache Verkochungen mit den Ölen bzw. Standölen genügen, um Ölverträglichkeit und Verdünnbarkeit der Sude mit den gebräuchlichen Lösungsmitteln, vor allem Lackbenzin, zu erzielen. Eine Reihe von Typen können übrigens schon in Form ihrer Lösungen mit Ölen, Standölen und Alkydharzen kalt vermischt werden. Die günstigen Löslichkeitseigenschaften, vor allem in Lackbenzin, und die sehr weitgehende Verträglichkeit mit vielen anderen Lackrohstoffen (z. B. mit fetten Ölen und deren Standölen, Alkydharzen, chloriertem oder cyclisiertem Kautschuk, Polyvinylchlorid, plastifizierten und nichtplastifizierten Phenolharzen, zum Teil auch mit Nitrocellulose u. a.) ermöglichen eine sehr allgemeine Verwendung.

In allen Fällen erhöhen die Kunstkopale Durchtrocknung, Härte, Glanz, Abriebfestigkeit und allgemeine Widerstandsfähigkeit der Filme. Sie haben maßgebend die Entwicklung hochwertiger Öllacke bestimmt und hierbei vor allem der Ver-

---

[114]) Z. B.: *B. F. Oschmann*, Peintures, Pigments, Vernis 25 (1949), 91. — *J. Scheiber*, Künstl. Harze (1943), S. 559.
[115]) *J. Scheiber*, s. Fußn. 114).
[116]) *A. Greth*, Kunststoffe 28 (1938), 129.

2. Harzsäure-modifizierte Phenol-Formaldehyd-Harze

arbeitung von Holzöl in der Lackindustrie den Weg geebnet[117]). Auch als härtende Komponente in Alkydharzlacken finden diese Harze weitverbreitet Anwendung.

An weiteren Möglichkeiten zur Modifizierung von Kunstkopalen sei hier nur eine bereits schon in den Zeitraum der gemeinsamen Kondensation von Phenolresolen mit den Harzsäuren vorverlegte Plastifizierung mit Fettsäuren erwähnt[118]).

Ein interessantes und wichtiges Anwendungsgebiet für die naturharzmodifizierten Phenolharze ist die Druckfarbenindustrie. Hierfür wurden Spezialharze entwickelt, die auf die verschiedenen Druckverfahren abgestimmt sind. In Tiefdruckfarben dienen sie z. B. als alleiniges Bindemittel, während sie für den Buch- und Offsetdruck in öl- und mineralölhaltigen Druckfirnissen eingesetzt werden.

Da durchwegs an Druckfarben sehr hohe und meist auch spezielle Anforderungen, vor allem in Hinblick auf Druckgeschwindigkeit und Qualität der Druckfarben gestellt werden, müssen solche Harze einer Reihe besonderer Anforderungen genügen. Genannt seien nur: verhältnismäßig enge, gleichbleibende Viskositätsbereiche, gute Pigmentaufnahme, gegebenenfalls sehr rasche Lösungsmittelabgabe, rasche Trocknung, sowie guter Glanz, Abrieb- und Scheuerfestigkeit der Druckerzeugnisse. Es ist daher verständlich, daß die vielseitigen Wünsche der Druckfarbenhersteller die Entwicklung hochgezüchteter Spezialharze stark gefördert haben, wobei auch heute noch immer wieder Neuentwicklungen dem Markt angeboten werden.

Beispiele für Handelsprodukte:

Albertol	Reichhold-Albert
Alsynol	Synres
Arochem	Scado
Bedesol	I.C.I.
Bergviks Phenolic Resin	Bergviks
Crestanol	Crosfield
Dynofen	Norsk Spraengstof
Hobipheen	Scado
Jägaphen	Jäger
Pentalyn	Hercules
Plaskon	Allied
Recristal	Montecatini
Rokrapal	Kraemer
Sirfenol	SIR
Synresol	Synres
Syntholit	Synthopol
Viadur	Vianova
Wresinite	Resinous Chemicals

In ihrer Eigenschaft als Carbonsäuren sind Albertolsäuren auch in der Lage, Metallsalze zu bilden. Ein Aluminiumsalz z. B., das in Lackbenzin oder Terpentinöl

---

[117]) *E. Fonrobert,* Das Holzöl, Verlag Berliner Union Stuttgart 1951; s. auch Fußn. 118).
[118]) Z. B.: *E. Fonrobert,* Fette u. Seifen *50* (1943), 514. — DRP 767 036 (1936), Chem. Werke Albert.

u. dgl. stark gequollene, thixotrope Gele ergibt, findet als Mattierungsmittel für die Herstellung schleierfreier Öl- und Nitrocellulose-Mattlacke und zur Verhinderung des Absetzens von Pigmenten Verwendung.

Beispiel eines Handelsproduktes:

Albertat   Reichhold-Albert

3. Alkylphenolharze

Die Herstellung öllöslicher Harze aus Alkyl- und Arylphenolen ist an sich schon lange bekannt[119]), jedoch verdanken sie ihre Entwicklung zur technischen Reife den Arbeiten von *H. Hönel*, der auch als erster die mit dieser Harzgruppe erzielbaren lacktechnischen Effekte klar erkannt und ausgewertet hat[120]).

Als Ausgangsrohstoffe kommen vor allem para-substituierte Phenole, wie p-tert.-Butylphenol, p-Diisobutylphenol (p-Octylphenol), p-Amylphenol, aber auch p-Phenylphenol u. a. (s. S. 28) in Betracht. Auch aus ortho-substituierten Alkylphenolen lassen sich brauchbare Harze herstellen, allerdings erweisen sich diese hinsichtlich Verfärbungen und Lichtbeständigkeit ungünstiger als die para-substituierten Produkte.

Bei der Herstellung der Alkylphenolharze wird vielfach in der ersten Reaktionsstufe das Alkylphenol, das meist in einem etwa molaren Anteil an wäßrigem Alkali gelöst ist, mit 1—2 Mol Formaldehyd bei Temperaturen bis ca. 60 °C umgesetzt. In einer zweiten Reaktionsstufe wird nach dem Neutralisieren und dem Entfernen des Alkalis das Vorprodukt bei Temperaturen zwischen 100 und 140 °C durch die schon früher beschriebenen Verätherungsvorgänge (s. S. 36) zum fertigen Endprodukt weiterkondensiert[121]).

Die Bedeutung der Alkylphenolharze für die Lackindustrie liegt in ihrem Verhalten beim Verkochen mit ungesättigten fetten Ölen, insbesondere Holzöl. Wie früher schon angedeutet, liegt der Ölreaktivität der Alkylphenolharze ihre Reaktion mit den Doppelbindungen der Öle zugrunde, wobei eine Vernetzung der Fettsäure-Gruppen durch bifunktionelle Brückenglieder angenommen wird. Für den speziellen Fall der Umsetzung eines Zweikernphenols mit zwei Eläostearinsäure-Resten des Holzöles kann eine Molekül-Verknüpfung wie folgt formuliert werden (Formel I):

a) Dichinonmethid-Bildung (formell): (R = Substituent mit 3 oder mehr C-Atomen)

2.34

---

[119]) DRP 340 989 (1919); 468 391 (1925); 494 709 (1926), alle Bakelite-Ges. — DRP 571 039 (1930), Bakelite Corp.

[120]) *H. Hönel*, J. Oil Colour Chemists' Ass. *21* (1938), 247; Fette u. Seifen, *45* (1938), 636, 682; *46* (1939), 29; Beckacite-Nachr. *6* (1938), 2. — DRP 563 876 (1928); 565 413 (1929); 601 262 (1931); 613 725 (1931), alle H. Hönel. — FP 676 456 (1929); EP 334 572 (1929); AP 2 049 447 (1932), alle H. Hönel, übertr. auf Beck, Koller u. Co.

[121]) Übersicht Alkylphenolharze: *V. H. Turkington* u. *I. Allen jr.*, Ind. Engng. Chem. *33* (1941), 966; Ref. Kunststoffe *32* (1942), 157. — *W. M. O. Rennie,* Paint Manuf. *33* (1963), Nr. 9, S. 345; Ref. Dtsch. Farben-Z. *18* (1964), 391.

3. Alkylphenolharze

b) Chromanring-Bildung:

$$\text{I} \qquad \text{II} \qquad 2.35$$

Hultzsch[122]) läßt dabei die Möglichkeit offen, daß die Kondensation auch an zwei benachbarten Doppelbindungen eines einzigen Eläostearinsäure-Moleküls zustande kommen kann (Formel II).

Eine andere Möglichkeit, die in der Verknüpfung zweier Ketten der ungesättigten Öle durch einkernige Phenolalkohole besteht, also nicht zu Chromanderivaten führt, diskutiert *S. van der Meer*[123]):

$$2.36$$

Nach *Hultzsch*[124]) werden u. U. beide Reaktionen nebeneinander ablaufen.
Entsprechend beiden Deutungen des Reaktionsablaufes der Verkochung von Alkylphenolharzen mit ungesättigten Verbindungen kommt es somit in diesem Falle nicht zur Ausbildung eines typischen Phenolharzes mit seiner starren Verknüpfung der Phenolkerne über Brückenbindungen.

Bei der Herstellung technischer Alkylphenolharze erfolgt eine gewisse Vorhärtung durch Methylen- und vorzugsweise Dimethylenäther-Brücken. Infolge der bei den Verkochungen zur Anwendung kommenden hohen Temperaturen werden die Ätherbrücken aber wieder unter Bildung von o-Chinonmethiden gespalten, so daß als Zwischenprodukt bei der Verkochung vorwiegend Ein- und Zweikern-Verbindungen mit dem Öl reagieren dürften.

Beim gemeinsamen Erhitzen von Alkylphenolharzen mit Holzöl auf 240—260 °C werden gasfeste Lacke erzielt, die also die bekannte Holzölerscheinung (Mattwerden, Runzel- oder Eisblumenbildung) nicht mehr zeigen. Die Filme derartig verkochter Mischungen zeichnen sich durch hervorragende Beständigkeit gegen Wasser, Chemikalien aller Art und hohe Wetterfestigkeit aus. Ähnlich ist, in etwas weniger ausgeprägtem Maße, die Wirkung auf Oiticicaöl. Da auch die Reaktivität mit Leinöl geringer ist und sich die trocknungsverzögernde Wirkung der Phenolkomponente stärker bemerkbar macht, zieht man das Verkochen mit Holzöl im allgemeinen vor. Es ist hierbei aber zu beachten, daß eine gewisse Mindestmenge an

---
[122]) K. *Hultzsch*, J. prakt. Chem. *158* (1941), 275; Ber. dtsch. chem. Ges. *74* (1941), 898; Kunststoffe *37* (1947), 43.
[123]) Recueil Trav. chim. Pays-Bas *63* (1944), 147; Ref. Kunststoffe *37* (1947), 41.
[124]) *Hultzsch*, Phenolharze, S. 164.

Öl notwendig ist, um die Erhöhung der Viskosität bis zum Gelatinieren zu vermeiden. Das Verhältnis Holzöl : Harz = 2 : 1 stellt etwa die untere Grenze dar.

Zur Erhöhung der Elastizität kann Leinöl-Standöl mitverarbeitet werden. Die Verkochungszeit ist dann entsprechend zu verlängern, oder die Temperatur etwas höher zu treiben, wobei man, wie beim Kochen von Holzöldicköl, mit kaltem Standöl abschrecken kann.

Auch bei der Herstellung von Holzöldicköl erleichtern geringe Prozente Alkylphenolharz dessen Bildung und wirken seiner Neigung zur Hautbildung entgegen. Ganz allgemein lassen sich schon mit geringen Zusätzen von Alkylphenolharzen nicht nur bei Holzöl-, sondern auch bei Leinöl- und Alkydharzlacken günstige Effekte erzielen.

Beispiele für Handelsprodukte:

Alresen	Reichhold-Albert
Arofene	Scado
Bakelite-Harz	Rütag
CKR	UCC
Epok	B. P.
Resurfene	Montecatini
Rokraphen	Kraemer
Setaliet	Synthese
Sirfen	SIR
Soafen A	SOAB
Synresol	Synres
Synthopur 1	Synthopol
Viaphen P1	Vianova
Worléefen	Worlée

Dispersionen auf Basis von Alkylphenolharzen

Gewisse Verkochungsprodukte thermoplastischer, nichthitzereaktiver Alkylphenolharze mit Ölen, dispergiert in aromatischen bzw. aliphatischen Kohlenwasserstoffen oder deren Gemischen ergeben Beschichtungen, die gute Haftung, Abriebfestigkeit und eine sehr gute Wasserbeständigkeit aufweisen. Vom Hersteller[125] werden sie als Grundierungen im Korrosionsschutz, für schnelltrocknende Straßenmarkierungsfarben, für Schutzanstriche von Metallkonstruktionen u. dgl. empfohlen.

Die Filmbildung erfolgt ausschließlich physikalisch, bedarf also auch keiner Mitwirkung von Oxydationsvorgängen. Daher trocknen die mit diesen Dispersionen hergestellten Überzüge ungewöhnlich rasch und können bereits nach etwa 10 Minuten mit einem weiteren Anstrich versehen werden.

Alkylphenolharze in der Gummi- und Klebstoffindustrie

Spezielle Alkylphenolharze finden auch in der Gummiindustrie bei der Vulkanisation verschiedener Arten von synthetischen Kautschuken Verwendung; außerdem vermögen sie die für die Verarbeitung vielfach unzureichende Klebrigkeit dieser Produkte zu verbessern[126].

In der Klebstoffindustrie werden Alkylphenolharze für die Herstellung von Massen auf Basis von Synthesekautschuk, vornehmlich von Polychloropren-Klebstoffen herangezogen[127]. Sie erhöhen in diesen Klebmassen, meist in Verbindung mit Metalloxiden wie

---

[125] Handelsprodukte: „Bakelite" Dispersions, Herst.: Union Carbide Co.

[126] *A. Giller,* Kautschuk u. Gummi, *19* (1966), 188; Gummi-Asbest-Kunststoffe *18* (1965), 1304, 1422. — *C. Thelamon,* Kautschuk u. Gummi *14* (1961), 347 (WT). — DBP 1 013 420 (1953), U. S. Rubber Co.

[127] DBP 961 645 (1955); 965 596 (1955), beide Chem. Werke Albert. — AP 2 610 910 (1949); 2 708 192 (1952); 2 918 442 (1959), alle Minnesota Mining & Mfg. Co.

4. Sonstige Phenolharze

Bei allen bisher besprochenen Phenolharzen ist Formaldehyd maßgeblich am Molekülaufbau beteiligt. Als reaktionsfreudige Verbindungen können Phenole aber auch, wie im folgenden erläutert, in anderer Weise zur Harzbildung herangezogen werden. Als Lackharze sind allerdings wohl nur noch die Terpenphenolharze von Interesse.

4.1. Terpenphenolharze

Die Anlagerung von Phenol an ungesättigte Terpenkohlenwasserstoffe der allgemeinen Formel $C_{10}H_{16}$ (Terpinen, Limonen, Pinen, u. a.), die Bestandteile oder Umlagerungsprodukte des Terpentinöls sind, verläuft auf dem Wege einer Hetero-Addition[128]) unter Einwirkung stark saurer oder säureabspaltender Katalysatoren[129]). Es bilden sich dabei nebeneinander durch den Terpenrest substituierte Phenole und Phenoläther eines Terpenalkohols[130]):

2.37

Die Addition erfolgt stets an einem tertiären Kohlenstoffatom und zwar bevorzugt in der para-Stellung des Phenols. Ist diese besetzt, so reagiert die ortho-Stellung, oder die Ätherbildung wird begünstigt. Da die zur Umsetzung kommenden Terpenkohlenwasserstoffe pro Molekül je zwei reaktionsfähige Doppelbindungen aufweisen, entstehen durch Fortschreiten der Reaktionen je nach den Bedingungen ölige bis harte Harze. Eine Mitverwendung von Formaldehyd kann die Molekülvergrößerung fördern[131]).

---

[128]) Ihrer Bildung nach gehören diese Harze demnach eigentlich in das 3. Kapitel, werden aber als Phenolabkömmlinge an dieser Stelle behandelt.
[129]) DRP 396 106 (1921); 402 543 (1921); FP 539 494 (1921), alle H. Wuyts. — EP 474 465 (1936); 792 623 (1935), alle Beckacite.
[130]) *K. Hultzsch,* Kunststoffe *42* (1952), 387.
[131]) EP 223 636 (1923), K. Tarassow. — EP 459 549 (1935), Beckacite.

Die Bedeutung der Terpenphenolharze für die Lackindustrie beruht hauptsächlich auf ihrem Phenolcharakter; die Terpenreste vermitteln ihnen ausgezeichnete Löslichkeitseigenschaften. Die Lichtbeständigkeit der Harze ist überraschend gut. Verwendung finden sie vor allem bei der Herstellung von Lacken, Isoliermitteln, Klebemassen u. dgl.

Terpenphenolharze verzögern ebenso wie die Alkylphenolharze die Gelatinierung beim Kochen von Holzöl, sind aber mangels härtbarer Gruppen weder ölreaktiv im Sinne der Alkylphenolharze, noch erfolgt eine Eigenhärtung. Aus diesem Grunde können auch ölärmere Lacke mit einem Verhältnis Öl : Terpenphenolharz unter 2 : 1 gekocht werden[132]).

Beispiele für Handelsprodukte:

    Alresen   Reichhold-Albert
    Bremar   Kraemer
    Synthopur   Synthopol

4.2. Phenolharze mit anderen Aldehyden als Formaldehyd

Auf S. 30 sind weitere Aldehyde aufgeführt, die sich mit Phenolen ebenfalls unter Harzbildung umsetzen. Sofern jedoch in der allgemeinen Aldehydformel R · CHO der Rest eine gesättigte Gruppe ist, ergeben sich bei der Kondensation stets nur Harze vom Novolak-Typ, die zudem meist nicht mehr als zwei oder drei Kernverknüpfungen aufweisen.

Dagegen kommt es im Falle gewisser ungesättigter Aldehyde, wie *Acrolein* oder *Furfurol,* zwar zur Bildung von gehärteten Harzen, doch dürfte dieser Vorgang nicht auf einer normalen Resithärtung durch Polykondensation beruhen, sondern vielmehr auf Polymerisationsvorgängen, die im Zusammenhang mit den ungesättigten Aldehyden selbst stehen[133]).

Obwohl für die Herstellung von *Phenol-Acetaldehyd-Harzen* eine Reihe von Patenten vorliegt[133]), sind sie doch als Lackrohstoffe ebenso wie die Harze aus Phenolen und anderen Aldehyden im allgemeinen nicht in Gebrauch. Für *Phenol-Furfurol-Harze*[134]) steht dem schon entgegen, daß sie stets nur als dunkelbraune bis schwarze Harze erhalten werden können. Dagegen sind Furfurol-Harze für andere Verwendungszwecke, insbesondere für die Herstellung von Preßmassen und als Einfärbeharze von Interesse. Phenol-Acrolein-Harze haben bisher kein technisches Interesse gefunden.

4.2.1. Furanharze

Unter Mitverwendung von Furfurylalkohol hergestellte Harze, bei denen der Furfurylalkohol im Verlaufe der Härtungsreaktionen mit in den Harzverband einge-

---

[132]) Literatur: *A. Greth,* Kunststoffe *28* (1938), 132. — *K. Hultzsch,* Angew. Chem. *51* (1938), 920.
[133]) Übersicht: *Scheiber,* Künstl. Harze (1943), S. 566—568.
[134]) Einzelheiten: *Scheiber,* Künstl. Harze (1943), S. 569. — *J. Alexander,* Colloid Chemistry, Bd. IV, Kap. 57 (95 Literaturzitate), Reinhold Publ. Corp. New York 1946; Ref. Kunststoffe *41* (1951), 6.

II. Amid- und Amin-Formaldehyd-Harze 61

baut wird, sind auf dem Markt. Sie sind besonders auf dem Gebiet der Gießereitechnik als Bindemittel für Formsande von großer Bedeutung[135]).

Beispiele für Handelsprodukte:

    Phenodur   Reichhold-Albert
    Resamin   Reichhold-Albert

4.3. Phenol-Acetylen-Harze

Durch eine katalytisch angeregte Polyaddition ähnlicher Art, wie bei den Terpenphenolharzen beschrieben, entstehen auch aus Phenolen und Acetylen Kunstharze. Aus p-tert.-Butylphenol[136]) hergestellte Harze haben sich hauptsächlich in der Kautschukindustrie als Klebrigmacher sehr gut bewährt. Als Lackrohstoffe haben allerdings diese Harze bisher keine Verwendung gefunden. Über ihren chemischen Aufbau bestehen verschiedene Auffassungen[137]), jedoch dürfte eine Verknüpfung über die ortho-ständigen Wasserstoffatome der Phenole am wahrscheinlichsten sein:

2.38

Nach *Hultzsch*[138]) liegt vermutlich auch noch eine gewisse Verknüpfung über Phenoläther-Brücken vor.

II. Amid- und Amin-Formaldehyd-Harze

Eine große Anzahl Stickstoff enthaltender organischer Verbindungen ist zur Polykondensation mit Aldehyden befähigt, jedoch haben nur überraschend wenige davon Bedeutung für die Herstellung von Kunstharzen auf dem Lacksektor erlangt. Die wichtigsten Grundstoffe für diese Harzgruppe sind mit Abstand Harnstoff und Melamin. Carbamidsäureester (Urethane) und Sulfonamide führen zu interessanten Spezialharzen; Anilin ist dagegen nur von geringer Bedeutung.

Für alle diese Körper ist charakteristisch, daß in ihnen die Aminogruppe $-NH_2$ entweder in Form der Aminbindung $R \cdot NH_2$ bzw. $(R)_2 \cdot NH$ oder der Amidbindung $R \cdot CO \cdot NH_2$ enthalten ist. Insofern hat die besonders in der Kunststoff-Technik gebräuchliche Gruppenbezeichnung *Aminoplaste* ihre Berechtigung. Die Aminogruppen können mit Aldehyden, insbesondere Formaldehyd, umgesetzt werden, wobei durch Additionsreaktionen Alkylolverbindungen entstehen:

---

[135]) Firmenschrift Quaker Oats: Technical Bulletin Nr. 139, 205. — Herst. u. Anwend. v. Furanharzen aus Furfurylalkohol: *H. Kaesmacher,* Kunststoff-Rdsch. 7 (1960), 267. — *C. Rauh,* Gießerei *48* (1961), Nr. 25.
[136]) DRP 642 886 (1932); 645 112 (1932), beide I.G. Farben.
[137]) Literaturzusammenstellung: *Hultzsch,* Phenolharze, S. 57 und Referate Kunststoffe *40* (1950), 73, 200.
[138]) *K. Hultzsch,* Kunststoffe *42* (1952), 387.

$$-\overset{|}{\underset{|}{C}}\cdot NH_2 + HCHO \longrightarrow -\overset{|}{\underset{|}{C}}\cdot NHCH_2OH$$

$$-\overset{|}{\underset{|}{C}}\cdot NH_2 + 2 HCHO \longrightarrow -\overset{|}{\underset{|}{C}}\cdot N{\Big\langle}_{CH_2OH}^{CH_2OH}$$

2.39

Diese stehen in Analogie zu den Phenolalkoholen auf dem Gebiet der Phenol-Formaldehyd-Harze und sind ihrerseits die Ausgangsprodukte für die eigentlichen, zur Verharzung führenden Polykondensationen.

Ein weiteres der ganzen Harzgruppe gemeinsames und sie charakterisierendes Merkmal ist die Tatsache, daß mit alleiniger Ausnahme der aromatischen Amine (z. B. Anilin) die zur Verharzung führenden Reaktionen nur in die NH_2-Gruppe eingreifen und auch alle weiteren Reaktionen ausschließlich zwischen diesen Gruppen bzw. deren Alkylolverbindungen ablaufen, während der Rest des Moleküls unangetastet bleibt.

Lange Zeit gingen die Meinungen über die Aufbau- und Härtungsprinzipien der Amin- und Amidharze zum Teil weit auseinander[139]). Dank der Interpretation durch moderne Reaktionsmechanismen, bei denen nach *H. Petersen* speziell die Formulierung mesomerer Grenzstrukturen von Carbenium-Immonium-Ionen:

$$R_2NCONH-CH_2OH \underset{}{\overset{H^{\oplus}}{\rightleftharpoons}} \left[R_2NCONH-\overset{\oplus}{CH_2} \longleftrightarrow R_2N\overset{\oplus}{CONH}=CH_2 \right] + H_2O \qquad 2.40$$

eine maßgebliche Rolle spielt, ist es möglich, die Reaktionen nunmehr auch besser zu übersehen. Diese Zurückführung auf allgemeine Gesetzmäßigkeiten erlaubt es aber auch, bei aller Variationsfähigkeit den Verlauf von Harzbildung und Harzhärtung in erwünschte und im voraus bestimmte Richtungen zu lenken. *H. Petersen*[140]) schildert diese Erkenntnisse und Folgerungen der neueren Theorien über die Aminoplaste in sehr anschaulicher und umfassender Weise.

1. Harnstoffharze

Harnstoff, großtechnisch aus Kohlendioxid und Ammoniak hergestellt, findet seine Hauptanwendung als Düngemittel. Er ist aber auch gleichzeitig einer der preisgünstigsten Rohstoffe für die Herstellung von Kunstharzen. Dieser Umstand hat zweifellos neben den guten Eigenschaften der daraus hergestellten Harze viel zu ihrer so starken Entwicklung beigetragen.

---

[139]) *A. Einhorn* u. *A. Hamburger,* Ber. dtsch. chem. Ges. *41* (1908), 24; Liebigs Ann. Chem. *361* (1908), 122. — *H. Kadowaki,* Bull. chem. Soc. Japan *11* (1936), 81; Ref. C. *1936* II, 3535. — *H. Staudinger et al.,* Makromolekulare Chem. *11* (1953), 81; *12* (1954), 168; *15* (1955), 75. — *G. Zigeuner et al.,* Kunststoffe *41* (1951), 221; Mh. Chem. *82* (1951), 847; *83* (1952), 250, 1098, 1326; *85* (1954), 1196; *86* (1955), 57, 165, 173; *87* (1956), 406; *88* (1957), 159; *92* (1961), 31, 79. — *J. I. de Jong* u. *J. de Jonge,* Recueil Trav. chim. Pays-Bas *69* (1950), 1566; *71* (1952), 643, 890; *72* (1953), 88, 139, 202, 207, 213, 1027. — Weitere Veröffentlichungen und Monographien über Aminoplaste und Amin-Lackharze: *Scheiber,* Künstl. Harze (1943). — *H. Scheuermann,* Beitrag „Aminoplaste" in Ullmanns Encyclopädie der techn. Chemie, Bd. 3 (1953), Seite 475—496. — *C. P. Vale,* Aminoplastics, Cleaver Hume Press Ltd. London 1950. — *I. F. Blais,* Amino Resins, Reinhold Publ. Corp. New York 1959. — *A. V. Blom,* Grundlagen der Anstrichwissenschaft, Verlag Birkhäuser Basel u. Stuttgart 1954. — *A. Vlachos,* Beitrag Amino-Lackharze in Kunststoff-Handbuch Bd. X, Duroplaste, Carl Hanser Verlag München 1968, Seite 135—153.
[140]) Angew. Chem. *76* (1964), 909; Kunststoffe *54* (1964), 307. — Siehe auch Beitrag *W. Rüttiger* u. *R. Zeidler* über Aminoplastbildner als Ausrüstungsmittel f. d. Textilindustrie in: Kunststoff-Handbuch Bd. X, Duroplaste, Carl Hanser Verlag München 1968.

1. Harnstoffharze

Die Bildung des Harnstoffs verläuft über die Zwischenstufe des Ammoniumsalzes der Carbamidsäure, aus dem durch Wasserabspaltung Harnstoff entsteht:

$$CO_2 + 2NH_3 \rightleftharpoons H_2N\cdot COONH_4 \rightleftharpoons H_2NCONH_2 + H_2O$$

Ammoniumcarbaminat   Harnstoff

2.41

Harnstoff ist chemisch gesehen das Diamid der Kohlensäure; theoretisch kann man ihn aber auch als das Amid der Carbamidsäure betrachten.

$NH_2 \cdot COOH$ Carbamidsäure (als freie Säure nicht beständig!)

Den beiden NH_2-Gruppen kommen in diesem Falle keine gleichartigen Funktionen zu; die eine verhält sich wie eine aliphatische Aminogruppe, während die andere als Säureamidgruppe fungiert. In der Tat wurde eine derartige Betrachtungsweise des Harnstoffs auch als Grundlage für eine mögliche Theorie zur Harzbildung aus Harnstoff und Formaldehyd diskutiert[141].
Eine interessante Eigenschaft des Harnstoffs ist seine Fähigkeit, mit einer ganzen Reihe von Verbindungen, z. B. Metallsalzen, Carbonsäuren, Phenolen, durch Nebenvalenzkräfte Molekülverbindungen zu bilden[142]. Es ist durchaus denkbar, daß auch Harnstoff und Formaldehyd eine solche Molekülverbindung eingehen, die als eine mögliche Vorstufe bei der Harnstoffharz-Bildung angesehen werden kann[143].
Die bei der Polykondensation von Harnstoff mit Formaldehyd ablaufenden Reaktionen sind, wie schon erwähnt, heute weitgehend geklärt[144], wenngleich die technische Entwicklung auch hier in der Hauptsache ähnliche empirische Wege gegangen ist, wie dies bei den Phenolharzen zunächst der Fall war.
Die Umsetzungen von Harnstoff mit Formaldehyd werden von folgenden Faktoren maßgebend bestimmt:
1. Verhältnis von Harnstoff zu Formaldehyd,
2. pH-Wert der Lösung,
3. Konzentration der Lösung,
4. Reaktionstemperatur,
5. Art und Konzentration der Katalysatoren und evtl. anwesender Puffersalze.

Monomethylolharnstoff (I)   Dimethylolharnstoff (II)

Trimethylolharnstoff (III)   Tetramethylolharnstoff (IV)

2.42

---

[141] *C. S. Marvel et al.*, J. Amer. chem. Soc. *68* (1946), 1681.
[142] Hierzu gehören auch die Einschlußverbindungen des Harnstoffs, siehe z. B. *F. Cramer*, Angew. Chem. *68* (1956), 115.
[143] *H. Fahrenhorst*, Kunststoffe *45* (1955), 43.
[144] Siehe Fußn. 140).

Als erste Reaktionsstufe erfolgt in allen Fällen eine Bildung von Methylolharnstoffen (I—IV), wobei je nach den Bedingungen alle möglichen Stufen vom Monomethylol- bis zum Tetramethylol-Harnstoff entstehen können. Letzterer scheint allerdings, wenn überhaupt, nur unter sehr extremen Bedingungen existenzfähig zu sein.

Diese Methylolverbindungen sind z. T. als definierte, kristallisierte Substanzen isolierbar, so vor allem I und II[145]); in der Regel werden jedoch bei ihrer Herstellung Gemische dieser Verbindungen entstehen. Die schon von den Phenolharzen her bekannte große Reaktionsfähigkeit der durch Elektronen-Donatoren aktivierten Methylolgruppe ($-CH_2OH$) ist nun auch die treibende Kraft für die weiteren, zu den Harnstoffharzen führenden Umsetzungen dieser Methylolharnstoffe. Je nach Begünstigung der einen oder anderen Reaktionsbedingung kommt es dabei zu weiteren Molekülvergrößerungen, durch Ausbildung von Methylenbrücken (V), Methylenätherbrücken (VI) oder durch Verknüpfung über Dimethyloluronverbindungen (VII)[146].

$$\text{(V)} \qquad \text{(VI)} \qquad \qquad 2.43$$

$$\text{(VII)}$$

Infolge der noch verbleibenden Funktionalitäten dieser Verbindungen und der rückläufigen Spaltbarkeit ihrer Brückenelemente können die zunächst entstandenen einfachen Körper mit sich selbst und untereinander, sowie mit noch nicht umgesetztem Harnstoff oder Formaldehyd weiterreagieren und so weitere Molekülvergrößerungen bewirken.

So kann z. B. eine Methylol-Gruppe unter Wasserabspaltung mit einer freien oder substituierten Aminogruppe eines anderen Moleküls nach a) bzw. b) reagieren:

a) $H_2N\cdot CO\cdot NH\cdot CH_2OH + H_2N\cdot CO- \longrightarrow H_2NCONHCH_2NHCO- + H_2O$

b) $-HNCONHCH_2OH + HN\cdot CO\cdot NH- \longrightarrow HNCONHCH_2\cdot N\cdot CO\cdot NH- + H_2O$
   $\qquad\qquad\qquad\quad\;\; | \qquad\qquad\qquad\qquad\qquad\qquad\qquad |$
   $\qquad\qquad\qquad\quad\; CH_2- \qquad\qquad\qquad\qquad\qquad\qquad\; CH_2-$

$\qquad\qquad\qquad\qquad\qquad\qquad\qquad\qquad\qquad\qquad\qquad\qquad\qquad 2.44$

Solche Umsetzungen können also zu linearen, verzweigten oder sogar vernetzten Harzen führen.

Vornehmlich bei der sauren Weiterkondensation von Methylolharnstoffen ist eine weitere Reaktion in Betracht zu ziehen. Sie besteht in einer Acetalisierung der Methylolgruppen mit überschüssigem Formaldehyd und kann sowohl zu deren Abwandlung durch Ringbildung, als auch zur Molekülvergrößerung beitragen:

$$\begin{array}{l} -HN-CH_2OH \\ \qquad\qquad\qquad + O=CH_2 \longrightarrow \\ -HN-CH_2OH \end{array} \quad \begin{array}{l} -HN\cdot CH_2\cdot O \\ \qquad\qquad\quad \diagdown CH_2 + H_2O \\ -HN\cdot CH_2\cdot O \end{array} \quad 2.45$$

---
[145]) A. Einhorn, Liebigs Ann. Chem. *343* (1905), 207.
[146]) H. Kadowaki, Bull. chem. Soc. Japan *11* (1936), 248; Ref. C. *1936* II, 3535.

1. Harnstoffharze

Es ist heute erwiesen, daß alle diese Anfangskondensate nur verhältnismäßig niedermolekular sind. So konnten für mit Butanol verätherte Harze (s. S. 66) Molekulargewichte von etwa 1000—1500 ermittelt werden[147]), was einem Gehalt von 6—11 Harnstoff-Einheiten neben 5—9 Butoxyl-Gruppen entspricht. Auch *H. Staudinger* und *K. Wagner*[148]) kamen zu ähnlichen Ergebnissen; nach ihrer Auffassung soll der makromolekulare Bau lediglich durch starke Molekül-Assoziationen der relativ niedermolekularen Verbindungen vorgetäuscht werden.

Unter besonderen Bedingungen, namentlich im stark sauren Bereich und bei einem Verhältnis von Harnstoff zu Formaldehyd 1 : < 2, führt die Kondensation zu Methylenharnstoffen der allgemeinen Formel

$$(H_2N-CO-N=CH_2)_x \quad \text{und} \quad (H_2C=N-CO-N=CH_2)_x \qquad 2.46$$

Dieses sind unschmelzbare, amorph-pulverförmige aber keinesfalls harzartige Substanzen. Es ist nachgewiesen worden[149]), daß es nicht möglich ist, Methylenharnstoffe in Harze überzuführen; vielmehr muß hierfür immer die Methylolstufe durchschritten werden. Das Auftreten von Methylenharnstoffen ist daher bei der Harnstoffharz-Herstellung in jedem Falle unerwünscht.

Da sich Harnstoff-Formaldehyd-Harze im Bereich der Molverhältnisse Harnstoff : Formaldehyd von 1 : 1 bis zu ca. 1 : 3,5 übergangslos bilden, kann man ganz allgemein annehmen, daß die durch Verknüpfungen und Vernetzungen gebildeten dreidimensionalen Harzmoleküle aus Harnstoff-Resten, Methylen- und Methylenätherbrücken aufgebaut sind; als Endgruppen erscheinen freie bzw. substituierte Aminogruppen des Harnstoffs und Methylolgruppen. Bei Anwendung von weniger Formaldehyd dürften in den Endprodukten der Härtung die Methylenbrücken überwiegen, bei höherem Formaldehyd-Molverhältnis dagegen die Methylenätherbrücken.

Infrarot-Untersuchungen haben diesen Ansichten eine starke Stütze gegeben. Es konnte bestätigt werden[150]), daß Produkte einer thermischen oder alkalischen Weiterkondensation von Dimethylolharnstoff bzw. einer unmittelbaren Reaktion von einem Mol Harnstoff mit zwei Mol Formaldehyd in stark alkalischem Medium im wesentlichen aus Harnstoffgruppen bestehen, die über Methylenäther-Brücken verknüpft sind. Bei einem Harnstoff-Formaldehyd-Verhältnis von 1 : 1,5 lassen sich allerdings auch Methylen-Brücken nachweisen. Die Befunde der IR-Spektroskopie geben gleichzeitig aber auch Hinweise darauf, daß die Zusammensetzung der Harze ziemlichen Schwankungen unterliegt.

Die vorstehenden Hinweise zur Chemie der Harnstoff-Formaldehydharze sollen vor allem auf die Mannigfaltigkeit der Reaktionsmöglichkeiten hinweisen, wie sie auch im einzelnen in mehreren Originalarbeiten[151]) dargelegt wird.

---

[147]) *M. D. Hurwitz et al.*, Kunststoffe *41* (1951), 284 (Ref.). — S. auch *W. Lengsfeld*, Farbe u. Lack *75* (1969), 1063.
[148]) Makromolekulare Chem. *12* (1954), 168.
[149]) *R. Reichherzer* u. *A. Chwala*, Österr. Chem. Ztg. *51* (1950), 161.
[150]) *H. J. Becker* u. *F. Griffel*, Ber. dtsch. chem. Ges. *91* (1958), 2025, 2032.
[151]) Siehe hierzu Fußn. 139) u. 140); ferner *G. Zigeuner*, Kunststoffe *41* (1951), 221; Fette, Seifen, Anstrichmittel *156* (1954), 973 u. *57* (1955), 14. — *F. Hanus* u. *G. Zigeuner*, Kunststoffe *45* (1955), 577. — *H. Fahrenhorst*, Kunststoffe *45* (1955), 43, 319. — *F. Ehlers*, Kunststoff-Rdsch. *3* (1956), 193. — *K. H. Frangen*, Farbe u. Lack *16* (1964), 271. — *W. Brügel* u. *A. Vlachos*, Farbe u. Lack *4* (1952), 475, 523. — *S. R. Finn* u. *C. C. Mell*, J. Oil Colour Chemists' Assoc. *47* (1964), 219.

1.1. Nichtplastifizierte Harnstoffharze

Ihre hauptsächlichen Anwendungen finden die reinen nichtmodifizierten Harnstoffharze als Leimharze, als Textilveredlungsmittel und als Hilfsmittel zur Erzeugung naßfester Papiere in der Papierindustrie. Ihre eigentliche Bedeutung als Lackrohstoffe erlangen sie erst durch eine weitere Abänderung. Um nämlich Harze zu erhalten, die in den gebräuchlichen organischen Lösungsmitteln löslich sind, müssen die stark polaren Methylolgruppen blockiert werden, was im allgemeinen durch eine Verätherungsreaktion bewirkt wird[152]):

$$\overset{|}{\underset{|}{N}}-CH_2OH + ROH \longrightarrow \overset{|}{\underset{|}{N}}-CH_2-O-R + H_2O \qquad 2.47$$

Den experimentellen Nachweis für eine solche Umsetzung der Methylolgruppen in Harnstoff-Formaldehyd-Kondensaten erbrachte *H. Kadowaki*[153]), der Tetramethylolharnstoff mit angesäuertem Methanol in den Dimethylol-Uron-Dimethyläther (VIII) überführen konnte:

$$2.48$$

(VIII)

Es findet also neben der Verätherung mit Methanol noch eine innere Verätherung von zwei Methylolgruppen unter Ausbildung des sogenannten „Uronringes" statt. Aus Monomethylol- und Dimethylolharnstoff konnten die entsprechenden linearen Mono- bzw. Di-methyläther hergestellt werden.

Auf Grund sehr gezielter analytischer Untersuchungen zur Aufklärung der Struktur butylierter Harnstoffharze gelangt *W. Lengsfeld*[153a]) zu folgenden interessanten Schlüssen: Butylierte Harnstoffharze sind zumindest in ihren Grundformen verhältnismäßig niedermolekular, da die ermittelten Molekulargewichte bei ungefähr 600 liegen. Sie besitzen überwiegend eine aus 3 Harnstoff-Grundmolekülen aufgebaute cyclische Hexahydrotriazinstruktur

$$2.49$$

---

[152]) FP 711 788 (1931, dtsch. Prior. 1930), I.G. Farben. — FP 852 962 (1939, dtsch. Prior. 1938), Chem. Fabr. Dr. K. Albert. — EP 484 200 (1938), S. M. L. Saunders u. L. W. Coveney. — EP 498 043 (1939); AP 2 171 882 (1940), Resinous Prod. & Chem. Co.
[153]) Bull. chem. Soc. Japan *11* (1936), 248; Ref. C. *1936* II, 3535.
[153a]) Farbe u. Lack *75* (1969), 1063.

Stärkere Verätherungsgrade in diesen Harzen sind fernerhin über den Ersatz der noch verbleibenden Wasserstoff-Atome der NH-Gruppierungen in Wechselwirkung mit weiterem Formaldehyd und Butanol unter Ausbildung zusätzlicher Butoxymethyl-Gruppen möglich.

Während die Verätherung mit niederen Alkoholen, z. B. Methanol, eine mehr theoretische Bedeutung für die Aufklärung der Reaktionsabläufe besitzt, ist die für die Praxis wichtigste Abwandlung der Methylolgruppen ihre Verätherung mit höheren Alkoholen, in erster Linie mit Butanol.

Die technische Herstellung der mit *Butanol* verätherten Harnstoffharze erfolgt gewöhnlich in einem *Zweistufenverfahren*. Man kondensiert schwach alkalisch vor, stellt dann den Ansatz auf sauren pH-Wert um und kondensiert in Anwesenheit von Butanol zu Ende, wobei Wasser laufend durch azeotrope Destillation entfernt wird.

Die Verätherung mit Alkoholen, die mehr als 6 Kohlenstoffatome enthalten, ist allerdings auf diesem direkten Wege nicht möglich, gelingt jedoch im Zuge einer Umätherung in Anwesenheit eines Katalysators, wobei dann der ausgewechselte niedrige Alkohol (in den meisten Fällen Butanol) abdestilliert wird[154]). Wie zu erwarten, ändern sich mit dem Aufbau auch die Eigenschaften der Produkte. So verbessern Äther der höheren aliphatischen Alkohole die Löslichkeit in nichtpolaren Lösungsmitteln und erhöhen die Wasserfestigkeit der Filme.

Beispiele für Handelsprodukte:

Beetle	Am. Cyanamid
Dynomin U	Norsk Spraengstof
Epok	B.P.
Heso-Amin	Hendricks & Sommer
Limodur	Sichel
Plastopal	BASF
Resamin	Reichhold-Albert
Resfurin	Montecatini
Resimene U u. RF	Monsanto
Scadonur	Scado
Setamine	Synthese
Siramin	SIR
Soamin	SOAB
Synresin A	Synres
Uformite	Rohm & Haas
Viamin	Vianova

1.2. Plastifizierte Harnstoffharze

Die wasserlöslichen, nicht mit Alkoholen verätherten Harnstoffharze haben, wie schon erwähnt, als Lackrohstoffe so gut wie keine Bedeutung; sie kommen lediglich als Porenfüller für Holzanstriche in Betracht.

Die alkoholmodifizierten Harnstoffharze besitzen als Selbstbindemittel auch nur geringes Interesse, da diesem Verwendungszweck einige erhebliche Mängel entgegenstehen. So ist z. B. ihr Pigmentaufnahmevermögen nicht sonderlich gut, und die eingebrannten Filme sind ziemlich spröde und wasserempfindlich.

Dagegen haben diese Harze in Kombination mit Nitrocellulose und Weichmachern für lufttrocknende Lacke und in Verbindung mit Alkydharzen für Einbrennlacke

---

[154]) Siehe z. B. EP 459 788 (1935), I.G. Farben.

erhebliche Bedeutung. In Nitrocellulose-Lacken bewirken Harnstoffharze allgemein eine Erhöhung des Glanzes und der Fülle, sowie eine Verbesserung der Härte der Lackfilme. Hauptsächliches Anwendungsgebiet für derartige Kombinationen ist die Holzlackierung. Da Harnstoffharze in ähnlicher Weise wie Phenol-Resole durch Säuren schon in der Kälte härtbar sind, werden sie auch zur Herstellung säurehärtender Lacke herangezogen[155]). Die Kombination von Harnstoffharzen mit Epoxidharzen (s. S.186) ist lacktechnisch vor allem für Einbrennlacke von Bedeutung, da sich hierbei Filme mit sehr guter Temperaturbeständigkeit, großer Härte und Zähigkeit ergeben[156]).

Bei der gemeinsamen Verarbeitung mit Cellulose-Acetobutyrat können resistente Überzüge erhalten werden, weil durch das butylierte Harnstoffharz die freien Hydroxylgruppen des Celluloseesters vernetzen, wodurch die Filme weitgehend unlöslich werden[157]).

In Einbrennlacken werden Harnstoffharze gewöhnlich mit nichttrocknenden oder trocknenden Alkydharzen verarbeitet. In dem System Harnstoffharz-Alkydharz werden durch die Alkydharz-Komponente Elastizität, Glanz und Fülle erreicht, während das Harnstoffharz die erwünschte große Oberflächenhärte bringt. Die Reaktion zwischen Harnstoff- und Polyesterharz besteht in einer Wechselwirkung zwischen den im Polyesterharz noch vorhandenen freien Hydroxyl- und Carboxylgruppen mit den funktionellen Gruppen der Harnstoffharze[158]).

Für die auskondensierten Produkte aus der Kombination von Alkyd- und Harnstoffharz (letzteres mit n-Butanol veräthert) kann nach *H. Scheuermann*[159]) etwa nachstehender Aufbau angenommen werden:

2.50

P.E. = Polyester
Ha.H. = Harnstoffharz, butanolveräthert
R = n-Butanol

---

[155]) *E. Fonrobert*, Dtsch. Farben-Z. *48* (1943). — *F. Oschatz*, Farbe u. Lack *59* (1953), 169. — *Z. Wirpsza*, Farbe u. Lack *70* (1964), 797.

[156]) Lit. hierzu: z. B. *A. Manz*, Epoxidharz-Einbrennsysteme, Beckacite Nachr. *25* (1966), Nr. 3, S. 79; Ref. Farbe u. Lack *73* (1967), 654.

[157]) *M. Salo* u. *O. W. Kaul*, Federat. Paint Varn. Product. Clubs Off. Digest *31* (1959), Nr. 416, S. 1162; Ref. Farbe u. Lack *66* (1966), 206.

[158]) Zu den Vorgängen beim Einbrennen siehe z. B.: *J. H. Lady, R. E. Adams* u. *I. Kesse*, J. appl. Polymer Sci. *3* (1961), Nr. 7, S. 65. — *H. Thaler* u. *W. Saumweber*, Fette, Seifen, Anstrichmittel *63* (1961), 945. — *R. Seidler* u. *H. J. Graetz*, Fette, Seifen, Anstrichmittel *64* (1962), 1135.

[159]) Beitrag „Aminoplaste" in Ullmanns Encyclopädie d. techn. Chemie, Bd. 3 (1953), 475—496.

2. Carbamidsäureester-Harze (Urethanharze)

R. Bult[159a] bestätigte durch Extraktionsversuche an gehärteten Alkyd-Harnstoffharz-Filmen die Ansichten über eine weitgehende Reaktion zwischen Alkydharz und Aminoharz. In dieser Weise können starke, in jeder Hinsicht sehr beständige Vernetzungen erfolgen, denen letzten Endes die aus plastifizierten Harnstoffharzen aufgebauten Lackfilme ihre ausgezeichneten, technisch wertvollen Eigenschaften verdanken.

Zur Plastifizierung von Harnstoffharzen finden vielfach aber auch Adipinsäure-Trimethylolpropan-Polyester Verwendung. Diese haben vor anderen Alkydharzen als Kombinationspartner für Harnstoffe den Vorteil einer weit besseren Vergilbungs- und Glanzbeständigkeit[160]). Zweckmäßigerweise wird hierbei das Harnstoffharz bereits mit dem Polyester vorkondensiert.

Beispiel für Handelsprodukte:

Beckurol	Reichhold-Albert
Limodur	Sichel
Paralac	I.C.I.
Plastopal	BASF
Synresin	Synres
Viamin	Vianova
Wresilac	Resinous Chemicals

2. Carbamidsäureester-Harze (Urethanharze)

Die Carbamidsäureester-Harze sind eng verwandt mit den Harnstoffharzen, jedoch ist der Reaktionsablauf bei ihnen viel übersichtlicher als bei den Harnstoffharzen. Ein wesentlicher Unterschied zwischen beiden Harzgruppen besteht allerdings darin, daß Harnstoffharze stets härtbar sind, während die Kondensation von Formaldehyd und Carbamidsäureestern, soweit diese nur eine Amidogruppe enthalten, in allen Fällen zu nichthärtbaren Harzen führt. Entsprechend der Benennung von Carbamidsäureestern als Urethane können die daraus entstehenden Harze auch als Urethanharze[161]) bezeichnet werden.

Die Urethane der allgemeinen Formel

$$H_2N \cdot \underset{\underset{O}{\|}}{C} \cdot O \cdot R \qquad R = \text{beliebiger einwertiger aliphatischer, cycloaliphatischer, aromatischer oder heterocyclischer Rest} \qquad 2.51$$

die unter anderem[161a]) durch Umsetzung von Harnstoff bzw. der daraus intermediär entstehenden Cyanursäure mit Alkoholen erhältlich sind, setzen sich mit Formaldehyd in folgender Weise um:

1. In alkalischem Medium entstehen Methylolverbindungen (I)[162]).
2. In kalter, schwach saurer Lösung wird Methylendiurethan gebildet (II)[163]).
3. Stark saure Reaktionsbedingungen führen zur Bildung des cyclischen dimeren Methylenurethans (III)[164]).

[159a]) Farbe u. Lack *69* (1963), 20.
[160]) N. Taniewski u. J. Kapko, Brit. Paint Res. Assoc. Rev. of Current Lit. *36* (1962), Nr. 250, S. 296; Ref. Farbe u. Lack *69* (1963), 752.
[161]) Es sind aber grundsätzlich andere Produkte als die Polyurethane (s. S. 153), mit denen sie hinsichtlich Herstellung, Aufbau u. Eigenschaften nichts gemeinsam haben.
[161a]) Weitere Herstellungsverfahren für Urethane: Ullmann, 3. Aufl. (1954) Bd. 5, S. 73.
[162]) A. Einhorn u. A. Hamburger, Liebigs Ann. Chem. *36* (1908), 130.
[163]) M. Konrad u. K. Hock, Ber. dtsch. chem. Ges. *36* (1903), 2206.
[164]) C. A. Bischoff u. F. Reinfelder, Ber. dtsch. chem. Ges. *36* (1903), 39.

4. Kryoskopische Molekulargewichtsbestimmungen machen ferner die Bildung einer cyclischen trimeren Form (IV), eines Hexahydro-Triazin-Derivates, wahrscheinlich[165]).

Ein ungesättigtes monomeres Methylenurethan (V) ist bisher noch nicht isoliert worden, es ist offenbar gar nicht existenzfähig. Dagegen bilden sich Polykondensate (VI), die dieser Summenformel entsprechen. Der Polykondensationsgrad dieser Produkte wird weitgehend durch die Reaktionsbedingungen beeinflußt; dies allerdings in gewisser Abhängigkeit von R, da mit dessen zunehmender Größe die Erreichung höhermolekularer Stufen schwieriger wird. Härte und Viskosität werden vom Kondensationsgrad und von der Natur des Restes R bestimmt, die Löslichkeitseigenschaften dagegen nur von R. Besonders hochmolekulare Harze mit praktischer Bedeutung erhält man nach *A. Weihe*[166]) durch alkalische Vorkondensation zur Methylolverbindung (I) und anschließende Polykondensation im sauren Bereich.

$$\begin{array}{cc}
\text{O·R} & \text{O·R} \quad\quad \text{O·R} \\
| & | \quad\quad\quad | \\
\text{C=O} & \text{O=C} \quad\quad \text{C=O} \\
| & | \quad\quad\quad | \\
\text{H·N·CH}_2\text{OH} & \text{H·N—CH}_2\text{—N·H}
\end{array}$$

Methylolurethan (I)   Methylendiurethan (II)

cycl. Methylendiurethan (III)

trim. Methylenurethan (IV)

(2.52)

(monom. Methylenurethan (V))   Urethanharz (VI)

Die Urethanharze sind in allen üblichen Lösungsmitteln löslich, schwer verseifbar und mit zahlreichen Lackrohstoffen gut verträglich. Diejenigen Harze, bei denen R ein aliphatischer Rest ist, zeigen gute Verträglichkeit mit Nitrocellulose, für die sie darüber hinaus noch ein ausgesprochen gutes Gelierungsvermögen besitzen. Bemerkenswert ist die Licht- und Witterungsbeständigkeit solcher Nitrolacke. Die Harze sind ferner sehr gut verträglich mit Alkydharzen, Harnstoff- und Melaminharzen und erhöhen in Kombination mit diesen Glanz und Fülle der eingebrannten Lackfilme.

Beispiele für Handelsprodukte:

    Plastopal BT   BASF
    Uresin B   Hoechst

---

[165]) *M. Giua* u. *G. Racciu,* Atti R. Accad. Scienze Torino *64* (1929), 300; Ref. C. *1930* I, 40.
[166]) DRP 702 503 (1935); FP 803 428 (1936); Oep 158 641 (1936), alle Dtsch. Celluloid-Fabr. — DRP 708 440 (1935), I. G.Farben. — EP 461 352 (1935), Degussa.

3.1. Melaminharze

3. Triazinharze

Von der heterocyclischen Verbindung Triazin leitet sich die Cyanursäure ab, deren Triamid, das *Melamin* (2,4,6-Triamino-1,3,5-triazin) den Melamin-Formaldehyd-Harzen zugrunde liegt.

$$\text{Triazin} \qquad \text{Cyanursäure} \qquad \text{Melamin} \qquad \qquad 2.53$$

Melamin wird aus Cyanamid, das aus Kalkstickstoff, $CaCN_2$, leicht zugänglich ist, über sein Dimeres, das Dicyandiamid hergestellt:

$$\text{Cyanamid} \quad \text{Dicyandiamid} \longrightarrow \qquad \qquad 2.54$$

Neuere Verfahren gehen von Harnstoff aus, der in Anwesenheit von Katalysatoren und bei erhöhtem Druck in Melamin umgewandelt wird[167]):

$$6\ CO(NH_2)_2 \xrightarrow[\text{ca. 100 atü}]{400-500\ °C} C_3N_3(NH_2)_3 + 6\ NH_3 + 3\ CO_2 \qquad 2.55$$

Ein anderes Verfahren arbeitet drucklos und liefert Melamin von sehr hohem Reinheitsgrad[168]):
In nur einer Stufe wird Harnstoff in einem Katalysator-Wirbelbett bei 380° C zu Melamin umgesetzt.

$$6\ CO(NH_2)_2 \xrightarrow[Al_2O_3]{380\ °C} C_3N_3(NH_2)_3 + 6\ NH_3 + 3\ CO_2 \qquad 2.56$$

Das Melamin wird anschließend aus dem Reaktionsgas durch Sublimation abgeschieden.

3.1. Melaminharze

Melamin bildet wie Harnstoff mit Formaldehyd in neutralem oder alkalischem Bereich Methylolverbindungen, wobei es ohne Schwierigkeiten gelingt, bis zu 6 Mole Formaldehyd pro Mol Melamin einzuführen. Außer dem bisher nicht gefaßten Monomethylolmelamin sind alle übrigen Methylolmelamine herstellbar.

---

[167]) FP 1 083 791 (1953), Bergwerksges. Hibernia AG.
[168]) *G. Hamprecht* u. *M. Schwarzmann,* Chem. Ing. Techn. *40* (1968) S. 462 ff., ref. nach Chem. Engng. 72 (1965), 180.

Trimethylolmelamin   Hexamethylolmelamin   2.57

Die Stabilität dieser Verbindungen nimmt mit steigendem Methylolgehalt zu, während entgegen den Erwartungen sich die Dimethylol-Verbindung am leichtesten und Hexamethylol-Melamin am schwersten in Wasser löst. Die relativ große Beständigkeit der Melamin-Methylole dürfte wie bei den Harnstoffharzen auf der Ausbildung intramolekularer Protonbrücken beruhen[169]). Allerdings ergeben sich auch im Vergleich zu den Harnstoffharzen einige wesentliche Unterschiede. So verläuft die Addition von Formaldehyd in alkalischem Medium sehr schnell, und die Polykondensation der Methylol-Verbindungen erfolgt in der Wärme auch schon ohne saure Katalysatoren. Diese wirken in der Wärme zudem auf die Melaminmethylole stärker beschleunigend, als es bei den Harnstoffmethylolen der Fall ist. Im Gegensatz zu den Harnstoffharzen kondensieren Melaminharze in der Siedehitze im alkalischen Bereich weiter, wenn auch wesentlich langsamer als bei einem pH-Wert unter 7.

Im sauren Reaktionsbereich können sich die zunächst gebildeten Melamin-Methylole überhaupt nicht durch Bildung von Proton-Brücken stabilisieren; die Harzbildung durch Polykondensation schließt sich daher sofort an.

Die Molekülvergrößerung bei den Melamin-Methylolen vollzieht sich grundsätzlich in der gleichen Weise wie bei den Harnstoff-Methylolen, nämlich in der Hauptsache über Methylen- und Methylenäther-Verknüpfungen, wobei allerdings nach *R. Köhler*[170]) bei den Melaminharzen die Ausbildung von Ätherbrücken bevorzugt wird. Diese Härtungsreaktionen führen zu hochmolekularen, stark vernetzten, sehr harten und spröden Harzen[171])[172]).

Die zur Harzherstellung bevorzugten Molverhältnisse Melamin : Formaldehyd liegen zwischen 1 : 3 und 1 : 6, je nach den gewünschten Eigenschaften der entstehenden Harze.

Ihre eigentliche lacktechnische Bedeutung erfahren die Melaminharze analog den Harnstoffharzen erst durch eine Verätherungsreaktion, die zur Bildung von Melamin-Methylol-Alkyläthern führt. Die Herstellung der Harze erfolgt in gleicher Weise wie bei den Harnstoffharzen beschrieben, also durch Umsetzung der Anfangskondensate in saurer Lösung mit dem betreffenden Alkohol[173]). Mit den niederen Alkoholen bis einschließlich Butanol kann eine direkte Verätherung durchgeführt werden, die Einführung höherer Alkohole gelingt nur über den Weg der Umätherung[174]).

---

[169]) *K. Hultzsch,* Angew. Chemie *61* (1949), 93.
[170]) Kolloid-Z. *103* (1943), 138.
[171]) Formulierung der ausgehärteten Harze: *R. Köhler,* Kunststoff-Techn. u. Kunststoffanw. *11* (1941), 1.
[172]) Hexamethylolmelamin als Vernetzungsmittel f. Metall- u. Holzlacke: *Anon.,* Paint Varnish Product. *54* (1964), 57; Ref. Farbe u. Lack *70* (1964), 901.
[173]) Siehe z. B. AP 2 918 452 (1959); 2 918 410 (1961); 2 918 411 (1961), alle Amer. Cyanamid Co.
[174]) Z. Kenntnis d. Äther von Methylolmelaminen: *F. Engelhardt, K. D. Ledwoch* u. *C. Schwengers,* Kunststoff-Rdsch. *7* (1960), 433 (Beschreib. d. Umätherung u. d. lacktechn. Eigenschaften der Umätherungsprodukte).

3.1. Melaminharze

$$R_M-NH-CH_2-OH + HO-R_A \xrightarrow{-H_2O} R_M-NH-CH_2-O-R_A \qquad 2.58$$

(R_M = Melaminrest)   (R_A = Alkoholrest)

Zur Struktur der verätherten Methylolmelaminharze: Aus den Ergebnissen von speziellen analytischen Untersuchungen zur Strukturaufklärung der butylierten Melaminharze schließt *W. Lengsfeld*[174a]), daß diese Harze, ebenso wie die mit Butanol verätherten Harnstoffharze (s. S. 66), verhältnismäßig niedermolekular sind, da ihre Molekulargewichte, je nach der Herstellung, in der Größenordnung von 600—1400 liegen. Er nimmt hierzu ferner an, daß 2—4 Melaminmoleküle linear durch Methylenbrücken miteinander verknüpft sind und die Triazinringe in statistischer Verteilung Methylol- und Butoxymethylgruppen enthalten.

Neben der Verätherung mit n-Butanol und Isobutanol ist vor allem diejenige mit Methanol von Bedeutung auf dem Lackgebiet[175]), worauf nachfolgend noch näher eingegangen wird. Bei der Aushärtung im Lackfilm reagieren diese Melamin-Äther unter dem Einfluß von Wärme oder Säuren mit den Hydroxyl- und Aminogruppen anderer Moleküle unter Abspaltung von Wasser, Formaldehyd und Alkohol, wodurch Molekülvergrößerung und Vernetzung bewirkt wird. Die ausgehärteten Produkte sind farblos und außerordentlich hart. Im Gegensatz zu den merklich wasserempfindlicheren Harnstoffkondensationsprodukten sind sie darüber hinaus wesentlich beständiger gegen Hitzeeinwirkung. Während Harnstoffharze sich schon bei Temperaturen über 175 °C zu zersetzen beginnen, bleiben Melaminharze noch bei 250 °C und darüber unverfärbt[176]). In einer Studie über die thermische Zersetzung und den oxydativen Abbau von butylierten Melaminharzen stellten *J. H. Lady* und Mitarbeiter[177]) fest, daß der Trazinring bis etwa 200 °C relativ gut beständig ist und erst ab 300 °C Zersetzungen unterliegt. Sie wiesen ferner nach, daß der Angriff in den Harzmolekülen an der CN-Bindung stattfindet, wobei neue OH- oder NH-Gruppen entstehen, und daß die Spaltung unter Verlust von Formaldehyd bzw. Butanol vor sich geht.

Da die Melamin-Methyloläther für sich allein nach der Aushärtung zwar harte, aber auch sehr spröde Filme ergeben, müssen sie gemeinsam mit elastifizierenden Harzen verarbeitet werden. Hierzu eignen sich sehr gut Polyesterharze, wie etwa ölmodifizierte Alkydharze[178]). Derartige Harze vermögen mittels ihrer freien Hydroxyl- und Carboxylgruppen unter Einwirkung von Hitze oder Säure durch Verätherung und Veresterung analog den plastifizierten Harnstoffharzen zu reagieren (s. S. 68).

Über die Reaktionsmechanismen während des Einbrennvorganges von Kombinationen aus Melaminharz und Alkydharz berichtet *H. P. Wohnsiedler*[179]). Aus reaktionskinetischen Gründen schließt dieser Autor, daß von den theoretisch möglichen Umsetzungen eine Kondensation zwischen einer Hydroxylgruppe des Alkydharzes und einer Methylol- oder Butoxymethylgruppe (butylierte Methylolgruppe) des Melaminharzes bevorzugt wird. In Übereinstimmung mit diesen Befunden

---

[174a]) Farbe u. Lack *75* (1969), 1063.
[175]) Hexamethoxymethyl-Melamin als Handelsprodukte: z. B. Cymel 301 (Amer. Cyanamid). — Maprenal WL (Cassella). — Cibamin M 100 (Ciba).
[176]) W. *Scheufler,* Dtsch. Farben-Z. *8* (1954), 53.
[177]) J. H. *Lady,* R. E. *Adams* u. I. *Kesse,* J. appl. Polymer Sci. *3* (1961), Nr. 7, S. 65.
[178]) DRP 748 829 (1939), I.G. Farben. — DBP-Anmeld. A 681. 22 h, 3 (26.3.1940), Amer. Cyanamid Co.
[179]) A.C.S., Div. of Org. Coating and Plast. Chem. *1960*, Nr. 20/2, S. 53.

stehen ausführliche Untersuchungen von *R. Seidler* und *H. J. Graetz*[180]) über Vorgänge beim Einbrennen von Alkyd-Melaminharz-Gemischen. Es werden hier die Änderungen technologisch wichtiger Eigenschaften von Lackfilmen, wie Gewichtsverlust, Härte, Glanz, Elastizität und die Änderung ihrer IR-Absorptionen zur Bestätigung der theoretischen Überlegungen herangezogen. Eine Vertiefung der Einsicht in die zwischen Melaminharzen und Alkydharzen ablaufenden Reaktionen liefert ein Beitrag von *J. van Zuylen*[181]), der sich besonders mit dem Problem der Unterscheidung zwischen „niedrig-" und „hochreaktiven" butanolverätherten Melamin-Formaldehyd-Harzen befaßt. Er konnte das Verhalten dieser Harze mit dem Gehalt an Butoxymethylgruppen in Zusammenhang bringen, wobei es wahrscheinlich ist, daß die „Reaktivität"[182]) bei einer Verminderung dieser Gruppen erhöht wird.

Die Viskositätsstabilität von Alkyd-Melaminharz-Lacken ist häufig recht unbefriedigend. Eine gute Auswahl und richtige Abstimmung der Kombinationspartner ist hierauf von großem Einfluß; die Anwesenheit von Stabilisatoren (z. B. Amine) wirkt sich häufig ebenfalls günstig aus. Weitere bestimmende Faktoren für viskositätsstabile Lacke sind die Zusammensetzung der Lösungsmittel und die Lackkonzentration[183]).

Wie schon erwähnt, kommt auch der Verätherung von Methylolmelaminen mit Methanol eine besondere Bedeutung zu. In Verbindung mit Alkyden ergibt Hexamethoxymethyl-Melamin gegenüber Kombinationen dieser Alkydharze mit butylierten Melaminharzen Filme, die sich durch größere Härte, erhöhte Chemikalienresistenz und raschere Aushärtung auszeichnen[184]). Die Methyläther sind zudem gut verträglich mit Epoxidharzen und Epoxidharz-Estern. In Einbrennlacken sind Kombinationen von Hexamethoxymethyl-Melamin mit Epoxidharzen[185]) solchen mit Harnstoffharzen überlegen, vor allem in Hinblick auf Glanz, Chemikalienbeständigkeit und Nichtverfärben auch bei starker Wärmebeanspruchung[184]).

Neben den ölmodifizierten Alkydharzen sind aber auch ölfreie, gesättigte Polyester (s. S. 96) wichtige Umsetzungspartner für Melaminharze, vor allem auf dem Gebiet der Industrielackierung, wenn hohe Anforderungen, etwa an Tiefziehfähigkeit, Glanz, Härte, Fleckenbeständigkeit und Farbtonhaltung gestellt werden.

Für den Sektor der wasserverdünnbaren Harze spielen Melaminharze und zwar vor allem solche auf der Basis von Hexamethoxymethyl-Melamin ebenfalls eine wichtige Rolle[186]). Auf ihre Bedeutung wird mehrfach an anderen Stellen (z. B. S. 125 Fußn. 172) hingewiesen, so daß hier ihr Verhalten nur an einem kurzen

---

[180]) Fette, Seifen, Anstrichmittel *64* (1962), 1135 = VI. Fatipec-Kongreßbuch 1962, S. 282.

[181]) J. Oil Colour Chemists' Assoc. *52* (1969), 861; ausführl. Vortragsref. hierzu Dtsch. Farben-Z. *23* (1969), 491.

[182]) Der Grad der Reaktivität eines Melaminharzes ist ein Ausdruck für eine Reihe z. T. sehr komplexer Eigenschaften, die bei der Filmbildung in Kombination mit Alkydharzen eine Rolle spielen, wie z. B. das Ansprechen auf Härtungskatalysatoren, die Höhe der erforderlichen Einbrenntemperaturen bei der Filmbildung, den erreichbaren Vernetzungsgrad der Filme, ihre Elastizität u. a.

[183]) Ausführungen hierzu z. B.: *M. Zwicky,* Double Liaison *1962,* Nr. 79, S. 71; Ref. Farbe u Lack *68* (1962), 627.

[184]) *W. L. Hensley,* Off. Digest Federat. Soc. Paint Technol. *35* (1963), 56; Ref. Farbe u. Lack *69* (1963), 617. — *Anon.,* Paint Manuf. *35* (1965), Nr. 7, S. 45.

[185]) *Anon.,* Austral. Paint J. *9* (1963), 33; Ref. Farbe u. Lack *69* (1963), 753.

[186]) Z. B.: *A. Tremain,* Paint Manuf. *30* (1960), 433. — *E. S. J. Fry* u. *E. B. Bunker,* J. Oil Colour Chemists' Assoc. *43* (1960), 640; Ref. Dtsch. Farben-Z. *14* (1960), 465. — *F. Hellens,* Paint Manuf. *32* (1962), 230. — AP 3 025 251 (1962), Amer. Cyanamid Co.

3.1. Melaminharze

Beispiel beleuchtet werden soll. Es ist bekannt, daß aus Trimellithsäure, Adipinsäure und Glykolen aufgebaute wasserlösliche Polyester (S. 124) für sich alleine ohne den Zusatz von Härtern Einbrenntemperaturen von über 200 °C erfordern. Durch Kombination mit Aminotriazinharzen läßt sich zwar die Einbrenntemperatur auf etwa 150 °C senken, doch sind solche Kombinationen häufig viskositätsinstabil und ergeben zudem nur recht spröde Filme. Durch Verwendung monomerer N-Alkoxy-Methylaminotriazine, insbesondere Hexamethoxymethyl-Melamin oder entsprechender Benzoguanamin-Äther (s. S. 77) als Härter lassen sich diese unerwünschten Effekte ausschalten. Die günstige Wirkung dürfte in diesem Falle auf den völligen Ersatz der N-Methylolgruppe durch N-Alkoxymethylgruppen beruhen[187]).

Den Mechanismus der Aushärtung wasserlöslicher Alkyd-Aminoharz-Systeme, sowie Fragen der Lagerstabilität, Eigenschaften verschiedener Systeme, die Applikation und die Formulierung behandelt *W. A. Riese*[187]).

Auf Kombinationen aus wasserlöslichen Melaminharzen und Polyacrylaten, die eine zunehmende Bedeutung als Bindemittel für wasserlösliche Industrielacke gewinnen, sei an dieser Stelle ebenfalls kurz hingewiesen[188]).

Beispiele für Handelsprodukte:

Beetle	B.I.P.
Cymel	Am. Cyanamid
Epok	B.P.
Hyprenal	Cassella
Limodur	Sichel
Maprenal	Cassella
Plusamid CA	Plüss-Staufer
Resydrol	Reichhold-Albert
Resydrol M	Vianova
Wreseau E	Resinous Chemicals

Melamin-Alkydharz-Filme zeichnen sich dadurch aus, daß sie große Härte und Haftfestigkeit mit hoher Elastizität vereinigen. Die gute Pigmentverträglichkeit dieser Kombinationen bewirkt einen schleierfreien Hochglanz der Filmoberfläche. Die Filme weisen sehr gute Witterungsbeständigkeit auf, zudem sind hoch eingebrannte Melamin-Alkydharzlacke beständig gegen Wasser und heiße Waschlaugen und beachtlich widerstandsfähig gegenüber Lösungsmitteln und Ölen. Sind die zur Kombination verwendeten Alkydharze vergilbungsfest und werden entsprechende Weißpigmente verarbeitet, so lassen sich auch bei hohen Einbrenntemperaturen (bis zu 180 °C bei ca. 30 Min. Einbrenndauer) noch rein weiße Überzüge erhalten. Lacktechnisch günstig ist auch die im Vergleich zu den Harnstoffharzen höhere Verschneidbarkeit mit Benzinkohlenwasserstoffen. Hauptanwendungsgebiete sind: Auto-[189]), Kühlschrank-, Waschmaschinen-Lacke, sowie Lacke für die Bandbeschichtung (Coil-coating), soweit nicht hohe Anforderungen an die Verformbarkeit gestellt werden.

---

[187]) *J. R. Stephens,* Off. Digest Federat. Soc. Paint Technol. *35* (1963), 380; Ref. Farbe u. Lack *69* (1963), 752.

[187a]) Farbe u. Lack *72* (1966), 542, 632. — Weitere Lit. s. *R. A. Brett,* J. Oil Colour Chemists' Assoc. *47* (1964), 767.

[188]) *W. L. Hensley* u. *H. J. West,* Paint and Varnish Prod. *50* (1960), Nr. 8, S. 41; Ref. Dtsch. Farben-Z. *14* (1960), 429. — *W. Hensley,* Paint Manuf. *32* (1962), 265.

[189]) Alkyd-Melaminharz-Autolacke: *W. W. Reynolds* u. *R. D. Griebel,* Off. Digest Federat. Soc. Paint Technol. *32* (1960), 312; Ref. Farbe u. Lack *66* (1960), 402.

Beispiele für Handelsprodukte:

Bakelite-Melamin-Harz	Rütag
Beetle BE	B.I.P.
Cymel	Am. Cyanamid
Dynomin M	Norsk Spraengstof
Epok	B.P.
Heso-Amin	Hendricks & Sommer
Limodur	Sichel
Luwipal	BASF
Maprenal	Cassella
Pantoxyl	Deutsche Erdöl
Resamin	Reichhold-Albert
Resimene	Monsanto
Resmelin	Montecatini
Scadomex	Scado
Setamine	Synthese
Siramin	SIR
Soamin M	SOAB
Synkamine	UCB
Synresin ME	Synres
Uformite	Rohm & Haas
Viamin	Vianova
Wresilac	Resinous Chemicals

3.1.1. Abwandlung von Melaminharzen

Einige Abwandlungen von Methylolmelaminen oder ihrer Alkyläther sollen hier kurz erwähnt werden, obwohl solche Umsetzungsprodukte nicht immer eine praktische Bedeutung haben erlangen können.

Bei der Verätherung mit Mono- oder Diglyceriden trocknender Fettsäuren ergeben sich lufttrocknende Produkte[190]). Melamin-Methylole können auch mit Carbonsäuren verestert werden[191]); so ergeben sich mit Kolophonium benzinlösliche, lichtbeständige Hartharze, während die Umsetzung mit polyfunktionellen Säuren in Gegenwart von Ölen oder Fettsäuren Produkte mit Alkydharzcharakter liefert[190]). Melamin-Methylolester bilden sich durch eine Verdrängungsreaktion aus Methyloläthern mit Carbonsäuren oder deren Derivaten[192]):

$$\mathrm{\rangle C-NHCH_2OR + HO-\underset{\underset{O}{\|}}{C}-R' \longrightarrow \rangle C-NHCH_2\cdot O\cdot \underset{\underset{O}{\|}}{C}-R' + ROH} \qquad 2.59$$

Bei der Verätherung von Hexamethylol-Melamin mit Allylalkohol ($CH_2 = CH\text{-}CH_2OH$) entstehen Polyallyläther, die in Gegenwart von Peroxidkatalysatoren trotz ihres stark ungesättigten Charakters für sich allein doch nur eine sehr geringe Neigung zur Polymerisation haben, jedoch unter der Einwirkung von Kobaltsikkativen lufttrocknende Eigenschaften aufweisen[193]). Werden diese Allyläther unter geeigneten Bedingungen mit ungesättigten, polymerisationsfähigen Verbindungen, z. B. Acrylsäure, Acrylamid, Maleinsäure-Monoallyläther oder ungesättigten Polyestern umgesetzt, so resultieren Harzprodukte, die sowohl an der Oberfläche oxydativ trocknen, als auch in der Tiefe durch Polymerisation vollständig durchhärten[194]). Trotz einiger guten Eigenschaften der daraus herge-

---

[190]) *W. Scheufler,* Dtsch. Farben-Z. *8* (1954), 53.
[191]) Z. B. Schwz P 215 593 u. 215 594 (1938), I.G. Farben.
[192]) FP 890 760 (1943), Ciba.
[193]) *G. Widmer,* Farbe u. Lack *60* (1954), 537.
[194]) *G. Widmer,* Farbe u. Lack *64* (1958), 587.

3.2. Andere Triazinharze 77

stellten Lackfilme haben allerdings auch diese Harze keine nennenswerte lacktechnische Bedeutung erlangen können.

Beispiel eines Handelsproduktes:

  Bakelite-Melamin-Harz Rütag

3.2. Andere Triazinharze

In der gleichen Weise wie Melamin lassen sich dessen Homologe, die an einer NH_2-Gruppe Substituenten tragen, wie z. B. N-Phenylmelamin und N-Dibutylmelamin mit Formaldehyd zu Harzen umsetzen, über deren Verwendbarkeit allerdings bisher nichts bekannt ist.

Von den *Diaminotriazinen (Guanaminen)* leiten sich Harze ab, die praktische Bedeutung haben.

  R = H (Formoguanamin)[195]
  R = CH_3 (Acetoguanamin)   2.60
  R = C_6H_5 (Benzoguanamin)

Sie entstehen durchwegs in der bei den Melaminharzen beschriebenen Weise und sind diesen in allen Eigenschaften auch sehr ähnlich. Die lacktechnisch interessanten Derivate sind ebenfalls mit Alkoholen, meistens Butanol veräthert. Wie die Melaminharze bedürfen sie wegen der ihnen eigenen Sprödigkeit im ausgehärteten Zustande der zusätzlichen Plastifizierung, die am zweckmäßigsten durch Alkydharze erfolgt. Im Handel sind Harze aus Benzoguanamin und Formaldehyd, die in Verbindung mit Alkydharzen Einbrennlacke ergeben, die den aus Melaminharz-Alkydharzkombinationen hergestellten weitgehend entsprechen, wobei sie allerdings eine etwas höhere Einbrenntemperatur als diese erfordern. Neben etwa gleicher Beständigkeit gegenüber Wasser, Säuren und Seifenlösungen zeichnen sie sich zudem durch eine wesentlich erhöhte Alkalifestigkeit[196] und pigmentiert durch höheren Glanz aus. Vor allem in Korrosionsschutzprimern[197] sollen sie eine Verbesserung der Haftfestigkeit, der Wärmebeständigkeit und der Flexibilität bewirken. Auch eine bessere Verträglichkeit mit Alkydharzen und Kohlenwasserstoff-Lösungsmitteln wird den Benzoguanaminharzen zugeschrieben. Als Nachteil wird angegeben, daß sie weniger außenbeständige und kratzfeste Filme als die Melaminharze liefern[197].

Beispiele für Handelsprodukte:

  Bakelite-Harz   Rütag
  Maprenal HM   Cassella
  Resmelin   Montecatini
  Setamine   Synthese
  Synresin   Synres

---

[195] Guanamine werden durch Verschmelzen von Dicyandiamid mit den entsprechenden Nitrilen hergestellt.
[196] *F. P. Grimsshaw,* J. Oil Colour Chemists' Assoc. 40 (1957), 1060; Ref. Dtsch. Farben-Z. 12 (1958), 88.
[197] *C. H. Morris,* Paint Oil Colour J. 142 (1962), Nr. 3349, S. 1439; Ref. Farbe u. Lack 69 (1963), 692.

4. Cyanamidharze

Aus Cyanamid und seinem Dimeren, dem Dicyandiamid

$$2N\equiv C-NH_2 \longrightarrow HN=\underset{NH_2}{C}-NH-C\equiv N \qquad 2.61$$

Cyanamid   Dicyandiamid

entstehen mit Formaldehyd, sowohl im alkalischen als auch im sauren Bereich, Methylolverbindungen. Die Addukte aus Cyanamid und Formaldehyd haben für sich allein keinerlei lacktechnische Bedeutung.

Die Methylol-Verbindungen des Dicyandiamids liefern bei der Härtung Produkte mit ungenügender Wasserfestigkeit. Aus diesem Grunde empfiehlt sich die Mischkondensation mit Verbindungen, die ebenfalls mit Formaldehyd Harze bilden, z. B. Harnstoff, Melamin, Anilin oder Phenol.

Dicyandiamid-Methylole ergeben bei der Verätherung mit Alkoholen in der für Harnstoffharze bekannten Arbeitsweise Lackharze, die mit Polyesterharzen modifiziert werden können.

5. Sulfonamidharze

Die bei der Umsetzung von Sulfonamiden, $R-SO_2-NH_2$, mit Formaldehyd entstehenden Sulfonamidharze[198] sind ihrem Wesen und ihrer Entstehung nach keine Polykondensate im eigentlichen Sinne, sondern vielmehr ausgesprochen niedermolekulare Abkömmlinge des *Hexahydro-Triazins*[199]. Bei ihrer Bildung wird das aus der Umsetzung des Sulfonamids mit Formaldehyd entstehende, nicht faßbare Azomethin (oder Schiffsche Base = I) zum Hexahydro-N-1,3,5-triarylsulfonyltriazin (II) trimerisiert:

$$R-SO_2-NH_2 + OCH_2 \longrightarrow R-SO_2-N=CH_2 + H_2O$$

(I)

$$\text{(II)} \qquad 2.62$$

Ein Harz dieser Art wurde aus p-Toluolsulfonamid hergestellt.

Nach *W. Scheele* und Mitarbeitern[200] bestehen die Sulfonamidharze aus der unterkühlten Schmelze eines Gemisches der Hexahydro-Triazinderivate und unverändertem Sulfonamid, die durch einen Assoziationsmechanismus über Proton-Brücken miteinander verbunden sind.

Die Sulfonamidharze sind verträglich mit Acetylcellulose, für die nur eine überraschend geringe Auswahl an kombinierfähigen Stoffen bekannt ist. Sie sind aus-

---

[198] DRP 359 676 (1919) u. 369 644 (1919), Farbw. Hoechst.
[199] *G. Walter* u. *A. Glück*, Kolloid-Beihefte 37 (1933), 343. — *L. McMaster*, J. Amer. chem. Soc. 56 (1954), 204. — *E. Hug*, Bull. Soc. chim. France 5 *I* (1934), 990; Ref. C. 1935 I, 887.
[200] *W. Scheele, M. Fredenhagen* u. *Th. Timm*, Kunststoffe 39 (1949), 109 u. 143; Fette u. Seifen 52 (1950), 249.

6. Anilinharze

gesprochene Harze für Celluloselacke, besitzen geringe Eigenfärbung und ausgezeichnete Beständigkeit gegen Vergilben[201][202]. Neben den nichtmodifizierten Typen gibt es auch solche, die mit Harnstoff-, Phenol- oder Phthalatharzen modifiziert sind.

6. Anilinharze

Die Bedeutung der Anilinharze für die Lackindustrie ist nicht erheblich. Trotzdem sind sie nicht uninteressant, besonders in Hinblick auf ihre hohe Kriechstromfestigkeit. Sie wurden daher u. a. als Komponenten in Draht- und Isolierlacken vorgeschlagen[203].

Die Vorgänge bei der Harzbildung aus Anilin und Formaldehyd hat K. Frey[204] untersucht. Im neutralen bis schwach sauren Bereich bildet sich aus beiden Komponenten über die Methylolstufe ein Azomethin (I). Dieses ist jedoch nicht faßbar, da es sofort in eine trimere Form, in ein Hexahydro-N-1,3,5-triphenyltriazin (II) übergeht:

$$3 \; C_6H_5{-}N{=}CH_2 \longrightarrow \text{(II) Hexahydro-N-1,3,5-triphenyltriazin} \qquad 2.63$$

$$\xrightarrow{>140°C} {-}CH_2{-}N(C_6H_5){-}[CH_2{-}N(C_6H_5){-}]_n CH_2{-}N(C_6H_5){-} \quad \text{(III)}$$

Beim Erhitzen über den Schmelzpunkt (140 °C) entsteht aus dem cyclischen Hexahydro-Triazin (II) ein Linearpolymeres, ein „Poly- [Hexahydro-N-1,3,5-triphenyltriazin]" (III). Solche Harze sind ziemlich niedermolekular, sehr spröde und nicht härtbar.

In stark saurem Medium entstehen, als Derivate des p-Aminobenzylalkohols (IV), durch Polykondensation „Poly-anhydro-p-aminobenzylalkohole" (V):

$$n \; H_2N{-}C_6H_4{-}CH_2OH \longrightarrow \qquad 2.64$$

$$-HN{-}C_6H_4{-}CH_2{-}[HN{-}C_6H_4{-}CH_2{-}]_n HN{-}C_6H_4{-}CH_2{-} \quad (V)$$

Die einzelnen Ketten von (V) können durch überschüssigen Formaldehyd an den zur Aminogruppe orthoständigen H-Atomen der Benzolkerne zu dreidimensionalen Molekülen vernetzen. Es erscheint jedoch nur eine verhältnismäßig weitmaschige Verknüpfung der Ketten untereinander zu erfolgen, da die Harze durch die Vernetzung nur zum Teil ihre thermoplastischen Eigenschaften verlieren.

---

[201] *A. Kraus, A. Lendle* u. *S. A. Polaine,* Farbe u. Lack *56* (1950), 550.
[202] Farbe u. Lack *60* (1954), 204.
[203] Z. B. DRP 888 294 (1950); OeP 176 621 (1951), beide Dr. Beck & Co. (Verwendung gemeinsam mit Epoxidharzen).
[204] Kunststoffe *25* (1935), 305; Helv. chim. Acta *18* (1935), 491.

Andere aromatische Amine, auch solche mit mehr als einer Aminogruppe im Molekülverband, unterliegen ebenfalls der Verharzung mit Formaldehyd bzw. anderen Aldehyden. Alle diese Produkte haben aber bis heute noch keine bemerkenswerte Verwendung als Lackrohstoffe finden können.

III. Benzolkohlenwasserstoff-Formaldehyd-Harze

Wird in dem völlig symmetrisch gebauten Benzol die Symmetrie des Moleküls dadurch gestört, daß Alkylreste als Substituenten eingeführt werden, so bewirkt dies eine Auflockerung der restlichen Wasserstoff-Atome des Ringes. Alkylierte Benzolkohlenwasserstoffe können sich daher unter der Wirkung stark saurer Katalysatoren mit Formaldehyd zu harzartigen Produkten umsetzen[205]). Da solche Harze keinen oder nur eine sehr geringe Menge an gebundenem Sauerstoff enthalten, ist anzunehmen, daß hier die Verknüpfung der aromatischen Kerne untereinander im wesentlichen über Methylenbrücken erfolgt. Die entstehenden Produkte sind jedoch als spröde, dunkle Hartharze ohne lacktechnische Bedeutung.

R. Wegler[206]) konnte indessen zeigen, daß brauchbare Lackharze aus alkylierten Benzolkohlenwasserstoffen, z. B. Xylol und Formaldehyd dann erhalten werden, wenn unter gut abgestimmten Reaktionsbedingungen Sauerstoff über den Aldehyd mit in das Harzmolekül eingebaut wird. So können, vor allem bei der Umsetzung von m-Xylol mit bis zu 3 Mol Formaldehyd, Harze mit einem Gehalt von über 16% Sauerstoff erhalten werden. Nach *Wegler*[207]) ergeben sich im einzelnen folgende Reaktionsmöglichkeiten:

Als erste Stufe ist stets die Bildung von substituierten *Benzylalkoholen* (I) anzunehmen, die aber unter den vorliegenden Verhältnissen unbeständig sind. Die weiteren Reaktionsschritte führen dann bei entsprechender Aktivierung zur Ausbildung größerer Moleküle (z. B. VIII, durch Verätherung). Trotzdem sind die gebildeten Produkte im allgemeinen niedrigmolekular, da nur etwa 6—8 aromatische Kohlenwasserstoffkerne miteinander verknüpft sind. Bei erhöhter Temperatur und/ oder hoher Säurekonzentration bilden sich aus I und den Ausgangs-Kohlenwasserstoffen *Diphenylmethanderivate* (II). Die bevorzugte Reaktion bei normaler Reaktionsführung ist jedoch eine *Ätherbildung,* die allerdings zum Teil auch rückläufig sein kann (III). Mit steigender Formaldehyd-Menge entstehen in zunehmendem Maße *Formaldehydacetale* (IV), die über I, vielleicht aber auch direkt, mit den Äthern im Gleichgewicht stehen (V). Unter sehr energischen Reaktionsbedingungen können die Äther bzw. die Acetale teilweise unter irreversibler Diphenylmethanbildung (VI) gespalten werden, oder es entstehen aus den Acetalen Äther (VII). In beiden Fällen wird Formaldehyd frei, der erneut in Reaktion treten kann. Die Ähnlichkeit der Bildungsweise dieser Harze und der härtbarer Phenol-Formaldehyd-Harze (Resole) ist nicht zu übersehen, was auch in ihren weiteren Umsetzungen zum Ausdruck kommt.

---

[205]) *A. v. Bayer,* Ber. dtsch. chem. Ges. 7 (1873), 1190. — DRP 349 741 (1918), Farbenf. Bayer. — DRP 526 391 (1929), I. G. Farben.
[206]) Angew. Chem. A *60* (1948), 88. — Siehe z. B. auch: Neue Polykondensationsprodukte aus Formaldehyd mit aromat. Kohlenwasserstoffen: *J. Parol* u. *T. Prot,* Ref. C. *1966,* Ref. Nr. 2916.
[207]) *R. Wegler,* Angew. Chem. A *60* (1948), 161.

III. Benzolkohlenwasserstoff-Formaldehyd-Harze

2.65

Die Harze aus Benzolkohlenwasserstoffen und Formaldehyd können auch durch Mischkondensation mit anderen zur Umsetzung mit Formaldehyd geeigneten Verbindungen, etwa mit Phenolen oder Alkylphenolen[208], mit Ketonen[209], mit Alkoholen[210], mit Sulfonamiden[211] oder Novolaken[212] abgewandelt werden.

Die thermische Instabilität der Äther- und Acetalgruppen der Kohlenwasserstoff-Formaldehyd-Harze macht eigentlich diese Produkte erst zu brauchbaren Lackharzen. Die hierauf beruhenden, als Nachkondensation bezeichneten Reaktionen laufen bei Temperaturen um 250 °C ab, in Anwesenheit saurer Katalysatoren (Zinkchlorid, organischer Sulfosäuren oder deren Chloride, usw.) dagegen schon

---

[208] DBP 875 724 (1941), Farbenf. Bayer.
[209] DBP 860 274 (L943), Farbenf. Bayer.
[210] AP 2 914 579 (1959), Allied Chemical Corp.
[211] DBP 914 433 (19417, Farbenf. Bayer.
[212] AP 3 053 793 (1962), Fine Organics, Inc.

bei wesentlich niedrigeren Temperaturen. Da es sich bei diesen Reaktionen in erster Linie um Veresterungen bzw. Verätherungen handelt, kommen hierfür besonders Verbindungen mit Säure- oder Alkoholgruppen in Frage, z. B. Carbonsäuren, Polyalkohole, nichtmodifizierte und modifizierte Polyester (Alkydharze) mit freien Hydroxyl- bzw. Carboxylgruppen, aber auch trocknende Öle. Die Nachkondensation mit Phenolen mit freier ortho- oder para-Stellung verläuft sehr leicht, wobei hauptsächlich durch Verknüpfung über Methylenbrücken aralkylierte Phenole entstehen. Mit Alkylphenolen erhält man Hartharze, die besonders zur Herstellung von Öllacken mit sehr guter Wasser- und Wetterfestigkeit empfohlen werden[213]. Die Veresterung mit Kolophonium verläuft rascher als mit Glycerin und ergibt helle, gegenüber Kolophonium-Glycerinestern lichtechtere Produkte mit niedriger Säurezahl. Hierbei finden wahrscheinlich z. T. auch Reaktionen mit den Doppelbindungen der Abietinsäure (s. S. 264) statt.

Auch Phenoläther setzen sich in ähnlicher Weise wie die aromatischen Benzolkohlenwasserstoffe mit Formaldehyd zu Äther- und Acetalgruppen enthaltenden Harzen um[214].

Die im Handel befindlichen Produkte dieser Gruppe (XF-Harze) sind zähviskose, hellgelbe Weichharze, die in aromatischen und chlorierten Kohlenwasserstoffen, Estern und Ketonen löslich, dagegen in Alkoholen und Benzinen unlöslich sind. Es besteht Verträglichkeit mit trocknenden Ölen, Cyclokautschuk und Chlorkautschuk, Benzylcellulose, verschiedenen Alkydharzen und Phenolharzen. Mit Nitrocellulose und Äthylcellulose können sie in begrenztem Umfange kombiniert werden[215].

Beispiele für Handelsprodukte:

Kunstharz XF	Bayer
Lackharze VK 2124	Kraemer
Rokrapal	Kraemer
Tungophen	Bayer (Mischkondensat mit Phenolen)

IV. Aldehyd- und Ketonharze

Das gemeinsame Merkmal der dieser Harzgruppe zugrunde liegenden Verbindungen, der Aldehyde und Ketone, ist die Carbonylgruppe ($>C=O$), die infolge ihrer sehr starken Reaktivität diese Verbindungen leicht zu Kondensationsreaktionen befähigt. Es ist daher nicht überraschend, daß Verharzungsreaktionen an Aldehyden und Ketonen schon lange bekannt und technisch interessant sind. Die Bedingungen, unter denen derartige Harze gebildet werden, sind mannigfaltig. Die nachstehenden Ausführungen können daher nur eine gedrängte Orientierung über das ganze Gebiet geben.

1. Aldehydharze

Bereits bei längerem Stehen verharzen viele Aldehyde, so auch der Acetaldehyd. Beschleunigt und in technischem Umfange brauchbar gemacht wird diese Selbstkondensation durch die Verwendung starker Alkalien als Kondensationsmittel. Aber auch organische Basen, Schwefel- oder Salzsäure, saure Salze u. a. wurden vorgeschlagen.

---
[213] FP 976 619 (1942), I. G. Farben.
[214] DBP 918 835 (1942), Farbenf. Bayer
[215] Zur Anwendungstechnik d. XF-Harze: *H. Meckbach,* Dtsch. Farben-Z. 5 (1951), 1.

2.1. Reine Ketonharze

Obwohl die Konstitution dieser Harze noch nicht genau bekannt ist, steht doch fest, daß die Harzbildung durch wiederholte Aldoladditionen eingeleitet und schließlich unter Wasseraustritt abgeschlossen wird. Als Zwischenprodukte, die man übrigens auch anstelle von Acetaldehyd zur Harzherstellung verwenden kann, treten Aldol (Acetaldol, β-Oxybutyraldehyd) und Crotonaldehyd auf:

$$CH_3\text{-}CHO + H\text{-}CH_2\text{-}CHO \longrightarrow CH_3\text{-}CH(OH)\text{-}CH_2\text{-}CHO$$

Acetaldehyd   Acetaldol

2.66

$$CH_3\text{-}CHOH\text{-}CH_2\text{-}CHO \xrightarrow{-H_2O} CH_3\text{-}CH=CH\text{-}CHO$$

Crotonaldehyd

Neben diesen Reaktionen laufen noch andere gleichzeitig ab, denn das Crotonaldehyd-Harz enthält auch Verbindungen mit cyclischer Struktur[216]. Es ist naheliegend, daß der äußerst reaktionsfähige Crotonaldehyd nicht nur mit sich selbst zu cyclischen Verbindungen kondensieren kann, sondern auch mit überschüssigem Acetaldehyd und Aldol weitere Aldoladditionen eingeht, deren Gesamtheit dann die Bildung dieser Aldehydharze bewirkt[217].

Die Aldehydharze sind Hartharze, die in Alkoholen, Estern und Ketonen löslich sind. Für diese Lösungen können als Verschnittmittel aromatische und chlorierte Kohlenwasserstoffe herangezogen werden. Die Harze finden ähnliche Verwendung wie Schellack, also für die Herstellung von Polituren, Mattinen und Isoliermitteln, im allgemeinen in Kombination mit Nitrocellulose. Sie sind nicht nur lichtbeständig, sondern hellen sogar teilweise bei der Belichtung auf. Ihre Wasserbeständigkeit ist allerdings schlechter als die des natürlichen Schellacks.

2. Ketonharze

In den Ketonen der allgemeinen Formel R-CO-CH$_2$-R$_1$ liegt ein stark aktiviertes System vor, weil die Carbonylgruppe für sich allein schon sehr reaktionsfreudig ist und außerdem die benachbarte CH$_2$-Gruppe für eine Kondensationsreaktion aktiviert.

2.1. Reine Ketonharze

Die Eigenkondensation von aliphatischen oder aliphatisch-aromatischen Ketonen besitzt für eine Harzherstellung kaum praktisches Interesse, dagegen ist die Herstellung von Harzen aus cycloaliphatischen Ketonen von technischer Bedeutung. So lassen sich aus Cyclohexanon allein oder im Gemisch mit Methylcyclohexanon unter Einwirkung basischer, saurer oder neutraler Kondensationsmittel Harze mit lacktechnisch bemerkenswerten Eigenschaften gewinnen[217]. Die praktische Erzeugung solcher Harze erfolgt allerdings wohl ausschließlich unter Verwendung stark basischer Kondensationsmittel, z. B. Kaliummethylat.

---

[216] *T. Ekekrantz*, Art. Kemi **4** (1912), 15. — *J. Hammarsten*, Liebigs Ann. Chem. **421** (1920), 293. — Beilstein 4. Aufl. I, S. 598.

[217] Siehe z. B. *Scheiber*, Künstl. Harze (1943), S. 308. — *K. Bernhauer et al.*, Biochem. Z. **266** (1933), 197; Ref. C. *1934 I*, 528. — Über Herstellung u. Abwandlungen v. Aldehydharzen: Ullmann 3. Aufl. 1957, Bd. 8, S. 438.

[217] DRP 337 993 (1919); 357 091 (1920), beide BASF. — DRP 511 092 (1925), I.G.-Farben.

Das Prinzip der Harzbildung beruht auf einer Aldolverknüpfung der Carbonylgruppe über eine der aktivierten Methylengruppen eines zweiten Moleküls und anschließender Wasserabspaltung:

2.67

Weitere Molekülverknüpfungen ergeben sich über die mit x bezeichneten Stellen der hydrierten Kerne, wobei für die erhaltenen Harzmoleküle in erster Linie kugelige Gestalt anzunehmen ist[218]).

Produkte aus Cyclohexanon allein haben Erweichungspunkte bis zu 120 °C, die mit zunehmendem Gehalt an Methylcyclohexanon bis auf ca. 80 °C absinken. Die Harze sind von sehr heller Farbe, lichtecht und völlig unverseifbar. Löslichkeit ist in nahezu allen gebräuchlichen Lösungsmitteln, mit Ausnahme von Methanol und Äthanol, vorhanden. Es besteht Verträglichkeit mit zahlreichen Lackrohstoffen, z. B. mit Nitrocellulose, pflanzlichen Ölen, Alkydharzen, Lackkautschuken, anderen Hartharzen, den gebräuchlichsten Weichmachern usw. In Anstrichfilmen erhöhen sie vor allem Haftfestigkeit, Härte und Glanz.

Beispiel eines Handelsproduktes: Ketonharz N　　　　BASF

2.2. Keton-Formaldehyd-Harze

Die Kondensation von Ketonen mit Formaldehyd oder anderen Aldehyden ist in ihrem Reaktionsablauf noch nicht eindeutig geklärt. Man nimmt aber allgemein an, daß sie etwa folgendermaßen verläuft:

2.68

(Nach *K. Hammann* in Ullmann, 3. Aufl. 1957 Bd. 8, S. 441)

Welcher Weg im einzelnen beschritten wird, über die Methylolstufen oder die Polymerisation der Vinylketon-Verbindungen, hängt außer vom Molverhältnis Keton zu Formaldehyd noch von den Reaktionsbedingungen ab.

---
[218]) Herstellung der Ketonharze: *E. Schneider,* Kunststoffe *39* (1949), 102 = Ref. aus Mod. Plastics *25* (1948), 119.

2.3. Harze aus cycloaliphatischen Ketonen und Formaldehyd

Beispiele für Handelsprodukte:

Ketonharz A	BASF	Kunstharz 26 m	BASF
Kunstharz AFS	Bayer	Kunstharz 1337	Kraemer
Kunstharz AP	Hüls	Lackharz Emekal	Deutsche Erdöl
Kunstharz SK	Hüls	Setanon	Synthese

2.2.1. Harze aus aliphatischen Ketonen und Formaldehyd

Aus Aceton oder Methyläthylketon werden durch Umsetzung mit Formaldehyd unter dem katalytischen Einfluß von Alkalien Harze erhalten, die in den gebräuchlichsten Lösungsmitteln löslich und mit zahlreichen Lackrohstoffen, insbesondere mit Nitrocellulose, gut verträglich sind[219].

2.2.2. Harze aus aliphatisch-aromatischen Ketonen und Formaldehyd

Die Kondensation von Acetophenon (C_6H_5-CO-CH_3) mit Formaldehyd in alkalischem Milieu[220] hat praktische Bedeutung. Bei einem Molverhältnis der beiden Komponenten von 1 : 1 führt sie zu Harzen, die in aliphatischen Kohlenwasserstoffen und in trocknenden Ölen unlöslich sind. Werden dagegen 1 Mol Keton mit 0,5 Mol und weniger Formaldehyd umgesetzt, so ergeben sich Harze, die mit Ölen und z. T. auch mit Standölen verträglich sind.
Durch Hydrierung lassen sich Löslichkeit und Verträglichkeit der Acetophenonharze verbessern[221]. Man erhält auf diese Weise selbst aus Produkten, die im Molverhältnis 1 : 1 mit Formaldehyd hergestellt wurden, solche, die je nach den Hydrierungsbedingungen in Äthanol und teilweise auch in Benzin löslich und mit Leinöl verträglich sind.
Außer Acetophenon können auch andere aliphatisch-aromatische Ketone mit Formaldehyd zu Harzen umgesetzt werden. Genannt sind z. B. Methyl-Naphthylketon, Propiophenon, Butyrophenon oder kernalkylierte Acetophenone, wie Methyl-, Äthyl-, tert. Butyl-, Cyclohexyl-Acetophenon[222].
Die im Handel befindlichen Vertreter dieser Gruppe sind helle, unverseifbare Hartharze. Sie sind in Estern, Ketonen, aromatischen und chlorierten Kohlenwasserstoffen löslich, dagegen unlöslich in Benzinen und Mineralölen. Verträglichkeit besteht mit Nitrocellulose und Benzylcellulose, Chlorkautschuk und den für die Filmbildner gebräuchlichsten Weichmachern. Mit trocknenden Ölen und Alkydharzen sind sie unverträglich. Ihre Hauptanwendung liegt auf dem Gebiet der Nitrocelluloselacke.

2.3. Harze aus cycloaliphatischen Ketonen und Formaldehyd

Unter geeigneten Reaktionsbedingungen entstehen aus Cyclohexanon oder Methylcyclohexanon und Formaldehyd harzartige Kondensationsprodukte[223]. Diese weisen allerdings nicht die umfassende Löslichkeit und Verträglichkeit der durch Selbstkondensation der cyclischen Ketone erhaltenen Harze auf. Auch die Misch-

---

[219] Literatur: *F. Josten*, Fette u. Seifen *54* (1952), 637. — Einbrennlacke auf Basis Aldehyd-Keton-Harzen + Vinylchlorid-Vinylidenchlorid-Copolymerisaten: AP 3 043 714 (1961), Martin-Marietta Corp.
[220] DRP 402 996 (1921), Agfa.
[221] DBP 907 348 (1940), Farbenf. Bayer. — DBP 826 974 (1949) u. 870 022 (1944), beide Chem. Werke Hüls.
[222] DRP 713 546 (1935), I.G. Farben. — DBP 892 975 (1940), Chem. Werke Hüls.
[223] DAS 1 134 830 (1954), VEB Leuna-Werke. — Zum Mechanismus der Harzbildung: *M. N. Tilitschenka*, Z. Angew. Chem. (russ.) *25* (1952), 64.

kondensation von Cyclohexanon, Phenol und Formaldehyd wird in der Praxis durchgeführt[224]).

Derartige Harze finden vornehmlich in Kombination mit Nitrocellulose Anwendung. Das bei der Mischkondensation mit Phenol erhaltene Produkt zeichnet sich dadurch aus, daß es eines der wenigen mit Acetylcellulose und Celluloseacetobutyrat verträglichen Harze ist.

V. Polyesterharze

Historische Entwicklung

Unter der Bezeichnung Polyesterharze faßt man alle harzartigen Produkte zusammen, die durch eine Veresterung mehrbasischer organischer Säuren mit mehrwertigen Alkoholen erhalten werden. Als synonyme Bezeichnung dieser Gruppe von Polykondensations-Harzen sollte eigentlich die Benennung Alkydharze[1]) gewertet werden. In der Praxis hat sich allerdings, vor allem im Ausland[2]), inzwischen die Einschränkung eingebürgert, unter Alkydharzen generell nur die mit Fettsäuren oder fetten Ölen modifizierten Polyesterharze zu verstehen, u. a. weil diese auch heute noch die meist verwendeten Lackrohstoffe darstellen. Die unter Verwendung von Phthalsäureanhydrid hergestellten Harze werden häufig auch kurz Phthalatharze genannt. Für die ölfreien Alkydharze dagegen, denen andere aromatische oder gesättigte aliphatische Polycarbonsäuren zugrunde liegen, hat sich die Bezeichnung „Gesättigte Polyester" durchgesetzt[3]).

Harzartige Ester sind schon seit über 120 Jahren bekannt[4]). Arbeiten über die technische Verwertung derartiger Produkte wurden allerdings nicht vor 1910 aufgenommen[5]). Den entscheidenden Impuls für ihre Verwendung als Lackrohstoffe erhielten die Alkydharze, insbesondere die ölmodifizierten Phthalatharze, jedoch erst durch *R. H. Kienle*[6]).

Entsprechend ihrer großen Bedeutung für die Lackindustrie ist die Spezialliteratur über Polyesterharze sehr umfangreich, so daß hier nur eine sehr bescheidene Auswahl als Übersicht gebracht werden kann[7]).

---

[224]) *Ullmann*, 3. Aufl. 1957, Bd. 8, S. 445. — Bios-Rcport, Nr. 629.

[1]) Nach einem Vorschlag von *R. H. Kienle* aus alcohol + acid gebildet; wegen des besseren Wortklanges zu „alkyd" zusammengezogen.

[2]) Siehe z. B. *Kirk-Othmer:* Encyclopedia of Chemical Technology, 2. Aufl. 1963, Vol. 1.— *C. R. Martens* oder *T. C. Patton* in Fußnote 7).

[3]) Zur Abgrenzung gegen die „Ungesättigten Polyester" s. S.129 Fußn. 189).

[4]) *J. Berzelius,* Rapp. ann. *26* (1847), 269. — *M. M. Berthelot,* Compt. rend. *37* (1853), 398. — *J. M. van Bemmelen,* J. prakt. Chem. (1) *69* (1856), 84. — *W. Smith,* J. Soc. Chem. Ind. *20* (1901), 1075 (erste Arbeiten über Phthalsäure-Glycerin-Ester).

[5]) EP 24 524 (1913), Brit. Thomson-Houston Co. — AP 1 098 776/7 (1912), General Electric Co.

[6]) Ind. Engng. Chem. *21* (1929), 349. — AP 1 803 174 (1925), General Electric Co. — DRP 574 963 (1926), AEG. — EP 252 394 (1926), Brit. Thomson-Houston Co.

[7]) Ausführliche Monographien z. B.: *J. Scheiber* in „Chemie u. Technologie d. künstlichen Harze, Wissenschaftl. Verlagsges. Stuttgart 1943. — *J. Bourry:* Résines Alkydes-Polyesters, Dunod Paris 1952. — *C. R. Martens:* Alkyd Resins, Reinhold Publ. Corp. New York 1961. — *T. C. Patton:* Alkyd Resin Technology, Interscience Publ. New York u. London 1962. — *V. V. Korshak* u. *S. V. Vinogradova:* Polyesters, Pergamon Press, Oxford 1965 (Englische Übersetzung der russischen Originalausgabe).
Zusammenfassende Aufsätze in Fachzeitschriften z. B.: *R. H. Kienle,* Ind. Engng. Chem. *41* (1949), 726. — *K. Hamann,* Angew. Chem. *62* (1950), 325. — *G. Tewes,* Gummi u. Asbest *9* (1956), 567, 606; *10* (1957), 23, 68. — *K. Weigel,* Seifen-Öle-Fette-Wachse *90* (1964), 425, 475, 509, 533, 560, 609, 637, 699.

V. Polyesterharze

Bildung und Aufbau der Polyesterharze

Zur Klärung der bei Polyveresterungen möglichen Reaktionsmechanismen haben zahlreiche Forscher beigetragen[8]), aber die Vielseitigkeit und Abwandlungsfähigkeit dieser Umsetzungen gestatten hier nur einige kurze Hinweise.
Wenngleich auch das Prinzip der Bildung von Polyestern der einfachen Veresterungsgleichung

$$R' \cdot COOH + HO \cdot R'' \longrightarrow R' \cdot COOR'' + H_2O \qquad 2.69$$

entspricht, so ist doch Voraussetzung für die Entstehung eines Harzes, daß beide Komponenten mindestens bifunktionell sein müssen. Bei der Veresterung etwa einer Dicarbonsäure mit einem Monoalkohol, also bei einer 2,1-Reaktion im Sinne von *Kienle*[9]), können nämlich selbst bei beliebigem Überschuß eines der beiden Reaktionspartner immer nur niedermolekulare Ester gebildet werden. Es muß demnach mindestens eine 2,2-Reaktion ablaufen, um höhermolekulare Ester aufzubauen:

$$HOOC \cdot R' \cdot COOH + HOH_2C \cdot R'' \cdot CH_2OH \longrightarrow HOOC \cdot R' \cdot COO \cdot H_2C \cdot R'' \cdot CH_2OH + H_2O$$

Der entstandene primäre (saure) Ester hat infolge seiner freien Carboxyl- und Alkoholgruppen wiederum zwei freie Verknüpfungsstellen, so daß bei der Weiterreaktion erneut entweder eine Dicarbonsäure

$$HOOC \cdot R' \cdot COO \cdot H_2C \cdot R'' \cdot CH_2 \cdot OOC \cdot R' \cdot COOH \qquad 2.70$$

oder ein zweiwertiger Alkohol entsteht:

$$HOH_2C \cdot R'' \cdot CH_2 \cdot OOC \cdot R' \cdot COO \cdot H_2C \cdot R'' \cdot CH_2OH \qquad 2.71$$

In dieser Weise schreitet das Molekülwachstum fort und führt etwa im Falle von Phthalsäure + Äthylenglykol zum Entstehen einer Kette mit n Gliedern der Konfiguration eines linearen Polyesters:

$$\cdots \left[OC\text{-}C_6H_4\text{-}COO-CH_2-CH_2-O \right]_n \cdots \qquad 2.72$$

Da mit zunehmender Veresterung die Größe der einzelnen Moleküle zunimmt und damit auch die Viskosität der Schmelze stark ansteigt, wird es für die reaktionsfähigen Enden des Makromoleküls immer schwieriger, ein anderes Molekülende zu finden, mit dem es unter Molekulargewichtserhöhung weiter reagieren kann. Die Reaktionsgeschwindigkeit nimmt daher gegen Ende der Veresterung stark ab, und es kommt praktisch zum Stillstand der Reaktion. Ebenso nimmt mit zunehmender Veresterung auch die Zahl der reaktionsfähigen Moleküle ab, so daß hierdurch die Wahrscheinlichkeit des Zusammentreffens zweier reaktionsfähiger Molekülenden im Verlauf der Veresterung ebenfalls immer geringer wird. Die Endgruppen der Makromoleküle sind entweder saure Carboxyl- oder alkoholische Hydroxylgrup-

---

[8]) Siehe z. B. *W. H. Carothers:* Collected Papers on Polymerisation, High Polymers, Vol. 1, Interscience Publ. New York 1940. — *R. H. Kienle et al.,* J. Amer. chem. Soc. *63* (1941), 481. — *P. J. Flory,* J. Amer. chem. Soc. *62* (1940), 2261; *63* (1941), 3083 u. *69* (1947), 2893; Chem. Rev. *39* (1946), 137. — Weitere wesentliche Arbeiten zu diesem Sachgebiet enthalten die in Fußnote 7) aufgeführten Literaturquellen.
[9]) *R. H. Kienle,* Ind. Engng. Chem. *22* (1930), 590.

pen. Unter entsprechend günstigen räumlichen Verhältnissen kann der Reaktionsabbruch auch durch intramolekulare Ringschlüsse erfolgen, doch dürfte diese Art der Beendigung des Kettenwachstumes nicht allzusehr im Vordergrund stehen[10]).
Bei dieser als Beispiel gewählten Umsetzung von Phthalsäure und Äthylenglykol kann es nicht zur Ausbildung von netzförmigen Strukturen kommen. Reagieren nämlich zwei Ketten miteinander, die an ihren Enden noch funktionelle Gruppen tragen, so kann daraus immer nur wieder eine lineare, wohl entsprechend längere Kette entstehen, niemals aber eine Verknüpfung von Ketten untereinander etwa nach folgendem Schema:

⟵ Kette

2.73

⟵ Vernetzungsstelle durch Kettenverknüpfung

Aus diesem Grunde resultieren aus Veresterungen nach dem 2,2-Prinzip nur stets löslich und schmelzbar bleibende Polyester.
Bei einer 2,3-Reaktion dagegen, beispielsweise der Veresterung von Phthalsäure mit Glycerin, findet neben dem linearen Kettenwachstum auch eine räumliche Verknüpfung der einzelnen Ketten untereinander statt[11]). Erreicht diese Vernetzung einen gewissen Umfang, so „härtet" das Polykondensat „aus"; es ist nicht mehr schmelzbar und löslich. Je mehr Vernetzungsstellen vorhanden sind und je mehr Verknüpfungen hierdurch auftreten, desto starrer, damit auch härter und spröder wird das Harzgebilde und erreicht um so schneller den Gelatinierungspunkt.
Die drei Alkoholgruppen des Glycerins sind allerdings in ihrer Reaktionsbereitschaft nicht gleichwertig; die beiden primären Hydroxyle reagieren leichter mit den Carboxylgruppen als die eine sekundäre. Die Veresterung erfolgt daher wohl an allen drei Hydroxylgruppen gleichzeitig, jedoch mit unterschiedlicher Geschwindigkeit. Die Verknüpfung der einzelnen Ketten zum vernetzten Makromolekül wird bevorzugt von der sekundären Hydroxylgruppe übernommen[12]).
Da o-Phthalsäure ausschließlich in Form ihres Anhydrids (PSA) verwendet wird, bildet sich in der ersten Reaktionsstufe der Veresterung zunächst ohne Wasserabspaltung ein Halbester:

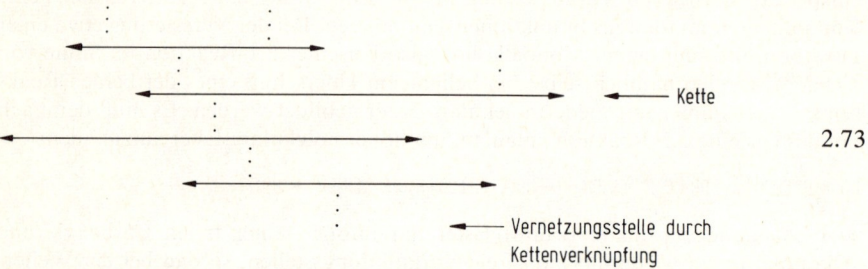

2.73

---

[10]) Bildung cyclischer Oligomerer bei Poly-äthylenglykol-terephthalaten, siehe u. a. *I. Goodman*, Angew. Chem. 74 (1962), 607.
[11]) Ein so entstandenes Polyester-Molekül ist überhaupt nur räumlich darstellbar. Es läßt sich aber mit seinen Vernetzungen in allerdings sehr idealisierter Weise sinngemäß etwa durch das Formelbild auf Seite 17 veranschaulichen.
[12]) *R. Houwink*, Physikalische Eigenschaften u. Feinbau von Natur- u. Kunstharzen, Akadem. Verlagsges. Leipzig 1934, S. 125.

Abb. 3 Aufnahme von der Phthalsäure-Anlage
Werkfoto Badische Anilin- & Soda-Fabrik AG, Ludwigshafen

V. Polyesterharze

Diese Ringöffnung ist exotherm, verläuft schnell und findet ihr Ende schon während der Anheizperiode. Die weitere Reaktion der Halbester unter Wasserabspaltung erfolgt erst bei höheren Temperaturen.

In Wirklichkeit verläuft die Polyesterbildung natürlich nicht ausschließlich in dieser sehr idealisierten Form. Bei den zur Anwendung kommenden hohen Temperaturen können Nebenreaktionen, wie Molekülspaltungen, Verätherungen, Laktonisierungen oder Dehydratisierungen auftreten[13]). Aus sterischen Gründen ist ferner damit zu rechnen, daß wahrscheinlich nicht alle funktionellen Gruppen zur Veresterung gelangen werden. Es ist daher nicht verwunderlich, daß die optimalen Bedingungen lange Zeit überhaupt nur experimentell ermittelt werden konnten. Erst gründliche Studien in jüngerer Zeit haben dazu geführt, daß die Vorgänge bei der Polyveresterung mathematisch genau erfaßt wurden und sich dadurch besser übersehbar und lenkbar gestalteten[14]).

Maleinsäure, ihr Anhydrid und Fumarsäure müssen als ungesättigte Dicarbonsäuren gesondert betrachtet werden, weil zu der zweifachen Funktionalität ihrer beiden Carboxylgruppen bzw. der Anhydridgruppierung noch als dritte die der Doppelbindung hinzukommt. Daher kann bei höherer Temperatur eine 3,2-Reaktion einsetzen, die eine baldige Gelatinierung zur Folge haben kann. Auf Seite 132 wird beschrieben, wie trotz dieser Schwierigkeit ungesättigte Polyester hergestellt werden können.

Polyester aus Dicarbonsäuren und Glykolen enthalten normalerweise bis 20 Struktureinheiten als Aufbauelemente; ihre Molekulargewichte liegen bei etwa 2000—5000[15]). Geeignete Maßnahmen erlauben jedoch durchaus die Herstellung von linearen Polyestern mit Molekulargewichten von über 20000. Durch die überaus zahlreichen Variationsmöglichkeiten bei der Harzkondensation können viele ihrer Eigenschaften wie Löslichkeit, Verträglichkeit mit anderen Lackrohstoffen, Härtbarkeit, Elastizität, Härte usw. beeinflußt und damit auch in gewünschte Richtungen gelenkt werden.

Die Polyveresterung kann auch zu einem beliebigen Zeitpunkt unterbrochen und später wieder weitergeführt werden. Dadurch ergeben sich weitere Möglichkeiten von Abwandlungen. Durch Einsatz von Monocarbonsäuren oder einwertigen Alkoholen kann ein Kettenabbruch erzwungen und damit der Vernetzungsgrad gesteuert werden[16]).

Die Herstellung von Polyestern erfolgt normalerweise im Chargenbetrieb, also diskontinuierlich, jedoch sind auch kontinuierliche Verfahren beschrieben worden[17]), die sich allerdings in der Praxis bisher noch nicht durchsetzen konnten.

Für die Bildung von Polyestern bedarf es zwar im allgemeinen keiner Katalysatoren, jedoch werden sie manchmal verwendet, um die Reaktionszeiten abzukürzen oder bei niedrigeren Temperaturen fahren zu können. Es ist eine Vielzahl

---

[13]) Einzelheiten hierzu siehe z. B. in den Literaturangaben der Fußnote 7). — Der aus der Praxis bekannte erforderliche Überschuß an Veresterungsmitteln läßt sich z. B. zumindest teilweise durch solche Nebenreaktionen erklären.

[14]) S. z. B. *T. C. Patton:* Alkyd Resin Technology, Fußnote 7). — *J. J. Bernardo* u. *P. F. Bruins,* J. Paint Technol. *40* (1968), 558.

[15]) *W. H. Carothers* u. *G. L. Dorough,* J. Amer. chem. Soc. *52* (1930), 717.

[16]) *Anon.,* Paint Manufact. *34* (1964) Nr. 8, S. 34. — *D. A. Berry,* Paint Manufact. *35* (1965) Nr. 3, S. 69; Nr. 4, S. 45. — *P. W. McCurdy,* Amer. Paint J. *52* (1967), 32; Ref. Farbe u. Lack *74* (1968), 484 (Verwendung von Benzoesäure).

[17]) DBP 863 417 (1953, E. Prior. 1948 u. 1949), Sherwoods Paint Ltd.

katalytisch wirksamer Verbindungen vorgeschlagen und untersucht worden[18]). Die bekanntesten sind Bleiglätte (PbO)[19]), Calciumhydroxid oder in jüngerer Zeit Lithiumhydroxid und vor allem das Lithiumsalz der Ricinolsäure. Die letztgenannten Verbindungen haben allerdings eine weit größere Bedeutung als reine Umesterungskatalysatoren bei der Herstellung ölmodifizierter Alkydharze auf Basis von Ölen.

Wesentlich für die Gewinnung einwandfreier Produkte ist eine sorgfältige Überwachung und Steuerung der Reaktionsvorgänge, wobei die kontinuierliche Entfernung des Reaktionswassers von großer Bedeutung ist. Wichtigste Kriterien für den Reaktionsverlauf sind der Abfall der Säurezahl und der Viskositätsanstieg. Bei der überaus intensiven Bearbeitung dieses Harzgebietes hat sich inzwischen eine Fülle von Beobachtungen, Erfahrungen und Verfeinerungen der Arbeitsmethoden angesammelt. Die unbeschränkten Möglichkeiten zur Durchführung von Mischkondensationen eröffnen allein schon für sich ein weites Arbeitsfeld. In der Fachliteratur, vor allem im Patentschrifttum, ist eine kaum noch zu übersehende Zahl von Vorschlägen für die Darstellung von Polyestern mit bestimmten Eigenschaften zu finden[20]).

Rohstoffe

In dem vorliegenden Rahmen kann nur ein kurzer Überblick über die für die Herstellung von Polyesterharzen in Frage kommenden wichtigsten Rohstoffe gegeben werden. Bei den Literaturangaben wird deshalb vor allem auf solche Veröffentlichungen verwiesen, die insbesondere über Chemie und Technologie der Produkte Auskunft erteilen.

Reichhaltige Informationen sind durchwegs in den großen Nachschlagewerken wie Ullmanns Encyklopädie der Technischen Chemie[21]) und *Kirk-Othmer,* Encyclopedia of Chemical Technology[22]) unter den einzelnen Stichworten zu finden. Sehr ausführliche Zusammenfassungen geben auch *F. Broich* über Oxydationsreaktionen in der Petrochemie[23]) und *C. Wurster* zur Bedeutung der Benzol-Chemie[24]). Neuere Entwicklungen der Aromatenoxydation und über Verfahren zur Herstellung von PSA, Malein- und Fumarsäure, Adipin- und Benzoesäure u. a. sind in einem Referat enthalten[25]).

Carbonsäuren

Eine Zusammenstellung der technisch gebräuchlichsten Dicarbonsäuren bei der Alkydharzherstellung siehe z. B. Werkstoffe u. Korrosion *6* (1955), 520.

---

[18]) Z. B. AP 2 650 213 (1953), Du Pont. — Verw. von p-Toluolsulfonsäure: *H. Batzer,* Makromolekulare Chem. *5* (1960), 11. — Organische Zinnverbindungen: Broschüre „Neopentylglycol" der Eastman Kodak Co. — Allgem. Zusammenfassung s. *V. V. Korshak* u. *S. V. Vinogradova:* Polyesters, S. 123 ff.
[19]) EP 374 876 (1931), ICI. — *E. F. Izard,* J. Polymer Sci. *9* (1952), 135. — DBP 1 067 549 (1957), Farbf. Bayer.
[20]) Literaturzusammenstellung: S. Fußnote 7); hier z. B. *J. Scheiber, G. Tewes* u. a.
[21]) 3. Aufl. (ab 1951), Verlag Urban & Schwarzenberg, München-Berlin.
[22]) 2. Aufl. (ab 1963), Interscience Publ., New-York-London.
[23]) Chemie-Ing.-Techn. *34* (1962), 45.
[24]) Chemie-Ing.-Techn. *37* (1965), 1085.
[25]) Kunststoff-Rdsch. *10* (1963), 22.

V. Polyesterharze

Aromatische Di- und Polycarbonsäuren

o-Phthalsäure
(Benzol-1,2-dicarbonsäure)

Phthalsäureanhydrid (PSA)

2.74

Isomere Phthalsäuren: Isophthalsäure = Benzol-1,3-dicarbonsäure
Terephthalsäure = Benzol-1,4-dicarbonsäure

Verfahren zur Herstellung der Phthalsäuren:
PSA durch Oxydation von Naphthalin: DRP 379 822 (1916), *A. Wohl.* — Durch Oxydation von o-Xylol: Kunststoff-Rdsch. *10* (1963), 22. — Farbe u. Lack *74* (1968), 201. — Auch das Verfahren der BASF zur Herstellung von Phthalsäureanhydrid beruht auf dem Prinzip der Oxydation von o-Xylol. Dieses wird an Festbettkatalysatoren (V_2O_5-haltiger Spezialkatalysator) direkt zu PSA oxidiert: Lit. Ullmann, Enzyklopädie d. techn. Chemie, 3. Aufl. (1962), Bd. XIII, S. 742. — Isophthalsäure und Terephthalsäure: *P. W. Sherwood,* Chem. Rdsch. *13* (1960), 476. — *J. Kuchenbuch,* Beckacite-Nachr. *22* (1963), 14. — Patente z. Herst. von Terephthalsäure: DBP 1 042 568 (1957); 1 048 905 (1956); DAS 1 058 493 (1956), alle Henkel-Werke. — Verfahren zur Oxydation von Alkylaromaten: *E. Katzelmann,* Chemie-Ing.- Techn. *38* (1966), 1 . — Vergleichende Untersuchungen über PSA- und Terephthalsäure-Alkyde: *A. O. Focsaneanu,* Farbe u. Lack *71* (1965), 643 (Patentübersicht). — Zur Synthese von Terephthalsäure: *I. Goodman,* Angew. Chem. *74* (1962), 606*).

Andere aromatische Polycarbonsäuren:
Trimellithsäure = Benzol-1,2,4,-tricarbonsäure
Pyromellithsäure = Benzol-1,2,4,5-tetracarbonsäure
Literatur: z. B. *A. Tremain,* Paint Manufact. *30* (1960), 433. — *W. A. Riese,* Farbe u. Lack *67* (1961), 501. — *R. F. Wilkinson,* Off. Digest Federat. Soc. Paint Technol. *35* (1963), 129. — *J. R. Stephens,* ebenda, Seite 380. — *A. McLean,* Paint Manuf. *36* (1966) Nr. 5, S. 49.
Diphenolsäure: Kondensationsprodukt aus 2 Mol Phenol + 1 Mol Lävulinsäure, vgl. Farbe u. Lack *69* (1963), 621 (Vortragsref.)

Cycloaliphatische Polycarbonsäuren

Hexahydrophthalsäure: Literatur s. z. B. *S. E. Berger* u. *A. J. Kane,* Paint Technol. (London) *27* (1963) Nr. 1, S. 12; Ref. Farbe u. Lack *69* (1963), 534.
HET-Säure® = Hexachlor-endomethylen-tetrahydrophthalsäure, wird durch Addition von Maleinsäure an Hexachlorcyclopentadien hergestellt:

2.75

---

*) Den Textilfasern Dacron, Diolen, Terylen und Trevira liegen Terephthalsäure-Glykol-Polyester zugrunde.

Durch den hohen Chlorgehalt vermittelt diese Dicarbonsäure den damit hergestellten Harzen gute feuerhemmende Eigenschaften. Lit.: *K. Mienes,* Die Kunststoffdekade 1960—1970, Hanser Verlag München 1961, S. 21. — Hooker Chem. Co.: HET-Säure für Lacke, Oberflächenbeschichtungen u. a. Anwendungsgebiete. Ausführliche Firmenschrift mit zahlreichen Anwendungsbeispielen.

Ungesättigte aliphatische Dicarbonsäuren

Von diesen Säuren haben allein Maleinsäure bzw. ihr Anhydrid (MSA) und die mit ihr isomere Fumarsäure größere Bedeutung für die Herstellung von Polyestern erlangt.

$$\begin{array}{ccc} \text{H·C·COOH} & \text{H·C·COOH} & \text{H·C·CO} \\ \| & \| & \| \!>\!\text{O} \\ \text{H·C·COOH} & \text{HOOC·C·H} & \text{H·C·CO} \end{array} \qquad 2.76$$

Maleinsäure   Fumarsäure   Maleinsäureanhydrid
(cis-Form)   (trans-Form)   (MSA)

Unter geeigneten Bedingungen lagern sich die beiden geometrischen Isomeren ineinander um, wobei allerdings die Bildung der energieärmeren trans-Form meist begünstigt ist.
Wichtigstes Herstellungsverfahren ist die katalytische Dampfphasen-Oxydation von Benzol. MSA fällt auch als Nebenprodukt bei der PSA-Herstellung aus Naphthalin an. Andere Herstellungsverfahren: Oxydation von Crotonaldehyd, DRP 561 081 (1930), I.G.Farben. — Oxydation von Kohlenwasserstoffen aus der Petrochemie mit Butylenstruktur: Anon., Chem. Engng. 67 (1960) Nr. 12, S. 69. — Zur Oxydation von Benzol s. z. B. *P. W. Sherwood,* Fette, Seifen, Anstrichmittel *62* (1960), 333. — Ref. in Kunststoff-Rdsch. *10* (1963), 22. — Reaktionsmöglichkeiten von MSA als industrieller Rohstoff: *P. B. W. Teuber,* Seifen-Öle-Fette-Wachse *89* (1963), 323. — Sehr ausführlicher Bericht über Maleinsäure-Fumarsäure mit umfangreicher Literaturzusammenstellung: *J. Kuchenbuch,* Beckacite-Nachr. *19* (1960), 12, 52.
Maleinsäure und MSA lagern sich nach *Diels-Alder*[26]) durch Dien-Addition leicht an Verbindungen mit konjugierten Doppelbindungen an, z. B.

$$\begin{array}{ccc} \text{H·C}\!\!<\!\!\!\begin{array}{c}\text{CH}_2\\ \\ \text{CH}_2\end{array} & \text{H·C - CO} \\ \| & + & \| \!>\!\text{O} & \longrightarrow & \text{H·C}\!\!<\!\!\!\begin{array}{c}\text{CH}_2\\ \\ \text{CH}_2\end{array}\!\!\!\begin{array}{c}\text{CH·CO}\\ \\ \text{CH·CO}\end{array}\!\!>\!\text{O} \\ \text{H·C} & \text{H·C - CO} & \text{H·C} \end{array} \qquad 2.77$$

Butadien   MSA   Tetrahydrophthalsäureanhydrid

Durch diese vielseitigen Dien-Synthesen ergibt sich die Möglichkeit, neue Dicarbonsäuren oder ihre Anhydride als Rohstoffe zu gewinnen, so z. B. die oben genannte HET-Säure.
Zur besonderen Bedeutung der Maleinsäure für die Herstellung wasserlöslicher Harze siehe S. 126.

Itaconsäure
$$\begin{array}{l} \text{H}_2\text{C} = \text{C} - \text{COOH} \\ \qquad\quad | \\ \text{H}_2\text{C} - \text{COOH} \end{array} \qquad 2.78$$

---

[26]) Zusammenfassende Darstellung: *K. Alder,* Angew. Chem. *55* (1942), 53.

V. Polyesterharze

als mögliche Komponente für die Harzherstellung: *P. Wiseman,* Paint Manufact. *32* (1962), 345; Itaconsäure blieb bisher jedoch ohne größere Bedeutung.
Dicarbonsäuren besonderer Art mit langen Kohlenstoffketten entstehen durch Dimerisation ungesättigter Fettsäuren, wie etwa die dimere Linolsäure. Literatur: z. B. *D. T. Moore,* Paint, Oil, Chem. Rev. *114* (1951), 128. — *D. H. Wheeler,* Off. Digest Federat. Soc. Paint Technol. Nr. 322 (1951), 661. — *R. F. Paschke et al.,* J. Amer. Oil Chemists' Soc. *41* (1964), 56.

Gesättigte aliphatische Dicarbonsäuren

Von technischer Bedeutung für die Herstellung von Lackharzen sind lediglich Adipinsäure, $HOOC \cdot (CH_2)_4 \cdot COOH$, Herstellung durch Oxydation von Cyclohexanol;
Azelainsäure, $HOOC \cdot (CH_2)_7 \cdot COOH$ und Sebacinsäure, $HOOC \cdot (CH_2)_8 \cdot COOH$, beide aus Ricinusöl durch Alkalischmelze. Literatur: Dtsch. Farben-Z. *6* (1952), 274. — *J. Kuchenbuch,* Beckacite-Nachr. *20* (1960), 20.
Die Arbeiten von *W. Reppe* auf dem Gebiet der Acetylenchemie[27]) eröffneten für eine Reihe von mehrbasischen Carbonsäuren technisch durchführbare Synthesen[28]).

Gesättigte Monocarbonsäuren zur Modifikation von Polyesterharzen

Als Monocarbonsäuren kommen für eine Modifikation von Alkydharzen in erster Linie Benzoesäure und p-Tertiär-Butyl-Benzoesäure in Betracht. Literaturhinweise: *P. W. McCurdy,* Paint J. *52* (1967) Nr. 11, S. 32; Ref. Farbe u. Lack *74* (1968), 484. — *D. A. Berry,* Paint Manufact. *35* (1965), Nr. 3, S. 69.
Des weiteren finden aus der Reihe der gesättigten aliphatischen Monocarbonsäuren, etwa ab 6 Kohlenstoffatomen, einzelne Glieder oder deren Gemische Anwendung, vor allem zur Abwandlung von Einbrenn-Alkydharzen. Es sind dies Carbonsäuren, die teils bei der Raffination von Fetten und Ölen anfallen, so z. B. die sogenannten „Vorlauffettsäuren" oder solche, die durch synthetische Verfahren erhalten werden:

Capronsäure	$CH_3(CH_2)_4COOH$
Caprylsäure	$CH_3(CH_2)_6COOH$
2-Äthylhexansäure	$CH_3(CH_2)_3CH(C_2H_5)COOH$
Pelargonsäure	$CH_3(CH_2)_7COOH$
Caprinsäure	$CH_3(CH_2)_8COOH$
Laurinsäure	$CH_3(CH_2)_{10}COOH$
Myristinsäure	$CH_3(CH_2)_{12}COOH$

Andere Carbonsäuren, wie Isooctan- oder Isononansäure, sind vielfach technische Gemische von Isomeren. Literatur z. B. *M. van Sande,* Chimie des Peintures *30* (1967) Nr. 1, S. 3; Ref. Abstract Review Nr. 338 (1967), 75. — *M. Josephs,* Chem. Products, April 1962; Ref. Farbe u. Lack *69* (1963), 689.
Die unter der Bezeichnung Versatic-Säuren® auf dem Markt befindlichen synthetischen, stark verzweigten aliphatischen Monocarbonsäuren werden aus Crackolefinen, Kohlenoxid und Wasser hergestellt. Literatur zur Herstellung und zu ihrer Verwendung s. Seite 97 u. ff.
Die vegetabilischen Fettsäuren und ihre Glyceride, die der Vollständigkeit halber an dieser Stelle als Rohstoffe für Alkydharze anzuführen sind, werden ausführlich auf den Seiten 105 u. ff. besprochen.

---

[27]) *W. Reppe,* Neue Entwicklungen auf dem Gebiete der Chemie des Acetylens u. Kohlenoxyds, Springer-Verlag, Berlin 1949.
[28]) Zusammenstellung bei *K. Hamann,* Angew. Chem. *62* (1950), 325.

Polyalkohole

Als wichtige Alkoholkomponenten für die Herstellung von Polyestern sind zu nennen: Äthylenglykol und seine Homologen, Neopentylglykol, Glycerin, Trimethyloläthan und Trimethylolpropan, 1,2,6-Hexantriol und Pentaerythrit. Es liegen zahlreiche zusammenfassende Berichte und Literatursammlungen vor, von denen hier nur eine kleine Auswahl gegeben wird.

Polyalkohole aus der Reppe-Chemie: Zusammenstellung bei *K. Hamann*, Angew. Chem. *62* (1950), 325. — Vergleichende Betrachtungen über Polyalkohole: *K. H. Wüllenweber*, Fette, Seifen, Anstrichmittel *56* (1954), 89. — *J. Kuchenbuch*, Kunststoff-Rdsch. *5* (1958), 281, 337, 398 u. *6* (1959), 380, 443, 490, 576; Beckacite-Nachr. *15* (1956), 45. — Neue Polyole für die Anstrichmittelindustrie: *P. W. Sherwood*, Fette, Seifen, Anstrichmittel *62* (1960), 335. — Vergleiche d. versch. Polyole in Alkydharzen gleicher Öllänge: *S. T. Harries*, Paint, Oil. Col. J. (London) *142* (1962), Nr. 3349, S. 1439; Ref. Farbe u. Lack *69* (1963), 689. — *K. A. Earhart*, J. Paint Technol. *41* (1969), Nr. 529, S. 104. — Übersicht zu Polyalkoholen f. d. Alkydharzherst.: *K. Weigel*, Chem. Rdsch. *20* (1967), 538 (reichhaltige Literaturangaben).

Zweiwertige Alkohole (Diole)

Äthylenglykol und seine Homologen sind durch Oxydation von Olefinen erhältlich:

$$H_2C=CH_2 + \tfrac{1}{2} O_2 \longrightarrow H_2C\underset{O}{-}CH_2 \xrightarrow[(H^+)]{+H_2O} HOH_2C-CH_2OH \qquad 2.79$$

Die durch Verätherung gebildeten Di- und Trialkohole

$HOCH_2\text{-}CH_2\text{-}O\text{-}CH_2\text{-}CH_2OH$ Diäthylenglykol (Diglykol)
$HOCH_2\text{-}CH_2\text{-}O\text{-}CH_2\text{-}CH_2\text{-}O\text{-}CH_2\text{-}CH_2OH$ Triäthylenglykol (Triglykol)

haben ebenfalls Bedeutung als Veresterungsmittel.

Weitere Diole von praktischer Bedeutung

Propylenglykol	$CH_3CH(OH)CH_2OH$
1,3-Butylenglykol	$CH_3CH(OH)CH_2CH_2OH$
1,5-Pentandiol	$HOH_2C(CH_2)_3CH_2OH$
Hexylenglykol	$CH_3CH(OH)CH_2C(OH)(CH_3)_2$

Zur Verbesserung der Filmeigenschaften in Alkydharzen wird auch die Verwendung von harzartigen Polyolen wie Polyol X-450 Shell (s. Dtsch. Farben-Z. *15* (1961), 321) oder Dow Resin 565 empfohlen (s. Dtsch. Farben-Z. *11* (1957), 82).
Ein Diol von besonderem Interesse (s. S. 97) ist Neopentylglykol (= 2,2-Dimethyl-1,3-Propandiol)

$$HOH_2C-\underset{\underset{CH_3}{|}}{\overset{\overset{CH_3}{|}}{C}}-CH_2OH \qquad 2.80$$

Über Neopentylglykol in ölfreien Alkydharzen: *D. L. Edwards, D. C. Finney* u. *P. T. v. Bramer*, Dtsch. Farben-Z. *20* (1966), 519.

V. Polyesterharze

Dreiwertige Alkohole (Triole)

Glycerin $\quad \underset{\underset{OH}{|}}{H_2C} - \underset{\underset{OH}{|}}{CH} - \underset{\underset{OH}{|}}{CH_2}$ $\hfill$ 2.81

ist ein wichtiges Veresterungsmittel. Es wird außer durch Verseifung von Fetten und Ölen großtechnisch auch durch Synthesen, ausgehend von Propylen, gewonnen. Literatur: *G. Lüttgen*, Glycerin und glycerinähnliche Stoffe, 2. Aufl. Straßenbau, Chemie u. Technik, Verlagsges. Heidelberg 1956. — Querschnitt der Glycerinsynthese: *R. Neu*, Seifen-Öle-Fette-Wachse 74 (1948), 1; Chem. Rdsch. 2 Nr. 5 (1949). — Zusammenstellung der Synthesen: *P. Sherwood*, Seifen-Öle-Fette-Wachse 89 (1963), 614.

Trimethylolpropan (TMP) $\quad CH_3 \cdot CH_2 \cdot C \begin{matrix} \diagup CH_2OH \\ - CH_2OH \\ \diagdown CH_2OH \end{matrix}$ $\hfill$ 2.82

wird durch Umsetzung von n-Butyraldehyd mit Formaldehyd in alkalischer Lösung erhalten. Es ist ein sehr vielseitiges Veresterungsmittel, besonders für die Herstellung magerer Alkydharze für Einbrennzwecke. Recht umfangreiche Literatur ist vorhanden. z. B.: *G. T. Roberts* u. *W. M. Kraft*, Paint Ind. 74 (1959), 7; Ref. Farbe u. Lack 66 (1960), 209. — *T. M. Powanda et al.*, Paint Varnish Product. 50 (1960), 45; Ref. Dtsch. Farben-Z. 15 (1961), 235. — *L. Grafstrom*, Paint Manufact. 31 (1961), 409; Ref. Dtsch. Farben-Z. 16 (1962), 196. — *G. H. Wiech et al.*, Paint Varnish Product. 50 (1960), 29; Ref. Dtsch. Farben-Z. 15 (1961), 326. — Herausstellung der starken Überlegenheit gegenüber Glycerinalkydharzen: *G. H. Wiech*, Off. Digest Federat. Soc. Paint Technol. 33 (1961), 120; Ref. Farbe u. Lack 67 (1961), 643. — Trimethylolpropan in Alkydharzen: *Anon.*, Paint Manufact. 33 (1963), 471; Ref. Dtsch. Farben-Z. 18 (1964), 147. — „Pentaerythrit", Firmenbroschüre Degussa, Frankfurt/Main.
Trimethyloläthan (TMÄ) ist in seinen Eigenschaften dem Trimethylolpropan so ähnlich, daß auf eine gesonderte Besprechung verzichtet werden kann. TMÄ: *E. Balgley*, Amer. Paint J. 38 (1954) Nr. 24, S. 65, 68, 72, 74; Ref. Chem. Zbl. *1955*, 3014. — TMÄ u TMP: *W. M. Kraft* in einem Sammelref. verschied. Autoren über Polyole in Alkydharzen, Paint Varnish Product. 48 (1958) Nr. 11, S. 45; Ref. Farbe u. Lack 65 (1959), 188.
1,2,6-Hexantriol, das durch Dimerisierung von Acrolein, anschließender Wasseranlagerung und Hydrierung erhalten wird, wurde ebenfalls als trifunktionelles Polyol zur Verwendung in Alkydharzen genannt: *R. W. Tess et al.*, Ind. Engng. Chem. 49 (1957), 374; Ref. Chem. Zbl. *1959*, 14—568.
Die Trocknung dieser Harze ist allerdings langsamer als die von Glycerin-Alkyden, zudem sind die Filme weicher. Auch ist Hexantriol gegen Temperaturen empfindlicher als Glycerin, so daß zur Vermeidung von Verfärbungen bei niedrigeren Temperaturen verestert werden muß.

Vierwertige Alkohole (Tetrole)

Der einzige technisch genutzte Tetraalkohol von allerdings sehr großer praktischer Bedeutung ist Pentaerythrit (Penta):

$\begin{matrix} HOH_2C \diagdown \quad \diagup CH_2OH \\ \qquad C \\ HOH_2C \diagup \quad \diagdown CH_2OH \end{matrix}$ $\hfill$ 2.83

Die technische Herstellung von Pentaerythrit erfolgt durch Umsetzung von Acetaldehyd mit Formaldehyd in alkalischem Milieu. Neben Penta kann dabei je nach den vorliegenden Bedingungen auch Dipentaerythrit entstehen, in dem durch Verätherung zwischen zwei Penta-Molekülen von den ursprünglich vorhandenen 8 Hydroxylen der Alkoholgruppen nur noch 6 zu Veresterungsreaktionen frei sind:

$$\underset{HOH_2C}{HOH_2C}\!\!>\!\!C\!\!<\!\!\underset{CH_2OH}{CH_2-O-H_2C}\!\!>\!\!C\!\!<\!\!\underset{CH_2OH}{CH_2OH}$$

2.84

Man hat daher zwischen reinem Penta und Sorten mit Gehalt an Dipenta zu unterscheiden. Zum Verhalten von Penta als Veresterungsmittel: *F. Schlenker*, Fette, Seifen, Anstrichmittel *57* (1955), 87. — *H. Müller*, Fette, Seifen, Anstrichmittel *58* (1956), 174, 839. — Über den Einfluß von salzartigen Verunreinigungen: *E. R. Thirkel*, Chim. Peintures, *27* (1964), 363; Ref. Chem. Zbl. *1966*, 48—2781. — „Pentaerythrit", Firmenbroschüre Degussa, Frankfurt/Main.

Auch die im Abschnitt Epoxidharze (Seite 191) beschriebenen Harze, die ihrer chemischen Natur nach Polyhydroxy-Verbindungen mit endständigen Epoxidgruppen sind, haben als Veresterungskomponente vor allem bei der Herstellung der Epoxidharz-Ester Bedeutung erlangt.

1. Ölfreie gesättigte Polyesterharze

Reine Polyester aus Phthalsäureanhydrid (PSA) und Glycerin oder anderen drei- und höherwertigen Alkoholen sind wegen ihrer stark vernetzten Struktur nur in wenigen polaren Lösungsmitteln hinreichend löslich. Dieser Umstand sowie die infolge ihrer Sprödigkeit fehlende plastifizierende Wirkung beschränken ihre Anwendung auf einige wenige Spezialzwecke. Auch den Kondensationsprodukten aus PSA und Glykolen kommt nur eine begrenzte lacktechnische Bedeutung zu, so etwa für die Herstellung von Nitrocelluloselacken. Sie verleihen den Lackfilmen Füllkraft und guten Glanz und bringen im Gegensatz zu Ölalkyden bessere Benzinfestigkeit und Polierbarkeit.

Verbesserungen der Elastizität können durch intramolekulare Plastifizierung erreicht werden, wenn ein Teil der Phthalsäure mit ihrem starren Benzolkern ganz oder teilweise durch aliphatische Dicarbonsäuren ersetzt wird. Für diese Zwecke werden meist Bernstein-, Adipin-[29], Sebacin- oder Azelainsäure verwendet. Bei dieser intramolekularen Plastifizierung ist ein Ausschwitzen weichmachender Harzanteile nicht möglich, wie dies bei der Plastifizierung durch niedermolekulare, nicht fest eingebaute Weichmacher auftreten kann.

Derartige Harze, vorzugsweise auf Basis Adipinsäure, werden auch zur Elastifizierung von Phenol- und Aminharzen verwendet. Ihre freien Carboxyl- und Hydroxylgruppen werden hierbei im Verlauf der Härtung in die Vernetzungsvorgänge einbezogen, ohne daß diese Polyester ihre plastifizierende Wirkung verlieren.

Die Filme zeichnen sich meist durch guten Glanz, hohe Füllkraft und eine beachtliche Beständigkeit gegen Lösungsmittel aus.

Auf dem Gebiet der Industrie-Einbrennlackierungen konkurrieren neuerdings diese gesättigten Polyesterharze in zunehmendem Maße mit den klassischen Kombinationen aus kurzöligen Alkydharzen und Harnstoff- bzw. Melaminharzen. Der Vorteil dieser Neuentwicklungen besteht darin, daß einmal die flexiblen aliphatischen

---

[29] EP 328 728 (1929), I.G. Farben.

V. Polyesterharze

Kohlenwasserstoff-Ketten ihrer Dicarbonsäuren als fester Bestandteil in das Polyester-Grundgerüst eingebaut sind, während andererseits bei den mageren Ölalkyden die weichmachenden aliphatischen Monocarbonsäure-Moleküle der Fettsäuren lediglich als Seitenketten an dem Strukturgerüst des Polyesters befestigt sind. Durch einen solchen strukturell andersartigen Aufbau ergeben sich gleichzeitig Verbesserungen ihrer Eigenschaften. So zeigen sie in Verbindung mit Aminharzen besseres Haftvermögen auf Metallen und größere Härte; bemerkenswert ist eine verbesserte Gilbungsbeständigkeit, auch beim Überbrennen. Neben einer verstärkten Abriebfestigkeit ergibt sich, von der Zusammensetzung abhängig, eine beachtliche Zunahme der Elastizität. Ohne Zweifel haben die gesättigten Polyesterharze auf zahlreichen Anwendungsgebieten Qualitätsfortschritte erbracht.

Neben PSA können in diesen Harzen auch noch Isophthalsäure und Terephthalsäure (meist in Form des Dimethylesters) eingebaut sein. Außer den schon genannten aliphatischen Dicarbonsäuren werden auch noch hydrierte dimerisierte Fettsäuren zur Modifikation herangezogen. An Monocarbonsäuren finden Benzoesäure und p-Tertiär-Butylbenzoesäure, Pelargonsäure, Isononansäure u. a. Verwendung. Das Verhältnis der aliphatischen zu den aromatischen Dicarbonsäuren ist mit ein wichtiges Regulativ für die gewünschten Eigenschaften. Die aromatischen Dicarbonsäuren geben den Lackfilmen gute Haftung auf metallischen Untergründen und vermitteln ihnen Härte; die Vergilbungstendenz der Lackfilme wird verringert und ihre Fleckenbeständigkeit ist verbessert. Überwiegt der Anteil an aliphatischen Dicarbonsäuren, so werden die Filme flexibler, jedoch auf Kosten der Härte und der Fleckenunempfindlichkeit.

An Polyolen kommen u. a. in Betracht: Äthylenglykol, Propylenglykol, 1,3-Butylenglykol, Pentandiol, Diäthylenglykol, Dipropylenglykol, Trimethyloläthan und Trimethylolpropan. Mit Neopentylglykol ist neuerdings ein interessanter Dialkohol auf den Markt gekommen. Die vorliegende Blockierung des zentralen Kohlenstoffatoms durch zwei Methylgruppen verleiht diesem Polyol besondere Eigenschaften wie gute Wetterbeständigkeit und Verseifungsfestigkeit[30].

Weitere Versuche, das starre Grundgerüst bei Polyestern auch von seiten der Alkoholkomponente aufzulockern, sind in Patenten beschrieben[31]. Es wird u. a. herausgestellt, daß selbst unter ausschließlicher Verwendung von aromatischen Dicarbonsäuren noch Polyester erhalten werden können, die bei genügender Löslichkeit eine erstaunlich gute Elastizität aufweisen. Ihre Erweichungspunkte von über 100 °C lassen sie auch für die Pulverbeschichtung geeignet erscheinen.

Eine andere, sehr interessante Entwicklung in Richtung verbesserter gesättigter Polyester hängt eng mit der Gewinnung neuartiger, stark verzweigter Monocarbonsäuren zusammen. Ihre großtechnische Synthese aus Crackolefinen, Kohlenoxid und Wasser[32]

$$\begin{matrix} R_1 & R_3 \\ | & | \\ C = C \\ | & | \\ R_2 & R_4 \end{matrix} + CO + H_2O \longrightarrow \begin{matrix} R_1 & R_3 \\ | & | \\ H-C-C-COOH \\ | & | \\ R_2 & R_4 \end{matrix} \qquad 2.85$$

---

[30] *D. L. Edwards, D. C. Finney, P. T. von Bramer:* Ölfreie Neopentylglykol-modifizierte Alkydharze, Dtsch. Farben-Z. *20* (1966), 519. — Vgl. auch S. 94.
[31] Acetal-diole aus Glyoxal + Trimethylolalkanen: EP 1 093 204 (1966), Chem. Werke Witten. — AP 2 945 008 (1960), Eastman Kodak.
[32] EP 942 465 (1963, Niederl. Prior. 1959 u. 1960), Shell Internat. Research, Den Haag. — Handelsprodukte: ®Versatic-Säuren der Shell-Chemie.

geht auf grundlegende Arbeiten von *H. Koch*[33]) zurück. Die hervorragendste Eigenschaft dieser rein synthetischen, gesättigten Carbonsäuren ist die geringe Verseifungstendenz daraus hergestellter Ester[34]), die allerdings auch eine entsprechend erschwerte Neigung zur Bildung dieser Ester mit sich bringt.

Zur Umgehung dieser Schwierigkeit wird das Natriumsalz der Carbonsäure mit Epichlorhydrin zum Glycidylester umgesetzt[35]):

$$R_2 - \underset{\underset{R_3}{|}}{\overset{\overset{R_1}{|}}{C}} - \underset{\underset{O}{\|}}{C} - O - Na + Cl - \underset{\underset{H}{|}}{\overset{\overset{H}{|}}{C}} - \underset{\underset{O}{\diagdown}}{\overset{\overset{H}{|}}{C}} - CH_2 \longrightarrow R_2 - \underset{\underset{R_3}{|}}{\overset{\overset{R_1}{|}}{C}} - \underset{\underset{O}{\|}}{C} - O - \underset{\underset{H}{|}}{\overset{\overset{H}{|}}{C}} - \underset{\underset{O}{\diagdown}}{\overset{\overset{H}{|}}{C}} - CH_2 + NaCl \qquad 2.86$$

Dieser Ester ist als ein Epoxid befähigt, mit Carbonsäuren zu Hydroxyestern bzw. mit Carbonsäureanhydriden zu Polyestern zu reagieren. Die Hydroxyester können anschließend weiter zu Makromolekülen verestert werden.

Nach diesem Verfahren hergestellte Harze ergeben in Verbindung mit Aminharzen interessante Einbrennlacke. Als besondere Vorzüge der eingebrannten Lackfilme sind neben ihrer guten Haftung, Härte und Gilbungsbeständigkeit die hervorragende Widerstandsfähigkeit gegen wäßrige Säuren und Alkalien herauszustellen[36]). Für das Coil-Coating-Verfahren werden sie besonders empfohlen, da sie guten, wetterbeständigen Schutz gegen Korrosion bieten. In Kombination mit Nitrocellulose ergeben sich Lacke, die auch noch bei Spritzkonsistenz sehr körperreich sind. Die daraus erhaltenen Filme besitzen neben gutem Glanz eine beachtliche Härte.

Bei der Verwendung von Polyestern als Umsetzungspartner von Polyisocyanaten bei der Polyurethanbildung (s. S.156) werden besonders hohe Anforderungen an die Gleichmäßigkeit des strukturellen Aufbaus der Harze gestellt[37]), da die Polyester in diesem Falle in stöchiometrischen Verhältnissen mit dem Reaktionspartner umgesetzt werden, also nicht nur die Funktion eines physikalisch wirkenden Weichmachers haben.

Der Beginn und ebenso die ersten Jahrzehnte der Polyester-Technologie waren mehr durch praktische Erfahrungen als durch eine zielbewußte Auswertung der Ergebnisse systematischer Forschung und theoretischer Überlegungen bestimmt. Allerdings kam den Arbeiten von *Carothers, Kienle, Flory, Kilb* u. a. schon von Anfang an eine richtungsweisende Bedeutung zu, womit diese Autoren viel zur erstaunlichen Entwicklung des gesamten Gebietes beigetragen haben. Neue Impulse ergaben sich dann durch Veröffentlichungen einer Reihe von Autoren[38]), die, von den früheren

---

[33]) Brennstoff-Chemie *36* (1955), 321.
[34]) Die am α-Kohlenstoffatom der Säuren als alleinige Substituenten (kein Wasserstoffatom an dieser Stelle!) vorhandenen Alkylreste schirmen die Estergruppierung weitgehend gegen hydrolysierende Reagenzien ab.
[35]) FP 1 269 628 (1960), Shell Internat. Research, Den Haag. — Handelsprodukte: ®Cardura-Harze der Shell-Chemie.
[36]) *J. M. Goppel, P. Bruin, J. J. Zonsfeld,* Farbe u. Lack *69* (1963), 181. — *S. Herzberg,* VI. Fatipec-Kongreßbuch 1962, S. 319. — *G. C. Vegter* u. *H. A. Oosterhof,* Fette, Seifen, Anstrichmittel *68* (1966), 283. — FP 1 267 187 (1960) = Oe P 229 037 (1960, Niederl. Prior. 1959 u. 1960), Shell Internat. Research, Den Haag.
[37]) *S. P. Schmidt,* Farben, Lacke, Anstrichstoffe *4* (1950), 379.
[38]) Z. B.: *R. A. Brett,* J. Oil Colour Chemists' Assoc. *41* (1958), 428. — *D. W. Berryman,* J. Oil Colour Chemists' Assoc. *42* (1959), 393. — *C. W. Johnston,* Off. Digest Federat. Soc. Paint Technol. *32* (1960), 1327. — *T. C. Patton,* Off. Digest Federat. Soc. Paint Technol. *32* (1960), 1544. — *G. Christensen,* Off. Digest Federat. Soc. Paint Technol. *36* (1964), 28. — *E. Sunderlang,* Paint Technol. *26* (1962), Nr. 1, S. 25; Ref. Chem. Zbl.

Überlegungen ausgehend, vereinfachte theoretische Betrachtungen zum Aufbau der Alkydharze brachten. Wenn auch diese Untersuchungen zumeist auf die ölmodifizierten Typen ausgerichtet waren, so wirkten sie sich doch zwangsläufig auch auf die Entwicklung der ölfreien gesättigten Polyester günstig aus, wodurch gerade bei diesen in der letzten Zeit erstaunliche Fortschritte erzielt werden konnten.

Das Problem der Polyester-Entwicklung kann vereinfacht so dargestellt werden: Es gilt eine gute Abstimmung der Summe aller sauren Funktionalitäten von Poly- und Monocarbonsäuren gegen die Hydroxylfunktionen der eingesetzten Polyalkohole zu finden. Gleichzeitig müssen die günstigsten Herstellungsbedingungen erkannt werden, um Produkte mit den gewünschten optimalen Eigenschaften zu erhalten, ohne daß aber die Harze vorzeitig den Gelierungspunkt erreichen[38a]).

Beispiele für Handelsprodukte:

Aceplast	VEB Zwickau
Alftalat	Reichhold-Albert
Alkydal BG	Bayer
Aroplaz	Scado
Bakelite-Harz	Rütag
Dynapol	Dynamit Nobel
Epok	B. P.
Erkarex	Kraemer
Japhtal	Jäger
Limoplast AL	Sichel
Macamoll	Cassella
Necoftal OF	Necof
Pentaftal	Deutsche Erdöl
Phtalopal	BASF
Plusodur	Plüss-Staufer
Scadonal	Scado
Setal	Synthese
Sinalkyd	SINAC
Soaflex	SOAB
Soalkyd	SOAB
Synresat	Synres
Vesturit	Hüls
Wresinol	Resinous Chemicals

2. Ölmodifizierte Polyesterharze (Ölalkyde)

Die ersten Vorschläge, die technisch zunächst nicht sehr interessanten Kondensationsprodukte aus Phthalsäure und Glycerin durch Modifikation mit Monocarbonsäuren zu verbessern, stammen von *W. C. Arsem*[39]) und *K. B. Howell*[40]). Aber erst etwa ab 1927 konnten, zurückgehend auf Beobachtungen von *R. H. Kienle* und Mitarbeitern[41]), die mit trocknenden Ölen bzw. deren Fettsäuren abgewandelten Polyesterharze den Durchbruch zu ihrer auch heute noch unbestrittenen Be-

---

1963, 8761. — *J. Ivanfi*, Farbe u. Lack *70* (1964), 426. — *M. Dyck*, Farbe u. Lack *71* (1965), 902. — *U. Holfort u. H. Holfort*, Farbe u. Lack, *68* (1962), 598.

[38a]) Siehe z. B. *J. J. Bernardo* u. *P. F. Bruins*, J. Paint Technol. *40* (1968), 558.
[39]) AP 1 098 776 u. 1 098 777 (1914), General Electric Co: Modifikation mit Ölsäure, Kolophonium u.a.
[40]) AP 1 098 728 (1914), General Electric Co.: Modif. mit Ricinusöl.
[41]) Ind. Engng. Chem. *21* (1929), 349; siehe auch *41* (1949), 726.

deutung vollziehen. Ein weiterer wichtiger Schritt auf diesem Wege war die wesentliche Verbreiterung der Herstellungsbasis durch die Technik des Öl-Umesterungsverfahrens[42]).

Der grundlegend neue Gedanke bestand in der Übertragung der guten filmbildenden Eigenschaften der Fettsäureglyceride auf das Polyester-Grundgerüst. Zugleich sollte bei der Alkydharz-Herstellung durch die Modifizierung mit den einbasischen Fettsäuren eine hinreichende Defunktionalisierung erreicht werden, um den Reaktionsablauf der Polyveresterung besser in den Griff zu bekommen und damit u. a. eine Gelbildung zu verhindern[43]).

Phthalsäureanhydrid (PSA), die technische Anwendungsform der ortho-Phthalsäure, ist nach wie vor die wichtigste Polycarbonsäure für die gesamte Ölalkydproduktion. Ihre Meta- und Para-Isomeren, die Iso- und die Terephthalsäure, haben nicht zuletzt durch die wesentlich wirtschaftlicher gestalteten Herstellungsmethoden sehr an Bedeutung gewonnen. Beide werden deshalb später (Seite 113) in besonderen Unterabschnitten behandelt. Tetrahydro- und Hexahydrophthalsäureanhydrid werden zur Herstellung niedrigviskoser, d. h. füllkräftiger, gut verlaufender Bindemittel vorgeschlagen[44]). Bei Verwendung von Hexachlor-Endomethylentetrahydrophthalsäure (HET-Säure) werden Harze erhalten, aus denen schwer entflammbare Anstriche hergestellt werden können[45]). Von steigendem Interesse für spezielle Alkydharze sind die Trimellithsäure und ihr Anhydrid, die kürzere Trockenzeit und bessere Härte vermitteln sollen[46]). Anteile von aliphatischen Dicarbonsäuren wie Adipin-, Azelain- oder Sebacinsäure führen zu weicheren, elastischeren Ölalkyden[47]); dies hat bisher aber nur in Spezialfällen eine gewisse Bedeutung erlangt. Dagegen werden Malein- und Fumarsäure gerne in geringen Anteilen (Ersatz von etwa 2% PSA) mitverwendet, um in beschleunigtem Reaktionsablauf zu helleren und auch härteren Endprodukten zu gelangen.

Dicarbonsäuren, die sich von trocknenden Ölen ableiten, sind die dimerisierten Fettsäuren. Sie bilden sich unter Druck in Gegenwart von Wasserdampf durch eine Dien-Addition ungesättigter Fettsäuren untereinander. Die Anlagerung kann je nach Lage der Doppelbindungen sowohl nach einer normalen *Diels-Alder*-Reaktion als auch nach einer substituierenden Addition (s. S. 128) erfolgen. Diese Dimersäuren finden als Dicarbonsäuren, vor allem in den USA, im teilweisen Austausch gegen andere Dicarbonsäuren zur Modifikation von Alkydharzen Verwendung[48]).

---

[42]) DRP 547 517 (1927), I.G. Farben.
[43]) *W. M. Kraft,* Paint Varnish Product. *49* (1959) Nr. 5, S. 33; Nr. 6, S. 83.
[44]) *S. E. Berger* u. *A. J. Kane,* Paint Technol. *27* (1963) Nr. 1, S. 12; Ref. Farbe u. Lack *69* (1963), 534. — Dieselben, Plastics, *28* (1963), 111; Ref. Dtsch. Farben-Z. *17* (1963), 451.
[45]) Eigenschaften u. Verwendung v. HET-Säure: *J. Remond,* Revue Produits Chim. *63* (1960), 593; Ref. Kunststoff-Rdsch. *9* (1961), 29.
[46]) *C. R. Martens:* Alkyd Resins, Seite 140.
[47]) *P. W. Sherwood,* Fette, Seifen, Anstrichmittel *63* (1961), 1049.
[48]) *G. A. Allan,* Paint Manuf. *31* (1961), 163; Ref. Dtsch. Farben-Z. *15* (1961), 505. — *E. Gulinsky,* Pflanzl. u. tier. Fette u. Öle, s. Fußnote 68). — *H. W. Chatfield,* Paint Oil Colour J. *140* (1961), 410, 416; Ref. Farbe u. Lack *67* (1961), 767; Paint Manuf. *32* (1962), 127; Ref. Farbe u. Lack *68* (1962), 457. — Chemie, Herst. u. Verwendung dimerisierter Fettsäuren: *L. F. Byrne,* Off. Digest Federat. Soc. Paint Technol. *34* (1962), 229. — Beispiele für Handelsprodukte: Dimerginsäure®, Harburger Fettchemie, Hamburg; Empol®, Unilever Emery, Gouda.

V. Polyesterharze

Werden Benzoesäure oder p-Tertiär-Butylbenzoesäure[49]) zur Modifikation der Alkydharze herangezogen, so resultieren daraus Harze mit verkürzter Trocknungszeit und ausgezeichneter Beständigkeit. Diese Säuren verleihen dem ölmodifizierten Polyesterharz aufgrund ihrer aromatischen Struktur eine gute Beständigkeit gegen oxydative Zerstörung verbunden mit schneller physikalischer Trocknung[50]). Besonders bei kurzöligen Alkyden bewirkt Benzoesäure einen erwünschten Kettenabbruch, der vorzeitige Gelierung verhindert (chain stopped alkyds)[51]).
Die Palette der modifizierenden Öle, Fette und deren Fettsäuren (vgl. S. 105) ist sehr umfangreich und wird weitgehend ausgenutzt, zumal vielfach Mischtypen hergestellt werden, wie überhaupt den Variationsmöglichkeiten bei der Herstellung der Alkydharze kaum Grenzen gesetzt sind. Neben den C_{18}-Fettsäuren der natürlichen Öle und Fette kommen auch noch niedere Glieder aus der homologen Reihe der Fettsäuren oder deren Gemische zur Anwendung, so: Pelargonsäure, Isooctan-, Isononan-[52]) und Isodecansäure, Laurinsäure, aber auch die auf Seite 97 beschriebenen stark verzweigten C_9-C_{11}-Monocarbonsäuren.
Als Polyalkohole finden hauptsächlich Glycerin, Pentaerythrit (Penta) und Trimethylolpropan (TMP)[53]) Verwendung, ebenso wie Mischungen dieser Polyalkohole untereinander. Gelegentlich wird, hauptsächlich aus preislichen Überlegungen, auch 1,2,6-Hexantriol[54]) eingesetzt. Auch Glykole[55]), wie Äthylenglykol, Diäthylen- und Propylenglykol ebenso wie Neopentylglykol werden zusammen mit Pentaerythrit als vierwertigem Alkohol bei der Herstellung mittelfetter bis magerer Alkydharze verarbeitet.
Die Auswirkung von Variationen der Hydroxylgruppen an einem Alkydharz gleichen Ölgehaltes (36—38 % Sojaölfettsäure) sowohl durch Veränderung der Polyole bzw. ihrer Mischungen untereinander als auch durch wechselnden OH-Überschuß legt K. A. Earhart[55a]) in einer sehr interessanten Studie dar. Diese Untersuchungen unterstreichen die Bedeutung des kontrollierten Hydroxylgehaltes von Alkydharzen

---

[49]) AP 2 915 488 (1956), Heyden Newport. — *P. W. McCurdy,* Amer. Paint J. *52* (1967) Nr. 11, S. 32. — *G. Roberts,* Amer. Paint J. *46* (1961) Nr. 7, S. 9. — *Anon.,* Paint Manuf. *31* (1961) Nr. 2, S. 41. — *Anon.,* Paint Manuf. *37* (1967) Nr. 4, S. 53. — *W. M. Kraft* u. *G. T. Roberts,* Paint Varnish Product. *52* (1962) Nr. 7, S. 35. — *D. A. Berry,* Paint Manuf. *35* (1965), 69. — *D. A. Berry* u. *R. L. Heinrich,* Paint Varnish Product. *52* (1962) Nr. 1, S. 50 u. Nr. 2, S. 39.

[50]) *Anon.,* Paint Manuf. *37* (1967) Nr. 4, S. 53.

[51]) *P. W. McCurdy,* Amer. Paint J. *52* (1967) Nr. 11, S. 32; Ref. Farbe u. Lack *74* (1968), 484.

[52]) Les acides isononanique, isooctanique, heptanique et pelargonique dans la synthèse des résines alkydes: *M. van Sande,* Chimie des Peintures (Brüssel) *30* (1967), 1; Ref. Farbe u. Lack *73* (1967), 651. — *M. Josephs,* Chem. Products, April 1962; Ref. Farbe u. Lack *69* (1963), 689.

[53]) *T. M. Powanda et al.,* Paint Varnish Product. *50* (1960) Nr. 9, S. 45; Ref. Dtsch. Farben-Z. *15* (1961), 235. — *G. T. Roberts* u. *W. M. Kraft,* Paint Ind. *74* (1959) Nr. 12, S. 7; Ref. Farbe u. Lack *66* (1960), 209. — *G. H. Wiech et al.,* Paint Varnish Product. *50* (1960) Nr. 5, S. 29; Ref. Dtsch. Farben-Z. *15* (1961), 326. — *G. H. Wiech,* Off. Digest Federat. Soc. Paint Technol. *33* (1961), 120; Ref. Farbe u. Lack *67* (1961), 643. — *L. Grafstrom,* Paint Manuf. *31* (1961), 409; Ref. Dtsch. Farben-Z. *16* (1962), 196. — *Anon.,* Paint Manuf. 33 (1963), 471 (sehr ausführlich!). — *Anon.,* Paintindia *12* (1962), Nr. 6, S. 13; Ref. Farbe u. Lack *69* (1963), 288.

[54]) *R. W. Tess et al.,* Ind. Engng. Chem. *49* (1967), 374.

[55]) *G. C. Vegter* u. *H. A. Oosterhof,* Fette, Seifen, Anstrichmittel *68* (1966), 283. — *J. F. Landig et al.,* Off. Digest Federat. Soc. Paint Technol. *29* (1967), 453.

[55a]) J. Paint Technol. *41* (1969) Nr. 529, S. 104.

in Hinblick auf so wichtige Eigenschaften wie Verträglichkeit mit anderen Lackharzen, z. B. Melamin- oder Harnstoffharzen, Vinyl-Copolymeren und Chlorkautschuk, sowie die Härte der Lackfilme und ihre Widerstandsfähigkeit gegen Wasser.

Auch von anderer Seite[55b]) wurde festgestellt, daß entsprechend den Befunden an Leinölalkyden gleicher Öllänge aber unterschiedlichen Gehaltes an Hydroxylgruppen die Qualität und Lebensdauer von Alkydharz-Schutzüberzügen in enge Beziehung zur Hydroxylzahl gebracht werden kann. In dieser Abhandlung wird sogar die Ansicht vertreten, daß die Hydroxylzahl eine zuverlässigere Charakterisierung und Voraussage der Filmeigenschaften von Alkyden zuläßt als die sonst üblicherweise ermittelten physikalischen Kenndaten.

Die Herstellung der Ölalkydharze

Die Herstellung ölmodifizierter Alkydharze, die anfänglich empirisch gehandhabt wurde, erfolgt heute aufgrund exakter Formulierungen und Berechnungen[56]) nach modernen verfahrenstechnischen Methoden. Wenn sich auch bisher noch keine technisch befriedigende Lösung für kontinuierliche Herstellungsverfahren ergeben hat, so werden jetzt im diskontinuierlichen Betrieb doch immerhin Chargen in Reaktionskesseln bis zu 45 m^3 Inhalt gefahren.

Die Reaktion wird, abhängig von den vorgesehenen Rohstoffen, nach zwei unterschiedlichen Prinzipien durchgeführt:

1. Wird von den freien Fettsäuren ausgegangen, so erfolgt die gemeinsame Umsetzung mit den Dicarbonsäuren und den Polyalkoholen auf dem Wege einer normalen Polyveresterung (Einstufenverfahren).

2. Sollen dagegen Öle verarbeitet werden, so müssen diese zunächst im Zuge einer Alkoholyse in Esteralkohole (Mono- und Diester) umgewandelt werden[57]), die dann gemeinsam mit den anderen Komponenten zu Ende verestert werden[58]) (Zweistufenverfahren). Diese Umesterung wird meist durch Zusatz von Katalysatoren[59]) beschleunigt und verläuft schematisch etwa in folgender Weise:

$$\begin{array}{llllll}
CH_2-OOC \cdot R & CH_2OH & (\alpha) & CH_2-OOC \cdot R & & CH_2-OOC \cdot R \\
| & | & & | & & | \\
CH-OOC \cdot R & + \;\; CHOH & \longrightarrow (\beta) & CH-OH & + & CH-OH \\
| & | & & | & & | \\
CH_2-OOC \cdot R & CH_2OH & (\alpha') & CH_2-OH & & CH_2-OOC \cdot R
\end{array}$$

2.87

Fettsäuretriglycerid α-Monoglycerid α,α'-Diglycerid

R · COO− = Fettsäurerest

[55b]) *R. Baker*, Amer. Paint J. 49 (1965) Nr. 46, S. 12; Ref. Farbe u. Lack 71 (1965), 659.
[56]) *W. M. Kraft*, Paint Varnish Product. 49 (1959), 33. — *T. C. Patton*, Off. Digest Federat. Soc. Paint Technol. 32 (1960), 1544. — *J. S. Long*, Peintures, Pigments, Vernis 36 (1960), 322, 397. — *D. W. Glaser*, Off. Digest Federat. Soc. Paint Technol. 33 (1961), 642. — *U. u. H. Holfort*, Farbe u. Lack 68 (1962), 513, 598. — *J. Ivanfi*, Farbe u Lack 70 (1964), 426. — *G. Christensen*, Off. Digest Federat. Soc. Paint Technol. 366 (1964), 28. — *M. Dyck*, Farbe u. Lack 71 (1965), 902. — *R. J. Blackinton*, J. Paint Technol. 39 (1967), 606. — Monographie: *T. C. Patton*, Alkyd Resin Technology, Formulation Techniques and Allied Calculations, Interscience Publ. New York 1962. Hier auch eine umfassende Übersicht d. amerik. Literatur über Alkydharze mit 110 Zitaten.
[57]) In der Praxis oft vereinfacht als „Monoesterbildung" bezeichnet.
[58]) DRP 547 517 (1927), I.G. Farben.
[59]) Z. B. Calciumhydroxid, Bleioxid (Bleiglätte), Lithiumhydroxid, Lithiumricinoleat u. a.; s. a. Fußnote 19).

V. Polyesterharze

In Wirklichkeit wird sich ein Gleichgewicht zwischen verschiedenen Mono- und Diglyceriden einstellen, wobei allerdings bei der Anwendung von mindestens zwei Mol Glycerin auf ein Mol Triglycerid die Bildung des Monoesters sehr begünstigt wird[60]). Ein Kriterium für den Ablauf der Umesterungsreaktion ist die zunehmende Löslichkeit des Ansatzes in Methanol. Die Überwachung der Umesterung kann aber auch einfach und sehr genau mit Hilfe von Kapazitäts- oder Leitfähigkeits- bzw. Widerstandsmessungen durchgeführt werden[61]).

Nach der Alkoholysestufe des Umesterungsverfahrens erfolgt die Zugabe der Polycarbonsäure, und der weitere Reaktionsverlauf besteht aus Veresterungsreaktionen zwischen Hydroxyl- und Carboxylgruppen in der gleichen Weise wie beim Einstufenverfahren[61a]).

Eine interessante Variante des Zweistufenverfahrens wird neuerdings bei der Herstellung von Isophthalsäureharzen durchgeführt. Da Isophthalsäure einen Schmelzpunkt hat, der über den bei der Veresterung angewandten Temperaturen liegt, besteht beim normalen Zweistufenverfahren die Gefahr, daß Isophthalsäure nur unvollständig verestert wird und bei Lagerung des Alkydharzes wieder auskristallisiert. Diese Schwierigkeit wird erfolgreich durch ein Acidolyseverfahren umgangen, in dessen erster Stufe das Öl bei sehr hohen Temperaturen mit Isophthalsäure umgesetzt wird. Anschließend an die erste Stufe der Acidolyse, bei der sich ein Gleichgewicht zwischen Ester, Esteralkoholen und freien Fettsäuren bzw. überschüssiger Isophthalsäure einstellt, werden die Polyalkohole zugegeben und die Veresterung bei den üblichen Temperaturen zu Ende geführt.

Die letzte Stufe jeder Alkydharzbildung, die gemeinsame Polyveresterung von Carboxyl- und Hydroxylgruppen, wird in ihrem recht komplexen Ablauf sowohl von Art und Menge der jeweiligen Rohstoffe als auch von den Reaktionsbedingungen wesentlich beeinflußt.

Auch sind gewisse Nebenreaktionen in Betracht zu ziehen, so etwa intramolekulare Ringschlüsse und dadurch bedingter Abbruch des Kettenwachstums, thermische Polymerisationen von Fettsäuremolekülen, Verätherungen zwischen Polyalkoholmolekülen, also alles Reaktionen, die das ursprüngliche funktionelle Gleichgewicht des Reaktionsansatzes stören und verlagern könnten.

Allerdings haben *J. T. Geoghegan, H. G. Arlt* u. *C. O. Myatt*[62]) durch gaschromatische Untersuchungen speziell für Tallölalkyde nachgewiesen, daß die eingebrachten Tallölfettsäuren durch die Alkydharzbildung keine wesentlichen Veränderungen erleiden und demnach Nebenreaktionen der Fettsäuren unbedeutend sind. Zu ähnlichen Ergebnissen kamen diese Autoren auch für andere in Betracht zu ziehende Nebenreaktionen der

---

[60]) Literatur-Zusammenstellung: *R. Schneider,* Seifen-Öle-Fette-Wachse *88* (1962), 80. — *G. L. Juchnowski* u. *W. M. Wolossjuk,* Lacke, Farben, Anwend. (UdSSR) *1962* Nr. 4, S. 16; Ref. Chem. Zbl. *1965* 30—2783. — *N. A. Ghanem* u. *F. F. Abd El-Mohsen,* J. Oil Colour Chemists' Assoc. *49* (1966), 491. — *L. Thuriaux,* VI. Fatipec-Kongreßbuch 1962, S. 59. — *R. Schöllner* u. *L. Läbisch,* Fette, Seifen, Anstrichmittel *69* (1967), 426.

[61]) Leitfähigkeitsmess.: *R. S. McKee* u. *A. W. E. Staddon,* J. Oil Colour Chemists' Assoc. *44* (1961), 497. — Änderung d. elektr. Widerstandes: *W. Müller* u. *K. Berger,* Plaste u. Kautschuk *11* (1964), 632. — Kapazitäts-(DK)messung: *R. Schöllner* u. *L. Läbisch,* Fette, Seifen, Anstrichmittel *69* (1967), 431.

[61a]) Bei Veredlungsverfahren in der Ölindustrie, die eine Verbesserung der Fettsäurekomponente für Alkydharze zum Ziele haben, wie z. B. Fraktionierungen oder Isomerisierungen, fallen Fettsäuremethylester als Zwischen- oder Endprodukte an. Die Verwendung dieser Methylester bei der Alkydharzherstellung ist zweifellos eine interessante Variante des Umesterungsverfahrens.

[62]) Tallölfettsäurealkyde — Mitwirkung von Nebenreaktionen: J. Paint Technol. *40* (1968), 209.

übrigen Alkydharz-Komponenten. Es dürfte kaum ein Grund dafür bestehen, diese Ergebnisse nicht auch auf die mit Fettsäuren anderer Herkunft modifizierten Ölalkyde zu übertragen.

Die Ansichten über die möglichen Reaktionsabläufe sind zum Teil recht widersprechend und haben ihren Niederschlag in einer sehr umfangreichen Literatur gefunden[63]).
Der zu erwartende uneinheitliche Molekularaufbau der Harze ist durch Auftrennung mit Hilfe fraktionierender Fällung oder Extraktion eindeutig zu beweisen. Ebenso interessant ist ein analytischer Vergleich von zwei Harzen gleichen Ölgehaltes und ganz ähnlicher Kenndaten (Säurezahl, Hydroxylzahl, Viskosität), von denen das eine nach dem Einstufenverfahren, das andere nach dem Umesterungsverfahren hergestellt wurde. Nach dem Auftrennen in Einzelfraktionen zeichnen sich auch hier deutliche Unterschiede im Harzaufbau ab. Unter anderem erweisen sich die Ölalkyde nach dem Monoglycerid-Verfahren stärker verzweigt als die nach dem Fettsäure-Verfahren erhaltenen. Diese Unterschiede können sich auch in den Filmeigenschaften der Harze auswirken.
Bei der Alkoholyse oder Acidolyse sind Lösungsmittel nicht anwesend. Die Veresterung kann sowohl beim Einstufen- als auch beim Zweistufen-Verfahren nach unterschiedlichen Methoden durchgeführt werden. Wird das bei der Veresterung entstehende Wasser unter normalem Druck oder im Vakuum abdestilliert, so spricht man vom *Schmelzverfahren* (Fusion process), bei dem zur Fernhaltung des Verfärbungen verursachenden Luftsauerstoffs unter einer inerten Gasatmosphäre gearbeitet wird. Bei dem sogenannten *Kreislaufverfahren* („Umlaufverfahren", reflux oder solvent process) dagegen wird das Reaktionswasser mit Hilfe eines Schleppmittels (meist Xylol oder höhersiedende Benzine) azeotrop abdestilliert. Nach Abtrennung des mitgenommenen Wassers wird das Schleppmittel wieder in den Kreislauf zurückgeführt. Dieses Verfahren eignet sich besonders zur Herstellung schwierig zu handhabender Alkydharze.
Beim Umlaufverfahren werden im allgemeinen hellere Harze erhalten, die in ihren Filmeigenschaften den Produkten nach dem Schmelzverfahren meist überlegen sind. Außerdem verringert sich der Verlust an PSA wesentlich, die Veresterung verläuft vollständiger und die Gefahr der Gelatinierung[64]) vermindert sich.

---

[63]) Siehe hierzu Fußnote 56), sowie *J. I. Lynas-Gray,* Paint Technol. *12* (1947), 7. — *H. A. Goldsmith,* Ind. Engng. Chem. *40* (1948), 1205. — *K. A. Earhart,* Ind. Engng. Chem. *41* (1949), 716. — *K. Wekua et al.,* Farbe u. Lack *58* (1952), 345 u. *59* (1953), 85. — *K. Hamann,* Angew. Chem. *62* (1950), 325. — *R. A. Brett,* J. Oil Colour Chemists' Assoc. *41* (1958), 428; Ref. Dtsch. Farben-Z. *12* (1958), 346. — *D. W. Berryman,* J. Oil Colour Chemists' Assoc. *42* (1959), 393. — *P. M. Bogatyrew et al.,* Lacke, Farben, Anwend. (UdSSR) *1960,* 6; Ref. Chem. Zbl. *1964,* 3—2636. — *P. J. Secrest,* u. *M. K. Kaprielyan,* J. Amer. Oil Chem. Soc. *1960,* 451; Ref. Dtsch. Farben-Z. *15* (1961), 5 u. Paint Oil Col. J. *140* (1961), 720; Ref. Farbe u. Lack *68* (1962), 107. — *R. Bult,* Off. Digest Federat. Paint Varnish Product. Clubs *33* (1961), 1594; Farbe u. Lack *68* (1962), 549. — *J. P. Helme* u. *G. Bosshard,* Fette, Seifen, Anstrichmittel *67* (1965), 302. — *E. G. Bobalek et al.,* J. appl. Polymer Sci. *8* (1964), 625, 1147; Ref. Chem. Zbl. *1966,* 13—1110. — *J. Mleziva,* Farbe u. Lack *70* (1964), 912 (Vortragsref.). — *J. Mleziva* u. *J. Hires,* Fette, Seifen, Anstrichmittel *67* (1965), 291. — *J. T. Geoghegan, H. G. Arlt jr.* u *C. O. Myatt,* J. Paint Technol. *40* (1968), 209. — *J. J. Bernardo* u. *P. F. Bruins,* J. Paint Technol. *40* (1968), 558. — *J. W. Lorimer et al.,* J. Paint Technol. *40* (1968), 586.
[64]) *H. G. Lacroix,* Double Liaison, 1963, Aprilheft, S. 67; Ref. Farbe u. Lack *69* (1963), 751.

Eine Arbeitsweise, die für besonders helle, hochviskose Harze mit allgemein verbesserten Eigenschaften empfohlen wird, ist die sogenannte *Hochpolymertechnik*[65]). Hierbei wird zunächst die gesamte Menge an PSA und Polyolen mit nur einem Teil der Fettsäuren weitgehend vorverestert (Säurezahl etwa 10) und dann erst mit der restlichen Menge an Fettsäuren die Veresterung zu Ende geführt. Die auf diese Weise hergestellten Alkydharze weisen, verglichen mit üblichen Alkydharzen, bei gleicher Säurezahl ein höheres Molekulargewicht und eine stärker verzweigte Struktur auf und haben bessere Trocknungseigenschaften. (Bei der gemeinsamen Veresterung ist die Dicarbonsäure gegenüber den Monocarbonsäuren benachteiligt; so wird die Ausbildung hochmolekularer Harze behindert.)

Zur Verringerung der Eigenfärbung ölmodifizierter Alkydharze muß bei ihrer Herstellung sorgfältig der Luftsauerstoff durch Arbeiten unter einer Schutzgasatmosphäre ausgeschaltet werden. Häufig wird zur Verbesserung der Farbe ein geringer Zusatz (meist unter 0,1 %) an Triphenylphosphit, $P(C_6H_5O)_3$, gemacht[66]).

Bei der Harzherstellung wird zur Kontrolle des Reaktionsablaufes meist die Bestimmung des Viskositätsverlaufes[67]) und der Abnahme der Säurezahl durchgeführt. Zum Einfluß und zur Überwachung des Hydroxylgruppen-Gehaltes siehe *K. A. Earhart*, Fußnote 55a), Seite 101.

Öle, Fette und Fettsäuren zur Modifikation der Alkydharze

Unter Berücksichtigung der eingebauten Öl- bzw. Fettsäurearten ergibt sich zunächst eine grobe Unterteilung in trocknende und nichttrocknende Typen, wobei die Übergänge fließend sind. Die für die Alkydharz-Herstellung geeigneten Rohstoffe werden nachfolgend nur kurz besprochen, nachdem in der Fachliteratur darüber einige ausführliche Zusammenstellungen[68]) vorliegen.

Von den aufgeführten Ölen sind durchwegs auch die ihnen entsprechenden Fettsäuren in großtechnischen Mengen verfügbar. Damit ergibt sich die Möglichkeit, jedes beliebige Alkydharz nicht nur über den Alkoholyseprozeß, sondern auch im Einstufenverfahren herzustellen, wodurch bemerkenswerte Vorteile erzielt werden können. Zunächst besteht grundsätzlich eine größere Freiheit in der Formulierung; jedes Polyol und jede Polyolmischung kann herangezogen werden. Bei der Verwendung von Ölen ist zwangsläufig immer ein bestimmter Anteil an Glycerin im Alkydharz enthalten. Ist dieses Glycerin, dessen Menge natürlich mit sinkendem Ölgehalt abnimmt, unerwünscht, so müssen Fett-

---

[65]) *W. M. Kraft*, Paint Ind. Mag. 72 (1957), 8; Ref. Farbe u. Lack 63 (1957), 549; Off. Digest Federat. Soc. Paint Technol. 29 (1957), 780. — *K. A. Earhart*, Paint Varnish Product. 51 (1961) Nr. 5, S. 43, 93; Ref. Chem. Zbl. 1962, 1041. — *E. W. Boulger*, Off. Digest Federat. Paint Varnish Product. Clubs 31 (1959), 1364.

[66]) AP 2 153 511 (1937), Resinous Products & Chemical Co. — *A. Blaga* u. *F. Neuhaus*, Farbe u. Lack 72 (1966), 1092.

[67]) Überwachung der Viskosität im Herstellungskessel durch Ultraschallmessung: *E. Kleinschmidt*, Farbe u. Lack 74 (1968), 976.

[68]) Monographie: *E. Gulinsky*, Pflanzliche u. tierische Fette u. Öle. Überblick über die Chemie, Gewinnung u. Veredlung sowie über die Verwendung auf dem Lacksektor u. auf verwandten Gebieten, C. R. Vincentz Verlag Hannover 1963. — *K. Hamann*, Angew. Chem. 62 (1950), 325. — *J. Baltes*, Fette u. Seifen 52 (1950), 19. — *G. Stieger*, Fette u. Seifen. 54 (1952), 639. — Fettsäuren f. d. Alkydharz-Herstellung (Fortschrittsbericht): *Anon.*, Fette, Seifen, Anstrichmittel 68 (1966), 1038. — Neue Öle u. Fettsäuren z. Fabrikation von Harzen für Anstrichmittel: *K. B. Gilkes* u. *T. Hunt*, J. Oil Colour Chemists' Assoc. 51 (1968), 389.

säuren mit den vorgesehenen Polyolen verestert werden. Diese Fettsäuren können im Gegensatz zu den Ölen durch Abtrennung von störenden Begleitstoffen (z. B. Antioxydantien und färbende Stoffe) speziell für die Alkydharzherstellung gereinigt werden. Das von den freien Fettsäuren ausgehende Herstellungsverfahren ist einfacher, zeitsparender und leichter kontrollierbar. Außerdem kann die Reihenfolge der Zugabe der einzelnen Komponenten frei gewählt und so der gesamte Reaktionsablauf besser beeinflußt werden. Dazu kommt es in einem geringeren Ausmaß zu Nebenreaktionen, was einen besser lenkbaren und gleichmäßigeren Aufbau der Alkydstruktur ermöglicht. Im Vergleich zu den aus Öl hergestellten Alkydharzen haben die vergleichbaren Harze aus den Fettsäuren vielfach eine bessere Trocknung und eine allgemein größere Beständigkeit[69]).

Als Nachteile der Fettsäuren gegenüber den Ölen muß neben ihrem meist etwas höheren Preis und der stärkeren Oxydationsempfindlichkeit nur die Aggressivität gegenüber Lagerbehältern aus Eisen angeführt werden. Hier kann allerdings durch geeignete Maßnahmen leicht Abhilfe geschaffen werden.

Die Harze auf *Leinöl*-Basis haben zwar immer noch große Bedeutung, aber es werden doch jetzt vielfach Mischtypen, vor allem mit Sojaöl, vorgezogen. Die im Leinöl bzw. seinen Fettsäuren in beträchtlicher Menge anwesende Linolensäure (eine dreifach ungesättigte C_{18}-Fettsäure) bewirkt nämlich die starke Neigung aller reiner Leinölalkyde zur Vergilbung. Interessant ist daher ein Verfahren, das auf die Entfernung dieser störenden Fettsäuren abzielt. Durch eine partielle Hydrierung von Leinölfettsäuren mit spezifischen Katalysatoren (z. B. gewissen Kupferverbindungen) wird nur die Linolensäure in der Weise hydriert, daß daraus Linolsäure entsteht. Auf dieser Stufe bleibt unter den gegebenen Bedingungen die Hydrierung ohne weiteren Angriff auf die Linolsäure stehen. Derartige verbesserte Leinöl-Produkte sind bereits auf dem Markt.

Obwohl *Sojaöl* selbst zu den halbtrocknenden Ölen zählt, stehen die Sojaalkyde den Leinöltypen in der Trocknung kaum nach. In der Antrocknung zwar etwas langsamer als Leinölharze, sind sie diesen aber in der Durchtrocknung überlegen. Ein Nachteil ist die manchmal zu beobachtende Neigung zur Schleierbildung bei pigmentierten Lackfilmen. Werden dagegen diese Harze aus speziell für die Alkydharz-Bildung hergerichteten Sojaölfettsäuren hergestellt, so entstehen Produkte, die gegenüber Leinölalkyden keinerlei Nachteile mehr aufweisen, diese vielmehr durch eine hervorragende Beständigkeit gegen Vergilbung (auch Dunkelgilbung) weit übertreffen[70]).

Ein Öl, das sich durch einen hohen Gehalt an Linolsäure (ca. 75%) und der fast völligen Abwesenheit von Linolensäure (ca. 1%) auszeichnet, ist das *Safloröl*. Es vereinigt die guten Eigenschaften von Leinöl und Sojaöl in sich und kann daher als nahezu idealer Rohstoff für Alkydharze angesehen werden[71]).

Zur Herstellung von farbbeständigen, gut trocknenden Bindemitteln wird *Baumwollsaatöl* verwendet. Die daraus hergestellten Harze sind im Vergleich zu Leinöl-, Soja- oder Safloralkydharzen am wenigsten gilbend und werden mit Erfolg in Heizkörperlacken eingesetzt.

Ferner finden Verwendung: *Sonnenblumenöl, Maiskeim-* und *Traubenkernöl*[72]).

---

[69]) *G. A. Allan,* Paint Manuf. *31* (1961), 163; Ref. Dtsch. Farben-Z. *15* (505).
[70]) *N. Minoru et al.,* J. Japan Soc. Colour Material *38* (1965), 248; Ref. Farbe u. Lack *71* (1965), 839.
[71]) *A. E. Rheineck* u. *L. O. Cummings,* J. Amer. Oil Chem. Soc. *43* (1966), 409; Ref. Farbe u. Lack *72* (1966), 999. — Industrieberichte, Dtsch. Farben-Z. *22* (1968), 23.
[72]) *A. Müller,* Farbe u. Lack *57* (1951), 240.

V. Polyesterharze

Für preiswerte Alkydharze und für spezielle Anwendungsgebiete werden auch *Fischöle*[73]) und ihre Fettsäuren eingesetzt.

Holzöl als alleinige Ölkomponente führt wegen seiner starken Ungesättigtheit zu frühzeitiger Gelatinierung der Alkydharze. Es wird jedoch manchmal anteilig mitverwendet, da es stark trocknungsfördernd wirkt[74]). Ähnliches gilt für *Oiticicaöl*[75]) und *Perillaöl*.

Einer besonderen Beachtung bedarf das *Ricinusöl*, da sein Hauptbestandteil, die Ricinolfettsäure, eine sekundäre Hydroxylgruppe enthält. Dieser Hydroxysäure kann daher bei der Alkydharz-Bildung außer ihrer Eigenschaft als Monocarbonsäure zusätzlich eine Alkoholfunktion zukommen[76]). Ricinusalkyde eignen sich wegen ihrer guten Kombinationsfähigkeit zur Plastifizierung von Nitrocellulose-Lacken.

Wichtiger für die Alkydharz-Herstellung ist allerdings die Möglichkeit, aus der nichttrocknenden Ricinolsäure unter geeigneten Reaktionsbedingungen ein Mol Wasser abzuspalten und dadurch zu Dien-Carbonsäuren (Ricinensäuren) mit einem dem Holzöl vergleichbaren Trocknungsverhalten zu gelangen[77]):

$$\underset{\substack{12\quad 11\quad 10\quad 9}}{CH_3 \cdot (CH_2)_4 \cdot CH_2 - \underset{OH}{CH} - CH_2 - CH = CH - (CH_2)_7 \cdot COOH}$$
(Ricinolsäure)

$\xrightarrow{25-38\%}$ $CH_3 \cdot (CH_2)_4 \cdot CH_2 \cdot CH = CH - CH = CH - (CH_2)_7 \cdot COOH$
(Octadeca-dien-9,11-carbonsäure-1 = 9,11-Ricinensäure)

$\xrightarrow{62-75\%}$ $CH_3 \cdot (CH_2)_4 \cdot CH = CH - CH_2 - CH = CH - (CH_2)_7 \cdot COOH$
(Octadeca-dien-9,12-carbonsäure-1 = 9,12-Ricinensäure)

2.88

Die Zusammensetzung des entstehenden Gemisches der beiden isomeren Dien-Säuren richtet sich weitgehend nach den Reaktionsbedingungen[78]), dürfte sich aber allgemein in den oben angegebenen Bereichen bewegen. Die Wasserabspaltung kann sowohl an Ricinusöl als auch an der freien Ricinolsäure vorgenommen werden. Aus den erhaltenen Dehydratisierungsprodukten ergeben sich dann in üblicher Weise die Ricinenalkydharze. Eleganter ist jedoch ein Verfahren, das Ricinenbildung und Alkydharzbildung in einem einzigen Arbeitsgang zusammenlegt, wobei PSA bzw. saure Halbester als Dehydratisierungs-Katalysatoren wirken.

---

[73]) Fischöl konkurriert mit Leinöl: *H. W. Chatfield,* Paint Manuf. *30* (1960), 45. — Resistente Fischöl-Alkyde: *R. J. De Sesa,* Off. Digest Federat. Soc. Paint Technol. *35* (1963), 500; Ref. Farbe u. Lack *69* (1963), 752. — J. Oil Colour Chemists' Assoc. *52* (1969), 334.
[74]) *Anon.,* Amer. Tung Oil Topics *6* (1961) Nr. 2, S. 1; Ref. Farbe u. Lack *68* (1962), 243. — *Anon.,* Austral. Paint J. *8* (1962) Nr. 8, S. 16; Ref. Farbe u. Lack *69* (1963), 452.
[75]) *M. Hassel* u. *W. Lawrence,* Paint Ind. *74* (1959) Nr. 7, S. 10; Nr. 8, S. 15.
[76]) Zum Reaktionsvorgang: *J. Scheiber,* Künstl. Harze (1943), S. 669.
[77]) *J. Scheiber,* Farbe u. Lack *1929,* 153; *1935,* 411, 422. — Dehydratisierung mit Ionenaustauscher-Harzen: *N. A. Ghanem* u. *Z. H. Abd El-Latif,* J. Paint Technol. *39* (1967), 144.
[78]) *G. W. Priest* u. *J. D. v. Mikusch,* Ind. Engng. Chem. *32* (1940), 1314.

Die Ricinenalkyde verbinden rasche Trocknung[79]) mit gutem Glanz, Härte, Elastizität und guter Beständigkeit. Magere Typen ergeben mit Harnstoff- oder Melaminharzen kombiniert hochwertige Einbrennlacke. Nitrokombinationslacke mit fetten Ricinentypen zeichnen sich durch sehr gute Wetterbeständigkeit aus.

Das bei der Gewinnung von Cellulose nach dem Sulfat-Verfahren als Nebenprodukt anfallende *Tallöl*[80]) ist inzwischen zu einer wertvollen Rohstoffquelle für die Alkydharz-Herstellung geworden.

Tallöl besteht aus einem Gemisch von Harzsäuren (vgl. S. 264), gesättigten und ungesättigten Fettsäuren und unverseifbaren Bestandteilen. Durch verfeinerte Aufbereitungsmethoden ist es gelungen, alle störenden Bestandteile weitgehend abzutrennen und nahezu harzfreie, gut trocknende Fettsäuregemische zu erhalten. Je nach Herkunft kann deren Zusammensetzung schwanken, wie nachstehende Übersicht[81]) zeigt. Die Aufstellung gibt gleichzeitig einen Begriff über die ungefähre Zusammensetzung der wichtigsten trocknenden Öle.

Typische Befunde für die Zusammensetzung der Fettsäuren einiger Öle und Tallölfettsäuren.

Öl oder Fettsäure	% Ölsäure	% Linolsäure	% Linolensäure	% Octadecatrien-5,9,12(cis)-carbonsäure-1	% Harzsäure	% Gesätt. Säuren
Leinöl	21.0	24.0	45.0	—	—	10.0
Sojaöl	31.5	52.5	3.0	—	—	13.0
Sonnenblumenöl	34.0	58.0	—	—	—	8.0
Saflulöl	12.0	75.0	1.0	—	—	12.0
Tallölfettsäuren (amerik.)	51.0	43.0	—	3.0	1.0	2.0
Tallölfettsäuren (skandin.)	39.5	49.5	—	8.0	1.0	2.0

Die in Tallölfettsäuren vorhandene dreifach ungesättigte Fettsäure ist wohl isomer, aber nicht identisch mit der normalerweise in manchen Ölen enthaltenen Linolensäure, die ihre Doppelbindungen in 9,12,15 — Stellung trägt. Sie hat die günstige Eigenschaft, im Gegensatz zur Linolensäure überhaupt nicht zu vergilben, so daß ihr nicht unerheblicher Beitrag zur autoxydativen Trocknung ohne unerwünschte Nebenerscheinungen bleibt. In luft- und ofentrocknenden Typen, vielfach auch in

---

[79]) Unters. d. Trocknungsverhaltens v. Ricinenalkyden: *C. I. Atherton* u. *A. F. Kertess*, J. Oil Colour Chemists' Assoc. 49 (1966), 340 u. Fette, Seifen, Anstrichmittel 68 (1966), 279.

[80]) Tallöl, ein Rohstoff v. zunehmender Bedeutung: *W. Asche*, Farbe u. Lack 68 (1962), 448, 518. — *K. B. Gilkes* u. *T. Hunt*, J. Oil Colour Chemists' Assoc. 51 (1968), 389. — Monographie: *W. Sandermann*, Naturharze, Terpentinöl, Tallöl, Springer-Verlag 1960.

[81]) Aus der Abhandlung von *K. B. Gilkes* u. *T. Hunt*, J. Oil Colour Chemists' Assoc. 51 (1968), 389.

V. Polyesterharze

Mischtypen, finden Tallölfettsäuren wegen ihrer guten Eigenschaften in starkem Umfange Verwendung[82]).
Der Gedanke, eine Verbesserung der Ölalkyde bereits auf dem Wege einer Veredlung der ihnen zugrunde liegenden trocknenden Öle und Fettsäuren zu erzielen, hat zur technischen Ausnutzung von *Isomerisierungs-Reaktionen*[83]) geführt. Im Falle der Isomerisierung von Linolsäure z. B. werden isolierte Doppelbindungen in konjugierte umgelagert[84]):

$$CH_3 \cdot (CH_2)_4 \cdot \overset{12}{CH} = CH - CH_2 - \overset{9}{CH} = CH \cdot (CH_2)_7 \cdot COOH$$
(Octadeca-dien-9,12-carbonsäure-1 = 9,12-Linolsäure)

ca. 50% $\longrightarrow CH_3 \cdot (CH_2)_4 \cdot CH_2 - \overset{11}{CH} = CH - \overset{9}{CH} = CH \cdot (CH_2)_7 \cdot COOH$
(9,11-Linolsäure)

ca. 50% $\longrightarrow CH_3 \cdot (CH_2)_4 \cdot \overset{12}{CH} = CH - \overset{10}{CH} = CH - CH_2 \cdot (CH_2)_7 \cdot COOH$
(10,12-Linolsäure)

2.89

Die Reaktionsfähigkeit der isomerisierten Öle und Fettsäuren ist wesentlich erhöht. Die Trocknung und Farbstabilität der daraus hergestellten Alkydharze sind ebenfalls verbessert.

Leider liegen die Isomerie-Verhältnisse nicht ganz so einfach wie vorstehend geschildert. Es muß nämlich zusätzlich zur Stellungsisomerie, d. h. ihrer Lage an den einzelnen Kohlenstoff-Atomen, noch eine räumliche (geometrische) Isomerie der Doppelbindungen nach Art des Isomerenpaares Malein- und Fumarsäure berücksichtigt werden. Während natürliche Fettsäuren, auch die mit mehreren Doppelbindungen, fast ausnahmslos die cis-Form aufweisen[83]), finden bei den Isomerisierungen teilweise Umwandlungen in die trans-Form statt, so daß hierdurch eine Vielzahl von Isomeren möglich ist. Berücksichtigt man dazu noch, daß verschiedene Eigenschaften, z. B. die Trocknung der einzelnen Isomeren, deutlich untereinander verschieden sein können, so ist verständlich, daß an dieser Stelle nur auf die Originalliteratur[84]) verwiesen werden kann.

---

[82]) Tallölalkyde f. Schutzanstriche: *W. M. Kraft* u. *A. Forschirm*, Fette, Seifen, Anstrichmittel *63* (1961), 692. — *T. M. Powanda et al.*, Paint Varnish Product. *50* (1960) Nr. 9, S. 45; Ref. Dtsch. Farben-Z. *15* (1961), 235. — Hochwertige Tallölalkydharze: *G. Eick*, Off. Digest Federat. Soc. Paint Technol. *34* (1961), 455, 1404; Ref. Farbe u. Lack *69* (1963), 616. — Tall oil alkyds: *Anon.*, Austral. Paint J. *8* (1962) Nr. 8, S. 16; Ref. Farbe u. Lack *69* (1963), 452. — Tallöl f. Einbrennlacke: *Juventus*, Paint Technol. *26* (1962), 35; Ref. Farbe u. Lack *69* (1963), 690. — *H. W. Chatfield*, Paint Oil Col. J. *141* (1962), 1262; Ref. Farbe u. Lack *68* (1962), 787. — Tallölfettsäuren in neuen Lackharzen: *W. M. Kraft et al.*, J. Amer. Oil Chem. Soc. *42* (1965), 96; Ref. Dtsch. Farben-Z. *20* (1966), 366.
[83]) Verfahren z. Isomerisierung: *J. D. v. Mikusch*, Farben, Lacke, Anstrichstoffe *4* (1950), 149. — Neue Fettsäuren u. deren Derivate als Grundstoffe f. d. Herst. v. Kunstharzen: *E. Montorsi*, Pitture e Vernice *38* (1962), 129; Ref. Chem. Zbl. *1963*, 9126.
[84]) Die Isomerisierung wird meist alkalisch katalysiert, z. B. mit Kaliummethylat.
[83]) Ausnahme: natürliche Konjuenöle, in denen neben cis- auch trans-Doppelbindungen vorkommen.
[84]) *A. E. Rheineck* u. *D. D. Zimmerman*, Farbe u. Lack *70* (1964), 641 (Vortragsref.). — *C. I. Atherton* u. *A. F. Kertess*, Fette, Seifen, Anstrichmittel *68* (1966), 279. — *D. K. Chowdhury* u. *B. K. Mukherji*, Sci. India *22 A* (1956), 190; Ref. C. A. *51* (1957), 12 505 e. — *E. Gulinsky*, Fußnote 68).

Auf die Möglichkeit der Veredlung natürlicher Öle, Fette und Fettsäuren durch fraktionierende Extraktion[85]) sei hier nur hingewiesen.

An weiteren pflanzlichen Ölen oder Fettsäuren, deren Anwendung in Alkydharzen zugleich zu den Einbrenntypen überleitet, seien hier nur erwähnt: *Erdnuß-, Kokosnuß-* und *Palmkernöl.* Auch auf die Möglichkeit der Verwendung tierischer Fette für die Kunstharz-Herstellung ist hingewiesen worden[86]).

Zum Abschluß sollen noch die nichttrocknenden Weichmacherharze genannt werden. Sie schlagen eine Brücke von den ölmodifizierten Alkydharzen zu den an anderer Stelle ausführlich beschriebenen ölfreien gesättigten Polyestern. Es bleibt daher nur nachzutragen, daß nahezu alle gesättigten Fettsäuren, etwa ab der Laurinsäure, allein oder in Mischungen zur Plastifizierung von Alkydharzen herangezogen werden. Auch sogenannte „Vorlauf-Fettsäuren", die bei der Raffination von Fettsäuregemischen als C_6-C_{10}-Carbonsäure-Fraktionen anfallen, finden Verwendung. Hydriertes Ricinusöl (Hydrostearin) soll besonders in Verbindung mit Trimethylolpropan eine beträchtliche Steigerung der Filmelastizität und der Haftfestigkeit erbringen[87]).

Dank ihrer plastifizierenden Wirkung werden diese Harze als Weichmacher für Nitrocellulose und Polyvinylchlorid sowie als Kombinationspartner für Harnstoff-, Melamin- und Phenolharze geschätzt. Ihre Gilbungsfestigkeit ist durchwegs besser als die der Kokosöl-Alkyde, erreicht jedoch nicht ganz die der gesättigten Polyesterharze (s. S. 96).

Einteilung, Verarbeitung und Verwendung der Ölalkydharze

Eine Unterteilung dieser Harze kann nach zwei verschiedenen Gesichtspunkten vorgenommen werden:
1. nach ihrem Öl- bzw. Fettsäuregehalt[88])
2. nach anwendungstechnischen Merkmalen

Einteilung nach dem Ölgehalt, häufig auch als „Öllänge" bezeichnet:
1.1 Ölanteil unter 40 %: magere (kurze) Typen
1.2 Ölanteil 40—60 %: halbfette (mittelfette) Typen
1.3 Ölanteil über 60 %: fette Typen[89])

Alkydharze mit mehr als ca. 75 % Ölanteil sind ihrem Aufbau nach keine echten ölmodifizierten Polyester mehr und sind richtiger als Alkydöle[90]) oder abgewandelte Standöle zu bezeichnen. In ihnen ist zweifellos ein Überschuß an polymerisiertem Öl enthalten, wodurch ihr Verhalten bestimmt wird.

Nach den Verarbeitungs- und Verwendungsmethoden kann man, mit fließenden Übergängen, unterscheiden in
2.1 lufttrocknende Ölalkyde
2.2 ofentrocknende Ölalkyde
2.3 elastifizierende Ölalkyde

---

[85]) Literaturangaben: *K. Hamann,* Angew. Chem. *62* (1950), 325.
[86]) *J. van Sande* u. *W. Pönitz,* Fette, Seifen, Anstrichmittel *64* (1962), 948.
[87]) *J. P. Helme, J. Molines* u. *G. Bosshard,* Peintures, Pigments, Vernis *36* (1960), 194; Ref. Dtsch. Farben-Z. *14* (1960), 422.
[88]) Umrechnung: % Fettsäure = % Öl · 0,95.
[89]) Einteilung nach DIN 55 945, BLATT 1, Anstrichstoffe, Begriffe. Die in den USA übliche Klassifizierung weicht hiervon etwas ab: Short oil = 35—45 %, medium oil = 46—55 %, long oil = 56—70 %, very long oil (auch als alkyd oils bezeichnet) = über 70 % Ölgehalt.
[90]) Siehe z. B. *E. F. Carlston* u. *F. G. Lum,* Ind. Engng. Chem. *49* (1957), 1051.

V. Polyesterharze

2.1: Die fetten und halbfetten Typen kommen als Bindemittel für lufttrocknende Lacke in Betracht. Sie finden Verwendung in Bautenlacken, Maler- und Konsumlacken, Schiffsfarben und in lufttrocknenden Industrielacken.

Die Filmbildung der mit trocknenden Ölen modifizierten Alkydharze[91]) beruht auf einer Kombination von oxydativer und physikalischer Trocknung. Nach dem Verdunsten der Lösungsmittel liegt ein Gel vor, das aufgrund seines im Vergleich zu den fetten Öllacken hohen Molekulargewichts bei der Reaktion mit Sauerstoff schnell in den unlöslichen, d. h. „getrockneten" Zustand überführt wird. Auch die allgemein größere Widerstandsfähigkeit, die in einer wesentlich höheren Beständigkeit gegen mechanische und chemische Einflüsse sowie in einer besseren Wasserbeständigkeit zum Ausdruck kommt, ist im gleichen Sinne zu verstehen.

Für lufttrocknende außenbeständige Anstriche kommen in erster Linie fette und mittelfette Ölalkyde auf der Basis von Leinöl-, Sojaöl-, Ricinusöl- und Tallölfettsäuren, evtl. unter Mitverwendung von Holzöl oder Oiticicaöl, in Frage. Für wetterfeste Lacke sind mittelfette Alkyde zu empfehlen.

Die Verträglichkeit mit anderen Harzen ist meist sehr gut, so daß Kombinationen mit Kalkhartharzen, modifizierten Phenolharzen, Maleinatharzen, Ketonharzen, Dammar u. a. durchgeführt werden können.

Die Sikkativierung der Lacke muß mit Sorgfalt vorgenommen werden, da sie von erheblichem Einfluß auf Lack und Film ist. Besonders Kobalttrockner sollten nur in der gerade erforderlichen Menge zur Anwendung kommen, um eine rasche Oberflächentrocknung, unerwünschte Verfärbungen und vorzeitigen Filmabbau zu vermeiden. Die in Frage kommenden Harze sind heute fast alle so entwickelt, daß ein Eindicken mit basischen Pigmenten nicht zu befürchten ist. Einer übermäßig starken Hautbildung der Lacke während der Lagerung wird oft durch einen Zusatz von Hautverhinderungsmitteln begegnet. Gebräuchlich für diese Zwecke sind Oxime oder auch Verbindungen mit Phenolcharakter. Während die phenolischen Verbindungen in den Mechanismus der Trocknungsreaktion direkt eingreifen und ihn verzögern oder verhindern, bilden die Oxime mit den die Trocknung fördernden Metallsalzen Komplexverbindungen und blockieren auf diese Weise die für die Trocknung maßgebliche katalytische Wirkung der Metallsalze[92]). Während die Phenole beim Trocknungsprozeß durch Sauerstoff verändert werden und somit an antioxydativer Wirksamkeit verlieren, verdunsten die Oxime nach dem Auftragen des Lackes zusammen mit dem Lösungsmittel, so daß die katalytische Wirksamkeit des Metalltrockners wieder hergestellt wird.

2.2: Bei den ofentrocknenden Alkydharzen beschleunigen die erhöhten Verarbeitungstemperaturen stark die physikalische und oxydative Verfilmung. Sie bewirken aber auch eine zusätzliche Verfestigung des Filmes durch eine weiterschreitende Kondensation und dadurch verbesserte Oberflächenhärte bei noch guter Elastizität.

Zur Herstellung ofentrocknender Lacke kommen, überwiegend in Kombination mit Aminharzen, vor allem magere, aber auch halbfette Typen oder auch Abmischungen von beiden zur Anwendung. In derartigen Kombinationen laufen die Filmbildungsvorgänge in erster Linie durch chemische Umsetzungen der Komponenten

---

[91]) Zur Trocknung v. Alkydharzen: *E. Karsten*, Farben-Z. 46 (1941), 726. — *J. Scheiber*, Künstl. Harze (1943), S. 651. — *H. W. Talen*, Farbe u. Lack 60 (1954), 389. — *E. Krejcar, K. Hájek* u. *O. Kolář*, Farbe u. Lack 74 (1968), 115.
[92]) *M. Giesen*, Fette, Seifen, Anstrichmittel 66 (1964), 620. — *R. Poisson* u. *F. Herry*, Double-Liaison Nr. 151 (1968), 277.

ab[93]). Es treten in diesem Zusammenhange die autoxydativen Vorgänge in den Hintergrund. Deshalb eignen sich auch die mit schwach- oder nichttrocknenden Ölen oder Fettsäuren modifizierten Alkydharze für die Ofentrocknung.

Typische Anwendungsbeispiele für die Trocknung bei erhöhter Temperatur sind Automobil-, Haushaltsmaschinen- und Automaten-Lacke, Stanz- und Tiefziehlacke, farblose Überzugslacke u. a. Silberlacke, sowie ofentrocknende Grundierungen. Die Vielfalt der Verarbeitungsmöglichkeiten erfordert selbstverständlich eine für jeden Anwendungszweck sorgfältig abgestimmte Formulierung. Man kann zweifellos mit einem gewissen Recht behaupten, daß die forcierte Durchhärtung des Lackfilmes bei der Ofentrocknung für das Gebiet der Industrielackierungen die rationelle Durchführung mancher Arbeitsvorgänge überhaupt erst ermöglicht hat.

2.3: Bei der Verarbeitung mit physikalisch trocknenden Bindemitteln wirken Alkydharze, insbesondere nichttrocknende, in erster Linie als plastifizierende Komponente. Wichtige Kombinationspartner sind u. a. Nitrocellulose, Vinylpolymerisate, z. B. Polyvinylchlorid, chlorierter oder cyclisierter Kautschuk.

Die gute Verträglichkeit von mageren und mittelfetten Alkydharzen mit Nitrocellulose läßt sich auf den beiderseits ausgeprägten polaren Charakter zurückführen. Der Alkydharzanteil trägt zur Geschmeidigkeit und guten Beständigkeit der Lackfilme bei, die Nitrocellulose dagegen zur schnelleren Trocknung und besseren Festigkeit. NC-Kombinationslacke („Kombilacke") mit einen hohen Anteil an Alkydharz haben der Nitrocellulose überhaupt erst zum Durchbruch auf dem Lackgebiet verholfen. Wenn auch heute ihre Bedeutung zurückgegangen ist, so haben sie sich gewisse Spezialanwendungsgebiete doch erhalten können. Ein solches ist beispielsweise die Holzlackierung. Bei Holzlacken, in denen das Alkydharz oft allein die Plastifizierung übernimmt, wird vor allem auf Standfestigkeit, d. h. bleibende Elastizität und Fülle bei hohem Glanz, Wert gelegt; bei Polierlacken ist zusätzlich eine ausreichende Festigkeit gegenüber Polierölen erforderlich.

Beispiele für Handelsprodukte:

Adizet	VEB Zwickau
Alcreftal	Alcrea
Alftalat	Reichhold-Albert
Alkydal	Bayer
Aroplaz	Scado
Arothix	Scado
Beckosol	RCI
Bedacryl	I.C.I.
Bergviks Alkyd	Bergviks
Chempol	Freeman
Duraplex	Rohm & Haas
Duxalkyd	VEB Zwickau
Dynotal	Norsk Spraengstof
Epok	B.P.
Gelkyd	Cray Valley
Glyphtaline	Scado
Glyphtapheen	Scado
Heso-Alkyd	Hendricks & Sommer
Heydolac	Heydon
Icdal	Dynamit-Nobel

---

[93]) *H. P. Wohnsiedler,* Paint Manuf. *31* (1961), 13; Ref. Farbe u. Lack *67* (1961), 224. — Vorgänge beim Einbrennen v. Alkyd-Melamin-Gemischen: *R. Seidler* u. *H. J. Graetz,* Fette, Seifen, Anstrichmittel *64* (1962), 1135. — *J. Berry,* Paint Oil Col. J. *146* (1964), 1055; Ref. Farbe u. Lack *71* (1965), 210.

Jägalyd	Jäger
Jasol	Jäger
Limoplast	Sichel
Lioptal	Sichel
Necoftal	Necof
Paralac	I.C.I.
Plaskon	Cargill
Plastokyd	Plastanol
Plusol	Plüss-Staufer
Poliplast	VEB Zwickau
Resenoplast	VEB Zwickau
Rhenalyd	Deutsche Erdöl
Rokraplast	Kraemer
Scadonal	Scado
Scopolux	Styrene Co-Polymers
Setal	Synthese
Siralkyd	SIR
Soalkyd	SOAB
Super-Duxalkyd	VEB Zwickau
Super-Lioptal	Sichel
Synkal	UCB
Synolac	Cray Valley
Synkresat	Synres
Syntex	Celanese
Synthalat	Synthopol
Synthogel	Synthopol
Vialkyd	Vianova

3. Alkydharze auf Basis Isophthalsäure und Terephthalsäure

Da es lange Zeit nicht möglich war, Iso- und Terephthalsäure wirtschaftlich herzustellen, konnten sie erst verhältnismäßig spät Verwendung in der Alkydharz-Industrie finden, obwohl ihre Eignung lange bekannt war[94]). So wurde bereits in den genannten Patentbeschreibungen auf eine Verbesserung der Trocknung und der Wasserbeständigkeit der damit hergestellten ölmodifizierten Alkydharze gegenüber solchen aus Orthophthalsäure hingewiesen. Heute werden auch diese beiden isomeren Phthalsäuren großtechnisch hergestellt, wodurch der Anreiz zu ihrer Verwendung als Rohstoffe für Alkydharze erneut gegeben ist.

Die Verwendung von *Isophthalsäure* bei der Alkydharz-Herstellung setzt wegen ihres hohen Schmelzpunktes und ihrer geringen Löslichkeit höhere Temperaturen bei der Veresterung voraus als bei der Herstellung von o-Phthalsäure-Harzen. Hinsichtlich der Veresterungsgeschwindigkeit bestehen ebenfalls Unterschiede. Während aufgrund der Anhydridstruktur bei PSA die Bildung des Halbesters rasch und bei niedrigen Temperaturen erfolgt, verläuft die Veresterung der zweiten Carboxylgruppe mit geringerer Geschwindigkeit, da die neugebildete Estergruppe in o-Stellung eine sterische Blockierung bewirkt. Bei der Isophthalsäure verläuft wegen des hohen Schmelzpunktes und der geringen Löslichkeit die Veresterung der ersten Carboxylgruppe dagegen langsamer, die der zweiten jedoch rascher, da diese nicht sterisch behindert wird. Dies führt aber auch zu einem schnellen Viskositätsanstieg in der Endstufe bei der Herstellung von Isophthalsäure-Alkyden, was bei der For-

---

[94]) EP 414 665 (1934) u. FP 748 791 (1933), I.G. Farben.

mulierung von mageren und mittelfetten Isophthalsäureharzen zu berücksichtigen ist, um ein vorzeitiges Gelatinieren des Ansatzes zu vermeiden[95]).

Im Vergleich zu o-Phthalsäure besitzt die Isophthalsäure eine scheinbar höhere Funktionalität. Die Gründe hierfür sind allerdings noch nicht hinreichend geklärt. Die von einigen Autoren[96]) bei PSA angenommene Bildung von cyclischen Estern mit niedrigem Molekulargewicht, was zu einer scheinbaren Erniedrigung der Funktionalität führen würde, dürfte aus sterischen Gründen nicht sehr wahrscheinlich sein. Es ist aber möglich, daß Isophthalsäure Nebenreaktionen katalysiert, wie die Verätherung der Polyole[97]), was zu einer Erhöhung der scheinbaren Funktionalität führen würde.

Man versucht nun diese Schwierigkeiten bei der Verarbeitung von Isophthalsäure dadurch zu umgehen, daß man die Gesamtfunktionalität des Systems reduziert, indem man entweder Monocarbonsäuren[98]) oder bifunktionelle Glykole mit in den Aufbau der Harze einbezieht. Auch verfahrensmäßig wurde das Problem angegangen. Ein Verfahren, das sich technisch mit Isophthalsäure wesentlich leichter durchführen läßt als mit PSA, ist eine als „Acidolyse" bezeichnete saure Umesterung[99]). Hierbei wird im Gegensatz zur Alkoholyse zunächst nicht der Polyalkohol, sondern die Dicarbonsäure mit den modifizierenden Ölen zu Esteralkoholen umgesetzt; nach Zugabe der Polyole wird die Polyveresterung beendet. Dieses Verfahren hat den Vorteil kürzerer Veresterungszeiten und verringert zudem den Verlust an Polyolen durch unerwünschte Nebenreaktionen.

Isophthalsäure-Alkyde trocknen bei gleichem Ölgehalt wesentlich rascher als PSA-Alkydharze, so daß in der Trocknung sehr fette Isophthalatharze, z. B. mit 80 bis 90 % Ölanteil, mit PSA-Phthalatharzen, die 65—70 % Öl enthalten, vergleichbar sind[100]). Diese überfetten Isophthalatharze können mit Erfolg in Bautenlacken eingesetzt werden[101]).

Die Isophthalsäurealkyde niedrigen und mittleren Ölgehaltes sollen im Vergleich zu den entsprechenden PSA-Alkyden bessere mechanische Festigkeit, größere Beständigkeit gegen Zerstörung durch Chemikalien oder Witterungseinflüsse besitzen[102]).

Beispiele für Handelsprodukte:

Alftalat	Reichhold-Albert
Bergviks Alkyd	Bergviks
Heso-Alkyd	Hendricks & Sommer

[95]) Zur Herstellung v. Isophthalsäure-Harzen: *F. G. Lum* u. *E. F. Carlston,* Ind. Engng. Chem. *44* (1952). — *L. Fleiter,* Fette, Seifen, Anstrichmittel *58* (1956), 1081. — Handelsübl. Herstell. v. Isophthalsäure-Alkydharzen: *Anon.,* Off. Digest Federat. Soc. Paint Technol. *32* (1960), 1477; Ref. Chem. Zbl. *1963,* 2244. — *P. Bruin, H. A. Oosterhof* u. *J. R. de Jong,* Farbe u. Lack *67* (1961), 489.
[96]) Z. B. *R. H. Kienle,* J. Amer. chem. Soc. *61* (1939), 2258.
[97]) *H. R. Touchin,* Farbe u. Lack *72* (1966), 1080.
[98]) Beispielsweise Benzoesäure. — Zur Verwendung von Milchsäure: *H. R. Touchin,* Farbe u. Lack *72* (1966), 1080.
[99]) *R. Burkel,* Paint Varnish Product. *49* (1959) Nr. 9, S. 32 u. 111; Ref. Dtsch. Farben-Z. *14* (1959), 128. — *E. F. Carlston,* J. Amer. Oil Chem. Soc. *1960,* 366; Ref. Dtsch. Farben-Z. *11* (1960), 424.
[100]) *E. F. Carlston* u. *F. G. Lum,* Ind. Engng. Chem. *49* (1957), 1051.
[101]) *J. M. Stanton, D. M. Roholt* u. *J. Wiff,* Paint Ind. *74* (1959) Nr. 2, S. 7; Ref. Farbe u. Lack *65* (1959), 383.
[102]) *R. Burkel,* s. Fußn. 99). — *G. Torricelli,* Ind. Vernice *15* (1961); Ref. Chem. Zbl. *1963,* 11 456. — *Anon.,* Paint Manuf. *36* (1966) Nr. 6, S. 42. — *S. B. Levinson* u. *S. Spindel,* Paint Varnish Product. *56* (1966) Nr. 1, S. 53 u. Nr. 2, S. 41 u. 65; Ref. Farbe u. Lack *72* (1966), 444.

V. Polyesterharze

Isosinalkyd	SINAC
Jägalyd Iso	Jäger
Lioptal AL 9035	Sichel
Necoftal	Necof
Rokraplast	Kraemer
Setal	Synthese
Sirester	SIR
Soalkyd JS	SOAB
Vialkyd	Vianova
Worléekyd	Worlée

Terephthalsäure, die zu den wichtigsten Rohstoffen der Faser- und Folienindustrie zählt, hat bis vor kurzem auf dem eigentlichen Lacksektor noch keine ins Gewicht fallende Bedeutung erlangen können. Vorschläge zur Abwandlung von Terephthalsäureharzen mit ungesättigten Ölen liegen in der Patentliteratur zwar vor[103]), doch wurden sie bisher praktisch nur wenig genutzt.

Terephthalsäureharze konnten sich inzwischen, zum Teil gemeinsam mit Isophthalatharzen, als Elektro-Isolierlacke insbesondere auf dem Spezialgebiet der Drahtlackierung in beachtlichem Umfang einführen. Mit ihrer Hilfe konnte bei Lackdrähten erstmalig eine Wärmestandfestigkeit bei Dauerbelastung von 155 °C erreicht werden[104]). Diese Harze gehören ihrem Aufbau nach zweifellos mehr zu den auf Seite 96 beschriebenen gesättigten Polyesterharzen, werden aber wegen ihres sehr speziellen Verwendungszweckes doch zweckmäßiger hier für sich geschlossen behandelt.

Neben guten isolierenden Eigenschaften, einer hohen Kriechstrombeständigkeit wird an Elektroisolierlacke die Anforderung von hoher Elastizität, großer Härte und Abriebfestigkeit, Beständigkeit gegen oxydativen Abbau, vor allem aber einer sehr hohen Wärmedruck- und Temperaturbeständigkeit gestellt.

Neuerdings gewinnt Terephthalsäure ein Interesse für die Entwicklung ölfreier Polyester (s. S. 97).

Terephthalsäure wird hauptsächlich in Form ihres Dimethylesters verarbeitet, da der Schmelzpunkt der freien Säure zu hoch und ihre Löslichkeit zu gering für die Herstellung von Alkydharzen ist. Die Harze können sowohl nach dem Schmelz- als auch nach dem Umlaufverfahren erstellt werden[105]); ihre Herstellung und Anwendung sind vor allem in der Patentliteratur niedergelegt[106]). Neben den beiden isomeren Phthalsäuren werden auch andere Säurekomponenten genannt, so beispielsweise aliphatische Dicarbonsäuren, wie Adipin-, Bernstein- oder Diglykolsäure[107]), aromatische Tricarbonsäuren, wie Trimellithsäure oder ihre Isomeren[108]).

---

[103]) Z. B. EP 808 102 (1955, amer. Prior. 1954), General Electr. Co. — FP 1 141 459 (1955, amer. Prior. 1954), Comp. Franç. Thomson-Houston.
[104]) *K. Schmidt,* Vortragsref. Farbe u. Lack *64* (1958), 666; desgl. Dtsch. Farben-Z. *13* (1959), 58. — Qualität u. Anforderung bei Kupferlackdrähten: *H. Böttger,* Elektro-Technik, *1965,* Nr. 3, S. 55. — Elektroisolierstoffe mit hoher Wärmebeständigkeit: *D. Wille,* Fette, Seifen, Anstrichmittel *69* (1967), 927. — Isolierlacke: *R. H. Chandler,* Paint Manuf. *38* (1968) Nr. 4, S. 27.
[105]) DBP 808 599 (1951, engl. Prior. 1945), ICI. — DAS 1 033 291 (1955, amer. Prior. 1954); Austral P 209 629 (1955, amer. Prior. 1954) u. FP 1 462 113 (1966, amer. Prior. 1964), General Electr. Co. — AP 2 686 739 u. 2 686 740 (1954), Dow Corning Corp. — DBP 1 047 429 (1957) u. DAS 1 052 683 (1955), BASF. — DBP 1 067 549 (1957), Farbenf. Bayer.
[106]) Patentübersicht: *M. Böttcher,* Farbe u. Lack *69* (1963), 121.
[107]) DAS 1 073 666 (1957), Dr. K. Herberts & Co.
[108]) DBP 1 067 549 (1957), Farbenf. Bayer.

Zur Veresterung[109]) werden neben den allgemein bei Alkydharzen üblichen Polyalkoholen auch andere vorgeschlagen, wie etwa

$$HOH_2C \cdot H_2C-O-\underset{}{\bigcirc}-\underset{CH_3}{\overset{CH_3}{\underset{|}{C}}}-\underset{}{\bigcirc}-O-CH_2 \cdot CH_2OH \qquad 2.90$$

4,4′-Di-(oxyäthoxy)-diphenylpropan[110])

oder ein Derivat der Isocyanursäure:

$$\begin{array}{c} HOH_2C \cdot H_2C-N \\ | \\ O=C \quad C=O \\ \diagdown N \diagup \\ | \\ CH_2 \cdot CH_2OH \end{array} \quad N-CH_2 \cdot CH_2OH \qquad 2.91$$

Tris-(2-hydroxyäthyl)-isocyanurat[111])

Eine nicht alltägliche Herstellungsweise von Isolierlacken wird in einem Patent[112]) beansprucht, das eine Umesterung von Folien- und Faserabfällen aus Terephthalsäure-Glykol-Polyestern beschreibt.

Wegen der Unlöslichkeit der Terephthalsäure-Ester in allen gebräuchlichen Lacklösungsmitteln müssen so ungewöhnliche Löser wie Phenol, Kresole oder Xylenole herangezogen werden; hochsiedende Aromaten können als Verschnittmittel Verwendung finden. Eine Verbesserung der Lösungsmittelbeständigkeit, der Oberflächenhärte und anderer Eigenschaften derartiger Harze soll sich durch eine dem Lösevorgang vorgeschaltete Extraktion mit aromatischen Kohlenwasserstoffen erzielen lassen[113]).

Die Aushärtung der auf den Drähten aufgebrachten Lacke erfolgt meist durch kurzzeitiges Erhitzen auf Temperaturen bis zu 450 °C. Um den Härtungsvorgang, aber auch die Eigenschaften der Lackierungen günstig zu beeinflussen, ist die Mitverwendung einer Reihe zusätzlicher Komponenten vorgeschlagen worden. So kann z. B. ein Zusatz von Benzoguanamin- oder Melamin-Formaldehydharzen[114]) eine Erhöhung der Wärmestandfestigkeit erbringen. Andere Patente beschreiben die Mitverwendung von Polyisocyanatabspaltern, sogenannter verkappter Isocyanate[115]).

Beispiele für Handelsprodukte:

    Alftalat   Reichhold-Albert
    Desmophen F 950   Bayer
    Dynapol   Dynamit-Nobel

---

[109]) Über neue Erkenntnisse in der Chemie des Terylens u. verwandter Polyester: *I. Goodman*, Angew. Chem. *74* (1962), 606.
[110]) DAS 1 073 666 (1957), Dr. K. Herberts & Co.
[111]) FP 1 456 701 (1965, amer. Prior. 1964), Westinghouse Electr. Corp. — AP 3 338 743 (1967); DBP 1 239 045 (1962, amer. Prior. 1961), Schenectady Chem. Inc.
[112]) DWP 31 574 (1963), *J. Morgner et al.* = EP 1 063 557 (1965), VEB Lacke u. Farben.
[113]) DAS 1 038 679 (1956), H. Wiederhold, Lackfabrik.
[114]) AP 3 338 743 (1967), Schenectady Chem. Inc.
[115]) DBP 1 067 549 (1957), Farbenf. Bayer. — FP 1 456 701 (1965, amer. Prior. 1964), Westinghouse Electr. Corp.

V. Polyesterharze

Alle bisher aufgeführten Harze für Elektro-Isolierlacke entsprechen in der Alterungsbeständigkeit den Bedingungen für die Wärmeklasse F. Die höheren Anforderungen der Wärmeklasse H[116]) werden dagegen von einer Weiterentwicklung der Polyesterharze, den Polyesterimiden[117]), erfüllt. Diese bestehen aus einem Polyester, im einfachsten Falle aus PSA, Äthylenglykol und Glycerin, der mit einem Carbonsäure-Imid, dem Umsetzungsprodukt von Pyromellith- oder Trimellithsäure mit aromatischen Diaminen, modifiziert ist. Polyesterimide können aber auch nur aus der Reaktion von aromatischen Tri- oder Tetracarbonsäuren mit Diaminen und Polyolen erhalten werden[118]). Vgl. hierzu auch den Abschnitt Polyimidharze, Seite 272.

4. Metallverstärkte ölmodifizierte Alkydharze

Oxydativ trocknende Bindemittel lassen sich nach sehr verschiedenen chemischen Verfahren modifizieren[119]); interessant ist auch der Einbau mehrwertiger Metalle, wie Aluminium[120]) oder Titan[121]), unter Ausbildung zusätzlicher Vernetzungsstellen. *T. F. Bradley*[122]) verwies wohl zuerst auf die Fähigkeit der Aluminiumseifen ungesättigter Fettsäuren, bei der Trocknung lacktechnisch brauchbare Filme zu liefern. Den Einbau von Aluminium in trocknende Öle und deren Fettsäuren durch Einwirkung von Aluminium-Alkoholaten untersuchte *E. Eigenberger*[123]), der feststellte, daß auch die stark polaren, zur Salzbildung befähigten Oxydationsprodukte der trocknenden Öle, denen nach seiner Auffassung Ketol- bzw. Di-enol-Charakter zukommt

$$-CH=CH-CH_2-\underset{\underset{O}{\|}}{C}-\underset{\underset{OH}{|}}{CH}- \quad \text{und} \quad -CH_2-\underset{\underset{OH}{|}}{C}=\underset{\underset{OH}{|}}{C}-CH_2-\underset{\underset{OH}{|}}{C}=\underset{\underset{OH}{|}}{C}-CH_2- \qquad 2.92$$

α-Ketol   Di-enol

in der gleichen Weise mit Metall-Alkoholaten reagieren können wie die Carboxylgruppen der freien Fettsäuren:

$$Al(OR)_3 + 3R' \cdot COOH \longrightarrow Al(OOC \cdot R')_3 + 3ROH \quad [124]) \qquad 2.93$$

---

[116]) Isolierklassen für Lackdrähte:
Wärmeklasse F: Beständigkeit min. 155 °C Dauerbelastung.
Wärmeklasse H: Beständigkeit min. 180 °C Dauerbelastung.
[117]) Drahtlacke auf Esterimidbasis: *H. Wenzel*, Technik der Lackisolation (Dr. Beck & Co., Hamburg) *11* (1963) Nr. 31, S. 2. — *F. Hansch*, ebenda, S. 8. — *K. Schmidt et al.*, ebenda, S. 34; Ref. Farbe u. Lack *70* (1964), 282, 283. — Neue Lackrohstoffe u. Zwischenprodukte: *Anon.*, Farbe u. Lack *70* (1964), 287. — Patente: DAS 1 159 642 (1955); DAS 1 209 686 (1961); EP 973 377 (1962, dtsch. Prior. 1961 u. 1962); EP 988 828 (1963, dtsch. Prior. 1962); EP 1 026 032 (dtsch. Prior. 1963); EP 1 028 887 (dtsch. Prior. 1963); FP 1 478 134 (dtsch. Prior. 1965), alle Dr. Beck & Co. — EP 1 067 541 (1963, dtsch. Prior. 1962), Dr. K. Herberts & Co. Vgl. auch S. 272.
[118]) *D. Wille*, Fette, Seifen, Anstrichmittel *69* (1967), 927.
[119]) Zusammenfassung einiger Verfahren wie Isomerisation, Copolymerisation, Urethan- u. Maleinatölbildung: *J. D. v. Mikusch*, Seifen-Öle-Fette-Wachse *79* (1953), 533, 565, 589, 617, 641.
[120]) *F. Schlenker*, Farbe u. Lack *58* (1952), 351. — *H. Chatfield*, Paint Manuf. *20* (1950), 5. — *J. Weiss*, Dtsch. Farben-Z. *11* (1957), 271, 307, 349, 395. — *S. P. Potnis* u. *K. Udipi*, J. Oil Colour Chemists' Assoc. *47* (1964), 855.
[121]) *J. Kraitzer et al.*, J. Oil Colour Chemists' Assoc. *31* (1948), 405. — *F. Schmidt*, Angew. Chem. *64* (1952), 536.
[122]) AP 2 169 577 (1936), Amer. Cyanamid.
[123]) Fette u. Seifen *49* (1942), 505; *51* (1944), 43, 87. — DBP 836 981 (1941), E. Eigenberger.
[124]) R = Alkylrest, R' = Fettsäurerest

Die Vorstellungen über die Trocknung ungesättigter Öle in Gegenwart von Al-Alkoholaten baute *F. Schlenker*[125]) weiter aus. Er interpretierte die Vorgänge so, daß hierbei vor allem durch Umsetzung der Metall-Alkoholate über die Oxydationsprodukte des Ölanteiles der Filmbildner neue Haupt- und Nebenvalenzverknüpfungen geschaffen werden. Diese Ansicht hat inzwischen eine starke Stütze in Infrarotuntersuchungen von *P. M. Bogatyrew* u. *M. S. Tschelzowa*[126]) gefunden. Diese Reaktion mit Metallalkoholaten bewirkt aber nicht nur eine Vergrößerung von Molekülen über die Metallatome, denn es werden zusätzlich auch die schädlichen Abbauprodukte unwirksam gemacht. Derartig abgewandelte trocknende Öle sind zudem den ihnen zugrunde liegenden Ölen in vielen Eigenschaften, vor allem im Trocknungsablauf und in der Härte der Filme, überlegen.

Die Modifikation mit Metallen führt auch bei ölmodifizierten Alkydharzen, deren freie Carboxyl- bzw. Hydroxylgruppen mit den Metallalkoholaten reagieren können, zu Verbesserungen[127]). In der Praxis haben sich für solche auch als Metallverstärkung[128]) bezeichnete Umsetzungen bisher allein die Aluminium-Alkoholate, insbesondere die der aliphatischen Alkohole bis zu etwa sechs C-Atomen, eingeführt. Diese Alkoholate sind allerdings nicht ohne weiteres brauchbar, da sie durch Feuchtigkeit sehr leicht hydrolytisch gespalten werden und auch die Lagerstabilität der damit hergestellten Lack-Kombinationen nicht den Anforderungen genügt. Diese Mängel lassen sich jedoch durch eine Stabilisierung der Alkoholate beseitigen, und zwar durch Ausbildung von Chelatkomplexen [129]) mit Verbindungen, die schwach saure Gruppen enthalten oder solche durch Enolisierung zu bilden vermögen[130])[131])

$$Al(OC_4H_9)_3 + CH_3-\underset{\underset{O}{\|}}{C} - CH = \underset{\underset{OH}{|}}{C} - CH_3 \longrightarrow \qquad 2.94$$

Al-Butylat   Acetylaceton (Enolform)

$$\text{Chelatkomplex} + C_4H_9 \cdot OH \qquad \text{Butanol} \qquad 2.95$$

Chelatkomplex aus
Al-Butylat + Acetylaceton

---

[125]) Farbe u. Lack *58* (1952), 351; *62* (1962), 9; Kunststoffe *47* (1957), 7 (umfassende Literaturübersicht).

[126]) VIII. Fatipec-Kongreßbuch *1966*, S. 462.

[127]) *H. G. Stephen*, Austral. Paint J. *13* (1967) Nr. 4, S. 15; Ref. Farbe u. Lack *74* (1968), 173.

[128]) Mit Metall-Alkoholaten reagieren alle beweglichen H-Atome, also neben Carboxyl- u. Enolgruppen z. B. auch phenolische u. alkoholische OH-Gruppen.

[129]) Die Stabilisierung über komplexe Chelate gilt in analoger Weise auch für entsprechende Titanverbindungen.

[130]) DBP 855 548 (1950), A. Eigenberger. — DBP 975 321 (1951), Chem. Werke Albert. — *F. Schmidt*, Angew. Chem. *64* (1952), 536. — *K. Udipi* u. *S. V. Puntambekar*, Current Sci. (Bangalore) *31* (1962), 331; Ref. Chem. Zbl. *1964*, 16—2412.

[131]) Art u. Menge des Stabilisators bestimmen das Reaktionsvermögen der Chelatkomplexe. Ein sehr wirksamer Stabilisator ist Acetessigester.

V. Polyesterharze

Auch die stabilisierten Al-Alkoholate reagieren mit geeigneten funktionellen Gruppen[132]) in der Weise, daß unter Austritt von Alkoxygruppen eine Bindung des Metalls an die organischen Komponenten über Aluminium-Sauerstoff-Brücken erfolgt. Für die Aluminium enthaltenden Umsetzungsprodukte wurde in Anlehnung an die Silicone daher auch die Bezeichnung „Alukone" vorgeschlagen[133]). Es ergibt sich eine große Zahl von Umsetzungsmöglichkeiten, über die ebenso wie über Einzelheiten der Reaktionsabläufe die Originalliteratur Auskunft gibt[134]).

Der „Einbau" von Aluminium bewirkt bei oxydativ trocknenden Alkydharzen außer der schon erwähnten Verbesserung der Durchtrocknung selbst in dicken Schichten und der Erhöhung der Filmhärte eine beachtliche Verbesserung der Wasser-, Chemikalien- und Wetterbeständigkeit der Lackfilme[135]).

Um ein vorzeitiges Gelieren der Lacklösungen zu verhindern, muß die Vorvernetzung in den richtigen Grenzen gehalten werden. Der Gehalt an freien Carboxyl- und Hydroxylgruppen bei den Ausgangspartnern muß daher auch niedrig sein[136]). Schließlich soll die Metall-Vernetzung erst während der Verfilmung an den durch Oxydationsvorgängen gebildeten sauren Gruppen einsetzen, um so die beste Wirkung zu erzielen.

Nicht nur in Verbindung mit oxydativ trocknenden Filmbildnern, sondern auch auf anderen Harzgebieten können durch Alukon-Bildung Produkte mit verbesserten Qualitäten und interessanten Eigenschaften erhalten werden z. B. bei Epoxidharzen (Seite 188), Phenolharzen, Siliconharzen[137]).

Die Schutzwirkung der Al-Chelate dürfte nach *Bogatyrew*[138]) außer auf einer Wechselwirkung zwischen dem Metall und den Oxydationsprodukten der Ölkomponente auch auf einer Absorption der den Film schädigenden UV-Strahlung beruhen.

Beispiel eines Handelsproduktes:

    Alu-Alftalat   Reichhold-Albert

5. Styrolisierte und acrylierte Ölalkydharze

Durch Copolymerisation mit Styrol läßt sich die Trocknung, die Wasser- und Chemikalienbeständigkeit trocknender und halbtrocknender Öle verbessern. Die ersten Versuche dieser Art wurden schon um die Jahrhundertwende durchgeführt[139]), und im Laufe der Zeit gelang es, durch Styrolisieren von Ölen den Alkydharzen ähnliche Bindemittel zu entwickeln.

---

[132]) Z. B. ihre Umsetzung mit Fettsäuren: DBP 1076859 (1955) u. 1076860 (1956), R. Nilson AB, Stockholm.
[133]) *F. Schlenker*, Farbe u. Lack *58* (1952), 351. — Es liegen bei Alukonen im Gegensatz zu den Siliconen allerdings keine direkten Metall-Kohlenstoff-Bindungen vor.
[134]) *F. Schlenker*, Farbe u. Lack, *64* (1958), 174 und frühere Veröffentlichungen. — *P. M. Bogatyrew et al.*, Peintures, Pigments, Vernis *40* (1964) 68; Ref. Chem. Zbl. *1965*, 50—2746.
[135]) *W. König*, Dtsch. Farben-Z. *11* (1957), 8. — *T. Audykowski*, Kunststoffe-Plastics (Solothurn) *10* (1963), 127; Ref. Chem. Zbl. *1964*, 29—2373.
[136]) *F. Schlenker*, Farbe u. Lack *58* (1952), 351.
[137]) *F. Schlenker*, Kunststoffe, *47* (1957), 7.
[138]) Siehe Fußnote 134).
[139]) Vereinigung von Styrol mit Leinöl: EP 17378 (1900), A. Kronstein.

Durch eingehende analytische Untersuchungen der verschiedenartigsten Umsetzungsprodukte ungesättigter Fettsäuren haben *K. Hamann* und *O. Mauz*[140]) wesentlich zur Klärung der bei den Styrolisierungs-Vorgängen ablaufenden Reaktionen beigetragen. Sie schlossen aus ihren Ergebnissen, daß sowohl die Bildung von Copolymerisaten als auch von Polystyrol möglich ist. Der Reaktionsablauf wird hauptsächlich von den Reaktionsbedingungen, vor allem vom Zeitpunkt der Zugabe, der Temperatur, aber auch von der Anordnung der Doppelbindungen in den Ausgangsölen bzw. deren Fettsäuren[141]) bestimmt.

Styrolisierte Öle sind hochviskose Produkte von sehr heller Farbe. Die besten Ergebnisse bei der Umsetzung mit Styrol werden mit geblasenen Ölen erzielt, die bei verhältnismäßig niedriger Temperatur sehr schnell mit dem Monomeren reagieren. Ein Zusatz von Polymerisations-Katalysatoren ist meist nicht nötig, da die Peroxide der geblasenen Öle diese Rolle übernehmen können.

Das Verhalten styrolisierter Öle bei der Filmbildung hängt stark von den Ausgangsölen ab, entspricht aber im allgemeinen etwa dem von mittelfetten Alkydharzen. Besonders die Mischpolymerisate mit konjugiert-ungesättigten und mit geblasenen Ölen ergeben glänzende, klare Filme von guter Beständigkeit gegen Wasser, Alkalien und verschiedene Lösungsmittel. Bemerkenswert ist die rasche Antrocknung der Filme, allerdings verbunden mit etwas verzögerter Durchtrocknung[142]).

Von größerer Bedeutung als die styrolisierten Öle sind jedoch die mit Styrol modifizierten Ölalkydharze. Für ihre Herstellung ergeben sich vier Möglichkeiten[143]):

1. Styrolisierung von Fettsäuren und anschließende Umsetzung mit PSA und Polyalkoholen[144]).
2. Umsetzung von Monoglyceriden mit Styrol und gemeinsame Veresterung mit PSA und Polyolen.
3. Alkoholyse eines styrolisierten Öles und anschließende Umsetzung mit PSA, gegebenenfalls unter Zusatz weiterer Polyole.
4. Herstellung eines Ölalkydharzes und nachfolgende Anpolymerisation von Styrol.

Dem Verfahren der direkten Styrolisierung von vorgebildeten Alkydharzen kommt mit Abstand die größte praktische Bedeutung zu. Styrolbehandlung von Ölen bzw. Fettsäuren und anschließende Umsetzung mit PSA und Glycerin oder anderen Polyolen soll Produkte von schlechterer Trockenfähigkeit ergeben[145]). Die Styrolisierung vorgefertigter Alkydharze führt zu kürzeren Reaktionszeiten und zu Produkten mit niedrigeren Viskositäten und verbesserter Verträglichkeit mit aliphatischen Kohlenwasserstoffen[146]).

---

[140]) Fette, Seifen, Anstrichmittel *58* (1956), 528; hier auch Zusammenstellung v. Arbeiten anderer Autoren. — S. a. *K. Hamann,* Angew. Chem. *62* (1950), 325.
[141]) *M. Dyck,* Farbe u. Lack *67* (1961), 148.
[142]) Z. B. *L. Korfhage,* Fette u. Seifen *54* (1952), 95. — *J. Baltes,* Fette u. Seifen *52* (1950), 21.
[143]) *T. G. H. Michael,* Amer. Paint J. *34* (1950), 60; Ref. Chem. Zbl. *1950* II, 2972. — EP 573 809 (1942); 573 835 (1943); 580 912 (1942); DBP 975 352 (1949, engl. Prior. 1942 u. 1943), alle Lewis Berger & Sons. — Weitere 13 Patentzitate s. *G. Bétant* u. *R. Hauschild,* VI. Fatipec-Kongreßbuch 1962, S. 276.
[144]) AP 2 982 746 (1958), Amer. Cyanamid Co.
[145]) *R. Hempel,* Paint Ind. Mag. *69* (1954) Nr. 5, S. 21, 36; Ref. Farbe u. Lack *61* (1955), 423.
[146]) *W. E. Allsebrook,* Brit. Plastics *1955,* S. 383.

V. Polyesterharze

Die Umsetzung mit Styrol erfordert eine geeignete Zusammensetzung der Alkydharze[147]). Ölarme Typen scheiden praktisch aus. Ein bestimmter Anteil der Fettsäuren muß zudem konjugierte Doppelbindungen besitzen, wie dies für Ricinenöl, isomerisiertes Lein- und Sojaöl, Oiticica- und Holzöl zutrifft. Die Mitverwendung einer kleinen Menge Maleinsäureanhydrid bei der Alkydharz-Herstellung kann eine wesentliche Verbesserung der Umsetzungsmöglichkeiten mit Styrol herbeiführen[148]). Auch Isophthalsäurealkyde werden mit Styrol modifiziert[149]).
Neben Styrol wird auch *Vinyltoluol* zur Umsetzung herangezogen; hierdurch werden die Trocknungseigenschaften verbessert. Vielfach wird ein Teil des Styrols zur besseren Reaktionslenkung durch α-*Methylstyrol* ersetzt.

2.96

Vinyltoluol   α-Methylstyrol

Gleichzeitiger Einbau anderer Vinylmonomerer[150]), etwa Acryl- oder Methacrylsäure[151]), ist möglich. Durch die Mitverwendung von Acrylnitril[152]) kann höhere Viskosität, größere Härte und bessere Beständigkeit gegen Lösungsmittel erzielt werden.

Erst durch umfangreiche Erfahrungen konnte man der besonderen Schwierigkeiten bei der Herstellung von Styrolalkydharzen Herr werden: Polystyrol selbst ist mit Ölalkyden unverträglich, so daß ihre Umsetzung mit Styrol nur unter ganz bestimmten Reaktionsbedingungen einheitliche Produkte ergibt. In diesen muß demnach volle Verträglichkeit zwischen der Styrol- und der Ölalkydkomponente bestehen. Es wird daher ein Umsetzungsprodukt des Styrols mit dem Ölalkyd als Lösungsvermittler zwischen sich bildendem Polystyrol und Ölalkyd angenommen, wobei alle homogenen Produkte durch ein ganz bestimmtes Verhältnis dieser drei Komponenten festgelegt sind[153]). Alle Herstellungsbedingungen, die dieses Verhältnis verschieben, ändern die gegenseitige Verträglichkeit.

Eine Zusammenstellung über styrolisierte Öle und Styrolalkyde unter besonderer Berücksichtigung der Patentliteratur gibt *M. Böttcher*[154]). Sehr ausführlich referiert *J. Scheiber*[155]) über die vielseitigen Bemühungen, Vinylmonomere mit fetten Ölen oder Ölalkydharzen umzusetzen.

Vorteile bieten Styrolalkyde gegenüber nicht styrolisierten Alkydharzen vor allem durch ihre schnellere Antrocknung und Klebfreiheit, ferner durch verbesserte Beständigkeit gegen Wasser und Alkalien. Erwähnenswert sind noch helle Farbe, geringe Gilbungsneigung, guter Glanz und Glanzhaltung. Nachteilig sind dagegen die

---

[147]) *G. Bétant* u. *R. Hauschild*, VI. Fatipec-Kongreßbuch 1962, S. 276.
[148]) *L. Shechter* u. *J. Wynstra*, Ind. Engng. Chem. 47 (1955), 1602; Ref. Chem. Zbl. 1957, 5713.
[149]) AP 3 054 763 (1959), Standard Oil Co.
[150]) Vinylmodif. Alkydharze f. hochresistente Lacküberzüge: Off. Digest Federat. Paint Varnish Product. Clubs *31* (1959), 1143; Ref. Farbe u. Lack *66* (1960), 206.
[151]) Das 1 233 605 (1960), Reichhold-Albert-Chemie.
[152]) *J. C. Petropoulos et al.*, Ind. Engng. Chem. 49 (1957), 379; Ref. Dtsch. Farben-Z. *11* (1957), 299.
[153]) *K. Hamann*, Angew. Chem. 62 (1950), 325. — *W. Geilenkirchen*, Dtsch. Farben-Z. *9* (1955), 176.
[154]) Kunststoff-Rdsch. *4* (1957), 289, 348.
[155]) Fragen der Copolymerisation: *J. Scheiber*, Fette, Seifen, Anstrichmittel *57* (1955), 81. — Die Styrolisierungsprozesse: *J. Scheiber*, Farbe u. Lack *63* (1957), 443.

verschlechterte Durchtrocknung der Styrolalkyde, die geringere Beständigkeit der Filme gegen Lösungsmittel und ihre größere Oberflächenempfindlichkeit. Wegen der Gefahr des Hochziehens ist die Überstreichbarkeit nicht sonderlich gut, so daß häufig der Vorteil einer raschen Trocknung durch längere Wartezeiten zwischen den einzelnen Filmaufträgen stark gemindert wird. Das Schwergewicht ihrer Anwendung liegt bei den Grundierungen, aber auch für wetterfeste Deckanstriche sind geeignete Typen auf dem Markt. In Einbrennlackierungen ergeben Styrolalkyde schnellhärtende, gut haftende Filme. Über Eigenschaften und Anwendung der styrolisierten Harze berichtet *W. Geilenkirchen*[156]); weitere ausführliche Untersuchungen über ihr lacktechnisches Verhalten liegen vor[157]).

Beispiele für Handelsprodukte:

Alftalat	Reichhold-Albert
Alkydal	Bayer
Aropol	Scado
Bedacryl	I.C.I.
Bergviks Alkyd	Bergviks
Duxalkyd	VEB Zwickau
Heso-Styren	Hendricks & Sommer
Icdal	Dynamit-Nobel
Jägalyd	Jäger
Plastyrol	Plastanol
Restiroid	SIR
Scadonoval	Scado
Scopol	Styrene Co-Polymers
Setal	Synthese
Setyrene	Synthese
Sinalkyd	SINAC
Soalkyd	SOAB
Synresat	Synres
Vialkyd	Vianova
Wresinol	Resinous Chemicals

Wie schon erwähnt, können außer Styrol auch andere Vinylverbindungen zur Modifikation von Ölalkydharzen herangezogen werden[158]). Die Umsetzung von niederpolymeren, teilweise nach besonderen Verfahren hergestellten Acryl- bzw. Methacrylsäureestern[159]) mit Dicarbonsäuren, Polyolen und den Mono- und Diglyceriden trocknender Öle ermöglicht den Einbau der Acrylkomponente in den Alkydharzverband[160])[161]). Die lacktechnisch wertvolleren Produkte werden hierbei zweifellos durch die Modifikation mit den Methacrylsäureestern erhalten.

Bei den acrylierten Alkydharzen kann schon durch Auswahl der Acrylsäureester eine Abwandlung der Endprodukte erfolgen, insbesondere bezüglich der Härte. Die einpolymerisierten Acrylate verbessern wesentlich das Alterungsverhalten, vor allem

---

[156]) Dtsch. Farben-Z. *9* (1955), 176.
[157]) *W. H. Patrick* u. *E. H. Trussel,* Off. Digest Federat. Paint Varnish Product. Clubs 1950, Nr. 309, S. 768. — *J. Heavers,* Chem. Rdsch. (Solothurn) *17* (1964), 102; Ref. Chem. Zbl. *1964,* 48—2454.
[158]) *E. Seifert,* Farbe u. Lack *60* (1954), 187.
[159]) DBP 1 022 381 (1953), Röhm & Haas.
[160]) DBP 912 752 (1951), Röhm & Haas.
[161]) *J. J. Hopwood* u. *C. Pallaghy,* J. Oil Colour Chemists' Assoc. *47* (1964), 289; ausführl. Ref. Dtsch. Farben-Z. *18* (1964), 427.

V. Polyesterharze

die Wetterfestigkeit der Lackfilme. Die Antrocknung ist wie bei den Styrolalkyden gegenüber Ölalkyden verbessert, ihre Durchtrocknung übertrifft jedoch beträchtlich die der styrolisierten Produkte. Die Filme sind zäh-elastisch und haften ausgezeichnet. Acrylierte Alkydharze eignen sich daher besonders für Grundierungen. Die rasche Trocknung der Harze verhindert ein Hochziehen, so daß in kurzen Zeitabständen übereinander gearbeitet werden kann. Auch schnelltrocknende pigmentierte Decklacke, und zwar sowohl luft- als auch ofentrocknende, können aus acrylierten Harzen hergestellt werden. Die Pigmentverträglichkeit ist gut, der Glanz je nach Type unterschiedlich.

Die Thermoplastizität der Acrylkomponente wird durch den oxydativ trocknenden Anteil der Harze gemildert. So kleben z. B. Filme von Ölalkyden, die mit Methacrylsäure-Butylester modifiziert sind, bei 150 °C noch nicht, was bei Filmen aus Polymethacrylsäure-Butylester bereits bei einer Temperatur von etwa 70 °C der Fall ist.

Es besteht gute Verträglichkeit mit einer Reihe anderer Lackrohstoffe, so Nitrocellulose, fetten Ölen, Alkydharzen, Phenol-, Harnstoff- und Melaminharzen[162] u. a.

Beispiele für Handelsprodukte:

Amberlac	Rohm & Haas
Beckacrylat	Reichhold-Albert
Bedacryl	I.C.I.
Plexalkyd	Röhm & Haas
Restiroid	SIR
Scadonoval	Scado
Synresat	Synres
Vialkyd	Vianova

6. Alkyd-Dispersionen und wasserlösliche Alkydharze

Die Verwendung von Alkydharzen in Emulsionen mit Wasser als äußerer Phase für Anstrichzwecke wurde schon zu Beginn der technischen Nutzung dieser Harzgruppe in Betracht gezogen[163]. Eine gute Dispergierbarkeit von Alkydharzen in Wasser ist beispielsweise dadurch zu erzielen, daß Polyäthylenglykol in diese Harze[164] eingebaut wird. Bei der Formulierung der Alkydharze kann berücksichtigt werden, daß ein Teil der Carboxylgruppen nicht mitverestert wird; diese werden dann durch Neutralisation mit Ammoniak oder Aminen in salzartige hydrophile Gruppen übergeführt, welche die Verträglichkeit mit der wäßrigen Phase herstellen. Wenn auch ohne Zweifel heute die Polymerisate den Hauptteil der Grundstoffe für Dispersionen stellen, so liegen doch eine Reihe von Patenten über wasser-dispergierbare Alkydharze vor[165].

---

[162] S. Fußn. 161)
[163] DRP 552 624 (1928) u. 554 721 (1930), I.G. Farben.
[164] *F. Armitage* u. *L. Trace*, J. Oil Colour Chemists' Assoc. *40* (1957), 849; Ref. Dtsch. Farben-Z. *12* (1958), 7. — AP 2 634 245 (1952), Pittsburgh Plate Glass Co. — FP 1 457 068 (1966), Berger, Jenson u. Nicholson Ltd.
[165] Z. B. AP 2 272 057 (1942); 2 279 387 (1942) u. 2 308 474 (1943), Resin. Prod. & Chem. Co. — AP 2 852 475 (1958); 2 852 476 (1958) u. 2 835 459 (1958), Pittsburgh Plate Glass Co. — AP 2 471 396 (1949), Amer. Cyanamid Co. — AP 2 586 092 (1952), Reichhold Chem. Co.

Ölalkyd-Dispersionen liefern Schichten, die nicht nur physikalisch, sondern zum Teil auch chemisch trocknen und im Filmverband eine gute Kohäsion aufweisen. Bei guter Haftung auf dem Untergrund besitzen sie eine gute Wasser- und Wetterbeständigkeit. Nachteilig ist manchmal eine Tendenz zur Vergilbung und teilweise schwere Verstreichbarkeit. Es wird über gute Ergebnisse berichtet bei Glycerinalkyden mit einem Gehalt von etwa 60% an Saflor-, Ricinen- oder Leinöl. Sie sollen auch auf alkalischen Untergründen abriebfeste, gut überstreichbare und wetterbeständige Filme ergeben[166].

Die Weiterentwicklung der Alkydharz-Dispersionen stagnierte in den letzten Jahren, da sie gegenüber den Polymerisat-Dispersionen keine besonderen Vorteile bieten. Im Gegensatz dazu haben die wasserlöslichen Alkydharze eine stürmische Entwicklung erfahren[167]. Die Vorteile, die Wasser als das billigste und ungefährlichste aller Lösungsmittel bietet, liegen auf der Hand. Andererseits bringt die von den konventionellen Lösungsmitteln abweichende Natur des Wassers eine Reihe von Problemen mit sich, deren Überwindung eine der Hauptaufgaben bei der Herstellung und der Verarbeitung wasserlöslicher Harze darstellt[168].

Bei der Formulierung wasserlöslicher Harze muß man zwei an sich entgegengesetzte Forderungen berücksichtigen: Sie müssen genügend hydrophil sein, um zumindest kolloidal in Lösung zu gehen, sie sollen aber nach der Trocknung einen geschlossenen wasserunlöslichen Film liefern.

Zumeist enthalten wasserlösliche Alkydharze einen großen Überschuß an freien Carboxylgruppen (zwischen einem und zwei Äquivalenten COOH pro 100 g Festharz, was Säurezahlen zwischen 56 und 112 entspricht), die im Anschluß an die Kondensationsstufe mit Basen neutralisiert werden, wodurch das Alkydharz wasserlöslich wird.

Als Basen kommen im allgemeinen Ammoniak oder flüchtige organische Amine in Betracht. Die Wahl der neutralisierenden Base ist von großer Bedeutung in Hinblick auf ihren Einfluß auf Wasserlöslichkeit, Viskosität, Filmbildung und Trocknung der Harze. Wichtig ist vor allen Dingen, daß durch die Einwirkung der Base nicht die Esterbindungen des in Wasser gelösten Alkydharzes durch Aminolyse angegriffen werden. Aus diesem Grund werden bevorzugt tertiäre Amine zur Neutralisation verwendet.

---

[166] *G. M. Sastry* u. *J. S. Aggarwal*, Paintindia *10* (1960) Nr. 1, S. 109; Ref. Farbe u. Lack *66* (1960), 589.

[167] *B. A. Bolton* u. *R. E. v. Strien*, Amer. Paint J. *1960*, Nr. 6, S. 71. — *A. G. North*, J. Oil Colour Chemists' Assoc. *44* (1961), 119; Ref. Farbe u. Lack *67* (1961), 508. — *W. A. Riese*, Farbe u. Lack *67* (1961), 503. — *R. F. Wilkinson*, Off. Digest Federat. Soc. Paint Technol. *35* (1963), 129; Ref. Dtsch. Farben-Z. *18* (1964), 54. — *R. A. Brett*, J. Oil Colour Chemists' Assoc. *47* (1964), 767. — Water soluble thermosetting organic polymers: *J. J. Hopwood*, J. Oil Colour Chemists' Assoc. *47* (1964), 157. — Emulsion and Water-Soluble Paints and Coatings (Monographie): *C. R. Martens*, Reinhold Publ. Corp. New York 1964. — Wasserlösl. Anstrichmittel auf Fett-Basis: *L. A. O'Neill*, Fette, Seifen, Anstrichmittel *67* (1965), 299. — Air drying water soluble enamels — the variables and a new approach: *C. E. Bruggeman*, Off. Digest Federat. Soc. Paint Technol. *37* (1965), 1186. — Water-soluble coatings: *A. McLean*, Paint Manuf. *36* (1966) Nr. 5, S. 49. — Gloss water thinned coatings resins: *R. A. Bieneman* u. *S. E. Stromberg*, J. Paint Technol. *39* (1967), 290. — In den vorstehenden Literaturzitaten sind auch Angaben über Maleinatöle (s. S. 128) mit einbezogen. Patentbeispiele: EP 995 333 (1963, dtsch. Prior, 1962). Cassella. — Schwz P 448 525 (1963, dtsch. Prior. 1962), Chem. Werke Albert. — DAS 1 250 036 (1964), BASF.

[168] *H. Magdanz, K. Berger* u. *G. Schumann*, Farbe u. Lack *75* (1969), 221.

V. Polyesterharze

Hydrophile Gruppen wie freie Hydroxylgruppen oder eine Anhäufung von Äther-Sauerstoffatomen, die durch den Einbau von Polyglykolen in das Harz eingebracht werden können, unterstützen dessen Wasserlöslichkeit. Schließlich sollen die Alkyde einen möglichst geringen Kondensationsgrad und damit relativ niedrige mittlere Molekulargewichte aufweisen, um hierdurch ebenfalls die Wasserlöslichkeit zu fördern und die Viskosität niedrig zu halten. Geringe Zusätze wassermischbarer organischer Lösungsmittel, wie Alkohole, Glykoläther u. a. werden häufig als Lösungsvermittler zwischen Harz und Wasser mitverwendet, zudem sollen sie die Lösungsmittelabgabe günstiger gestalten sowie die Viskosität und die Fließeigenschaften verbessern.

Auch die mehrbasischen Säuren in den Alkydharzen üben einen nicht unbedeutenden Einfluß auf die erstrebte Wasserlöslichkeit aus. So zeigen Harze, die Trimellithsäure enthalten, allgemein eine bessere Alkalilöslichkeit als solche, in denen ausschließlich Dicarbonsäuren vorhanden sind. Diese trifunktionelle Säure stellt offenbar bevorzugt *eine* saure Gruppe für die spätere Neutralisation zur Verfügung, während *zwei* Carboxyle für die Polykondensation verfügbar bleiben:

$$\left[-O-\overset{O}{\underset{\|}{C}}-\underset{\underset{R_3NH^{\oplus}}{\overset{\|}{C}-O^{\ominus}}}{\overset{\overset{O}{\|}}{\underset{\|}{C}}}-O-(CH_2)_x-O-\overset{O}{\underset{\|}{C}}-(CH_2)_y-\overset{O}{\underset{\|}{C}}-O- \right]_n \qquad 2.97$$

Es wird weiter angenommen, daß bei den Alkyden mit Tricarbonsäureanteil die noch vorhandenen freien Carboxylgruppen gleichmäßig über die ganze Kette verteilt sind, während bei Alkyden mit ausschließlich zweibasischen Säuren sich *freie* Säuregruppen nur am Ende der Kette befinden[169].

Produkte mit einem Maximum an Stabilität in wäßriger Lösung sollen mit β-substituierten Polyolen, wie Trimethylolpropan oder Trimethyloläthan erhalten werden[170]. Auch sollen sich die primären Hydroxylgruppen der genannten Polyalkohole besser für die Vereinigung dieser Harze mit Melamin- oder Harnstoffharzen durch Verätherung eignen[171].

Flexibilität und Härte der Filme werden durch die Molverhältnisse und den chemischen Charakter der Säuren und Polyole, die das Harz aufgebaut haben, bestimmt.

Bei der Trocknung der wäßrigen Alkydharz-Lösungen verdampft zuerst gemeinsam mit dem Wasser und evtl. vorhandenen anderen Lösungsmitteln das neutralisierende Amin, so daß wieder die ursprünglich freien Carboxylgruppen vorliegen. Enthält das Alkydharz ungesättigte Fettsäurereste, so kann sich eine oxydative Trocknung anschließen. In Verbindung mit wasserlöslichen Aminharzen[172], meist Melaminharzen, ergibt sich eine Trocknung bei erhöhter Temperatur, indem überschüssige Hydroxyl- und freie Carboxylgruppen des Alkydharzes mit dem Aminharz in der üblichen Weise reagieren.

---

[169] *L. A. O'Neill,* Fette, Seifen, Anstrichmittel *67* (1965), 301.
[170] *P. Morison* u. *J. E. Hutchins,* Abstr. of Papers, Amer. chem. Soc. 1961, *6 P,* 16.
[171] *R. L. Terrill,* Abstr. of Papers, Amer. chem. Soc. 1962, *6 P,* 15.
[172] Härtungsmittel für wasserlösl. Trimellith-Harze; N-alkoxymethylgruppen enthaltende Triazine bzw. Benzoguanamine: *J. R. Stephens,* Off. Digest Federat. Soc. Paint Technol. *35* (1963), 380; Ref. Dtsch. Farben-Z. *18* (1964), 53.

Wie bereits erwähnt, erhält man luft- und ofentrocknende Typen, wenn trocknende Öle oder ungesättigte Fettsäuren in die Polykondensation einbezogen werden[173]). Die Modifizierung mit Ölen verringert allerdings den hydrophilen Charakter der Polyester. Verschiedene Methoden können dieser Verminderung der Wasserlöslichkeit entgegenwirken, so z. B. der Einbau von Polyäthylenglykolen in den Polyesterverband[174]), die Verwendung von wassermischbaren Lösungsmitteln und der Einbau von Tetrahydrofuran[175]).

Obwohl die ungesättigten Polyesterharze in einem eigenen Abschnitt geschlossen besprochen werden (Seite 129 u. ff.), kann hier schon kurz darauf hingewiesen werden, daß auch diese Harzgruppe für die Herstellung wasserlöslicher Bindemittel in Betracht kommt.
Werden α,β-ungesättigte Dicarbonsäuren mit Polyolen zu einem Produkt mit relativ niedrigem Molekulargewicht umgesetzt, so hat dieses stark hydrophile Eigenschaften. So beschreibt beispielsweise ein Patent[176]) die Veresterung von Fumarsäure mit Polyäthylenglykol und Pentaerythrit bis zur Erreichung einer Säurezahl von ungefähr 50:

$$\left[\begin{array}{c} CH_2 \cdot CH_2 - O \\ | \\ OH \end{array} \right] \left[CH_2 \cdot CH_2 - O \right]_x \left[CH_2 \cdot CH_2 - O \right] \left[\begin{array}{c} O \\ \| \\ HC - C - O \\ | \\ C - CH \\ \| \\ O \end{array} \right]_y \left[\begin{array}{c} CH_2 \\ | \\ HOCH_2 - C - CH_2O \\ | \\ CH_2OH \end{array} \right] \left[\begin{array}{c} O \\ \| \\ HC - C - O^{\ominus} \\ | \\ C - CH \\ \| \\ O \quad R_3NH^{\oplus} \end{array} \right] \quad 2.98$$

Dieses System wird über eine Polymerisationsreaktion der ungesättigten Gruppe -CH=CH- der Fumarsäure mit einem wasserlöslichen Acrylat, wie z. B. Tetramethylenglykoldimethacrylat, unter Zugabe von Peroxid in den unlöslichen Zustand überführt. Zur Verfilmung ist eine Einbrennzeit von etwa 2 Stunden bei 125 °C erforderlich.
Ungesättigte Polyester, die ohne den Vorgang einer Salzbildung wasserlöslich sind, werden ebenfalls beschrieben. So werden Maleinsäure, Äthylenglykol und Pentaerythrit gemeinsam mit Pentaerythrit-Diallyläther zu Produkten mit niedrigem Molekulargewicht und hohen Hydroxylwerten kondensiert[177]). Ein solches Harz ist aufgrund seiner stark ausgeprägten hydrophilen Natur gut wasserlöslich und wird durch Vernetzungsreaktionen über die Maleinsäure und den Penta-Diallyläther unlöslich.

Der Auftrag lufttrocknender Lacke kann durch Streichen, Spritzen oder Rollenauftrag erfolgen, für ofentrocknende Lacke durch Spritzen, Tauchen oder Fluten. Ein modernes, inzwischen sehr bedeutendes Beschichtungsverfahren, das die Entwicklung der wasserlöslichen Harze voraussetzte, ist die Elektro-Tauchlackierung (electrocoating, electrodeposition). Sie wird häufig auch als Elektrophorese-Tauchlackierung bezeichnet, was zweifellos nicht ganz korrekt ist, da bei dieser Auftragsart neben der eigentlichen Elektrophorese auch noch andere Vorgänge wie Elektrolyse, Elektro-Osmose und vor allem Koagulationsvorgänge an den Grenzflächen des zu beschichtenden Metalls eine Rolle spielen.

Eine sehr instruktive Übersicht über dieses Verfahren gibt *K.-H. Frangen*[178]). Er legt ausführlich dar, wie der Beschichtungsvorgang von einer ganzen Reihe von Faktoren, wie Spannung des Abscheidungsstromes, Zeit, Temperatur, Badkonzentration, Leitfähigkeit,

---

[173]) EP 921 622 (amer. Prior. 1958), Archer-Daniels-Midland Co. — *A. Strickland*, Paint Varnish Product. *53* (1963) Nr. 12, S. 61.
[174]) EP 845 861 (1955), Lewis Berger & Co.
[175]) *R. F. Wilkinson*, Off. Digest Federat. Soc. Paint Technol. *35* (1963), 129.
[176]) AP 2 884 404 (1959), Armstrong Cork Co.
[177]) AP 2 884 394 (1959), Hercules Powder Co.
[178]) *K.-H. Frangen*, Farbe u. Lack *70* (1964), 271 u. *72* (1966), 36. — S. a. Fußnote 179).

V. Polyesterharze

pH-Wert u. a. beeinflußt wird. Als wirtschaftliche und qualitätsverbessernde Vorteile der Elektro-Tauchlackierung werden angeführt:
1. einfache, saubere Durchführung des Verfahrens;
2. praktisch verlustfreier Auftrag, da der koagulierte Film 95—97 % Festkörper enthält;
3. gleiche Schichtdicke des trockenen Filmes an allen Stellen des beschichteten Objektes bei hervorragender Haftung;
4. gleicher Schutz an allen Flächen, Ecken, Kanten und Hohlräumen;
5. Steuerungsmöglichkeit der Schichtdicke;
6. porenfreie Trockenfilme, dadurch sehr guter Korrosionsschutz;
7. automatischer Auftrag ohne Läufer, Tropfen oder ähnliche sonst beim Tauchlackieren mögliche Störungen, da der im Tauchbecken durch Koagulation fest gewordene Film sich nicht mehr verändert;
8. Erleichterung in Hinblick auf Verordnungen der Gewerbeaufsicht und auf feuerpolizeiliche Bestimmungen (Lösungsmittel).

Wasser als Lösungsmittel wirft eine Reihe von Problemen auf. Es hat eine besonders hohe Verdampfungswärme, die einen erheblichen Aufwand an Energie erfordert und zudem die Trocknungs- und Einbrennzeiten erhöht. Die relativ hohe Oberflächenspannung von Wasser wirkt sich ebenfalls ungünstig aus, beispielsweise bei der Pigmentbenetzung oder in Form von Filmstörungen.

Die Ausarbeitung neuer wasserlöslicher Bindemittel und ihre Überführung in wasserunlösliche Filme steht heute mit an vorderster Stelle in Forschung und Entwicklung auf dem Lackharzgebiet; entsprechend umfangreich ist auch der Niederschlag dieser Bemühungen in der Literatur[179].

Beispiele für Handelsprodukte:

Alkydal	Bayer
Erkarex	Kraemer
Heso-Alkyd	Hendricks & Sommer
Hydro-Duxalkyd	VEB Zwickau
Hydro-Icdal	Dynamit-Nobel
Hydrolyd	Jäger
Necowel	Necof
Plusaqua	Plüss-Staufer
Resydrol	Reichhold-Albert
Resydrol	Vianova
Rokraplast	Kraemer
Scadosol	Scado
Setal	Synthese
Synkaflex	UCB
Synsilat	Synres
Wreseau	Resinous Chemicals

---

[179] Übersicht der Literatur über Anwendung wasserlösl. Harze: *C. E. Bruggeman* u. *D. V. Anderson*, Paint Varnish Product. *53* (1963) Nr. 12, S. 52; Ref. Farbe u. Lack *70* (1964), 207. — *Aubrey Strickland*, Paint Varnish Product. *53* (1963) Nr. 12, S. 61; Ref. Farbe u. Lack *70* (1964), 206. — *K.-H. Frangen*, Farbe u. Lack *72* (1966), 36 (170 Literaturangaben). — *L. Tasker* u. *J. R. Taylor*, J. Oil Colour Chemists' Assoc. *48* (1965), 121. — Electrodeposition, theory and practice: *S. W. Gloyer*, Off. Digest Federat. Soc. Paint Technol. *37* (1965), 113. — Wasserlösl. Alkydharze für elektrophoretisches Lackieren: *V. Veersen* u. *F. J. Scipio*, Farbe u. Lack *72* (1966), 340. — Vergleichende Untersuchung v. Lacken u. Anstrichfarben auf Basis verschied. Bindemittel, die mit Wasser verdünnt eine klare Lösung ergeben: *C. Korf et al.*, VIII. Fatipec-Kongreßbuch 1966, S. 111.

6.1. Maleinatöle

Obwohl nicht zu den Alkydharzen gehörend, wird doch ein von trocknenden Ölen oder Fettsäuren ausgehender Prozeß zur Herstellung wasserlöslicher Bindemittel hier besprochen, da er in der Praxis häufig Anwendung findet[180]).

Ungesättigte Öle können mit Maleinsäure zu sogenannten Maleinatölen umgesetzt werden[181]). Gegenüber unbehandelten Ölen trocknen diese Umwandlungsprodukte ohne nachzukleben weitaus schneller und weisen zudem eine verbesserte Licht- und Wetterbeständigkeit auf[182]). Sie finden vor allem im Ausland verbreitete lacktechnische Anwendung[183]).

Die Adduktbildung wird zwar in ihren Einzelheiten unterschiedlich gedeutet[184]), sie erfolgt jedoch letztlich entweder nach der *Diels-Alder-Reaktion*[185])

$$-HC=CH-CH=CH- \quad \longrightarrow \quad \begin{array}{c} -HC-CH=CH-CH- \\ | \quad\quad\quad | \\ HC-CH \\ | \quad\quad | \\ OC \quad CO \\ \diagdown O \diagup \end{array} \qquad 2.99$$

oder im Sinne einer substituierenden Addition unter Bildung substituierter Bernsteinsäuren[186])

$$\begin{array}{c} (1)\ (2)\ (3) \\ -HC=CH-CH_2- \\ | \quad\quad | \\ HC=CH \\ | \quad\quad | \\ OC \quad CO \\ \diagdown O \diagup \end{array} \quad \longrightarrow \quad \begin{array}{c} (1)\ (2)\ (3) \\ -HC-CH=CH- \\ | \\ HC-CH_2 \\ | \quad\quad | \\ OC \quad CO \\ \diagdown O \diagup \end{array} \qquad 2.100$$

Eine dritte Möglichkeit, die sich bei der Umsetzung von Maleinsäure mit den Triglyceriden ergeben kann, ist eine in Form einer Acidolyse ablaufende Umesterung. Hierbei verdrängt die eine Carboxylgruppe der Maleinsäure einen der Fettsäurereste des Triglycerids, indem sie die Fettsäure in Freiheit setzt und selbst mit dem Glycerin in Esterbindung tritt[187]):

$$\begin{array}{l} CH_2OOC\cdot R_1 \\ | \\ CH\ OOC\cdot R_2 \\ | \\ CH_2OOC\cdot R_3 \end{array} + \begin{array}{l} HOOC\cdot CH \\ \| \\ HOOC\cdot CH \end{array} \longrightarrow \begin{array}{l} CH_2OOC——CH \\ | \quad\quad\quad \| \\ CH\ OOC\cdot R_2 \quad CH\cdot COOH + R_1COOH \\ | \\ CH_2OOC\cdot R_3 \end{array} \qquad 2.101$$

---

[180]) Die Entwicklung wasserlösl. Bindemittel ging zunächst von den Maleinatölen aus; s. *R. A. Bieneman* u. *S. E. Stromberg,* J. Paint Technol. *39* (1967), 290.

[181]) DRP 635 926 (1935), Springer & Möller AG.

[182]) S. z. B. *J. Baltes,* Fette u. Seifen *52* (1950), 420. — *J. D. v. Mikusch,* Fette, Seifen, Anstrichmittel *79* (1953), 567. — *M. Heilmann,* Farbe u. Lack *61* (1955), 564.

[183]) *P. Slansky,* Paint Manuf. *26* (1956), 166.

[184]) *C. P. A. Kappelmeier* u. *J. H. van der Neut,* Kunststoffe *40* (1955), 81. — *L. A. O'Neill,* Fette, Seifen, Anstrichmittel *67* (1965), 299.

[185]) *K. Alder et al.,* Ber. dtsch. chem. Ges. *76* (1943), 27.

[186]) *F. Beck, H. Pohlemann* u. *H. Spoor,* Farbe u. Lack *73* (1967), 298. — Polyelektrolyte als wasserlösl. Anstrichmittel: *M. Marx* u. *H. Spoor,* Dtsch. Farben-Z. *22* (1968), 587; hieraus zitiert: Bei Temperaturen bis ca. 80 °C Ablauf der normalen *Diels-Alder-*Dienreaktion, bei Temperaturen über 200 °C Bevorzugung der substituierenden Addition.

[187]) *R. A. Bieneman* u. *S. E. Stromberg,* J. Paint Technol. *39* (1967), 290.

V. Polyesterharze

Bei jeder dieser angeführten drei Reaktionsmöglichkeiten werden in die Moleküle zusätzliche Carboxyl- bzw. Säureanhydridgruppen eingeführt, die durch Salzbildung bei der Umsetzung mit Basen wasserlösliche Produkte ergeben. Zur Anwendung kommen in der Praxis häufig auch mit Styrol oder Vinyltoluol modifizierte Maleinatöle[187a]). Bindemittel dieser Art finden vor allem als Primer und Grundierungen in der Autoindustrie Verwendung. Ihre Anwendung erfolgt meist in Tauchbecken, oft auch im Elektro-Tauchverfahren.

7. Ungesättigte Polyesterharze

Im erweiterten Sinne umfaßt der Begriff „Ungesättigte Polyesterharze" (UP-Harze) ganz allgemein Lösungen von Polyestern mit ungesättigten Gruppen in copolymerisierbaren Vinylmonomeren. Ein Grundgedanke bei der Entwicklung dieser Harzgruppe war der Wunsch, die beiden Prinzipien der Polymerisation und der Polykondensation zu vereinigen. Diese Konzeption hat sich als äußerst fruchtbar auch für die Herstellung von Beschichtungen erwiesen. Eine derartige kombinierte „Polyreaktion" spielt zumindest teilweise auch bei der Bildung von styrolisierten und acrylierten Ölalkyden eine Rolle; diese abgewandelten Alkydharze können somit in gewisser Hinsicht als ein Brückenschlag zwischen den Alkydharzen und den ungesättigten Polyesterharzen angesehen werden.

Bei der Herstellung von UP-Harzen wird in der ersten Stufe ein ungesättigter Polyester aufgebaut, den man sich auch als ein höhermolekulares „Monomeres" mit polymerisierfähigen Doppelbindungen vorstellen kann. Die Aushärtung dieses Polyesters erfolgt dann bei der Weiterverarbeitung durch Mischpolymerisation mit den polymerisierbaren Monomeren, in denen er gelöst ist.

Ohne Zweifel erhielt die ganze Harzgruppe sehr starke Impulse von seiten der Preßtechnik, insbesondere durch die Entwicklung der sogenannten „Glasfaserverstärkung von Polyestern"[188]).

Für die lacktechnische Verwendung dieser Harze mußten nach anfänglichen Verarbeitungsschwierigkeiten eigene Wege beschritten werden. So gelang es aber, das schon immer erstrebte Ziel der „lösungsmittelfreien" Lacke weitgehend zu erreichen[189]). Bei der Filmbildung von UP-Harzen wandelt sich das zunächst als Lösungsmittel verwendete Monomere in festes Bindemittel um und wird damit integrierter Bestandteil des Filmes, da nur ein sehr geringer Anteil verdunstet[189a]).

Grundlegende Arbeiten über ungesättigte Polykondensationsprodukte aus Maleinsäure und Glykolen sowie deren Mischpolymerisation mit Styrol gehen auf das Jahr 1930 zurück[190]).

[187a]) Belg. P 621 473 (1962) u. 628 488 (1963), The Glidden Co.
[188]) *H. Hagen*, Glasfaserverstärkte Kunststoffe (Chemie, Physik u. Technologie der Kunststoffe in Einzeldarstellungen, Bd. 5), 2. Aufl., Springer-Verlag Berlin 1961. — *E. W. Laue*, Glasfaserverstärkte Polyester (Die Kunststoffbücherei, Bd. 4), Zechner Verlag Speyer 1962. — *W. Beyer*, Glasfaserverstärkte Kunststoffe (Kunststoff-Verarbeitung, Folge 2), 3. Aufl., Hanser Verlag München 1963.
[189]) Das charakteristische Merkmal dieser Harze ist die Ungesättigtheit ihrer Polyesterkomponente. Im Interesse einer klaren Ausdrucksweise, vor allem aber zur Vermeidung von Mißverständnissen, sollten sie daher auch in ihren Verbindungen mit polymerisierbaren Monomeren nicht vereinfachend als „Polyesterharze", sondern ausschließlich exakt als „Ungesättigte Polyesterharze" bezeichnet werden.
[189a]) Dies ist auch mit eine Erklärung für die ungewöhnliche „Füllkraft" der damit hergestellten Beschichtungen.
[190]) DRP 540 101 (1930); 544 326 (1930); 571 665 (1930); 598 732 (1932), I.G. Farben.

Es folgen bald Veröffentlichungen, die schon wesentliche Aufbauprinzipien der ungesättigten Polyesterharze beschreiben und sich bereits mit ihren technischen Verwendungsmöglichkeiten befassen[191]). Zur eingehenden Information über die Entwicklungen auf dem Gebiete der Herstellung und der Anwendungstechnik der UP-Harze sei auf die umfangreiche Spezialliteratur verwiesen[192]) [193]).

Aufbau der ungesättigten Polyesterharze

Enthält ein nach dem 2,2-Prinzip aufgebauter linearer Polyester, der normalerweise immer löslich und schmelzbar (thermoplastisch) bleibt, ungesättigte Komponenten, so ergeben sich zusätzliche Funktionalitäten. Ein solches Produkt kann deshalb durch eine Verknüpfung der Polyesterketten untereinander in den unlöslichen, unschmelzbaren Harzzustand übergeführt werden. In dieser Weise können bei einem aus Maleinsäureanhydrid bzw. Fumarsäure und Äthylenglykol hergestellten Polyester

$$-X-CH=CH-X-CH=CH-X-$$

$$(X=-O-CO-CH_2-CH_2-O-CO-)$$

2.102

die einzelnen ungesättigten Polyesterketten durch monomere, polymerisierbare Verbindungen, z. B. Styrol, miteinander verbunden werden. Diese durch Einwirkung von Wärme oder in Gegenwart von Polymerisations-Katalysatoren ablaufende Verknüpfung ist eine Mischpolymerisation oder genauer ausgedrückt, eine Verbundpolymerisation[194]) und führt zu (hier stark idealisierten) vernetzten Pfropfpolymerisaten[195]):

---

[191]) AP 2 195 362 (1936); EP 497 117 (1938); AP 2 255 313 (1941), (Grundpatent); DBP 967 265 (1938, amer. Prior. 1937), Ellis-Foster Co. — AP 2 516 309 (1947), Monsanto. — FP 915 080 (1946), Amer. Cyanamid.
[192]) Der Verlauf der Härtung ungesätt. Polyesterharze (IR-spektroskopische Untersuchungen): *K. Demmler* u. *E. Ropte*, Kunststoffe 58 (1968), 925.
[193]) Monographien: *J. Bourry*, Résines Alkydes-Polyesters, Dunod Paris 1952. — *J. Bjorksten, H. Tovey, B. Harker,* u. *J. Henning,* Polyesters and their applications, Reinhold New York 1956. — *J. R. Lawrence,* Polyester Resins, Reinhold New York 1960. — *H. V. Boenig,* Unsaturated Polyesters, Elsevier Amsterdam 1964. — *V. V. Korshak* u. *S. V. Vinogradova,* Polyesters, Pergamon Press Oxford 1965 (Übersetzung d. russ. Originalausg.). — *B. Parkyn, F. Lamb* u. *B. V. Clifton,* Unsaturated Polyesters and Polyester Plasticisers (Polyesters Vol. 2), Iliffe Books London 1967. — *W. A. Riese,* Löserfreie Anstrichsysteme, Vincentz Verlag Hannover 1967.
Aufsätze: z. B. *A. Müller,* Chem. Ztg. 78 (1954), 242; Kunststoffe 44 (1954), 578. — *J. Kuchenbuch,* Kunststoff-Rdsch. 1 (1954), 330; Fette, Seifen, Anstrichmittel 62 (1960), 326 mit ausführlicher Patent-Übersicht; Dtsch. Farben-Z. 22 (1960), 157. — Anon., Kunststoff-Rdsch. 1 (1954), 345 = Ref. über 8 Arbeiten amer. Autoren in Ind. Engng. Chem. 46 (1954), 1613. — *H. Weisbart,* Kunststoff-Rdsch. 1 (1954), 336. — *A. Wende,* Plaste u. Kautschuk 4 (1957), 296. — *G. Tewes,* Gummi u. Asbest 9 (1956), 567, 606, 684 u. 10 (1957), 23, 68 (ausführl. Patentübersicht). — *K. Hamann, W. Funke* u. *H. Gilch,* Angew. Chem. 71 (1959), 596. — *K. Weigel,* Dtsch. Farben-Z. 14 (1960), 56, 149. — *K. Demmler,* VIII. Fatipec-Kongreßbuch 1966, S. 237.
[194]) Verbundpolymerisation: Die monomere Verbindung wird an den bereits aus einer Anzahl von Estereinheiten bestehenden, höhermolekularen Polyester anpolymerisiert (aufgepfropft): *G. Tewes,* Gummi u. Asbest 9 (1956), 567.
[195]) Vernetzte Pfropfpolymerisate: S. z. B. *B. Vollmert,* Grundriß der makromolekularen Chemie, Springer-Verlag, Berlin 1962, S. 175.

$$-X-CH-\underset{|}{CH}-X-CH-\underset{|}{CH}-X-$$
$$\left[\begin{array}{c}CH_2\\|\\CH-\\|\end{array}\right]_n \left[\begin{array}{c}CH_2\\|\\CH-\\|\end{array}\right]_n$$
$$-X-CH-\underset{|}{CH}-X-CH-\underset{|}{CH}-X-$$

2.103

In welchem Umfange die Verknüpfungen nur durch eine einzige Styroleinheit (n = 1) oder durch aneinander gereihte Styrolketten (n > 1) erfolgt, hängt zu einem Teil von dem eingesetzten Verhältnis ungesättigter Polyester:Styrol, zum anderen von den allgemeinen Härtungsbedingungen ab[196]. *K. Hamann* und Mitarbeiter[197] konnten allerdings für ausgehärtete UP-Harze mit praxisnahen Verhältnissen von ungefähr 2 Mol Styrol pro 1 Mol Doppelbindung des Polyesters nachweisen, daß in statistischer Verteilung das Styrol-Bindeglied etwa 1,5—2,5 Styroleinheiten umfaßt. Diese Befunde stehen in guter Übereinstimmung mit den Ergebnissen anderer Autoren[198]. *K. Demmler*[199] hat allerdings gefunden, daß das Styrol ungleichmäßig eingebaut wird, da die Bedingungen einer azeotropen Copolymerisation meist nicht erfüllt sind. Die weitere Frage, ob neben der Copolymerisation von ungesättigtem Polyester und monomerem Styrol eine Bildung von freiem Polystyrol durch Homopolymerisation stattfindet, ist von *K. Hamann* und Mitarbeitern[200] verneint worden. Sie schlossen aus Untersuchungen an Hydrolyseprodukten gehärteter Polyesterharze, daß im Bereich der technisch interessierenden Mischungsverhältnisse keine wesentlichen Mengen an freiem Polystyrol entstehen, sondern daß der Aufbau der Harze allein auf dem Wege einer reinen Mischpolymerisation erfolgt. So wurde auch bestätigt[200], daß unter den üblichen Härtungsbedingungen die in den ungesättigten Polyestern eingebauten Fumarsäure-Einheiten[201] nicht mit sich selbst polymerisieren. Zusammenfassend kann die Struktur eines gehärteten Polyesters allgemeiner Art etwa folgendermaßen beschrieben werden: Das Makromolekül setzt sich aus zwei polymolekularen Spezies zusammen, nämlich aus den Polykondensationsketten und den Copolymerketten. Beide sind miteinander durch kovalente Bindungen über die Fumarat-Gruppen verbunden, d. h. beide Polymersegmente haben diese Gruppen gemeinsam, dadurch ein umfangreiches, räumliches Netzwerk bildend. Während die Polyesterketten in diesem Netzwerk ein durchschnittliches Molekulargewicht von 1200—1600 besitzen, sind die Molekulargewichte der durch Verseifung des gehärteten Harzes erhältlichen Copolymerketten beträchtlich höher; sie liegen in der Größenordnung von 10 000 bis 15 000[200]. Die Verknüpfungsglieder variieren entsprechend den Theorien der Copolymerisation in ihrer Länge, wodurch ein geringer Anteil (etwa 3—7%) un-

---

[196] *W. Funke* u. *H. Janssen*, Makromol. Chem. 50 (1961), 188.
[197] *W. Funke* u. *K. Hamann*, Angew. Chem. 70 (1958), 53. — *S. Knödler, W. Funke* u. *K. Hamann*, Makromol. Chem. 57 (1962), 192. — *W. Funke, S. Knödler* u. *R. Feinauer*, Makromol. Chem. 49 (1961), 52.
[198] *M. Bohdanecký et al.*, Makromol. Chem. 47 (1961), 201. — *J. Mleziva* u. *J. Vladyka*, Farbe u. Lack 68 (1962), 144. — *K. Demmler*, Kunststoffe 54 (1965), 443.
[199] *K. Demmler*, Farbe u. Lack 72 (1966), 971.
[200] *K. Hamann, W. Funke* u. *H. Gilch*, Angew. Chem. 71 (1959), 596. — *W. Funke* u. *K. Hamann*, Angew. Chem. 70 (1958), 53. — *W. Funke, H. Roth* u. *K. Hamann*, Kunststoffe, 51 (1961), 75.
[201] Zur Umwandlung der Maleinsäure- in die Fumarsäure-Konfiguration in der Stufe der Polyester-Bildung, s. S. 133.

gesättigter Gruppen auch im gehärteten Harz verbleiben kann. Diese nicht umgesetzten Doppelbindungen können u. U. etwas zur Geschmeidigkeit der gehärteten Produkte beitragen[202]).

Herstellung ungesättigter Polyesterharze

Die theoretisch bestehende Variationsbreite in der Rohstoff-Auswahl für UP-Harze gilt für Handelsprodukte nur sehr beschränkt, da schon durch die Herstellungskosten dieser Ausgangsstoffe Grenzen gesetzt sind.
Als ungesättigte Dicarbonsäuren kommen überwiegend Maleinsäure in Form des Anhydrids (MSA) und Fumarsäure in Betracht. Andere ungesättigte Dicarbonsäuren, z. B. Mesacon-, Citracon- oder Itaconsäure[203]) sind grundsätzlich ebenfalls verwendbar. Sie bieten jedoch bisher kaum einen Anreiz, da ihr hoher Preis durch keine merklichen Verbesserungen aufgewogen wird. Itaconsäure, die heute in technischem Maßstabe zu wirtschaftlich tragbaren Bedingungen zugänglich ist[204]), ergibt beim Einbau in UP-Harze Produkte mit geringerer Reaktivität als solche mit MSA. Aus diesem Grunde ist eine anteilmäßige Verwendung vorgeschlagen worden, da hiermit Zeit und Temperatur des Härtungsablaufes regulierend beeinflußt werden kann[205]).
Eine ausschließliche Verwendung der ungesättigten Säuren ist allerdings nicht üblich. Abgesehen davon, daß auch die Kosten dagegen sprechen, ergeben sich bei solchen Harzen infolge der starken Anhäufung von Doppelbindungen in der Polyesterkette bei der Umsetzung mit den Monomeren viel zu engmaschige Vernetzungen und dadurch zu spröde Endprodukte. Deshalb werden bei der Polyester-Herstellung durchwegs noch andere Dicarbonsäuren mit eingebaut, in erster Linie Phthalsäureanhydrid, Isophthalsäure, teilweise auch Terephthalsäure, aber auch aliphatische Dicarbonsäuren wie Adipinsäure, Bernsteinsäure oder Sebacinsäure. Die Mitverwendung dieser modifizierenden Säuren, ganz besonders der Phthalsäuren, bringt eigentlich erst die gute Verträglichkeit der Harze mit Styrol.
Als Veresterungsalkohole bei der Polyester-Bildung findet eine Reihe von Diolen, wie Äthylenglykol, Di- oder Triäthylenglykol, 1,2- oder 1,3-Propandiol (Propylenglykol), in geringerem Umfange 1,3- bzw. 1,4-Butandiol und 1,6-Hexandiol Verwendung. Werden die gradkettigen aliphatischen Glykole vollständig oder teilweise durch verzweigte Glykole wie 2,2-Dimethyl-propandiol-1,3 (Neopentylglykol) oder 2-Methyl-2-Äthyl-Propandiol-1,3[206]) ausgetauscht, so ergeben sich UP-Harze, die im ausgehärteten Zustand gegen Wärmeeinwirkung und gegen verseifende wäßrige Chemikalien wesentlich verbessert sind. Die gleichen Vorteile werden bei vollständigem oder teilweisem Ersatz der aliphatischen Glykole[207]) durch hydrier-

---

[202]) *H. V. Boenig,* Unsaturated Polyesters (Monographie), Seite 36.

[203])
$$H_2C=C-COOH \qquad H_3C-C-COOH \qquad HOOC-C-CH_3$$
$$| \qquad \| \qquad \|$$
$$H_2C-COOH \qquadHC-COOH \qquadHC-COOH \qquad 2.104$$

Itaconsäure   Citraconsäure   Mesaconsäure

[204]) Itaconsäure als Rohstoff auf dem Polymergebiet: *P. Wiseman,* Paint Manuf. *32* (1962), 345.
[205]) *D. Braun,* Gummi, Asbest, Kunststoffe *16* (1963), 336.
[206]) Weitere verzweigte Diole: 2,2-Dimethyl-butandiol-1,3; 2-Methyl-pentandiol-2,4; 3-Methyl-pentandiol-2,4; 2,2,4-Trimethyl-pentandiol-1,3; 2-Äthyl-hexandiol-1,3; 2,2-Dimethyl-hexandiol-1,3 (aus „Glycols", Broschüre der Union Carbide Chem. Co.).
[207]) DBP 1 008 435 (1954), Farbenf. Bayer. — *F. V. Jenkins et al.,* J. Oil Colour Chemists' Assoc. *44* (1961), 42.

tes Bisphenol A[208]) oder durch oxalkylierte Bisphenole[209]) erzielt. Besonders die mit oxalkylierten Bisphenolen hergestellten Harze ergeben Produkte mit ausgezeichneter Wärmestandfestigkeit und Chemikalienbeständigkeit[210]). Diese haben sich in der Preßtechnik gut bewährt. Nachteilig für ihre Verwendung als Lackrohstoffe wirkt sich allerdings aus, daß sie nur schwierig in den für UP-Harzen üblichen Schichtdicken einwandfrei härten.

Die Herstellung der ungesättigten Polyester erfolgt allgemein nach den für die Alkydharze gebräuchlichen Verfahren. Das bei der Veresterung sich bildende Reaktionswasser wird entweder direkt oder azeotrop[211]) im Kreislauf mit einem geeigneten Lösungsmittel wie Toluol oder Xylol abdestilliert. Das Schleppmittel wird nach Beendigung der Kondensation durch anschließende Vakuumdestillation entfernt. Wegen des stark ungesättigten Charakters der entstehenden Harze müssen aber besondere Vorsichtsmaßregeln beachtet werden. So muß die Veresterungstemperatur niedriger liegen, als sonst bei der Alkydharz-Herstellung üblich ist; Temperaturen von 150—200 °C sollen im allgemeinen nicht überschritten werden. Die vollständige Fernhaltung von Luftsauerstoff ist unerläßlich, da selbst Spuren von Sauerstoff eine Gelatinierung des Harzes bewirken können und zudem unerwünschte Verfärbungen hervorrufen würden. Zur Verhinderung des Gelatinierens werden häufig schon während der Herstellung geringe Mengen von Inhibitoren, in der Hauptsache Hydrochinon oder p-Tertiär-Butylcatechol zugesetzt. Die gleichen Stabilisatoren werden ebenfalls den fertigen UP-Harzen oder auch deren Lösungen im Monomeren zugegeben, um eine ausreichende Lagerstabilität zu erreichen. Die Wirkung dieser Stabilisatoren soll sich übrigens durch einen Zusatz sehr kleiner Kupfermengen (0,0005—0,01 % Cu) in Form von Naphthenat, 8-Oxychinolat u. a. erhöhen lassen[212]). Diese stabilisierende Wirkung von Kupfer bei der Lagerung bleibt auch dann noch erhalten, wenn dem UP-Harz der zur Kalthärtung erforderliche Beschleuniger (s. S. 135) bereits bei seiner Herstellung zugesetzt wird[213]).

Bei der Bildung der Polyester aus Maleinsäure wird diese vollständig[214]) oder zumindest zu einem sehr hohen Anteil in Fumarsäure umgelagert[215]). Der Isomerisierungsgrad kann durch Polarographie[216]) oder Infrarotspektroskopie[217]) bestimmt werden. Das gute Copolymerisationsvermögen der ungesättigten linearen Polyester soll in direktem Zusammenhang mit der Ausbildung der trans-Konfiguration der Fumarsäure in diesen Estern stehen[216]).

Die Reaktionsprodukte der Polyveresterung sind meist hochviskose Öle oder Weichharze; sie können aber in gewissen Fällen auch Hartharz-Charakter besitzen. Ihre Konsistenz ist hauptsächlich vom Abstand der Estergruppen untereinander und dem Kondensationsgrad abhängig. Ebenso wird die Reaktivität der Harze und die

---

[208]) Hydriertes Bisphenol A = 2,2-Bis(4-hydroxycyclohexyl)-propan.
[209]) Herst. der oxalkylierten Bisphenole z. B. durch Umsetzung v. Bisphenol A mit Äthylenoxid oder Propylenoxid in Gegenwart v. alkalischen Katalysatoren.
[210]) AP 2 634 251 (1953); 2 662 069 (1953); 2 662 070 (1953), Atlas Powder Co.
[211]) Azeotrope Entfernung des Reaktionswassers: s. S. 104.
[212]) DAS 1 032 919 (1957, amer. Prior. 1956), US Rubber.
[213]) *K. H. Küster*, Plaste u. Kautschuk 7 (1960), 431.
[214]) *K. Demmler*, Farbe u. Lack 72 (1966), 971. — *P. Fijolka* u. *Y. Shabab*, Kunststoffe 56 (1966), 174.
[215]) Lit.-Zusammenstellung: *W. Funke* u. *H. Janssen*, Makromol. Chem. 50 (1961), 188.
[216]) *S. S. Feuer et al.*, Ind. Engng. Chem. 46 (1954), 1643. — *W. Funke, W. Gebhardt, H. Roth* u. *K. Hamann*, Makromol. Chem. 28 (1958), 17.
[217]) *K. H. Reichert* u. *K. Nollen*, Farbe u. Lack 72 (1966), 947. — *P. Fijolka* u. *Y. Shabab*, Kunststoffe 56 (1966), 174.

Härte der Polymerisate durch den Abstand der Doppelbindungen in der Kette beeinflußt. Da das Mengenverhältnis von gesättigter zu ungesättigter Säure weitgehend variieren kann, ist die Herstellung von Harzen mit sehr unterschiedlichen Eigenschaften möglich. In der Regel sind die Harze farblos oder nur schwach gefärbt.

Als polymerisationsfähiges, monomeres Lösungsmittel kommt hauptsächlich Styrol zur Anwendung. Die je nach dem Anteil an Styrol mehr oder weniger hochviskosen Lösungen enthalten im Durchschnitt etwa zwischen 55 und 75% an ungesättigten Polyestern. Die Lagerstabilität der Gemische beträgt, eine ausreichende Stabilisierung vorausgesetzt, unter Lichtabschluß und bei normalen Temperaturen gewöhnlich etwa 6 Monate. Außer Styrol können auch andere polymerisierbare Verbindungen Anwendung finden, so u. a. Divinylbenzol, Vinylacetat, Crotonsäure-Vinylester, Maleinsäure-Diallylester, o-Phthalsäure-Diallylester, Triallylcyanurat, Triallylphosphat. Das Gebiet der polymerisierbaren Allylverbindungen und ihrer Polymeren ist sehr eingehend bearbeitet worden. Es haben sich dabei viele neue und interessante Erkenntnisse ergeben, die wiederum im Zusammenhang mit den UP-Harzen von Bedeutung sind. Sehr ausführlich und zusammenfassend hat *J. Scheiber* über diese interessante Stoffklasse referiert[218] [219]).

Die monomeren Vinyl- oder Allylverbindungen besitzen eine unterschiedliche Reaktivität gegenüber UP-Harzen. So ist beispielsweise Vinylacetat derart reaktionsträge, daß es erst bei hohen Temperaturen mit ungesättigten Polyestern umgesetzt werden kann. Divinylbenzol und die Allylester mehrbasischer Säuren sind infolge ihrer mehrfachen Doppelbindungen schon in geringer Menge wirksamer als Monomere mit nur einer Doppelbindung[220]).

Die Mischpolymerisation der ungesättigten Polyester mit den Monomeren wird durch Polymerisations-Initiatoren ausgelöst[221]). Als solche kommen in der Hauptsache organische Peroxide, Hydroperoxide oder deren Mischungen in Betracht. Gebräuchlich sind Benzoylperoxid, Cyclohexanonhydroperoxid, Methyläthylketonperoxid, Methylisobutylketonperoxid, Lauroylperoxid, Di-Tert.-Butylperoxid, Cumolhydroperoxid u. a.[222]). Die Peroxid-Verbindungen werden zur sicheren Handhabung meist in Pastenform verwendet, wobei sie gewöhnlich in einem Weichmacher (etwa einem Phthalsäureester) dispergiert werden. Die Wirkungsweise der Peroxide ist die gleiche wie bei den Polymerisations-Harzen und beruht auf dem Zerfall in Radikale (Reaktionsmechanismus, s. S. 198). Die zur Anregung der Mischpolymerisation benötigte Menge an Initiator ist von mehreren Faktoren abhängig, so von seiner Wirkungskraft selbst, der Natur der ungesättigten Polyester und der Monomeren, der gewünschten Härtungstemperatur usw. Es konnte nachgewiesen werden,

---

[218]) „Allylpolymere": Farbe u. Lack *64* (1958), 373.
[219]) Zur Abgrenzung der Gebiete UP-Harze gegen polymerisierbare Allylester mehrbasischer Säuren: *G. Tewes,* Kunststoff-Rdsch. *3* (1956), 241; Gummi u. Asbest *9* (1956), 567. — *G. Tewes* schlägt vor, diese Art polymere Ester, auch zur Unterscheidung von den echt polymerisierten Estern, etwa Polyvinylacetat, als „Polymere Ester mehrfunktioneller Esterkomponenten" zu bezeichnen. Dies ist zweifellos korrekt und wäre zu befürworten, erscheint aber doch für den allgemeinen Sprachgebrauch zu schwerfällig.
[220]) Verhalten von ca. 20 Monomeren u. ihr Einfluß auf die Endprodukte: *E. Behnke,* Kunststoff-Rdsch. *4* (1957), 185. — Copolymerisation von UP-Harzen mit verschiedenen Vinyl-Monomeren: *W. G. P. Robertson* u. *D. J. Shepherd,* Chem. & Ind., *1958,* 126.
[221]) In der Praxis hat sich der Begriff Katalysator eingebürgert. Streng genommen sind die Peroxide aber als Initiatoren zu bezeichnen, da sie direkt an den Reaktionen teilnehmen und dabei auch verbraucht werden.
[222]) Zusammenstellung z. B. bei *J. Bjorksten et al.,* Monographie S. 49, s. Fußnote 193).

V. Polyesterharze

daß immer nur eine bestimmte Menge des verwendeten Peroxids als fester Bestandteil in das Netzwerk des gehärteten Polyesters aufgenommen wird. Bei zu hoher Peroxid-Konzentration wird ein Teil davon nicht eingebaut, sondern bildet nach dem Zerfall in Radikale unerwünschte, niedermolekulare und lösliche Reaktionsprodukte[223]). Bei Härtungstemperaturen über 80 °C kommen meist Benzoyl- oder Lauroylperoxid bzw. Cumolhydroperoxid zur Anwendung. Cyclohexanonhydroperoxid und Methyläthylketonperoxid leiten die Härtung auch bei niedrigeren Temperaturen ein, Methylisobutylketonperoxid ermöglicht Polymerisationen bereits nahe der Raumtemperatur.

Bei Kalthärtung ist im allgemeinen die zusätzliche Verwendung von Beschleunigern (auch Aktivatoren oder Acceleratoren genannt) notwendig. Es sind dies Verbindungen, die mit den Peroxid-Initiatoren Redoxsysteme[224]) bilden. Gebräuchliche Beschleuniger sind Kobaltsalze in Form der Naphthenate oder Octoate, also Metallsalze, deren Kation in mindestens zwei Wertigkeitsstufen auftreten kann[225]). Die Radikalbildung mit den Peroxiden verläuft nach folgendem Schema[226]):

$$R-O-O-H + Co^{++} \xrightarrow{rasch} R-O^{\cdot} + OH^{-} + Co^{+++}$$
$$R-O-O-H + Co^{+++} \xrightarrow{langsam} R-O-O^{\cdot} + H^{+} + Co^{++} \quad {}^{227})$$

2.105

Die Reduktion des Co^{+++} läuft sehr viel langsamer ab als der Oxydationsvorgang $Co^{++} \rightarrow Co^{+++}$, daher verteilt sich die Radikalbildung über einen gewissen Zeitraum. Dieser Umstand ist für den gesamten Polymerisationsablauf, vor allem für die Länge der Gelierzeit (Begriff s. DIN 16945 oder Zit. 232), von großer Bedeutung.

Weitere gebräuchliche Beschleuniger sind sekundäre oder tertiäre Amine (vielfach Dimethylanilin). Diese können entweder allein oder auch, meist zur Verkürzung der Gelierzeit, in Verbindung mit Kobaltsalzen zur Anwendung kommen. In letzterem Falle ist anzunehmen, daß das Dimethylanilin die Funktion hat, das dreiwertige Kobalt möglichst schnell wieder in seine rascher mit dem Initiator reagierende zweiwertige Form zu reduzieren[228]).

Weniger gebräuchliche Beschleuniger seien hier nur erwähnt, so z. B. Sulfinsäuren[229]), Merkaptane (etwa Laurylmerkaptan), Arylphosphinsäure-ester[230]). Die Aktivatoren müssen, um ihre volle Wirkung entfalten zu können, sehr genau auf das betreffende Peroxid abgestimmt sein. In verschiedenen Handelsprodukten sind Beschleuniger bereits in die Harze eingebaut, beispielsweise in Form sekundärer oder tertiärer Amine, wie Oxyäthyl- bzw. Dioxyäthylanilin[231]). Den zeitlichen Ablauf der Kalthärtung von UP-Harzen untersuchte *Ch. Srna*[232]) reaktionskinetisch unter technologisch interessanten Bedingungen, wobei er die gesamte Polymerisationszeit in Inhibitions-, Anlauf-, Gelier- und Härtezeit gliedert.

---

223) *F. Finus, W. Funke* u. *K. Hamann,* Kunststoffe *54* (1964), 423.
224) *W. Kern,* Angew. Chem. *61* (1949), 471.
225) Andere Metallsalze als Kobaltsalze u. in geringerem Maße Vanadinsalze finden in der Praxis kaum Verwendung.
226) *B. A. Dolgoplsk* u. *E. A. Tinjakowa,* Gummi u. Asbest, *12* (1959), 438; J. Polymer Sci. *30* (1958), 315.
227) Peroxide können, ebenso wie Wasserstoffperoxid, sowohl als Oxydations- als auch als Reduktionsmittel fungieren.
228) *H. V. Boenig,* Unsaturated Polyesters (Monographie), S. 47.
229) DBP 1 034 361 (1955); 1 020 183 (1956), Degussa.
230) AP 2 543 635 (1946), General Electric Co.
231) DBP 919 431 (1951); 916 121 (1951), Farbenf. Bayer.
232) Kunststoff-Rdsch. *12* (1965), 379.

Eine neue Entwicklung geht dahin, die Härtung von UP-Harzen ohne Mitwirkung von Katalysator-Systemen, also ohne Beschleuniger und Peroxide, durchzuführen. Unter Mitverwendung von Sensibilisatoren[233]) gelingt es nämlich, bei Bestrahlung mit UV-Licht durch eine Photopolymerisation[234]) ungesättigte Polyesterlacke auszuhärten. Die Härtung erfolgt schneller als mit den bisher bekannten reaktivsten, katalysierten UP-Harzen. — Zur Elektronenstrahl-Trocknung von UP-Harzen siehe Seite 141.

Die Eigenschaften der ausgehärteten Harze sind vor allem vom Verhältnis der Monomeren zum ungesättigten Polyester und der „Doppelbindungsdichte" abhängig[235]). Die Vorgänge bei der Härtung wurden von verschiedenen Autoren[236]) eingehend bearbeitet und sind weitgehend geklärt. Neben dem Einfluß der Systeme „Initiator/Beschleuniger" auf den Härtungsverlauf[237]) üben auch Härtungszeit und Härtungstemperatur einen erheblichen Einfluß auf die Eigenschaften der Fertigprodukte aus. Diese Untersuchungen, besonders die bei niedrigen Temperaturen, vermitteln wertvolle Hinweise für die Steuerung des Härtungsvorganges in der Praxis[238]).

K. Demmler[238a]) gibt eine instruktive und sehr ausführliche Darstellung des Härtungsverlaufes ungesättigter Polyesterharze. Er unterteilt in drei Teilabschnitte, die als Inhibitionsphase, Copolymerisationsphase und als diffusionskontrollierte Phase bezeichnet werden (näheres s. Originalarbeit).

Beschichtungen aus UP-Harzen zeichnen sich durch eine außerordentlich gute Beständigkeit gegen Wasser, Alkohole, Öle, Benzinkohlenwasserstoffe und viele andere Chemikalien aus. Besonders hervorzuheben sind ihr ungewöhnlich guter Glanz, ihre „Fülle" sowie ihre guten dielektrischen Eigenschaften.

Die üblichen UP-Harze aus MSA, PSA, Glykolen und Styrol werden in Berührung mit dem Luftsauerstoff im Polymerisationsvorgang gehemmt und ergeben selbst in dünner Schicht nur weiche, klebrige Filme. Diese Behinderung der Filmbildung wird auf eine Anlagerung von Sauerstoff an die während der Reaktion gebildeten Radikale und einen dadurch bedingten vorzeitigen Kettenabbruch zurückgeführt. Diese unerwünschte Eigenschaft ist ein starkes Hemmnis für die Einführung der UP-Harze als Lackrohstoffe gewesen, weshalb alle Bemühungen von Anfang an auf die Behebung dieses Mißstandes zielten. Ein Überblick über die Literatur[239]) insbesondere die Patentveröffentlichungen[240]) weist aus, wie angestrengt in dieser Richtung gearbeitet worden ist. Man kann heute allerdings feststellen, daß die anfänglichen Schwierigkeiten praktisch überwunden sind, was sich auch im weiterhin steigenden Verbrauch der UP-Lackharze ausdrückt.

---

[233]) *A. A. Berlin, N. F. Frunse* u. *V. F. Gatschkowskij,* Plaste u. Kautschuk *15* (1968), 400.
[234]) Übersicht über Photopolymerisation: *G. Oster* u. *Nan-Loh Yang,* Chemical Reviews *68* (1968), 125 (347 Literaturzitate!).
[235]) *E. Parker* u. *E. Moffett,* Ind. Engng. Chem. *46* (1954), 1615.
[236]) Unter anderen: *K. Hamann* u. Mitarbeiter, z. B. Makromol. Chem. *57* (1962), 192 u. frühere Veröffentlichungen. — *M. Gordon et al.,* Makromol. Chem. *23* (1958), 188 u. frühere Veröffentlichungen . — *K. Demmler,* VIII. Fatipec-Kongreßbuch 1966, S. 237.
[237]) *B. Berndtsson* u. *L. Turunen,* Kunststoffe *44* (1954), 430 u. *46* (1956), 9. — *P. Maltha* u. *L. Damen,* Fette, Seifen, Anstrichmittel *59* (1957), 1071.
[238]) *B. Berndtsson* u. *L. Turunen,* s. Fußnote 237). — *Ch. Srna,* Kunststoff-Rdsch. *12* (1965), 379. — *K. Demmler* u. *E. Ropte,* Kunststoffe *58* (1968), 925.
[238a]) *K. Demmler,* Farbe u. Lack *75* (1969), 1051.
[239]) Z. B.: *W. Brocker,* Dtsch. Farben-Z. *14* (1960), 152, 194, 275, 354 u. 399. — Monographien *H. V. Boenig* und *W. A. Riese,* beide Fußnote 193).
[240]) *G. Tewes,* Kunststoff-Rdsch. *3* (1956), 241 u. Gummi u. Asbest *9* (1956), 567.

V. Polyesterharze

Die wichtigsten Methoden zur Erzielung einer klebfreien Trocknung der Lackfilme sind zusammengefaßt:

1. Zusatz von Paraffin, Stearin oder Wachs,
2. Verwendung von UP-Harzen mit hohem Erweichungspunkt,
3. Modifikation der Säurekomponente des UP-Esters,
4. Modifikation der Glykolkomponente des UP-Esters,
5. Modifikation des copolymerisierbaren Monomeren,
6. Wärmehärtung.

1. Wohl das erste brauchbare Verfahren zur Erreichung klebfreier Oberflächen war der Zusatz von Paraffinen, Stearinen oder Wachsen[241]. Es gelingt hierbei mit relativ geringen Mengen (von der Art des hautbildenden Stoffes abhängig; bei Hartparaffinen meist um 0,1 % oder weniger, bei Stearinen ca. 1—2 %), den inhibierenden Einfluß des Luftsauerstoffes auszuschließen. Das zunächst im UP-Lack gut lösliche Paraffin (Stearin, Wachs) verliert seine Löslichkeit mit beginnender Vernetzung des UP-Harzes. Es scheidet sich daher aus dem entstehenden Lackfilm wieder aus, steigt an die Oberfläche und bildet eine luftundurchlässige Schicht. Diese hält nicht nur den Luftsauerstoff ab, sie hat weiterhin den großen Vorteil, die Verdampfungsverluste an monomerem Styrol von bis zu 60 % auf weniger als 5 % herabzusetzen[242]. Es gelingt auf diese Weise, auch die einfach herzustellenden, preisgünstigen UP-Harze in befriedigendem Maße für die Aushärtung in dünnen Schichten heranzuziehen. Derartige Lackfilme sind bei normaler Temperatur je nach dem zur Anwendung kommenden Katalysator-System in kürzester Zeit klebfrei und auch verhältnismäßig schnell durchgetrocknet. Die Trocknung kann aber auch durch mäßige Wärmeeinwirkung (ca. 50—60 °C) beschleunigt werden, so daß die Filme sehr schnell schleifbar werden. Durch die Ausbildung der Paraffinschicht an der Oberfläche wird diese matt und muß stark abgeschliffen werden, um anschließend durch Schwabbeln die erforderliche Gleichmäßigkeit und den gewünschten Glanz zu erreichen. Weil zudem den gegen den Luftsauerstoff schützenden Stoffen die Möglichkeit gegeben werden muß, sich wirklich auf der Oberfläche abscheiden zu können, darf eine Schichtstärke von etwa 200—300 µ nicht unterschritten werden. Die Anwendung an senkrechten Flächen ist daher wegen der Gefahr des Ablaufens erschwert. In gewissem Umfange kann hier Abhilfe geschaffen werden, indem man den Lacken durch Zusatz geeigneter Stoffe thixotrope Eigenschaften erteilt, so z. B. durch kolloidale Kieselsäure.

2. Ein anderer Weg, Lacküberzüge mit nichtklebender Oberfläche zu erzielen, setzt die Herstellung von harten, relativ hoch schmelzenden UP-Harzen voraus. Ein Erweichungspunkt der Harze von 90 °C und höher nach der Ring-Kugel-Methode ist im allgemeinen Voraussetzung für ihre Brauchbarkeit in dieser Richtung. Bei solchen Produkten kommt die klebfreie Trocknung der Filmoberfläche rein physikalisch zustande, indem nach dem Verdunsten des Monomeren aus der obersten Schicht diese eine harte, geschlossene Oberfläche bildet, unter der die Copolymerisation in den tieferen Schichten ohne störenden Einfluß des Luftsauerstoffes ablaufen kann. Die Oberflächen solcher Lackfilme bleiben indessen, wie bei allen rein physikalisch trocknenden Filmbildnern, thermoplastisch und empfindlich gegen Lösungsmittel. Bei Temperatur-Wechselbeanspruchung kann zudem leicht Rißbildung auftreten.

---

[241] DBP 948 816 (1951), BASF. — EP 713 312 (1951), Scott-Bader.
[242] W. Gebhardt, W. Herrmann u. K. Hamann, Farbe u. Lack 64 (1958), 303. — F. V. Jenkins et al., J. Oil Colour Chemists' Assoc. 44 (1961), 42.

Es gibt eine Reihe von Möglichkeiten, UP-Ester mit hohen Erweichungspunkten herzustellen. Bereits ein Austausch von PSA durch Isophthalsäure wirkt sich, vor allem in Verbindung mit den nachfolgend beschriebenen cyclischen Diolen, in dieser Richtung günstig aus. Klebfrei und hart trocknende Filmoberflächen können nämlich auch dadurch erreicht werden, daß zur Polyveresterung mehrwertige polycyclische Alkohole besonderen Aufbaues herangezogen werden[243]). Es sind dies meist Verbindungen, deren Alkohol-Gruppen auf verschiedene Ringe von kondensierten Systemen verteilt sind[244]). Diole dieser Art sind z. B. die durch Oxo-Synthesen[245]) erhältlichen Dimethylolverbindungen des Menthans und des Dicyclopentadiens. Ähnliche mehrwertige Alkohole entstehen in analoger Weise aus Dien-Addukten von Cyclopentadien an ungesättigte Alkohole, wie Allylalkohol, Methallylalkohol usw.[243]). Auch das Einkondensieren von Diolen der allgemeinen Formel

$$\text{HO-(H)-A-(H)-OH} \qquad \begin{array}{l} A = \text{Alkylen-Gruppe} \\ H = \text{hydr. Ringsystem} \end{array} \qquad 2.106$$

neben anderen sonst üblichen Diolen[246]) bewirkt eine klebfreie Trocknung.

3. Ungesättigte Polyesterharze, bei denen PSA durch Tetrahydrophthalsäureanhydrid ersetzt ist[247]), ergeben ebenfalls klebfreie, harte Filmoberflächen. Dieses günstige Verhalten von Tetrahydrophthalsäureanhydrid könnte zumindest zum Teil mit seiner Fähigkeit erklärt werden, unter bestimmten Bedingungen in Gegenwart von Luftsauerstoff Hydroperoxide zu bilden[248]). Eine Mitverwendung von Endomethylen-tetrahydrophthalsäureanhydrid (Dien-Addukt aus Cyclopentadien + MSA) soll ebenfalls die lufttrocknenden Eigenschaften der damit hergestellten Harze günstig beeinflussen[249]). Schwer entflammbare UP-Harze können durch einen Anteil von Tetrahydrophthalsäureanhydrid[250]) oder von HET-Säure (s. S. 91) erhalten werden.

Auch durch eine Mischveresterung mit ungesättigten monomeren[251]) oder dimeren[252]) Fettsäuren soll sich eine nicht durch Luftsauerstoff inhibierte Trocknung erzielen lassen. Die Fettsäurereste können aber auch durch Epoxidgruppen mit den ungesättigten Polyestern verbunden werden. Hierzu werden epoxydierte ungesättigte Öle mit konventionellen UP-Harzen bei noch nicht zu hohen Temperaturen (ca. 180 °C) umgesetzt, so daß *Diels-Alder*-Reaktionen noch ausgeschlossen sind[253]). Weitere Verbesserungen für die UP-Harze soll ein gewisser Anteil an Glycerin

---

[243]) *G. Sprock,* Farbe u. Lack *62* (1956), 181.
[244]) DBP 953 117 (1953), Chem. Werke Hüls.
[245]) Oxo-Synthese nach *O. Roelen:* Durch Anlagerung von Kohlendioxid und Wasserstoff werden zunächst Aldehydgruppen gebildet, die anschließend zu primären Alkoholen hydriert werden.
[246]) DBP 1 008 435 (1954), Farbenf. Bayer.
[247]) EP 842 958 (1960), Chem. Werke Hüls. — *S. E. Berger et al.,* Amer. Paint J. *46* (1962) Nr. 24, S. 74. — *G. R. Svoboda,* Off. Digest Federat. Soc. Paint Technol. *34* (1962), 1104.
[248]) AP 2 584 773 (1952), Phillips Petroleum Co.
[249]) EP 578 867 (1944), ICI.
[250]) DBP 1 026 522 (1954), Farbenf. Bayer.
[251]) DAS 1 011 551 (1953), Farbenf. Bayer. — EP 540 168 (1939, amer. Prior. 1938), Amer. Cyanamid Co.
[252]) *P. Penczek et al.,* Plaste u. Kautschuk *10* (1963), 262.
[253]) DBP 1 028 333 (1956), Reichhold Chem. AG.

V. Polyesterharze

neben Diäthylenglykol erbringen, während eine Mitverwendung von Tris-(2-carboxy-äthyl)-isocyanurat sich besonders günstig auf die Filmhärte auswirken soll[254].
4. Unter 2. auf Seite 138 wurde bereits darauf hingewiesen, daß spezielle Diole, wie hydriertes Bisphenol A und andere imstande sind, als Veresterungskomponente in UP-Harzen diesen eine klebfreie Lufttrocknung zu vermitteln. Allerdings zeigen die Lackfilme meist ungenügende Härte und sind zudem nicht beständig gegen Lösungsmittel. Ein wesentlicher Fortschritt konnte hier erst erzielt werden, als gefunden wurde, daß der Einbau von β,γ-ungesättigten Äthergruppierungen in UP-Harze eine einwandfreie Trocknung gewährleistet und harte, klebfreie und auch lösungsmittelbeständige Filme entstehen[255]). Da die Allylgruppe für sich allein nicht imstande ist, diese Eigenschaften zu vermitteln, ist mit Recht anzunehmen, daß für die einwandfreie Lufttrocknung die Allyloxy-Struktur

$$\begin{array}{c} R_1 \quad R_4 \\ | \quad\quad | \\ C=C-C-O- \\ | \quad | \quad | \\ R_2 \quad R_3 \quad H \end{array} \qquad 2.107$$

verantwortlich sein muß. Weil weiterhin von Allyläthern bekannt ist, daß sie durch Autoxydation Hydroperoxide bilden können[256]),

$$CH_2=CH-CH_2-O-R \xrightarrow{O_2} CH_2=CH-CH-O-R \atop |\atop O-O-H \qquad 2.108$$

liegt es nahe, daß diese Eigenschaft eine wesentliche Rolle bei ihrer Verwendung in klebfrei trocknenden UP-Harzen spielt, indem der die Copolymerisation störende Luftsauerstoff durch Umsetzung mit den Allyloxy-Gruppen abgefangen wird.
Geeignet für das Einbringen der Allyloxy-Gruppen in ungesättigte Polyester sind Allyläther von mehrwertigen Alkoholen[257]), wie Mono- und Diallyläther von Glycerin, Trimethyloläthan und Trimethylolpropan, Mono-, Di- und Triallyläther des Pentaerythrits und die Monoallyläther von Glykolen[258]) sowie der Allylglycidyläther.
Der Aufbau von UP-Harzen, die sowohl im Säureanteil als auch in der Alkoholkomponente ungesättigte Gruppen enthalten, ist wegen leicht eintretender unerwünschter Nebenreaktionen nicht einfach. Ein Vorschlag[259]) umgeht solche Schwierigkeiten dadurch, daß zunächst zwei Typen von Polyestern getrennt hergestellt und diese dann vermischt werden. Während der eine Polyester dem üblichen Typ der UP-Harze entspricht, also die Doppelbindungen in der Säurekomponente trägt, enthält der andere nur gesättigte Dicarbonsäuren, die mit β,γ-ungesättigten Ätheralkoholen verestert sind.
Es ist kaum überraschend, daß auch die Kombination einer Dicarbonsäure mit einem Polyalkohol, die beide für sich allein schon die klebfreie Trocknung fördern, Produkte ergibt, die in dieser Hinsicht recht befriedigen. So werden UP-Harze aus

---

[254]) *S. E. Berger et al.*, Amer. Paint J. *46* (1962) Nr. 24, S. 74.
[255]) DAS 1 024 654 (1954); EP 821 988 (1959), Farbenf. Bayer.
[256]) *P. L. Nichols* u. *E. Yanovsky*, J. Amer. chem. Soc. *67* (1945), 46. — Studium der Autoxydation von Allylverbindungen: *J. Mleziva et al.*, Dtsch. Farben-Z. *21* (1967), 119.
[257]) *W. Trimborn*, Fatipec-Kongreßbuch 1957, S. 149; Farbe u. Lack *64* (1958), 70.
[258]) DAS 1 019 421 (1956), Chem. Werke Hüls. — *J. Scheiber*, Farbe u. Lack *64* (1958), 373.
[259]) DBP 1 087 348 (1958) = EP 821 988 (1959), beide BASF.

Tetrahydrophthalsäureanhydrid und dem Diallyläther des Trimethylolpropans mit verbesserten Eigenschaften beschrieben[260]).

Ein anderes Patent[261]) beansprucht die Herstellung einwandfrei lufttrocknender Lacke aus Harzen, die mit mehrwertigen Alkoholen verestert sind, die 2—7 Äthersauerstoffe enthalten. Derartige Polyalkohole, die also nicht ungesättigt zu sein brauchen, sind z. B. Tri-, Tetra-, Penta- und Hexaäthylenglykol sowie Pentabutylenglykol.

5. Eine weitere Möglichkeit, nichtklebende Oberflächen zu erzielen, besteht im vollständigen oder teilweisen Ersatz des Styrols durch Monomere, die sowohl zur Mischpolymerisation fähig sind als auch an der Luft oxydativ trocknen, wie z. B. die Allyläther[262]). Über derartige Versuche, die auch andere Allylverbindungen, wie Glycerindiallylacetat und Glycerindiallyladipinat einschließen, berichten ausführlich F. V. Jenkins u. Mitarb.[263]). Der Zusatz von aromatischen Verbindungen mit mindestens zwei Isopropenylresten, wie Di-Isopropenyl-Benzol wird in einem Patent genannt[264]).

6. Härte und Klebfreiheit kann für bestimmte Typen von UP-Harzen auch ohne Paraffinzusatz oder den Einbau von speziellen gegen den Luftsauerstoff wirkenden Gruppen durch Wärmetrocknung bei Temperaturen etwa ab 100 °C erreicht werden. Derartige Produkte liefern Beschichtungen mit sehr gutem Glanz und ausgezeichneter Härte, wenn sie beispielsweise bei ca. 100 °C ungefähr 5 Minuten durch Infrarotbestrahlung getrocknet werden[265]).

Die Verarbeitung von Lacken aus ungesättigten Polyesterharzen unterscheidet sich grundlegend von derjenigen anderer Lacktypen, da das Monomere im Verlaufe der Filmbildung seine ursprüngliche Funktion als Lösungsmittel verliert und integrierter Harzbestandteil wird. Die genaue Abstimmung der einzelnen Komponenten: ungesättigter Polyester, Monomere, Inhibitor, Initiator und Beschleuniger erfordert sowohl von den Harz- und Lackherstellern als auch von den Verbrauchern viel Wissen und große Erfahrung[266]). Die Anwendungstechnik mußte hier teilweise ganz neue Wege beschreiten und spezielle Verfahren erarbeiten. Zwei charakteristische Beispiele seien kurz beschrieben, die gleichzeitig das Problem der beschränkten Haltbarkeit (pot-life) des gebrauchsfertigen Lackes umgehen.

So werden nach einer als „Polyester-Kontakt-Verfahren, Reaktionsgrund-Verfahren" oder auch „Zwei-Stufenlackierung" bezeichneten Arbeitsweise[267]) die zu beschichtenden Gegenstände vor dem Aufbringen des peroxidfreien UP-Lackes mit einem Bindemittel (Reaktionsgrund genannt) überzogen, das den Peroxid-Initiator enthält. Polymerisationsvorgang und Aushärtung beginnen in der Grenzzone zwischen Reaktionsgrund und UP-Lack und setzen sich durch den ganzen Film hindurch

---

[260]) *H. W. Chatfield*, Paint Technol. 27 (1963) Nr. 10, S. 25; Ref. Farbe u. Lack 70 (1964), 123.

[261]) DAS 1 054 620 (1956) = EP 821 988 (1957), Farbenf. Bayer.

[262]) DAS 1 011 551 (1953), Farbenf. Bayer. — DBP 1 087 348 (1958) = EP 887 394 (1962), BASF. — *W. Trimborn*, Farbe u. Lack 64 (1958), 70. — *M. J. Haines*, Literaturref. „Allyläther" in Review Current Literature Paint and Allied Industry 37 (Febr. 1964) Nr. 260.

[263]) *F. V. Jenkins et al.*, J. Oil Colour Chemists' Assoc. 44 (1961), 42.

[264]) DBP 962 009 (1954), Chem. Werke Hüls.

[265]) *T. L. Phillips*, Brit. Plastics 34 (1961), 69.

[266]) *K. Brockhausen*, Fette, Seifen, Anstrichmittel 61 (1959), 917. — *H. Twittenhoff*, Fette, Seifen, Anstrichmittel 67 (1965), 1000.

[267]) DAS 1 025 302 (1954), *K. H. Hauck* u. *F. Hecker-Over*.

fort[268]). Häufig werden hierbei Zweikomponenten-Gießmaschinen (curtain coater) verwendet.

Das zweite Verfahren, auch „1 : 1- oder Zweikopf-Verfahren" genannt, beruht auf einer Teilung des UP-Lackes in zwei Teile, deren einer den Initiator, der andere den Beschleuniger enthält. Während für das Kontaktverfahren eine besondere apparative Einrichtung nicht unbedingt Voraussetzung ist, erfordert das Zweikopf-Verfahren Spezialgeräte, z. B. Zweikomponenten-Spritzpistolen mit Dosiereinrichtungen[268]) oder Zweikopf-Gießmaschinen[269]).

In letzter Zeit kommt eine völlig neue Methode zur Aushärtung von Lackschichten stark ins Gespräch. Durch Bestrahlung mit energiereichen Elektronen kann nämlich in überraschend kurzer Zeit eine Polymerisationshärtung von UP-Lackfilmen erzielt werden[270]). Obwohl die Entwicklung noch keinesfalls abgeschlossen ist, zeichnen sich doch bereits deutlich wirtschaftliche Vorteile, vor allem in Hinblick auf Zeitersparnis, ab (vgl. auch Photopolymerisation, S. 136).

Das Hauptanwendungsgebiet für UP-Lackharze ist zweifellos die Holzlackierung, aber auch für den Schutz von Metallen finden sie als Grundlage für Spachtelmassen[271]) Verwendung, desgleichen für Decklacke[272]). Für die Abdichtung von Betonbauwerken und zur Auskleidung von Stahlbehältern zur Abwehr von Korrosionsschäden haben sich besonders die mit Glasfasern verstärkten UP-Harze vielfach bewährt.

Für ihre bevorzugte Verarbeitung in der Holzmöbelindustrie[273]) ist von großer Bedeutung, daß mit UP-Harzen sehr gut füllende Filmflächen von bemerkenswerter mechanischer Widerstandsfähigkeit erhalten werden. Es ist durchaus möglich, in einem einzigen Arbeitsgang Lackschichten zu erzielen, die in der Brillanz und in der Füllkraft im mühevollen Polierverfahren sorgfältigst ausgeführte Nitrolackierungen mit fünf Schichten übertreffen. Neben hochglänzenden Beschichtungen werden auch seidenglänzende ausgeführt, und zwar teils durch Schleifen, teils durch Belassen der paraffinischen Trennschicht. Pigmentierte Lacke aus UP-Harzen[274]) spielen in der Praxis ebenfalls eine Rolle, so für hochwertige Lackierungen von Küchenmöbeln. Die Beschichtungen lassen sich auch in diesem Falle sowohl hochglänzend als auch seidenmatt ausführen. Die Verarbeitung pigmentierter Lacke hat überdies den Vorteil, daß diese sich leichter wachsfrei verarbeiten lassen als unpigmentierte[275]).

---

[268]) *K. H. Hauck,* Kunststoff-Rdsch. *3* (1956), 244; Dtsch. Farben-Z. *13* (1959), 184. — Industrie-Lackier-Betrieb *27* (1959), 68.

[268]) Beschreibung dieses Gerätes: Holz als Roh- u. Werkstoff *14* (1956) 105; *16* (1958), 44.

[269]) DAS 1 093 549 (1955), Kasika, Berlin.

[270]) Grundlegendes Patent über Elektronenstrahl-Härtung: EP 949 191 (1960), T. J. (group Services) Ltd. — *A. R. H. Tawn,* J. Oil Colour Chemists' Assoc. *51* (1968), 782 (38 Literaturhinweise). — Lackhärtung mit Elektronen- u. UV-Strahlen: *W. Denninger* u. *M. Patheiger,* Dtsch. Farben-Z. *22* (1968), 586. — Schnellhärtung vom Lacken durch Elektronenstrahlen (Erfahrungsaustausch): *Anon.,* Peintures, Pigments, Vernis *44* (1968), 188, 340; Ref. Dtsch. Farben-Z. *23* (1969), 177.

[271]) Z. B. *W. A. Riese,* Monographie, S. 364.

[272]) *R. H. Chandler,* Industrial Finishing 12/142, 25 (April 1960); Ref. Dtsch. Farben-Z. *14* (1960), 386. — *H. Liesegang,* Kunststoff-Rdsch. *7* (1960), 482.

[273]) *L. H. Allan,* Paint Manuf. *30* (1960), 161, 203, 243; Ref. Dtsch. Farben-Z. *15* (1961), 148.

[274]) Die Pigmentierung ungesättigter Polyester: *E. Herrmann,* Beckacite-Nachr. *21* (1962), 6.

[275]) *H. Niesen,* Dtsch. Farben-Z. *15* (1961), 515.

W. *Geilenkirchen*[276]) gibt eine sehr ausführliche Übersicht zur Anwendung lufttrocknender, ungesättigter Polyesterharze auf dem Lackgebiet. Er behandelt neben den vielseitigen Anwendungsgebieten auch die Herstellung, Standzeit (pot-life) und Verarbeitung der Lacke. *K. H. Hauck*[277]) und *H. Nielsen*[278]) berichten über die Behandlung von Holzoberflächen mit Lacken aus UP-Harzen. *W. Wittke*[279]) schildert den Beitrag der Lackindustrie zur Entwicklung von Verarbeitungsverfahren auf diesem Gebiet.

Viele Holzarten, vor allem Edelhölzer wie Palisander, Teak, Makassar u. a. enthalten chinon- bzw. phenolartige Verbindungen, die als Inhibitoren wirken können und deshalb die Polymerisation stören oder sogar verhindern[280]). Ihren Einfluß sowie die Auswirkungen mineralischer, pflanzlicher und synthetischer Öle auf die Trocknung und die Härte von UP-Lackierungen untersuchten *K. Weigel* u. *H. Gehring*[281]), die auch interessante Vergleiche zwischen wachshaltigen und wachsfreien Lacken bringen[282]).

Beispiele für Handelsprodukte:

Alcrepol	Alcrea
Aldurol	Reichhold-Albert
Celipal	Hüls
Chempol	Freeman
Crystik	Scott Bader
Epok	B.P.
Gabraster	Montecatini
Lamellon	Scado
Lipatol	Sichel
Ludopal	BASF
Polyleit	Reichhold-Albert
Roskydal	Bayer
Sirester	SIR
Soredur	SOAB
Synolit	Synres
Uceflex	UCB
Viapal	Vianova

8. Polyesterharze aus Terpen-Dien-Addukten

Die nachfolgend beschriebenen Lackharze sind Veredlungsprodukte von Naturharzsäuren, vornehmlich des Kolophoniums, ferner von Terpentinöl bzw. den darin enthaltenen Terpen-Kohlenwasserstoffen. Diese Terpenverbindungen sind Diensynthesen gut zugänglich, da ihre Doppelbindungen entweder bereits als konjugierte Systeme vorliegen oder durch Isomerisationsvorgänge mehr oder weniger leicht in solche umgewandelt werden können (vgl. S. 264). Da bei der Umsetzung mit Maleinsäureanhydrid mehrbasische Säuren entstehen und diese mit mehrwertigen Alkoholen polyverestert werden können, zählt man mit Recht diese Harzgruppe zu den Polyestern.

---

[276]) Farbe u. Lack *64* (1958), 528; IV. Fatipec-Kongreßbuch 1957. S. 71.
[277]) Dtsch. Farben-Z. *13* (1959), 184.
[278]) Holz als Roh- u. Werkstoff *16* (1958), 44.
[279]) Kunststoff-Rdsch. *2* (1955), 153.
[280]) *W. Sandermann et al.*, Farbe u. Lack *67* (1961), 9.
[281]) Industrie-Lackier-Betrieb *25* (1957), 70, 145.
[282]) Industrie-Lackier-Betrieb *25* (1957), 329.

8.1. Maleinatharze

Bei der *Diels-Alder*schen Dienreaktion (s. S. 92) zwischen den Harzsäuren des Kolophoniums als Dienkomponente und Maleinsäureanhydrid (MSA) als dienophiler Komponente[283]) reagiert unmittelbar nicht die als Hauptbestandteil des Kolophoniums vorliegende Abietinsäure, sondern die mit ihr isomere Lävopimarsäure[284]) (vgl. hierzu S. 264). Unter den Reaktionsbedingungen (Temp. über 150 °C) lagert sich zunächst die Abietinsäure in Lävopimarsäure um, die dann ihrerseits die Dien-Addition eingeht[285]):

$$\text{Abietinsäure} \xrightarrow{>150\,°C}$$

Harzsäure-MSA-Addukt 2.109

Weil die zur Umsetzung mit MSA geeigneten Harzsäuren in den Naturharzen in unterschiedlichen Anteilen vorhanden sein können, verhalten sich verschiedene Kolophoniumsorten hierbei auch nicht gleich. So liegen beispielsweise die Schmelzpunkte der Addukte aus Balsamharz in der Regel etwas höher als die der Addukte aus Wurzelharz[286]). Mit gutem Erfolg werden häufig gereinigte Tallharze verarbeitet (vgl. S. 265).

Entsprechend Untersuchungsergebnissen von *Smith* u. *Wise*[286a]) muß aber auch bei der Umsetzung von Harzsäuren mit Maleinsäureanhydrid, neben der normalen Dien-Reaktion nach *Diels-Alder,* in gewissem Umfange mit der Bildung von Addukten des Bernsteinsäure-Typs gerechnet werden, die ihre Entstehung einer substituierenden Dien-Addition (s. S. 128 u. 146) verdanken.

Ebenso wie mit MSA läßt sich die Reaktion auch mit der isomeren Fumarsäure durchführen, deren Anlagerung jedoch erst ab etwa 200 °C erfolgt. Unterhalb dieser Temperatur ist allerdings schon mit einer allmählichen Umwandlung der Fumarsäure in Maleinsäure zu rechnen. Erfolgt die Umsetzung bei Temperaturen über 250 °C, so scheint dagegen bei der Anlagerung zunächst weitgehend die trans-Konfiguration der Fumarsäure erhalten zu bleiben. Erst durch längeres Erhitzen findet dann eine Umlagerung in die cis-Form des MSA-Adduktes statt[287]).

Diese Addukte sind Tricarbonsäuren, so daß ihre Veresterung mit Polyolen ganz im Sinne der Alkydharz-Bildung verläuft und zu unlöslichen, gehärteten und stark

---

[283]) DRP 676 485 (1930), I.G. Farben. — Klärung des Reaktionsverlaufes: *L. Ruzicka et al.*, Hel. chim. Acta *15* (1932), 1289.
[284]) *H. Wienhaus* u. *W. Sandermann*, Ber. dtsch. chem. Ges. *69* (1936), 2202 u. *71* (1938), 1094.
[285]) *R. Bacon* u. *L. Ruzicka*, Chem. Ind. *55* (1936), 546.
[286]) *A. G. Hovey* u. *T. S. Hodgins*, Ind. Engng. Chem. *32* (1940), 272.
[286a]) *C. D. Smith* u. *J. K. Wise*, J. Paint Technol. *41* (1969), Nr. 532, S. 338.
[287]) *N. J. Halbrook* u. *R. V. Lawrence*, Ind. Engng. Chem. *50* (1958), 321; Ref. Dtsch. Farben-Z. *12* (1958), 346.

vernetzten Produkten führen würde[288]), wenn nicht monofunktionelle Verbindungen zugegen sind. Als eine solche wirkt hauptsächlich ein bei der Adduktbildung nicht verbrauchter Kolophonium-Anteil selbst. Die Mischester aus Addukt, mehrwertigem Alkohol und Harzsäure bezeichnet man als *Maleinatharze*. Ihre Herstellung kann nach einem der folgenden Verfahren ablaufen:
1. Umsetzung von Kolophonium im Überschuß mit MSA und anschließender Veresterung mit Polyolen.
2. Herstellung eines Polyester-Vorproduktes aus MSA und Polyolen und seine Umsetzung mit Kolophonium[289]).
3. Gleichzeitige Reaktion aller Komponenten.

Glycerin und Pentaerythrit sind die hauptsächlichen Veresterungsmittel[290]), daneben werden auch Trimethylolpropan, 1,2,4-Butantriol, Tetramethylol-cyclohexanol, Äthylen- und Diäthylenglykol genannt[291]). Die Veresterung verläuft verhältnismäßig leicht und kann ohne oder mit Katalysatoren, z. B. Phosphorsäure oder Magnesiumoxid[292]), durchgeführt werden. Ebenso wie Terpene scheinen auch die Maleinatharze zur Peroxidbildung zu neigen und vermögen daher die Filmtrocknung in Verbindung mit trocknenden Ölen oder Alkydharzen katalytisch zu beschleunigen[293]). Der Erweichungspunkt der Maleinatharze steigt mit dem Gehalt an Harzsäure-MSA-Addukt und ist außerdem von der Natur des Polyalkohols abhängig. Die größere Härte der Produkte mit höherem MSA-Gehalt läßt auf einen stärkeren Vernetzungsgrad schließen. Dieser kann soweit gehen, daß es bei zu hohem MSA-Anteil zu einer Gelierung des Ansatzes kommt und völlige Unlöslichkeit eintritt.

Die Harze sind in fast allen organischen Lösungsmitteln löslich, mit Ausnahme von Alkoholen, in denen nur die nicht völlig veresterten Maleinatharze löslich sind. Ihre hervorstechendsten Merkmale sind Helligkeit und Lichtbeständigkeit, die in erster Linie durch die Absättigung der oxydationsempfindlichen Doppelbindungen der Harzsäuren bei der Adduktbildung bedingt sind. Je höher der Gehalt der Harze an Addukt, um so besser ist die Lichtbeständigkeit, um so geringer aber auch die Ölverträglichkeit und die Benzinlöslichkeit.

Maleinatharze finden Anwendung für schnelltrocknende Öllacke, besonders helle Überzugslacke, weiße und hellbunte Lackfarben, helle Ofen- und Silberlacke. Die Harze können mit trocknenden Ölen in beliebigen Mengenverhältnissen verkocht werden. Mit ölmodifizierten Alkydharzen lassen sie sich gut kombinieren und verbessern die Trocknung luft- und ofentrocknender Lacksysteme.

Mit Nitrocellulose verträgliche Maleinatharze finden vielfach Verwendung in Nitrocellulose-Lacken, da sie den Filmen gute Fülle, Glanz und Härte vermitteln. In dieser Hinsicht sind sie einfachen Harzestern deutlich überlegen. Auch für die Druckfarben-Herstellung sind diese und auch die nachfolgend beschriebenen Dien-Adduktharze von Bedeutung[294]).

---
[288]) *E. Fonrobert,* Chem. Ztg. *63* (1939), 137.
[289]) Diese Methode wird insbesondere für die Umsetzung mit Tallharz, vor allem bei Verwendung von Phosphorsäure als Katalysator empfohlen, um härtere Harze zu erzielen. Vgl. AP 3 106 550 (1963), Union Bag-Camp Paper.
[290]) Ital P 373 330 (1939), I.G. Farben. — AP 2 347 923 (1944), Hercules Powder.
[291]) FP 711 924 (1931), I.G. Farben.
[292]) Bios-Bericht, Nr. 629.
[293]) *E. R. Littmann,* Ind. Engng. Chem. *28* (1936), 1150.
[294]) Zusammenfass. Überblick über Herstellung, Eigenschaften u. Verwendungsmöglichkeiten der Maleinatharze: *H. Gibello,* Peintures, Pigments, Vernis *22* (1946), 245 (60 Literaturangaben); Ref. Chem. Zbl. *1947* I, 662.

V. Polyesterharze

Beispiele für Handelsprodukte:

Acoresen	Abshagen
Alcremal	Alcrea
Alresat	Reichhold-Albert
Amberol	Rohm & Haas
Arochem	Scado
Bedesol	I.C.I.
Bergviks Maleic Resin	Bergviks
Crayvallac	Cray Valley
Dynores	Norsk Spraengstof
Heso-Resen	Hendricks & Sommer
Hobimal	Scado
Jägadukt	Jäger
Licomat	Sichel
Malinit	Plüss-Staufer
Recristal	Montecatini
Rokramar	Kraemer
Scadocel	Scado
Seta-M	Synthese
Siral	SIR
Synresol M	Synres
Syntholit	Synthopol
Viadur	Vianova
Worléesin	Worlée

8.2. Harze auf Basis anderer Dien-Terpen-Addukte

Zur Anlagerung an Harzsäuren bzw. Kolophonium eignen sich neben Maleinsäureanhydrid auch noch andere zu Dien-Synthesen befähigte dienophile Komponenten. So lassen sich Acrylsäure, Acrylnitril oder Acrylsäureester[295] mit Kolophonium zu Hartharzen umsetzen; in anderen Patentschriften[296] werden Styrol, Butadien, Isopren, Cyclopentadien, Cumaron und Inden genannt, die unter Einwirkung von Borfluorid und gewissen Metallacetaten als Katalysatoren mit Kolophonium vereinigt werden können.

Technisch wichtig sind vor allem Lackrohstoffe aus Kolophonium und *Acrylverbindungen*. Da die Anlagerung von Acrylsäure und ihren Derivaten an Harzsäuren nur bifunktionelle Dicarbonsäuren liefert, ist bei einer Veresterung mit mehrwertigen Alkoholen der Grad der Vernetzung geringer als bei den trifunktionellen Maleinsäure-Addukten. Es können somit auch mehr von den Acryladdukten in die Harze eingearbeitet werden, als dies bei den Maleinataddukten möglich ist. Die Harze gleichen in ihren allgemeinen Eigenschaften und ihrer Anwendung so weitgehend den Maleinatharzen, daß auf eine gesonderte Darstellung verzichtet werden kann. Allenfalls ist zu bemerken, daß diese Harze sich vielfach durch eine überraschend große Härte auszeichnen, die auch in erster Linie für ihre praktische Verwendung bestimmt ist.

Aber nicht nur die Harzsäuren als Derivate von Terpenkohlenwasserstoffen, auch diese selbst können zu Dien-Reaktionen herangezogen werden[297]. Hauptbestandteile des Terpentinöls sind bekanntlich Terpenkohlenwasserstoffe der Formel

---

[295] DRP 744 578 (1940), I.G. Farben.
[296] AP 2 527 577 u. 2 527 578 (1947), Hercules Powder.
[297] Terpene-Maleic Anhydride Resins: *E. R. Littmann*, Ind. Engng. Chem. 28 (1936), 1150.

$C_{10}H_{16}$, die mit Maleinsäureanhydrid ebenfalls Addukt-Säuren ergeben. Je nach Anordnung der Doppelbindungen, evtl. nach vorausgehender Umlagerung, erfolgt eine normale Dien-Synthese (I) oder eine substituierende Addition (anormale Dien-Synthese) (II)[298], z. B.:

α- Terpinen   2.110

Dipenten

Auch eine Bildung polymerer Dicarbonsäuren etwa folgender Struktur ist in Betracht zu ziehen[299]):

2.111

Diese Umsetzungen von Terpentinöl bzw. Terpenkohlenwasserstoffen mit Maleinsäure führen zu technischen Produkten[300]), die in gleicher Weise wie PSA polyverestert und modifiziert werden können. Die mit Fettsäuren modifizierten Harze sind gut benzinlöslich und ergeben Anstriche mit rascher Trocknung, sehr gutem Verlauf und Glanz.

---

[298]) *O. Diels et al.*, Ber. dtsch. chem. Ges. 71 (1938), 1163 u. Liebigs Ann. Chem. 460 (1928), 98. — *E. R. Littmann*, J. Amer. chem. Soc. 57 (1935), 586. — *K. Hultzsch*, Angew. Chem. 51 (1938), 920 u. Ber. dtsch. chem. Ges. 72 (1939), 1173.
[299]) *J. Rinse*, Kapitel „Alkydharze" in *H. Houwink* „Chemie u. Technol. d. Kunststoffe, 3. Aufl. Bd. II, S. 533.
[300]) „Petrexsäuren" der Hercules Powder Co.: AP 1 978 598 (1932); 1 993 025 — 1 993 037 (1930—1934), Hercules Powder.

Beispiele für Handelsprodukte:

Alresat	Reichhold-Albert
Bremar	Kraemer
Necolin L und S	Necof
Necomar	Necof

9. Polycarbonate

Im Gegensatz zu aliphatischen Polyestern der Kohlensäure (Polycarbonaten), die zwar schon lange bekannt[301]), aber ohne technisches Interesse geblieben sind, haben aromatische Polycarbonate, denen in der Hauptsache 4,4'-Dioxy-Diphenyl-Alkane der allgemeinen Form

$$HO-\text{⟨O⟩}-R-\text{⟨O⟩}-OH \qquad R = \text{Alkylreste} \qquad 2.112$$

zugrunde liegen[302]), als thermoplastische Kunststoffe eine beachtliche Bedeutung erlangen können. Die heute auf dem Markt befindlichen Polycarbonate leiten sich wohl ausnahmslos vom 4,4'-Dioxydiphenyl-2,2-Propan (Bisphenol A, Dian, s. S. 29) ab. Ihre Herstellung erfolgt entweder durch Umsetzung von Bisphenol A in alkalischer Lösung mit Phosgen

$$n\ HO-\text{⟨O⟩}-\underset{CH_3}{\underset{|}{\overset{CH_3}{\overset{|}{C}}}}-\text{⟨O⟩}-OH + n\ O=C\underset{Cl}{\overset{Cl}{\diagdown}} \xrightarrow{NaOH}$$

$$\left[-O-\text{⟨O⟩}-\underset{CH_3}{\underset{|}{\overset{CH_3}{\overset{|}{C}}}}-\text{⟨O⟩}-O-\underset{O}{\overset{}{\overset{\parallel}{C}}}-\right]_n + 2n\ NaCl + 2n\ H_2O \qquad 2.113$$

oder durch Umesterung von Bisphenol A mit Diestern der Kohlensäure, meist Diphenylcarbonat, bei Temperaturen zwischen 150 und 300 °C.

$$n\ HO-\text{⟨O⟩}-\underset{CH_3}{\underset{|}{\overset{CH_3}{\overset{|}{C}}}}-\text{⟨O⟩}-OH + n\ O=C\underset{O-\text{⟨O⟩}}{\overset{O-\text{⟨O⟩}}{\diagup}} \longrightarrow$$

$$\left[-O-\text{⟨O⟩}-\underset{CH_3}{\underset{|}{\overset{CH_3}{\overset{|}{C}}}}-\text{⟨O⟩}-O-\underset{O}{\overset{\parallel}{C}}-\right]_n + 2n\ \text{⟨O⟩}-OH \qquad 2.114$$

---

[301]) Z. B. *A. Einhorn*, Liebigs Ann. Chem. *300* (1898), 135. — *W. H. Carothers* u. *F. J. Natta*, J. Amer. chem. Soc. *52* (1930), 314.
[302]) *H. Schnell*, Angew. Chem. *68* (1956); Kunststoffe *46* (1956), 567. — S. a. *W. Hechelhammer* u. *G. Peilstöcker*, Kunststoffe *49* (1959), 3.

Besonders hervorzuheben ist die außergewöhnliche Beständigkeit der Polycarbonate sowohl gegen hohe als auch gegen tiefe Temperaturen. Sie haben weiterhin einen hohen Schmelzpunkt, gute mechanische Festigkeit und eine geringe Neigung zur Wasseraufnahme. Ihre Beständigkeit gegen Mineralsäuren, Oxydations- und Reduktionsmittel, Salzlösungen, Fette, Öle und Benzinkohlenwasserstoffe ist gut. Den Angriffen starker Alkalien sind sie dagegen nicht gewachsen.

Polycarbonate wurden auch als Lackrohstoffe vorgeschlagen[303]), wobei besonders die gute Dauerelastizität der Filme, ihre gute Wasser- und Lichtbeständigkeit herausgestellt werden. Hingewiesen wird auch noch auf ein hohes Pigmentaufnahmevermögen sowie auf gute Verträglichkeit mit den meisten handelsüblichen Weichmachern. Die Filmbildung erfolgt bei der rein physikalischen Trocknung ohne Vernetzung, die Filme bleiben daher thermoplastisch. Große Bedeutung haben die Polycarbonate allerdings auf dem Lacksektor bislang nicht gewonnen[304]).

VI. Polyamide

Unter Polyamiden versteht man makromolekulare Verbindungen, deren Grundbausteine säureamidartig, d. h. über die Gruppierung

$$-\underset{\underset{O}{\|}}{C}-\underset{\underset{H}{|}}{N}- \qquad 2.115$$

miteinander verknüpft sind. Im einfachsten Falle werden durch eine Polykondensation aus einer Dicarbonsäure und einem Diamin in Analogie zu den aus Dicarbonsäuren und Glykolen gebildeten Polyestern lineare Polyamide vom Nylon-Typ erhalten, z. B.

$$n\ HOOC\cdot(CH_2)_4\cdot COOH\ +\ n\ H_2N\cdot(CH_2)_6\cdot NH_2 \longrightarrow$$

Adipinsäure   Hexamethylendiamin

2.116

$$\dots\ \left[OC\cdot(CH_2)_4\cdot CO-HN\cdot(CH_2)_6\cdot NH\right]_n\ \dots\ +\ n\ H_2O \quad ^{305})$$

Zur Kennzeichnung der Polyamide dient im allgemeinen die Anzahl der C-Atome zwischen den funktionellen Gruppen, so daß z. B. ein aus Hexamethylendiamin und Adipinsäure aufgebautes Polyamid als 6,6-Polyamid, ein solches aus Hexamethylendiamin und Sebazinsäure als 6,10-Polyamid bezeichnet wird. Um zu technisch brauchbaren Produkten zu gelangen, deren mittleres Molekulargewicht im allgemeinen bei 10 000—20 000 liegt, ist es erforderlich, ganz bestimmte Reaktionsbedingungen einzuhalten, da sonst nur Polykondensate niedrigen Molekulargewichtes mit ungenügenden Eigenschaften entstehen[306]).

---

[303]) Verwendung hochmolekularer Polycarbonate als Lackrohstoffe: DAS 1 074 178 (1955), Farbenf. Bayer.

[304]) Lacke auf Basis von Polycarbonat-Lösungen: *W. E. Allsebrook,* Paint Manuf. *32* (1962), 429; Ref. Dtsch. Farben-Z. *17* (1963), 150.

[305]) In der Natur erfolgt der Aufbau der Eiweißstoffe (Polypeptide) nach dem gleichen Prinzip einer Verknüpfung über die Säureamidgruppierung. Monomere Grundbausteine sind dabei fast ausschließlich α-Aminosäuren der allgem. Formel H$_2$N-CH-COOH.
$\ \ \ $|
$\ \ \ $R

[306]) *W. H. Carothers* u. *G. J. Berchet,* J. Amer. chem. Soc. *52* (1930), 5299; Zusammenfassung der Arbeiten *Carothers,* u. Mitarb.: *W. Scheele* Kolloid-Z. *98* (1942), 222 u. *K. Maurer,* Angew. Chem. *54* (1941), 389.

VI. Polyamide

Zur Polyamidbildung sind aber auch Aminocarbonsäuren der allgemeinen Formel $H_2N\!-\!(CH_2)_n\!-\!COOH$ geeignet, also Verbindungen, die in dem Molekül gleichzeitig die NH_2- und die COOH-Gruppe enthalten. In einem solchen Polyamid ist die Anordnung der Säureamidgruppe -CO-NH- innerhalb der Kette im Gegensatz zu den Umsetzungsprodukten aus Dicarbonsäuren und Diaminen eine etwas andere:

$$\ldots -NH-(CH_2)_n-CO-NH-(CH_2)_n-CO-NH-(CH_2)_n-CO- \ldots \qquad 2.117$$

Diese Bildungsweise von Polyamiden findet eine gewisse Parallele in der Entstehung von Polyestern aus Oxycarbonsäuren.

Aber auch aus Laktamen, die als cyclische Säureamide aufzufassen sind, ergeben sich nach P. Schlack[307]) unter geeigneten Kondensationsbedingungen Polyamide. So ist ε-Caprolaktam, das von Phenol ausgehend in mehreren Reaktionsstufen[308]) großtechnisch hergestellt wird, ein technisch sehr bedeutender Polyamid-Rohstoff (Perlon®).

$$H_2C\begin{array}{c}CH_2-CH_2-C=O\\ \sim|\sim \\ CH_2-CH_2-NH\end{array} \qquad 2.118$$

ε - Caprolaktam

An der durch eine Wellenlinie gekennzeichneten Stelle des Moleküls erfolgt die Aufspaltung des Laktams zur ε-Aminocapronsäure[309]).

Voraussetzung zur Bildung von Polyamiden ist das Vorhandensein einer genügenden Anzahl von Kettengliedern zwischen den funktionellen Gruppen, die so groß sein muß, daß die Cyclisierung zu 5- bzw. 6-Ringen ausgeschlossen ist. Dabei brauchen die Kettenglieder nicht nur aus CH_2-Gruppen zu bestehen; neben anderen organischen Gruppen können auch noch Heteroatome (z. B. Sauerstoff oder Schwefel) eingebaut sein.

Bei gemeinsamer Umsetzung verschiedenartiger niedermolekularer Verbindungen, die für sich allein zur Polyamidbildung befähigt sind, werden Mischpolyamide gebildet. Aus der Vielzahl der Möglichkeiten werden hier nur zwei angeführt: ein Mischpolyamid aus Adipinsäure, Hexamethylendiamin und ε-Caprolaktam und ein solches, das außer diesen Komponenten als weiteres Diamin noch p,p'-Diaminobicyclohexylmethan enthält. Ausführliche Monographien beschreiben das ganze Gebiet umfassend und geben eine gute Literaturübersicht unter besonderer Berücksichtigung der Patentliteratur[310])[311]).

So bestechend die Polyamide in einigen allgemeinen aber auch in stoffspezifischen Eigenschaften sind, so stehen doch vor allem die ihnen eigenen schlechten Löslich-

---

[307]) Beitrag P. Schlack in: R. Pummerer, Chemische Textilfasern, Filme u. Folien, Verlag Enke Stuttgart 1953, Seite 629—635. — DRP 748 253 (1938), I.G. Farben.
[308]) Verfahren zur techn. Herst. von Caprolaktam: Kunststoff-Handbuch Bd. VI, Polyamide, Carl Hanser Verlag München 1966, Seite 175—182.
[309]) Zum Reaktionsmechanismus der Polyamidbildung aus Laktamen: E. Schwartz in Kunststoff-Handbuch Bd. VI, Polyamide, Seite 27—53.
[310]) H. Hopff, A. Müller, F. Wenger, Die Polyamide, Springer Verlag Berlin-Göttingen-Heidelberg 1954. — Kunststoff-Handbuch, Bd. VI, Polyamide, herausgeg. von R. Vieweg u. A. Müller, Carl Hanser Verlag München 1966.
[311]) Gedrängter Überblick mit Literaturangaben: L. Kollek u. A. Müller in R. Houwink, Chemie u. Technologie der Kunststoffe, Bd. II, Akademische Verlagsges. Leipzig 1956, Seite 323—373.

keitseigenschaften einer Anwendung auf breiter Basis als Lackrohstoffe entgegen. Trotzdem ist von vielen Seiten versucht worden, die Probleme einer brauchbaren Lösung entgegenzuführen[312]). Die einfachen Polyamide sind überhaupt nur in Phenolen, konz. Schwefelsäure, Ameisensäure oder Eisessig löslich. Für einzelne Mischpolykondensate ergibt sich zwar eine gewisse Löslichkeit in Gemischen aus Alkoholen und Wasser evtl. unter Zusatz von Benzolkohlenwasserstoffen oder chlorierten Kohlenwasserstoffen, jedoch sind solche Lösungen lacktechnisch nur schwer zu handhaben. Durch besondere Abstimmung der Mischpolyamide und der Lösungsmittelgemische kann allerdings eine gewisse Verbesserung der Löslichkeitseigenschaften und der Stabilität der Lösungen erreicht werden.

Ein weiterer Mangel aller Polyamide mit Ausnahme derjenigen aus ω-Aminoundecansäure (11-Polyamid)[313]) ist ihre erhebliche Feuchtigkeitsaufnahme von ungefähr 8—10%. Als Maßstab hierzu liegt die Wasseraufnahme der vergleichbaren Polyurethane bei ~2%.

Gute elektrische Eigenschaften vor allem der Mischpolyamide haben diese schon frühzeitig[314]) für eine Verwendung in Elektroisolierlacken interessant werden lassen. Sie erfüllen allerdings für sich alleine nicht die hohen Anforderungen an Isolierlacke, insbesondere an die Wärmefestigkeit. Daher werden sie meist in Kombinationen mit Phenolharzen[315]), häufig mit einem Zusatz von Isocyanatabspaltern (verkappte Isocyanate, s. S. 161), verarbeitet[316]). Der Anteil der Mischpolyamide bezogen auf Phenolharz beträgt meist 30—60%. Das Polyamid elastifiziert das Phenolharz, ohne dabei dessen gute elektrische und thermische Eigenschaften übermäßig zu beeinträchtigen. Eine Mitverwendung anderer natürlicher und synthetischer Harze wurde ebenfalls vorgeschlagen[317]). Für Kombinationen Mischpolyamid-Phenolharz-Isocyanatabspalter sind neben ihren guten elektrischen Eigenschaften selbst bei erhöhter Temperatur oder feuchter Atmosphäre ihre Zähigkeit Härte, Abriebfestigkeit und hohe Dauerwärmebeständigkeit hervorzuheben. Die Wirkungsweise der Isocyanatabspalter besteht darin, daß erst bei erhöhten Temperaturen, etwa ab 160 °C, aus ihnen Isocyanatgruppen rückgebildet werden (vgl. S. 167). Diese reagieren in der Hitze mit einem Teil der -NH-CO-Gruppen des Polyamids und der -CH$_2$-OH-Gruppen des Phenolharzes und verbessern dadurch die mechanischen, thermischen und elektrischen Eigenschaften der Isolierung. Auch die Flexibilität von reinen Polyurethan-Drahtlacken kann durch Zusatz von 5 bis 15% Mischpolyamid verbessert werden. Die Haftung der mit Mischpolyamiden modifizierten Elektroisolierlacke auf Metallen wie Kupfer und Aluminium ist ausgezeichnet. Polyamid-Polyurethan-Lackdrähte lassen sich ohne vorheriges Entfernen der Lackschicht verzinnen und damit auch verlöten[318]).

---

[312]) Kurzer zusammenfassender Bericht über Polyamide als Lackbindemittel: *H. Kittel*, Dtsch. Farben-Z. *11* (1957), 421.

[313]) Die Aminoundecansäure wird aus Ricinolsäure gewonnen und ist die Basis für das Polyamid Rilsan®, das sich durch eine sehr niedrige Feuchtigkeitsaufnahme von nur rund 1% auszeichnet. — Rilsan, Synthese u. Eigenschaften: *M. Genas,* Angew. Chem. *74* (1962), 535.

[314]) S. z. B. *D. E. Floyd:* Polyamid Resins 2. Aufl. Reinhold Publ. New York 1961.

[315]) *L. Metzger,* Ind. Plast. Mod. *2* (1950), 12. — *A. Wiegandt,* Kunststoffe *43* (1953), 19.

[316]) FP 875 401 (1942) u. 859 837 (1939), Thomson-Houston.

[317]) DRP 734 408 (1939), I.G. Farben.

[318]) Weitere Drahtlack-Patente: Ital. P 392 021 (1941) Comp. Generale electr. — Belg. P 449 369 (1943), Rhodiaceta. — FP 982 677 (1951), General Electric.

VI. Polyamide

Weitere Möglichkeiten der Anwendung von Polyamiden im Oberflächenschutz ergeben sich durch das Wirbelsinterverfahren[319]) oder das Flammspritzen[320]). Diese Beschichtungsmethoden gewinnen immer mehr an Bedeutung. Sie werden nicht nur von der Rohstoffseite her, sondern auch laufend hinsichtlich der Verarbeitungstechnik verbessert. Das Wirbelsintern von Polyamiden wird technisch hauptsächlich mit Pulvern aus 11-Polyamid durchgeführt[321]).

Für einige Anwendungsgebiete, z. B. zur Beschichtung von Gewebe, Papier oder Leder, ist es vorteilhafter, an Stelle von Polyamidlösungen in organischen Lösungsmitteln wäßrige Dispersionen zu verwenden[322]). Die aus Dispersionen erhaltenen Filme haben nach entsprechender Behandlung im allgemeinen die gleichen mechanischen Eigenschaften wie die aus Lösungen gewonnenen. Dispersionen sind meist auch lagerstabiler und in der Viskosität niedriger als Lösungen gleicher Konzentration. Das Hauptproblem der Anwendung solcher Dispersionen besteht in einer mangelhaften Filmbildung, da nach dem Auftragen zunächst nur eine aus einzelnen Partikelchen bestehende diskontinuierliche Schicht gebildet wird, die zur Ausbildung einer homogenen Filmschicht einer Nacherhitzung bedarf (Heat Sealing).

Die lacktechnisch bedeutendsten Polyamide sind zweifellos die Harze aus der Polykondensation von Äthylendiamin oder Polyäthylenaminen (z. B. Diäthylentriamin) mit höheren ungesättigten Dicarbonsäuren, nämlich dimerisierten pflanzlichen Fettsäuren, vornehmlich auf Basis von Linolsäure und ähnlichen.

Unter den Bedingungen einer thermischen Dimerisation in Gegenwart von Katalysatoren, z. B. Bentonit, bilden sich zunächst aus den monomeren pflanzlichen Fettsäuren durch partielle oder vollständige Isomerisation Säuren mit konjugierten Doppelbindungen. Diese addieren sich dann im wesentlichen nach *Diels-Alder* zu di- und teilweise trimerisierten Systemen

$$CH_3(CH_2)_4-CH=CH-CH_2-CH=CH-(CH_2)_7-COOH \qquad \text{Linolsäure}$$

$$\begin{array}{c} CH_3\text{-}(CH_2)_5 \\ \diagdown \\ CH-CH \\ \diagup \quad \diagdown \\ CH \quad CH \\ \diagup \quad \diagdown \\ CH_3\text{-}(CH_2)_5 \quad CH=CH \quad (CH_2)_7-COOH \end{array} \qquad \text{dimerisierte Linolsäure} \qquad 2.119$$

Die nachfolgende Polykondensation mit Polyaminen ergibt sodann die meist als Polyamidoamine bezeichneten Polyamidharze[323]):

---

[319]) *E. Gemmer*, Chem.-Ing.-Techn. *27* (1955), 599; Kunststoff-Rdsch. *7* (1960), 169. — *I. N. Elbing*, Federat. Paint Varnish Prod. Clubs Off. Digest *31* (1959), 1625; Ref. Farbe u. Lack *66* (1960), 208. — *H. H. Reinsch*, Kunststoff-Rdsch. *10* (1963), 239. — *A. D. Spackman*, Ind. Finishing *18* (1966), 16; Ref. Farbe u. Lack *73* (1967), 234. — Kunststoff-Handbuch Bd. VI, Polyamide, Seite 358.
[320]) Ind. Finishing *9* (1956), 266 u. Brit. Paint Res. Assoc. Rev. *30* (1957), 337; Ref. Industrie-Lackier-Betrieb *26* (1958), 151. — Kunststoff-Handbuch Bd. VI, Polyamide, Seite 363.
[321]) *Anon.*, Ind. Plast. Mod. *13* (1961), 13—20.
[322]) *Anon.*, Dtsch. Farben-Z. *8* (1955), 364. — Kunststoff-Handbuch Bd. VI, Polyamide, Seite 378.
[323]) AP 2 663 649 (1952), T. F. Washburn Co. — *W. Götze*, Fette, Seifen, Anstrichmittel *65* (1963), 493. — *J. Mleziva* u. *J. Jarušek*, Fette, Seifen, Anstrichmittel *65* (1963), 500. — *M. Böttcher*, Farbe u. Lack *69* (1963), 200. — Kunststoff-Handbuch Bd. VI, Polyamide, Seite 387.

$$H \left[-NH-(CH_2)_2-NH-CO-(CH_2)_7-CH-CH-CH=CH-(CH_2)_7-CO- \right]_n OH$$

(with side chains: CH, CH−(CH$_2$)$_5$−CH$_3$, CH−CH, (CH$_2$)$_5$−CH$_3$)

2.120

Aufbauschema eines Polyamidoamins aus dimerisierter Linolsäure + Äthylendiamin

Eine wichtige Rolle spielt diese Art von Polyamidharzen bei der Herstellung thixotroper Alkydharze. Mit ihrer Hilfe gelingt es nämlich, Lacken aus ölmodifizierten Alkydharzen eine erwünschte Thixotropie zu vermitteln. Die Erzeugung thixotroper Alkydharze beruht auf einer gesteuerten Reaktion zwischen den beiden Komponenten Ölalkyd und Polyamidoamin. Im Verlaufe der Umsetzung tritt eine Umamidierung in der Weise ein, daß das Polyamidoaminharz abgebaut wird und die Bruchstücke an die Alkydharz-Moleküle chemisch fest gebunden werden[324]. Thixotrope Alkydharze sind in ihrer Erscheinungsform kolloidale Suspensionen in Gestalt mehr oder weniger fester Gele[325]. Die wesentlichsten Vorteile thixotroper Anstrichmittel sind: Verhinderung des Absetzens der Pigmente, erleichtertes Auftragen mit dem Pinsel und Vermeidung des Ablaufens der noch nassen Filme[326].
Von Bedeutung sind Polyamidoaminharze weiterhin als Härter für die Umsetzung mit Epoxidharzen (vgl. S. 184). Die Reaktion zwischen ihnen und den Epoxidharzen erfolgt über ihre noch freien primären oder sekundären Aminogruppen durch Addition an die Epoxidgruppen der Epoxidharze[327]. Durch Variationen, sowohl auf seiten der Polyamide als auch von den Epoxidharzen aus, ergeben sich Möglichkeiten zu Modifizierungen und damit zur Abstimmung auf den jeweiligen Verwendungszweck.

Beispiele für Handelsprodukte:

Dynoamid	Norsk Spraengstof
Emerez	Unilever
GMI	Schering
Grilamid	Emser Werke
Grilon	Emser Werke
Gril-tex	Emser Werke
Merginamid L	Harburger Fettchemie
Reamide	Chem-plast
Ultramid	BASF
Versaduct	Schering
Versalon	Schering
Versamid	Schering
Wolfamid	Wolf

---

[324] *W. Götze*, Fette, Seifen, Anstrichmittel 65 (1963), 493.
[325] *B. Schwegmann* u. *A. Tremain*, Farbe u. Lack 63 (1957), 295. — *A. G. North*, Paint Manuf. 26 (1956), 235; Ref. Dtsch. Farben-Z. 11 (1957), 124; ders. J. Oil Colour Chemists' Assoc. 39 (1956), 695, 863.
[326] *K. Friedrich*, Seifen-Öle-Fette-Wachse 84 (1958), 620. — *I. R. Berry*, Paint Manuf. 32 (1962), 431. — Fließmessungen an thixotropen Lacken: *H. J. Freier*, Farbe u. Lack 69 (1963), 87. — Patentübersicht: *M. Böttcher*, Farbe u. Lack 69 (1963), 200. — Rheol. Eigenschaften thixotroper Alkydharze: *T. A. Amfiteatrowa et al.*, Plaste u. Kautschuk 12 (1965), 695.
[327] *H. Wittcoff et al.*, Fette, Seifen, Anstrichmittel 56 (1954), 793. — *H. Wittcoff*, Dtsch. Farben-Z. 11 (1957), 125 (Vortragsref.). — *H. W. Keeman*, J. Oil Colour Chemists' Assoc. 39 (1956), 299; Ref. Dtsch. Farben-Z. 11 (1957), 428.

Abb. 4 Desmodur T-Anlage U 18
Werkfoto Farbenfabriken Bayer AG, Leverkusen

Drittes Kapitel

Polyadditionsharze

Dr. Ernst Schneider

Die Polyaddition ist zeitlich das jüngste der drei zur Herstellung höhermolekularer Stoffe in Frage kommenden Verfahren (Polymerisation s. S. 195, Polykondensation s. S. 22); sie verdankt ihre Einführung in die Technik der Polymerchemie den grundlegenden, auf das Jahr 1937 zurückgehenden Arbeiten von *O. Bayer* und Mitarbeitern über das Diisocyanat-Polyadditionsverfahren[1]. Die ungewöhnliche Entwicklung, die das Prinzip der Polyaddition ganz allgemein nehmen konnte, ist vor allem auf die erstaunliche Vielseitigkeit ihrer chemischen Umsetzungsmöglichkeiten zurückzuführen. Es ist hier außerdem von Anfang an, über die reine Empirie hinausgehend, zielbewußte Forschungs- und Entwicklungsarbeit geleistet worden, deren Ergebnisse sich in der häufig zitierten Schaffung von „Kunststoffen nach Maß" vielfältig niedergeschlagen haben. Dabei wurden aber auch Ausgangsprodukte entwickelt, deren spezifische Eigenschaften in einem zuvor kaum für möglich gehaltenen Umfange auf den jeweiligen Verwendungszweck abgestimmt werden konnten. Voraussetzung für die Produktionsreife von Polyadditionsprodukten als Harzbildnern war allerdings auch die wirtschaftliche Gewinnung der zu ihrer Synthese benötigten Rohstoffe, wobei vor allem technisch ausgereifte Verfahren der Petrochemie herangezogen werden konnten.
Den durch Polyadditions-Reaktionen entstehenden Harzen, die für die Praxis der Beschichtungen am interessantesten sind und denen auch die größte Bedeutung zukommt, liegen in erster Linie Isocyanate und Epoxidverbindungen zugrunde.

I. Polyisocyanatharze (Polyurethane)

Ein bezeichnendes Abbild für die stetig wachsende Bedeutung der Polyisocyanate auf dem Lackrohstoff-Sektor seit ihrer Einführung als Handelsprodukte vor nunmehr drei Jahrzehnten bietet eine Betrachtung der umfangreichen Literatur. Wäh-

---

[1] Grundlegende Beschreibung des Verfahrens: *O. Bayer*, Angew. Chem. A 59 (1947), 257. — Ders. IV. Fatipec-Kongreßbuch 1957, S. 11. — S. a. *O. Bayer* in Kunststoff-Handbuch, Carl Hanser Verlag, Bd. VII, Polyurethane, S. 2. — Weitere Zusammenfassung: *H. Orth,* Kunststoffe-Plastics 2 (1955), 7.
Monographie: *O. Bayer,* Das Diisocyanat-Polyadditions-Verfahren (Historische Entwicklung u. chemische Grundlagen), Carl Hanser Verlag 1963 (199 Lit.- u. Patentangaben).
I. H. Saunders u. *K. C. Frisch,* Polyurethanes, Chemistry and Technology, Interscience Publ. New York, London, Sydney, 1964.

rend die schon erwähnten Arbeiten von *O. Bayer* und Mitarbeitern die allgemeinen Grundlagen des Polyadditions-Verfahren beschreiben[1]), befassen sich andere Veröffentlichungen speziell mit der Filmbildung auf der Grundlage von Polyisocyanaten[2]). Das Gebiet der Lackanwendung wird zudem im Rahmen von Sammelwerken und von Monographien über Polyurethane zum Teil recht ausführlich behandelt[3]). Das Studium dieser Veröffentlichungen läßt erkennen, wie hier sowohl Grundlagenforschung als auch Anwendungstechnik zielstrebig vorgegangen sind und welche überraschenden Erfolge insgesamt erzielt werden konnten.

Isocyanate und ihre Reaktionen

Organische Isocyanate leiten sich von der tautomeren Form der Cyansäure, der Isocyansäure, $H-N=C=O$, ab und werden gewöhnlich durch Umsetzung von Aminen mit Phosgen hergestellt. Als äußerst reaktionsfreudige Substanzen addieren sie sehr leicht Verbindungen, die ein aktives (bewegliches) Wasserstoff-Atom besitzen. Charakteristische Umsetzungen der Isocyanate, die auch alle mehr oder weniger für die Filmbildung oder die Bildung von Vorprodukten Bedeutung besitzen, sind zum Beispiel

1. Die Aminbildung:

$$R-N=C=O + H-O-H \longrightarrow R-NH_2 + CO_2 \qquad 3.1$$

2. Die Urethanbildung:

$$R_1-N=C=O + R_2-OH \longrightarrow R_1-NH-\underset{\underset{O}{\|}}{C}-O-R_2 \qquad 3.2$$

2a. Die Allophanatbildung:

$$R_1-NH-\underset{\underset{O}{\|}}{C}-O-R_2 + R-N=C=O \longrightarrow R_1-\underset{\underset{O=C-NH-R}{|}}{\overset{\overset{O}{\|}}{N}}-\overset{\overset{O}{\|}}{C}-O-R_2 \qquad 3.3$$

3. Die Bildung substituierter Harnstoffe:

$$R_1-N=C=O + NH_2-R_2 \longrightarrow R_1-NH-\underset{\underset{O}{\|}}{C}-NH-R_2 \qquad 3.4$$

---

[2]) *R. Hebermehl:* Isocyanate als Lackrohstoffe, Farben, Lacke, Anstrichstoffe 2 (1948), 123. — Ders.: Neuere Aspekte auf dem Polyurethanlackgebiet, Farbe u. Lack 73 (1967), 909. — *E. R. Wells et al.:* Eigenschaften und Anwendung von Urethanüberzügen, Federat. Paint Varnish Product. Clubs Off. Digest 31 (1959), 1181; Ref. Farbe u. Lack 66 (1960), 206. — *L. Havenith:* Rapid-curing Polyurethane Coatings, Paint Manuf. 38 (1968) Nr. 12, S. 33. — *K. Weigel:* Polyurethane in der Lackindustrie, Farbe u. Lack 68 (1962), 31. — *G. Mennicken:* Neue Entwicklungen a. d. Gebiet d. Polyurethanlacke, J. Oil Colour Chemists' Assoc. 49 (1966), 639. — *K. Wagner* u. *G. Mennicken; E. Pflüger; W. Berger; H. Gruber:* Vortragsveröffentlichungen VI. Fatipec-Kongreßbuch 1962, S. 289—310.

[3]) Z. B. *Kirk-Othmer:* Encyklopedia of Chemical Technology, 1. Ergänzungsband, S. 888 ff. The Interscience Encyklopedia 1957, New York. — Jahrbuch der Lackchemie — Reaktionslacke, Verlag *W. A. Colomb,* Stuttgart 1959. — *J. H. Saunders* u. *K. C. Frisch:* Polyurethanes, Chemistry and Technology, Interscience Publ., New York 1964. — *B. A. Dombrow:* Polyurethanes, Reinhold Publ. Corp., 2. Aufl. New York 1965. — Kunststoff-Handbuch Bd. VII, Polyurethane, S. 21—24, Carl Hanser Verlag, München 1966 (enthält sehr umfassende Literaturangaben und eine Zusammenstellung von über 200 Patenten).

I. Polyisocyanatharze (Polyurethane

3a. Die Biuretbildung:

$$R_1-NH-\underset{\underset{O}{\|}}{C}-NH-R_2 + R-N=C=O \longrightarrow R_1-\underset{\underset{O=C-NH-R_2}{|}}{N}-\overset{\overset{O}{\|}}{C}-NH-R \qquad 3.5$$

4. Die Bildung substituierter Säureamide:

$$R_1-N=C=O + HOOC-R_2 \longrightarrow R_1-NH-\underset{\underset{O}{\|}}{C}-R_2 + CO_2 \qquad 3.6$$

5. Die Trimerisierung zu Isocyanursäure-Estern:

$$\text{(Struktur)} \longrightarrow \text{(Isocyanurat-Ring)} \qquad 3.7$$

Es sei hier bereits die besondere Bedeutung der Reaktionsvorgänge nach 1., 2. und 3. für die praktische Anwendung der Polyisocyanat-Additionsverfahren herausgestellt. Die vorstehend beschriebenen Reaktionsabläufe, die nur die Umsetzungsmöglichkeiten der Isocyanate ganz allgemein beschreiben sollen, führen selbst nicht zu höhermolekularen Stoffen. Um zu diesen zu gelangen, ist es bekanntlich nach dem Postulat von Kienle[4]) erforderlich, daß beide Reaktionspartner eine höhere Funktionalität aufweisen (vgl. S. 15). Es müssen also jeweils Diisocyanate und Verbindungen mit mindestens zwei aktiven Wasserstoff-Atomen zur Umsetzung gebracht werden, um eine Polyaddition zu ergeben[5]):

$$-R_1-NCO + HO-R_2-OH + OCN-R_1-NCO + HO-R_2-OH + OCN-R_1-$$
$$\downarrow$$
$$-R_1-\underset{\underset{O}{\|}}{\overset{\overset{H}{|}}{N}}-C-R_2-O-\underset{\underset{O}{\|}}{C}-\overset{\overset{H}{|}}{N}-R_1-\overset{\overset{H}{|}}{N}-\underset{\underset{O}{\|}}{C}-O-R_2-O-\underset{\underset{O}{\|}}{C}-\overset{\overset{H}{|}}{N}-R_1- \qquad 3.8$$

Polyaddition eines Diisocyanates und eines Glykols zum linearen Polyurethan

Eine derartige 2,2-Reaktion im Sinne von Kienle (s. S. 22) führt zwar zu höhermolekularen Substanzen, die aber nur linear aufgebaut, nicht vernetzt sind und daher vor allem wegen einer meist damit in Zusammenhang stehenden Thermoplastizität lacktechnisch kaum Bedeutung haben. Erst ein höherer Grad der Funktionalität mindestens einer der Reaktionskomponenten ergibt räumlich vernetzte Hochpolymere[6]). Aus diesem Grunde sind die Umsetzungspartner für Polyisocyanate in der Praxis häufig harzartige Stoffe, die ihrerseits schon höhermolekular

---

[4]) Ind. Engng. Chem. *22* (1930), 590.
[5]) Grundlegendes Patent: DRP 728 981 (1937), I.G. Farben. — Zusammenfassende Darstellung: O. *Bayer,* Farbe u. Lack *64* (1958), 235. — A. *Höchtlen,* Kunststoffe *40* (1950), 221.
[6]) DRP 756 058 (1940), I.G. Farben.

sind und beispielsweise auf dem Wege einer Polykondensation erhalten werden. Wesentlich ist aber auch, daß sie noch genügend reaktive Gruppen tragen, über die sie durch Di- oder Triisocyanate miteinander verknüpfbar sind. Je nach dem Aufbau dieser Harze und der verfügbaren Anzahl freier Reaktionsstellen ergeben sich bei der Polyaddition dann mehr oder weniger weitmaschige Vernetzungen. Es ist verständlich, daß durch entsprechende Variationen der beiden Komponenten die Polyaddition zu beeinflussen ist und die Eigenschaften der ausgehärteten Produkte in einem weiten Bereich vom hochelastischen bis zum extrem harten Zustand liegen können. Eine wichtige Funktion übt naturgemäß in diesem Zusammenhang auch der Typ des Vernetzungs-Partners aus. Je höher dessen Gehalt an Hydroxylgruppen ist, um so stärker ist der Vernetzungseffekt; es ergeben sich daher härtere, aber auch chemikalienbeständigere Lackfilme. Ein geringerer Hydroxylgehalt hat dagegen eine weitmaschigere Vernetzung zur Folge und bewirkt deshalb im allgemeinen die Ausbildung von weicheren und elastischeren Überzügen, die allerdings auch weniger wetterfest, lösungsmittel- und chemikalienbeständig sind. Das Prinzip der Polyaddition läßt sich so auf die beabsichtigten Effekte förmlich zuschneiden und gewinnt damit erstaunlich breite Anwendungsmöglichkeiten. Durch gezielte Auswahl der Partner und entsprechende Kombinationen untereinander kann auf diese Weise eine Reihe von Filmeigenschaften, wie Trocknungsverhalten, Festigkeit, Härte, Elastizität, Abriebfestigkeit, Wetter- und Chemikalienbeständigkeit usw. ganz speziellen Erfordernissen angepaßt werden. Hierbei hat sich neben den schon genannten Polyestern, zu denen auch die Alkydharze zählen, eine Reihe anderer Substanzen bewährt, so z. B. Glykole, Amine, Ricinusöl[7]), Teer und Bitumen[8]), Polyätheralkohole[9]), Epoxidharze, Acrylharze[10]), Siliconharze, Celluloseacetobutyrat und Cellulosenitrat (Nitrocellulose)[11]). Diese durchaus nicht vollständige Aufstellung läßt allein schon die Vielseitigkeit des Polyadditions-Verfahrens erkennen sowie dessen Möglichkeiten zu weiteren Variationen.

Wichtige Entwicklungen für die praktische Verwendung auf diesem Gebiet können so zum Beispiel in der Kombination von Polyisocyanaten und Präpolymeren mit Epoxidharzen oder Vinylharzen vorausgesehen werden, vor allem mit OH-haltigen Acrylmischpolymeren und mit Alkydharzen, die mit Methacrylsäure modifiziert sind[11a]).

Das Ein- und Zweikomponentenverfahren

Auf die Bedeutung der Reaktionen nach Formel 1. und 3., ganz besonders aber nach Formel 2. für alle unter Verwendung von Polyisocyanaten hergestellten Lacke wurde bereits hingewiesen. Es ist für das Verständnis der Umsetzungen nützlich, bereits an dieser Stelle die beiden für die Verarbeitung von Polyisocyanaten typischen Verfahrensweisen kurz zu charakterisieren:

---

[7]) *H. Gruber,* VI. Fatipec-Kongreßbuch 1962, S. 308. — *F. Depke,* ebenda, S. 383. — *G. C. Toone* u. *G. S. Wooster,* Off. Digest Federat. Soc. Paint Technol. *32* (1960), Nr. 421, S. 222; Ref. Farbe u. Lack *66* (1960), 401.
[8]) *F. Depke,* Fußn. 7).
[9]) *A. Damusis et al.,* Off. Digest Federat. Soc. Paint Technol. *32* (1960), Nr. 421, S. 251; Ref. Farbe u. Lack *66* (1960), 401.
[10]) *L. Havenith,* Paint Manuf. *38* (1968), Nr. 12, S. 33.
[11]) *L. Havenith,* Paint Manuf. *38* (1968), Nr. 12, S. 37; Ref. Farbe u. Lack *75* (1969), 976.
[11a]) Vernetzungsreaktionen in Isocyanat-Lacken: *C. Barker* u. *A. Lowe,* J. Oil Colour Chemists' Assoc. *52* (1969), 905; Vortragsref. Dtsch. Farben-Z. *23* (1969), 493.

I. Polyisocyanatharze (Polyurethane)

1. Dem *Zweikomponentenverfahren* liegt die Umsetzung von Polyisocyanaten mit den Hydroxylgruppen von Polyestern oder hydroxylgruppenhaltigen Polyäthern zugrunde. Die Polyaddition erfolgt im Prinzip nach der Reaktionsgleichung für die Urethanbildung (Formel nach 2.), das heißt, die Vereinigung der Komponenten erfolgt unter Wasserstoff-Wanderung und ohne Bildung von Abspaltprodukten. Wie schon erwähnt, reagieren Isocyanatgruppen in ähnlicher Weise mit allen Verbindungen, die reaktive (bewegliche) Wasserstoff-Atome enthalten. — Kennzeichnend für dieses Verfahren ist, wie es schon seine Benennung zum Ausdruck bringt, daß beide Komponenten wegen ihrer gegenseitigen Reaktivität vor Gebrauch getrennt gelagert und erst kurz vor ihrer Verarbeitung vermischt werden.

2. *Beim Einkomponentenverfahren* dagegen wird in erster Linie die Reaktion zwischen Isocyanatgruppen und Wasser (Luftfeuchtigkeit) zur Filmbildung ausgenutzt. Hierbei bilden sich über instabile Carbamidsäure-Abkömmlinge

$$R-NH-C\overset{O}{\underset{OH}{\diagdown}} \qquad\qquad 3.9$$

zunächst unter Abspaltung von Kohlendioxid primäre Amine (Formel nach 1.), die sich unmittelbar mit weiteren Isocyanatgruppen zu Polyharnstoffen umsetzen (Formel nach 3.).

In der praktischen Durchführung dieses Verfahrens wird durchwegs zuerst durch Umsetzung eines stöchiometrischen Überschusses an Polyisocyanat mit einem Polyol oder einem anderen hydroxylgruppenhaltigen Umsetzungspartner, der stets im Unterschuß vorhanden ist, ein noch lösliches Addukt gebildet. Als Richtlinie für solche Produkte kann angegeben werden, daß das Verhältnis der funktionellen Gruppen OH : NCO zwischen 1 : 1,4 und 1 : 8, zum Teil aber auch noch höher liegen kann.

Auch bei der Anwendung des Zweikomponentenverfahrens muß immer mit der Anwesenheit von Luftfeuchtigkeit gerechnet werden. Aus diesem Grunde erfolgt auch in Zweikomponentenlacken stets in gewissem Umfange eine Festlegung von Isocyanatgruppen durch Polyharnstoff-Bildung[12]). Praktische Erfahrungen haben jedoch gezeigt, daß normale Schwankungen in der Luftfeuchtigkeit keine ungünstigen Einflüsse auf die nach dem Ein- oder Zweikomponentenverfahren hergestellten Lackfilme nehmen. Es hat sich vielmehr ergeben, daß die Luftfeuchtigkeit in Zweikomponentensystemen eine räumliche Vernetzung sogar begünstigt und durch die Harnstoffbildung die Filmfestigkeit allgemein erhöht wird[12]). In Einkomponentensystemen wird naturgemäß der Ablauf des Trocknungsvorganges vom Feuchtigkeitsgehalt der Luft direkt beeinflußt. Bei Normaltemperatur (ca. 20 °C) und 50—60 % relativer Luftfeuchtigkeit trocknen derartige Anstriche in etwa 6—8 Stunden, nach ca. 24 Stunden ist der Film durchgehärtet.

Polyisocyanate für den Lacksektor

Die Zahl der synthetisierten Di- und Polyisocyanate ist umfangreich[13]), daher ist die Erprobung ihrer Eignung für das Lackgebiet Gegenstand einer ganzen Reihe von Untersuchungen[14]). Es hat sich dabei gezeigt, daß ihre chemischen und physi-

---

[12]) *W. Berger*, VI. Fatipec-Kongreßbuch 1962, S. 300.
[13]) Zusammenstellungen: *W. Siefken*, Liebigs Ann. Chem. *562* (1949), 75. — *R. Hebermehl*, Farbe u. Lack *73* (1967), 909. — *L. Havenith*, Paint Manuf. *38* (1968), Nr. 12, S. 33; Ref. Farbe u. Lack *75* (1969), 976.
[14]) Z. B. Vorträge, VI. Fatipec-Kongreßbuch 1962, s. Fußn. 2).

kalischen Eigenschaften weitgehend von ihrer Struktur bestimmt werden und sich auch zum Teil beträchtlich unterscheiden. Zu Einzelheiten sei hier besonders auf die umfangreiche Originalliteratur hingewiesen[14]).
Unter den aromatischen Isocyanaten kommt dem vom Toluol abgeleiteten Diisocyanat mengenmäßig auch heute noch die größte Bedeutung zu. Das technische Produkt ist ein Isomerengemisch aus 2,4- und 2,6-Toluylen-Diisocyanat (TDI):

3.10

Hersteller: z. B. Bayer (Desmodur T)
Shell (Caradate)

In der 2,4-Verbindung ist die 4-ständige Isocyanatgruppe wesentlich reaktionsfreudiger als die 2-ständige. Durch Veränderung des Isomerenverhältnisses lassen sich daher abgestufte Additionsreaktionen durchführen und damit eine ganze Reihe von Umwandlungsprodukten erzielen.
Als preisgünstige Grundlage ist TDI zur Herstellung von Ausgangsstoffen für Polyurethanlacke von Bedeutung. Leider ergeben sich für solche Produkte lacktechnisch auch Nachteile, vor allem eine eingeschränkte Glanzhaltung bei Bewitterung und eine starke Neigung zur Vergilbung. Allerdings ist festzustellen, daß der Filmabbau trotz der relativ rasch einsetzenden Kreidung solcher Lackfilme bei Bewitterung doch nur sehr langsam weiterschreitet. Da das auskreidende Material darüber hinaus verhältnismäßig fest an der Filmoberfläche haftet, ist allgemein die Schichtdickenabnahme der Überzüge auch nach Jahren nur sehr gering.
Ein anderes Diisocyanat, das Diphenylmethan-4,4'-Diisocyanat

3.11

ist in seiner Lieferform ebenfalls ein Homologengemisch und steht in flüssiger Form zur Verfügung. Hauptanwendungsgebiet ist die Herstellung lösungsmittelfreier Polyurethansysteme; es kann aber auch zur Herstellung lösungsmittelhaltiger Lacke nach dem Ein- oder Zweikomponentenverfahren herangezogen werden. Hier dient es häufig zur Bindung eines störenden Feuchtigkeitsgehaltes von Lösungsmitteln, Pigmenten oder der hydroxylgruppenhaltigen Umsetzungskomponenten.

Beispiel eines Handelsproduktes:

        Desmodur VL   Bayer

Ein Triisocyanat des Triphenylmethans

3.12

I. Polyisocyanatharze (Polyurethane)

das an und für sich vorzügliche Eigenschaften aufweist, soll hier noch erwähnt werden. Es findet allerdings vorerst nur ganz beschränkte Verwendung (z. B. in Haftvermittlern), da für eine breitere Anwendung im Lacksektor die violette Eigenfarbe des Produktes stört.

Beispiel eines Handelsproduktes:

    Desmodur R   Bayer

Eine ernste Beeinträchtigung ihrer Anwendung ist die Tatsache, daß besonders monomere, flüchtige Isocyanate toxisch wirken und vor allem Schleimhautreizungen hervorrufen können. Deshalb ist der Herabsetzung des Dampfdruckes und damit der Verminderung ihrer Flüchtigkeit von Anfang an größte Aufmerksamkeit gewidmet worden. Ein erfolgreicher Weg hierzu wurde in der Bildung von Präkondensaten[15]) gefunden. So konnten durch Umsetzung von TDI mit Polyhydroxylverbindungen, z. B. mit Trimethylolpropan, Addukte entwickelt werden, die selbst wieder Polyisocyanate sind, bei denen aber gewerbehygienische Einwände nicht mehr bestehen[16]):

$$CH_3 \cdot CH_2 \cdot C(CH_2OH)_3 + 3 \; \text{TDI} \longrightarrow CH_3 \cdot CH_2 \cdot C(CH_2OCONH\text{-}C_6H_3(CH_3)\text{-}NCO)_3 \qquad 3.13$$

Beispiel eines Handelsproduktes:

    Desmodur L   Bayer

Durch entsprechende technische Verfahren gelingt es hierbei Produkte herzustellen, die nicht mehr flüchtig sind und zudem nur noch Spuren des monomeren Toluylen-Diisocyanats enthalten.

Unter dem katalytischen Einfluß von Pyridin oder Trialkyl- bzw. Alkyl-Arylphosphinen läßt sich TDI leicht zu einem Dimeren mit Uretdionring-Struktur umsetzen[17]):

$$\text{TDI-Uretdion-Dimer} \qquad 3.14$$

---

[15]) Diese werden häufig auch „Präpolymerisate" genannt. Beide Bezeichnungen sind aber nicht ganz korrekt, da diese Umsetzungsprodukte weder durch einen Kondensations- noch durch einen Polymerisationsvorgang, sondern vielmehr durch eine reine Additionsreaktion gebildet werden.
[16]) DBP 870 400 (1942), I.G.Farben. — *O. Bayer*, Farbe u. Lack *64* (1958), 237.
[17]) DRP-Anm. J 74 093 (1943), I.G.Farben.

Dieses reagiert wie ein normales aromatisches Diisocyanat, da der Vierring des Uretdion-Diisocyanats bis ca. 120 °C gegen eine Aufspaltung beständig ist. Diese Eigenschaft ermöglicht also Vorvernetzungen unterhalb dieser Temperatur. Bei Erhöhung der Temperatur kann dann unter Wiederöffnung dieses Ringes eine neue Verknüpfungsstelle gebildet werden, so etwa über eine Hydroxylgruppe unter Bildung eines Allophanats:

3.15

Auf diese Weise ist z. B. eine Nachvernetzung thermoplastischer Polyaddukte durch Erhitzen möglich[18]).
Unter den weiteren Reaktionsmöglichkeiten der Diisocyanate ist noch ihre Umwandlung in Abkömmlinge der cyclischen Isocyanursäure von Bedeutung. Geringe Mengen tertiärer Amine und geeigneter Cokatalysatoren[19]) oder auch anderer Katalysatoren[20]) bewirken eine Cyclisierung von drei oder mehr Mol TDI zu thermostabilen Polyisocyanaten mit Isocyanurat-Grundstruktur:

3.16

Polyisocyanurat-Polyisocyanat aus 5 Mol 2,4-Toluylendiisocyanat

Beispiele für Handelsprodukte:

        Desmodur IL   Bayer
        Suprasec   I.C.I.

Diese Produkte sind so weitgehend frei von TDI herzustellen, daß sie physiologisch völlig unbedenklich zu verarbeiten sind. Zudem vermitteln sie infolge eines höheren Erweichungspunktes und höherer Molekulargewichte damit hergestellten Lacken eine raschere und intensivere Trocknung. Die Neigung der Filme zum Vergilben ist gegenüber den Isocyanat-Polyol-Addukten verringert.

---

[18]) DBP 910 221 (1940); 952 940 (1953); 968 566 (1954), alle Farbf. Bayer.
[19]) Tert. Amine + Carbamidsäureester: DBP 1 013 869 (1956), Farbf. Bayer. — Tert. Amine + Äthylenoxid: DBP 1 106 766 (1958, Amer. Prior. 1957), Un. States Rubber Co. — AP 2 939 851 (1957), Houdry Process Corp.
[20]) Natriumbenzoat; Bleioctoat: DBP 1 125 652 (1957, Engl. Prior. 1956 u. 1957), ICI. — Lithiumazid: DBP-Anm. F 37 161 (1962), Farbf. Bayer.

I. Polyisocyanatharze (Polyurethane)

Die meisten urethanartig gebundenen Addukte der Isocyanate unterliegen einem „thermischen Estergleichgewicht", das sich bei zunehmender Temperatur zugunsten der Ausgangskomponenten verschiebt[21]):

$$R - NH - COOR_1 \rightleftharpoons R - N = C = O + HO - R_1 \qquad 3.17$$

Die Thermostabilität der Urethangruppen ist unterschiedlich und vor allem abhängig vom Grade der Acidität der Wasserstoff-Atome in den Hydroxylgruppen der Umsetzungspartner. Des weiteren wird sie von katalytischen und sterischen Einflüssen bestimmt. Urethane sind im allgemeinen um so stabiler je geringer ihre Bildungstendenz ist. Aus diesem Grunde sind Urethane aus aliphatischen Isocyanaten erheblich beständiger als solche aus aromatischen. Wesentlich instabiler als die Urethane aus aliphatischen Alkoholen sind die sich von Phenolen ableitenden, obschon sie sich erheblich schwerer bilden. Die unterschiedliche Thermostabilität der verschiedenen Urethangruppen ist für die Polyurethanbildung von großer Bedeutung. Man kann nämlich Urethane dadurch thermisch „umestern". Damit ergibt sich eine Möglichkeit, weniger stabile Präkondensate durch Verdrängung der Alkoholkomponente in thermisch beständigere Polyurethane umzuwandeln. Vor allem kann man aber damit den oft unerwünschten Gebrauch von freien Isocyanaten in eleganter Weise umgehen. Es lassen sich nämlich verhältnismäßig leicht geschützte Isocyanate herstellen, die bei Raumtemperatur völlig indifferent sind und auch mit Wasser und mit Lösungsmitteln, die Hydroxylgruppen enthalten, nicht reagieren. Beim Erhitzen werden dann unter Abspaltung der Schutzgruppe, z. B. Phenol, die Isocyanatgruppen wieder freigelegt. Diese addieren sich nun z. B. an Polyhydroxylverbindungen zu stabilen Polyurethanen und bewirken hierdurch die Endvernetzung. Derartige Addukte[22]) werden Isocyanatabspalter, auch verkappte oder blockierte Isocyanate genannt.

Ein solcher Abspalter ist das Tri-Phenylurethan des auf Seite 159 beschriebenen Additionsproduktes von drei Mol TDI an ein Mol Trimethylolpropan:

(Strukturformel 3.18)

Beispiel eines Handelsproduktes:

    Desmodur AP stabil   Bayer

Ein ebenfalls wichtiges verkapptes Isocyanat wird aus TDI, Trimethylolpropan und Kresol hergestellt[23]). Ein anderes nichtflüchtiges, blockiertes Polyisocyanat mit Isocyanurat-Struktur bildet sich durch Addition von einem Mol Kresol an ein Mol

---

[21]) DRP 756 058 (1940), I.G. Farben. — DBP 925 497 (1939), Farbf. Bayer.
[22]) *S. Petersen,* Liebigs Ann. Chem. *562* (1949), 205.
[23]) DRP 870 400 (1942), Farbf. Bayer. — DBP 953 012 (1952), Farbf. Bayer.

2,4-TDI und anschließende Trimerisierung des gebildeten Kresylurethans in Gegenwart eines Katalysators[24]):

$$\text{(Trimer-Struktur 3.19)}$$

3.19

Es ist ein in polaren Lösungsmitteln lösliches Harz, das sich zu Vernetzungen ab etwa 160 °C bis zu ca. 300 °C eignet. Ein teilweise blockiertes Polyisocyanat ist auch das dimere TDI (Seite 159). dessen Uretdionring leicht wieder unter Rückbildung von zwei Isocyanatgruppen aufspaltet, ohne dabei Schutzgruppen abzugeben[25]). Für die Herstellung von Isocyanatabspaltern eignen sich u. a. Verbindungen, wie Acetylaceton, Phthalimid, Caprolactam, Benzolsulfonamid und 2-Merkapto-Benzthiazol[26]).
Wie schon erwähnt, weisen alle aromatischen Polyisocyanate als großen Nachteil eine mehr oder weniger starke Vergilbungsneigung auf. Isocyanate mit hydrierten Kernsystemen, wie das hydrierte TDI oder das Cyclohexylmethandiisocyanat

$$O=C=N-\text{C}_6\text{H}_{10}-CH_2-\text{C}_6\text{H}_{10}-N=C=O$$

3.20

Beispiel eines Handelsproduktes:

    Desmodur M   Bayer

dagegen sind wesentlich lichtechter und wetterbeständiger[27]). Das beste Verhalten in dieser Hinsicht zeigen jedoch die rein aliphatischen Diisocyanate. Aus diesem Grunde hat in den letzten Jahren ein Derivat des Hexamethylen-Diisocyanats starke Bedeutung erlangt. Da diese Verbindung selbst die bekannten gesundheitlichen Nachteile flüchtiger Isocyanate aufweist, die Herstellung einer unbedenklichen Anwendungsform in der Weise wie beim TDI aber nicht durchführbar ist, wurde ein anderer Weg beschritten[28]). Aus zwei Mol Hexamethylen-diisocyanat wird zunächst durch Umsetzung mit einem Mol Wasser ein substituierter Harnstoff gebildet, der dann mit einem weiteren Mol Hexamethylen-Diisocyanat zu einem Biuret vereinigt wird:

---

[24]) DBP-Anm. F 19 012 (1955), Farbf. Bayer.
[25]) DRP-Anm. J 74 093 (1943), I.G. Farben.
[26]) *S. Petersen,* Liebigs Ann. Chem. *562* (1949), 205. — DRP 756 058 (1940), I.G. Farben.
[27]) *M. Kaplan* u. *G. S. Wooster,* Farbe u. Lack *74* (1968), 1002 (Vortragsref.).
[28]) DBP 1 101 394 (1958), Farbf. Bayer.

I. Polyisocyanatharze (Polyurethane)

$$O=C\begin{matrix}NH-(CH_2)_6-NCO\\ \\ NH-(CH_2)_6-NCO\end{matrix} \quad + \quad OCN-(CH_2)_6-NCO \quad \longrightarrow$$

$$OCN-(CH_2)_6-N\begin{matrix}\overset{O}{\underset{\|}{C}}-NH-(CH_2)_6-NCO\\ \\ \underset{\|}{\overset{}{C}}-NH-(CH_2)_6-NCO\\ O\end{matrix} \qquad 3.21$$

Beispiel eines Handelsproduktes:

    Desmodur N   Bayer

Dieses Polyisocyanat ist physiologisch unbedenklich und ergibt bei der Umsetzung mit Polyhydroxylverbindungen Lackfilme, die in Hinblick auf Lichtbeständigkeit, Wetterfestigkeit, Glanzhaltung und Chemikalienbeständigkeit den höchsten Anforderungen genügen und in ihren Eigenschaften kaum von anderen Lackkombinationen erreicht werden[29].

Die Reaktion zwischen den aliphatisch gebundenen Isocyanatgruppen und Hydroxylgruppen verläuft erheblich langsamer als die entsprechende Umsetzung mit aromatischen Isocyanaten. Ihre Reaktionsfähigkeit muß daher meist durch Zugabe von katalytisch wirkenden Substanzen gesteigert werden. Aber auch zur Verkürzung der Trockenzeit von Lacksystemen mit aromatischen Polyisocyanaten ist in vielen Fällen die Anwendung von Beschleunigern angebracht.

Die zur Verfügung stehenden Katalysatoren unterscheiden sich vielfach im Ausmaße ihrer Wirksamkeit und können zudem in Abhängigkeit ihrer Anwendungsmenge Filmeigenschaften, wie z. B. Filmhärte, Abriebfestigkeit, Chemikalien- und Wetterbeständigkeit beeinflussen. Als Katalysatoren kommen beispielsweise tertiäre Amine oder Zink- bzw. Zinn(IV)-Salze, wie Zinkoctoat, Zinknaphthenat oder Dibutylzinndilaurat in Betracht. Während die metallhaltigen Katalysatoren allgemein sehr stark beschleunigen, und daher sehr sorgfältig dosiert werden müssen, zeigen tertiäre Amine eine geringere katalytische Wirkung. Der damit verbundenen leichteren Handhabung zufolge finden sie bevorzugte Anwendung[30].

Eine der jüngsten Entwicklungen vereinigt aromatische und aliphatische Diisocyanate in einer Verbindung. Die charakteristischen Eigenschaften der beiden Ausgangskomponenten gehen in die neue Verbindung ein und ergänzen sich dadurch in günstiger Weise. Ein derartiges gemischtes, aliphatisch-aromatisches Polyisocyanat kann beispielsweise aus drei Mol TDI und zwei Mol Hexamethylendiisocyanat aufgebaut werden[31]:

---

[29] *K. Wagner* u. *G. Mennicken,* VI. Fatipec. Kongreßbuch 1962, S. 289. — *R. Hebermehl,* Farbe u. Lack *73* (1967), 909. — *G. Mennicken* u. *L. Orsini,* Surfaces (Brüssel) *6* (1967), Nr. 30, S. 27; Ref. Farbe u. Lack *74* (1968), 173.
[30] Handelsprodukte: Desmorapid®-Typen, Farbf. Bayer.
[31] *L. Havenith,* Paint Manuf. *38* (1968) Nr. 12, S. 36; Ref. Farbe u. Lack *75* (1969), 976.

3.22

Beispiel eines Handelsproduktes:

    Desmodur HL   Bayer

Die hauptsächlichsten Eigenschaften von Polyurethan-Lackfilmen auf der Basis solcher gemischter Isocyanurat-Polyisocyanate bei Auswahl geeigneter Polyhydroxylverbindungen als Umsetzungspartner sind:
1. Rasche Trocknung
2. Gegenüber TDI wesentlich verbesserte Gilbungsbeständigkeit
3. Gegenüber Hexamethylen-diisocyanat verbesserte Reaktivität
4. Gute Farbbeständigkeit in pigmentierten Lacken
5. Verbesserte Glanzhaltung und Wetterbeständigkeit im Vergleich zum TDI-Addukt
6. Relativ lange Topfzeit

Zur Elastifizierung von Diisocyanat-Polyester- und Polyäther-Kombinationen wird als „höhermolekulares, lineares Diisocyanat"

    Desmodur SJ   Bayer

empfohlen[31a], das sich auch durch rasche Trocknung auszeichnet.

Rapidgrund-Verfahren

Eine interessante Abwandlung im Gebrauch von Katalysatoren ist das sogenannte „Rapidgrund-Verfahren"[32], durch das außerordentlich rasch trocknende Klarlackfilme erzielt werden können.

Im Prinzip wird einem als Grundierung anzuwendenden, physikalisch trocknenden Bindemittel ein für Ein- oder Zweikomponentensysteme hochwirksamer Katalysator zugefügt. Wird über diese Grundierung anschließend ein Polyurethan-Decklack aufgebracht, so bewirkt der in ihr enthaltene Katalysator die sofortige Härtung des Filmes. Geeignete Ausgangsstoffe für Rapidgrundierungen sind z. B. Mischpolymerisate aus Vinylchlorid und Vinylacetat, Polyvinylbutyral und Celluloseacetobutyrat. Die erforderliche Menge an Katalysator bewegt sich bei 1—2%, berechnet auf die Gesamtlackierung. Das Rapidgrund-Verfahren ist allerdings auf die Anwendung von Klarlacken beschränkt, da es bei pigmentierten Lacksystemen versagt. Es eignet sich vor allem für die Beschichtung von Holz, ist aber gleichermaßen geeignet für Pappe, Leder, Beton, Asbestzement u. a.; Vorteile dieses Verfahrens sind:

[31a] Vgl. vorläufiges Merkblatt von Bayer.
[32] Beschreib. d. Verfahrens z. B. *L. Havenith,* Paint Manuf. *38* (1968) Nr. 12, S. 34.

I. Polyisocyanatharze (Polyurethane)

1. Sehr schnelle Trockenzeit, die zudem durch Temperaturerhöhung noch verkürzt werden kann. So ist z. B. ein über einem Rapidgrund aufgebrachter Zweikomponenten-Lack bei Raumtemperatur nach 15—20 Minuten staubtrocken. Diese Zeit verkürzt sich bei 50 °C auf ca. 10 Minuten.
2. Die Wirksamkeit der vorkatalysierten Grundierung bleibt mehrere Tage nach ihrem Aufbringen erhalten, so daß genügend Spielraum für die Durchführung der Decklackierung verbleibt. Die Grundierung trocknet aber andererseits so rasch, daß die Deckschicht auch schon nach sehr kurzer Zeit aufgebracht werden kann.
3. Der Rapidgrund erübrigt die Vorbehandlung mit einem Porenfüller und ist sehr wirksam gegen ein uneinheitliches Eindringen der Decklackierung in die Unterlage. Er verhindert weiterhin bei Ausführung von Holzlackierungen Verfärbungen des Holzes, wie diese häufig bei anderen Lackierarten in unerwünschter Weise auftreten.

Isocyanat-Grundwert

Der Ablauf von Polyadditionsreaktionen zwischen hydroxylgruppenhaltigen Verbindungen und Polyisocyanaten ist durch den stöchiometrischen Umsatz der OH-Gruppen mit den NCO-Gruppen gekennzeichnet. Zur Berechnung der Mischungsverhältnisse der jeweiligen Komponenten dient deshalb ein sogenannter „Isocyanat-Grundwert". Dieser wird definiert durch die Menge Polyisocyanat, die 100 Gewichtsteilen der hydroxylgruppenhaltigen Umsetzungskomponente äquivalent ist, d. h. es gilt die Verhältnisgleichung

$$NCO : OH = 1 : 1 \qquad 3.23$$

Durch Einsetzen des Gehaltes an Isocyanat-Gruppen (% -NCO) bzw. Hydroxyl-Gruppen (% -OH) für die zur gemeinsamen Umsetzung vorgesehenen Reaktionspartner ergibt sich

$$\text{Isocyanat-Grundwert} = \frac{42 \times 100 \times \% \, OH}{17 \times \% \, NCO}$$

(42 = Äquivalentgewicht der NCO-Gruppe, 17 = Äquivalentgewicht der OH-Gruppe)

Der Isocyanat-Grundwert hat in erster Linie die Aufgabe eines Richtwertes. Er hat allerdings nur für die Abstimmung von Zweikomponenten-Systemen Bedeutung, da feuchtigkeitstrocknende Einkomponenten-Systeme sich einer exakten Berechnung entziehen. Die günstigsten Mischungsverhältnisse können in der Regel jeweils nur experimentell ermittelt werden, da die Eigenschaften solcher Kombinationen auch noch von anderen Faktoren, wie z. B. dem Verzweigungsgrad der Reaktionspartner, dem prozentualen Gehalt an reaktiven Gruppen u. a. beeinflußt werden (s. hierzu auch Seite 156). In der Praxis werden daher diese Grundwerte häufig auch unter- oder überschritten. Man spricht dann von Unter- bzw. Übervernetzung und drückt diese in Prozenten des Isocyanat-Grundwertes aus.

Bei einer Untervernetzung, die durch nicht umgesetzt verbliebene freie OH-Gruppen im Film gekennzeichnet ist, wird dieser flexibler bleiben und meist besser auf seiner Unterlage haften, dafür aber auch eine geringere Beständigkeit gegen zerstörende Einflüsse aufweisen. Bei einer Übervernetzung sind im Film nicht umgesetzte Isocyanatgruppen vorhanden, die sich allmählich mit der Luftfeuchtigkeit unter Harnstoffbildung umsetzen, wodurch härtere und im allgemeinen auch lösungsmittel- und chemikalienbeständigere Filme gebildet werden.

Hilfsmittel für Polyurethan-Lacke

Lösungsmittel. Die Reaktionsfähigkeit der Polyisocyanate beschränkt bei der Herstellung von Lacklösungen die Auswahl der Lösungs- und Verschnittmittel auf solche, die nicht mit den Isocyanatgruppen reagieren. Brauchbare Lösungsmittel sind z. B. Ester: Äthyl- oder Butylacetat 98/100%, Hexylacetat, Äthylglykolacetat (Cellosolveacetat), Methoxybutylacetat; Ketone: Methyläthylketon, Methylisobutylketon, Cyclohexanon, Methoxyhexanon; Chlorkohlenwasserstoffe: Methylenchlorid, Tri- oder Tetrachloräthylen. Während Alkohole mit primären oder sekundären Hydroxylgruppen ganz ausscheiden, können je nach der Reaktionsfähigkeit der zur Anwendung kommenden Isocyanate unter Umständen tertiäre Alkohole, wie Diacetonalkohol oder tertiäres Butanol als echte Löser eingesetzt werden.

Als Verschnittmittel kommen Toluol, Xylol oder höhere Benzolkohlenwasserstoffe in Betracht; Benzinkohlenwasserstoffe können bei Anwesenheit genügend echter Löser in kleineren Mengen mitverwendet werden. Wichtig ist immer die Gegenwart eines genügend großen Anteiles höher siedender echter Löser im Verdünnungsgemisch, um den niedriger siedenden Verschnittmitteln das Abdunsten zu ermöglichen. Ungünstige Zusammensetzung der Verdünnungsmittel kann Blasenbildung und andere Filmstörungen nach sich ziehen.

Pigmente. Auch die Pigmente für Polyurethanlacke sind entsprechend sorgfältig auszuwählen. Besonders stark basische Pigmente sowie solche mit löslichen Metallverbindungen vermögen nämlich die Reaktion zwischen Isocyanaten und hydroxylgruppenhaltigen Verbindungen zu katalysieren, wodurch die Standzeiten der pigmentierten Lackansätze erheblich verkürzt werden können. Pigmente, die sich in dieser Weise ungünstig auswirken und daher nicht verwendet werden sollen, sind z. B. Zinkoxid, Bleimennige, Bleicyanamid, Chromoxidhydratgrün LE 70, Zinktetraoxychromat, Molybdatrot, Berliner Blau und einige Ruße.

Weitere Hilfsmittel. Eine Verlaufverbesserung von Polyurethanlacken mit dem Ziel, die Filmoberflächen störungsfrei zu gestalten, ist in vielen Fällen durch bestimmte Hilfsmittel zu erreichen. Zunächst kann sich hier schon die richtig ausgewählte Zusammensetzung des Verdünnungsgemisches günstig auswirken. Als Verlaufhilfsmittel selbst kommen gewisse Cellulosederivate, wie Celluloseacetobutyrat oder Cellulosenitrat (Nitrocellulose), einige Polymerisate, wie Polyvinylbutyral, Polyvinylacetat oder bestimmte Mischpolymerisate aus Vinylchlorid und Vinylacetat mit freien Hydroxylgruppen in Betracht. Auch Harnstoffharze kommen für diese Zwecke zur Anwendung. Siliconöle wirken durch Erniedrigung der Oberflächenspannung verlaufverbessernd. Alle Verlaufmittel müssen sorgfältig dosiert werden, damit sie nicht zu Unverträglichkeiten führen oder, wie im Falle der Siliconöle möglich, zu Haftschwierigkeiten zwischen aufeinanderfolgenden Lackschichten.

Weitere Hilfsmittel sind Regulatoren, durch deren Zusatz unerwünschte Feuchtigkeitsmengen gesteuert bzw. unschädlich gemacht werden. Diese Regulierung des Wassergehaltes ist vor allem in solchen lösungsmittelhaltigen aber auch lösungsmittelfreien Ansätzen von großer Bedeutung, die nach dem Einkomponentenverfahren verarbeitet werden sollen. Aber auch in Zweikomponentensystemen werden sie angewandt, vor allem um unerwünschter Viskositätssteigerung und damit vorzeitiger Gelatinierung entgegenzuwirken.

Als derartige Zusatzmittel seien hier z. B. genannt: Orthocarbonsäure-Ester, wie Orthoameisensäure-Äthylester, der durch Wasseraufnahme in Ameisensäure-Äthylester und Äthanol zerfällt (letzteres setzt sich mit Isocyanaten ohne Kohlen-

I. Polyisocyanatharze (Polyurethane)

dioxidentwicklung in Urethane um), Zeolithe (Alkalialuminosilikate besonderer Kristallstruktur, die Wasser in ihrem Kristallgitter nach Art der Molekularsiebe zu binden vermögen), monofunktionelle Isocyanate oder Diisocyanate wie etwa das Diphenylmethan-4,4′-Diisocyanat.

Zur Anwendung von Polyurethan-Lacken

Schnelle Trocknung wird immer mehr zu einem ganz entscheidenden Kriterium für die Brauchbarkeit von Lackharzen. Während bei rein physikalisch trocknenden Bindemitteln der Trocknungsablauf vor allem weitgehend von der Temperatur, der Abdampfgeschwindigkeit der Lösungsmittel und der Stärke der Filmschicht abhängt, sind bei der Filmbildung durch chemische Reaktionen zusätzliche Momente bestimmend; dies trifft in ganz besonderem Maße für Polyurethan-Systeme zu. Als Zusammenfassung der vorstehend behandelten Einzelheiten sollen deshalb für Überzüge auf dieser Basis einige der für die Trocknungs- und Härtungsvorgänge besonders bedeutungsvollen Faktoren nochmals herausgestellt werden. Hierzu seien genannt:

1. Die Reaktivität der Isocyanate;
2. Die Struktur der Polyhydroxylverbindungen;
3. Der durch das Verhältnis von Isocyanat- zu Hydroxylgruppen bestimmte Vernetzungsgrad;
4. Art und Umfang der Vorvernetzung durch Adduktbildung[33]);
5. Der Einfluß von Temperatur und relativer Luftfeuchtigkeit auf die Filmbildung[33,34]).

Für standardmäßig aufgebaute Überzüge auf der Basis von Polyurethanen können für die zeitlichen Abläufe der Trocknungs- und Härtungsvorgänge überschläglich etwa folgende Richtwerte genannt werden: Nach 4—6 Stunden bei 20 °C staubtrocken und in ca. 24 Stunden durchgetrocknet. Bei Ofentrocknung, der stets eine ausreichende Ablüftungszeit vorgeschaltet werden soll, um Blasenbildung in der Filmschicht zu vermeiden, sind die Härtungszeiten etwa: 2 Stunden bei 80 °C, 1 Stunde bei 120 °C oder ½ Stunde bei 180 °C. Es sei aber nochmals ausdrücklich betont, daß diese Zeiten lediglich ganz grobe Anhaltswerte darstellen.

Die Reaktivität der Isocyanate bestimmt naturgemäß nicht nur stark den Ablauf der Polyurethan-Vernetzung, sondern begrenzt gleichzeitig auch die Haltbarkeit (Topfzeit) der Lacklösungen, weil die Polyadditionsreaktionen im Normalfalle bei Verwendung von unblockierten Polyisocyanaten schon bei Raumtemperatur unter stetigem Viskositätsanstieg ablaufen.

Praktisch unbegrenzt lager- und viskositätsstabile Lacklösungen, wie sie etwa bei der Herstellung von Elektroisolierlacken im Tauchverfahren in Gebrauch sind, erfordern die Anwendung von blockierten Isocyanaten. Auch für andere Einbrennlacke werden meist die durch Phenole geschützten Isocyanate herangezogen, bei denen erst oberhalb 150 °C die Isocyanatgruppen freigesetzt werden. Die Verwendung von verkappten Isocyanaten ermöglicht zugleich eine Mitverwendung solcher hydroxylgruppenhaltiger Lösungsmittel, die im Siedepunkt unterhalb der Spalttemperatur des Isocyanatabspalters liegen, beispielsweise Äthanol, Propanol oder Butanol.

---

[33]) *E. Pflüger,* VI. Fatipec-Kongreßbuch 1962, S. 293.
[34]) *H. Delius* u. *A. Manz,* Beckacite Nachr. *26* (1967), 46; Ref. Farbe u. Lack *74* (1968), 173. — *W. Berger,* VI. Fatipec-Kongreßbuch 1962, S. 300. — *Anon.,* Farbe u. Lack *74* (1968), 173.

Eine Reihe der üblichen Umsetzungspartner für Polyisocyanate wurde schon zu Beginn dieses Abschnittes aufgeführt. Eine Einschränkung beim Gebrauch der dort genannten Alkydharze und zwar derjenigen, die ungesättigte Öle enthalten, muß allerdings getroffen werden. Diese Harze bewirken nämlich bei der Umsetzung mit aromatischen Polyisocyanaten starke Vergilbung, die auf eine oxydative Veränderung der Isocyante durch die bei der Trocknung sich bildenden Peroxide zurückzuführen ist. Aus diesem Grunde können solche Kombinationen nur bei gedeckten Farben oder für die Herstellung von Grundierungen Verwendung finden.

Die lacktechnisch bedeutungsvollsten Reaktionspartner sind Polyesterharze, hergestellt aus Adipinsäure, zum Teil mit Zusatz von Phthalsäureanhydrid und Di- und Trialkoholen als Veresterungskomponente. Ein besonders zur Kombination mit der Biuretverbindung des Hexamethylen-diisocyanats (S. 162) geeigneter, harter und lichtechter Polyester ist ausschließlich aus PSA und einem Polyol aufgebaut[35]). Es hat sich gezeigt, daß allgemein Phthalsäurederivate licht- und wetterbeständigere Endprodukte mit Isocyanaten liefern als entsprechende Adipinsäurederivate[35]). Die Auswahl und Abmischung geeigneter Polyester, charakterisiert durch ihre Kettenlänge und durch ihren Gehalt an reaktionsfähigen Gruppen, ermöglicht eine weitgehende Abwandlung der Polyurethan-Filme von der flexiblen Gummilackierung bis zum außergewöhnlich harten und verschleißfesten Metallüberzug.

Zur Herstellung von Lackmischungen mit thixotropen Eigenschaften können die Träger der Thixotropie durch Umsetzung von Mono- oder Polycarbonsäuren mit Polyisocyanaten erhalten werden[36]). Vorteile dieser Produkte sind vor allem die einfache Art der Zumischung, die Unempfindlichkeit des Thixotropie-Effektes gegen Butanol und Aromaten sowie seine Beständigkeit auch bei erhöhten Temperaturen.

Ein interessanter Reaktionspartner für Polyisocyanate ist das Ricinusöl, das als billiges Naturprodukt mit einem Hydroxylgruppen-Gehalt von ca. 5% zur Verfügung steht. Dieser Rohstoff kann nämlich unter geeigneten Bedingungen gleichzeitig als Lösungsmittel und als Reaktionsteilnehmer auftreten. Ricinusöl kommt daher in erheblichem Umfange, besonders in lösungsmittelfreien Systemen, teils unverändert, aber auch in Form umgeesterter oder anpolymerisierter Umwandlungsprodukte zur Anwendung[37]). Allerdings ist, je nach dem vorgesehenen Verwendungszweck, die etwas stärkere Vergilbung, vor allem in Verbindung mit TDI-Addukten, zu berücksichtigen.

Es sei noch erwähnt, daß auch gewisse Phenolformaldehyd-Harze, vor allem zur Erzielung wasserfester Filme, zur Umsetzung mit Isocyanaten herangezogen werden können. Auf die verlaufverbessernde Wirkung bei Mitverwendung von Aminharzen wurde früher schon hingewiesen.

Eine weitere Anwendung finden Polyisocyanate, oft in Styrol gelöst, als dritte Umsetzungskomponente in Ungesättigten Polyester-Lacken.

Lufttrocknende Isocyanat-Anstrichstoffe werden überall dort verwendet, wo von einer bei normaler Temperatur aushärtenden Lackierung eine besondere mechanische oder chemische Widerstandsfähigkeit verlangt wird.

Wegen einer Reihe bemerkenswert guter Eigenschaften auf Holzunterlagen, wie Haftfestigkeit, guter Schleifbarkeit und Polierfähigkeit, Wasser- und Alkohol-

---

[35]) *R. Hebermehl,* Farbe u. Lack *73* (1967), 909.
[36]) DAS 1 117 801 (1961), Farbf. Bayer.
[37]) *H. Gruber,* VI. Fatipec-Kongreßbuch 1962, S. 308. — *F. M. Depke,* ebenda, S. 383. — *T. C. Patton,* Dtsch. Farben-Z. *15* (1961), 198. — *T. C. Patton* u. *H. M. Metz,* Off. Digest Federat. Soc. Paint Technol. *32* (1960) Nr. 421, S.222; Ref. Farbe u. Lack *66* (1960), 401.

I. Polyisocyanatharze (Polyurethane)

festigkeit, hoher Abriebfestigkeit, hervorragender Cold-check-Werte, Wetterbeständigkeit (bei Verwendung aliphatischer Polyisocyanate!) u. a. sind sie von großer Bedeutung für alle Arten von Überzügen auf Holz, Span- und Hartfaserplatten. Erwähnt sei ihre Anwendung, außer in Decküberzügen, z. B. für Schnellschliff-Grundierungen, zur Parkettversiegelung und für die Lackierung stark beanspruchter Flugzeugteile. Gerade der letztgenannte Verwendungszweck dokumentiert überzeugend die gute Haltbarkeit der Beschichtungen.

Als weitere Anwendungsgebiete seien genannt: Anstriche auf Mauerwerk, Beton, Asbestzement u. dgl., Metallbeschichtungen, Lackierung von Geweben, Leder, Papier, Kunststoffen und Gummi, Effektlacke[38]).

Für die Herstellung von *Einbrennlacken* kommen in erster Linie Polyisocyanate mit geschützten (verkappten) Isocyanatgruppen in Betracht, so etwa das auf Seite 161 beschriebene Umsetzungsprodukt aus TDI, Trimethylolpropan und Phenol. Bei dieser Verbindung werden im Bereich von 160—180 °C die phenolischen Schutzgruppen abgespalten, wodurch die zurückgebildeten Isocyanatgruppen für die sich anschließenden Polyadditionsreaktionen verfügbar werden. Durch die Zugabe von Katalysatoren, meist alkalischer Natur, kann die Rückspaltungstemperatur und damit die Einbrenntemperatur auf etwa 130—140 °C herabgesetzt werden. Es ist jedoch zu beachten, daß Katalysatoren, besonders in Anwesenheit von Alkoholen im Lösungsmittelgemisch, die Standzeit der Lacke erheblich herabsetzen können.

Als besonders geeignet für die Vernetzung von Einbrennlacken wird Methoxymethylisocyanat bezeichnet[38a]).

Als hydroxylgruppenhaltige Reaktionspartner kommen die schon bei den lufttrocknenden Systemen genannten in Betracht. Weiterhin finden noch Phenolformaldehyd-Harze, Harnstoff- und Melaminharze Verwendung. Als Verlaufmittel können ebenfalls die bei den lufttrocknenden Polyurethanlacken genannten (S. 166) eingesetzt werden.

Einbrennlacke auf Polyurethanbasis erreichen durch den Einbrennvorgang schnell ihre guten Eigenschaften, die praktisch vergleichbar sind mit denen der Lufttrocknung von Zweikomponenten-Lacken. Durch das Einbrennen werden darüber hinaus wichtige Eigenschaften der Filme, wie Elastizität, Wasser-, Chemikalien- und Lösungsmittelbeständigkeit, zusätzlich verbessert. Anwendung finden Polyurethan-Einbrennlacke vornehmlich auf dem Gebiet der Metall-Lackierungen, z. B. für die Auskleidung von Lagerbehältern, die zur Aufnahme von Treibstoffen, Fruchtsäften u. dgl. dienen, sowie ganz allgemein zum Schutze hochbeanspruchter Metallteile. Ein weiteres Anwendungsgebiet ist das der Elektroisolierlacke, wo sie vor allem als Drahtlacke von Bedeutung sind.

Wegen ihrer sehr guten Elastizitätseigenschaften — die Dehnbarkeit der eingebrannten Lackfilme beträgt bis zu 300 % — finden katalysierte Polyurethan-Einbrennlacke auch Verwendung für Gummilackierungen.

Auch Einkomponenten-Polyurethanlacke lassen sich als Einbrennlacke verarbeiten, vorausgesetzt, daß im Ofenraum genügend Feuchtigkeit vorhanden ist.

Lösungsmittelfreie Polyurethanlacke

Das verbreitete Interesse an lösungsmittelfreien Beschichtungssystemen hat auch eine entsprechende Entwicklung auf dem Gebiet der Polyurethane ausgelöst.

---

[38]) Einzelheiten siehe z. B. Desmodur/Desmophen-Broschüre der Farbenfabriken Bayer.
[38a]) *W. Krauß, P. Müller* u. *J. Pedain*, Farbe u. Lack 75 (1969), S. 1161 (mit 15 Lit.- u. Patent-Hinweisen).

Ein derartiges Verarbeitungsverfahren, bei dem die Bindemittel gleichzeitig die Funktionen der Lösungs- bzw. Verdünnungsmittel zu übernehmen haben, erfordert für beide Umsetzungspartner gewisse Voraussetzungen. Sie müssen zunächst flüssig oder wenigstens doch sehr niedrigviskos sein, um eine innige Vermischung untereinander, aber auch mit den Pigmenten oder Pigment-Füllstoff-Mischungen zu gewährleisten. Die Massen sollen ferner eine genügend lange Zeit der Verarbeitbarkeit (Standzeit, Pot life) besitzen. Die daraus hergestellten Schichten sollen möglichst ohne Oberflächenstörungen oder Volumänderungen und auch in möglichst dicken Schichten durchhärten. Diese und weitere Forderungen verlangen ein ganz besonders sorgfältiges Abstimmen der einzelnen Bestandteile aufeinander.

Als Isocyanat-Komponente spielt das flüssige Diphenylmethan-4,4'-Diisocyanat[38b] hier die Hauptrolle, während als Umsetzungspartner Ricinusöl sowie niedrigviskose hydroxylgruppenhaltige Substanzen im Vordergrund stehen. Um eine blasenfreie Durchtrocknung zu gewährleisten, ist zumeist ein Zusatz feuchtigkeitsbindender Hilfsmittel, etwa von Zeolithen, erforderlich. Die Verarbeitung erfolgt nach dem Zweikomponenten-Prinzip, d. h. die Isocyanat-Komponente wird erst kurz vor der Verarbeitung eingemischt. Die Standzeit der Mischungen ist von verschiedenen Faktoren abhängig, so vom pH-Wert, der Größe und der Temperatur des Ansatzes, ferner in starkem Umfange vom Reaktivitätsverhalten der Umsetzungspartner gegenüber den Isocyanatgruppen. In den meisten Fällen läßt die begrenzte Verarbeitungszeit nur verhältnismäßig kleine Ansätze zu (etwa bis zu 10 kg). Weichmacher, wie Chlorparaffine, epoxydiertes Sojaöl oder spezielle synthetische Weichmacher erleichtern in vielen Fällen die Verarbeitbarkeit der Massen.

Lösungsmittelfreie Polyurethan-Systeme können auf trockenen Unterlagen in beliebiger Schichtdicke praktisch ohne Volumverlust aufgetragen werden. Die Haftung auf Unterlagen wie Holz, Metall, Kunststoff, Leder, Beton, Asbestzement oder Asphalt ist im allgemeinen gut, vor allem, wenn ein Grundieren auf Basis eines lösungsmittelhaltigen Polyurethan-Lackes vorausgegangen ist. Auf eine Angabe von Trocknungs- oder Durchhärtungszeiten wird bewußt verzichtet, da diese Zeitangaben zu unterschiedlich sind und sehr vom jeweiligen Untergrund, dem Aufbau der Massen, ihrer Verarbeitungsweise und den Umweltbedingungen abhängig sind. Herausgestellt sei ihre Verwendung für Fußbodenbeschichtungen, Behälter- und Rohrauskleidungen, zur Herstellung von Spachtel-, Kitt- und Vergußmassen aller Art. Bei der Vielseitigkeit aller Anwendungsgebiete und der damit zusammenhängenden Arbeitsweisen muß jedoch für den speziellen Einsatzzweck auf die einschlägige Literatur verwiesen werden[39]).

Polyurethan-Teer-Kombination

Die gemeinsame Verarbeitung von Polyisocyanaten mit Teer wurde bereits früher erwähnt. Eine Reihe günstiger Eigenschaften hebt die Umsetzungsprodukte von Polyurethan-Systemen mit Teeren, Asphalten und Bitumina ganz besonders heraus, so daß hier nochmals darauf hingewiesen werden soll.

Zunächst ist bemerkenswert, daß sich derartige Kombinationen sowohl nach dem Ein- als auch nach dem Zweikomponentenverfahren herstellen und verarbeiten lassen. Mit letzterem ergibt sich zudem eine große Variationsbreite, die von lösungs-

---

[38b]) Desmodur VL, Bayer, s. S. 158.
[39]) Z. B.: *W. A. Riese,* Löserfreie Anstrichsysteme, C. R. Vincentz-Verlag Hannover 1967. — Fußn. 38.

mittelreichen über lösungsmittelarme Kombinationen mit niedrigem, hohem und höchstem Füllstoffgehalt bis zu lösungsmittelfreien Systemen reicht. Dementsprechend vielfältig sind auch die Anwendungs- und Verarbeitungsmöglichkeiten. Einige Eigenschaften, die sie auszeichnen, sind u. a.:

1. Härtung und Durchtrocknung sind weitgehend von der Temperatur unabhängig, daher auch bei Temperaturen um 0 °C anwendbar;
2. Gute Haftung auf den verschiedenartigsten Unterlagen;
3. Gutes Verhalten der Beschichtungen bei Wärmebeanspruchung;
4. Aushärtungsmöglichkeit starker Schichten;
5. Gute Wetterbeständigkeit.

Die zur Anwendung kommenden Teere bedürfen einer sorgfältigen Auswahl der geeigneten Fraktionen und erfordern meist eine gewisse Vorbehandlung, damit genügend lange Standzeiten der Kombinationen erzielt werden. So soll der Wassergehalt der Teere nicht über 0,1 % liegen. Das Wasser kann durch Zugabe von Trockenmitteln, wie Zeolithe, in lösungsmittelarmen oder lösungsmittelfreien Ansätzen auch mit Calciumoxid, durch Zugabe von Aluminium-sec.-Butylat oder durch Diphenylmethan-4,4'-Diisocyanat unschädlich gemacht werden. Die beiden letztgenannten Verbindungen dienen auch zur Beseitigung von aktiven Wasserstoff-Atomen in den Teeren, die ebenfalls die Standzeit der Lacke verkürzen würden.
Die Herstellung der einzelnen Lacktypen und Massen ist so unterschiedlich, daß auch hier auf entsprechende Arbeitsvorschriften verwiesen werden muß[40]). Obwohl Teer selbst die Polyadditionsreaktionen zu katalysieren vermag, ist eine Mitverwendung von Katalysatoren (s. S. 163) vor allem zur Erzielung fehlerfreier, insbesondere dickerer Beschichtungen vielfach erforderlich.
Als Richtlinie für die Trocknung von Beschichtungssystemen nach dem Zweikomponentenverfahren kann eine Trockenzeit bei ca. 20 °C von etwa 2—6 Stunden und die Erreichung der Endhärte nach ca. 24 Stunden genannt werden; mechanische Beanspruchung kann nach 12—24 Stunden erfolgen, chemischer Beanspruchung sollten die getrockneten Schichten dagegen erst nach 8—14 Tagen ausgesetzt werden. Bei niedrigen Temperaturen verzögern sich natürlich die Trockenzeiten entsprechend.
Hervorzuheben ist die gute Haftung solcher Teerkombinationen auf unterschiedlichsten Unterlagen, wie Holz, Beton und Metallen, ganz besonders nach entsprechender Vorgrundierung. Es können je nach dem Lack-Typ Schichtdicken im Bereich dünner Filme bis zu mehreren Zentimetern aufgebracht werden. Die Haftung und Beständigkeit auf Metallen ist auch bei der Lagerung in feuchter Erde gegeben. Die Schichten besitzen eine sehr gute Beständigkeit gegen Wasser, verdünnte Säuren und Alkalien, Öl, Benzin usw. Mit speziellen Kombinationen (niedriger Teeranteil) ergibt sich auch eine gute Beständigkeit gegenüber Aromaten.
Als Anwendungsgebiete für Zweikomponenten-Teer-Lacke sind zu nennen: Industrieanstriche aller Art, wie Korrosionsschutzanstriche, Innen- und Außenbeschichtungen von Rohrleitungen, auch für unterirdische Lagerung, Anstriche auf Beton (Ölwannen), Anstriche in der Schiffahrt, z. B. Schiffaußen- und Schiffbodenanstriche, Schwimmtanks, Schleusentore, Abdichtungen von Mauerwerk und Beton.
Lösungsmittelarme und lösungsmittelfreie Zweikomponenten-Kombinationen können in sehr dicken Schichten, auch auf senkrechten Flächen, aufgebracht werden. Feuchtigkeitshärtende Teer-Polyurethan-Einkomponentenlacke können auch auf feuchten bis tropfnassen Untergründen aufgetragen werden und ergeben sehr harte,

---

[40]) Siehe z. B. Fußn. 39).

kratzfeste Filme. Anwendungsgebiete und Beständigkeitseigenschaften stimmen mit den bei den Teer-Zweikomponentenlacken dargelegten überein.

Verwendung in Dispersionen

Bei der Umsetzung von Verbindungen, die quaternierte basische Amingruppen enthalten, mit Isocyanaten resultieren Addukte, die in wäßrige Dispersionen übergeführt werden können. Aus diesen Dispersionen ergeben sich trocknende, irreversibel unlöslich werdende, weitgehend lösungsmittelfeste Filme[41]).

Zusammenfassung

Eingehende Schilderungen der Isocyanate als Lackrohstoffe finden sich unter den in diesem Abschnitt zitierten Literaturangaben, aber auch weitere Hinweise, vor allem für den Praktiker sind vorhanden[42]). Zum Abschluß nochmals eine Aufzählung der wertvollsten Eigenschaften, die bei geeigneter Auswahl der Komponenten und bei entsprechender Arbeitsweise erzielt werden können[43]):
1. Gute Haftfestigkeit, auch auf Leichtmetall, Zink, Kunststoff, Glas usw.; Filme mit wenig Poren;
2. Große Dauerelastizität bei einstellbarer Filmhärte und hoher Abriebfestigkeit;
3. Hohe Wetterbeständigkeit spezieller Zweikomponenten-Aufstriche;
4. Hervorragende Glanzhaltung, Farbtonbeständigkeit und höchste Kreidungsresistenz speziell darauf ausgerichteter Systeme;
5. Gute Beständigkeit gegen Wasser, Chemikalien und Lösungsmittel;
6. Hervorragende elektrische Eigenschaften. Darüber hinaus ergeben sich noch weitere, hier nicht im einzelnen erläuterte Eigenschaftsbilder wie:
7. Vorzügliche Strahlenbeständigkeit und Dekontaminierbarkeit;
8. Schwerentflammbarkeit;
9. Hohes Pigmentbindevermögen und große Ergiebigkeit.

Beispiele für Handelsprodukte:

Beckocoat	Reichhold-Albert
Caradate	Shell
Daltolac/Suprasec	I.C.I.
Desmocoll	Bayer
Desmodur/Desmophen	Bayer
NeoRez	Polyvinyl-Chemie
Spenkel	Kellogg

Urethanöle und -alkyde

Durch Umesterung von trocknenden Ölen mit Polyolen, wie Glycerin oder Trimethylolpropan werden α,α'-Diester erhalten. Diese hydroxylgruppenhaltigen Ester von Säuren trocknender Öle ergeben bei der Umsetzung mit Diisocyanaten soge-

---

[41]) DBP 1 178 586 (1962); 1 179 363 (1963); 1 184 946 (1962); 1 187 012 (1963), alle Farbf. Bayer. — Belg P 653 223 (1965, Dtsch. Prior. 1963), Farbf. Bayer. — Belg P 658 026 (Dtsch. Prior. 1964), Farbf. Bayer.
[42]) H. F. Sarx, „Die Mappe" — Dtsch. Malerztg. *1954*, Heft 4, S. 165. — S. a. Fußn. 38).
[43]) Siehe auch die Bayer-Broschüre Desmodur/Desmophen.

I. Polyisocyanatharze (Polyurethane)

nannte *Urethanöle*[44]). Im einfachsten Falle entsteht z. B. aus 2 Mol Leinölfettsäure-Diglycerid + 1 Mol Diisocyanat ein Addukt, das 4 trocknende Fettsäurereste enthält:

$$\begin{array}{c}\text{structure 3.24}\end{array}$$

3.24

Derartige Produkte übertreffen ihre Ausgangsöle oder die daraus hergestellten Standöle in wichtigen Eigenschaften, wie Trocknung, Glanz, Härte usw. ganz erheblich. Sie lassen sich zudem weitgehend durch Einkondensieren von beispielsweise Crotonsäure, Maleinsäure, Glycerinallyläther, oxalkyliertem Bisphenol u. a. modifizieren. Der Einbau geringer Mengen Anthrachinon-2-carbonsäure bewirkt eine weitere Forcierung der Durchtrocknung.

Das Verfahren der Urethanöl-Bildung ermöglicht es, nicht nur trocknende Öle, wie Leinöl, Sojaöl, Holzöl und ähnlich gut trocknende Öle in ihren allgemeinen Eigenschaften zu verbessern, sondern auch schlechttrocknende, wie Trane und Fischöle, in verhältnismäßig raschtrocknende und gut durchhärtende Lackrohstoffe umzuwandeln. Dieses Reaktionsprinzip ist naturgemäß auf zahlreiche andere Stoffe, wie niedere ungesättigte Fettsäuren, Ricinusöl[45]), Vorstufen von Alkydharzen, Phenolharze u. a. anwendbar[46]). Auch die Herstellung thixotroper Urethanöle ist beschrieben worden[47]).

Die Säurezahl trocknender Öle, geblasener Öle oder Standöle, die vielfach unerwünscht ist, kann in einfacher Weise durch Einwirkung von Isocyanaten beseitigt werden[48]). Auf dem gleichen Wege läßt sich auch die Hydroxylzahl von Alkydharzen herabsetzen, wodurch eine Verbesserung der Durchtrocknung erreicht werden kann[49]). Die unter Mitverwendung von Isocyanaten hergestellten sogenannten *Urethanalkyde* finden u. a. vielfache Einsatzmöglichkeiten als Holzlacke, speziell für die Ausführung von Parkettversiegelungen und sind im übrigen hervorragend wetterbeständig.

Beispiele für Handelsprodukte:

Urethanöle

Acothanöl	Abshagen
Arothane	Scado
Cargill Polyurethane	Cargill
Desmalkyd	Bayer
Spenkel F	Kellogg
Unithan	Cray Valley
Vialkyd	Vianova

Urethanalkyde

Acothan-Alkydharze	Abshagen
Alkydal U	Bayer
Arothane 190	Scado

---

[44]) DRP 738 354 (1940), I.G. Farben.
[45]) S. Fußn. 37).
[46]) *J. Baltes,* Fette u. Seifen *52* (1950), 20. — *P. Schmidt,* Farben, Lacke, Anstrichstoffe *4* (1950), 379.
[47]) DBP 1 049 575 (1957), Farbf. Bayer.
[48]) DRP 742 519 (1940), I.G. Farben.
[49]) AP 2 282 827 (1939), DuPont.

II. Epoxidharze

Historische Entwicklung

Als Geburtsstunde der technisch heute so bedeutenden Epoxidharze gilt allgemein die Anmeldung des schweizerischen Patentes Nr. 211 116[50]), dessen Erfinder *Pierre Castan* ist. Es muß allerdings vermerkt werden, daß schon früher *P. Schlack*[51]) die Umsetzung von Epoxidverbindungen mit Verbindungen, die Aminogruppen tragen, beschrieben hat. Sein Ziel war jedoch ausschließlich auf die Herstellung hochmolekularer Polyamine ausgerichtet, ohne daß die sonstigen wertvollen Eigenschaften dieser Produkte erwähnt wurden. Die rasche, zielstrebige und so überaus vielseitige Entwicklung neuer Produkte, aber auch die Auffindung ganz neuer Verarbeitungsmethoden auf verschiedenen Anwendungsgebieten kann mit einem glücklichen Zusammentreffen mehrerer Faktoren in Verbindung gebracht werden. So war in dieser Zeit durchwegs auf dem Gebiet der Harzherstellung die oft rein empirische Behandlung der Probleme einer systematischen Grundlagenforschung gewichen. Des weiteren befaßten sich Unternehmen von weltweiter Bedeutung, die unschwer eigene Basisrohstoffe zu erschließen vermochten, intensiv mit diesen Entwicklungsarbeiten. Nicht unwesentlich war aber auch die weitblickende Übereinkunft dieser Firmen, in gegenseitigen Informations-Austausch zu treten. Unter diesen Umständen runden sich die Fortschritte der letzten 20 Jahre auf den Hauptanwendungsgebieten der Epoxidharze, nämlich dem Oberflächenschutz, der Elektrotechnik, den Laminierverfahren und dem Bauwesen zu einem imponierenden Bild[52]). Dieses bietet sich uns heute in einer nahezu verwirrenden Vielfalt ihrer Anwendung als Lackrohstoffe, als Harze für Pulverbeschichtungen[53]) (s. S. 190), als Gießharze[54]) und als Leim- und Klebeharze dar[55]). Bestimmend für ihre besondere Eignung als wertvolle Lackrohstoffe ist die Tatsache, daß die unter Verwendung derartiger Harze hergestellten Überzüge eine Reihe wichtiger Eigenschaften, wie Haftfestigkeit, Härte, Elastizität und Chemikalien-Beständigkeit in sehr hohem Maße miteinander verbinden.

Die zur Verfügung stehende Literatur ist entsprechend der Bedeutung dieser Harzgruppe vielfältig und umfaßt sowohl zahlreiche Einzeldarstellungen als auch umfassende Veröffentlichungen. Zur gründlichen Information kann auf die ausführlichen Literaturzusammenstellungen z. B. bei *H. Lee* u. *K. Neville, A. M. Paquin* und *K. Weigel* hingewiesen werden[56]).

---

[50]) Schwz. P 211 116 (1938) = DRP 749 512 (1938), Gebr. de Trey.
[51]) DRP 676 117 (1934), I.G. Farben.
[52]) *Anon.*, Kunststoffe-Plastics *14* (1967), 154.
[53]) *Anon.*, US Industr. Digest *1* (1959) Nr. 11, S. 9; Ref. Farbe u. Lack *66* (1960), 207. — *J. R. Weber* u. *R. Salzgeber*, V. Fatipec-Kongreßbuch 1964, S. 142. — Siehe auch Fußnote 117), S. 190.
[54]) Siehe die verschiedenen Monographien, Fußnote 56).
[55]) Neuere Entwicklungen auf dem Klebstoffgebiet: *A. Matting* u. *W. Brockmann*, Angew. Chem. *80* (1968), 645.
[56]) Monographien: *J. Schrade*, Les Résines Epoxy, Dunod Paris 1957. — *A. M. Paquin*, Epoxydverbindungen u. Epoxydharze, Springer-Verlag Berlin-Göttingen-Heidelberg 1958. — *I. Skeist*, Epoxy Resins, Reinhold Publ. 1958. — *K. Weigel*, Epoxidharzlacke, Wissenschaftl. Verlagsges. Stuttgart 1965. — *H. Lee* u. *K. Neville*, Handbook of Epoxy Resins, McGraw-Hill Book Co. New York 1967. — *P. F. Bruins*, Epoxy Resin Technology, J. Wiley & Sons 1968. — *H. Jahn*, Epoxidharze, VEB Deutscher Verlag f. Grundstoffindustrie, Leipzig 1969.

II. Epoxidharze 175

Ihren Namen verdanken die Epoxidharze[57]) der endständigen, reaktionsfreudigen 1,2-Epoxidgruppe[58]),

$$\overset{1}{H_2C} - \overset{2}{CH} - \qquad \qquad 3.25$$
$$\diagdown O \diagup$$

an der sich die Härtungsreaktionen dieser Harzklasse maßgeblich abspielen und die daher in den ausreagierten Endprodukten auch meist nicht mehr vorhanden ist[59]). Aus diesem Grunde ist eigentlich die Bezeichnung „Epoxidharz" für solche Endprodukte nicht ganz korrekt; sie hat sich jedoch inzwischen eingebürgert.

Der Prototyp der Epoxidverbindungen selbst, das Äthylenoxid, kann rein formell als das Anhydrid des Äthylenglykols aufgefaßt werden:

$$HOH_2C - CH_2OH \underset{+H_2O}{\overset{-H_2O}{\rightleftarrows}} H_2C - CH_2 \qquad 3.26$$
$$\diagdown O \diagup$$

Diese Betrachtung ist zweifellos für das Verständnis der Epoxidverbindungen vom theoretischen Standpunkt aus bedeutungsvoll, weil die rückläufige Reaktion der Schlüssel für die Aufspaltung und die weiteren Reaktionen des Epoxidringes ist. Während höhere Glykole tatsächlich unter bestimmten Bedingungen nach diesem Schema in Epoxidverbindungen überführbar sind, gelingt dies beim Äthylenglykol nicht, da dieses bei Wasserentzug nicht das Oxid, sondern über den unbeständigen Vinylalkohol Acetaldehyd liefert.

Die technisch wichtigsten Epoxide sind in zwei Hauptgruppen einzuteilen:

1. Epoxidierte Olefine
2. Glycidyläther

Epoxidverbindungen der 1. Gruppe werden z. B. durch Epoxidierungen von olefinisch ungesättigten Verbindungen mit organischen Persäuren[60]) erhalten.

$$R \cdot HC = CH \cdot R' + CH_3 \cdot \underset{\overset{\parallel}{O}}{C} - O - OH \longrightarrow R \cdot HC - CH \cdot R' + CH_3 \cdot COOH \qquad 3.27$$
$$\diagdown O \diagup$$

Zusammenfassende Aufsätze: z. B. *R. Wegler,* Angew. Chem. 67 (1955), 582. — *P. Bruin,* Kunststoffe 45 (1955), 335. — *L. Shechter* u. *J. Wynstra,* Ind. Engng. Chem. 48 (1956), 86. — *W. Förster,* Die Epoxyharze, Kunststoff-Rdsch. 3 (1956), 43. — *G. Tewes,* Epoxyharze im Patentschrifttum, Kunststoff-Rdsch. 4 (1957), 41, 87, 143. — *J. Figaret,* IV. Fatipec-Kongreßbuch 1957, S. 171. — 12 Vortragsreferate verschiedener Autoren, Fatipec-Kongreßbuch 1957, S. 155—223. — Neue Fortschritte a. d. Gebiet d. lacktechn. Anwendung v. Epoxidharzen: *R. J. Turner* u. *J. O. Ranger,* Paint Manuf. 30 (1960), 421; Ref. Dtsch. Farben-Z. 15 (1961), 419. — Epoxidharzlacke; Bericht ü. neue Entwicklungen: *K. Weigel,* Dtsch. Farben-Z. 21 (1967), 172.

[57]) Auch Epoxy-, Epoxyd- oder Äthoxylinharze genannt. — Zur Frage Epoxid- oder Epoxyharz siehe *A. M. Paquin,* Buch, S. 783.

[58]) Der Epoxidring wird auch *Oxiranring* genannt, abgeleitet von der Bezeichnung „Oxiran" für Äthylenoxid.

[59]) Siehe hierzu aber *O. Lissner,* Farbe u. Lack 66 (1960), 14, der festgestellt hat, daß selbst in ausgehärteten Systemen, wohl infolge sterischer Hinderung, noch bis zu 15 % der Epoxidgruppen unumgesetzt bleiben können. — Siehe auch: *W. Fisch* u. *W. Hofmann,* Makromol. Chem. 44 (1961), 8. — *W. Fisch* u. *R. Schmidt,* Chimia (Aarau) 22 (1968), 226.

[60]) *Th. W. Findly et al.* J. Amer. chem. Soc. 67 (1945), 412. — Union Carbide & Carbon Corp., Chem. Eng. Progr. 52 (1956), 64.

Als ein Beispiel für cycloaliphatische Diepoxide stehe das epoxidierte Additionsprodukt[61]) von zwei Mol Dicyclopentadien an ein Mol Glykol[62]):

$$\text{[Struktur]} \quad \text{O-CH}_2\text{-CH}_2\text{-O} \quad \text{[Struktur]} \qquad 3.28$$

Eine Reihe epoxydierter Harze olefinischer bzw. cycloaliphatischer Herkunft ist im Handel[63]). Sehr ausführlich beschreibt *H. Batzer*[64]) die Synthese und die Anwendung derartiger aliphatischer und cycloaliphatischer Epoxidverbindungen unter Angabe zahlreicher Literaturhinweise.
Eine wichtige Voraussetzung für die technische Auswertung der in der 2. Gruppe genannten Epoxidharze auf der Basis von Glycidyläthern[65]) war die wirtschaftliche Gewinnung von Epichlorhydrin

$$\underset{\text{Epichlorhydrin}}{H_2C\overset{\diagdown\!\!\diagup}{\underset{O}{}}CH-CH_2-Cl} \qquad \underset{\text{Dichlorhydrin}}{Cl-H_2C-\underset{\underset{OH}{|}}{CH}-CH_2-Cl} \qquad 3.29$$

aus Propylen durch Chlorierung und weitere Reaktionen des intermediär gebildeten Allylchlorids. Auch Dichlorhydrin, eine Zwischenstufe auf dem Wege zum Epichlorhydrin, dient teilweise zur Einführung des Epoxidringes.
Als Partner für die Umsetzung mit Epichlorhydrin dienen Verbindungen mit alkoholischen oder phenolischen Hydroxylgruppen. Als Beispiel einer Reaktion mit aliphatischen, mehrwertigen Alkoholen sei die Bildung von Glycidyläthern mit Butandiol-1,4 oder mit Glycerin genannt. Werden zweiwertige Phenole wie Resorcin oder Hydrochinon mit Epichlorhydrin umgesetzt, so entstehen harzartige Produkte, die zum Aufbau von Klebharzen herangezogen werden[66]). Nicht nur in Hinblick auf die historische Entwicklung interessant, sondern auch von größter praktischer Bedeutung ist dagegen das p,p'-Dioxydiphenylpropan (*Bisphenol A, Dian*, s. S. 29)

$$HO-\underset{}{\bigcirc}-\underset{\underset{CH_3}{|}}{\overset{\overset{CH_3}{|}}{C}}-\underset{}{\bigcirc}-OH \qquad 3.30$$

für die Herstellung von Epoxidharzen. Die auf dem Markt befindlichen Harze sind auch heute noch überwiegend Umsetzungsprodukte von Bishenol A und Epichlorhydrin.

---

[61]) AP 2 393 610 (1946), The Resinous Prod. & Chem. Co.
[62]) AP 2 745 847 (1956), Rohm & Haas.
[63]) Chem. Processing *19* (1956), 32. — *A. M. Paquin,* Buch, S. 105. — Handelsprodukte: z. B. Araldite CY-178 u. CY-179; Araldite RD-4 (Ciba). — Unox ERL 4201u. ERL 4289; Unox EP-207 (Union Carbide) u. a.
[64]) VI. Fatipec-Kongreßbuch 1962, S. 42 = Dtsch. Farben-Z. *16* (1962), 522 (49 Literaturangaben).
[65]) Glycid (englisch: Glycidol) = 1,2-Epoxy-3-oxypropan: $H_2C-CH-CH_2OH$
[66]) Z. B. AP 2 467 171 (1948), Shell. — EP 579 698 (1944), Gebr. de Trey.

II. Epoxidharze

Die einfachste Verbindung aus einem Mol Bisphenol A und zwei Mol Epichlorhydrin ist ein Diglycidyläther:

$$H_2C\underset{O}{-}CH-CH_2-O-\underset{}{\bigcirc}-\underset{CH_3}{\overset{CH_3}{C}}-\bigcirc-O-CH_2-CH\underset{O}{-}CH_2 \qquad 3.31$$

Dieser Diepoxid-Diäther ist aber nur unter Einhaltung ganz bestimmter Voraussetzungen[67] das alleinige Reaktionsprodukt. Unter den bei der Herstellung von Epoxidharzen üblichen Bedingungen ergibt sich dagegen ein anderer Reaktionsmechanismus. Zunächst addieren sich die phenolischen Hydroxylgruppen des Bisphenols an Epichlorhydrin unter Öffnung des Epoxidringes:

$$n\ HO-Dian^{68)}-OH + (n+1)\ H_2C\underset{O}{-}CH-CH_2-Cl \longrightarrow$$

$$Cl-H_2C-\underset{OH}{CH}-CH_2\left[O-Dian-O-CH_2-\underset{OH}{CH}-CH_2\right]_{n-1}O-Dian-O-CH_2-\underset{OH}{CH}-CH_2-Cl \qquad 3.32$$

(I)

Da die Umsetzung stets in Anwesenheit von Natriumhydroxid durchgeführt wird, kann das Reaktionsprodukt (I) unter Abspaltung von Natriumchlorid entweder wieder Epoxidgruppen zurückbilden oder aber weiteres Bisphenol unter entsprechender Kettenverlängerung anlagern:

(I)

+ 2 NaOH:
$$H_2C\underset{O}{-}CH-CH_2\left[O\cdot Dian\cdot O\cdot CH_2\cdot \underset{OH}{CH}\cdot CH_2\right]_{n-1}O\cdot Dian\cdot O\cdot CH_2-CH\underset{O}{-}CH_2$$
$$+ 2 NaCl + 2 H_2O$$

+ 2 NaOH / + Bisphenol A:
$$H_2C\underset{O}{-}CH-CH_2\left[O\cdot Dian\cdot O\cdot CH_2\cdot \underset{OH}{CH}\cdot CH_2\right]_{n}O\cdot Dian\cdot O\cdot CH_2-CH\underset{O}{-}CH_2$$
$$+ 2 NaCl + 2 H_2O \quad \text{usw.}$$

3.33

Das Prinzip der Harzbildung ist somit eine auf einer Kopplung von Additions- und Kondensationsvorgängen beruhende Synthese von Polyäthern mit endständigen Epoxidgruppen. Mögliche Nebenreaktionen, wie etwa die Bildung endständiger Phenol- oder Diolgruppen (letztere durch Hydrolyse von Epoxidgruppen), die Ausbildung von Verzweigungen u. a. werden hier außer acht gelassen, da ihr Auftreten von den jeweiligen Reaktionsbedingungen abhängt.

---

[67] Z. B. durch Anwendung eines 5-fachen molaren Überschusses an Epichlorhydrin: AP 2 801 227 (1957), Shell Developm. Co.

[68] „Dian" bedeutet in diesen Formeln die Gruppierung:

$$-\bigcirc-\underset{CH_3}{\overset{CH_3}{C}}-\bigcirc- \qquad 3.34$$

Die Kettenlänge der gebildeten Harze ist im wesentlichen eine Funktion des Molverhältnisses x = Epichlorhydrin : phenol. Hydroxylgruppen im fertigen Endprodukt. Ist x = 0,5, das Verhältnis also 1 : 2, so bedeutet dies die Bildung von Harzen großer Kettenlänge, die in den gebräuchlichen Lösungsmitteln kaum noch löslich und nur noch unter Zersetzung schmelzbar sind. Bei x = 1 ergeben sich niedermolekulare Harze, die für lösungsmittelfreie Überzüge und als Gießharze Verwendung finden. Das Gebiet der überwiegend als Lackrohstoffe interessanten Harze liegt etwa zwischen x = 0,6 und 1,0. Die Kettengliederzahl der Harze bewegt sich zwischen n = 1 für den reinen Dian-Diglycidyläther mit einem Molekulargewicht von 340 und n = ca. 13, entsprechend einem mittleren Molekulargewicht von ungefähr 4 000. Das Molekulargewicht der gebildeten Harze hängt, wie schon erwähnt, vom Verhältnis Epichlorhydrin : Bisphenol A bei der Herstellung ab. Je größer der Überschuß an Epichlorhydrin, desto niedriger das Molekulargewicht der resultierenden Harze, während ein geringerer Überschuß an Epichlorhydrin Produkte von hohem Molekulargewicht ergibt. Die niedermolekularen Epoxidharze sind flüssige bzw. weiche Harze, die höhermolekularen dagegen feste, springharte Produkte.

Auch durch eine Umsetzung bereits vorgebildeter Epoxidharze mit mehrwertigen Phenolen, in erster Linie mit weiteren Mengen Bisphenol A, werden Kettenverlängerungen durchgeführt[69]). Auf diese Weise werden die höhermolekularen Epoxidharze praktisch auch hergestellt.

Diese Epoxidharze sind ihrem Aufbau nach, wie ersichtlich, eindeutig Polyäther mit endständigen Epoxidgruppen. Es sind aber auch zahlreiche andere Verbindungstypen ebenfalls Epoxidierungs-Reaktionen zugänglich, etwa Fettsäuren, Öle, eine ganze Reihe von Kunstharzen und viele andere. Jedoch liefern diese Umsetzungen alle immer nur dann Epoxidharze nach vorliegender Definition, wenn in den Umsetzungsprodukten neben noch reaktionsfähigen Epoxidgruppen weiterhin Kohlenstoff-Atome durch Sauerstoff-Brücken verbunden sind. Alle anderen bei Epoxidierungen erhaltenen Reaktionsprodukte sollten zur Vermeidung von Irrtümern zweckmäßig als „mit Epoxiden modifiziert" bezeichnet werden[70]).

Neben Epichlorhydrin und Dichlorhydrin sind auch andere Epoxide zur Harzherstellung geeignet, so vor allem Diepoxide, z. B. Butadiendioxid:

$$H_2C - CH - CH - CH_2 \qquad \qquad 3.35$$
$$\diagdown O \diagup \diagdown O \diagup$$

Da diese Verbindungen kein Chlor enthalten, entfällt während der Harzsynthese bei der Rückbildung des Epoxidringes die Abspaltung von Chlorwasserstoff. Die erhaltenen Produkte sind daher auch stets chlorfrei[71]).

Analog dem Bisphenol A kann auch das Kondensationsprodukt aus 2 Mol Phenol und 1 Mol Formaldehyd, das Bisphenol F (p,p'-Dioxy-diphenylmethan), zur Herstellung von Epoxidharzen herangezogen werden. Bei ungefähr gleichen allgemeinen Eigenschaften der Harze haben diese gegenüber den auf Bisphenol A basierenden Produkten den Vorteil einer niedrigeren Viskosität; außerdem neigen sie weniger zur Kristallisation als diese.

---

[69]) AP 2 582 985 (1950) u. 2 615 008 (1958), Devoe & Raynolds Co.
[70]) *G. Tewes,* Kunststoff-Rdsch. *4* (1957), 143. — *O. Leuchs,* Kunststoffe *45* (1955), 380.
[71]) Zusammenstellung: *A. M. Paquin,* Buch.

II. Epoxidharze

Auch Polyepoxid-Harze, die ausgehend von Phenol-Novolaken (s. S. 45) durch Veräthern ihrer phenolischen Hydroxylgruppen mit Epichlorhydrin zu erhalten sind[72]), finden Verwendung als Lackrohstoffe.

Zur Charakterisierung der Epoxidharze sowie zur stöchiometrischen Berechnung ihrer Umsetzungen mit unterschiedlichen Reaktionspartnern bedient man sich ihres Gehaltes an Epoxid- und Hydroxylgruppen. Für die gebräuchlichsten dieser Kennzahlen gelten folgende Definitionen:

1. Epoxid-Äquivalentgewicht: dieses gibt an, in wieviel Gramm des Harzes 1 Mol Epoxidgruppen enthalten ist.
   Demnach bedeutet ein hohes Epoxid-Äquivalentgewicht einen geringen Gehalt an Epoxidgruppen und umgekehrt ein niedriges einen hohen Anteil an Epoxidgruppen.
2. Epoxidwert: diese Kennzahl besagt, wieviel Mol Epoxidgruppen in 100 g Harz enthalten sind. Sie ist mit dem Epoxid-Äquivalentgewicht verknüpft durch die Beziehung

$$\text{Epoxidwert} = \frac{100}{\text{EP.-Äquivalentgew.}}$$

3. Hydroxyl-Äquivalentgewicht: Gramm Harz, die 1 Mol Hydroxylgruppen enthalten.
4. Hydroxylwert: Anzahl Mol Hydroxylgruppen/100 g Harz.

$$\text{Hydroxylwert} = \frac{100}{\text{Hydroxyl-Äquivalentgew.}}$$

5. Ester-Äquivalentgewicht: Gramm Harz, die zur Veresterung von 1 Mol Monocarbonsäuren benötigt wird.
6. Esterwert: Anzahl Mol Monocarbonsäuren, die zur vollständigen Veresterung von 100 g Epoxidharz erforderlich sind. Hierbei ist 1 Epoxidgruppe 2 Hydroxylgruppen äquivalent.

$$\text{Esterwert} = \frac{100}{\text{Ester-Äquivalentgew.}}$$

Mit diesen Begriffen läßt sich zusammen mit anderen Kenndaten, wie Molekulargewicht, Viskosität, Erweichungspunkt u. a., ein Harz ausreichend kennzeichnen.

Das auf Seite 177 skizzierte Grundmodell der Epoxidharze aus Bisphenol A und Epichlorhydrin weist sie als Polyäther aus, die zudem durch endständige 1,2-Epoxidgruppen sowie über das ganze Molekül gleichmäßig verteilte sekundäre Alkoholgruppen charakterisiert sind. Die Harztypen des Handels unterscheiden sich lediglich in den Molekulargewichten, die üblicherweise etwa zwischen 450 und 4 000 liegen. Als lineare, unverzweigte Produkte mit verhältnismäßig niedrigen Kettenlängen verfügen die Epoxidharze für sich allein nicht über ausreichende filmbildende Eigenschaften. Sie sind zwar je nach Molekülgröße mehr oder weniger gut löslich, ergeben aber nur spröde Filme ohne inneren Zusammenhalt und von unzureichender Beständigkeit gegen Chemikalien. Die Harze sind nicht eigenhärtend und bleiben deshalb auch bei Wärmeeinwirkung dauernd löslich und schmelzbar[73]).

---

[72]) AP 2 683 130 (1950), Koppers Co. — *J. H. W. Turner,* Paint Manuf. *1956,* 157.
[73]) Die Phenoxyharze (s. S. 194) sind aus den beiden gleichen Grundstoffen wie die Dian-Epoxidharze aufgebaut. Sie stellen aber infolge ihres wesentlich höheren Molekulargewichtes für sich alleine schon sehr gut physikalisch trocknende Filmbildner dar.

Die hervorragenden Eigenschaften der Dian-Epoxidharze sind vor allem in ihrem strukturellen Aufbau begründet. Ihre große Stabilität verdanken sie in erster Linie den linearen, nur aus Kohlenstoff-Bindungen in Verbindung mit sehr beständigen Ätherbrücken aufgebauten Molekülketten und der Abwesenheit verseifbarer Esterbindungen. Als funktionelle Gruppen sind endständige Epoxidgruppen und innerhalb der Kette Hydroxylgruppen vorhanden. Die starke Reaktionsfreudigkeit der in den Harzen enthaltenen Epoxidgruppen und in gewissem Umfange auch der anwesenden sekundären Hydroxylgruppen befähigt die Epoxidharze zu weiteren Umsetzungen mit geeigneten Partnern; gerade dadurch werden sie zu wertvollen Lackrohstoffen mit den eingangs erwähnten guten Eigenschaften. Alle reaktionsfähigen Stellen sind derart im Harzmolekül verteilt, daß bei der Kettenverknüpfung mit Hilfe der hierfür unerläßlichen Reaktionspartner ein weitmaschiges Netzwerk entsteht, auf das die sehr gute Flexibilität der ausgehärteten Filme hauptsächlich zurückzuführen ist. Die gute Haftfähigkeit der Überzüge auf ihren Unterlagen wird mit dem polaren Charakter der Harzmoleküle in Zusammenhang gebracht. Im Verlaufe der Härtungsreaktionen verschwinden die für diese Harze typischen Epoxidgruppen ganz oder doch so weitgehend, daß schließlich im ausgehärteten Endprodukt eigentlich kein „Epoxidharz" mehr vorliegt, sondern vielmehr das mehr oder weniger stark vernetzte Gebilde eines „Polyglycidyläthers"[74]). Die Aushärtung der Epoxidharze kann nach drei verschiedenen Reaktionsmechanismen erfolgen:

1. durch eine Polymerisation der Epoxidgruppen unter Öffnung des Epoxidringes,
2. durch eine Polyaddition in Form einer Anlagerung anderer reaktiver Verbindungen in stöchiometrischen Mengen an die Epoxidgruppen, wobei also auf eine Epoxidgruppe ein aktives Wasserstoffäquivalent erforderlich ist,
3. durch eine Polykondensation über die Epoxid- *und* die Hydroxylgruppen.

1. Polymerisation der Epoxidgruppen

Diese Härtungsmöglichkeit von Epoxidharzen soll hier nur kurz Erwähnung finden, da sie lacktechnisch von untergeordneter Bedeutung ist. Sie kann durch ionische Polymerisationskatalysatoren, insbesondere starke Basen, aber auch durch Amine, Metallsalze, Friedel-Crafts-Katalysatoren oder andere die Polymerisation von Epoxiden initiierende Verbindungen erfolgen[75]).
Eine große katalytische Aktivität zeigen auch Imidazole, z. B. 2-Äthyl-4-methylimidazol

$$\begin{array}{c} H_3C\text{-}C \stackrel{}{=\!=} N \\ \| \quad \quad \| \\ H\text{-}C \quad C\text{-}C_2H_5 \\ \diagdown N \diagup \\ H \end{array} \qquad 3.36$$

ein Produkt, das auch im Handel ist. Dieser Katalysator verleiht den mit ihm gehärteten Epoxidharzen eine sehr gute Wärmebeständigkeit und Resistenz gegenüber Chemikalien und Oxydation[76]).

---

[74]) Siehe hierzu auch: *A. M. Paquin,* Buch, S. 308.
[75]) Zur Polymerisation der Epoxidgruppe: z. B. bei *W. R. Sorenson* u. *T. W. Campbell* (übersetzt v. *Th. M. Lyssy*), Präparative Methoden der Polymeren-Chemie, Verlag Chemie, Weinheim 1962, S. 256. — Borfluorid-Amin-Addukte als latente Härter f. Epoxidharze: *P. Nowak* u. *M. Saure,* Kunststoffe *54* (1964), 557.
[76]) *A. Farkas* u. *P. F. Strohm,* J. appl. Polymer Sci. *12* (1968), 159.

II. Epoxidharze 181

2. Polyaddition an die Epoxidgruppen

Zur Addition an die Epoxidgruppen sind praktisch alle Verbindungen mit beweglichen Wasserstoff-Atomen geeignet. Eine Literaturzusammenstellung über die Härtung von Epoxidharzen ist bis zum Jahre 1957 bei *A. Paquin*[77]) zu finden, neuere Literatur ist von *H. Lee* u. *K. Neville*[78]) und von *K. Weigel*[79]) zusammengestellt. Wenn auch die Möglichkeiten zur Umsetzung von geeigneten Reaktionspartnern mit den Epoxidharzen sehr zahlreich sind, so kommt für die Praxis doch nur eine beschränkte Zahl an Verbindungen in Betracht[80]). In der Lackindustrie finden vornehmlich Verwendung:

Polyamine, z. B. aliphatische primäre und sekundäre Amine, wie Äthylendiamin, Diäthylentriamin, Triäthylentetramin, Dipropylentriamin; aromatische und cycloaliphatische Amine[81]).
Polyamidoamine, d. h. Umsetzungsprodukte von Polyaminen mit Polycarbonsäuren zu Verbindungen, die über Säureamidbindungen miteinander verbunden sind, aber noch freie primäre oder sekundäre Aminogruppen enthalten.
Polycarbonsäuren und ihre Anhydride, u. a. Phthalsäureanhydrid, Hexahydrophthalsäure, HET-Säure, Adipinsäure, dimerisierte Fettsäuren, dimerisierte Harzsäuren oder Harzsäure-Addukte.
Mehrwertige Phenole. Als Beispiel Bisphenol A.
Hydroxylgruppenhaltige Kunstharze, wie Phenol-, Harnstoff- oder Melaminharze.
Polyisocyanate; diese Art der Härtung weicht insofern von den vorstehend beschriebenen Umsetzungen ab, als sie auf der Reaktion von Isocyanatgruppen mit den Hydroxylgruppen der Epoxidharze unter Polyurethanbildung beruht. Selbstverständlich können aber auch die Epoxidringe nach ihrer Öffnung zu Hydroxylgruppen in gleicher Weise in Reaktion treten.

Als typische Polyadditionsvorgänge lassen sich mit Ausnahme der Umsetzungen mit Isocyanaten alle diese Reaktionen auf das gleiche, einfache Reaktionsschema zurückführen. Der Epoxidring wird unter Ausbildung einer Hydroxylgruppe geöffnet und es erfolgt Anlagerung gemäß:

$$\text{\textemdash\!\textemdash\ CH-CH}_2 + \text{H-X} \longrightarrow \text{\textemdash\!\textemdash\ CH-CH}_2\text{-X}$$
$$\underset{O}{\diagdown\diagup} \qquad\qquad\qquad \underset{OH}{|} \qquad\qquad 3.37$$

X = z.B. $R-NH_2$; R_1-NH-R_2; $R-COOH$; $R-OH$

Die ebenfalls nach diesem Schema ablaufende Umsetzung von Epoxidharzen mit Halogenwasserstoffsäuren ist die Grundlage für die quantitative Bestimmung des Gehaltes an Epoxidgruppen (s. S. 302). Hierbei ist ein Mol angelagerter Halogenwasserstoffsäure einem Mol in Epoxidform gebundenen Sauerstoff äquivalent. Durch entsprechende Umrechnungen ergibt sich der Epoxidwert bzw. das Epoxid-Äquivalentgewicht.

Für die Umsetzung der Harze mit Aminen oder Amidoaminen ist außer diesen beiden Kennzahlen noch das sogenannte „H-aktiv-Äquivalentgewicht" der Amin-

---

[77]) *A. M. Paquin*, Buch, S. 528.
[78]) *H. Lee* u. *K. Neville*, Buch.
[79]) Epoxidharzlacke; Bericht über neue Entwicklungen, Dtsch. Farben-Z. *21* (1967), 172.
[80]) Härtemittel für Epoxidharze: *D. Busker* u. *E. N. Dorman*, Paint Ind. 75 (1960) Nr. 9, S. 12; Ref. Farbe u. Lack *67* (1961), 36. — *F. E. Pschorr*, Double Liaison Nr. 82 (1962), 65; Ref. Farbe u. Lack *69* (1963), 44. — *W. A. Riese*, Farbe u. Lack *69* (1963), 884.
[81]) Über die Härtung von Epoxidharzen mit Polyaminen: *O. Lissner*, Farbe u. Lack *66* (1960), 14.

komponente von ausschlaggebender Bedeutung. Diese Kennzahl gibt an, in wieviel Gramm des betreffenden Amines ein Mol aktiver Wasserstoff, d. h. direkt an Stickstoffatome gebunden, enthalten ist. Der Wert läßt sich für Polyamine mit bekanntem Aufbau einfach dadurch berechnen, daß man ihr Molekulargewicht durch die Anzahl der aktiven Wasserstoffatome dividiert.

Als Beispiel: Diäthylentriamin, Mol. Gew. 103,2, mit 5 reaktionsfähigen Wasserstoffatomen hat ein H-aktiv-Äquivalentgewicht von 20,6. Da 1 Epoxid-Äquivalent zur Aushärtung 1 H-aktiv-Äquivalent benötigt, ergibt sich die für 100 g Epoxidharz theoretisch erforderliche Menge an Aminhärter durch die Beziehung:

$$\text{Härterzusatz in \%} = \text{Epoxidwert des Epoxidharzes} \cdot \text{H-aktiv-Äquivalentgewicht des Aminhärters}$$

Beispiel: 100 g eines Epoxidharzes mit Epoxidwert 0,53 erfordern zur Aushärtung theoretisch 11,1 g eines Aminhärters vom H-aktiv-Äquivalentgewicht 21.

Die nach dieser Formel berechnete, stöchiometrisch exakte Menge an Polyaminen ist nicht immer als optimal anzusehen. Ein Überschuß von 10—20 % ist im allgemeinen üblich, denn er beschleunigt den Reaktionsablauf und ergibt Filme mit ausgeglichenen Eigenschaften. Ein größerer Überschuß wirkt sich zwar günstig auf die Lösungsmittelbeständigkeit aus, mindert jedoch die Wasser- und Säurebeständigkeit.

Es sei hier noch vermerkt, daß genau genommen das H-aktiv-Äquivalentgewicht nur rein rechnerisch ermittelt werden kann. Es besteht nämlich keine eindeutige Beziehung zwischen dieser Kennzahl und der analytisch durch eine Titration mit Säure sich ergebende Aminzahl[82]), weil bei dieser Bestimmung *alle* basischen Bestandteile erfaßt werden, also auch solche *ohne* ersetzbare Wasserstoffatome (tertiäre Amine).

Die *Härtung mit Aminen*[83]) vollzieht sich nach der allgemeinen Formel

$$\sim\sim\text{CH}-\text{CH}_2 \underset{\text{O}}{\diagdown\diagup} \;+\; \underset{\text{H}}{\overset{\text{H}}{}}\text{N}-\text{R} \longrightarrow \sim\sim\underset{\text{OH}}{\text{CH}}-\text{CH}_2-\underset{\text{H}}{\text{N}}-\text{R} \qquad 3.38$$

und in Fortsetzung mit weiteren Epoxidgruppen

$$\sim\sim\underset{\text{OH}}{\text{CH}}-\text{CH}_2-\underset{\text{R}}{\text{N}}-\text{H} \;+\; \sim\sim\text{CH}-\text{CH}_2 \underset{\text{O}}{\diagdown\diagup} \longrightarrow \sim\sim\underset{\text{OH}}{\text{CH}}-\text{CH}_2-\underset{\text{R}}{\text{N}}-\text{CH}_2-\underset{\text{OH}}{\text{CH}}\sim\sim \qquad 3.39$$

Die Verknüpfung der linearen Epoxidharz-Ketten untereinander zum ausgehärteten Netzwerk erklärt sich durch die Polyfunktionalität der zur Anwendung kommenden Polyamine, wie etwa Diäthylentriamin ($H_2N-CH_2-CH_2-NH-CH_2-CH_2-NH_2$), Triäthylentetramin ($H_2N-CH_2-CH_2-NH-CH_2-CH_2-NH-CH_2-CH_2-NH_2$) u. a.

Die bei der Aminhärtung entstehenden Kohlenstoff-Stickstoffbindungen sind sehr stabil und gewährleisten eine allgemein gute Beständigkeit der Filme. Die Reaktion mit Aminen läuft bereits bei Raumtemperatur ab („Kalthärtung") und liefert Schutzanstriche, die sehr widerstandsfähig gegen Lösungsmittel, Chemikalien und Korrosion durch atmosphärische Einwirkungen sind. Es ist so ein wirkungsvoller Schutz von Objekten möglich, die sich wegen ihrer Form oder Größe nicht zur Einbrenn-Lackierung eignen. Die Lacke können in üblicher Weise durch Spritzen

---

[82]) Aminzahl = Milligramm KOH, die der Menge HCl äquivalent sind, die zur Neutralisation der Amingruppen erforderlich sind. S. z. B. *A. R. H. Tawn,* IV. Fatipec-Kongreßbuch 1957, S. 204.

[83]) Grundpatent: AP 2 444 333 (1944), Gebr. de Trey.

II. Epoxidharze

oder Streichen aufgetragen werden. Je nach ihrer Formulierung sind sie nach ca. 1 Stunde staubtrocken, nach 4—8 Stunden griffest und nach 12—24 Stunden überstreichbar. Die volle Resistenz gegen eine Einwirkung von Chemikalien wird allerdings erst nach einigen Tagen erreicht; diese Zeit kann durch erhöhte Temperatur verkürzt werden. Die Zeitspanne der Verarbeitbarkeit (Topfzeit, pot-life) der Mischungen ist naturgemäß begrenzt. Es sind jedoch cycloaliphatische Amine auf dem Markt, mit denen wesentliche Verlängerungen der Verarbeitungszeiten erreicht werden können.

Neben den bereits genannten Polyaminen sind noch Addukte von Äthylenoxid an Polyamine vorgeschlagen worden[84]), z. B.

$$H-N\begin{matrix} CH_2-CH_2-NH-CH_2-CH_2OH \\ CH_2-CH_2-NH-CH_2-CH_2OH \end{matrix} \qquad 3.40$$

N-(β-Hydroxyäthyl)-Diäthylentriamin

Derartige Härter sind nicht so flüchtig wie ihre Ausgangsamine und wesentlich weniger toxisch als diese. Sie zeigen zudem meist eine gesteigerte Reaktivität und führen dadurch zu kürzeren Aushärtungszeiten bei gleich günstigen Eigenschaften der gehärteten Filme[85]).

Niedrigmolekulare aliphatische Polyamine als Härter führen bei hoher Luftfeuchtigkeit und niedrigen Temperaturen zu Filmen, die zum Anlaufen (blooming-effect) und zur Ausbildung von Oberflächenstörungen neigen. Die Ursache liegt in der Reaktion der Polyamine mit der Kohlensäure und dem Wassergehalt der Luft unter Bildung von Amincarbonaten bzw. Amincarbamaten[86]). Cycloaliphatische und aromatische Polyamine härten dagegen selbst unter ungünstigen Bedingungen wesentlich besser in den Filmen aus. Häufig kann das Anlaufen durch eine Vorreaktionszeit der Lackansätze von einigen Stunden vor der Verarbeitung verhindert werden.

Diese Schwierigkeiten mit aliphatischen Polyaminen können aber auch dadurch umgangen werden, daß zunächst durch eine Vorreaktion (Präkondensation) eine Adduktbildung zwischen dem Polyamin im Überschuß und einem Epoxidharz durchgeführt wird[87]):

$$H_2C-CH-R'-CH-CH_2 + 2H_2N-R-NH_2 \longrightarrow$$
$$\underset{O}{\diagdown\diagup}\qquad\underset{O}{\diagdown\diagup}$$
$$H_2N-R-NH-CH_2-\underset{OH}{\underset{|}{CH}}-R'-\underset{OH}{\underset{|}{CH}}-CH_2-NH-R-NH_2 \qquad 3.41$$

Derartige Addukte lassen sich nach Entfernen des überschüssigen Polyamins als feste, schmelzbare Harze isolieren und in dieser Form weiterverarbeiten. Es kann aber auch auf eine Isolierung des Adduktes verzichtet werden; die Reaktionslösung wird in diesem Falle direkt als sogenannte „in situ"-Adduktlösung unter Berücksichtigung des Überschusses an Ausgangsamin zur Härtung weiterverwendet. Durch das gegenüber den niedermolekularen Aminen wesentlich höhere Äquivalentgewicht

---

[84]) *A. K. Ingberman* u. *R. K. Walton*, J. Polym. Sci. *28* (1958), 468.
[85]) *H. Kleinert*, Plaste u. Kautschuk *15* (1968), 432.
[86]) *O. Lissner*, Farbe u. Lack *66* (1960), 14. — Die Bedeutung der Feuchtigkeit bei der Verarbeitung u. Härtung von Epoxidharzen: *W. Götze*, Vortragsref. Farbe u. Lack *75* (1969), 155.
[87]) AP 2 651 589 (1953), Shell Development Co. — *P. Bruin*, Kunststoffe *45* (1955), 383.

der Addukte werden davon für die weiteren Umsetzungen größere Mengen benötigt. Dies vereinfacht aber ihre Handhabung, weil kleinere Fehler in der Bemessung sich nicht so ungünstig auswirken. Ein weiterer Vorteil der Addukte ist ihre Nichtflüchtigkeit und damit ihre geringere Toxizität.

Den Polyaminen in der Wirkung gleichzusetzen sind *Polyamidoamine*, die durch Umsetzung von di- oder trimerisierten Fettsäuren mit einem Überschuß an Polyaminen erhalten werden. Diese Produkte enthalten neben ihren typischen Säureamidgruppen noch freie Amino- und Iminogruppen, die mit den Epoxidharzen reagieren[88]).

Die Polyamidoamine haben vor allem gegenüber den niedermolekularen Polyaminen einige Vorteile. Sie sind nicht flüchtig und weniger ätzend. Außerdem ist eine Präkondensation nicht erforderlich, da die Lackfilme keine Oberflächenstörungen zeigen. Weiterhin ergeben sie elastischere Filme als die Kombinationen mit niedermolekularen Aminen. Nachteilig ist ihre etwas geringere Beständigkeit gegen die Einwirkung von Lösungsmitteln und Säuren. Die Bemessung der Härtermengen unterliegt den gleichen Grundsätzen wie bei der Verwendung der Polyamine, jedoch ist die strenge Einhaltung stöchiometrischer Verhältnisse nicht so zwingend. Durch bewußte Überschreitung der erforderlichen Menge an Polyamidoaminen ergeben sich vielmehr besonders flexible und zähelastische Lackfilme.

Polyamidoamine können sich unter bestimmten Bedingungen bei ihrer Herstellung teilweise in cyclische Imidazoline umwandeln[89]):

$$R-CH_2-CH_2-NH-CH_2-CH_2-NH-CO-R' \longrightarrow R-CH_2-CH_2-N\underset{\underset{CH_2}{|}}{\overset{\underset{2HC}{|}}{}}C-R' + H_2O$$

Amido-amin   Imidazolin

(3.42)

A. R. H. Tawn[90]) untersuchte den Einfluß des Imidazolingehaltes von Polyamidoaminen bei der Vernetzung mit Epoxidharzen. Er kam hierbei zu dem Ergebnis, daß eine Zunahme des Imidazolingehaltes bis zu einem Optimalwert neben einer Viskositätsabnahme auch eine Erhöhung der Löslichkeit und eine verbesserte Verträglichkeit von Polyamidoaminen mit Epoxidharz bewirkt. Es zeigt sich somit, daß die Art der Herstellung der Polyamidoamine nicht ohne Einfluß auf ihr späteres Verhalten im System Epoxidharz-Härter ist.

Wohl das interessanteste Anwendungsgebiet der mit Polyaminen oder Polyamidoaminen gehärteten Epoxidharze ist aufgrund ihrer hohen Resistenz der Korrosionsschutz. Ihre ausgezeichnete Beständigkeit gegen Lösungsmittel und Chemikalien hat zur vielseitigen Verwendung für den Innenanstrich von Lagerbehältern geführt[91]). Als eine spezielle Verwendung dieser Kombinationen sei die Herstellung von Nahtschutzlacken für Blech-Emballagen genannt. Bei Außenanstrichen von Tanks und Kesselwagen kommt die gute Wetterbeständigkeit der Filme zur Geltung. Obwohl pigmentierte Anstriche oft eine Tendenz zum Kreiden zeigen, wird dabei die darunterliegende Anstrichschicht nicht zerstört.

Zusammenfassend ergibt sich aus der Praxis folgender Vergleich von mit Aminen gehärteten Epoxidharzen gegen die mit Polyamidoaminen gehärteten Harze:

---

[88]) *D. E. Floyd et al.*, Modern Plastics *1956*, 238. — S. a. Seite 152.
[89]) *D. E. Peerman, W. Tolberg* u. *H. Wittcoff*, J. Amer. chem. Soc. 76 (1954), 6085.
[90]) VI. Fatipec-Kongreßbuch 1962, S. 323.
[91]) *A. J. Wildschut*, Werkstoffe u. Korrosion 9 (1958), 741.

II. Epoxidharze

Amin-gehärtete zeigen
bessere Chemikalienbeständigkeit,
schlechtere Wasserbeständigkeit,
sehr viel bessere Lösungsmittelbeständigkeit.

Amid-gehärtete haben
bessere Wasserbeständigkeit,
deutlich bessere Elastizität,
deutlich bessere Haftung.

H. Wittcoff u. *W. S. Baldwin*[92]) konnten experimentell nachweisen, daß Polyamidoamine in der Lage sind, die für das Auftreten von Korrosion verantwortlichen elektrochemischen Reaktionen und Korrosionsströme wirkungsvoll zu hemmen. Sie leiten daraus eine Erklärung für das ausgezeichnete Verhalten von Epoxid-Polyamidoamin-Systemen im Korrosionsschutz ab.

Aminhärter besonderer Art sind die Ketimine. Sie zeichnen sich dadurch aus, daß sie in Kombination mit Epoxidharzen nicht wie die niedermolekularen Polyamine zum Anlaufen und zu Oberflächenstörungen neigen, sich vielmehr besonders für eine Anwendung bei Gegenwart von Feuchtigkeit eignen. Ihre Wirkungsweise setzt nämlich die Anwesenheit von Wasser voraus, durch das sie in Polyamin und Keton aufgespalten werden:

$$\begin{array}{c}{}_1R\\{}_2R\end{array}\!\!\!>\!\!C=N-R-N=C\!\!<\!\!\begin{array}{c}R_1\\R_2\end{array} + 2\,H_2O \longrightarrow 2\,HN-R-NH_2 + 2\,C=O\!\!<\!\!\begin{array}{c}R_1\\R_2\end{array} \qquad 3.43$$

Mit diesen Ketiminhärtern lassen sich Lackansätze mit hohem Festkörpergehalt und überraschend langen Topfzeiten erzielen[93]). Vor allem kommen sie aber in lösungsmittelfreien Epoxidharz-Formulierungen zur Anwendung[93a]).

Aus Ergebnissen neuerer Untersuchungen schließt *H. Wittcoff*[94]) anhand von IR-Spektren, Bestimmung der Adsorptionsisothermen und kalorimetrische Messungen, daß die gute Haftung von Epoxidharz-Amin-Systemen auf Eisen nicht nur auf physikalischer Adhäsion beruht, sondern zusätzlich durch den teilweisen Einbau der Aminwasserstoffe in das Metallgitter verstärkt wird.

Die Härtung von Epoxidharzen durch Polycarbonsäuren spielt auf dem Anstrichgebiet praktisch kaum eine Rolle. Die Vernetzungsreaktion entspricht dem auf Seite 181 geschilderten Prinzip. Sollen dagegen Polycarbonsäure-Anhydride umgesetzt werden, so muß zunächst der Anhydridring geöffnet werden. Dies kann z. B. durch alkoholische Hydroxylgruppen (Halbesterbildung), Wasser oder Salze erfolgen. Im Gegensatz zur Aminhärtung läuft die Umsetzung der Epoxidharze mit den Säuren oder Anhydriden nur bei Wärmezufuhr ab.

---

[92]) VI. Fatipec-Kongreßbuch 1962, S. 69.
[93]) *G. R. Somerville*, Off. Digest Federat. Soc. Paint Technol. *37* (1965), 921.
[93a]) Markennamen für diverse Amine, Polyamidoamine und Addukte:
z. B. Beckopox-Spezialhärter (Reichhold-Albert)
Epikure (Shell)
Merginamid L (Harburger Fettchemie)
[94]) The Australian Paint J. July 1968, S. 14; s. hierzu auch Vortragsref. (*W. B. Maass*), Dtsch. Farben-Z. 23 (1969), 378.

Als Härtersäuren kommen u. a. in Betracht: Phthalsäureanhydrid[95]), Hexahydrophthalsäure, Maleinsäure und ihre Addukte[96]), Pyromellithsäure bzw. ihr Anhydrid. Polyazelainsäure-polyanhydrid soll die Resistenz gegen aggressive Lösungsmittel und die Schlagfestigkeit der Lackierungen günstig beeinflussen[97]). Neben den Polycarbonsäuren und ihren Anhydriden können als Vernetzungskomponente auch Polyester fungieren, die genügend freie Carboxylgruppen besitzen[98]), etwa solche aus Adipinsäure und Glykol.

Für die lacktechnisch sehr bedeutsame Umsetzung von Epoxidharzen und Harzen, die Methylolgruppen enthalten, kommen hauptsächlich Phenolharze, Harnstoff-, Melamin- und gewisse Benzoguanaminharze in Betracht[99]). Den Härtungsreaktionen dieser Harze mit Epoxidharzen ist gemeinsam, daß sich Ätherbindungen zwischen den Methylolgruppen und den Epoxid- bzw. Hydroxylgruppen der Epoxidharze ausbilden. Diese Vernetzungsreaktionen finden durchwegs erst beim Einbrennen statt. Die entstandenen Ätherbrücken gewährleisten dann aber auch durch ihren räumlichen Abstand untereinander eine sehr gute Elastizität der eingebrannten Filme. Entsprechend der bekannt guten chemischen Stabilität von Ätherbindungen ergibt sich eine sehr gute Beständigkeit gegen Lösungsmittel und Chemikalien. Hervorzuheben sind ferner die gute Haftung der Lackfilme auf Metallen, ihre große Härte und Abriebfestigkeit sowie ihre hohe Schlagfestigkeit.
Epoxidharz-Phenolharz-Kombinationen ergeben Lackierungen mit einem Optimum in bezug auf Chemikalien- bzw. Lösungsmittelbeständigkeit und gleichzeitiger Elastizität. Sie eignen sich vor allem für einen hochwertigen Innenschutz von Konservendosen und Tuben, für Innenanstriche von Lagertanks, Kesselwagen, Fässern usw. Weitere Anwendungsgebiete sind der Innenanstrich von Rohrleitungen und der Schutz anderer Ausrüstungsgegenstände der chemischen Industrie.
Die Kombinationen der Epoxidharze mit Harnstoff-, Melamin- oder Benzoguanaminharzen ergeben Lackfilme mit sehr guter Gilbungsresistenz bei sonst ähnlichen bemerkenswerten Eigenschaften, wie sie die Systeme mit Phenolharzen aufweisen, allerdings mit verringerter Chemikalienfestigkeit. Die Aminharz-Kombinationen finden wegen ihrer geringen Gilbungsneigung vielfach auch für weiße und hellbunte Decklackierungen Verwendung, so für die Lackierung von Haushaltsgeräten aller Art, für Bandlackierverfahren u. a.
Die Härtungsreaktionen sowohl der Phenolharz- als auch der Aminharz-Kombinationen können durch Säuren, wie Phosphorsäure, p-Toluolsulfonsäure, m-Benzoldisulfonsäure, stark beschleunigt werden. Da allerdings manchmal die Lagerstabilität der Lacke ungünstig beeinflußt wird und unter Umständen auch mit Pigmentausflockungen zu rechnen ist, muß die Dosierung dieser Beschleuniger sehr sorgfältig erfolgen. Diesen unerwünschten Erscheinungen wird auch dadurch begegnet, daß vorpräparierte, meist komplexe Verbindungen der Härtersäuren zur Anwendung kommen, in denen erst bei erhöhter Temperatur die Säurekomponente frei wird und damit zur Reaktion kommt. Ein solcher latenter Beschleuniger ist z. B. das Morpholinsalz der p-Toluolsulfonsäure.
Das Verfahren der Präkondensation (s. S. 183) ist für die Herstellung von Epoxidharz-Phenolharz-Lacken besonders geeignet, da sich hierdurch die Filmeigenschaften oft erheblich verbessern lassen. So können vielfach Filmfehler, wie schlech-

---

[95]) DAS 1 110 861 (1957), Deutsche Solvay.
[96]) *R. V. Crawford* u. *P. A. Toseland,* Vortragsref. Farbe u. Lack *70* (1964), 912.
[97]) *G. J. van Veersen* u. *F. J. Scipio,* Fette, Seifen, Anstrichmittel *66* (1964), 946.
[98]) DBP 863 411 (1950), Ciba.
[99]) Literatur s. z. B. *A. Manz,* Epoxidharz-Einbrennsysteme, Beckacite Nachr. *25* (1966) Nr. 3, S. 70; Ref. Farbe u. Lack *73* (1967), 654.

II. Epoxidharze

ter Verlauf und Oberflächenstörungen durch Krater- bzw. Runzelbildung vermieden werden, während die Chemikalienfestigkeit gleichzeitig verbessert wird.

Die Auswahl der zur Präkondensation mit Epoxidharzen vorgesehenen Phenolharze ist sehr sorgfältig vorzunehmen, wobei der Gehalt an phenolischen Hydroxylgruppen, die Zahl der Methylolgruppen, der Verätherungsgrad und das Molekulargewicht gut abgestimmt und dem vorgesehenen Verwendungszweck angepaßt sein müssen. Ein Überschuß an phenolischen Hydroxylgruppen würde zum Beispiel die Chemikalienbeständigkeit ungünstig beeinflussen, ein zu hoher Gehalt an Methylolgruppen könnte eine zu starke Vernetzung und Eigenkondensation des Phenolharzes bewirken, wodurch die Elastizität der Filme verringert würde. Andererseits ist für das Erreichen höchster Chemikalienfestigkeit eine größere Anzahl von Methylolgruppen erforderlich, um eine maximale Vernetzung zu gewährleisten. Meistens wird durch eine Präkondensation auch die Lagerstabilität der Lacke verbessert.

Bei den Aminharzen ist im allgemeinen eine Präkondensation nicht erforderlich. Bei stark unterschiedlicher Reaktivität der Komponenten kann sie jedoch von Vorteil sein, vor allem zur Verbesserung des Glanzes der Lackfilme, da Präkondensate ohne Glanzeinbuße höher als kaltgemischte Kombinationen pigmentiert werden können.

Mit Polyisocyanaten[100]) setzen sich Epoxidharze zunächst nur durch eine Reaktion ihrer Hydroxylgruppen mit den Isocyanatgruppen unter Bildung von Polyurethanen um. Die hierbei intakt bleibenden Epoxidgruppen können allerdings leicht zu einer Instabilität der Lackansätze führen. Es ist daher häufig zweckmäßig, die Umsetzungen mit Vorkondensaten aus Epoxidharzen und Phenolharzen oder Polyäthylenglykolen (die keine Epoxidgruppen mehr enthalten) durchzuführen. Zudem kann insbesondere durch diese Addukte die Elastizität der Lackfilme so verbessert werden, daß derartige Systeme für die Lackierung von Hartgummi, Kunststoffgegenständen und selbst stärker flexibler Unterlagen besonders geeignet sind. Auch Präkondensate mit Dialkanolaminen, wie Diäthanol- oder Dipropanolamin

$$\begin{matrix} HOR \\ \diagdown \\ N-CH_2-CH-CH_2 \\ \diagup | \\ HOR OH \end{matrix} \left[-O-Dian-O-CH_2-\underset{\underset{OH}{|}}{CH}-CH_2- \right]_n -O-Dian-O-CH_2-\underset{\underset{OH}{|}}{CH}-CH_2-N \begin{matrix} \diagup ROH \\ \diagdown ROH \end{matrix} \qquad 3.44$$

erbringen Vorteile. Sie vernetzen schon bei Temperaturen ab 5 °C schnell und vollständig mit Polyisocyanaten zu harten, sehr chemikalienfesten Filmen.

Die zur Härtung erforderliche Menge an Polyisocyanat errechnet sich unter Berücksichtigung des Hydroxylwertes des Epoxidharzes bzw. seines Präkondensates (s. S.179) nach den Beziehungen:

Härterzusatz in % = Hydroxylwert des Epoxidharzes · NCO-Äquivalentgewicht des Härters

NCO-Äquivalentgewicht = Gramm Isocyanathärter, die 1 Mol NCO (42 g)

enthalten = $\dfrac{42 \times 100}{\text{\% NCO-Gehalt}}$

Werden allerdings die gesamten vorhandenen Hydroxylgruppen des Epoxidharzes mit Isocyanaten vernetzt, so ergeben sich häufig relativ spröde Filme mit oft unzureichender Haftung. In der Praxis setzt man daher meist nur etwa 75 % der

---

[100]) EP 693 747 (1953, Amer. Prior. 1949), Brit. Thomson-Houston Co. — Belg. P 520 976 (1953), F. Jaffe.

Hydroxylgruppen um, wodurch diese Mängel behoben werden, ohne die Chemikalienbeständigkeit wesentlich zu verschlechtern.

Im Vergleich mit den durch Polyamine vernetzten Epoxidharzen weisen mit Polyisocyanaten gehärtete Epoxidharze bessere Säure- und Lösungsmittelbeständigkeit, höhere Endhärte sowie schnellere Trocknung bei niedrigeren Temperaturen auf. Die Alkalibeständigkeit und die Elastizität der Filme dagegen sind etwas geringer. Sie finden vor allem Verwendung als hochwertige Korrosionsschutz-Anstriche zur Auskleidung von Vorratsbehältern aller Art. Derartige Anstriche erfüllen in Betrieben der Lebensmittelindustrie besonders, hohe Anforderungen an die Säurebeständigkeit der Schutzschichten[101]). Lacke, die aus Epoxidharz-Präkondensaten und Polyisocyanaten hergestellt werden, bewähren sich sehr gut für die Anwendung auf feuchtem Beton[102]).

So wie es unter bestimmten Bedingungen möglich ist, beispielsweise Dicarbonsäuren oder gewisse Präkondensate als latente Härter für Epoxidharze heranzuziehen, ist dies auch mit organischen Metallverbindungen[103]) möglich. Es können etwa Metallalkoholate, z. B. des Aluminiums oder des Titans, in ihren stabilisierten Formen (s. S.118) zur Anwendung kommen[104]). Derartige Harze, die ihre Vernetzungskomponente bereits eingebaut enthalten, sind ebenso wie die daraus hergestellten Lacke bei normalen Temperaturen vollkommen lagerstabil und ergeben bei Einbrenntemperaturen um 200 °C Lackierungen mit hervorragenden Eigenschaften. Bemerkenswert ist die ungewöhnliche Alkalifestigkeit der Filme auch bei Kochtemperatur. Die Härtung mit Metallalkoholaten erfolgt durch Ausbildung von Metall-Sauerstoff-Brücken unter Einbeziehung der Epoxid- und Hydroxylgruppen der Epoxidharze[105]).

Epoxidharz-Härter-Kombinationen, die sich vor allem für eine Anwendung als Gieß- und Klebeharze eignen, werden durch Umsetzung von Epoxidharzen mit Salzen mehrwertiger Metalle erhalten. Hierzu eignen sich sehr gut die Metallseifen von Sikkativsäuren, wie z. B. Hexanate, Naphthenate u. a.[106]).

Es ist naheliegend, Epoxidharze auch zur gemeinsamen Verarbeitung mit Alkydharzen heranzuziehen[107]). Mit ihrer Hilfe können besonders bei Alkyd-Aminharz-Lacken Eigenschaften, wie Trocknung, Haftfestigkeit, Abrieb- und Chemikalienbeständigkeit beachtlich verbessert werden, wenn ein Teil des Alkydharzes durch Epoxidharz ersetzt wird. Es ist dabei durch sorgfältige Auswahl auf ein einwandfreies „3-Harz-System" zu achten, um optimale Ergebnisse zu erhalten. Magere bis mittelfette, mit nichttrocknenden Fettsäuren modifizierte Alkydharze sind in den meisten Fällen die zweckmäßigsten Kombinationspartner. Die unter Verwendung von synthetischen, gesättigten, verzweigten Carbonsäuren (s. S. 97) hergestellten Alkydharze bieten sich wegen ihrer schweren Verseifbarkeit besonders für diese Kombinationen an, da sie zur weiteren Erhöhung der Beständigkeit, vor allem gegen organische und anorganische Säuren, beitragen. Im allgemeinen werden

---

[101]) S. z. B. Epikote®, Merkblattsammlung der Shell Chemie GmbH, Bl. A-II-2 (1965).
[102]) *Anon.*, Dtsch. Farben-Z. *13* (1959), 193 (Vortragsref.).
[103]) Metallphenolate: FP 1 114 722 (1954); Metallsalze tautomer reagierender Verbindungen: DBP 910 727 (1954), beide Chem. Werke Albert.
[104]) *F. Schlenker,* Kunststoffe *47* (1956), 7. — DBP 910 335 (1951), Chem. Werke Albert. — S. auch Fußnote 102).
[105]) *F. Schlenker,* Kunststoffe *47* (1956), 39.
[106]) S. Fußnote 104). — DBP 931 729 (1952), Chem. Werke Albert.
[107]) Verwendung v. Epoxidharzen b. d. Herstellung modifizierter Alkydharze: *R. J. Turner* u. *G. Swift,* Kunststoff-Rdsch. *6* (1959), 440.

II. Epoxidharze

Epoxidharz, Alkydharz und Aminharz im Verhältnis 1 : 2—3 : 1—1,5 kombiniert. Diese Systeme eignen sich hervorragend für Einbrennlackierungen von Haushaltsgeräten u. dgl. Sie vermitteln im Vergleich zu den üblichen Aminharz-Alkyd-Kombinationen neben den bereits genannten Verbesserungen der Filmeigenschaften höhere Beständigkeit gegen Wasser, Alkalien, Säuren und Detergentien[108]). Auch für Einbrenn-Grundierungen finden sie in der Praxis vielfach Verwendung.

Die Umsetzung von Epoxidharzen mit Thioplasten, die potentielle Sulfhydrylgruppen (-SH) enthalten (s. S. 271), muß ebenfalls genannt werden. Sie dürfte vorwiegend über die Epoxidgruppen erfolgen und läuft im Falle einer Beschleunigung durch Amine bereits bei Raumtemperatur ab. Die auf diese Weise erhaltenen Bindemittel zeichnen sich durch besonders große Flexibilität und gute Chemikalienbeständigkeit aus. Derartige Schutzanstriche finden vor allem bei Schiffen gegen Erosions- und Kavitationsschäden Verwendung sowie für Eisenbahn-Schüttgutwagen zum Transport von Chemikalien, wie Kaliumchlorid, Natriumsulfat, Borax, Borsäure u. a.

Ein weiteres, sehr wichtiges Spezialgebiet ist die Anwendung von Epoxidharz-Teerkombinationen. Derartige Bindemittel sind in üblicher Weise mit Polyaminen oder Polyamidoaminen härtbar, wobei ein Überschuß an Aminwasserstoff-Äquivalent erforderlich ist, da bei der Härtung Nebenreaktionen mit Bestandteilen des Teers stattfinden. Bei diesen Anstrichen sind die guten Eigenschaften der beiden Stoffe „Teer" und „Epoxidharz" in Hinblick auf den Korrosionsschutz in idealer Weise vereinigt worden. Die Überzüge sind in besonderem Maße schlag- und abriebfest und verfügen über eine hohe Beständigkeit gegenüber Salz- und Süßwasser, Rohöl, sauren und alkalischen Lösungen aller Art. Sie haften sehr gut auf Metall und Beton und sind dort am Platze, wo Korrosionsschutz unter erschwerten Bedingungen gefordert wird. Neben Konstruktionsteilen und Anlagen aller Art der chemischen Industrie seien beispielsweise Schleusen-, Hafen- und Kaianlagen, Wehre, Tankschiffe, Pipelines und der Unterwasseranstrich von Schiffen genannt. Entsprechend der großen Bedeutung dieser Epoxidharz-Teerkombinationen existiert ausführliche Literatur[109]).

Ein besonderes Problem, vor allem bei der Formulierung lösungsmittelfreier Epoxidharz-Systeme, ist die oft sehr hohe Viskosität der Harze. Hier kann die Mitverwendung sogenannter reaktiver Verdünner Abhilfe schaffen, die selbst Epoxidverbindungen sind und daher mit in das Endprodukt eingebaut werden. Handelsprodukte dieser Art sind z. B. der 2-Äthylhexylglycidyläther[110]) und der n-Butylglycidyläther[111]). Ein Di-Epoxid, das ebenfalls zur Erzielung niedriger Viskositäten geeignet ist, liegt im Dibutylenglykol-Diglycidyläther vor[112]). Dieser ist sehr wärmebeständig und wirkt zudem stark elastifizierend, so daß

---

[108]) S. z. B. Epikote, Merkblattsammlung der Shell Chemie GmbH, Bl. A-I-1 (1965).
[109]) *Anon.*, Farbe u. Lack 65 (1959), 747 u. 67 (1919), 236. — Korrosionsschützende Überzugsmassen auf Basis v. Epoxidharzen in Kombination m. Teeren oder Bitumen, Patentübersicht: *M. Böttcher*, Farbe u. Lack 69 (1963), 830. — *K. Buser*, Plaste u. Kautschuk 10 (1963), 189; Adhäsion 7 (1963), 438. — Die Epoxidharz-Teerkombination, ein neues Bautenschutzmittel: *K. Fiebach*, Bitumen, Teere, Asphalte, Peche u. verwandte Stoffe 16 (1965), 12. — Epikote, Merkblattsammlung der Shell Chemie GmbH, Bl A-II-4 (1965).
[110]) Z. B. Reichhold-Albert-Chemie: Beckopox® EP 080. — Ruhrchemie: Reakt. Verdünner R8.
[111]) Z. B. Deutsche Shell Chemie GmbH.
[112]) Ruhrchemie, z. Z. noch Laborprodukt.

er auch für das Klebstoffgebiet von Interesse ist. Durch die Mitverwendung niedermolekularer Diglycidyläther kann trotz der Verlängerung der Topfzeit die Härtungsreaktion im aufgetragenen Film beschleunigt werden. Hierdurch ist häufig auch bei niedrigeren Temperaturen eine stabilere Netzstruktur ohne Nacherwärmen erreichbar[113]).

Ein Nachteil der Epoxidharze auf der Basis von Polyphenolen ist ihre schlechte Gilbungsbeständigkeit und die Neigung zum Kreiden in den Anstrichen. Dagegen zeigen cycloaliphatische Epoxidharze aufgrund der Abwesenheit phenolischer Gruppen im Harzmolekül in dieser Hinsicht ein wesentlich besseres Verhalten bei der Bewitterung. Dies hängt einmal damit zusammen, daß Verbindungen mit einer Anhäufung von aromatischen Kernen ein hohes Absorptionsvermögen für ultraviolette Strahlen aufweisen[114]), zum anderen aber auch, daß der mit der elektronenreichen Ätherbindung gekoppelte aromatische Ring anfällig ist gegen eine durch den UV-Anteil des Lichtes eingeleitete radikalische Autoxidation. Somit ist neben der größeren Gilbungsbeständigkeit auch die Wetterbeständigkeit aliphatischer bzw. cycloaliphatischer Strukturen besser als die der aromatischen Epoxidharze, eine Erscheinung, die auch bei den Polyisocyanaten auftritt[115]).

Eine andere Gruppe cycloaliphatischer Epoxidharze sind Diglycidylester, die durch Umsetzung cycloaliphatischer Dicarbonsäuren, wie etwa Hexahydrophthalsäure mit Epichlorhydrin leicht zugänglich sind[116]):

3.45

Diese Ester können wie Bisphenol-A-Epoxidharze verarbeitet werden und ergeben im allgemeinen gleich gute Eigenschaften. Darüber hinaus sind sie diesen jedoch deutlich in der Wetterbeständigkeit überlegen. Wenngleich die Entwicklungsarbeiten auf diesem Gebiet noch neueren Datums sind und zunächst vielfach in Richtung der Gießharze laufen, so ist doch zu erwarten, daß cycloaliphatische Glycidylester auch auf dem Gebiet der Oberflächenbeschichtung Bedeutung erlangen werden.

Auch auf dem Gebiet der sogenannten „Pulver-Beschichtung" haben die Epoxidharze inzwischen in der Praxis für die Durchführung der verschiedenen Techniken, z. B. Wirbelsintern, Pulversprühverfahren oder elektrostatisches Spritzen, ihren Platz eingenommen[117]). Im Gegensatz zu den Ther-

---

[113]) Untersuchung d. Vernetzungsvorgänge aliph. u. arom. Epoxidsysteme: *L. Csillag et al.,* Kunststoff-Rdsch. *15* (1968), 1.
[114]) *G. A. Trigaux,* Modern Plastics *38* (1960) Nr. 1, S. 147; Ref. Chemie für Labor u. Betrieb *12* (1961), 70.
[115]) *K. Wagner* u. *G. Mennicken,* VI. Fatipec-Kongreßbuch 1962, S. 289.
[116]) Cycloaliphatische Glycidylester, eine neue Gruppe von Epoxidharzen: *R. Kubens,* Kunststoffe, *58* (1968), 565.
[117]) Allgem. Ausführungen s. z. B.: *W. Gemmer,* Wirbelsintern u. elektrostatisches Pulverspritzen, Kunststoffe *59* (1969), 655. — Epikote, Merkblattsammlung der Shell Chemie GmbH, Bl. A-VI-1 (1967). — Prakt. Durchführung, verwendete Apparaturen u. wirtschaftl. Vorteile: *G. P. J. Verhulst,* Industrie-Lackier-Betrieb *34* (1966), 243. — Elektrostatisches Plastbeschichten: *D. Auerbach,* die Technik *22* (1967), 8.

moplasten in Pulverform müssen sie jedoch als Duroplaste zusammen mit Härtern verarbeitet werden und ergeben dann nach dem Aufbringen auf die Werkstücke durch Hitzeeinwirkung gehärtete, in den unschmelzbaren Zustand übergeführte Schichten. Als Härter für Epoxidharz-Sinterpulver kommen nur solche in Betracht, die bei Raumtemperatur noch nicht reagieren. Zur Anwendung kommen bestimmte aromatische Diamine, gewisse Säureanhydride sowie katalytisch wirkende Härter. Ein wichtiger katalytischer Härter für die etwa ab 180 °C zu härtenden Pulver ist Dicyandiamid.

Um beim Einbrennen eine einwandfreie Filmbildung zu erzielen, ist der Zusatz von Verlaufmitteln unerläßlich. Für diesen Zweck eignen sich besonders bestimmte polymere Acetale, z. B. Polyvinylbutyrale. Zur Erzielung hinreichend glatter Oberflächen sind weitere Hilfsmittel, wie Siliconöle (z. B. Siliconöl 300 000) erforderlich.

Immer mehr finden auch niedrigschmelzende Sinterpulver Anwendung, die für Beschichtungen schon ab 130 °C in Betracht kommen. Hierfür als Härter geeignet sind bisher allerdings nur ganz spezielle Amine[118]).

Beispiele für Handelsprodukte:

Araldit	Ciba
Beckopox	Reichhold-Albert
BN	Schering
DER	DOW
Epikote	Shell
Epon	Shell, USA
Eporex	Synres
Eposir	SIR
Epotuf	RCI
ERL	UCC
Grilonit	Emser Werke
Levepox	Bayer
Rütapox	Rütag

3. Polykondensation über die Epoxid- und die Hydroxylgruppen

Entsprechend ihrer Funktion als Polyalkohole können die Epoxidharze vom Bisphenol-Typ mit Carbonsäuren zu Epoxidharz-Estern umgesetzt werden[119]). Hierbei wird zunächst der Epoxidring durch Anlagerung des Carbonsäurerestes unter Ausbildung einer neuen Hydroxylgruppe geöffnet:

$$-CH-CH_2- \ + \ R\cdot COOH \longrightarrow -\underset{OH}{CH}-CH_2-O-\underset{R}{C}=O \qquad 3.46$$

Die weiteren Umsetzungen erfolgen dann über die entstandenen sekundären Alkoholgruppen[120]).

---

[118]) Z. B. DX 108 der Shell Chemie GmbH.
[119]) AP 2 456 408 (1943), Devoe & Raynolds. — Weitere Literatur z. B. *E. Narracott* u. *J. Nielsen,* Fette u. Seifen *56* (1954), 92. — *L. Korfhage,* Fette, Seifen, Anstrichmittel *57* (1955), 696. — *J. Loible* u. *R. Martin,* Fette, Seifen, Anstrichmittel *60* (1958), 967. — *J. Poswick* u. *A. Dupuis,* VI. Fatipec-Kongreßbuch 1962, S. 249.
[120]) Einzelheiten z. Reaktionsablauf: *P. Bruin,* Peintures, Pigments, Vernis *33* (1957), 622. — *W. Hofmann* u. *W. Fisch,* VI. Fatipec-Kongreßbuch 1962, S. 243. — *J. Poswick* u. *A. Dupuis,* Fußnote 119).

Als geeignete Dicarbonsäuren für diese Art Umsetzung mit Epoxidharzen werden z. B. Malein-, Adipin- und Sebacinsäure genannt. Es wird herausgestellt, daß diese Ester sehr beständig gegen Verseifung sein sollen[121].

Zur Herstellung der lacktechnisch wohl bedeutsamsten Epoxidharz-Ester werden in erster Linie die Fettsäuren trocknender Öle, besonders Leinöl-, Sojaöl-, Tallöl- und Ricinenölfettsäure u. a. herangezogen. Aber auch die Fettsäuren halbtrocknender und nichttrocknender Öle, wie Cocosölfettsäure kommen in Betracht, ebenso wie Mischester solcher Fettsäuren.

Um die günstigsten Eigenschaften in Hinblick auf Verarbeitung und Verträglichkeit der Ester sowie gute Beständigkeit der Filme zu erreichen, ist es vielfach zweckmäßig, nicht alle im Epoxidharz vorhandenen Hydroxylgruppen ausreagieren zu lassen. Es hat sich nämlich ergeben, daß das optimale Verhältnis etwa im Bereich von 0,3—0,4 Äquivalent Fettsäure je Äquivalent Hydroxylgruppen liegt. Die Einbeziehung verschiedener Epoxidharz-Typen bzw. ihrer Gemische erlaubt eine breite Variationsmöglichkeit bei der Esterbildung. Je nach dem Verhältnis von eingesetzter Fettsäure zu Epoxidharz unterscheidet man

        Ester mit niedrigem Fettsäuregehalt (ca. 40 %)
        Ester mit mittlerem Fettsäuregehalt (ca. 50 %)
        Ester mit hohem Fettsäuregehalt   (ca. 60 %)

Die Auswahl der Fettsäuren und die Einstellung des Fettsäuregehaltes erfolgt nach ähnlichen Gesichtspunkten wie bei der Formulierung der Alkydharze. Auch ihre Herstellung kann wie die der Alkydharze entweder nach dem Schmelzprozeß oder nach einem Umlaufverfahren erfolgen. Eine Zugabe geringer Mengen (ca. 1 %) eines Polyalkohols, wie Glycerin oder Pentaerythrit, oder der Zusatz geringer Mengen eines niedermolekularen Glycidylesters in der letzten Phase der Veresterung ergibt Ester mit niedriger Säurezahl und verhältnismäßig geringer Viskosität. Die Epoxidharz-Ester sind in Gemischen von aliphatischen und aromatischen Kohlenwasserstoffen löslich. Ihre Löslichkeit ist vom Fettsäuregehalt abhängig; geringer Fettsäuregehalt erfordert einen höheren Anteil an Aromaten.

Über den Einfluß des Fettsäuregehaltes auf allgemeine Eigenschaften der Lacke und Filme gibt nachstehende Übersicht Auskunft[122].

Mit steigendem Fettsäuregehalt nehmen zu:
Löslichkeit, Festkörpergehalt bei gleichbleibender Viskosität, Verstreichbarkeit, Verlauf, Neigung zu Läuferbildung, Pigmentaufnahmevermögen und Wetterbeständigkeit.

Es nehmen ab:
Viskosität bei gleichbleibendem Festkörpergehalt, Härte, Farbbeständigkeit, Glanz und Trocknungsgeschwindigkeit.

Die Epoxidharz-Ester haben vieles mit den ölmodifizierten Alkydharzen gemeinsam, übertreffen diese aber in mancher Hinsicht, so z. B. in der Härte, Haftfestigkeit und Elastizität ihrer Filme. Ihre Chemikalien- und Wasserbeständigkeit ist wesentlich größer, ohne allerdings infolge der vorhandenen Esterbindungen die überragenden Eigenschaften der mit Aminen gehärteten Epoxidharze zu erreichen. Für die Wetterbeständigkeit wird häufig eine Verbesserung gegenüber den Alkydharzen angeführt, jedoch gehen hierüber die Ansichten auseinander. Vielfach werden auch Epoxidharz-Ester mit Alkydharzen kombiniert, wobei sich u. a. verbesserte Trocknungseigenschaften ergeben sollen.

---

[121] DWP 25 337 (1963); Ref. Farbe u. Lack *70* (1964), 200.
[122] Fette u. Seifen *56* (1954), 92.

II. Epoxidharze

Das Verhalten der Epoxidharz-Ester bei der Filmbildung ist sehr stark von ihrer noch vorhandenen Säurezahl abhängig, die möglichst niedrig sein sollte; *E. Narracott* u. *J. Nielsen*[122] berichten darüber ausführlich. Sikkativiert werden diese Lacke im allgemeinen nur mit Kobalt-Trocknern evtl. unter Zusatz geringer Mengen von Calzium-Trockenhilfsstoffen.

Für die Ofentrocknung eignen sich sehr gut Kombinationen der Epoxidharz-Ester mit Harnstoff- oder Melaminharzen. Man verwendet hierzu zweckmäßig Ester mittleren oder niedrigen Veresterungsgrades, da diese noch über freie Hydroxylgruppen verfügen, die für eine Vernetzung mit den Aminharzen notwendig sind. Für Ester aus nichttrocknenden Fettsäuren trifft dies in verstärktem Maße zu.

Epoxidharz-Ester sind als Lackrohstoffe vielseitig anwendbar, besondere Bedeutung kommt ihnen jedoch für die Herstellung gut haftender, korrosionsfester Grundierungen zu. Für diesen Anwendungszweck werden sie häufig mit Aminharzen kombiniert und ergeben in diesem Falle vielseitig verwendete Einbrenngrundierungen, so für Haushaltsgeräte und vor allem für Autokarosserien. Wegen der guten Haftung und Elastizität ihrer Filme werden derartige Kombinationen auch als Stanzlacke und Tubenemaillen vielfältig verwendet.

Raschtrocknende Lacke werden aus Epoxidharz-Estern erhalten, die mit Styrol modifiziert wurden[123]. Ein interessantes Verfahren zur Herstellung solcher Harze wird von *J. Mleziva*[124] beschrieben. Es wird in der ersten Stufe ein Copolymerisat aus Styrol und Methacrylsäure hergestellt, dessen Carboxylgruppen in der zweiten Stufe mit einem Epoxidharz-Ester umgeestert werden. Hierbei werden die Doppelbindungen der Fettsäuren nicht in die Umsetzungen mit einbezogen, weshalb auch Epoxidharz-Ester schwach- und nichttrocknender Fettsäuren nach diesem Schema modifiziert werden können. Die Eigenschaften der auf diese Weise erhaltenen Harze werden besonders von der Struktur des Epoxidharz-Esters und dem Molekulargewicht des verwendeten Copolymeren bestimmt. Die Lagerstabilität der aus diesen Harzen hergestellten Lacke ist gut, ebenso die Haftfestigkeit und Elastizität der Lackfilme. Härte und Trocknungsgeschwindigkeit nehmen mit steigendem Styrolgehalt zu.

Die Herstellung wasserlöslicher Epoxidharz-Ester[125] gewinnt besonders in Hinblick auf die in steigendem Maße zur Anwendung kommende Elektro-Tauchlackierung wachsende Bedeutung. Wasserlösliche Bindemittel auf der Basis von Epoxidharz-Estern können dadurch erhalten werden, daß Ester mit niedrigem Fettsäuregehalt mit Dicarbonsäureanhydriden, z. B. PSA oder Bernsteinsäureanhydrid zu Halbestern umgesetzt werden. Diese werden unter Zuhilfenahme wasserlöslicher Lösungsmittel (sogenannte „Kupplungslösungsmittel") und durch eine Neutralisation mit Aminen völlig wasserverdünnbar[126]. Ein anderer Weg führt über die Anlagerung von Maleinsäureanhydrid an die Doppelbindung der Ester-Fettsäuren auf demselben Wege zum gleichen Ergebnis.

Beispiele für Handelsprodukte:

Duroxyn	Reichhold-Albert
Hydrolyd	Jäger
Jägalyd	Jäger

---

[123] *W. E. Allsebrook*, Paint Manuf. *30* (1960), 317; Ref. Dtsch. Farben-Z. *14* (1960), 467.
[124] Farbe u. Lack *73* (1967), 1048 (Vortragsref.).
[125] Z. B. *R. J. Turner* u. *J. O. Ranger*, Paint Manuf. *30* (1960), 421; Ref. Dtsch. Farben-Z. *15* (1961), 419.
[126] *W. J. van Westrenen et al.*, VIII. Fatipec-Kongreßbuch 1966, S. 126. — *W. J. van Westrenen* u. *L. A. Tysall*, J. Oil Colour Chemists' Assoc. *51* (1968), 108.

Rokrasin   Kraemer
Synthalat   Synthopol
Vialkyd   Vianova

Phenoxyharze

Als eine eigene Harzgruppe, deren Vertreter im chemischen Aufbau und auch in der Herstellungsweise den Harzen aus der Umsetzung von Bisphenol A mit Epichlorhydrin sehr verwandt sind und die deshalb auch hier besprochen werden, hat man die Phenoxyharze anzusehen[127]). Sie entsprechen in ihrer Struktur dem Formelbild (I) der Seite 177, mit der Einschränkung, daß sie keine Epoxidgruppen mehr enthalten. An den Enden der Moleküle befinden sich vielmehr phenolische oder alkoholische Hydroxylgruppen. Infolge ihrer unvernetzten, langkettigen und linearen Gestalt und ihres hohen mittleren Molekulargewichtes, das sich je nach der Reaktionsführung bei der Herstellung zwischen 10 000 und 20 000 bewegt, sind es nichthärtende, thermoplastische Harze. Im Gegensatz zu den Epoxidharzen stellen sie aber für sich alleine bereits gute Filmbildner dar, die rein physikalisch trocknen und daher keine Härter erfordern. Sie lassen sich jedoch auch über ihre Hydroxylgruppen mit anderen Harzen zur Reaktion bringen, so mit Harnstoff-, Melamin- oder Phenolharzen. Infolge dieser Hydroxylgruppen können sie als Polyolkomponente mit blockierten Polyisocyanaten umgesetzt werden.

Phenoxyharze ergeben Filme von ausgezeichneter Haftfestigkeit auf Stahl und auf NE-Metallen, die zudem hohe Elastizität, Schlagfestigkeit, Härte und Abriebfestigkeit aufweisen. Weiterhin sind derartige Schutzüberzüge sehr beständig gegen Wasser, auch Seewasser, und gegen normale Beanspruchung durch Chemikalien. Empfohlen werden sie für luft- und ofentrocknende Grundierungen, insbesondere für Aluminium und Stahl, Washprimer, Klarlacke für Buntmetalle, Stahl und galvanisch erzeugte Metallüberzüge, Tuben- und Dosenlacke, sowie Draht- und Folienlacke. Zur Elastifizierung von Epoxid-Einbrennlacken können die Phenoxyharze ebenfalls herangezogen werden. Auch als Harze für Pulverbeschichtungs-Verfahren sind sie in Betracht zu ziehen[128]).

Hersteller u. a.: Ciba, Dow, Rütag, Shell, UCC.

---

[127]) *Anon.,* Modern Plastics *40* (1962), 169. — *R. H. Schaufelberger,* Off. Digest Federat. Soc. Paint Technol. *35* (1963), 522; Ref. Farbe u. Lack *69* (1963), 750. — *J. A. Nelson* u. *R. H. Schaufelberger,* Paint Varnish Prod. *54* (1964) Nr. 12, S. 34.
[128]) Eigenschaften u. Anwendung: *Anon.,* Farbe u. Lack *71* (1965), 246 u *72* (1966), 89. — *P. Tjepkema,* Farbe u. Lack *71* (1965), 935 (Vortragsref.). — Neue Harze: Farbe u. Lack *73* (1967), 1166. — Phenoxyharze als Innenschutzlacke: *Anon.,* Seifen, Öle, Fette, Wachse *93* (1967), 73. — Epikote, Merkblattsammlung der Shell Chemie GmbH, Bl. A-I-2 (1966).

Viertes Kapitel

Polymerisationsharze — Vinylharze

Dr. Hellmuth Keßler

Die in den vorausgegangenen Kapiteln beschriebenen Kunstharze entstehen durch Polykondensations- oder Polyadditionsreaktionen. Im nun folgenden Abschnitt werden die durch Polymerisationsreaktionen zugänglichen hochmolekularen Produkte und ihre Bedeutung für die Lack- und Anstrichmittelindustrie behandelt. Die wichtigste Gruppe der durch Polymerisation erhältlichen Lackrohstoffe ist die der Vinylpolymeren.
Die Vinylverbindungen sind nach der Vinylgruppe

$$CH_2 = CH- \qquad \qquad 4.1$$

benannt. Im allgemeinen technischen Sprachgebrauch zählt man aber auch die Acrylsäure

$$CH_2 = C \begin{smallmatrix} H \\ \\ COOH \end{smallmatrix} \qquad \qquad 4.2$$

die Methacrylsäure

$$CH_2 = C \begin{smallmatrix} CH_3 \\ \\ COOH \end{smallmatrix} \qquad \qquad 4.3$$

sowie deren Ester und Amide zu der Gruppe der Vinylverbindungen, also Vinylverbindungen, die durch die endständige

$$CH_2 = C \begin{smallmatrix} H \\ \\ \end{smallmatrix} \text{ - Gruppe} \qquad \qquad 4.4$$

charakterisiert sind. Es handelt sich im Prinzip um einfach oder mehrfach substituierte Äthylene mit endständiger Doppelbindung[1]). Die meisten dieser Verbindungen lassen sich polymerisieren (s. S. 16).
Die Tatsache, daß die Vinylverbindungen polymerisieren können, ist bereits seit über 100 Jahren bekannt. *Klatte*[2]) führte 1912 die Polymerisation des Vinylacetats

---

[1]) Als Ausnahme ist die an beiden C-Atomen des Äthylens substituierte Maleinsäure zu erwähnen, die in Form des Anhydrids oder der Ester mit Vinylverbindungen mischpolymerisiert wird.
[2]) DRP 271 381, 281 687, 281 688; *F. Klatte,* Chemische Fabrik Griesheim-Elektron.

erstmals in technisch verwertbarem Maßstab durch. Zur gleichen Zeit arbeitete *Ostromisslensky*[3]) über die Polymerisation von Vinylchlorid. Die Pionierarbeiten auf dem Gebiet der technischen Entwicklung, sowohl der großtechnischen Herstellung der monomeren Ausgangsstoffe als auch der technischen Durchführung der Polymerisationsreaktionen, leisteten in Deutschland vor allem die Firmen Röhm & Haas / Darmstadt, Dr. Alexander Wacker / München und die Werke Griesheim, Hoechst, Ludwigshafen und Bitterfeld der früheren I.G. Farbenindustrie Aktiengesellschaft. Maßgeblich beeinflußt wurden durch diese Arbeiten die Herstellung des synthetischen Kautschuks; umgekehrt brachten Arbeiten über synthetischen Kautschuk wichtige Erkenntnisse für die Polymerisation der Vinylverbindungen[4]).

Über die Synthese der Ausgangsstoffe

Acetylen

$HC \equiv CH$ 4.5

reagiert unter geeigneten Bedingungen mit anorganischen oder organischen Verbindungen, die über bewegliche Wasserstoffatome verfügen. So bilden sich z. B. aus Acetylen und

Alkoholen	Vinyläther
org. Säuren	Vinylester
Blausäure	Acrylnitril
Aminen	Vinylamine
Salzsäure	Vinylchlorid.

Die Acrylsäureester und die Acrylsäure selbst werden nach *Reppe*[5]) in eleganter Synthese durch Umsetzung von Acetylen mit Kohlenoxid und Alkoholen oder Wasser großtechnisch hergestellt. Neuerdings gewinnt man Acrylsäure auch durch Oxidation von Propylen (Sohio-Verfahren) oder man wählt den Weg über die Umsetzung von Keten mit Formaldehyd (Goodrich-Verfahren):

$$H_2C = C = O + H - C\begin{smallmatrix}H\\O\end{smallmatrix} \longrightarrow H_2C = CH - C\begin{smallmatrix}O\\OH\end{smallmatrix}$$ 4.6

Die Herstellung von Methacrylsäurederivaten erfolgt dagegen noch immer zu mehr als 95 % aus Aceton und Blausäure, die zum Acetoncyanhydrin umgesetzt werden, das dann in Gegenwart von Alkoholen verseift und gleichzeitig verestert wird.

$$CH_3 - CO - CH_3 + HCN \longrightarrow CH_3 - \underset{\underset{CN}{HO}}{C} - CH_3 \xrightarrow[(H_2SO_4)]{H_2O + ROH} CH_2 = \underset{COOR}{C} - CH_3$$ 4.7

---

[3]) *J. Ostromisslensky,* Chem. Zentralblatt *83* (1912), I, 1980.
[4]) Aus der umfangreichen Literatur über dieses Gebiet sei vor allem auf folgende Standardwerke verwiesen: *H. Staudinger,* Die hochmolekularen organischen Verbindungen, Springer, Berlin, 1932. — *J. Scheiber,* Chemie und Technologie der Kunstharze, 2. Auflage, Band I „Die Polymerisatharze", Wiss. Verlagsgesellschaft, Stuttgart, 1961. — *K. H. Meyer,* H. Mark, Hochpolymere Chemie, 2. Auflage, Akad. Verlagsgesellschaft, Leipzig, 1950. — *R. Houwink,* Chemie und Technologie der Kunststoffe, 3. Auflage, Akad. Verlagsgesellschaft, Leipzig, 1954/56. — *H. A. Stuart,* Die Physik der Hochpolymeren, Springer, Berlin-Göttingen-Leipzig, 1952 bis 1956. Diese Werke enthalten auch alle notwendigen Literaturhinweise.
[5]) „Neue Entwicklungen auf dem Gebiet der Chemie des Acetylens und Kohlenoxids", Springer, Berlin-Göttingen-Heidelberg, 1949, S. 95 ff, ferner *W. Reppe,* Kunststoffe *40* (1950), 1.

Über die Synthese der Ausgangsstoffe

In den letzten Jahren haben noch weitere Synthesemöglichkeiten industrielles Interesse gefunden[6]).
1. Distickstofftetroxid-Oxydationsprozeß (Isobutylen-Oxydation).
Hierbei wird unter Verwendung von N_2O_4 und Wasser das Isobutylen in α-Hydroxy-Isobuttersäure übergeführt, und diese geht durch katalytische Wasserabspaltung in Methacrylsäure über. Durch geeignete Reaktionsführung in Gegenwart von Alkoholen kommt man auch direkt zu den entsprechenden Methacrylsäureestern. Das letztgenannte Verfahren ergibt besonders gute Ausbeuten.

$$CH_2=C-CH_3 \xrightarrow{N_2O_4, H_2O} CH_2-\underset{CH_3}{\underset{|}{C}}-C\underset{OH}{\overset{O}{\diagup}} \xrightarrow{-H_2O} CH_2=\underset{CH_3}{\underset{|}{C}}-C\underset{OH}{\overset{O}{\diagup}} \quad 4.8$$

2. Luftoxidation von Isobutylen

$$CH_2=\underset{CH_3}{\underset{|}{C}}-CH_3 \xrightarrow[\text{Katalysator}]{O_2} CH_2=\underset{CH_3}{\underset{|}{C}}-C\underset{OH}{\overset{O}{\diagup}} \quad 4.9$$

Im Gegensatz zum Distickstofftetroxid-Oxidationsprozeß kann beim Luftoxidationsverfahren nur die freie Methacrylsäure hergestellt werden. Um zu den entsprechenden Estern zu gelangen, ist ein separater Veresterungsprozeß notwendig.

3. Carboxylierung von Methylacetylen

$$CH\equiv C-CH_3 + CH_3OH + CO \longrightarrow CH_2=\underset{CH_3}{\underset{|}{C}}-C\underset{OCH_3}{\overset{O}{\diagup}} \quad 4.10$$

Dieses Verfahren läßt nur die Herstellung der Methacrylsäureester zu.

Ein weiteres wichtiges Ausgangsmaterial für Vinylpolymere ist das Äthylen, das man durch Hydrieren von Acetylen, durch Abtrennen aus Koksofengasen und heute vor allem durch Kracken geeigneter Erdölfraktionen erhält. Aus Äthylen gewinnt man durch Reaktion nach Friedel-Crafts mit Benzol das Äthylbenzol, das zu Styrol dehydriert wird.

$$C_6H_6 + CH_2=CH_2 \longrightarrow C_6H_5-CH_2-CH_3 \xrightarrow{-2H} C_6H_5-CH=CH_2 \quad 4.11$$

Durch Chlorieren von Äthylen erhält man Dichloräthan, das durch HCl-Abspaltung in Vinylchlorid übergeführt wird:

$$CH_2=CH_2 \xrightarrow{+Cl_2} CH_2Cl-CH_2Cl \xrightarrow{-HCl} CH_2=CHCl \quad 4.12$$

Durch Chlorieren von Vinylchlorid erhält man 1.1.2-Trichloräthan, das durch HCl-Abspaltung in Vinylidenchlorid übergeführt wird:

$$CH_2=CHCl \xrightarrow{+Cl_2} CH_2Cl-CHCl_2 \xrightarrow{-HCl} CH_2=CCl_2 \quad 4.13$$

---
[6]) A private report by the Process Economics Program, Stanford Research Institute, Menlo Park, California, März 1968.

Allerdings führt auch ein technischer Weg durch Anlagern von HCl an Acetylen zum Vinylchlorid und durch Chlorieren desselben zum Vinylidenchlorid.

Auf die Herstellung weiterer Monomere, die heute für Lackzwecke meist in nur untergeordnetem Maße verwendet werden, soll nicht eingegangen werden (über Butadien, s. S. 240).

Der Weg von der Vinylverbindung zum Makromolekül

Wie bereits oben erwähnt wurde, sind die Vinylverbindungen, also Verbindungen mit der ungesättigten Gruppe

$$CH_2 = C{\diagup}^{H}_{\diagdown} \qquad \qquad 4.14$$

in vielen Fällen befähigt, durch Polymerisation Makromoleküle zu bilden, da die C-C-Doppelbindung an beiden Enden mit einer anderen C-C-Doppelbindung reagieren kann. Da C-C-Doppelbindungen energiereicher sind als Verbindungen, die nur einfache C-C-Bindungen enthalten, haben sie eine Tendenz, vom energiereicheren in den energieärmeren Zustand überzugehen. Um jedoch eine derartige Reaktion auszulösen, müssen — ähnlich wie bei der Chlorknallgasreaktion — die Monomeren aktiviert werden, bevor sie in einer Kettenreaktion polymerisieren. Ergänzend zu dem in der Einleitung, S. 16, über die Polymerisationsreaktion Gesagten wäre hier noch folgendes festzuhalten: Die Startreaktion läßt sich bei vielen Monomeren durch Lichtenergie[7]) oder durch radioaktive Strahlung[8]) auslösen. Die praktische Anwendung dieser Reaktionsauslösung für die Lackhärtung befindet sich gerade in der Entwicklung zur technischen Reife. Dagegen ist Anregung durch erhöhte Temperatur gebräuchlich. Meistens aktiviert man heute jedoch mit Katalysatoren. Hier unterscheidet man:

1. Die Radikalketten-Polymerisation

Der Katalysator (K) zerfällt in Radikale und diese reagieren mit einem Monomeren unter Bildung eines Adduktes,

$$K \longrightarrow R_1^\cdot + R_2^\cdot + \ldots$$

$$R_1^\cdot + \underset{H}{\overset{H}{C}} :: \underset{X}{\overset{H}{C}} \longrightarrow R_1 : \underset{H}{\overset{H}{C}} : \underset{X}{\overset{H}{C}} \qquad \qquad 4.15$$

X = Seitenkette

das wiederum ein elektrisch neutrales Radikal ist.

Die Kette wächst dann, wie schon auf Seite 16 beschrieben, weiter: man spricht in diesem Fall von Radikalketten-Polymerisation. Die wichtigsten Katalysatoren sind Peroxide, wie Wasserstoffperoxid und Benzoylperoxid sowie Kaliumpersulfat.

---

[7]) *A. Basel, K. H. Böhm-Kasper,* Trocknung von Druckfarben durch UV-Strahlung, Farbe + Lack, 73 (1967) Nr. 10, S. 916 ff.

[8]) *J. Westchester,* Neue elektrische Beschichtungsmethoden in USA, Farbe + Lack, 72 (1966), S. 770 ff. — US-Patent 3 247 012 vom 19. 4. 1966 Ford Motor Comp. Dearborn. — *A. S. Hoffmann, D. E. Smith,* Electron radiation curing of monomer/polyester mixtures, Modern Plastics 156, Juni 1966, S. 110 ff. — *K. H. Morganstern,* Härtung von Überzügen durch Elektronenstrahlen, Ind.-Lackier-Betrieb 56 (1968), 9, 376. — *W. Burlant* und *J. Hinsch,* Divinyl Copolymerisation initiated by high intensity, low energie electrons, Journal of Polymer Science Part A, Vol. 3 (1956), S. 3587—3597.

2. Die Ionenketten-Polymerisation

Die Aktivierung erfolgt nach einem ionischen Mechanismus und wird durch Friedel-Crafts-Katalysatoren (Lewis-Säuren), wie Bortrifluorid, Aluminiumchlorid, Zinntetrachlorid nach einem kationischen Mechanismus oder durch Alkoholate nach einem anionischen Mechanismus hervorgerufen.

Es entsteht ein aktiviertes Addukt, an dessen reaktivem Ende, im Gegensatz zur Radikalpolymerisation, eine elektrische Ladung sitzt, die beim kationischen Mechanismus positiv und beim anionischen Mechanismus negativ ist:

$$
\overset{\oplus}{:\!R\!:} \; + \; \underset{H\;\;\;X}{\overset{H\;\;\;H}{C\!:\!:\!C}} \;\longrightarrow\; \left[\underset{H\;\;\;X}{\overset{H\;\;\;H}{:\!R\!:\!C\!:\!C}}\right]^{\oplus}
$$

$$
\overset{\ominus}{:\!R\!:} \; + \; \underset{H\;\;\;X}{\overset{H\;\;\;H}{C\!:\!:\!C}} \;\longrightarrow\; \left[\underset{H\;\;\;X}{\overset{H\;\;\;H}{:\!R\!:\!C\!:\!C\!:}}\right]^{\ominus}
$$

4.16

Die Kette wächst in diesem Fall durch Anlagern weiterer Monomerenmoleküle an das Ion; man nennt diese Reaktion Ionenketten-Polymerisation. Für das Gebiet der Lackkunstharze ist eindeutig die Radikalketten-Polymerisation von größerer Bedeutung. Es sei jedoch erwähnt, daß z. B. die Polyvinyläther und Polyisobutylen durch Ionenketten-Polymerisation mittels Bortrifluorid hergestellt werden.

Das Wachstum einer Kette endet durch Aufhebung des Radikal- bzw. Ionencharakters der wachsenden Kette. Diese Absättigung der aktiven Stellen kann auf folgende Weise eintreten:

3. Kettenabbruch

3.1 Es kann zu einer gegenseitigen Desaktivierung zweier wachsender Ketten kommen — Kettenabbruch durch *Disproportionierung:*

$$
\begin{array}{c}
R-(CH_2-\underset{X}{CH})_m-\underset{X}{CH_2}-\underset{X}{CH^{\cdot}} \; + \; {}^{\cdot}\underset{X}{CH}-CH_2-(\underset{X}{CH}-CH_2)_n-R \\
\downarrow \\
R-(CH_2-\underset{X}{CH})_m-CH=\underset{X}{CH} \; + \; CH_2-CH_2-(\underset{X}{CH}-CH_2)_n-R
\end{array}
$$

4.17

3.2 Ferner kann eine wachsende Radialkette auf eine fertige Polymerisatkette treffen, dabei selbst desaktiviert werden, während die Polymerisatkette nun Radikalcharakter erhält, so daß es an der aktivierten Stelle der Polymerisatkette zu einer Verzweigung kommt. (Dieses Verzweigen kann übrigens bewußt herbeigeführt werden. Man kennt heute Möglichkeiten, um verschiedene in sich relativ einheitliche Ketten sehr verschiedenen Charakters gegenseitig aufzupfropfen[9]).

3.3 Radialketten können außerdem dadurch desaktiviert werden, daß sie mit im System vorhandenen Fremdsubstanzen, z. B. Lösungsmitteln oder anderen Monomeren reagieren, wobei diese in vielen Fällen Radikalcharakter annehmen. Absicht-

---
[9]) Näheres über diese Pfropf- und Blockpolymerisation, englisch „graft copolymerisation", s. z. B. *H. Mark,* Angew. Chem. *67* (1955), 2, 53.

lich zugesetzte Fremdsubstanzen, mit deren Hilfe man Polymere mit einer gewünschten, verhältnismäßig niedrigen Molekülgröße erhält, nennt man *Regler*.

Bei der Polymerisation von Vinylverbindungen entstehen lange fadenförmige Moleküle. Dieser Formfaktor, d. h. also das Vorliegen langgestreckter Makromoleküle, ist verantwortlich für die grundsätzlichen Eigenschaften dieser Produkte, wie Löslichkeit, Filmbildevermögen und Thermoplastizität. Der Polymerisationsgrad kann — je nach Bedingungen — sehr unterschiedlich sein. Je mehr Keime sich in der Zeiteinheit bilden, desto mehr Ketten können entstehen, d. h. um so weniger noch nicht angegliederte Moleküle stehen der einzelnen wachsenden Kette zur Verfügung und um so geringer wird im allgemeinen die Kettenlänge. In einer polymerisierten Substanz sind jedoch nicht alle Ketten gleich lang. Durch geeignete physikalische Messungen kann man den Verteilungsgrad der Molekülgröße, d. h. den Anteil der Substanz an kurz-, mittel- und langkettigen Molekülen, ziemlich exakt bestimmen und erhält auf diese Weise eine Verteilungskurve:

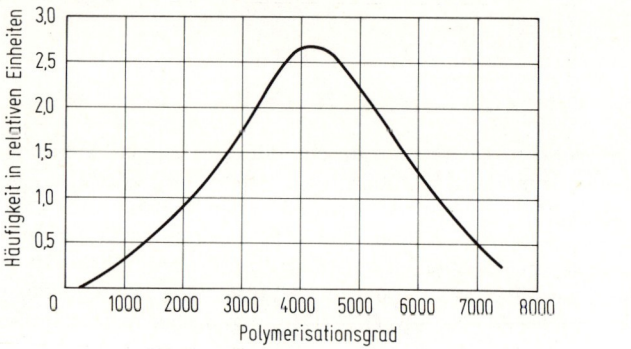

4.18

Massenverteilung eines Polystyrols (Kunststofftyp der Badischen Anilin- & Soda-Fabrik AG. Ludwigshafen am Rhein)

Wie schon bemerkt, s. S. 18 ff., ergeben hochpolymere Produkte hochviskose Lösungen, während sich Produkte mit niedrigem Polymerisationsgrad im allgemeinen niedrigviskos lösen. Für Lackzwecke sind vornehmlich die Produkte verwendbar, die nicht gar zu lange Moleküle besitzen, sich also in den in der Lackindustrie üblichen Lösungsmitteln bei einer für die Praxis notwendigen Konzentration innerhalb eines bestimmten Viskositätsbereiches lösen.

Einfluß der Substituenten auf die Filmeigenschaften der Vinylpolymerisate

Makromolekulare Substanzen sind befähigt, Filme zu bilden. Betrachtet man die aus den verschiedenen Vinylpolymeren erhaltenen Filme, so stellt man im Hinblick auf Härte, Zähigkeit, Kältefestigkeit und Thermoplastizität große Unterschiede fest, je nachdem, von welchen Monomeren man ausging.

Wie eingangs ausgeführt wurde, handelt es sich bei den Monomeren um substituierte Äthylene. Der Einfluß des Substituenten auf das fertige Polymerisat ist sehr unterschiedlich[10]). Zum Verständnis hält man sich am besten vor Augen, welche Eigen-

---

[10]) S. auch *R. Gäth*, „Die synthetischen Thermoplaste", Kunststoffe *39* (1949), 1, 1; „Die Beeinflussung der Eigenschaften von Kunststoffen durch Veränderung ihres Aufbaues", Kunststoffe *41* (1951), 1, 1.

Einfluß der Substituenten auf die Filmeigenschaften der Vinylpolymerisate   201

schaften Polyäthylen selbst hat und wodurch diese Eigenschaften bedingt sind. Aus der Formel

$$-CH_2-CH_2-CH_2-CH_2-CH_2-$$
Polyäthylen   4.19

sieht man, daß es fadenförmig gebaut ist und über weite Strecken des Makromoleküls vollkommen symmetrisch ist[11]). Durch diesen symmetrischen Bau ist das Polyäthylen befähigt, zumindest in größeren Anteilen zu kristallisieren. Es besitzt daher auch einen scharfen Schmelzpunkt. Bei der Polymerisation einer Vinylverbindung, wie z. B. bei Vinylchlorid, Vinylacetat u. a., entsteht ein makromolekularer Stoff, dessen Formel sich von der Formel des Polyäthylens dadurch unterscheidet, daß der für das Monomere typische Substituent an jedem zweiten Kohlenstoffatom auftaucht:

$$-CH_2-\underset{\underset{Cl}{|}}{CH}-CH_2-\underset{\underset{Cl}{|}}{CH}-CH_2-\underset{\underset{Cl}{|}}{CH}-$$
Polyvinylchlorid   4.20

$$-CH_2-\underset{\underset{\underset{\underset{O \diagdown CH_3}{C}}{\underset{\parallel}{O}}}{\underset{|}{O}}}{CH}-CH_2-\underset{\underset{\underset{\underset{O \diagdown CH_3}{C}}{\underset{\parallel}{O}}}{\underset{|}{O}}}{CH}-CH_2-\underset{\underset{\underset{\underset{O \diagdown CH_3}{C}}{\underset{\parallel}{O}}}{\underset{|}{O}}}{CH}-$$
Polyvinylacetat   4.21

Dadurch wird augenfällig der symmetrische Molekülaufbau des Polyäthylens gestört. Diese Störung der Symmetrie läßt die vom Polyäthylen her bekannte Kristallisation nicht mehr zu. Aus diesem Grunde sind Polyvinylchlorid, Polyvinylacetat, Polystyrol u. a. amorphe, hochpolymere Stoffe, die im Gegensatz zu den kristallinen hochpolymeren Produkten keinen definierten Schmelzpunkt besitzen[12]). Derartige amorphe Hochpolymere ändern bei Erhöhung der Temperatur ihre Konsistenz nur langsam. Die Temperaturspanne, innerhalb welcher derartige Stoffe von dem harten in den plastisch weichen Zustand übergehen, nennt man Erweichungsintervall. Die untere Grenze des Erweichungsintervalls eines Polymeren liegt um so höher, je sperriger oder je polarer der Substituent an der Polyäthylenkette ist. Als typisches Beispiel für einen polaren Substituenten sei die COOH-Gruppe genannt:

$$-CH_2-\underset{\underset{COOH}{|}}{CH}-CH_2-\underset{\underset{COOH}{|}}{CH}-CH_2-\underset{\underset{COOH}{|}}{CH}-$$
Polyacrylsäure   4.22

Polyacrylsäure hat einen hohen Erweichungspunkt, jedoch kann die Polarität der COOH-Gruppe durch Veresterung in ihrer Wirkung geschwächt werden. Die Polarität wird um so mehr geschwächt, je länger die Kette des Alkohols ist. Als Beispiel seien die Erweichungspunkte, d. h. die untere Grenze der Erweichungsinter-

---

[11]) Über die Unterbrechungen der Symmetrie durch Verzweigungen, s. S. 209.
[12]) Über die symmetrische Anordnung, auch der Seitengruppen, im Raum und dadurch bedingte Kristallisation s. isotaktische Polymere, S. 210.

valle[13]) für die verschiedenen Polyacrylsäureester und Polymethacrylsäureester, genannt:

Polyacrylsäure	+80 bis +95 °C
Polyacrylsäuremethylester	0 bis − 3 °C
Polyacrylsäureäthylester	−23 bis −29 °C
Polyacrylsäure-n-butylester	−63 bis −70 °C
Polymethacrylsäuremethylester	+72 bis +105 °C
Polymethacrylsäureäthylester	+47 °C
Polymethacrylsäure-n-butylester	+17 °C

Weitere Substituenten, die stark polaren Charakter haben, sind z. B. Chlor: -Cl, Erweichungspunkt des Polyvinylchlorids = 70 bis +77 °C, die Nitrilgruppe: -CN,

$$-CH_2-CH-CH_2-CH-CH_2-CH- \atop CN CN CN$$

Polyacrylnitril

Erweichungspunkt = rund +100 °C.

4.23

Weniger polar ist die Acetylgruppe: -OC-CH$_3$,
Erweichungspunkt des Polyvinylacetats = +28 bis +31 °C.
Ein typisches Beispiel für die Erhöhung des Erweichungspunktes durch eine sehr sperrige Gruppe, nämlich den Benzolkern, ist das Polystyrol:

$$-CH_2-CH-CH_2-CH-CH_2-CH-$$
(mit Phenylgruppen)

Polystrol

Erweichungspunkt = +100 °C.

4.24

Daß eine weitere Erhöhung der Raumerfüllung des Substituenten (= Sperrigkeit) den Erweichungspunkt noch mehr erhöht, zeigt sich am Polymerisat des Vinylcarbazols[14]).

$$-CH_2-CH-CH_2-CH-CH_2-CH-$$
(mit Carbazolgruppen)

Polyvinylcarbazol

4.25

Erweichungspunkt = rund +200 °C.

---

[13]) Man nennt diese Temperatur auch die Einfriertemperatur. Näheres hierüber s. S. 19. — *E. Jenckel* und *K. Überreiter*, Z. Phys. Chem. *A 182* (1938), 361. — *E. Jenckel*, Z. Elektrochem. *45* (1939), 202. — *K. Überreiter*, Z. Phys. Chem. *B 46* (1940), 157. — Kunststoffe 30 (1940), 170. — Angew. Chemie *53* (1940), 247. — *E. Jenckel*, Kunststoffe 31 (1941), 209. — Angew. Chemie *54* (1941), 475. — *K. Überreiter*, Kolloid-Z. *102* (1943), 272. — *F. Würstlin*, „Einfriererscheinungen und chemische Konstitution" in H. A. Stuart, „Die Physik der Hochpolymeren" Bd. 3, Springer, Berlin-Göttingen-Heidelberg, 1955.
[14]) Im Handel unter dem Namen „Polectron" Gen. Anilin & Film Corp., New York, N. Y.

Einfluß der Substituenten auf die Filmeigenschaften der Vinylpolymerisate

Zum Vergleich sei der Erweichungspunkt der zwischen den Kristallbereichen liegenden, nichtkristallisierten Anteile eines Polyäthylens mit $-68\,°C$ genannt.

Es ist für die chemische Technologie der hochpolymeren Stoffe wichtig, daß die an den langen C-C-Ketten sitzenden Substituenten, wie z. B. Estergruppen, Nitrilgruppen u. a., den normalen Reaktionen der organischen Chemie zugänglich sind, d. h. sie lassen sich verseifen, verestern, umestern, acetalisieren usw. Dadurch wird auch die Beständigkeit hochmolekularer Verbindungen gegen Chemikalien, wie Laugen und Säuren, maßgeblich beeinflußt, eine Eigenschaft, die auch in der Chemie der Lackrohstoffe von wesentlicher Bedeutung ist.

Durch die Reaktionsfähigkeit der Substituenten der Makromoleküle ist es ferner möglich, Polymerisate zu synthetisieren, für die es keine stabilen Monomeren gibt. Genannt seien hier vor allem der Polyvinylalkohol und die aus diesem Produkt sich ableitenden Polyvinylacetale.

Man hat die Reihe der technisch brauchbaren Polymeren noch bedeutend erweitern können durch die *Mischpolymerisation*. Bei dieser Reaktion werden verschiedenartige Monomere miteinander zu gemeinsamen Makromolekülen polymerisiert, wie z. B. Vinylchlorid und Acrylsäureester:

$$\begin{array}{c}
CH_2 = CH + CH_2 = CH + CH_2 = CH + CH_2 = CH \longrightarrow \\
| | | | \\
Cl COOR Cl COOR \\
\\
-CH_2 - CH - CH_2 - CH - CH_2 - CH - CH_2 - CH - \\
| | | | \\
Cl COOR Cl COOR
\end{array}$$

4.26

Das entstehende Polymere enthält dann als Substituenten sowohl die veresterte Carboxylgruppe des Acrylsäureesters als auch das Chlor des Vinylchlorids. Durch diese Maßnahme gelingt es, technisch wichtige Eigenschaften der Reinpolymerisate in den Mischpolymerisaten zu kombinieren und diese den Forderungen der Praxis anzupassen.

Bei den Polymerisationsharzen kann die Polymerisationsreaktion nicht stufenweise ablaufen, sondern führt stets zum endgültigen Produkt. Es gilt daher, einen Kompromiß zu finden zwischen einer genügend niedrigen Viskosität der Lösung, gleichbedeutend mit niedrigem Molekulargewicht des Harzes und möglichst guten mechanischen Eigenschaften, die lange Faden-Moleküle und damit hohes Molekulargewicht voraussetzen.

Insbesondere werden solche Monomere, die sehr harte Reinpolymerisate ergeben, wie Vinylchlorid, Styrol u. a., mit solchen Monomeren mischpolymerisiert, die ihrerseits sehr weiche Reinpolymerisate ergeben, wie Acrylsäurebutylester, Vinylisobutyläther u. a. Neben veränderter Löslichkeit zeigen die erhaltenen Produkte besonders vorteilhafte Filmelastizität. Man spricht in diesem Fall von *„innerer Weichmachung"* der harten Filmbildner.

Man hat sich in vielen Fällen nicht mit einem Mischpolymerisat aus zwei Komponenten zufriedengegeben, sondern hat aus technischen Überlegungen vor allem bei Kunststoffdispersionen sehr komplizierte Polymerisate aufgebaut, die drei bzw. vier Komponenten enthalten.

Von zunehmender Bedeutung sind Bemühungen, Polymerisationsprodukte chemisch so zu verändern, daß sie unter Bedingungen vernetzen, die in der Lacktechnik üblich sind, z. B. durch Aushärten bei höherer Temperatur (s. S. 230). Dadurch verlieren sie ihren thermoplastischen Charakter.

Hierher gehören neben den Polyvinylacetalen, die noch freie Hydroxylgruppen enthalten, Mischpolymerisate mit Maleinsäureanhydrid, Acrylnitril, Acrylsäure- und Methacrylsäureamid sowie Acrylsäureester von mehrwertigen Alkoholen und schließlich chlorsulfoniertes Polyäthylen[15]).

Eine gewisse Einschränkung ergibt sich freilich dadurch, daß es bisher noch nicht in allen denkbaren Kombinationen möglich gewesen ist, eine Mischpolymerisation zu erzwingen. Dennoch ist eine fast unübersehbare Vielfalt von Produkten herstellbar, und der chemischen Industrie ist es dadurch möglich gewesen, die verschiedenartigsten Probleme der Lackindustrie durch Auswahl geeigneter Ausgangsstoffe zu lösen.

In diesem Zusammenhang sei nochmals darauf hingewiesen, daß durch fortschreitende Kenntnisse der Pfropfpolymerisation weitere Modifizierungen der Hochpolymeren möglich sind.

Die technische Durchführung der Polymerisation

Die Technik arbeitet heute nach folgenden Polymerisationsverfahren:

1. Blockpolymerisation

Bei dieser Polymerisationsmethode wird das unverdünnte Monomere, gegebenenfalls in Gegenwart geeigneter Katalysatoren, in vorsichtiger Weise polymerisiert. Man muß soweit wie möglich in dünner Schicht polymerisieren, da das Problem der Abführung der großen bei der Polymerisation freiwerdenden Wärmemengen bei dieser Ausführungsart besonders schwer zu lösen ist. Deshalb wird auch diese Methode nur dann angewandt, wenn die Polymerisation nach einer anderen Methode nicht möglich ist, wie es z. B. bei den Reinpolymerisaten der Vinyläther der Fall ist, oder aber, wenn besonders reine Endprodukte erzielt werden sollen. Das fertige Polymerisat kommt als zähflüssige Masse oder in Form von Blöcken oder Platten aus der Apparatur.

2. Perlpolymerisation

Das Monomere wird hierbei in Form feiner Tröpfchen in Wasser verteilt und mit Hilfe solcher Katalysatoren polymerisiert, die sich im Monomeren lösen. Diese Methode ist also ihrem Wesen nach auch eine Blockpolymerisation, jedoch wird hierbei das Problem der Wärmeabführung sehr gut gelöst. Durch Variierung des Rezeptes läßt sich die Teilchengröße des Polymerisates in weiten Grenzen verändern. Auch lassen sich auf diese Weise durch Einstellung entsprechend kleiner Teilchen von etwa $1-10\,\mu m$ anwendungstechnisch interessante, stabile Kunststoffdispersionen gewinnen; allerdings benötigt man hierbei geeignete Schutzkolloide. Die Perlpolymerisation hat aber keine praktische Bedeutung zur Herstellung von Kunststoffdispersionen erlangt.

3. Lösungspolymerisation

Bei dieser Polymerisationsmethode wird das Monomere in Lösungsmitteln gelöst und nach Zusatz von Katalysatoren polymerisiert. Bei der eigentlichen Lösungspolymerisation werden solche Lösungsmittel verwendet, in denen nicht nur das

---

[15]) Weitere Einzelheiten s. *W. Kern, R. C. Schulz,* „Synthetische makromolekulare Stoffe mit reaktiven Gruppen", Angew. Chem. *69* (1957), 153.

Die technische Durchführung der Polymerisation

Monomere, sondern auch das Polymere löslich ist. Man erhält bei dieser Methode nach beendeter Reaktion eine je nach Polymerisationsgrad verschieden hochviskose Lösung des Polymerisates in dem gewählten Lösungsmittel. Durch das Sieden des Lösungsmittels ergibt sich ein leichtes Abführen der Reaktionswärme; allerdings ist auch die Reaktionszeit und damit der K-Wert vom Siedepunkt des Lösungsmittels abhängig.

Man kann jedoch auch Lösungsmittel verwenden, in denen nur das Monomere, jedoch nicht das erhaltene Polymere löslich ist. In diesem Fall fällt während der Polymerisation das Polymere aus. Man spricht bei dieser Methode von *Fällungspolymerisation*. Hierbei werden im übrigen Polymere von besonderem Reinheitsgrad, allerdings meist nur niedrigem K-Wert erhalten.

4. Emulsionspolymerisation

Wie bei der Perlpolymerisation wird in diesem Fall das Monomere unter Zuhilfenahme geeigneter Emulgatoren und gegebenenfalls auch in Gegenwart von Schutzkolloiden in Wasser emulgiert. Im Gegensatz zur Perlpolymerisation werden aber wasserlösliche Katalysatoren verwendet und *Fikentscher* hat gezeigt[16], daß bei dieser Form der Polymerisation nur der Anteil des Monomeren polymerisiert, der in Wasser gelöst ist. Die Nachlieferung des Monomeren erfolgt aus der emulgierten Phase. Die Monomerentröpfchen sind gewissermaßen Vorratsbehälter für das in das Wasser diffundierende und dort polymerisierende Monomere.

Die Emulsionspolymerisation kann vorteilhafterweise bei ziemlich niederen Temperaturen (in der Technik im allgemeinen zwischen 40 und 80 °C) durchgeführt werden. Die entstehende Polymerisationswärme kann durch das Wasser leicht abgeführt werden. Vor allem für die Herstellung von Mischpolymerisaten aus den verschiedenartigsten Monomeren ist die Emulsionspolymerisation hervorragend geeignet. Polymerisatdispersionen, die nur unter Verwendung von Emulgatoren hergestellt werden, sind niedrigviskos und feindispers. Bei Verwendung von Schutzkolloiden erhält man dagegen mittel- bis hochviskose und mehr oder weniger grobdisperse Produkte. Die Polymerisate liegen nach beendeter Reaktion als innere Phase in den Kunststoffdispersionen vor. Durch Ausfällen und Trocknen können sie aufgearbeitet werden, soweit sie nicht als Dispersion selbst verwendet werden[17].

Von der Emulsionspolymerisation zu unterscheiden ist die *Suspensionspolymerisation*. Hierbei wird ebenfalls in Wasser unter Verwendung von Hilfsmitteln, wie Schutzkolloiden u. ä., polymerisiert, das Polymerisat fällt jedoch dabei aus, so daß eine filtrierbare Suspension erhalten wird. Von besonderer technischer Bedeutung ist dieses Verfahren für die Herstellung von Vinylchlorid-Polymerisaten und -Mischpolymerisaten.

Im übrigen sei bemerkt, daß es durchaus möglich ist, fertige Polymerisate auch nachträglich mit Hilfe geeigneter Emulgatoren und Schutzkolloide zu dispergieren, z. B. durch Blockpolymerisation erhaltene Polyvinyläther.

---

[16] *H. Fikentscher*, „Emulsionspolymerisation und technische Auswertung", Referat auf der GDCh-Tagung am 10.6.1938 in Bayreuth. S. auch Angew. Chem. *51* (1938), 433. — *W. D. Harkins et al.*, J. polym. Sc. *5* (1950), 217. — *B. Jacobi*, Angew. Chem. *64* (1952), 539.

[17] Chemie, Physik und Technologie der Kunststoffe in Einzeldarstellungen, Band 13, „Dispersionen synthetischer Hochpolymerer", Teil I, Eigenschaften, Herstellung und Prüfung von *Friedrich Hölscher*, Springer-Verlag, Berlin-Heidelberg-New York 1969.

Anwendungsformen der Vinylpolymerisate in der Lackindustrie

Die Vinylpolymerisate können als Lackrohstoffe in verschiedener Form zur Verarbeitung kommen:

a) in Lösungsmitteln gelöst
b) in Dispergiermedien fein verteilt
c) als Pulver.

Während die Filmbildung eines makromolekularen Stoffes aus Lösung ohne weiteres verständlich ist, bedarf es für die Filmbildung aus Dispersionen und aus der pulverförmigen Substanz einiger besonderer Erklärungen.

Bei den *Dispersionen* unterscheidet man zwischen solchen, bei denen das Wasser als Dispergiermittel dient — allgemein als Kunststoffdispersion bezeichnet — und Dispersionen, in denen organische Flüssigkeiten als Dispergiermedien dienen. Die letztgenannte Gruppe läßt sich noch, je nach der Flüchtigkeit der Dispergiermedien aufteilen in Plastisole, bei denen Weichmachungsmittel im wesentlichen die Dispergiermittel sind, und Organosole, bei denen flüchtige organische Flüssigkeiten gegebenenfalls in Mischung mit Weichmachungsmitteln als Dispergiermittel dienen[18]). Wäßrige Dispersionen[18a]), die auf dem Anstrichmittelgebiet verwendet werden, bilden einen Film dadurch, daß die nach dem Auftrag in dünner Schicht und nach dem Verdunsten oder Wegschlagen des Wassers auf der Oberfläche zurückbleibenden Polymerisatteilchen zusammenfließen. Deshalb kommen nur solche Polymerisate in Betracht, die unterhalb der Trockentemperatur erweichen. Es besteht jedoch die Möglichkeit, harte Polymerisate durch äußere Weichmachung so zu verändern, daß sie aus wäßrigen Dispersionen bei Raumtemperatur verfilmen. Die innere Weichmachung ist auf Seite 203 ff. bei der Erklärung des Bauprinzips der Mischpolymerisate diskutiert worden. Unter äußerer Weichmachung versteht man die in der Lackindustrie bekannte Abmischung des harten Filmbildners mit geeigneten Weichmachern, z. B. aus der Gruppe der Phthalsäure-, Adipinsäure- oder Phosphorsäureester.

Wenn die Trocknung und die Filmbildung bei höheren Temperaturen erfolgen kann, können naturgemäß Polymerisate, Mischpolymerisate oder Polymerisat-Weichmachergemische mit entsprechend höherem Erweichungspunkt oder reaktive Dispersionen verarbeitet werden. Plastisole sind, wie erwähnt, Dispersionen der hochmolekularen Stoffe in Weichmachungsmitteln. Der hochmolekulare Stoff muß allerdings so beschaffen sein, daß er bei Zimmertemperatur von dem Dispergiermedium weder angelöst noch angequollen, bei höherer Temperatur aber schnell geliert wird. Vor allem für Polyvinylchlorid, das man durch einen Sinterprozeß oberflächlich verhornen und dadurch schwer löslich machen kann (Pastenware), ist die Verarbeitung über Plastisole und Organosole von großer Bedeutung. Nach dem Auftrag des Plastisols auf den Träger wird erwärmt. Bei der höheren Temperatur

---

[18]) *G. M. Powell, R. W. Quarles, C. J. Spessard, W. H. McKnight, T. E. Mullen,* „Formulation Studies of Vinyl Resin Organosols", Modern Plastics *28* (1951), 10, 129 ff. — *G. M. Powell, T. E. Mullen, K. L. Smith, D. E. Hardmann,* „Organosols from Vinyl Resins", Official Digest *349* (1954), 94. — *Erik R. Nielsen,* „Organosol Formulation", Modern Plastics *27* (1950), 9, 97 ff.— *K. Weinmann,* „Beschichten mit Lacken und Kunststoffen", Verlag W. A. Colomb, Stuttgart, 1967, S. 22 ff.
[18a]) „Dispersionen synthetischer Hochpolymerer", Teil I: Eigenschaften, Herstellung und Prüfung von *F. Hölscher.* Springer-Verlag, Berlin-Heidelberg-New York 1969, Bd. 13 aus Chemie, Physik und Technologie der Kunststoffe in Einzeldarstellungen von K. A. Wolf.

soll dann das Weichmachungsmittel den hochmolekularen Stoff lösen und gelieren, so daß beide zusammen einen homogenen Überzug liefern. Im Prinzip unterscheiden sich Organosole von Plastisolen lediglich dadurch, daß sie anstelle des gesamten oder eines Teiles des Weichmachungsmittels flüchtige organische Verbindungen als Dispergiermedium enthalten. Diese flüchtigen organischen Verbindungen dürfen den hochmolekularen Stoff erst bei erhöhter Temperatur lösen. So kommen z. B. für Organosole auf Basis von Polyvinylchlorid Gemische von Lösungsmitteln und Nichtlösungsmitteln, wie Cyclohexanon + Benzin, in bestimmten Mengenverhältnissen als Dispergier- und Geliermittel in Frage. Es ist wichtig, daß das Nichtlösungsmittel nach dem Auftrag rascher verdunstet als das Lösungsmittel, und daß das Lösungsmittel erst dann verdunstet, wenn es seine Aufgabe als Geliermittel erfüllt hat.

Die *Filmbildung aus Pulvern*[19]) kann nur durch Erhitzen des Kunststoffes — nach dem Auftragen — über den Schmelzpunkt erfolgen. Bei reaktiven Pulvern kann man durch diesen Vorgang sogar noch eine Vernetzung erzielen und erhält dann Lacküberzüge, die bezüglich ihrer Eigenschaften mit konventionellen Einbrennlacken vergleichbar sind. Die große Schwierigkeit der Herstellung derartiger reaktiver Bindemittelpulver bzw. Pulverlacke besteht darin, daß das Harzpulver einerseits einen Erweichungspunkt von $>80\,°C$ und niedrige Schmelzviskosität haben muß und unter diesen Bedingungen nicht vernetzen darf, andererseits aber bereits bei Temperaturen von $120\,°C$ und darüber reagieren soll. Pulverlacke dieser Art sind auf Epoxidharzbasis (s. S. 190) im Handel, Acrylatharz- und Polyester-Pulver befinden sich noch in der Entwicklung.

Die Vorteile des elektrostatischen Pulverauftrages liegen besonders darin, daß das Werkstück nicht wie beim Wirbelsintern vorher erwärmt werden muß (große Wärmekapazität des Metalls, diese wieder unterschiedlich, je nach Dicke des Werkstückes). Daraus ergibt sich auch eine gleichmäßigere Beschichtung vor allem an den Kanten.

Zur Filmbildung aus Lösungen

Die Filmbildung aus organischer Lösung erfolgt beim Verdunsten des Lösungsmittels außerordentlich leicht, so daß es nach diesem Verfahren möglich ist, bei beliebiger Temperatur[19a]) aus jedem Filmbildner geschlossene Filme zu erzielen. Da das Vinylpolymere in einer derartigen Lösung mit vielen anderen Lackrohstoffen, wie Natur- und Kunstharzen sowie Weichmachungsmitteln, kombiniert werden kann, jedoch hydrophile Fremdstoffe, wie Emulgatoren und organische oder anorganische Salze, wie sie in den wäßrigen Dispersionen vorhanden sind, fehlen, kann man je nach Ausgangsprodukten zu Filmen gelangen, die eine optimale Wasserfestigkeit besitzen. Hierin ist der große Vorteil der Verwendung von organischen Lösungen im Vergleich zu wäßrigen Dispersionen zu sehen.

Naturgemäß ist die Brennbarkeit der organischen Lösungsmittel (abgesehen von Trichloräthylenlacken) sowie auch ihr physiologisches Verhalten zu beachten; die Lösungsmittel können nur in seltenen Fällen zurückgewonnen werden und schließlich sind Lösungen der Polymerisate mit hohem K-Wert bereits bei relativ geringen Konzentrationen so hochviskos, daß sie nicht mehr leicht verarbeitet, vor allem versprizt werden können, so daß man mit einem relativ geringen Körpergehalt zufrieden sein muß. Aus diesen Gründen zeigen derartige Lacke dieselbe Ein-

---

[19]) *E. Gemmer*, Wirbelsintern und Elektrostatisches Spritzen, Kunststoffe *59* (1969), Nr. 10. S. 655.
[19a]) Diese Temperatur muß aber oberhalb der Glastemperatur des Filmbildners liegen.

schränkung in ihrer Verwendung wie etwa Lacke auf Basis der Cellulosederivate. Allerdings wird die Verarbeitbarkeit der Polymerisationsharze auch durch die ihnen anhaftende Eigenschaft erschwert, Lösungsmittelreste hartnäckig festzuhalten. Diesem Umstand kann man jedoch durch Wahl des organischen Lösungsmittels oder durch Trocknen des Lacküberzuges bei erhöhter Temperatur in vielen Fällen erfolgreich begegnen.

Für die in Wasser als Lösungsmittel vorliegenden Harzlösungen gilt das eben Gesagte mit gewissen Einschränkungen. Die Verdunstung des Wassers erfolgt wesentlich langsamer als bei den üblichen organischen Lösungsmitteln und ist praktisch nicht zu regulieren. Vorteilhaft ist, wie bei den Dispersionen, die Unbrennbarkeit.

Zur Filmbildung aus Dispersionen

Die Filmbildung der wäßrigen Dispersionen ist an eine genügend hohe Thermoplastizität des Polymerisates bei der Trocknungstemperatur gebunden. Vorteilhaft bei der Verwendung von Dispersionen ist die Tatsache, daß die Viskosität des Gesamtsystems unabhängig vom K-Wert des Polymerisates ist und es daher gelingt, bei relativ niedriger Viskosität einen sehr hohen Körpergehalt einzustellen. Da nur das billige Wasser als äußere Phase Verwendung findet, fallen alle diejenigen Nachteile weg, die sich bei den Polymerisatlösungen auf die Lösungsmittel beziehen.

Da die wäßrigen Dispersionen aufgrund ihrer Herstellung wasserlösliche Schutzkolloide, Emulgatoren und wasserlösliche Salze enthalten, die beim Verdunsten des Wassers im Film zurückbleiben, ist es verständlich, daß Filme aus Polymerisatdispersionen nicht so wasserfest sein können wie die aus Lösung hergestellten Filme. Nur durch geeignete Dosierung der Verdickungsmittel, Schutzkolloide und Pigmentdispergiermittel, teils auch durch Zugabe geeigneter Hilfsprodukte, wie Wachsemulsionen und dgl., werden technisch brauchbare Filme erhalten; meist — insbesondere bei Wandanstrichen — besteht die Forderung nach guter Wasserbeständigkeit und Quellfestigkeit bei gleichzeitiger Wasserdampfdurchlässigkeit, um ein Atmen des Untergrundes zu erlauben.

Ein sehr wesentlicher Vorteil der Kunststoffdispersionen liegt in der Tatsache, daß im Gegensatz zu Lacklösungen, die in einen saugfähigen Untergrund mehr oder weniger vollständig eindringen, aus den Dispersionen die Polymerisatteilchen an der Oberfläche des saugfähigen Materials gewissermaßen herausfiltriert werden, so daß der Lackkörper an der Oberfläche verbleibt und hier einen zusammenhängenden Film bildet, während nur das Wasser abgesaugt wird. Das wegschlagende Wasser entfernt übrigens einen großen Teil der hydrophilen Hilfsprodukte, so daß der entstehende Film gegenüber der Ausgangsdispersion an diesen verarmt ist und merklich wasserfester wird.

Ähnlich wie die wäßrigen Dispersionen haben auch die Organosole und Plastisole den Vorteil, daß bei normaler Temperatur schwer lösliche Polymerisate in hoher Konzentration verarbeitet und somit gut füllende Überzüge erhalten werden können[20]. Plastisole bestehen sogar fast ausschließlich aus filmbildendem Material. Im Vergleich zu wäßrigen Dispersionen bieten Organosole und Plastisole den Vorteil, daß die angewandten Polymerisate frei von Emulgator, Schutzkolloid usw. sein können. Als Nachteil ist allerdings zu verzeichnen, daß die Verfilmung nur bei

---

[20] *W. A. Riese*, „Löserfreie Anstrichsysteme", Curt R. Vincentz-Verlag, Hannover, 1967; *W. A. Riese*, „Zur Weichmachung von PVC-Plastisolen und -Organosolen", Farbe und Lack *70* (1964), 5, 358.

höheren Temperaturen erfolgt. Weiterhin ist die Haftfestigkeit der hochmolekularen Filme auf glatten Unterlagen auch verhältnismäßig gering, so daß Aufrauhen und geeignetes Grundieren erforderlich sind.

Zur Filmbildung aus Pulvern

Der größte Vorteil der Pulverlacke liegt für den Verbraucher darin, daß sie frei von flüchtigen Bestandteilen sind. Die im Zusammenhang mit Lösungsmitteln auftretende Brandgefahr und physiologischen Bedenken sowie die mit Wasser in Zusammenhang stehenden Korrosionsprobleme entfallen. Demgegenüber werfen Elastifizierung, Verlaufsbeeinflussung, Nuancierung usw. einige Probleme auf.

Die als Lackharze verwendeten Vinylpolymerisate

1. Polyäthylen

$$-CH_2-CH_2-CH_2-CH_2-CH_2-CH_2- \qquad 4.27$$

Polyäthylen hat zwar bisher als Lackkunstharz eine nur sehr geringe Bedeutung gefunden. Es wird dennoch hier erwähnt, nicht nur, weil es inzwischen das mengenmäßig bedeutendste Vinylpolymerisat geworden ist, sondern weil aufgrund neuer Verarbeitungsverfahren und der möglichen chemischen Abwandlung des Polyäthylens seine Bedeutung für den Schutz von Oberflächen steigen wird. Auch sind die Probleme beim Lackieren von Gegenständen aus Polyäthylen nur im Zusammenhang mit der Darstellung seiner Eigenschaften zu verstehen.

Polyäthylen[21] wird nach verschiedenen Spezialverfahren technisch hergestellt. Das älteste Verfahren arbeitet unter hohen Drücken — in der Praxis zwischen 1 000 und 3 000 Atm (sog. Hochdruckverfahren) —, neuere Verfahren dagegen bei wesentlich niedrigeren Drücken mit Spezialkatalysatoren (*Ziegler*, Niederdruckverfahren). Je nach Herstellungsverfahren enthält die Polymerenkette durch Verzweigung Seitengruppen, und zwar bei dem nach dem Hochdruckverfahren hergestellten Polyäthylen im allgemeinen mehr als bei dem Polyäthylen nach dem Niederdruckverfahren. Die Seitengruppen stören die Symmetrie der Moleküle und damit das auf S. 201 beschriebene Kristallisationsvermögen. Polyäthylen nach dem Niederdruckverfahren ist also in wesentlich größerem Maße kristallisiert. Mit zunehmender Kristallinität steigen die Dichte, Zugfestigkeit und Härte bei gleichzeitiger Verringerung der Dehnbarkeit an. Eine Reihe anderer Eigenschaften, die jedoch den Lacktechniker weniger interessieren, sind ebenfalls von der Kristallinität abhängig.

Polyäthylen ist unterhalb des Schmelzpunktes seiner kristallinen Anteile (s. S. 19) unlöslich, oberhalb desselben löst es sich in allen unpolaren Lösungsmitteln, wie aromatischen und aliphatischen Kohlenwasserstoffen. In seinem chemischen Verhalten ist es den höhermolekularen Paraffinen ähnlich; es ist säure- und alkalibeständig und läßt sich chlorieren, sulfochlorieren und oxydieren. Die durch die Verzweigung bedingten tertiären C-Atome

$$-CH_2-CH_2-\overset{*}{C}H-CH_2-CH_2-CH_2-\overset{*}{C}H-CH_2- \qquad 4.28$$
$$\underset{R}{|}\underset{R}{|}$$

---

[21] Eine zusammenfassende Darstellung gibt: *A. Schwarz*, „Kunststoffe" *41* (1951), 7. — *A. Renfrew, P. Morgan*, „Polythene, Technology and Uses of Ethylene Polymers" Iliffe, London 1957.

sind für die Oxydierbarkeit verantwortlich. Diese Eigenschaft macht man sich zunutze, indem man Polyäthylengegenstände, insbesondere Folien, in verschiedener Weise oberflächlich oxydiert, um die Haftfestigkeit von Lacken und Druckfarben zu verbessern. Zur Herstellung von Überzügen aus Polyäthylen wird neben dem in der Kunststofftechnik üblichen Aufkaschieren einer Folie fein verteiltes Polyäthylen in Dispersionsform[22]) oder als trockenes Pulver auf Oberflächen aufgebracht und durch Hitzeeinwirkung zu einem einheitlichen Film verschmolzen. Beim Flammspritzverfahren[23]) wird Polyäthylenpulver zuerst durch eine reduzierende Flamme geblasen, so daß es in geschmolzenem Zustand auf eine Oberfläche auftrifft und dort einen Film bildet. Beim Wirbelsinterverfahren[23]) wird der zu überziehende Gegenstand in erhitztem Zustand in Polyäthylenpulver getaucht, das durch Einblasen eines inerten Gases wirbelnd in der Schwebe gehalten wird. Die Erstarrung des Filmes ist mit einer relativ großen Schrumpfung verbunden, die zur Rißbildung im Film führen kann. Durch Zusätze z. B. von Polyisobutylen kann jedoch diese Rißbildung weitgehend verhindert werden.

Die Überzüge sind geschmack- und geruchfrei, physiologisch unbedenklich[24]) und weitgehend alterungsbeständig sowie gegen nahezu alle Chemikalien, außer freiem Halogen, resistent. Sie besitzen bei geeigneter Ausführung der genannten Verfahren gute Haftfestigkeit, Dehnbarkeit und Zähigkeit. Die Kältefestigkeit geht bis etwa $-70\,°C$. Die Wärmebeständigkeit erlaubt die Beanspruchung durch kochendes Wasser.

Als Gleitmittel in Goldlacken und Stanzemaillen sind Polyäthylen bzw. bestimmte Copolymerisate z. Z. unerreicht[24a]).

Polyolefine, wie Polyäthylen oder Polypropylen, können, je nach den Bedingungen der stereospezifischen Polymerisation, entweder amorph oder bei symmetrischer Anordnung der Seitengruppen kristallisiert sein (isotaktische Polymere)[25]).

Man unterscheidet bei den stereospezifischen Polymerisaten drei mögliche Formen:

1. *Isotaktische Polymere,* bei denen der Substituent „R" immer auf der gleichen Seite der Hauptkette liegt:

```
    H   R   H   R   H   R   H
    |   |   |   |   |   |   |
  — C — C — C — C — C — C — C —                                4.29
    |   |   |   |   |   |   |
    H   H   H   H   H   H   H
```

---

[22]) *J. J. McSharry, S. G. Howell, L. J. Memering,* „Über die Herstellung und Verarbeitung von Polyäthylen-Dispersionen", Chemische Rundschau, *21* (1968), 44, 815ff., siehe auch Kunststoffe 59 (1969), 543.
[23]) *E. Gemmer,* Chem.-Ing.-Tech., *27* (1955), 599.
[24]) Wenn in diesem Buch davon die Rede ist, daß Produkte geruch- und geschmackfrei oder physiologisch unbedenklich oder für Lebensmittelverpackung geeignet sind, dann sei ausdrücklich bemerkt, daß bei Fertigartikeln, die für Verpackung von Lebensmitteln oder für Bedarfsgegenstände im Sinne der im jeweiligen Lande geltenden Lebensmittelgesetze benutzt werden, die einschlägigen Bestimmungen zu beachten sind.
[24a]) *E. Dysseleer,* Verwendung von Polyäthylen niedrigen Molekulargewichtes in Farben, Lacken und Druckfarben; Chimie des Peintures *32* (1969) Nr. 2, S. 55, s. a. Farbe u. Lack 75 (1969) Nr. 9, 875.
[25]) *G. Natta,* Angew. Chemie *68* (1956), 393. — *D. Braun,* Umschau, Heft 6 (1960), S. 166—168.

3. Polymere fluorierte Äthylene

2. *Syndiotaktische Polymere*, bei denen der Substituent „R" alternierend einmal oberhalb und einmal unterhalb der Hauptkette liegt:

$$-\underset{H}{\overset{H}{\underset{|}{\overset{|}{C}}}}-\underset{H}{\overset{R}{\underset{|}{\overset{|}{C}}}}-\underset{H}{\overset{H}{\underset{|}{\overset{|}{C}}}}-\underset{R}{\overset{H}{\underset{|}{\overset{|}{C}}}}-\underset{H}{\overset{H}{\underset{|}{\overset{|}{C}}}}-\underset{H}{\overset{R}{\underset{|}{\overset{|}{C}}}}-\underset{H}{\overset{H}{\underset{|}{\overset{|}{C}}}}-\underset{R}{\overset{H}{\underset{|}{\overset{|}{C}}}}-\underset{H}{\overset{H}{\underset{|}{\overset{|}{C}}}}-$$ 4.30

3. *Ataktische Polymere* enthalten den Substituenten „R" in statistischer Verteilung teils oberhalb teils unterhalb der Hauptkette:

$$-\underset{H}{\overset{H}{\underset{|}{\overset{|}{C}}}}-\underset{H}{\overset{R}{\underset{|}{\overset{|}{C}}}}-\underset{H}{\overset{H}{\underset{|}{\overset{|}{C}}}}-\underset{R}{\overset{H}{\underset{|}{\overset{|}{C}}}}-\underset{H}{\overset{H}{\underset{|}{\overset{|}{C}}}}-\underset{R}{\overset{H}{\underset{|}{\overset{|}{C}}}}-\underset{H}{\overset{H}{\underset{|}{\overset{|}{C}}}}-\underset{H}{\overset{R}{\underset{|}{\overset{|}{C}}}}-$$ 4.31

2. Chlorsulfoniertes Polyäthylen

$$\left[(-CH_2-CH_2-CH_2-\underset{Cl}{\overset{|}{CH}}-CH_2-CH_2-)_{12}\quad -\underset{\underset{Cl}{\overset{|}{SO_2}}}{\overset{|}{CH}}-\right]_{17\,(annähernd)}$$ 4.32

Wenn Polyäthylen in Lösung gleichzeitig mit Chlor und Chlorsulfonsäure so lange umgesetzt wird, bis das Polymere neben 26—29 % Chlor, 1—1,7 % Schwefel (berechnet als Sulfonylchlorid) enthält, wird ein vor allem in aromatischen Kohlenwasserstoffen lösliches Produkt erhalten, das deswegen Interesse findet, weil es durch geeignete Vernetzungsreaktionen an der Sulfongruppe hochelastische und chemikalienfeste Überzüge mit hoher Beständigkeit gegen oxydierende Einflüsse ergibt. Die Vernetzung wird vor allem durch Metalloxide, wie Bleiglätte oder Magnesiumoxid, oder deren basische Salze in Gegenwart gewisser organischer Säuren, wie Abietinsäure oder Stearinsäure, und schließlich Beschleunigern, wie sie aus der Kautschukverarbeitung bekannt sind, z. B. Dipentamethylenthiuramtetrasulfid oder Di-tolylguanidin, bewirkt. Bekanntes Anwendungsbeispiel, das die außergewöhnliche Beständigkeit kennzeichnet: Innenauskleidung galvanischer Chromierbäder, die aufgrund der Beständigkeit gegen Chromsäure ermöglicht wird.

Handelsnamen:

    Hypalon   DuPont

3. Polymere fluorierte Äthylene

Wegen ihrer ungewöhnlichen Thermostabilität und Chemikalienfestigkeit finden

    Polytetrafluoräthylen

$$-CF_2-CF_2-CF_2-CF_2-CF_2-$$ 4.33

und   Polymonochlortrifluoräthylen

$$-CF_2-\underset{Cl}{\overset{|}{CF}}-CF_2-\underset{Cl}{\overset{|}{CF}}-CF_2-\underset{Cl}{\overset{|}{CF}}-$$ 4.34

steigendes Interesse[26]). Die beiden Polymeren werden aus ihren entsprechenden Monomeren, dem Tetrafluoräthylen, $C_2F_2 = C_2F_2$, bzw. dem Trifluorchloräthylen, $CF_2 = CFCl$, mit Peroxidkatalysatoren unter Druck hergestellt. Sie sind weitgehend kristallisiert mit sehr hohem Schmelzpunkt der Kristallite, so daß ihre Verarbeitung Schwierigkeiten bereitet. Polytetrafluoräthylen kann in Form von Dispersionen oder Pasten auf Oberflächen fein verteilt werden und muß anschließend bei Temperaturen über 327 °C gesintert werden, um einen zusammenhängenden Film zu bilden. Dieser ist allerdings gegen Chlorsulfonsäure, Salpetersäure, Königswasser und längere Temperaturbeanspruchung bis +300 °C beständig. Polytetrafluoräthylen wird auch in Form von Folien (Tedlar-DuPont) auf die zu schützenden Metallbänder aufkaschiert.

Das Polymere des Monochlortrifluoräthylens ist wegen seines niedrigeren Schmelzpunktes in der Hitze in einigen hochalkylierten Aromaten und Halogenkohlenwasserstoffen löslich. Es wird zweckmäßig ebenfalls aus Suspension in Kohlenwasserstoffgemischen verarbeitet und bei 240—280 °C gesintert. Auch dieses Produkt ist dauertemperaturbeständig, unbrennbar und hoch chemikalienbeständig.

Die Verwendung der beschriebenen Polymeren ist aufgrund ihres hohen Preises bisher nur auf Spezialitäten beschränkt. Auf dem Lacksektor wird Polytetrafluoräthylen z. B. in geringem Maße zur Herstellung von Metallanstrichen nach dem „coil-coating-Verfahren" (Breitbandblech-Lackierung) verwendet.

Handelsnamen:

    a) Polytetrafluoräthylen
        Hostaflon F   Hoechst
        Teflon   DuPont
        Fluon   I.C.I.
        Algoflon   Montecatini

    b) Polymonochlortrifluoräthylen
        Hostaflon C   Hoechst
        Fluorothene   U.C.C.

4. Polymere chlorierte Äthylene und Propylene

Die Chlorierung von Polyäthylen wird in Lösung durchgeführt. Als Ausgangsmaterial für die Chlorierung bevorzugt man Hochdruckpolyäthylen wegen seiner besseren Löslichkeit in Chlorkohlenwasserstoffen und erhält Reaktionsprodukte, die ihre günstigsten lacktechnischen Eigenschaften bei einem Chlorgehalt von mindestens 65% haben[27]).

Rein isotaktisches (s. S. 210) Polypropylen hingegen muß wegen seiner geringeren Löslichkeit unter Druck chloriert werden. Nur bei Gegenwart ataktischer und niedermolekularer isotaktischer Polypropylenanteile ist auch eine Chlorierung in Lösung ohne Anwendung von Druck möglich.

Handelsnamen:

        Alprodur   Reichhold-Albert (Chlor-Polypropylen)
        Solpolac   Caffaro, Milano (Chlor-Polyäthylen)

---

[26]) Für weitere Einzelheiten siehe u. a.: *S. Frey, J. Gibson, R. Laffery,* Ind. Eng. Chem. *42* (1950), 2317. — *O. Horn, W. Skark,* Angew. Chem. *64* (1952), 533. — *G. Bier, R. Schäff, K.-H. Kahrs,* Angew. Chem. *66* (1954), 285.

[27]) *C. Pavlini,* „Das hochchlorierte Polyäthylen als neuer Rohstoff für Lacke und Farben", Chem. Rundschau, *20* (1967), 9, S. 146—149.

5. Polyisobutylen

$$-CH_2-\underset{\underset{CH_3}{|}}{\overset{\overset{CH_3}{|}}{C}}-CH_2-\underset{\underset{CH_3}{|}}{\overset{\overset{CH_3}{|}}{C}}-CH_2-\underset{\underset{CH_3}{|}}{\overset{\overset{CH_3}{|}}{C}}- \qquad 4.35$$

Polyisobutylen wird durch Ionenkettenpolymerisation mit sauren Katalysatoren, teilweise bei extrem niedrigen Temperaturen, hergestellt, und zwar in den verschiedensten Viskositätsgraden vom Molekulargewicht 3 000 bis etwa 200 000. Die niedrigmolekularen Produkte sind viskose Öle, die Produkte mittleren Molekulargewichts sind Weichharze; bei einem Molekulargewicht von etwa 200 000 liegen kautschukartige Produkte vor, die bei schneller Beanspruchung elastisch, bei anhaltender Krafteinwirkung plastisch sind.

Die Verwendung dieser farblosen, geruch- und geschmackfreien Produkte auf dem Lackgebiet ist wegen ihrer Unverträglichkeit mit normalen Lackrohstoffen, der hohen Viskosität der Lösungen und ihrer Neigung zum Fadenziehen begrenzt geblieben. Infolge ihres Charakters als reine Kohlenwasserstoffe lösen sie sich in aliphatischen und aromatischen sowie chlorierten Kohlenwasserstoffen, jedoch nicht in polaren Lösungsmitteln. Sie lassen sich abmischen mit Mineralölen, Bitumina, Asphalten, Paraffin, Kautschuk, Guttapercha und vor allem Polyäthylen. Die Produkte haben als elastifizierende Komponenten für Bitumina einige Bedeutung gewonnen, ferner zur Herstellung von Streichpasten für Waggonbedachung, bei denen insbesondere die außerordentlich hohe Aufnahmefähigkeit für Füllstoffe aller Art eine große Rolle spielt. Aus dem gleichen Grunde sowie wegen der hervorragenden Kältefestigkeit — flexibel bis $-60\,°C$ — eignen sich die Produkte außerdem beispielsweise für Stoffbeschichtungen, Wandbeläge, Bänder, Wagenplanen und Lebensmittelverpackungen.

Inländische Handelsnamen:

    Oppanol   BASF

Ausländische Handelsnamen:

    Vistanex   Enjay

6. Polymerisate und Mischpolymerisate des Vinylchlorids[28]

Polyvinylchlorid und Vinylchlorid-Mischpolymerisate werden technisch nach den Verfahren der Emulsionspolymerisation (s. S. 205), der Perlpolymerisation (s. S. 204), der Fällungspolymerisation (s. S. 205) und der „Suspensionspolymerisation" (s. S. 205) hergestellt. Das polymere Vinylchlorid

$$-CH_2-\underset{\underset{Cl}{|}}{CH}-CH_2-\underset{\underset{Cl}{|}}{CH}-CH_2-\underset{\underset{Cl}{|}}{CH}- \qquad 4.36$$

---

[28] *F. Kainer,* „Polyvinylchlorid und Vinylchlorid-Mischpolymerisate", Springer, Berlin-Göttingen-Heidelberg 1951. — *K. Krekeler* u. *G. Wick,* Kunststoff — Handbuch Bd. II. Polyvinylchlorid (Herstellung, Eigenschaften, Verarbeitung u. Anwendung), Carl Hanser Verlag, München 1963.

ist ein weißes, geruchloses, geschmackfreies, chemisch indifferentes, unbrennbares, relativ schlecht lösliches Pulver mit einem theoretischen Chlorgehalt von 56,8 %. Für die Verwendung auf dem Lackgebiet spielt das Reinpolymerisat nur eine untergeordnete Rolle, weil Produkte mit genügender Filmfestigkeit nur mit ausgewählten Lösungsmitteln auch in der Kälte stabile Lösungen geben. Die technische Bearbeitung dieses aufgrund seiner Rohstoffbasis außerordentlich interessanten Polymeren stand daher schon von vornherein unter dem Gesichtspunkt der Verbesserung der Löslichkeit. Die ersten praktischen Erfolge wurden durch Nachchlorierung erzielt. Hierzu wird das Polyvinylchlorid gelöst und unter UV-Bestrahlung mit Chlor behandelt, bis der Chlorgehalt des Endproduktes etwa 65 % beträgt. Das Chlorierungsprodukt ist in einer sehr viel größeren Anzahl gebräuchlicher Lösungsmittel löslich. Außerdem ist die Verträglichkeit mit Harzen, ölhaltigen Produkten und Weichmachern wesentlich besser.

Ein anderer Weg zur Verbesserung der lacktechnischen Eigenschaften führt über die Mischpolymerisation. Hierbei bieten sich theoretisch fast unübersehbare Möglichkeiten. Die Vielzahl der handelsüblichen Produkte mit guter Löslichkeit und Verträglichkeit enthält aber nur folgende Monomeren als zusätzliche Komponenten:

> Vinylester
> Vinyläther
> Acrylsäure
> Maleinsäure und
> Vinylidenchlorid.

Die Mischpolymerisatkomponenten haben einen maßgeblichen Einfluß auf die lacktechnischen Eigenschaften der Filme insofern, als die Unverseifbarkeit und die sehr hohe Wasserfestigkeit des Reinpolymerisates des Vinylchlorids beeinträchtigt werden können. Vielfach sind aber gerade diese Kompromißlösungen zwischen zu geringer Löslichkeit bei gleichzeitig hoher Chemikalien- und Wasserfestigkeit auf der einen Seite und leichter Löslichkeit, verbunden mit geringerer Chemikalienfestigkeit auf der anderen Seite, von besonderem Interesse. Hier ist vor allem die Mischpolymerisation von Vinylchlorid mit Vinylacetat zu nennen:

$$-CH_2-CH-CH_2-CH-CH_2-CH- \atop |\quad\quad\quad |\quad\quad\quad\quad | \atop Cl\quad\quad OOC\cdot CH_3\quad\quad Cl \qquad 4.37$$

Vinylchlorid / -acetat MP

Das Einpolymerisieren sehr geringer Mengen (1 %) Maleinsäureanhydrid oder Acrylsäure in das Vinylchlorid/-acetat MP führt zu überragender Haftfestigkeit des Filmes auf metallischem Untergrund. Im Hinblick auf unverminderte Chemikalienfestigkeit ist die Mischpolymerisation von Vinylchlorid mit den unverseifbaren Vinyläthern von Bedeutung, zumal sie zu gut löslichen Produkten führt, ohne die Chemikalienfestigkeit gegenüber dem Polyvinylchlorid zu beeinträchtigen.

$$-CH_2-CH-CH_2-CH-CH_2-CH- \atop |\quad\quad\quad |\quad\quad\quad | \atop Cl\quad\quad OC_4H_9\quad\quad Cl \qquad 4.38$$

Vinylchlorid / Vinylisobutyläther - MP

6. Polymerisate und Mischpolymerisate des Polyvinylchlorids

Vinylchloridpolymerisate können sich durch Wärme und Licht zersetzen und spalten Salzsäure ab, die ihrerseits autokatalytisch die Zersetzung begünstigt. Hierbei bilden sich Polyene, d. h. Moleküle mit vielen konjugierten Doppelbindungen.

$$-CH_2-CH-CH_2-CH-CH_2-CH-CH_2-CH_2-$$
$$\quad\quad\quad |\quad\quad\quad\;\; |\quad\quad\quad\;\; |$$
$$\quad\quad\quad Cl\quad\quad\quad Cl\quad\quad\quad Cl$$
$$\downarrow -HCl$$
$$\quad\quad\quad\quad\quad\quad\quad\quad\quad\quad\quad\quad\quad\quad\quad 4.39$$
$$-CH=CH-CH=CH-CH=CH-CH=CH-$$

Je länger diese ungesättigten Ketten sind, desto stärker ist das Ausmaß der Verfärbung von Gelb zu Rotbraun[29].
Bei Anwesenheit von Sauerstoff tritt dies deutlich in Erscheinung; in seiner Abwesenheit jedoch wird der Vorgang, je nach Art der Energiequelle, verschieden beeinflußt. Bei Erwärmung spielt neben dem vorherrschenden Vorgang der Polyenbildung die Oxydation der Kette an den Doppelbindungen durch Sauerstoff unter Bildung von -CO-Gruppen nur eine verhältnismäßig geringe Rolle. Kettenbruch tritt selten ein, und die mechanischen Werte sinken nicht ab. Bei Belichtung dagegen ist die Oxydation der labilen Stellen die bevorzugte Reaktion. Etwa sich bildende Polyene werden infolge Sprengung der Ketten gebleicht. Die Ketten vernetzen an den Bruchstellen, so daß das Produkt verspröded und sogar unlöslich wird.
Es ist also stets nötig, Vinylchlorid-haltige Polymerisate zu stabilisieren. Ein idealer Lichtstabilisator muß die HCl-Abspaltung hemmen, entstehendes HCl binden und zwar zu einem möglichst farblosen und transparenten Produkt, als Antioxidans wirken und schließlich befähigt sein, die sich bildenden Doppelbindungen abzusättigen und dadurch die Verfärbung zu verhindern. Diese Stellen sind dann auch nicht mehr oxidabel. Verwendet werden vor allem gewisse Organo-Zinn-Verbindungen[30]. In den letzten Jahren haben sich auch epoxidierte Sojabohnenöle als Stabilisatoren bewährt; sie haben gleichzeitig auch weichmachende Eigenschaften. Zu erwähnen sind darüber hinaus noch verschiedene Phosphite, die als Ko-Stabilisatoren verwendet werden können.

6.1 Polyvinylchlorid, nicht nachchloriert (PCU-Material)

Löslich in Lösungsmittelgemischen, die neben reinen Estern, wie Butylacetat 100 %, und Chlor- bzw. Benzolkohlenwasserstoffen vorzugsweise Cyclohexanon oder Methylcyclohexanon enthalten. Bestes Lösungsmittel ist Tetrahydrofuran. Unlöslich in Alkoholen, Glykoläthern und Benzinkohlenwasserstoffen. Das Lösen erfolgt am besten in der Wärme (60 °C) unter längerem Rühren.

---

[29] *G. P. Mack*, „Theorie und Praxis der Stabilisierung von Vinylverbindungen", Kunststoffe *43* (1953), 3, S. 94. — *J. Novak,* Der Abbau von Polyvinylchlorid durch Strahlungsenergie, Kunststoffe *52* (1962), 5, S. 269. — *W. Jasching,* Über Abbau und Stabilisierung von Polyvinylchlorid, Kunststoffe *52* (1962), 8, S. 458 (mit 34 Lit.angaben). — *Z. Wolkober* u. *J. Varga,* Die Thermostabilisierung von PVC-Mischungen, Kunststoffe *57* (1967), 11, S. 895.
[30] Lieferanten: Chemische Werke München; Otto Bärlocher GmbH, 8000 München; Deutsche Advance Prod. GmbH, 6140 Marienberg; Hoesch-Chemie, 5160 Düren; Interstab-Chemie GmbH & Co., 5160 Düren; Metallgesellschaft AG, 6000 Frankfurt a. M.; Neynaber & Co., 2854 Loxstedt bei Bremerhaven; Siegle & Co., 7000 Stuttgart-Feuerbach; Argus Chemical S. A., N. V., Drogenbos (Belgien) und viele andere Hersteller, besonders in den USA.

Verträglich in erster Linie mit benzollöslichen Harzen und vielen, zum Teil auch unverseifbaren Weichmachern. Unverträglich mit trocknenden Ölen, beschränkt verträglich mit trocknenden Alkydharzen, dagegen gut verträglich mit nichttrocknenden vorlauffettsäurehaltigen Typen. Verkochung mit aromatischen Teeren und Bitumina zwecks Veredlung dieser Materialien ist möglich, bedarf jedoch großer Erfahrung.

PCU-Filme besitzen sehr große Oberflächenhärte, mäßige Haftfestigkeit, mäßige bis geringe Elastizität, gute elektrische Isolierfähigkeit und sehr gute Wasser- und Chemikalienbeständigkeit.

Sie sind lösungsmittel-, chemikalien- und treibstoffbeständig sowie wasserfest. PCU hat sich darüber hinaus auch für Auskleidungen von Behältern, Emballagen, Kesselwagen, Lagertanks, Betonbehältern u. a. bewährt.

Nicht nachchloriertes PVC dient auch zur Herstellung der bereits auf Seite 206 im Prinzip besprochenen Plastisole und Organosole[30a]). Die Plastisole, auch PVC-Pasten genannt, werden für die Herstellung von Fußbodenbelägen, Gewebebeschichtungen wie Kunstleder, für Tauchartikel verschiedener Art, zum Beschichten von Verpackungsmaterial u. a. verwendet. Mittels Organosolen lassen sich weichmacherfreie oder -arme Überzüge mit entsprechend höherer Härte herstellen. Die erreichbare Filmdicke ist geringer als bei den Plastisolen, liegt jedoch über derjenigen üblicher PVC-Lösungen. Sowohl bei den Plastisolen als auch den Organosolen ist gute Haftfestigkeit auf Eisen nur mit geeigneten Grundierungen zu erreichen.

Inländische Handelsnamen:

Hostalit	Hoechst
Solvic	Deutsche Solvay
Vestolit	Hüls
Vinnol	Wacker
Vinoflex	BASF

Ausländische Handelsnamen:

Geon	Goodrich
Pliovic	Goodyear
Vinylite	UCC

6.2. Polyvinylchlorid, nachchloriert (PC-Material)

Weißes, körniges, unbrennbares Pulver; löslich in Gemischen aus Chlor- oder Benzolkohlenwasserstoffen mit Estern oder Ketonen. Bei höherem Estergehalt kann mit Benzinkohlenwasserstoffen verschnitten werden.

Verträglich mit zahlreichen, vor allem benzollöslichen Harzen und Weichmachern; beschränkt verträglich mit trocknenden Ölen und gut verträglich mit trocknenden Alkydharzen.

Die Filme sind sehr hart, befriedigend bis gut elastisch, mit guter elektrischer Isolierfähigkeit. Sie sind sehr gut wasser- und chemikalienbeständig. Die Verkochung mit Bitumina und Teeren ist einfacher als mit PCU-Material.

Verwendung insbesondere zusammen mit unverseifbaren Harzen und Weichmachern für wetterbeständige Korrosionsschutzanstriche, die gegen Säuren, Laugen, Salzlösungen, Gase, auch Chlor, Schwefelwasserstoff und Ammoniak sowie gegen Alkohole, Benzine, Schmieröle und Glycerin beständig sind.

[30a]) *W. A. Riese*, Zur Weichmachung von PVC-Plastisolen und -Organosolen, Farbe u. Lack *70* (1964), 358.

Polymerisate und Mischpolymerisate des Vinylchlorids 217

Die Schwierigkeiten des Überstreichens sind vor allem bei Kombination mit Alkydharzen geringer als bei PCU. Allerdings muß vor der endgültigen Beanspruchung des Anstriches, ebenso wie bei PCU, auf Abgabe der letzten Lösungsmittelreste geachtet werden.

Handelsnamen:

Festprodukte
Rhenoflex — Dynamit Nobel
S-PC-Pulver — VEB Elektrochemisches Kombinat, Bitterfeld

Lösungen
Klebelösung PCD 13
Klebelösung PCM 10
Klebelösung PCM 13 } VEB Farbenfabriken, Wolfen
Klebelösung PVM 15
Klebelösung PCA 20
Klebelösung PCTO 13

PC-Stammlösung R^{15}
PC-Stammlösung R^{25} } VEB Farbenfabriken, Wolfen
PC-Stammlösung BT I
PC-Stammlösung I

6.3. Mischpolymerisate mit Vinylchlorid als Hauptkomponente

6.3.1. Mit Vinylacetat:

Diese Produkte enthalten zwischen 50 und 95 % Vinylchlorid. Es sind weiße, körnige Pulver, die in Chlorkohlenwasserstoffen, Ketonen, wie Methyläthylketon, Methylisobutylketon und Cyclohexanon sowie in Estern löslich sind; Benzolkohlenwasserstoffe können als Verschnitt verwendet werden. In den USA werden auch Nitroparaffine, mit viel Toluol verschnitten, als Lösergemisch verwendet.

Die Verträglichkeit mit Weichmachern, mit Nitrocellulose und Alkydharzen ist gut, jedoch mit trocknenden Ölen schlecht. Der unbrennbare, lichtechte, harte, aber im Vergleich zu PCU nicht ganz so spröde Film benötigt im allgemeinen geringere Weichmacherzusätze als PCU. Die Chemikalienbeständigkeit und Wasserfestigkeit sind je nach Höhe des Vinylacetatgehaltes gegenüber PCU- und PC-Material herabgesetzt. Porenfreiheit und insbesondere Haftfestigkeit werden — wie es in ausgedehntem Maße geschieht — durch Einbrennen bei etwas erhöhter Temperatur verbessert.

Verwendung unter Berücksichtigung der etwas geringeren Chemikalien- und Wasserfestigkeit, wie unter PCU beschrieben, ferner für Drogen- und Lebensmittelverpackungen, insbesondere für Bier- und Fruchtsaftdosen als Decklack über Einbrenngrundierungen auf Epoxid- und Phenolharzbasis, für Milchpappdosen; ferner für die Folienlackierung und Textilbeschichtung sowie für spritfeste Lacküberzüge und sogenannte Abziehlacke (strip-coatings).

Inländische Handelsnamen:

Polyvinylacetat Schkopau
MPS-SP } VEB Chemische Werke Buna, Schkopau
Polyvinylchloridacetat
Solvic — Deutsche Solvay
Vilit — Hüls
Vinnol — Wacker

Ausländische Handelsnamen:

Gelva	— Monsanto
Geon	— Goodrich
Resyn	— National Starch Plainfield, N. J.
Vinylite	— UCC

6.3.2. Mit Vinylestern und einer dritten Komponente

Hier sind vor allem die in Estern und Ketonen löslichen Produkte zu erwähnen, die als drittes Monomeres eine carboxylgruppenhaltige Verbindung, wie Maleinsäure oder Acrylsäure enthalten. Hierdurch wird eine ungewöhnliche Erhöhung der Haftfestigkeit auf blanken Metalloberflächen erreicht. Die Verarbeitung mit basischen Pigmenten ist naturgemäß erschwert. Verwendung für fettbeständige, heißsiegelbare Folienlacke, Lebensmittelverpackungszwecke.

Wird ein Vinylchlorid-/acetat-MP partiell verseift, so enthält das resultierende Polymere eine beschränkte Anzahl freier Hydroxylgruppen und ist dadurch in seiner Verträglichkeit mit Alkydharzen verbessert und an seinen OH-Gruppen vernetzbar.

Inländische Handelsnamen:

Hostalit	Hoechst
Lutofan	BASF
Solvic	Deutsche Solvay
Vilit	Hüls
Vinnol	Wacker

Ausländische Handelsnamen:

Vinylite	UCC
Geon	Goodrich

6.3.3. Mischpolymerisat aus Vinylchlorid/Vinylisobutyläther

Ein weißes, feinkörniges Pulver mit gegenüber PCU wesentlich erweiterter Löslichkeit, vor allem in Estern und Benzolkohlenwasserstoffen, hoher Benzintoleranz, gut verträglich mit vielen Harzen und Weichmachern, auch mit trocknenden Alkydharzen, jedoch nur beschränkt mit trocknenden Ölen. Dieses Produkt läßt sich besonders leicht mit Bitumina und Teeren verkochen. Es läßt sich auch in verhältnismäßig hochkonzentrierten Lösungen ohne Fadenziehen verspritzen.

Das Polymerisat ergibt relativ harte, gut lichtechte Filme von sehr guter Wasser- und Chemikalienbeständigkeit, der jedoch zur Erzielung vergleichbarer mechanischer Eigenschaften wesentlich geringeren Weichmacherzusatz benötigt als PCU- und PC-Material.

Verwendung für alle unter 6.1./6.2. und 6.3.1. genannten Zwecke.

Inländische Handelsnamen:

Lackrohstoff PVI	VEB Chemische Werke Buna, Schkopau
Vinoflex MP 400	BASF

Ausländische Handelsnamen:

Gantrez VC	GAF (General Aniline Film Corp., USA)

6.4. Polyvinylchlorid-Mischpolymerisat-Dispersionen

Es sind auch Mischpolymerisat-Dispersionen auf Vinylchloridbasis mit und ohne Zusatz von Weichmachern auf dem Markt. Die weichmacherfreien werden für Papierbeschichtungen, die weichmacherhaltigen vor allem für Textilstreichmassen verwendet.

Inländische Handelsnamen:

Lutofan D-Marken	BASF
Sconatex	VEB Chemische Werke Buna, Schkopau
Vestolit	Hüls
Vinnol-Dispersionen	Wacker

Ausländische Handelsnamen:

Cal-nyn	Calvert M. W.
Cofar	Farnow
Daratak	
Darex	Dewey & Almy (Grace)
Everflex	
Dow Latex	Dow
Elvacet	DuPont
Gelva	Monsanto
Geon	Goodrich
Polyco	Borden
Poly-Tex	Celanese
Resyn	National Starch and Chemical Corp. 1700 W. Front Sheet Plainfield, N. J. (USA)

7. Polymerisate und Mischpolymerisate des Vinylidenchlorids

$$-CH_2-\underset{Cl}{\overset{Cl}{C}}-CH_2-\underset{Cl}{\overset{Cl}{C}}-CH_2-\underset{Cl}{\overset{Cl}{C}}- \qquad 4.40$$

Reinpolymerisate des Vinylidenchlorids sind aufgrund des symmetrischen Baues des Moleküls weitgehend kristallisiert und daher ungenügend löslich. Da die Frage der Stabilisierung noch nicht befriedigend gelöst und darum eine Verarbeitung in der Hitze als Schmelze nicht empfehlenswert ist, wird Vinylidenchlorid nur in Mischpolymerisaten verwendet. Co-Monomere sind hierbei Vinylchlorid, manchmal gleichzeitig mit Vinylacetat, und insbesondere Acrylnitril und Acrylsäure. Festprodukte dieser Art sind vor allem in Ketonen löslich. Ihre Filme besitzen eine überragende Wasserdampfundurchlässigkeit, sehr gute Wasser-, Fett- und Treibstoffbeständigkeit und Geruchfreiheit. Für Treibstofftanks, Lebensmittelverpackungspapiere, Abziehlacke, Spinnwebenverpackung (sog. Einmottungs- oder Cocoon-Verfahren), heißsiegelbare Lacke. Mischpolymerisatdispersionen auf dieser Basis werden in erster Linie zum Beschichten von Verpackungspapieren zur Erzielung höchster Wasser- und Wasserdampfundurchlässigkeit, Fett- und Ölfestigkeit verwendet.

Inländische Handelsnamen:

    Diofan   BASF
    Sconatex   VEB Chemische Werke Buna, Schkopau

Ausländische Handelsnamen:

    Geon   Goodrich
    Polyco   Borden
    Saran   Dow

8. Polyvinylidenfluorid

$$-CH_2-\underset{F}{\overset{F}{C}}-CH_2-\underset{F}{\overset{F}{C}}-CH_2-\underset{F}{\overset{F}{C}}- \qquad\qquad 4.41$$

Die Herstellung des Polymeren erfolgt unter Druck in wäßriger Lösung unter Verwendung des monomeren Vinylidenfluorides[31]), das seinerseits entweder durch thermische Salzsäureabspaltung aus 1 Chlor 1.2 Difluoräthan[32]) oder durch Chlorabspaltung aus 1.2-Dichlor-1.1-difluoräthan[33]) hergestellt wird.

Das im Handel befindliche Polyvinylidenfluorid hat einen Fluorgehalt von über 59 Gewichtsprozent. Es ist gegen die meisten Chemikalien und Lösungsmittel, mit Ausnahme der Ketone, beständig. Daraus ergibt sich zwangsläufig als Nachteil eine schlechte Löslichkeit, die seine Verarbeitung als Lack erheblich einschränkt. PVF_2 wird deshalb meist in Form kolloidaler Lösungen oder Dispersionen verarbeitet und muß bei Temperaturen von 200—240 °C verfilmt werden. Die so erhaltenen Überzüge zeichnen sich nicht nur durch die bereits erwähnte Chemikalienbeständigkeit aus, sondern sind auch bis $-60\,°C$ kältefest, bei kurzzeitiger Beanspruchung bis ca. 260 °C thermostabil, beständig gegen ultraviolette Strahlen und verfügen damit über eine ganz ausgezeichnete Wetterfestigkeit. Darüber hinaus sind Überzüge aus PVF_2 selbstverlöschend[33a]).

Anwendung:
Wegen des hohen Preises bisher nur in Sonderfällen, in denen die vorhandenen Eigenschaften voll verlangt werden, z. B. bei der Breitband-Blechlackierung (coil coating) für Fassadenverkleidung.

Ausländischer Handelsname:

        Kynar   Pennsalt Chemicals Corporation

---

[31]) Brit. Plastics *34* (1961), S. 473—475.
[32]) US-Patente 2 551 573 vom 8. 5. 1951, DuPont, 2 774 799 vom 18. 12. 1956, M. W. Kellogg Comp. Jersey City, 2 628 989 vom 17.2.1953, Allied Chemical and Dye Corp., New York.
[33]) US-Patent 2 401 897 vom 4.4.1940, Kinetic Chemicals Inc., Wilmington, Del.
[33a]) *H. K. Scheiber:* Eigenschaften von Polyvinyliden-Fluorid als Beschichtungsmaterial, Ind. Lackier-Betrieb *36* (1968) Nr. 12, 524.

9. Polyvinylester

$$-CH_2-CH-CH_2-CH-CH_2-CH-$$
$$|||$$
$$OOO \qquad\qquad 4.42$$
$$|||$$
$$O=C-RO=C-RO=C-R$$

Die wissenschaftliche Forschung hat sich auf breiter Basis mit der Vinylierung organischer Säuren und der Polymerisation der Vinylester befaßt. Der bekannteste und meist verarbeitete Ester ist das Vinylacetat. Nachdem es *Reppe* gelang, die Propionsäure durch Umsetzen von Äthylen mit Kohlenoxid in Gegenwart von Wasser zu synthetisieren, hat auch Vinylpropionat als leicht zugängliches Monomeres technisches Interesse gewonnen. Längerkettige Fettsäuren, wie Vorlauffettsäuren, Seifenfettsäuren sowie aromatische Säuren, sind ebenfalls vinyliert worden. Von den vinylierten Säuren natürlicher Fette und Öle hatten der Tallölsäurevinylester und von Estern aromatischer Säuren das Vinylbenzoat zeitweise eine gewisse praktische Bedeutung. In jüngster Vergangenheit haben die Versaticsäuren[34] als Veresterungskomponente steigendes Interesse gefunden[35].

Die Herstellung der Polyvinylester ist technisch nach allen vier Polymerisationsverfahren möglich, und alle Verfahren werden für die Herstellung von Festharzen, Lösungen und Emulsionen von Polymerisaten und Mischpolymerisaten des Vinylacetats auch herangezogen, während Vinylpropionat vorerst auf dem Lackgebiet vornehmlich in Lösungsmischpolymerisaten und in Polymerisat-Dispersionen technisch verwendet wird. Dagegen werden feste Lackharze auf Polyvinylpropionatbasis noch nicht hergestellt.

In der Reihe der polymeren aliphatischen Vinylester hat das Polyvinylacetat die relativ größte Härte, die jedoch wesentlich geringer ist als diejenige von Polyvinylchlorid, gleiches Molekulargewicht vorausgesetzt. Mit zunehmender Kettenlänge der Säure werden die polymeren Ester weicher, so daß sie z. B. auch für die innere Weichmachung (s. S. 203) des Vinylacetats und anderer Monomerer verwendet werden können. Polyvinylester sehr langkettiger Fettsäuren sind wiederum wachsartig hart. Die Eigenschaften der Polymerisate, wie Löslichkeit, Verträglichkeit mit anderen Lackrohstoffen und das mechanische Verhalten sind, wie bei allen Polyvinylverbindungen, einerseits von der Molekülgröße abhängig, andererseits werden die Eigenschaften auch maßgeblich von der Natur der Seitengruppen beeinflußt. Die Polyvinylester, vor allem die der kurzkettigen Säuren, zeigen eine sehr gute Löslichkeit und Verträglichkeit mit vielen Lackrohstoffen. Die Polyvinylester lassen sich verseifen, jedoch nimmt die Verseifungsgeschwindigkeit, ebenso wie die Wasserquellbarkeit, mit zunehmender Größe des Fettsäurerestes ab.

---

[34] Bei der *Versaticsäure* handelt es sich um eine synthetische, gesättigte und hauptsächlich tertiäre Monocarbonsäure mit 9—11 Kohlenstoffatomen. VeoVa ist das Wortzeichen für den Vinylester der jeweiligen Versaticsäure. So bedeutet z. B. *VeoVa 911*, daß es sich um den Vinylester eines Gemisches der Versaticsäuren mit 9 und 11 Kohlenstoffatomen handelt. VeoVa und Versatic sind eingetragene Shell-Warenzeichen.

[35] *W. T. Tsatsos, J. C. Illmann, R. W. Tess:* „Vinyl esters of tertiary carboxylic acids for use in copolymer paint latices", Paint and Varnish production 55 (1965), 11, S. 46. — *H. A. Oosterhof:* „Inherent properties of paint latex films in relation to their performance", J. OCCA 48 (1965), 3, S. 256. — *A. McIntosh, C. E. L. Reader:* „Vinyl esters of synthetic branched chain fatty acids in new paint latices", J. OCCA 49 (1966), 7, S. 525. — *G. C. Vegter, E. P. Grommers:* „Regulation of particle size of vinylacetate / VeoVa 911 copolymer latices", J. OCCA 50 (1967), 1, S. 72.

9.1. Polyvinylacetat-Festharze

$$-CH_2-CH-CH_2-CH-CH_2-CH-$$
$$|||$$
$$OOO$$
$$|||$$
$$O=C-CH_3O=C-CH_3O=C-CH_3$$

4.43

Die Polyvinylacetate sind wasserhelle, lichtechte, geruch- und geschmackfreie, auch bei längerer Wärmealterung bei 100 °C nicht vergilbende Kunstharze. Die Zähigkeit der Polyvinylacetate nimmt bei Steigerung des Molekulargewichtes zu. Je niedriger das Molekulargewicht, um so niedrigerviskos sind die mit einem derartigen Produkt hergestellten Lösungen, um so besser ist die Verträglichkeit mit anderen Lackrohstoffen, wie Harzen, Weichmachern usw., um so geringer sind auf der anderen Seite die mechanischen Eigenschaften des erzeugten Filmes. Als besonderer Vorteil dieser Harze sei vor allen Dingen die gute Haftfestigkeit auch auf schwierigen Unterlagen hervorgehoben.

Löslichkeit (vor allem der mittel- und niedrigpolymeren Typen): gut in Estern, Ketonen und Chlorkohlenwasserstoffen, in Benzol und Toluol; mäßig in Alkoholen. Unlöslich in Xylol und Benzinkohlenwasserstoffen.

Verträglich mit Nitrocellulose, Chlorkautschuk, Celluloseacetobutyrat und Polyacrylsäureester.

Trotz gewisser Zugeständnisse, die bezüglich Wasserfestigkeit und Verseifungsresistenz gemacht werden müssen, haben sich die PVA-Festharze in vielen Rezepten bewährt. Die Verwendung hängt vom Polymerisationsgrad ab. Die höchstpolymeren Marken sind Selbstbindemittel für Textilgrundierungen und -imprägnierungen. Mittel- und niedrigpolymere Produkte können sowohl als Selbstbindemittel für Metallüberzüge, Spachtel, Gewebesteifen, ferner für Holzlacke, Schutzlacke für Metallgegenstände als auch als Zusatzkomponente zu Nitro-, Chlorkautschuk- und Celluloseacetobutyratlacken zur Erhöhung von Füllkraft, Glanz, Lichtechtheit und Haftfestigkeit, auch für wetterbeständige Lacke verwendet werden. Auch können Holzeinlaßlösungen und ölfreie Holzgrundierungen mit hoher Haftfestigkeit hergestellt werden. Von der Eigenschaft der höherpolymeren Produkte, beim Verspritzen Fäden zu ziehen, macht man Gebrauch zur Herstellung sog. Spinnwebeneffektlacke.

Der Anreiz, Vinylacetat mit geringen Zusätzen anderer Monomerer zu modifizieren, ist gering, weil das Reinpolymerisat selbst schon ausgezeichnete Löslichkeit und Verträglichkeit besitzt. Dagegen bleibt, von den Eigenschaften anderer Monomerer her gesehen, Vinylacetat eine außerordentlich interessante Mischpolymerisatkomponente, z. B. für Vinylchlorid (siehe 6.— S. 214) und Äthylen[37]).

Die Verseifbarkeit des Polyvinylacetats kann bereits bei der Herstellung der Produkte eine Rolle spielen, und zwar immer dann, wenn in Gegenwart von Wasser — also z. B. nach den Verfahren der Perl- oder Emulsionspolymerisation — gearbeitet wird. Das fertige Bindemittel enthält dann neben CH_3-COO-Seitengruppen auch in geringem Umfang freie OH-Gruppen. Dieser Gesichtspunkt spielt auch bei der Lagerstabilität von Polyvinylacetat-Dispersionen eine Rolle, da Polyvinylalkohol als Schutzkolloid stabilisierend wirkt (s. S. 225). Über die Herstellung von Polyvinylalkohol durch Verseifung von Polyvinylacetat s. S. 225.

---

[37]) „Vinyl-Ethylene Emulsions", *J. H. Fikentscher, L. B. Parkmann,* Paint and Varnish Production, März 1968, S. 40.

9.2. Polyvinylester-Dispersionen

Über das Grundsätzliche der Dispersionen s. S. 206 ff. Da das Reinpolymerisat des Vinylacetats als Kunststoffdispersion bei Raumtemperatur nur ein ungenügendes Filmbildevermögen besitzt, ist es notwendig, entweder Weichmacher zuzusetzen oder das Vinylacetat mit weichmachenden Monomeren zu mischpolymerisieren. Die Zugabe des Weichmachers vor der Polymerisation des Vinylacetats bringt eine Reihe von Schwierigkeiten im Hinblick auf den Polymerisationsverlauf und ist daher technisch nicht üblich; vielmehr wird der Weichmacher in der Regel zur fertigen Polymerisatdispersion zugegeben. Der Weichmacher muß in der Dispersion sorgfältig fein verteilt werden. Anschließend muß die Dispersion genügend lange reifen, damit man ein wirklich gleichmäßig plastifiziertes Material erhält. Der Charakter der Filme der weichmacherhaltigen Dispersion ist selbstverständlich abhängig von Menge und Art des zugesetzten Weichmachers.

$$
\begin{array}{c}
-CH_2-CH-CH_2-CH-CH_2-CH-\\
| | |\\
O O O\\
| | |\\
O=C\cdot CH_2\cdot CH_3 O=C\cdot CH_2\cdot CH_3 O=C\cdot CH_2\cdot CH_3
\end{array}
$$

Polyvinylpropionat

4.44

Polyvinylpropionat ist schon so plastisch, daß sich sowohl im Hinblick auf die Filmbildung aus der Dispersion als auch mit Rücksicht auf die Eigenschaften des Filmes ein Zusatz von Weichmachern erübrigt. Eine für manche Zwecke notwendige größere Härte läßt sich durch Abmischen einer Polyvinylpropionat-Dispersion mit einer weichmacherfreien Polyvinylacetatdispersion oder durch Herstellung von Mischpolymerisaten auf Basis von Vinylpropionat-Acrylester erreichen.
Auf Basis der Vinylester ist eine Fülle verschiedenartiger Polymerisatdispersionen im Handel. Man muß einerseits unterscheiden zwischen

a) grobdispersen Dispersionen, welche mit Schutzkolloid, z. B. Polyvinylalkohol, hergestellt werden, sehr gute Frostbeständigkeit und Pigmentverträglichkeit haben und einen matten Film ergeben, der im frischen Zustand verhältnismäßig geringe Naßwischfestigkeit besitzt,

b) gemischtdispersen Dispersionen mit seifenähnlichen Emulgatoren in Gegenwart eines Schutzkolloids hergestellt, mit mäßig bis guter Frostbeständigkeit, guter Pigmentverträglichkeit, die bis zu einem seidenglänzenden Film mit guter Naßwischfestigkeit trocknen und

c) feindispersen Dispersionen, die mit seifenähnlichen Emulgatoren, jedoch in Abwesenheit von Schutzkolloiden, hergestellt sind, mäßig frostbeständig sind, relativ gut pigmentverträglich sind und einen glänzenden, gut naßwischfesten Film ergeben.

Andererseits ist zu trennen in

a) durch äußere Weichmachung plastifizierte Vinylacetat-Reinpolymerisat- und Vinylacetat-Mischpolymerisat-Dispersionen, wobei für letztere als zweite Komponente Vinylchlorid zwecks Erzielung höherer Wasserfestigkeit und größerer Filmzähigkeit zu nennen ist,

b) durch Mischpolymerisation mit weichmachenden Monomeren, wie Vinyllaurat, -caprat und -stearat, Acrylsäureester, Äthylen und vor allem Maleinsäure- und Fumarsäure-Dibutylester, innerlich weichgemachten[38]) Vinylacetatdispersionen

c) Reinpolymerisat-Dispersionen auf Vinylpropionatbasis[39]),

d) durch Mischpolymerisation mit hartmachenden Monomeren, wie Acrylsäureester, hergestellten Vinylpropionatdispersionen.

Die grob- wie auch die feindispersen Dispersionen haben sich zur Herstellung von Anstrichfarben für Innen und Außen seit vielen Jahren bestens bewährt.
Polyvinylester-Dispersionen werden in großem Umfang für wisch- und waschfeste Bauteninnen- und -außenanstriche, als Isoliergrund auf saugenden Materialien, für den Holzanstrich von Güterwagen, ferner für Beschichtungen auf Papier, Tapeten, Textilien, Rollbodenbelägen, ferner für fugenlose Spachtelfußböden sowie als Zusatz zu Mörtel und Verputz verwendet. Sie sind auch zur Herstellung von Klebstoffen, Imprägnier- und Appreturmitteln geeignet[40]).
Bei dem Überlackieren der weichmacherhaltigen PVAc-Dispersionsfilme, z. B. mit Nitrolacken, ist die Gefahr des Abwanderns des Weichmachers in die Deckschicht und das dadurch bedingte Klebrigwerden der Oberfläche zu beachten. Diese Schwierigkeit läßt sich durch Verwendung von innerlich weichgemachten PVAc-Dispersionen oder von Polyvinylpropionat- oder anderen weichmacherfreien Dispersionen vermeiden.

Inländische Handelsnamen:

Festharze und Lösungen
Mowilith (PVAc)	— Hoechst
Polyvinylacetat (PVAc)	— VEB Chemische Werke Buna, Schkopau
Propiofan (PVPr)	— BASF
Vinnapas (PVAc)	— Wacker

Beispiele für ausländische Handelsnamen:

Afcolac	Pechiney
Alcrevin	Alcrea
Borwimal	Borregard
Elotex	Ebnöther AG
Rhodopas	Rhone-Poulenc
Synresyl	Synres
Texicote	Scott Bader
Vervamul	Struyck N. V.
Vinamul	Perstorp
Vinamul	Vinyl Products
Vinavil	Montecatini
Vipolith	Lonza AG

---

[38]) Über das Prinzip der inneren Weichmachung s. S. 203.
[39]) *A. Kerkow:* „Vom Vinylpropionat zum Propiofan" aus „Die BASF" (1968), 18, S. 66.
[40]) Chemie, Physik und Technologie der Kunststoffe in Einzeldarstellungen, Band 14, „Dispersionen synthetischer Hochpolymerer", Teil II, Anwendung von *Hans Reinhard,* Springer-Verlag, Berlin-Heidelberg-New York, 1969.

Abb. 5 Ausschnitt aus dem Dispersions-Betrieb der Farbwerke Hoechst AG
Werkfoto Farbwerke Hoechst AG, Frankfurt a. Main Hoechst

10. Polyvinylalkohol

Da sich Polyvinylester verseifen lassen, besteht die interessante Möglichkeit, den sonst nicht zugänglichen Polyvinylalkohol zu erhalten (vgl. Seite 222)[41].

$$\begin{array}{c}-CH_2-CH-CH_2-CH-CH_2-CH-\\ |\quad\quad\quad |\quad\quad\quad |\\ O\quad\quad\quad O\quad\quad\quad O\\ |\quad\quad\quad |\quad\quad\quad |\\ O=C-CH_3\quad O=C-CH_3\quad O=C-CH_3\end{array} \longrightarrow$$

$$\begin{array}{c}-CH_2-CH-CH_2-CH-CH_2-CH-\\ |\quad\quad\quad |\quad\quad\quad |\\ OH\quad\quad\quad OH\quad\quad\quad OH\\ \text{Polyvinylalkohol}\end{array}$$

4.45

Je nach Molekulargewicht des zur Verseifung herangezogenen Polyvinylacetats ist auch der entsprechende Polyvinylalkohol mehr oder weniger hochviskos. Partiell verseiftes Polyvinylacetat kann über die OH-Gruppen mit Hydroxyl-reaktiven Bindemitteln vernetzt werden. Der Polyvinylalkohol stellt ein fast farbloses, wasserlösliches, dagegen in organischen Lösungsmitteln unlösliches Pulver dar. Er dient als Schutzkolloid und Verdickungsmittel für Tuschen, Tinten und Stempelfarben sowie als Schutzkolloid für Polymerisatdispersionen auf Basis von Polyvinylestern. Das Produkt ist auch für öl- und benzinfeste Lackierungen angewandt worden. Als Weichmacher kommen Polyalkohole, wie Glycerin und Glykolprodukte, in Betracht. Seine Lösungsmittelfestigkeit und Alterungsbeständigkeit sind außerordentlich gut. Durch Behandlung mit Chromaten und Bichromaten wird er auch in Wasser unlöslich.

Inländische Handelsnamen:

Mowiol	Hoechst
Polyviol	Wacker
Polyvinylalkohol Schkopau	VEB Chemische Werke Buna, Schkopau

11. Polyvinylacetale

„Acetal" ist der Sammelbegriff für eine Gruppe von Verbindungen, welche bei der Einwirkung von Aldehyden auf Alkohole entstehen.

$$\begin{array}{c}R-OH\\ \quad\quad +OCH\ R'\\ R-OH\end{array} \longrightarrow \begin{array}{c}RO\\ \quad\ \ \diagdown\\ \quad\quad CH\cdot R'+H_2O\\ \quad\ \ \diagup\\ RO\end{array}$$

4.46

Auch der Weg vom Polyvinylalkohol zu den Polyvinylacetalen entspricht diesem Prinzip.

Da aber schon die Verseifung des Polyvinylacetats zum -alkohol nicht vollkommen verläuft und auch die Umsetzung der freien Hydroxylgruppen mit dem Aldehyd nicht quantitativ sein muß, gehört viel Erfahrung dazu, Polyvinylacetale herzustellen, die für die spezifischen Anwendungen optimale und gleichmäßige Eigenschaften besitzen.

---

[41] *F. Kainer,* Polyvinylalkohole, ihre Gewinnung, Veredlung und Anwendung. Enke, Stuttgart, 1949.

Ein Polyvinylacetal, hergestellt durch partielle Hydrolyse des Acetats und anschließende partielle Acetalisierung des Alkohols mit z. B. Formaldehyd, kann durch folgende schematische Formel charakterisiert werden:

$$-CH_2-CH-CH_2-CH-CH_2-CH-CH_2-CH- \atop {||||} \atop {OO-CH_2-OOH} \atop {|} \atop {O=C-CH_3}$$

4.47

Eine weitere Variationsmöglichkeit besteht darin, von Polyvinylalkoholen verschieden hohen Molekulargewichts auszugehen.
Polyvinylformal hat seine große Bedeutung in der Herstellung von Drahtisolierlacken gefunden, in welchen es mit Phenol- und Kresolharzen kombiniert wird. Die Lösungsmittelgemische enthalten wegen der beschränkten Löslichkeit des Polyvinylformals meist Kresole oder Xylenole. Die ausgehärteten Isolierlackschichten besitzen eine sehr gute Lösungsmittel-, Wärme- und Scheuerfestigkeit.
Polyvinylacetal, das Acetal mit Acetaldehyd, hat keine größere Verwendung gefunden, während *Polyvinylbutyral,* neben seiner Verwendung als klebende Zwischenschicht für Sicherheitsglas, auf dem Lacksektor große Bedeutung fand:

4.48

Polyvinylbutyral (schematische Formel)

Polyvinylbutyral ist gut löslich in Alkoholen und Glykoläthern und verträglich mit Phenol- und Harnstoffharzen; das gilt vor allem für die niedrigacetalisierten Marken. Während niedrigviskose Typen als plastifizierende Komponenten in Einbrennlacken auf Phenolharzbasis oder als Filmbildner für Folienlacke dienen[42]) und die hochviskosen Marken die für die Zwischenschicht in Sicherheitsglas notwendigen, äußerst zähen Filme ergeben, werden die mittelviskosen Produkte mit Zinktetraoxychromat unter Zusatz von Phosphorsäure zu Haftgrundiermitteln (Wash Primer) verarbeitet. Durch Reaktion zwischen Polyvinylbutyral, Zinktetraoxychromat und Phosphorsäure einerseits, zwischen Metallunterlage und Phosphorsäure andererseits lassen sich auf Eisen und Leichtmetallen hervorragend haftende Überzüge herstellen, die eine passivierende Wirkung auf das Metall ausüben und die Haftung der nachfolgenden Lackschichten vermitteln[43]).

Inländische Handelsnamen:

Mowital	Hoechst
Pioloform	Wacker
PV-butyral	VEB Chemische Werke Buna, Schkopau

---

[42]) *E. Fischer, K. H. Hafner, H. Cherdron:* „Polyvinylacetale mit reaktiven Gruppen", Deutsche Farbenzeitung, 22 (1968), 7, 312.
[43]) *H. Rosenbloom,* Ind. Eng. Chem. 45 (1953), 2561. — *H. F. Sarx,* Werkstoffe und Korrosion, 6 (1955), 331. — *G. Müller, R. Bock, K. Hoffmann, R. Kreinhöfner:* Angewandte Chemie, 68 (1956), 746. — *K. Brookmann,* Aluminium 30 (1954), 279. — *L. J. Coleman,* J. Oil & Colour Chem. Ass., 42 (1959), 10.

12. Polyvinyläther

Ausländische Handelsnamen:
    Neo Vac   Polyvinyl Chemie

12. Polyvinyläther

$$-CH_2-CH-CH_2-CH-CH_2-CH- \atop OROROR$$
                                                                                                                                                                          4.49

Die Arbeiten von *Reppe* schufen die technische Möglichkeit, Acetylen an Alkohole anzulagern und somit den Ausgangspunkt für die praktische Bedeutung der Polyvinyläther (s. S. 196). Da diese Methode sich auf alle Alkohole anwenden läßt, ist die Zahl der untersuchten Vinyläther außerordentlich groß. Größere praktische Bedeutung haben die Polymerisationsprodukte des Vinylmethyläthers, Vinyläthyläthers und Vinylisobutyläthers und in kleinem Umfang die Vinyläther des Hydroabietinols und des Dekanols gewonnen.
Die Vinyläther werden unter Verwendung saurer Katalysatoren nach der Blockpolymerisationsmethode polymerisiert. Sie können jedoch auch in der Emulsions- und Lösungspolymerisation nach dem radikalischen Mechanismus copolymerisiert werden.
Die Polyvinyläther aliphatischer Alkohole sind, je nach dem Polymerisationsgrad und nach der Kettenlänge des Alkohols, bei niedrigem Polymerisationsgrad viskose Öle, bei mittlerem Polymerisationsgrad klebrige Weichharze und bei hohem Polymerisationsgrad — etwa im Falle des Polyvinylisobutyläthers — elastische Massen, die erst bei langandauernder Druckeinwirkung plastisch weich werden. Ein Anwachsen der Kettenlänge des verwendeten aliphatischen Alkohols führt zu weicheren Produkten und gleichzeitig zu einer Verschiebung der Löslichkeit in das Gebiet der hydrophoben, unpolaren Lösungsmittel. Die hydroaromatischen Polyvinyläther, wie z. B. der polymere Hydroabietinylvinyläther und der polymere Dekahydronaphthylvinyläther, sind harte Harze.

12.1. Polyvinylmethyläther

$$-CH_2-CH-CH_2-CH-CH_2-CH- \atop OCH_3OCH_3OCH_3$$
                                                                                                                                                                           4.50

Im Handel als ein geruch- und geschmackfreies, vollkommen unflüchtiges, lichtechtes Weichharz, das eine gute Löslichkeit in kaltem Wasser besitzt aber bei etwa 35 °C wasserunlöslich wird. Außerdem ist das Produkt interessanterweise in organischen Lösungsmitteln löslich, mit Ausnahme der Benzinkohlenwasserstoffe. Polyvinylmethyläther hat als hydrophiler Weichmacher für Nitrocellulose, chlorhaltige Filmbildner und Polystyrol auf verschiedenen Spezialgebieten ein besonderes Interesse gefunden. Seine ausgezeichnete Haftfestigkeit und physiologische Unbedenklichkeit verleihen ihm Bedeutung als Komponente für Folienlacke, z. B. für die Lebensmittelverpackung. Seine Hydrophilie spielt eine Rolle in der Anwendung als Weichmacher in Lacken auf Basis chlorhaltiger Filmbildner, sofern Wasserquellbarkeit erwünscht ist wie z. B. in Antifoulingfarben.

12.2. Polyvinyläthyläther

$$-CH_2-\underset{\underset{OC_2H_5}{|}}{CH}-CH_2-\underset{\underset{OC_2H_5}{|}}{CH}-CH_2-\underset{\underset{OC_2H_5}{|}}{CH}- \qquad 4.51$$

ist ein je nach Polymerisationsgrad ölartiges oder balsamartiges zähes, ebenfalls geruch- und geschmackfreies Weichharz, das sich nicht mehr in Wasser, dagegen in sämtlichen organischen Lösungsmitteln einschließlich der Benzinkohlenwasserstoffe löst. Das Produkt hat, ebenso wie der Polyvinylmethyläther, eine umfassende Verträglichkeit mit Nitrocellulose, kann jedoch aufgrund seines wesentlich geringeren hydrophilen Charakters ohne Nachteil in viel höheren Zusätzen verarbeitet werden. Hierbei wirkt sich günstig aus, daß bei normaler Temperatur auch bei hohen Zusätzen ein Ausschwitzen oder Wandern aus dem Film nicht eintritt. Man kann auf diese Weise Lackfilme herstellen, die die flexible Weichheit von Textilien besitzen und daher für Kunstleder und Wachstuchüberzüge verwendet werden. Gegenüber den in ähnlicher Weise verwendeten nicht- oder halbtrocknenden Ölen, wie Rizinusöl, altert Polyvinyläthyläther nicht, d. h. er wird weder ranzig noch klebrig, noch verharzt er.

Vorteilhaft ist seine ausgeprägte haftfestigkeitserhöhende Wirkung, nachteilig gegenüber normalen Weichmachern das Zurückhalten der letzten Lösungsmittelreste und bei den höherpolymeren Typen eine gewisse Neigung zum Fadenziehen beim Spritzen.

12.3. Polyvinylisobutyläther

$$-CH_2-\underset{\underset{OC_4H_9}{|}}{CH}-CH_2-\underset{\underset{OC_4H_9}{|}}{CH}-CH_2-\underset{\underset{OC_4H_9}{|}}{CH}- \qquad 4.52$$

Dieses Produkt ist in niedrigen Alkoholen nicht mehr löslich, dagegen ausgezeichnet benzinlöslich. Da es praktisch keine Verträglichkeit mit anderen Lackrohstoffen hat, ist seine Bedeutung auf dem Lackgebiet sehr gering geblieben; allerdings kann es mit Paraffinen und vielen Wachsen abgemischt werden. Dagegen hat Vinylisobutyläther als Mischpolymerisatkomponente Bedeutung erlangt. Mischpolymerisate mit Vinylchlorid, Acrylestern, Styrol und auch anderen Vinyläthern sind als Fest- und Lösungspolymerisate sowie auch als Polymerisatdispersionen unter verschiedenen Namen im Handel.

Inländische Handelsnamen:

Lutonal	— BASF
Polyvinyläther	— VEB Chemische Werke Buna, Schkopau

13. Polyvinylpyrrolidon und Mischpolymerisate

$$\left[\begin{array}{c} CH_2-CH_2 \\ |\qquad\quad| \\ CH_2\quad C=O \\ \diagdown\;\diagup \\ N \\ | \\ -CH-CH_2- \end{array}\right]_n \qquad 4.53$$

14. Polymere Acrylate und Methacrylate

Reines Polyvinylpyrrolidon hat als Lackrohstoff bisher keine Bedeutung erlangt. Gewisse Mischpolymerisate haben aber interessante lacktechnische Eigenschaften. So werden sie z. B. mit Erfolg als Verdickungsmittel für Kunststoffdispersionen verwendet. Gegenüber den ebenfalls als Verdickungsmittel verwendeten Polyacrylsäurederivaten (s. S. 236) sind die Polyvinylpyrrolidon-Mischpolymerisate im sauren wie auch im alkalischen Bereich wirksam. Die notwendige Zusatzmenge an Verdickungsmittel hängt von der Ausgangsviskosität der verwendeten Kunststoffdispersionen ab, beträgt aber in jedem Fall nur wenige Prozente. Da ein Zusatz wasserlöslicher Verdickungsmittel zu Kunststoffdispersionen die Wasserfestigkeit der zu erwartenden Filme beeinträchtigt, muß die optimale Zusatzmenge in Vorversuchen ermittelt werden.

Vorteilhaft wirkt sich aus, daß Polyvinylpyrrolidon-Mischpolymerisate auch als Schutzkolloide wirken und dem Dispersionssystem eine bessere Stabilität verleihen.

Inländische Handelsnamen:

    Collacral VL   — BASF

14. Polymere Acrylate und Methacrylate

Nach den auf S. 197 beschriebenen Methoden zur Herstellung der Derivate der Acrylsäure und Methacrylsäure stehen heute zahlreiche Produkte aus dieser Gruppe zur Verfügung. Besondere Bedeutung erlangten bisher die Methyl-, Äthyl-, n-Butyl-, tert.-Butyl- und Äthylhexylester beider Säuren, das Acrylnitril, Acrylamid und, in geringerem Umfang, Acrylsäure selbst.

Bei allen genannten Produkten handelt es sich um sehr polymerisationsfreudige Monomere, die auch mit anderen Monomeren leicht copolymerisieren[44].

Die Zahl der im Handel befindlichen Mischpolymerisate, sei es der Acryl- und Methacrylsäurederivate untereinander, sei es mit anderen Komponenten — vor allem Vinylchlorid, Vinylidenchlorid, Vinylester, Vinyläther und Styrol — ist außerordentlich groß.

Die Polymerisation erfolgt technisch nach allen auf S. 204 ff. genannten Polymerisations-Verfahren.

Die Methylseitengruppe in den Polymethacrylsäurederivaten,

$$-CH_2-\underset{\underset{COOR}{|}}{\overset{\overset{CH_3}{|}}{C}}-CH_2-\underset{\underset{COOR}{|}}{\overset{\overset{CH_3}{|}}{C}}-CH_2-\underset{\underset{COOR}{|}}{\overset{\overset{CH_3}{|}}{C}}- \qquad 4.54$$

    Polymethacrylsäureester,

führt zu einer Versteifung der Kette, so daß ein Ester der Polymethacrylsäure härter ist als der entsprechende Ester der Polyacrylsäure (s. hierzu Tabelle der Erweichungspunkte S. 202).

$$-\underset{\underset{COOR}{|}}{CH}-CH_2-\underset{\underset{COOR}{|}}{CH}-CH_2-\underset{\underset{COOR}{|}}{CH}-CH_2-\underset{\underset{COOR}{|}}{CH}- \qquad 4.55$$

    Polyacrylsäureester

---

[44]) H. Rauch-Puntigam, T. Völker: Acryl- und Methacrylverbindungen, Springer-Verlag Berlin-Heidelberg-New York 1967.

Die Länge des Alkoholrestes beeinflußt jedoch ebenfalls, wie auf S. 201 ausgeführt wurde, den Erweichungspunkt und damit die Härte der Polymeren. Die höchste Flexibilität der technisch bedeutsamen Produkte besitzt der Polyacrylsäurebutylester; er behält sie vor allem bei extrem niedrigen Temperaturen bei. Auch die Eigenschaften, welche den Lacktechniker besonders interessieren — Löslichkeit, Verträglichkeit und chemisches Verhalten — werden von der Länge des Alkoholrestes maßgeblich beeinflußt. Bei einem für Lackzwecke geeigneten Polymerisationsgrad sind die Polymeren beider Reihen gut löslich in Estern, Ketonen, Chlor- und Benzolkohlenwasserstoffen. Aber nur die beiden Butylester sind — ebenso wie Ester mit noch längerkettigen aliphatischen Alkoholen — auch in jedem Verhältnis benzinlöslich. Alkohole sind dagegen schlechte Löser.

Die Verträglichkeit mit Weichmachern ist gut. Wegen der unterschiedlichen Härte wird der Zusatz bei Polymethacrylsäureestern höher gewählt als bei den entsprechenden Produkten der Acrylsäurereihe.

Die Polymeren beider Reihen sind schwer verseifbar und daher wesentlich chemikalienbeständiger als die polymeren organischen Vinylester. Außerdem nimmt die an sich geringe Verseifungsgeschwindigkeit mit steigender Kettenlänge des Alkoholrestes ab.

Die beiden Polymerisatreihen überdecken also mit ihren technischen Eigenschaften einen breiten Anwendungsbereich, der durch die Einbeziehung der Mischpolymerisate noch erweitert werden kann.

Das Polymerisat des Acrylnitrils,

$$-CH_2-CH-CH_2-CH-CH_2-CH- \atop CNCNCN$$

4.56

Polyacrylnitril,

ist infolge der hohen Polarität der Cyangruppe außerordentlich schlecht löslich. Nur einige lacktechnisch ungewöhnliche Lösungsmittel, wie z. B. Dimethylformamid, kommen in Betracht. Auf dem Lackgebiet spielt Polyacrylnitril deshalb keine Rolle, hat aber große Bedeutung als Rohstoff für synthetische Fasern.

In der Mischpolymerisation dagegen nutzt man die Möglichkeit, durch die Acrylnitril-Komponente die Löslichkeit zu verschlechtern, aus, um zu gut treibstoffesten Lacken zu kommen, s. S. 219. Mischpolymerisate aus Vinyltoluol, u. a. mit Acrylnitril finden verschiedenartige Verwendung als lufttrocknende Anstrichmaterialien, vgl. ®Pliolite-Typen von Goodyear.

14.1. Polyacrylate (härtbar) fest und in organischen Lösungsmitteln

Mit dem Erscheinen der hitze-härtbaren Acrylatharze*) vor wenigen Jahren hat sich eine völlig neue Entwicklung auf dem Lackgebiet angebahnt. Die Produktengruppe umfaßt im wesentlichen Mischpolymerisate verschiedener Acrylmonomerer, die teilweise auch noch Styrol und Epoxidharz enthalten. Man erzeugt primär nur kurzkettige und damit niedrigviskos lösliche Polymere, die über reaktive Seitengruppen zu Kondensations- und/oder Polyadditionsreaktionen befähigt sind (Vernetzung). Auf diesem Wege tritt beim Einbrennen Molekülvergrößerung ein, die zur Erzielung guter Filmeigenschaften notwendig ist.

Die reaktiven Seitengruppen werden bei der Herstellung der Harze über Monomere eingeführt, die diese reaktiven Gruppen bereits enthalten. Als solche kommen

---

*) Im englischen Sprachgebrauch: Thermo-setting-acrylics.

14. Polymere Acrylate und Methacrylate

Acrylsäure- oder Methacrylsäurederivate in Frage, die Methyloläther-, Hydroxyl-, Epoxid- oder Carboxylgruppen aufweisen. Diese Monomeren werden also im Polymerisationsansatz neben Acryl- oder Methacrylsäureestern und gegebenenfalls noch anderen Monomeren, wie z. B. Monostyrol, mitverwendet.

Die Eigenschaften der hitzereaktiven Acrylatharze sind abhängig von der Art und Menge der reaktiven Gruppen und deren Verteilung über die Polymerketten. Natürlich spielen auch die Art und Menge der Monomeren eine Rolle, die zwischen den reaktiven Gruppen das Kettenmolekül aufbauen. Daraus ergibt sich eine große Variationsbreite bei der Synthese von hitzereaktiven Acrylatharzen, und man ist praktisch in der Lage, die Harze nach Maß zu schneidern.

Wir unterscheiden zwei große Gruppen von hitzereaktiven Acrylatharzen:

a) die *selbstvernetzenden Acrylatharze,* die keinen anderen Reaktionspartner zur Aushärtung brauchen und als Alleinbindemittel verwendet werden können und

b) die *fremdvernetzenden Acrylatharze,* die einen zweiten Reaktionspartner — meist ein Melaminharz — zur Aushärtung benötigen.

Zu a) Bei selbstvernetzenden Acrylatharzen kommt der Methyloläthergruppe als reaktiver Seitengruppe bisher die weitaus größte Bedeutung zu[45]). Sie reagiert unter Wärmeeinwirkung mit einer zweiten Methyloläthergruppe, und unter Molekülvergrößerung tritt Härtung des Lackfilmes ein[46]).

Theoretisch ist folgender Reaktionsablauf denkbar:

$$\begin{array}{c}
\sim\!\!\!-C(=\!O)-NH-CH_2OR \;+\; ROH_2C-NH-C(=\!O)-\!\!\!\sim \\
\downarrow \\
\sim\!\!\!-C(=\!O)-NH-CH_2-O-CH_2-NH-C(=\!O)-\!\!\!\sim \\
\downarrow \\
\sim\!\!\!-C(=\!O)-NH-CH_2-NH-C(=\!O)-\!\!\!\sim
\end{array}$$

(4.57)

Manche selbstvernetzenden Acrylatharze enthalten neben den Methyloläthergruppen auch noch Hydroxyl- oder Carboxylgruppen, über die eine zusätzliche Vernetzung[47]) erzielt wird. Der Gehalt an Carboxylgruppen wird aber auf jeden Fall klein gehalten, weil bei ihrer Vernetzung Esterverbindungen entstehen, die bekanntlich verseifungsanfällig sind.

---

[45]) *R. M. Christenson, D. P. Hart:* Thermosetting Compositions from the Reaction of Acrylamide Interpolymers with Formaldehyde, Off. Digest, Vol. 33, Nr. 437, S. 684ff, s. a. Chem. Zentralblatt *134* (1963), 3, 1081.

[46]) Grundprinzip der Pittsburgh-Plate-Glass-Patente. S. a. *R. M. Christenson, D. P. Hart,* Off. Digest *33* (1961), 437, S. 684 mit weiteren Patenthinweisen. — Referat siehe Farbe u. Lack *67* (1961), 4, S. 225. — Vgl. auch Paint Manufacture *31* (1961), 1, S. 13. — *H. G. Bittle,* Off. Digest *33* (1961), 437, S. 699. — *H. A. Vogel, H.G. Bittle,* „Coatings Based on Acrylamide Interpolymers", Off. Digest *33* (1961), 437, 699.

[47]) Die Reaktionsprinzipien sind dargelegt durch *H. J. Gerhart,* Off. Digest *33* (1961), 437, 680, Referat Farbe u. Lack *67* (1961), 12, 766.

Die selbstvernetzenden Acrylatharze haben sich besonders bei der Einschichtlackierung z. B. von Haushaltsgeräten bewährt.

Die Reaktion selbstvernetzender Acrylatharze mit reaktiven Gruppen anderer Harze ist in der Praxis auf folgende drei Fälle beschränkt:

1. Abmischung mit Epoxidharzen
2. Abmischung mit Alkydharzen
3. Abmischung mit Melaminharzen.

Am wichtigsten hiervon ist zweifellos der erste Fall. Eine Reihe von selbstvernetzenden Acrylatharzen des Handels enthält bereits Epoxidharze zugemischt[48], und bei den epoxidharzfreien Typen wird deren Zusatz empfohlen. Er verbessert die Haftfestigkeit, Chemikalien- und Korrosionsbeständigkeit auf schwierigem Untergrund und bei Feuchtigkeitsbelastung. Bei Überschreiten einer optimalen Zusatzmenge ist aber mit Vergilbung und Kreiden des Lackfilmes zu rechnen. Die Vernetzungsreaktion findet zwischen den Epoxid- bzw. Hydroxylgruppen einerseits und den Methyloläthergruppen andererseits statt.

Der Zusatz von Alkydharzen erfolgt meist zwecks Verbilligung des Lacksystemes. Er mindert aber gleichzeitig die Qualität der eingebrannten Lackfilme. Die geringste Beeinträchtigung erhält man bei Verwendung von Alkydharzen auf Basis synthetischer Fettsäuren und Versatic-Säuren[49]. Die Vernetzungsreaktion läuft über die im Alkydharz vorhandenen Hydroxylgruppen ab.

Durch einen Melaminharzzusatz zu selbstvernetzenden Acrylatharzen wird eine Senkung der Einbrenntemperatur erreicht; jedoch werden die Lackfilme empfindlicher gegen Überbrennen.

Zu b) Fremdvernetzende Acrylatharze enthalten vorwiegend Hydroxylgruppen, die durch z. B. Äthylenglykolmonoacrylat oder Propylenglykolmonoacrylat in das Polymerisat eingebracht werden. Acrylatharze, die ausschließlich Hydroxylgruppen als reaktive Seitengruppen enthalten, können nicht mit sich selbst vernetzen. Sie brauchen in jedem Fall ein anderes Bindemittel als Reaktionspartner. Für Einbrennlacke kommen hierfür nur methylolätherhaltige Produkte, wie Harnstoff- und Melaminharze, in Frage[50].

Die Reaktion mit Epoxidgruppen hat nur theoretische Bedeutung, da die zur Reaktion notwendige Temperatur für die Praxis viel zu hoch liegt.

Auf die Reaktion mit Isocyanatgruppen wird am Ende dieses Kapitels (s. S. 234) hingewiesen.

Große Bedeutung hat die Kombination der fremdvernetzenden Acrylatharze mit Melaminharzen für die Herstellung von Automobil-Decklacken[51].

Seit einigen Jahren werden in den USA thermoplastische Polymethacrylsäureester bestimmten Polymerisationsgrades in geeigneten Lösungsmittelgemischen in gewissem Umfang für die Herstellung von Autolacken (Reflow-Lacke)[52] verwendet. Im Gegensatz zu den hitze-

---

[48] *D. D. Applegath*, „Epoxy Resins in Thermosetting Acrylics", Off. Digest *33* (1961), 437, 737.

[49] *W. H. M. Nieuwenhuis, H. A. Oosterhof*, Copolymers with Vinyl Esters of Branched Carboxylic Acids in Thermosetting Systems", Journ. OCCA *50* (1967), 8, 738.

[50] *I. C. Petropoulos, C. Frazier, L. E. Cadwell:* Acrylic Coatings Cross-Linked with Amino Resins, Off. Digest *33* (1961), 437, 719, Verfahren der American Cyanamid Co.

[51] *J. R. Taylor*, Der Einsatz von hitzehärtbaren Acrylatharzen in Automobil-Decklacken, Farbe u. Lack, *72* (1966) Nr. 8, S. 760.

[52] *J. R. Taylor, H. Foster*, Reflow thermosetting Acrylic resins — Some aspects of their performance and uses, Journ. OCCA *51* (1968), 975 ff. Unter „Reflow-Lacken" versteht man solche, die nach kurzer Einbrennzeit geschliffen werden, deren Oberfläche bei nochmaligem Einbrennen erneut verläuft.

14. Polymere Acrylate und Methacrylate

härtbaren Acrylatharzen findet beim Einbrennvorgang keine Vernetzung statt. Die Lacke zeichnen sich durch guten Verlauf, durch besonderen Glanz und gute Glanzhaltung im Wetter aus, wobei der Glanzhaltung in Metalleffektlacken hohe Bedeutung beigemessen wird. Ein weiterer Vorteil der Reflow-Lacke liegt darin, daß sie sich — im Gegensatz zu Alkyd-Melaminharzlacken — leicht aufpolieren lassen.

Carboxylgruppen lassen sich über Acrylsäure, Methacrylsäure oder Maleinsäure in fremdvernetzende Acrylatharze einführen, und diese können mit epoxidgruppenhaltigen oder methylolgruppenhaltigen Bindemitteln in der bereits erläuterten Weise reagieren. Es lassen sich jedoch auf diesem Wege keine chemikalienbeständigen — z. B. waschlaugenbeständigen — Lackierungen herstellen. Man gibt daher den anderen Vernetzungsprinzipien den Vorzug.

Epoxidgruppen können in Acrylatharze durch Mischpolymerisation mit Glycidylestern der Acrylsäure oder Methacrylsäure eingebaut werden[53]. Da diese polymerisationsfähigen Glycidylester jedoch relativ teuer sind, hat das Vernetzungssystem in Acrylatharzen keine praktische Bedeutung[54].

Zusammenfassend kann festgestellt werden, daß die selbstvernetzenden Acrylatharze ihre Verwendung hauptsächlich zur Herstellung von Haushaltsgerätelacken finden. Das Schwergewicht der fremdvernetzenden Acrylatharze liegt bei der Autodecklackierung; hierbei wird besonders die gute Glanzhaltung speziell in Metalleffektlacken geschätzt. Darüber hinaus ist auch die Reparatur kleiner Lackschäden durch Schleifen und Polieren im Vergleich zu konventionellen Alkyd-Melaminharzlacken leichter. Die nach dem Coil-Coating-Verfahren aufgetragenen Acrylatharzlacke sind meist fremd- oder schwach selbstvernetzend, um den Anforderungen bezüglich des Härte-Elastizitäts-Verhaltens möglichst nahe zu kommen.

Bei hohen Anforderungen an die Wetterbeständigkeit, haben sich in neuerer Zeit silikonmodifizierte Acrylatharze als vorteilhaft erwiesen[55]. Sie sollen in ihren allgemeinen mechanischen und technologischen Eigenschaften zwischen denen der reinen Acrylatharzlacke und der Polyvinylidenfluorid-Beschichtung liegen. Die umfangreichsten Erfahrungen liegen bisher in den USA vor[56].

---

[53] *I. D. Murdock, G. H. Segall*, Thermosetting Compositions based on Acrylic Copolymers Cross-Linked with Diepoxides, Off. Digest *33* (1961), 437, 709, Verfahren der Canadian Industries Ltd. — *G. Allyn*, Acrylic Solutions for industrial Finishing, Paint Industry *76* (1961), 7, 14 s. a. Referat in Industrie-Lackier-Betrieb *29* (1961), 11, 377.

[54] Aus der Vielzahl der Veröffentlichungen über hitzereaktive Acrylatharze sei besonders noch auf folgende Quellen verwiesen: *K. Weigel*, Acryl- und Methacrylharze, Fette-Seifen-Anstrichmittel, *64* (1962), 10, 929. — *E. E. Pigott*, Thermosetting Acrylic Resins, Journ. OCCA *46* (1963), 12, 1009, s. a. Chemisches Zentralblatt *136* (1965), 2, 652. — *A. Mercurie, G. Allyn*, Einbrennlacke mit härtbaren Acrylharzen, Farbe u. Lack, *70* (1964), 2, 128. — *I. R. Costanza, E. E. Waters*, Crosslinking Acrylic Coatings, Off. Digest, *37* (1965), 485, 424. — *K. Sekmakas, R. Stangl*, Modified Thermosetting Acrylamide Polymers and Methods of Preparation, Off. Digest, *38* (1966), 495, 217. — *A. R. Smith*, Thermosetting Acrylic Resins in Surface Coatings, Paint Manufacture, *36* (1966), 11, 45 . — *P. V. Robinson, K. Winter*, Some recent Advances in Thermosetting Acrylic Resins, Journ. OCCA, *50* (1967), 1, 25. — *T. J. Miranda*, Oxazoline Modified Thermosetting Acrylics, Off. Digest, *39* (1967), 504, 40. — *H. Spoor*, Reaktive Polyacrylate für den Oberflächenschutz, Angew. Makromol. Chemie *4/5* (1968), 142. — *K. Pleßke*, Wärmehärtbare Acrylpolymere, Kunststoffe, *59*, (1969), 4, 247. (Gute Übersicht mit 55 Literaturquellen.)

[55] US-Patent 3 318 971 vom 10.5.1963 De Soto; US-Patent 3 261 881 vom 12.8.1965 PPG; US-Patent 3 417 161 vom 4.4.1966 PPG.

[56] *J. W. Cornish*, „Weathering Durability of Silicone-modified Organic Resin Copolymers", Paint Manufacture, 1969.

Die bisher beschriebenen hitzereaktiven Acrylatharze kommen als 50—60%ige Lösungen in den Handel und enthalten in dieser Form Alkohole und Benzolkohlenwasserstoffe als Lösungsmittel. Ihre Verträglichkeit mit Melamin-, Harnstoff-, Epoxid- und Alkydharzen ist sehr vom Typ abhängig und muß von Fall zu Fall geprüft werden.

In letzter Zeit hat die Entwicklung pulverförmiger, reaktiver Acrylatharze in verstärktem Maße eingesetzt (s. S. 209).

Dem Reaktionstyp nach gehören die pulverförmigen Produkte zur Gruppe der selbstvernetzenden Acrylatharze, denen zwecks Erreichung bestimmter technologischer Eigenschaften auch kleine Anteile von Epoxidharzen zugemischt werden können.

Inländische Handelsnamen:

Acriplex	— Röhm GmbH.
Baycryl	— Bayer
Larodur	— BASF
Luprenal	— BASF
Macrynal	— Cassella
Synthacryl	— Reichhold-Albert

Beispiele für ausländische Handelsnamen:

Acrylic	— UCC
Acryloid	— Rohm & Haas
Bedacryl	— ICI
Coroc	— Cook
Duracron	— PPG
Epok D-Marken	— BRP
Interpol	— Freeman
Lustrasol	— RCI
Scadoset	— Scado
Scopacron	— Styrene
Setalux	— Synthese
Synedol	— Synres
Synocryl	— Cray Valley
Viacryl	— Vianova

Der Vollständigkeit halber müssen in diesem Kapitel noch die *hydroxylgruppenhaltigen Acrylatharze* erwähnt werden, die sich als Härtungskomponenten für Polyisocyanate noch in der Entwicklung befinden. Es handelt sich dabei um niedrigviskose, fast farblose Acrylatharzlösungen mit freien reaktiven Hydroxylgruppen. Diese reagieren nach bekanntem Schema mit Polyisocyanaten (s. S. 155) und ergeben sehr gut licht- und farbtonbeständige Lacküberzüge. Der Vorteil gegenüber den bisher als Härtungskomponenten verwendeten Polyestern oder Polyäthern liegt in der niedrigeren Hydroxylzahl der Acrylatharze und führt damit zu Kosteneinsparungen, da ein vergleichsweise geringerer Anteil an Polyisocyanaten benötigt wird. Gleichzeitig ergibt sich aus demselben Grund eine bessere Vergilbungsbeständigkeit. Die gehärteten Lacküberzüge zeichnen sich durch guten Verlauf und hohe Verseifungsresistenz aus. Aufgrund geringerer Vernetzungsdichte ist die Lösungsmittelbeständigkeit etwas beeinträchtigt. Trotzdem erhält man noch immer recht gute Beständigkeit gegen Mineralöl, Heizöl und Benzinkohlenwasserstoffe.

14. Polymere Acrylate und Methacrylate

Inländische Handelsnamen:

Lumitol	— BASF
Macrynal	— Cassella
Synthacryl	— Reichhold-Albert

14.2. Polyacrylate (härtbar) in wäßriger Lösung bzw. wasserverdünnbar

Durch entsprechende Modifizierung des reaktiven Polyacrylatmoleküls, z. B. durch Einbau freier Carboxylgruppen und deren Umsetzung mit Aminen, läßt sich Wasserlöslichkeit bzw. -verdünnbarkeit erreichen[57]). Diese ist wiederum Voraussetzung für die Verarbeitung der Harze nach dem Elektrotauch-Lackierverfahren[58]).
Die Verarbeitung durch konventionelles Spritzen oder Tauchen sowie Kombinationen mit anderen wasserverdünnbaren Lackrohstoffen sind möglich. In Frage kommen dafür z. B. Harnstoff-, Melamin-, Phenol- und Alkydharze.
Der technische Vorteil der wasserlöslichen oder wasserverdünnbaren Acrylatharze liegt in der weißen, nicht vergilbenden Einschichtlackierung.

Inländische Handelsnamen:

Baycryl	— Bayer
Luhydran	— BASF

Ausländische Handelsnamen:

Acrylic	— UCC

14.3. Polyacrylate (nicht härtbar)*) fest oder in organischen Lösungsmitteln

Vom Polymethacrylsäuremethylester abgesehen neigen die das Lackgebiet interessierenden Produkte zum Zusammenbacken und sind in diesem Zustand schwer zu lösen; daher sind zahlreiche Lösungen im Handel.
Die Anwendung der Produkte in Lösung ist infolge der außerordentlichen Variationsbreite der Eigenschaften in der mannigfaltigsten Form gegeben. So ist die Bewältigung schwieriger Spezialprobleme erst mit den Produkten dieser Gruppe möglich gewesen. Die Polymerisatfilme sind nach guter Trocknung geruch- und geschmackfrei, physiologisch unbedenklich, vollkommen farblos und zeigen die höchste Alterungs-, Licht- und Wetterbeständigkeit von allen Vinylpolymeren. Auch zeichnen sie sich durch sehr gute Haftfestigkeit auf den verschiedensten Untergründen aus.

---

[57]) *A. Hilt,* „Untersuchung des Struktureinflusses bei der filmartigen Abscheidung von Polyelektrolyten aus wäßriger Lösung an metallischen Elektroden", Angew. Makromolekulare Chemie *1* (1967), S. 174. — F. P. 1 488 727 vom 4. 8. 1966, BASF; F. P. 1 487 393 vom 21.5.1966, BASF; F. P. 1 480 548 vom 18.5.1966, BASF; F. P. 1 504 895 vom 2.12. 1966, BASF; F. P. 1 477 147 vom 22.4.1966, BASF; F. P. 1 485 140 vom 29.6.1966, BASF; Belg. Patent 6 404 540 vom 16. 4. 1964, ICI; Holl. Patent 6 710 401 vom 27. 7. 1967, Bayer. — *W. A. Riese,* „Ein Beitrag über wasserlösliche thermoreaktive Lacke", Farbe u. Lack 72 (1966) Nr. 6, S. 542 insbes. S. 546.
[58]) *D. R. Hays, C. S. Waite,* „Electrodeposition of Paints: Deposition Parameters", Journ. of Paint Technology *41* (1969), 535, S. 461. — *F. Beck,* „Raumladungen in Elektrotauchlackfilmen unter Abscheidungsbedingungen", Berichte der Bunsengesellschaft für physik. Chemie 72 (1968), 2, S. 445. — *F. Beck,* „Elektrotauchlackierung an der rotierenden Scheibenelektrode", Chemie-Ing.-Technik *40* (1968), 12, S. 575.
*) Im englischen Sprachgebrauch „Thermo-plastic-acrylics".

Die Polymerisationsfreudigkeit der Acrylsäure- und Methacrylsäureester führt bei normalem Polymerisationsverlauf leicht zu großen Kettenlängen. Um das beim Spritzen unerwünschte Fadenziehen zu verhindern und gleichzeitig noch genügend körperreiche Lacke zu erhalten, ist es notwendig, einen bestimmten Polymerisationsgrad nicht zu überschreiten.

Die härteren Polymethacrylsäureester werden als Selbstbindemittel für sehr hochwertige Lacke, z. B. für Leichtmetall — insbesondere Flugzeug-Lacke verwendet, während die Polyacrylsäureester als weichmachende Zusätze zu Nitrocellulose, Chlorkautschuk und manchen Vinylchlorid- und Vinylacetatpolymeren ihre Bedeutung gefunden haben.

Als Anwendungsgebiete sind zu nennen: Grundierungen und Überzüge auf hochelastischen Materialien, wie Gummi, Papier, Textilien, Kunstleder und Wachstuch sowie haftfeste und gegen Temperaturschwankungen beständige Lacke auf verschiedenen Leichtmetallsorten, ferner Folien- und Kapsellackierungen und heißsiegelbare Überzüge für Nahrungsmittelemballagen.

Handelsnamen:

Acronal	BASF
Acryloid	Rohm & Haas
Elvacite	DuPont
Lucite	DuPont
Luprenal	BASF
Lustrasol	RCI
Neocryl	Polyvinyl Chemie
Paraloid	Rohm & Haas
Plexigum	Röhm GmbH
Synthacryl	Reichhold-Albert

14.4. Polyacrylate (nicht härtbar) in wäßriger Lösung

Eine Sonderstellung nehmen die freien Säuren und ihre Amide ein. Die niedrigpolymeren Säuren sind wasserlöslich, die hochpolymeren Säuren dagegen nur in Form ihrer Salze. Einige dieser Produkte wirken als die stärksten Verdickungsmittel für Leime, natürliche und synthetische Latices u.a.m. Neben ihrer verdickenden Wirkung haben sie auch Bedeutung als Schutzkolloide und Benetzungsmittel für anorganische Pigmente. Auch die polymeren Säureamide sind stark hydrophil und bei geeigneter Einstellung wasserlöslich. Diese Produkte sind aufgrund der reaktionsfähigen Säureamidgruppe, z. B. mit Formaldehyd, härtbar.

Inländische Handelsnamen:

Collacral	—	BASF
Latekoll	—	BASF
Rohagit	—	Röhm GmbH

14.5. Polyacrylat-Dispersionen

Außer den zahlreichen Block- und Lösungspolymerisaten sowie -mischpolymerisaten spielen auch die Dispersionen, vor allem die Mischpolymerisatdispersionen, gerade in den letzten Jahren eine erhebliche Rolle.

Da sowohl die Methacrylsäurederivate als auch die Acrylsäurederivate bei der Mischpolymerisation mit anderen Monomeren zahlreiche Kombinationen zulassen und, soweit sie weiche Polymerisate ergeben, durch Mischpolymerisation harte

14. Polymere Acrylate und Methacrylate

Polymere innerlich plastifizieren können, ist die Stellung, die diese Produkte bei der Mischpolymerisation einnehmen, durchaus verständlich. Die Mischpolymerisation, z. B. mit Vinylestern, Vinyläthern, Styrol und Vinylchlorid, ist auch nach dem Verfahren der Emulsionspolymerisation möglich. Zahlreiche Mischpolymerisatdispersionen mit praktisch allen genannten Komponenten sind im Handel. Die innere Weichmachung, die also den Zusatz von „äußeren" Weichmachern unnötig macht, erlaubt es, die Schwierigkeiten, die mit der „Weichmacherwanderung" verknüpft sind, zu vermeiden. Auf diese Weise ist es möglich, Grundierungen für saugfähige Materialien aus derartigen Dispersionen für eine nachträgliche Überlackierung mit Lacken, etwa auf Nitrocellulosebasis, herzustellen, ohne daß die Gefahr besteht, daß der Decklack nach einiger Zeit erweicht. Durch geeignete Auswahl der monomeren Komponenten ist es darüber hinaus möglich, Lösungsmittel- und Ölfestigkeit zu erzielen und ferner die anwendungstechnischen Eigenschaften der Dispersionen im Hinblick auf Pigmentverträglichkeit und Pigmentbindevermögen, Wisch-, Wasch- und Scheuerfestigkeit sowie die Lage der kritischen Filmbildungstemperatur usw. weitgehend zu variieren, wobei auch Verdickungsmittel, Schutzkolloide, Pigmentverteiler und geringe Lösungsmittelzusätze eine wichtige Rolle spielen. Monostyrol als MP-Komponente verleiht dem Polymerisat aufgrund seines unpolaren Charakters besondere Wasserfestigkeit.

Anwendungsgebiete z. B. Innen- und Außenanstriche auf porösem Untergrund, wie Putz, Mauerwerk, Asbestzement und Holz; Grundiermittel für Leder für nachfolgenden Überzug mit Nitrodecklacken, aus welchen das für derartige Lacke übliche Weichmachungsmittel — Rizinusöl — infolge Unverträglichkeit mit den Polymerisaten nicht in den Untergrund abwandern kann; Beschichtung und Doublierung von Textilgeweben; Abdichtung von Pappemballagen für Öle usw., Isolierschichten verschiedener Art, auch auf Teer und Bitumina, z. B. für Rollbodenbeläge; Imprägnierung von Papiervlies und sog. „non-woven-fabrics"*); Beschichtung von Papier für Glanzpapiere, Chromopapiere usw.

Inländische Handelsnamen:

Acronal	— BASF
Ercusol	— Bayer
Plextol	— Röhm GmbH
Polyacrylat Schkopau D	— VEB Chemische Werke Buna, Schkopau
Synthemul	— Reichhold-Albert

Beispiele für ausländische Handelsnamen:

Afcolac	— Pechiney
Alcresol	— Alcrea
Bedacral	— ICI
Crilat	— Montecatini
Dow Latex	— Dow
Polyco	— Borden
Primal	— Rohm & Haas, Philadelphia
Rhoplex	— Rohm & Haas, Philadelphia
Setamul	— Synthese
Synresyl	— Synres
Ubatol	— UBS Chemical Comp.
Ucecryl	— UCB

---

*) Der Ausdruck „non-woven-fabrics" wird z. Zt. am besten mit „Textilverbundstoff" übersetzt. S. a. Norm-Entwurf DIN 60 000.

15. Polymerisate und Mischpolymerisate des Styrols

—CH$_2$—CH—CH$_2$—CH—CH$_2$—CH—CH$_2$—
       | | |
      C$_6$H$_5$ C$_6$H$_5$ C$_6$H$_5$

4.51

Die Herstellung der Polymerisate des Styrols[59]) erfolgt technisch nach allen auf S. 204 ff. beschriebenen Methoden. Das Reinpolymerisat ist ein geruch- und geschmackfreies, glasklares Hartharz, das in Estern, Benzol- und Chlorkohlenwasserstoffen leicht löslich, dagegen vollkommen unlöslich in Alkoholen ist und von Benzinkohlenwasserstoffen lediglich angequollen wird. Ganz niedrigmolekulare Polystyrole sind öl- bis balsamartige Substanzen. Die Verträglichkeit von Polystyrol mit anderen Lackrohstoffen ist gering. Die Verwendung ist durch die mäßige Elastizität des Produktes erschwert, da Polystyrol leicht zu Haarrißbildung neigt. Weichmacher, wie Dibutylphthalat, Chlordiphenyl oder Polyvinylmethyläther, können nur in beschränktem Umfang zugesetzt werden, weil Polystyrol so unpolar ist, daß praktisch keine Solvatation zwischen Weichmacher und Polymerenkette möglich ist und ein Zuviel an Weichmacher klebrige Filme ergeben kann. Auch ist Polystyrol in den dafür geeigneten Lösungsmitteln besonders schnell löslich und ein Auftragen mehrerer Lackschichten übereinander aus diesem Grunde sehr erschwert. Letzte Lösungsmittelreste werden von Polystyrol mit besonderer Zähigkeit zurückgehalten. Polystyrollösungen lassen sich schlecht verspritzen, da sie schon bei mäßiger Konzentration zum Fadenziehen neigen. Trotz der genannten Verarbeitungsschwierigkeiten hat Polystyrol wegen seiner bemerkenswerten Eigenschaften, wie außerordentliche Wasserfestigkeit, sehr hohe Lichtechtheit und Klarheit, ausgezeichnete Elektroisolierwirkung, Alkohol- und Glykolfestigkeit und sehr hohe Chemikalienfestigkeit, Bedeutung für Spezialanwendungen: Spulenwicklungen, elektrische Formkörper, spritfeste Lacke in der Parfümindustrie, Abdecklacke in Chromierungsbädern, Lacke für Kühlanlagen und Leuchtfarben. Weil Polystyrol gänzlich säurefrei und unverseifbar ist, hat es Interesse für zinkstaubhaltige Grundierungen (zinc rich primer, cold galvanizing solutions) gefunden; von Vorteil ist, daß der Zinkstaub in Polystyrollösung verhältnismäßig wenig absetzt.

Inländische Handelsnamen:

    Polystyrol LG   — BASF

Weitere feste Kunstharze für Lackzwecke werden durch Mischpolymerisation von Styrol mit anderen Monomeren erzeugt. So erhält man durch Mischpolymerisation mit Maleinsäureanhydrid ein in schwach alkalischem Wasser lösliches Schutzkolloid für Dispersionsfarben (Lustrex/Monsanto). Verwendet man anstelle des Maleinsäureanhydrids einen Maleinsäureester, so erhält man Hartharze mit guter Löslichkeit in Alkoholen (Supraplal/BASF), die in Kombination mit Nitrocellulose zur Herstellung von Papierlacken geeignet sind. Auf Basis Styrol-Acrylat sind Festharze im Handel, die besonders für Fassadenanstriche und Straßenmarkierungs-

---

[59]) Zum genaueren Studium sei verwiesen auf: *H. Ohlinger,* „Polystyrol", Springer, Berlin-Göttingen-Leipzig 1955. — *R. H. Boundy, R. F. Boyer,* „Styrene, Its Polymers, Copolymers and Derivatives", Reinhold, New York 1952. — „Polystyrol", Kunststoffe in der Praxis *1* (1969), 6, S. 137.

15. Polymerisate und Mischpolymerisate des Styrols

farben empfohlen werden (Pliolite AC/Goodyear). Hier kann das Styrol durch Vinyltoluol ersetzt werden, und man erhält Lackrohstoffe für ähnliche Anwendungsgebiete (Pliolite VTAC/Goodyear). Naturgemäß unterscheiden sich alle diese Mischpolymerisate in ihren Löse- und Verträglichkeitseigenschaften.

Schließlich sind noch eine Vielzahl von festen Polymerisationsprodukten substituierter Styrole zu erwähnen[60]), die aber bisher nur untergeordnetes Interesse auf dem Lackgebiet gefunden haben.

Styrol selbst hat größere Bedeutung bei der Veredlung von trocknenden Ölen und Alkydharzen gefunden; siehe hierüber styrolisierte Alkydharze S.119.

Über die Verwendung von Monostyrol in Lacken auf Basis ungesättigter Polyester s. S.134.

Recht erhebliche Bedeutung hat die Mischpolymerisation von Styrol mit weichmachenden Monomeren — vor allem Butadien — für die Herstellung von Styrol-Butadien-Dispersionen erlangt.

Die Verwendung von Mischpolymerisat-Dispersionen aus Styrol und Butadien auf dem Anstrichgebiet ist eine Folge der intensiven Entwicklungsarbeiten, die durch unausgenutzte Monomerenkapazität am Ende des zweiten Weltkrieges in den USA ausgelöst wurden. Man suchte eine Verwendung und fand sie in der Möglichkeit, von jedermann leicht verarbeitbare Dispersionsfarben für den in USA üblichen Innenanstrich der Häuser auf dem „Do-it-yourself-Markt" zu bringen. Diese Dispersionen enthalten 34—40 % Butadien, um Filmbildung bei Temperaturen bis nahe 0 °C zu ermöglichen. Die Anstrichfilme reagieren aufgrund ihres ungesättigten Charakters mit dem Luftsauerstoff und vernetzen dadurch, so daß sie nach einigen Wochen eine hervorragende Wisch- und Waschfestigkeit aufweisen. Diese Nachhärtung wird durch geeignete Trockenstoffe beschleunigt, durch Antioxidantien gehindert. Nicht ganz zu vermeiden dagegen ist eine gewisse Vergilbung. Bei der Freibewitterung neigen Anstriche auf Basis von Styrol-Butadien-Dispersionen zum Kreiden.

Mit bestem Erfolg werden Styrol-Butadien-Dispersionen in der Papierbeschichtung verwendet.

Inländische Handelsnamen:

    Litex   — Hüls

Beispiele für ausländische Handelsnamen:

    Dow Latex   — Dow
    Polyco   — Borden

Styrolmischpolymerisate mit einer Anzahl gleichmäßig verteilter Carboxylgruppen lassen sich aus der Dispersion zu einem lagerstabilen Pulver trocknen, das in schwach alkalischem Wasser reemulgierbar ist. Um die Weichmacher genügend fest zu binden, enthält das Handelsprodukt noch andere polare Gruppen.

Das redispergierte Polymerisat bildet nach Zusatz von Weichmachern, wie Phthalsäureestern, Chlordiphenyl, Trikresylphosphat, bei Raumtemperatur einen Film, der große Klarheit, hohen Glanz und Wasserfestigkeit besitzt. Anstrichfarben auf

---

[60]) Eine sehr umfangreiche Übersicht über die wissenschaftlich untersuchten substituierten Styrole gibt *C. E. Schildknecht:* „Vinyl and Related Polymers" Wiley, New York, Chapman & Hall, London 1952, S. 126 ff.

dieser Basis trocknen zu Überzügen mit höchster Wisch- und Waschfestigkeit, guter Licht- und Wetterfestigkeit und bei geeigneter Pigmentierung mit einem für Dispersionsfarben beachtlichen Glanz. Das Polymerisat ist auch für klare, glänzende Papierlacke, waschfeste Tapeten, Klebstoffe u. ä. geeignet.

Das Polymerisat kann auch in organischen Lösungsmitteln gelöst verarbeitet werden und findet in dieser Form für Grundierungen Verwendung.

Inländische Handelsnamen:

    EMU-Pulver 120 FD   —   BASF

16. Mischpolymerisate des Butadiens und Kohlenwasserstoff-Harze

Das vor allem für die Herstellung synthetischen Kautschuks wichtige Monomere, Butadien, wird großtechnisch erzeugt: 1. aus Acetaldehyd über 1,3-Butandiol und Wasserabspaltung zu Butadien; 2. ausgehend von einem Gemisch von Äthanol und Acetaldehyd, das unter Wasserabspaltung kondensiert wird:

$$C_2H_5OH + CH_3CHO \longrightarrow CH_2=CHCH=CH_2 + H_2O \qquad 4.59$$

3. vor allem durch katalytische Dehydrierung von Buten bzw. Buten-Butangemischen und 4. durch Kracken bestimmter Erdölfraktionen und destillative Abtrennung. Die Synthese nach *Reppe:* Anlagern von Formaldehyd an Acetylen zu 1,4-Butindiol, Hydrieren zu 1,4-Butandiol und Wasserabspalten zu Butadien

$$CH\equiv CH + 2CH_2O \longrightarrow HOCH_2C\equiv CCH_2OH \xrightarrow{H_2} HOCH_2CH_2CH_2CH_2OH \xrightarrow{-H_2O} \qquad 4.60$$
$$CH_2=CHCH=CH_2$$

wird heute nicht mehr zur Herstellung von Butadien ausgeführt.

Zwar könnte man Butadien als Vinyläthylen zu den Vinylmonomeren zählen, aber neben der 1,2-Polymerisation

$$\begin{array}{c}-CH_2-CH-CH_2-CH-CH_2-CH-\\ \quad\quad\quad | \quad\quad\quad\quad | \quad\quad\quad\quad |\\ \quad\quad\quad CH \quad\quad\quad CH \quad\quad\quad CH\\ \quad\quad\quad \| \quad\quad\quad\quad \| \quad\quad\quad\quad \|\\ \quad\quad\quad CH_2 \quad\quad\quad CH_2 \quad\quad\quad CH_2\end{array} \qquad 4.61$$

ist die 1,4-Polymerisation

$$-CH_2-CH=CH-CH_2-CH_2-CH=CH-CH_2- \qquad 4.62$$

möglich und bei der Herstellung der meisten Produkte erwünscht. In jedem Fall enthalten Polymerisate, in welche Butadien einpolymerisiert wurde, Doppelbindungen, die reaktionsfähig bleiben und z. B. zur Vernetzung benutzt werden können.

Homopolymerisate des Butadiens sind als Lackharze nur sehr begrenzt verwendbar. Das durch Polymerisation in Gegenwart von Alkali gewonnene (als Lackharz-Lösung „*Pervinan*" ca. 80%ig in Testbenzin geliefert von VEB. Chem. Werke Schkopau) und „*Butarez*" (Phillips Petroleum Co, USA), mit Schwefel vulkanisierbar, empfohlen für Chemikalien-beständige Lacke, gehören hierher[61].

---

[61] *F. Wilborn* u. *J. Morgner,* Dtsche Farben-Zschr. *9* (1955), 457.

Abb. 6 Aufnahme aus der Styrolfabrik
Werkfoto Badische Anilin- & Soda-Fabrik AG, Ludwigshafen

16. Mischpolymerisate des Butadiens und Kohlenwasserstoff-Harze

Umfangreiche Entwicklungsarbeiten führten zu „*C-Oil*" (Enjay Corp., USA) bzw. zu den „*Butonharzen*" (Esso, USA), Bindemittel für Wasser- und Chemikalienbeständige Primer und Überzüge, die inzwischen nicht mehr vertrieben werden[62]).
Neuerdings werden hauptsächlich 1,4 verknüpfte Polybutadien-Harze beschrieben, die mit Methylolphenolen vernetzt nicht nur Chemikalien-beständige, sondern auch flexible Filme ergeben sollen[63]).
Eine Patentübersicht über „Copolymerisate aus Butadien und Styrol als Grundlage für Lacklösungen" veröffentlichte *M. Böttcher*[64]).
Ein Polymerisat des Butadiens ist auch Grundlage des „*Budium®-Lacks*" der Fa. DuPont de Nemours. Budium-Lack wird verwendet als Walzgrundierung für Getränkedosen. Er wird darüber hinaus empfohlen als Innenschutzlack für Konservendosen, in Verbindung mit Zinkoxid (C-Enamel) auch für Fleischdosen[65]).
Unter dem Sammelbegriff „*Kohlenwasserstoff-Harze*" seien einige Handelsprodukte aufgeführt, die z. T. nicht genau definiert im weiteren Sinne als Polydien-Harze zu betrachten sind.
Die „*Kohlenwasserstoff-Harze KW 10—40*" der VfT[66]) werden (zumindest KW 40) als arylaromatische Harze bezeichnet. Sie sind hell bis dunkelbraun, neutral und unverseifbar, Benzin-löslich und mit Cyclo- und Chlorkautschuk, einigen PVC-Mischpolymerisaten und langöligen Alkydharzen verträglich, mit Holzöl verkochbar, verwendbar daher für z. B. Maschinenlackfarben, Rostschutz- und Markierungsfarben. Auch mit Wachsen verträglich, daher teils für „hot-melts" empfohlen, auch für Kleber.
Als Harze aus ringkondensierten Kohlenwasserstoffen (Paraffinketten mit Naphtenringen) werden die „*Escorez-Harze*"[67]) und als Polydienharze (aus olefinischen Fraktionen mit speziellen Katalysatoren hergestellt, oxydativ trocknend) „*Escopol*" der Fa. Esso-Chemie bezeichnet. Sie werden als Zusatzbindemittel für Anstrichmittel, Kitte, Dichtungsmassen und für Kernsandbindemittel empfohlen.
Neville stellt unter der Bezeichnung „*Necires-Petroleumharze*" durch katalytische Polymerisation von „Olefinen, Dienen und Cyclo-Olefinen" gewonnene Produkte her, die für die Kombination mit Alkyd- und Kolophonium-modifizierten Phenolharzen, aber auch für die Abmischung mit Wachsen verwendbar sind.
Resen-Harze, „feste Kohlenwasserstoff-Harze ungesättigter Verbindungen aus dem Erdöl-Crack-Verfahren" von Fa. F.A.I.M.E., Trecate werden für lufttrocknende Anstrichmittel, Druckfarben, Hot-Melts, Gummi-Mischungen, Linoleum u. a. empfohlen.
Im weiteren Sinne sind auch die *Polyterpen-Harze*[68]) als Polymerisationsprodukte ungesättigter Kohlenwasserstoffe zu betrachten. Für die (katalytische) Polymerisation sind maßgebend α- und β-Pinen.

---

[62]) Chem. Engng. *6* (1954), 148; ref. Werkstoffe u. Korrosion *10* (1955), 512. — H. *Clark* u. R. G. *Adams,* Mod. Plastics *37* (1960), 132, 138. — Chem. Engng. *706* (1963), 108. — DBP Anm. 1 123 477 v. 13.5.54 Esso Research and Eng. Co., Elisabeth, N. J., USA.
[63]) G. G. *Schwarzer,* J. Paint Technol. *39* (1967), 523—31; entnommen aus Ind. Engineering Chem. *61* (August 1969), 65.
[64]) Farbe und Lack *68* (1962), 9, S. 623.
[65]) Vgl. DBP Anm. 1 232 681 und 1 232 682 v. 13. 6. 61, DuPont.
[66]) Dtsche Farben-Zschr. *18* (1964), 4, S. 141.
[67]) Kautschuk und Gummi *19* (1966), 154—166.
[68]) Chem. Zentralblatt *136* (28. 4. 1965), 17, S. 5357, Ref. aus Metal Finishing *62* (1964), 8, S. 63.

α - Pinen   β - Pinen

4.63

Die Polyterpenharze sind thermoplastische, helle Harze, je nach Type vergilbungsfest, beständig gegen Wasser, Alkali, verdünnte Säuren und Alkohol. Die Eigenschaften hinsichtlich Schmelzpunkt, Verträglichkeit und Löslichkeit schwanken je nach Produkt; es wird eine breite Palette angeboten. Einige Typen entsprechen dem amerikanischen Lebensmittel-Gesetz.

Die Polyterpenharze werden für Anstrichmittel, Druckfarben, Kleber und Wachsmischungen empfohlen; in Anbetracht der Unterschiedlichkeit der Eigenschaften der verschiedenen Handelsmarken wird auf die z. T. ausführlichen Schriften der Hersteller verwiesen.

Beispiele für Handelstypen:

Bexrez	Bakelite Xylonite Ltd.
Croturez	Crosby
Durez	Hookes
Karboresin T 115	Hoechst
Nirez	Newport
Piccolyte S-	Picco
Terpalyn	Hercules

Fünftes Kapitel

Polymerisationsharze — Inden- und Cumaronharze[1])

Inden- und Cumaronpolymerisate gehören zu den ersten technisch verwerteten thermoplastischen Kunstharzen.

Ausgangsstoffe

Das handelsübliche „Cumaronharz" stellt im wesentlichen ein Copolymerisat aus Inden und Cumaron dar, wobei Indenpolymerisate überwiegen.

Cumaron Kp 175,5 °C 5.1
Mol.-Gewicht: 118

Inden Kp 183,1 °C 5.2
Mol.-Gewicht: 116

Beide Stoffe sind farblose, flüssige, ungesättigte Verbindungen. Beide Verbindungen enthalten eine durch einen Benzolkern aktivierte Doppelbindung, weisen also eine chemische Konfiguration auf, die Tendenz zur Polymerisation erwarten läßt, welche beim Inden durch die große Reaktionsfähigkeit der Methylengruppe besonders betont vorliegt.

Die Polymerisation kann bereits durch Licht oder Wärme ausgelöst werden; mit Hilfe von Katalysatoren (meist sauren) läßt sich die Reaktion technisch leicht und steuerbar durchführen.

Im Prinzip gelten die auf S.198 f. für die Gruppe der Vinylverbindungen gegebenen Erläuterungen bezüglich des Ablaufs der Polymerisation sinngemäß auch für Inden und Cumaron; die gebildeten Kettenmoleküle sind jedoch nicht sehr groß. Die härtesten Typen, also diejenigen mit dem höchsten technisch erreichbaren Polymerisationsgrad, weisen Erweichungspunkte bis etwa 170 °C und Molekulargewichte von etwa 1 200 im Mittel auf[2]).

Inden und Cumaron finden sich in der Rohlösungsbenzol-Fraktion des Steinkohlen-Hochtemperaturteers und des Kokereirohbenzols[3]). Besonders angereichert an

---

[1]) Herrn *Dr. R. Mildenberg*, Rütgerswerke u. Teerverwertung A.G., Duisburg-Meiderich, habe ich für wertvolle Korrekturen und Ergänzungen sehr zu danken.

[2]) *I. I. Mattiello,* Protective and Decorative Coatings, I, 363 New York 1947. Brennstoffchemie 1951, S. 239.

[3]) *G. Krämer* und *A. Spilker,* Chem. Ber. 23 (1890), S. 78 u. S. 3276. — dto. *33* (1900), S. 2257.

Inden und Cumaron fällt eine aus diesen Rohmaterialien in den Siedegrenzen 160—185 °C abgenommene Fraktion an.

Durch engen Schnitt um den Siedepunkt des Indens von 183,1 °C erhält man Destillate mit Harzbildnergehalten bis zu 80 %[4]). Destillativ derart vorbereitete Fraktionen werden bevorzugt zur Gewinnung technischer Cumaronharze herangezogen[5]), wobei übrigens Lösungsbenzol als Destillat anfällt. Cumaronharze neuester Herstelltechnik entsprechen in ihrer Helligkeit den Naturharzen bzw. dem Bernstein und besitzen Erweichungspunkte zwischen 15 °C und 170 °C.

Bei Verwendung von Ausgangsmaterialien mit weiteren Siedebereichen enthalten die daraus hergestellten Harze auch Polymerisate der sonstigen reaktionsfähigen Rohbenzolbestandteile, nämlich des Mono- und Dicyclopentadiens sowie des Styrols im niederen Siedebereich und der Methylhomologen des Indens und des Cumarons im höheren Siedebereich.

„Cumaronharzhaltige Rückstände" sind Destillationsrückstände von der sogenannten „milden Wäsche" des Rohmotorenbenzols[6]).

Neben dem teerstämmigen Rohmaterial zur Herstellung von Cumaronharzen werden auch petrostämmige Rohstoffe zur Herstellung von Harzen eingesetzt, die den Cumaronharzen nahe verwandt sind, sich jedoch u. a. durch ihre Verträglichkeits- u. Löslichkeitsmerkmale graduell von diesen unterscheiden.

Raffination der Ausgangsstoffe und Durchführung der Polymerisation

Die Beschaffenheit des Cumaronharzes wird nicht nur von der Art des Ausgangsmaterials beeinflußt, sondern auch von möglichen Unterschieden in dessen Raffination, des verwendeten Polymerisationsmittels und der Art der Polymerisationsführung.

Bei der Cumaronharz-Herstellung sind grundsätzlich folgende Arbeitsgänge zu unterscheiden:

1. Entphenolung und Entbasung des Ausgangsmaterials.
2. Fraktionierung zur Anreicherung der Harzbildner.
3. Katalytische Polymerisation.
4. Abtrennung des Katalysators und Neutralisation.
5. Abtrennung des nicht- bzw. niedrigpolymerisierten Anteils durch Destillation im Vakuum bzw. im Dampfstrom und Gewinnung des Inden-Cumaronharzes als Rückstand.

Die Entfernung der Phenole und Basen erfolgt auf bekannte einfache Weise durch Waschen des Ausgangsmaterials mit etwa 10 %iger Natronlauge bzw. verdünnter Schwefelsäure. Für eine weitergehende Vorreinigung zur Beseitigung unerwünschter Begleitstoffe sind zahlreiche Vorschläge gemacht worden[7]).

Die Polymerisation des phenol- und basenfreien Rohlösungsbenzols tritt besonders bei indenreichem Material bereits unter Licht- und Wärmeeinfluß langsam ein[8]).

---

[4]) Infrarotspektren der zur Polymerisation verwendeten Fraktionen siehe *W. Brause*, ADHÄSION 4, Nr. 7, 338 (1960). — Zur Zusammensetzung d. Cumaronharze s. auch: Über die Chemie u. Struktur d. Cumaronharze, Dissertation *H.-O. Heinze*, T. H. Aachen, 1958.

[5]) DRP 270 973, *Wendriner* (1912).

[6]) *A. Spilker, O. Dittmer* und *O. Kruber*, Kokerei- u. Teerprodukte der Steinkohle, S. 145 (1933).

[7]) DRP 400 030, Barrett Co. (1920). — DRP 742 429, Rütgerswerke (1941). — AP 1 684 868, Koppers, Pittsb. (1924). — AP 1 853 565, The Selden Co. (1926). — Tjunnikow (russ.) Koks und Chemie 9, Nr. 1, S. 32 (1939). — DBP 899 356 Teerverwertung (1943).

[8]) *G. S. Whitby* und *M. Katz*, Journ. Am. Chem. Soc. 50 (1928), 1160.

Unter der Einwirkung von geeigneten Polymerisationskatalysatoren, wie z. B. Schwefelsäure, Borfluorid[9]), Metallchloriden[10]), aktiviertem Ton[11]), ist die Reaktion in kurzer Zeit durchführbar. Die Polymerisationsreaktion ist exotherm. Kühlung auf z. B. 20—35 °C[12]) ist zur Erzielung heller und härterer Harze erforderlich, besonders bei Verwendung der Schwefelsäure. Die Einhaltung einer möglichst niedrigen Initialtemperatur ist auch bei anderen Polymerisationsmitteln vorteilhaft.
Auch die Konzentration der Katalysatoren ist von Einfluß auf die Harzqualität. Unter optimalen Bedingungen sind harte Cumaronharze mit Erweichungspunkten von 100° bis 170 °C heute auch in hellen Qualitäten technisch zugänglich[13]), u. a. auch durch Abtrennung färbender Azoverbindungen[14]). — Harze mit einem Erweichungspunkt oberhalb 65 °C können in granulierter Form geliefert werden[15]). Extrem harte (200 °C) Harzmassen können durch Polymerisation und Ausfällen in Benzinfraktionen gewonnen werden[16]). — Durch Anwendung neuartiger Polymerisationsmittel ist es gelungen, fast reine Indenharze mit unbedingt gleichmäßiger Härte und Helligkeit zu erzeugen (Gebaganharz J).
Es hat auch nicht an wertvollen Vorschlägen gefehlt, die Beschaffenheit fertiger Cumaronharze zu verbessern, z. B. hinsichtlich der oftmals zu Recht bemängelten Lichtbeständigkeit, sowohl durch hydrierende Absättigung restlicher Doppelbindungen[17]) als durch Lichtstabilisatoren[18]) oder durch Blockieren der zur Fulvenbildung neigenden Strukturgruppe auf chemischem Wege[19]). Die Helligkeit und Härte von weicheren und dunklen Harztypen, auch von „cumaronharzhaltigen Rückständen", wurden durch Nachpolymerisation und/oder durch Entfärbungsmittel, ferner durch Kondensationsmittel erhöht[20]). Sehr helle Harzanteile sind aus Cumaronharzlösungen durch Anwendung hoher Drucke abgetrennt worden[21]).

Eigenschaften und Verwendung von Inden- und Cumaronharzen

Infolge der vielfältigen Variationsmöglichkeiten der Herstellungsverfahren können Harzsorten jeden Helligkeitsgrades in verschiedensten Härtestufen vom zähflüssigen, aber lösemittelfreien Harz, bis zum Festharz vom Erweichungspunkt bis

---

[9]) *Ritter*, Erdöl und Kohle *10* (1957), 434. — H. M. *Langton*, Synthetic Resins and Allied Plastics, Oxford University Press, 1951, 3rd Edn. Chapter VII.
[10]) DRP 446 707.
[11]) AP 2 077 009, AP 209 2998/9, Neville Comp. (1936). — *Scheiber*: „Künstliche Harze" S. 269 (1943).
[12]) DRP 420.465 Barrett Co. (1920).
[13]) DBP 848 956 (1952) Teerverwertung. — DBP 899 356 (1943) Teerverwertung. — DBP 902 974 (1943) Teerverwertung.
[14]) Über die Chemie u. Struktur d. Cumaronharze, Dissertation *H.-O. Heinze*, T.H. Aachen, 1958, mit 81 Literaturquellen.
[15]) DBP 960 285 Teerverwertung (1955).
[16]) DBP 1 157 238, H. *Wille* u. R. *Mildenberg*, Ges. f. Teerverwertung, 30.11.1960.
[17]) DRP 504 215, H. *Staudinger* (1926). — AP 2 139 722, Neville Co. (1936). — AP 2 152 533, Neville Co. (1936). — AP 2 416 903-905, *Carmody* (1947). — W. *Carmody*, H. *Kelly*, W. *Sheehan*, Ind. Eng. Chem. *32* (1940), S. 525, 684, 771.
[18]) DBP-Anmeldung G 21 828 IV b/39 b Teerverwertung (1956).
[19]) DBP 1 130 168 Ges. f. Teerverwertung (16.12.1959).
[20]) DRP 325 575 Rütgers (1918). — DRP 651 189 Krupp (1935). — AP 2 183 830 Pennsylvania (1938). — AP 2 234 708 Neville (1938). — AP 2 210 395 Neville (1927). — AP 2 070 694 Neville (1934). — AP 2 209 322 Pennsylvania (1937). — AP 2 183 830 Picco (1938).
[21]) DRP 722 869 Teerverwertung (1939).

170 °C technisch hergestellt werden. Durchweg sind Cumaronharze löslich in Benzolkohlenwasserstoffen, Chlorkohlenwasserstoffen, Ketonen, Terpentinölen, Estern und Äthern[21a]. Die Lösungen in aromatischen Kohlenwasserstoffen sind weitgehend mit Testbenzin verschneidbar, doch werden auch Copolymerisationsverfahren angewendet, die dem Cumaronharz Testbenzin-Löslichkeit auch bei niedrigen Temperaturen verleihen[22]. Auch Alkohollöslichkeit kann durch Polymerisation in Gegenwart von Phenolen bewirkt werden, wenn auch nur für mittelharte Sorten[23]. Der oftmals bemängelten Sprödigkeit kann mit handelsüblichen Weichmachern entgegengewirkt werden. Kombinationen mit Kautschuk[24] oder Resolen[25] sind möglich. Kondensationsharze können durch Acylierung[26] oder durch Einbau von Alkylaryläthern hergestellt werden[27].

Durch Copolymerisation von Inden, Cyclopentadien und trocknenden Ölen entstehen modifizierte Harze, die schnell trocknen und sich in Industrieatmosphäre bewährt haben[28].

Cumaronharze besitzen neben den Nachteilen der Vergilbung und Versprödung außer ihrer Preiswürdigkeit eine Reihe von Vorzügen. So sind entsprechend dem niedrigen Molekulargewicht der Harze die Lösungen niedrigviskos und ergeben körperreiche Filme. Dank ihrer Neutralität und Unverseifbarkeit[29] sind die Filme beständig gegen Wasser, Salzlösungen, Säuren, Laugen und niedere Alkohole. Es tritt keine Reaktion mit Pigmenten oder Füllstoffen ein; hierauf beruht vor allem die Verwendung von Cumaronharzen bei der Druckfarben-Herstellung. Cumaronharze zeigen ein gutes Fließ- und Eindringvermögen. Die elektrischen Isolationseigenschaften sind gut.

Bei größeren Weichmacherzusätzen bleiben Cumaronharzfilme lange weich, ohne daß späteres Verspröden ganz verhindert wird; deshalb verwendet man Cumaronharze nicht für Außenanstriche. Dagegen sind sie vorteilhaft brauchbar, z. B. in Kombination mit Chlorkautschuk oder Celluloseäthern, für die Herstellung von chemikalienbeständigen oder wasser-, auch seewasserfesten Schutzanstrichen. Cumaronharze werden häufig auch in Asphalt-(Gilsonit-) und Bitumenlacken verarbeitet, da sie diesen Bindemitteln in der chemischen Beständigkeit entsprechen. Mit trocknenden Ölen lassen sie sich sowohl durch kalte Mischung als auch durch Verkochen vereinigen; eine Einschränkung ist nur für sehr hochpolymerisierte Standöle und geblasene Öle zu machen. Auch mit vielen Kohlenwasserstoff-löslichen Harzen sind Cumaronharze verträglich. Die Gelatinierung von Holzöl wird durch Inden- und

---

[21a] Ermittlung der Löslichkeits-Eigenschaften durch Bestimmung des Trübungspunktes vgl. *W. Brause*, ADHÄSION 4, Nr. 7, 337 (1960).

[22] DBP-Anmeldung G 20334 IVc/12r Teerverwertung (1956). — Diese Anmeldung beschreibt eine Möglichkeit der Herstellung Testbenzin-löslicher Typen. — DBP 1 129 698 Ges. f. Teerverwertung (1959) Copolymerisation und Harnstoff-Formaldehyd-Vorkondensation.

[23] DRP 302 543 Rütgers (1917). — DRP 499 825 I.G. (1926). — DRP 535 078 I.G. (1930). — FP 644 015 I.G. (1927). — AP 2 156 126 Neville Co. (1936). — AP 2 160 537 Neville Co. (1938). — *J. R. Rivkin* u. *Sheehan*, Ind. Eng. Chem. 30, S. 12, 228 (1938).

[24] FP 809 732 Barrett Co. (1936). *T. A. Bulifant,* Rev. gen. Caoutschuk 25, S. 280 (1948).

[25] DRP 563 876, *H. Hönel* (1928).

[26] AP 2 197 710-11 Armour Co. (1938).

[27] DRP 497 413 I.G. (1928).

[28] DBP 926 810 Dortm. Bergbau AG.

[29] *Scheiber*, Künstl. Harze, S. 277 (1943) (Scheiber weist darauf hin, daß bei Harzen, die mit Schwefelsäure polymerisiert sind, ein manchmal vorhandener Anteil an Sulfosäuren die Alkalibeständigkeit mindert).

Cumaronharze verzögert, sofern das Verhältnis von Holzöl zu Harz etwa 2 : 1 nicht übersteigt. Bei höheren Harzanteilen ist es zweckmäßig, das Holzöl mit einem Teil des Harzes einzudicken und den Sud mit dem Rest des Harzes abzufangen. Allgemein empfiehlt es sich, bei Verkochungen die Temperatur nicht über 270 bis 280 °C zu treiben, da sonst Veränderungen bzw. Zersetzungen der Harze eintreten können[30]).

Spezielle, flüssige Indenharze (Spezialflüssigharz PH 3) werden als helle, einfärbbare Verschnittmittel für Epoxid- und Polyisocyanat-Systeme empfohlen. Neben dem Grundtyp werden aktivierte Spezialflüssigharze eingesetzt.

Als Selbstbindemittel haben sich Cumaronharzlösungen in der Praxis bei der Herstellung von Bronzetinkturen gut bewährt; die Harze müssen allerdings frei von Sulfosäuren sein. Aluminium- und Goldbronze zeigen in Cumaronharzlösungen in Abhängigkeit von deren Viskosität eine besonders ausgeprägte gute Schwimmfähigkeit, die allerdings durch die Wahl des Lösungsmittels sehr beeinflußt wird. Günstig verhält sich z. B. Xylol. Für außenbeständige Bronzefarben können Cumaronharze mit trocknenden Ölen versetzt werden.

Cumaronharze finden auch außerhalb der Lackindustrie vielseitige Verwendung[31]). Mineralöl-unverträgliche Harze werden für Fußbodenplatten verwendet[32]). Die Druckfarbenindustrie verwendet Mineralöl-verträgliche Sorten zur Herstellung von Druckfirnissen. In der Gummiindustrie wird Cumaronharz plastischen Massen auf Kautschukbasis[33]) einverleibt. Ganz allgemein wird Cumaronharz bei der Herstellung von Kitten, Klebemassen, Kabelmassen, Riemenwachs, Isolierungsmaterialien sowie für Papier-[34], Karton- und Holzimprägnierung u. a. benötigt. Die Verwendung in der Bautenschutzindustrie hängt mit den erwähnten Bitumenkombinationen zusammen[35]).

Handelsprodukte:

Cumaronharze	Verkaufsvereinigung für Teererzeugnisse (VfT) AG, Essen
Gebaganharze	Verkaufsvereinigung für Teererzeugnisse (VfT) AG, Essen

Cumaronharztypen werden nach den Merkmalen der Helligkeit und der Härte in eine Reihe verschiedener Arten eingeteilt, die in die Artengruppe I (helle Harze) und die Artengruppe II (dunkle Harze) unterteilt werden. — Zur Kennzeichnung der Cumaronharze nach der Härte wird der Erweichungspunkt (Kraemer-Sarnow) und nach der Helligkeit die international gebräuchliche Barret-Skala (= Coal Tar Scale) benutzt.

Die Artengruppe I umfaßt Harze der Helligkeitsstufen B 1/2 bis B 4; sie werden mit Erweichungspunkten von 15 bis 155 °C in 10 °-Abstufungen geliefert. In der Artengruppe II werden Harze der Helligkeit B 5, B 12 und B 16 mit Erweichungspunkten von 25 bis 95 °C angeboten.

---

[30]) Detaillierte Angaben über Holzöl-Cumaronharz-Verkochung s. *Mattiello*, Protective and Decorative Coatings 1, 378/81, New York (1947).
[31]) *Dr. Ing. B. Ikert:* Das Cumaronharz, seine Herstellung und Anwendungsgebiete, Verlag Wilhelm Knapp, Halle/Saale (1948).
[32]) AP 1 985 201 Congoleum Nairn. Inc. (1932).
[33]) AP 1 682 397 Barrett (1924). — *W. Brause,* ADHÄSION 5 (1961), 177 f. und 230 f.
[34]) AP 2 104 081 Barrett (1934).
[35]) Über spezielle Anwendungen in der Bautenschutzindustrie siehe *H. Wagner,* Taschenbuch d. chem. Bautenschutzes 4. Aufl. v. *A. Rick,* Wissensch. Verlagsges. Stuttgart 1956.

Folgende Spezialsorten werden ebenfalls in „Cumaronharz-Artenlisten" aufgeführt:

Cumaronharz-TN-Sorten	Harze mit verbesserter Testbenzinlöslichkeit. Helligkeitsgrade B 1 bis B 3 und Härten 55° bis 135°C.
Cumaronharz-A-Sorten	Phenolmodifizierte, alkohollösliche Harze. Helligkeitsgrade B 1 bis B 3 und Härten von 25° bis 75°C.
KW-Harze	Erdölstämmige Kohlenwasserstoffharze mit guter Testbenzinlöslichkeit (KW-10), erweiterter Öl- und Alkydharzverträglichkeit (KW-20), Wachsverträglichkeit (KW-30) und guter Lichtstabilität (KW-40). Helligkeitsgrade B 1 bis B 3 und Härten 65° bis 105°C.
Spezialflüssigharz PH 3	Copolymerisat für den Einsatz in Reaktionsharzsystemen. Auch in zwei aktivierten Typen (PH 3-a/5 u. PH 3-a/15) lieferbar.

Bei den Gebaganharzen werden unterschieden:
J-Sorten (Polyindene), und zwar je nach Erweichungspunkt J/80, J/90, J/100
P-Sorten (niedermolekulare Polystyrole) P/80, P/110[36])
Gebaganharz ML 60 (Mischpolymerisat aus Cyclopentadien, Inden und Leinöl)

Erläuterungen
Die Erweichungspunktdifferenz kann im Einzelfalle ± 5 °C betragen, d. h. daß beispielsweise das Cumaronharz B 1/95 die Helligkeit B 1 besitzt und der Erweichungspunkt zwischen 90° und 100° liegt. Ein Harz ist artgerecht, wenn die in den Typentafeln des Lieferwerks angeführten Merkmale, Erweichungspunkt und Helligkeit, die nach festliegenden Untersuchungsvorschriften bestimmt werden, bei dem gelieferten Harz erfüllt sind. Schwankungen innerhalb der Artengrenze können daher keinen Anlaß zu Beanstandungen geben.
Etwaige sonstige Ansprüche, z. B. auf bestimmte Löslichkeitseigenschaften, auf die Geruchstärke oder die Klebkraft, müssen von Fall zu Fall auf ihre Erfüllbarkeit geprüft werden.

Ausländische Handelsprodukte[37])

Beckacite OA, OB	Beck, Koller & Co., England
Clarodene	Dorman, Long & Co., Ltd., By-Products Department, Dock Street, Middlesborough, England
Cumar Resin	Allied, USA
Epok C	BP Chemicals
Necires	Neville, USA
Picco Resin	Picco, USA

---

[36]) Die Gebagan-P-Sorten sind, obwohl es sich im Grunde um Polystyrolharze handelt, sind auf S. 313 und S. 315 entschlüsselt.
[37]) Es sind nur einige britische und amerikanische Handelsprodukte aufgeführt; die Liste ist also keineswegs vollständig. Die Abkürzungen ausländischer Lackkunstharz-Hersteller der Vollständigkeit halber hier aufgeführt.

Sechstes Kapitel

Silicon-Produkte[1])

Der technologische Sammelbegriff „Silicone" kennzeichnet eine Gruppe hochmolekularer Stoffe, welche Silicium und Sauerstoff als molekülverknüpfende Elemente enthalten. Damit unterscheiden sich die Silicone grundsätzlich von allen in den vorausgegangenen Kapiteln behandelten Kunstharzen, die aus Kohlenstoff-Ketten oder Kohlenstoff-Ringen aufgebaut sind. Typisch für die Silicone ist weiterhin ein Gehalt an Kohlenwasserstoff-Resten als Substituenten. Silicone sind also siliciumorganische Verbindungen.

Die folgende Darstellung ist auf das Wesentlichste beschränkt. Für ein eingehenderes Studium steht umfangreiche Spezialliteratur zur Verfügung[2]).

Chemischer Aufbau und Darstellungsmethoden

Das Grundgerüst besteht aus einer Kette, in der sich Silicium und Sauerstoff abwechseln. Die organischen Reste sind an Silicium gebunden:

$$-\underset{R}{\overset{R}{\underset{|}{\overset{|}{Si}}}}-O-\underset{R}{\overset{R}{\underset{|}{\overset{|}{Si}}}}-O-\underset{R}{\overset{R}{\underset{|}{\overset{|}{Si}}}}-O-\underset{R}{\overset{R}{\underset{|}{\overset{|}{Si}}}}- \qquad 6.1$$

Die organischen Radikale R sind im allgemeinen Glieder der Alkyl- oder Arylreihe.

Die technische Darstellung von Siliconen geht von Alkyl- bzw. Aryl-Chlorsilanen aus, d. s. Substitutionsprodukte des Siliciumwasserstoffs SiH_4 (Silan). Zur Bildung der oben dargestellten Kettenmoleküle sind die difunktionellen Dialkyl- oder Diaryl-Dichlorsilane befähigt.

Die trifunktionellen Trichlorsilane sind dreidimensionaler Vernetzung fähig.

Es ist also dem Molekülaufbau die gleiche Betrachtungsweise zugrunde zu legen wie den organischen hochmolekularen Verbindungen[3]).

---

[1]) Für eine kritische Durchsicht habe ich Herrn *Dr. W. Krauß* sehr zu danken, dessen Veröffentlichungen ohnehin die wesentlichste Unterlage für die Neubearbeitung war.

[2]) Vgl. *H. Kittel*, Die Entwicklung der Silicium-Organischen-Chemie, Farben, Lacke, Anstrichstoffe *2* (1948), 50. — Eine für den Lacktechniker sehr übersichtliche Darstellung siehe *W. Krauß,* Farbe u. Lack *64* (1958), 39; Farbe u. Lack *64* (1958), 209 und insbes. Farbe u. Lack *70* (1964), Nr. 11, 876, mit 55 Lit.stellen. Buchliteratur am Schluß des Kapitels.

[3]) Vgl. hierzu S.15f.

$$\begin{array}{cc} \text{R} & \text{R} \\ | & | \\ \text{Cl}-\text{Si}-\text{Cl} & \text{Cl}-\text{Si}-\text{Cl} \\ | & | \\ \text{R} & \text{Cl} \\ \text{Dichlorsilan} & \text{Trichlorsilan} \end{array} \qquad 6.2$$

Für die Gewinnung der substituierten Chlorsilane kommen praktisch zwei Wege in Betracht[4]):

1. Mit Hilfe von metallischem Natrium oder Magnesium wird Siliciumtetrachlorid und Alkyl- oder Aryl-Halogen-Verbindungen Halogen entzogen und somit der Alkyl- bzw. Aryl-Rest an das Silicium gebunden (Wurtzsche Synthese oder Grignardsche Synthese).
2. Unter der Einwirkung von Katalysatoren gelingt die direkte Umsetzung von Silicium mit Halogenalkyl oder -aryl (sogen. Rochow-Verfahren).

Bei beiden Synthesen, besonders aber beim Rochow-Verfahren, fallen die verschiedenen Mono-, Di- und Trichlorsilane zusammen an und müssen durch fraktionierte Destillation — die Siedepunkte liegen bei einigen nur um wenige Grade auseinander — sorgfältig getrennt werden.

Durch Hydrolyse entstehen die Silanole:

$$\begin{array}{c} \text{R} \\ | \\ \text{HO}-\text{Si}-\text{OH} \\ | \\ \text{R} \end{array} \qquad 6.3$$

Silandiol

Durch eine Kondensations-Reaktion bilden sich unter Wasseraustritt die Silicone, die nach chemischer Terminologie als Polysiloxane zu bezeichnen sind[5]):

$$\begin{array}{c} \text{R} \qquad\qquad\qquad \text{R} \\ | \qquad\qquad\qquad | \\ \underline{[\text{H}]}\text{O}-\text{Si}-\text{O}\,\underline{[\text{H}\;-\;-\;-\;\text{HO}]}-\text{Si}-\underline{[\text{OH}]} \\ | \qquad\qquad\qquad | \\ \text{R} \qquad\qquad\qquad \text{R} \end{array} \qquad 6.4$$

Technische Verwendung der Silicone

Von den Variations-Möglichkeiten, welche der Molekülaufbau der Silicone erlaubt, wird weitgehend Gebrauch gemacht. Aus kettenförmigen Molekülen bauen sich Siliconöle und Siliconkautschuk auf; eine teilweise Vernetzung liegt bei den Siliconharzen vor.

Der Molekülaufbau ist bestimmend für den Verwendungszweck der Silicon-Produkte, so daß sich folgende übersichtliche Einteilung ergibt:[6])

---

[4]) *R. Schwarz,* Darstellung und Hydrolyse höherer Siliciumchloride. Angew. Chemie 59 (1947), Nr. 1. — Die Herstellungs-Verfahren für Organopolysiloxane sind ausführlich beschrieben in dem Buch von *Prof. Dr. W. Noll* (vgl. Buchliteratur am Schluß des Kapitels).
[5]) Zu den Kondensations-Reaktionen der Silanolgruppen-enthaltenden Vorprodukte und der Polysiloxane vgl. „Kondensation und Wärmebeständigkeit von Siliconharzen" *W. Noll, K. Damm* u. *W. Krauß* in Farbe u. Lack 65 (1959), 17. Die Verfasser erläutern noch eine zweite Phase, wobei Silanolgruppen mit Organogruppen, die an Silicium gebunden sind, unter Kohlenwasserstoff-Abspaltung kondensieren.
[6]) Vgl. hierzu: *C. Gündel* u. *J. Roch,* Über Silikone XXIX (Über die Anwendung von Silikonen als Lacke und Anstrichmittel). Plaste u. Kautschuk *1* (1954), 268. — *W. Lützkendorf,* Zur Anwendungstechnik der Silicone, Chemiker-Ztg. 79 (1955), 282.

1. Siliconöle, Siliconfette, Siliconöl-Emulsionen
2. Siliconkautschuk
3. Siliconharze.

Siliconöle: Für diese Stoffe mit den kettenförmigen Molekülen ist ihre außerordentlich geringe Oberflächenspannung und geringe Verträglichkeit mit anderen Substanzen kennzeichnend. Sie haben daher eine ausgeprägte Tendenz, sich auf Oberflächen auszuspreizen; daher beeinflussen auch die in der Lacktechnik zur Anwendung kommenden sehr geringen Mengen — im Mittel 1/100 % bezogen auf das flüssige Lackmaterial — in auffallender Weise die Eigenschaften der Grenzfläche. So werden Siliconöle bei Kochprozessen als Antischaummittel verwendet. Auch im aufgebrachten Film, vor allem bei dickeren Schichten, begünstigen sie das Entweichen von Gasblasen, wovon z. B. bei der Beschichtung mit ungesättigten Polyesterharzen Gebrauch gemacht wird. Geeignete Siliconöle wirken als Verlaufmittel bei Lacken, insbes. Einbrennlacken, günstig im Sinne einer Glättung der Filmoberfläche und als Antiausschwimm-Mittel (horizontal). Die durch Siliconöle erzeugte Gleitschicht verbessert die Abriebfestigkeit von Lackfilmen.

Die vielfach in der Praxis erörterte Frage, ob Siliconöl-Zusätze die Haftung beim Überlackieren beeinträchtigen, darf nicht übersehen werden. Diese unerwünschte Wirkung wird aber, wie die Erfahrung zeigt, oft überschätzt, zumindest, wenn die oben erwähnten, prozentual sehr geringfügigen Zusätze eingehalten werden. — Siliconfilme selbst, insbesondere von Methylsiloxanen, können jede Haftung unterbinden; daher sind sie auch als Formentrennmittel sehr gut geeignet.

Man ist aber heute auch in der Lage, Siliconöle mit guter Verträglichkeit herzustellen, die die Überstreichbarkeit nicht mehr beeinflussen (sogen. organofunktionelle Öle, bestimmte Phenylöle).

Siliconfette[7]): Mit Hilfe von Verdickungsmitteln, z. B. hochdisperser Kieselsäure, werden aus Siliconölen die Siliconfette hergestellt. Mit ihrer Hilfe wird ebenso wie durch Anwendung höhermolekularer Siliconöle der Hammerschlageffekt erzielt.

Siliconöl-Emulsionen: Diese dienen als Zusatz zu Poliermitteln. Allgemein werden sie als Hydrophobierungsmittel (d. h. zur Erzielung wasserabstoßender Wirkung) empfohlen. — Für Textilien und Leder sind besondere Siloxane mit reaktiven Gruppen erforderlich.

Siliconkautschuk: Lt. Angabe der Hersteller bleiben die gummielastischen Eigenschaften von Siliconkautschuk über den weiten Temperaturbereich von $-60°$ (Spezialtypen $-100°$) bis $+250°C$ und auch bei Dauerbeanspruchung bis $180°C$ erhalten[8]). Für die Herstellung von Anstrichmitteln kommen die Produkte nicht in Betracht.

Siliconharze: Diese sind teilweise vernetzte hochmolekulare Polysiloxane, die als organische Substituenten vorzugsweise Methyl- oder Methyl- und Phenyl-Gruppen enthalten. Die Methylsiliconharze sind härter und weniger thermoplastisch, aber spröder und nicht ganz so wärmebeständig wie vergleichbar aufgebaute Phenylsiliconharze[9]). Die Variations-Möglichkeiten des Molekülaufbaus hinsichtlich Kettenlänge, Grad der Vernetzung und der Auswahl der organischen Substituenten

---

[7]) Es ist eigentlich zu unterscheiden zwischen den Siliconpasten ohne Schmierwirkung und den Siliconfetten, die als Schmiermittel dienen.
[8]) Handelsprodukte: Farbenfabriken Bayer „Silopren" — Wacker-Chemie „Wacker-Siliconkautschuk". — Literatur s. W. Noll a.a.O. 332—352 (Buch).
[9]) *W. Krauß*, Farbe u. Lack *70* (1964), Nr. 11, 877.

sind sehr ausgeprägt, so daß eine Reihe von Handelsprodukten zur Verfügung steht, welche dem jeweiligen Verwendungszweck angepaßt sind.

Die hervorstechendste Eigenschaft der Siliconharze ist ihre Wärmebeständigkeit; in dieser Hinsicht sind sie ohne Zweifel allen organischen Lackkunstharzen überlegen. Die Dauerwärmebeständigkeit wird von den Herstellern, bestätigt aus der Praxis, je nach der verwendeten Harztype und der Art der Beanspruchung mit mindestens 180—230 °C angegeben. Es ist damit ausdrücklich eine Dauerbelastung gemeint, welche nicht mit der kurzzeitigen Belastung beim Einbrennvorgang verglichen werden kann. Spitzenbelastung ist bei den Siliconharzen, kurzzeitig, bis 300 °C möglich. Die Wärmebeständigkeit der Siliconharz-Lacke wird natürlich durch die verwendeten Pigmente, Katalysatoren und sonstige Zusätze maßgeblich beeinflußt.

Die hohe Wärmebeständigkeit ist nicht allein auf den anorganischen Charakter des Silicon-Moleküls zurückzuführen, sondern auch auf die mit 89,3 Cal/Mol sehr hohe Atombindungs-Energie der Si-O-Bindung gegenüber 58,6 Cal/Mol der C-C-Bindung[10]).

Die bei der Aushärtung stattfindenden Reaktionen wurden von *W. Krauß* und *R. Kubens* anschaulich wie folgt beschrieben[11]): „Bei der Härtung der Siliconharze laufen zwei Vorgänge nebeneinander ab. Einmal kondensieren die Produkte bei erhöhter Temperatur unter Wasserabspaltung weiter, bis hydroxylgruppenfreie, unlösliche, vernetzte Produkte entstehen, zum anderen können 2 Methylgruppen benachbarter Siloxanketten durch Oxydation über eine Äthylengruppe miteinander verknüpft werden."

Reine Siliconharz-Lacke benötigen 6—8 Stunden zur völligen Aushärtung. Durch Katalysatoren wird die Einbrennzeit auf 1/4 und weniger abgekürzt. Zur Auswahl der Katalysatoren sei *W. Krauß* zitiert: „Gut geeignete Katalysatoren sollen in erster Linie 3 Forderungen erfüllen, nämlich möglichst starke Reduzierung der Einbrennbedingungen, keine ungünstige Beeinflussung der Alterungsbeständigkeit ausgehärteter Siliconharzfilme und möglichst geringe Verkürzung der Lagerstabilität von Siliconharzlacken. Daneben dürfen natürlich keine Verfärbungen oder Vergilbungen auftreten. Substanzen, die diese Bedingungen weitgehend erfüllen, sind lösliche Salze von Co, Zn, Mn und besonders Ti. Vorzügliche Härtungsbeschleuniger sind Bleisalze; doch beeinträchtigen sie die Standzeit der Ansätze und die Haltbarkeit der Filme bei hohen Temperaturen ungünstig; deshalb wird auch in vielen Hinweisen vor der Verwendung von Bleisalzen in Siliconharzlacken gewarnt. Überraschenderweise werden jedoch diese ungünstigen Eigenschaften beseitigt durch Kombinationen von Bleisalzen mit mindestens gleichen Gewichtsmengen Zn-, Co- oder Titanverbindungen, so daß solche Härterkombinationen ideale[12]) Katalysatoren für die meisten Siliconharze, insbesondere für Silicon-Kombinationsharze, darstellen. Hierbei ist eine Abmischung mit Titanverbindungen — meist wird monomeres oder polymeres Butyltitanat verwendet — besonders günstig, weil dadurch gleichzeitig auch die den Siliconharzen eigene Thermoplasti-

---

[10]) *J. Scheiber,* Farbe u. Lack *53* (1947), 7.
[11]) *W. Krauß* u. *R. Kubens,* Neuere Untersuchungen über die Aushärtung von Siliconharzen. Dtsch. Farben Z. *10* (1956), 1 mit 12 Lit.quellen. — Vgl. hierzu auch *K. Damm* u. *W. Noll* „Über die Bestimmung von Silanolgruppen in Organopolysiloxanen und ihr Verhalten bei thermischer Kondensation", Kolloid-Ztschr. *158* (1958), 97—108, Heft 2.
[12]) Bei Elektroisolierlacken liegen lt. *W. Krauß* andere Verhältnisse vor; hier sind z. B. Amine brauchbar.

zität erniedrigt wird. Da Tetrabutyltitanat mit freien Hydroxylgruppen der Polysiloxane reagieren kann, liegt es nahe anzunehmen, daß die größere Härte bei hohen Temperaturen auf eine zusätzliche Vernetzung durch vierwertiges Titan zurückzuführen ist. Orthokieselsäureester zeigen jedoch einen gleichartigen Effekt nicht, so daß man Titan doch eine spezifische Wirksamkeit zuschreiben muß."
Die charakteristischen Eigenschaften der Siliconharze rechtfertigen in Fällen besonders starker Beanspruchung den verhältnismäßig hohen Preis. So haben sich Siliconharze eingeführt als Bindemittel für hochhitzefeste Lacke, die, wie erwähnt, den Anstrichmitteln auf Basis organischer Kunstharze weit überlegen sind. Außer der ausgeprägten Wärmebeständigkeit weisen die eingebrannten Siliconharz-Filme eine gute Wasser- und Chemikalienbeständigkeit auf. Auch zeigen sie die typische wasserabstoßende Wirkung. — Die verwendeten Pigmente müssen eine dem Siliconharz entsprechende Wärmebeständigkeit haben (z. B. Schwermetalloxide, Cadmium-Pigmente, Aluminiumbronze, Zinkstaub, Strontiumchromat als Korrosions-Inhibitor). Bleipigmente sind zu vermeiden, da sie Gelatinierung bewirken können.
Ein weiteres interessantes Anwendungsgebiet bietet die Elektrotechnik[13]). Isoliertränklacke auf Silicon-Basis, welche eine Dauerbetriebs-Temperatur von etwa 180 °C (Wärmeklasse F) auch unter ungünstigen klimatischen Verhältnissen aushalten, gewährleisten eine erhöhte Betriebssicherheit besonders bei Motoren, die häufig überbelastet werden (Aufzugsmotore, Bergwerksmotore usw.).
Polyester-modifizierte Siliconharze: Ausgehend von Silanolen und Alkyd-Vorkondensaten mit freien Hydroxylgruppen gelang es, Kombinations-Produkte von Siliconharzen mit ölfreien Alkyden herzustellen[14]). Diese modifizierten Siliconharze stellen gegenüber den reinen Siliconharzen eine Verbesserung dar hinsichtlich Härte und Thermoplastizität, Chemikalien-Beständigkeit und Pigment-Verträglichkeit. Die Dauerwärmebeständigkeit ist durch den Alkydanteil, der meist zwischen 25 und 50 % bezogen auf Gesamtharz beträgt, gemindert; sie liegt aber noch weit über derjenigen organischer Kunstharze[15]). — Besonderes Interesse verdienen aufgrund ihrer Wärmebeständigkeit Mischkondensate mit Terephthalsäure- und Isophthalsäure-Estern. — Dem Lacktechniker werden auch Siliconprodukte zur Verfügung gestellt, die sich kalt mit Alkydharzen mischen lassen.
Mischkondensate von Polysiloxanen mit Acrylharzen[16]) sollen eine außergewöhnliche Wetterbeständigkeit aufweisen (Breitband-Lackierung = Coil Coating). — Die Chemikalien- und Lösungsmittel-Beständigkeit wird durch Mischkondensation oder auch durch Kombination mit Epoxidharzen verbessert[17]). — Polysiloxane mit genügend Hydroxylgruppen ermöglichen Reaktion mit Isocyanaten und so die Herstellung kalthärtender Zweikomponenten-Lacke[17]). Si-OH-Gruppen reagieren mit Isocyanat unter Wasserabspaltung zu Si-O-Si- und Polyharnstoff.

Inländische Hersteller von Siliconharzen

> Farbenfabriken Bayer, Leverkusen
> Wacker-Chemie GmbH., München 22
> Th. Goldschmidt A.G., Essen 1

---

[13]) Hierzu *H. Reuther,* Plaste u. Kautschuk *2* (1955), 127 u. 156 mit zahlreichen Literaturquellen.
[14]) Vgl. hierzu *C. R. Hiles, B. Golding, N. Shreve,* Copolymerisation for Coatings, Ind. Eng. Chem. *47,* S. 43 A u. 1418 (1955).
[15]) Von den Herstellern werden positive Prüfteste über 100 Stdn. Beanspruchung bei 280 °C angegeben. — *W. Krauß,* Farbe u. Lack *70* (1964), Nr. 11, 877.
[16]) Paint Manuf. *38* (1968), Nr. 5, 49.
[17]) *W. Krauß,* a.a.O., S. 878.

Ausländische Hersteller von Siliconharzen[18])

    Barret Division, Allied Chemical a. Dye Corp., 40, Rector Street, New York 6, N.Y., USA.
    Dow Corning Corporation, Midland, Michigan, USA (Markenname: Plaskon).
    General Electric Co., Chemical Materials Dep., 77, River Road, Schenectady 5, N.Y., USA.
    ICI, Nobel Div., Silicones Dep., Stevenston, Ayrshire, England.
    RHÔNE-POULENC Société des Usines Chimiques, 22, Avenue Montaigne, Paris-8e, Frankreich.
    S.I.D.A. Société Industrielle des Dérivées de l'Acétylène, 16, Rue de Monceau, Paris-8e, Frankreich.
    Midland Silicones Ltd., 19 Upper Brook Street, London W. 1, England.
    P & CCD, Plastics and Coal Chemicals Div., Allied Chemical amd Dye Corp., 40, Rector Street, New York 6, N. Y., USA.
    Union Carbide & Carbon Corp., Silicones Division, 30 East 42nd Street, New York 17, N. Y., USA.

Silicone als Hydrophobierungsmittel im Bautenschutz[19]): Der Vollständigkeit halber ist zu erwähnen, daß wasserlösliche (auch harzartige, lösungsmittellösliche) Silicon-Produkte, vorzugsweise Methyl-Polysiloxane, als Bautenschutzmittel zum Wasserabweisendmachen von Mauerwerk, Putz u. dgl. benutzt werden. Sie werden innerhalb etwa 24 Stdn. durch Kalk und Kohlensäure in unlösliche Produkte umgewandelt. Es liegen u. W. noch keine ausreichenden Erfahrungen aus der Praxis zu der naheliegenden Frage vor, ob sich derart präparierter Putz später überstreichen läßt.

Schrifttum

H. W. Post, Silicones and Other Silicon Compounds, Reinhold Publishing Corp., New York 18, USA, 1949.
E. G. Rochow, Einführung in die Chemie der Silikone. Verlag Chemie, Weinheim, 1952.
Myron Kin, Silicone Resins in Heat Resistant Paints, „Organic Protective Coatings". Reinhold Publishing Corp., New York 18, USA. 1953, S. 349f.
R. R. McGregor, Silicones and Their Uses. McGraw-Hill, New York, 1954.
Prof. Dr. W. Noll, Chemie und Technologie der Silicone, Verlag Chemie, Weinheim/Bergstraße, 2. Auflage, 1968.
S. Fordham, Silicones, George Newnes Ltd., London, 1961.

---

[18]) Die Liste enthält die Adressen der uns bekannt gewordenen Hersteller von Silicon-Harzen aus England, Frankreich und den USA.
[19]) *W. Noll,* a.a.O., 523—535 (Buch, 2. Aufl.).

Siebentes Kapitel

Derivate des natürlichen und künstlichen Kautschuks

Naturkautschuk ist ein Polymerisat des Isoprens (= 2-Methylbutadien):

$$CH_2 = CH - CH = CH_2 \qquad CH_2 = \underset{\underset{CH_3}{|}}{C} - CH = CH_2 \qquad \qquad 7.1$$

Butadien $\qquad\qquad$ Isopren = 2-Methylbutadien

Die vorzüglichen Elastizitätseigenschaften des Naturkautschuks ließen eine Verwendung als Lackbindemittel verlockend erscheinen. In erster Linie steht dem aber die außerordentlich hohe Viskosität der Lösungen entgegen.

Versuche, geringe Anteile Naturkautschuk Öllacken einzuverleiben oder gemeinsame Schwefel-Behandlung von Kautschuk und Ölen[1]) haben keine praktische Anwendung gefunden.

Die Verwendung von Naturkautschuk als Lackrohstoff warf das Problem einer zweckentsprechenden Depolymerisation des Kautschukmoleküls auf.

Die Viskosität der Lösungen ist bei Linearpolymeren weitgehend eine Funktion des Molekulargewichts. Auf der anderen Seite sind aber auch die physikalischen Eigenschaften eines linearpolymeren Stoffes, insbesondere die Elastizität, innerhalb gewisser Grenzen von der Molekülgröße abhängig. Es ist aber technisch unmöglich, alle Moleküle gleichmäßig zu einer bestimmten, optimalen Kettenlänge abzubauen. Ebenso wie bei der Polymerisation wird auch beim Molekülabbau, der zudem wohl meist von einem Polymerhomologen-Gemisch ausgeht, ein „durchschnittliches" Molekulargewicht erzielt; Anteile zu niedrigen Polymerisationsgrades beeinträchtigen störend die Festigkeit und Haltbarkeit des Filmes.

Verschiedenartige Wege zur Lösung des beschriebenen Problems sind beschritten worden: Abbau durch Oxydation u. a. in Gegenwart fetter Öle[2]); Peracetylierung unter gleichzeitiger Oxydation[3]). U. W. sind diese Versuche nicht zu praktischer Bedeutung gelangt.

Zwei mit einer Depolymerisation des Kautschukmoleküls verbundene Verfahren führten zu wertvollen Lackrohstoffen: a) die Cyclisierung, b) die Chlorierung des Kautschuks.

---

[1]) Vgl. *F. Fritz,* Leinölersatzstoffe, Berlin (1938).
[2]) EP 407 038 v. 29.6.32, EP 417 912 v. 11.4.33, EP 442 136 v. 26.7.34, EP 462 613 v. 17.10.35, alle: Rubber Grower's Ass., Inc., London.
[3]) EP 442 872 v. 15.8.34 DuPont de Nemours, Wilmington, USA.

1. Cyclokautschuk[4])

Das Ziel, einen universell verwendbaren „Lackkautschuk" zu schaffen, der die guten Beständigkeitseigenschaften des Naturkautschuks mit günstigen lacktechnischen Verarbeitungsbedingungen verbindet, wurde erst durch eine in ganz bestimmter Weise gelenkte cyclisierende Isomerisierung erreicht[5]).

Ein nach solchen Verfahren hergestellter cyclisierter Kautschuk (zuweilen auch isomerisierter Kautschuk genannt) hat die gleiche Bruttoformel $(C_5H_8)x$ wie Naturkautschuk, ist also mit diesem isomer, gleichzeitig aber weniger ungesättigt. Während Naturkautschuk je Isopreneinheit jeweils eine Doppelbindung enthält, läßt sich, je nach den Bedingungen der Cyclisierung, im Endprodukt nur noch eine Doppelbindung auf zwei bis acht Isopreneinheiten nachweisen. Für Naturkautschuk gilt ein Molekulargewicht von mehreren 100 000 als erwiesen, dagegen liegt dieses bei lacktechnisch wertvollen Cyclokautschuken im Bereich von etwa 5 000. Im entsprechenden Verhältnis verringert sich auch die Lösungs-Viskosität als eine Funktion des Molekulargewichts im Verlaufe der Isomerisierung. Richtige Auswahl der Cyclisierungskatalysatoren und Art der Reaktionsführung bestimmen maßgebend die Eigenschaften des Endproduktes. Die Reaktion wird so gedeutet, daß unter dem Einfluß spezifischer Katalysatoren und unter teilweiser Aufspaltung der Isoprenketten des Moleküls kondensierte hydroaromatische Ringsysteme entstehen[6]):

In diesem Formelschema sind unter Bildung von 4 kondensierten Ringen von den ursprünglich vorhandenen 5 Doppelbindungen 4 durch die Cyclisierung verschwunden, die Ungesättigtheit ist damit auf 1/5 der ursprünglichen abgesunken. Die Ausbildung eines weiteren Ringes ließe nur noch etwa 17 % der ursprünglichen Doppelbindungen bestehen. Diese Vorstellungen von der ringförmigen, hochkon-

---

[4]) Bearbeitet von *Dr. E. Schneider.* — Inzwischen liegt eine umfassende Monographie des Cyclokautschuks vor, die über Herstellung, chemische und physikalische Eigenschaften sowie Verarbeitung und Verwendung erschöpfend Auskunft gibt: *W. König,* Cyclokautschuklacke, Verlag W. A. Colomb, Stuttgart, 1966.
[5]) DRP 675 564 v. 7.7.1936, Dr. Kurt Albert GmbH. — DRP 705 399 v. 12.11.1937, Chem. Werke Albert. — DRP 706 912 v. 15.9.1939, Chem. Werke Albert.
[6]) *J. Reese,* Farbe und Lack *61* (1955), 502 auch weitere Literatur und eine ausführliche Erläuterung des Mechanismus der Cyclisierung und seine Formulierung als einen durch Protonen katalysierten Vorgang. — Neueste Darstellung: *W. König,* Cyclokautschuklacke, Fußn. 4).

Abb. 7 Teil der Fabrikanlage für Pergut
Werkfoto Farbenfabriken Bayer AG, Leverkusen

1. Cyclokautschuk

densierten Struktur derartiger Produkte werden auch durch analytische Ergebnisse unterstützt[7]).

Da Kautschuk sehr empfindlich gegen Autoxydation ist, wird die Isomerisierung in Gegenwart von Inhibitoren durchgeführt. Verwendet man als solche Phenole, so werden Löslichkeit und Verträglichkeit des Endproduktes günstig beeinflußt. Dabei wird angenommen, daß die Phenole, wenn auch nur in sehr geringem Maße, als Endgruppen eingebaut werden[6]) und mitbestimmend für die lacktechnischen Eigenschaften sind. Dieser Cyclokautschuk ist ein sehr hartes, hornartiges Harz mit einem Schmelzpunkt von ca. 130—140 °C. Seine mit allen gebräuchlichen nichtpolaren Lösungsmitteln, vor allem Lackbenzin, in jeder erforderlichen Konzentration herstellbaren Lösungen können mit den meisten polaren Lösungsmitteln weitgehend verschnitten werden. Das Harz besitzt gute Verträglichkeit mit modifizierten Phenolharzen, Maleinatharzen, trocknenden Ölen, Stand- und Dickölen, Alkydharzen, mit einer Reihe spezieller synthetischer Weichmacher und mit Mineralölen. Mit vielen anderen Harzen besteht gute bis ausreichende Kombinierbarkeit.

Die Mischpolymerisation von Cyclokautschuk mit Styrol, Methylstyrol oder Butylmethacrylat ergibt äußerst schnelltrocknende Bindemittel, deren Elastizität durch Weichmacher reguliert werden kann[8]).

Als Folge der Abwesenheit verseifbarer Gruppen ist in erster Linie eine ausgezeichnete Chemikalienfestigkeit zu nennen. Seine große Wärmebeständigkeit erlaubt die Herstellung stark temperaturbeanspruchter Überzüge, auch eignet er sich wegen seiner schweren Entflammbarkeit für Feuerschutzfarben. Die Pigmentverträglichkeit, auch mit basischen Pigmenten, ist ausgezeichnet.

Bedingt durch die im Molekül noch verbliebenen Doppelbindungen trocknen Lackfilme aus diesem Cyclokautschuk nicht nur physikalisch, sondern teilweise auch oxydativ. Hierdurch tritt eine Vernetzung ein, die so weit geht, daß die Filme ihre ursprüngliche Löslichkeit verlieren. Dieser Vorgang ist durch Zusatz von Sikkativen oder Inhibitoren steuerbar.

Anstrichstoffe auf Basis von Cyclokautschuk finden vornehmlich im Korrosionsschutz Verwendung. Als Bindemittel in hochpigmentierten Zinkstaubfarben hat er sich gut bewährt. Weitere Beispiele für die weit verzweigten Anwendungsgebiete: Straßenmarkierungsfarben, Molkerei-, Brauerei- und Kelteranstriche, Elektro-Isolierlacke, Anstrichfarben unter Wasser usw.

Cylokautschuk hat auch in der Druckfarbenindustrie guten Eingang gefunden. Er dient entsprechend den dafür besonders hochgestellten Anforderungen, z. B. zur Herstellung hochwertiger Tiefdruck-, Glanzdruck- und ganz besonders für schnell trocknende Buchdruck- und Offsetdruckfarben[9]). Weitere Literatur über Cyclokautschuk[10]),[11]).

Handelsprodukte

Alpex	Reichhold-Albert
Cyklosit	Bayer
Syntex	Synres

---

[7]) Bestimmung der Rest-Ungesättigtheit in cyclisiertem Kautschuk durch Titration mit Perbenzoesäure: *D. F. Lee, J. Scalan* u. *W. F. Watson*, Proc. Roy. Soc. (London) Ser. A *273* (1963), 345. — Ref. C. A. *58* (1963), 14264f.

[8]) AP 2 916 465 (1956), *J. Reese.*

[9]) *H. C. Woodruff, L. J. Sacco* und *W. P. Bois,* Amer. Ink Maker *35* (1957), 40.

[10]) *F. Pfister,* Chem. Rundschau (Solothurn) *9,* 93—95 (1956, Nr. 5), Ref. Farbe und Lack, *63* (1957), 27.

[11]) Broschüre „Alpex 450 J" der Chem. Werke Albert, Wiesbaden-Biebrich, Januar 1958. — Bzgl. Verarbeitung und Verwendung wird besonders verwiesen auf *W. König,* Cyclokautschuklacke, Fußn. 4).

2. Chlorkautschuk[12])

Ein für die Anstrichmittelindustrie bedeutendes Umwandlungsprodukt des Kautschuks ist der Chlorkautschuk[13]). — Heute werden allerdings die Handelsprodukte aus synthetischem Polyisopren hergestellt.

Nach Abbau der Makromoleküle des Naturkautschuks und anschließender Chlorierung, mit der ein weiterer Abbau des Kautschuk-Moleküls verbunden ist, wird ein hinreichend niedrigviskos lösliches Material gewonnen, das in Verbindung mit Weichmachern ausgezeichnet filmbildend ist. Zudem ist vollständig chlorierter Kautschuk hervorragend chemikalienbeständig und wesentlich oxydationsbeständiger als nativer Kautschuk bzw. synthetisches Polyisopren, da alle labilen Stellen des Moleküls durch Chlor besetzt sind. Allerdings wird der Gehalt von etwa 68% Chlor, welcher der Summenformel $(C_{10}H_{12}Cl_8)x$ entspricht, nicht ganz erreicht; handelsüblicher Kautschuk enthält zwischen 65 und 67% Chlor.

2.1. Reaktionsvorgang

Die Aufnahme von Chlor in das Kautschuk- bzw. Polyisoprenmolekül besteht sowohl in einer Addition (Anlagerung an Doppelbindungen) als auch in einer Substitution (Ersatz von Wasserstoff durch Chlor).

Nielsen[14]) hat eine Erklärung für den Ablauf des Chlorierungsvorganges in seinen einzelnen Phasen[15]) versucht, indem er annimmt, daß nach Addition von Chlor an die Doppelbindungen spontan Abspaltung von Salzsäure unter Bildung neuer Doppelbindungen erfolgt, die wiederum durch Addition von Chlor abgesättigt werden. Hiermit wird auch eine Erklärung dafür gegeben, daß bereits zu Beginn der Chlorierung Salzsäure abgespalten wird. Nach den heutigen Vorstellungen über den Reaktionsmechanismus für die Chlorierung von aliphatischen bzw. olefinischen Verbindungen muß man annehmen, daß Additions- und Substitutionsreaktionen nebeneinander verlaufen. Auch damit läßt sich die frühzeitige Entstehung von Salzsäure bei der Chlorierung erklären.

J. D. Dianni, F. I. Naples, I. W. Marsh, und *I. L. Zarney*[16]) nehmen an, daß die Chlorierungs-Reaktion bei natürlichem Kautschuk und synthetischem Polyisopren im Prinzip gleichartig verläuft. Aufgrund älterer Arbeiten[17]) weisen sie auf die Wahrscheinlichkeit des Entstehens cyclischer Moleküle hin. Auch *H. E. Parker*[18]) führt in seiner zusammenfassenden Darstellung einen derartigen Nachweis an; nach *Allirot* und *L. Orsini*[19]) sollen Cyclohexanringe folgender Struktur entstehen:

---

[12]) Herrn *Dr. K. Hoehne,* Leverkusen, danke ich auch an dieser Stelle für kritische Durchsicht des Manuskripts und wertvolle Ergänzungen insbes. zum folgenden Abschnitt „Polychloropren".

[13]) Einen geschichtlichen Überblick über die Entwicklung des Chlorkautschuks geben *A. W. Nijveld* und *J. L. Poldervaert* in Chem. Rundschau *8,* (1955, Nr. 15), 307.

[14]) *A. Nielsen,* Kautschuk *9* (1933), 107. — *A. Nielsen,* Chlorkautschuk und die übrigen Halogenverbindungen des Kautschuks, Leipzig 1937.

[15]) Bezüglich der Zwischenstufen der Kautschukchlorierung vgl. auch Angew. Chemie *49* (1936), 815.

[16]) Ind. Eng. Chem. *38* (1946), 1171—1181, vgl. insbes. 1179.

[17]) *P. Schidrowitz* und *C. A. Redfarn,* J. Soc. Chem. Ind. *54,* 263 T (1935).

[18]) *H. E. Parker,* Formulating Paints with Chlorinated Rubber, Paint Manuf. (Sept. 1957), XXVII, 333.

[19]) J. de Chimie et Physique *49* (1952), 422.

2.2. Technische Herstellung von Chlorkautschuk

Die Chlorierung bewirkt zwar eine gewisse Molekülverkleinerung, jedoch genügt der Abbaugrad bei weitem nicht, um die erforderliche Viskositätserniedrigung zu erzielen. Vor der Chlorierung wird daher ein Abbau der Kautschuk-Moleküle zu kleineren Molekülen chemisch oder mechanisch unter Zusatz von Katalysatoren vorgenommen. Die eigentliche Chlorierung geschieht in Lösung, und zwar meist in Tetrachlorkohlenstoff.

Der handelsübliche körnige Chlorkautschuk wird aus der Lösung entweder durch Entfernen des Lösungsmittels im Vakuum oder durch Einpumpen in Methanol oder heißes Wasser gewonnen[20]). Dabei werden gleichzeitig freies Chlor und gelöste Salzsäure entfernt. Außerdem enthält der chlorierte Kautschuk noch lose gebundenes Chlor, dessen Beseitigung unbedingt erforderlich ist, damit ein stabiles, keine Salzsäure mehr abspaltendes Endprodukt gewonnen wird. Man erreicht das in der Regel durch Waschen mit Alkalien[21]).

2.3. Eigenschaften und Verwendung von Chlorkautschuk

Chlorkautschuk kommt als gelblich-weißes, körniges Pulver in den Handel, das in Benzol- und Chlorkohlenwasserstoffen, Estern und Ketonen löslich, in Benzinkohlenwasserstoffen und Alkoholen unlöslich ist. In der Praxis wird Chlorkautschuk meist in Benzolkohlenwasserstoff-Gemischen oder in Mischungen von Estern, die mit Benzinkohlenwasserstoffen verschnitten sind, gelöst.

Chlorkautschuk ist mit den meisten üblichen Lackharzen verträglich. Von besonderer Bedeutung ist die Kombination mit trocknenden Ölen und ölhaltigen Alkydharzen. Man stellt unter Zugrundelegung eines Verhältnisses von etwa 100 Teilen Chlorkautschuk : 100 Teilen Leinöl-Standöl oder 100 − 200 Teilen fettem Alkydharz hochwetterfeste und gleichzeitig gegen chemische Einflüsse weitgehend beständige Korrosionsschutzfarben her, z. B. für freibewitterte Konstruktionen in der Industrie.

Eine andere Verwertung der Alkydharz-Verträglichkeit des Chlorkautschuks besteht darin, durch geringe Prozentsätze Chlorkautschuk die Trocknung, Härte und Festigkeit von Alkydharz-Anstrichen zu verbessern.

Bei der Herstellung von Chlorkautschuklacken für Anstriche höchster Chemikalienbeständigkeit müssen auch die Weichmacher und die mitverwendeten Kunstharze unverseifbar sein. Als Weichmacher kommen in erster Linie Clophen (Chlordiphenyl), Sintol (schwefelhaltiger Kohlenwasserstoff), Desavin (Diphenoxyäthylformal), Polyvinylmethyläther (z. B. Lutonal M 40) sowie Chlorparaffine in Be-

---

[20]) Eine sehr übersichtliche, zusammenfassende Darstellung über Chlorkautschuk gibt R. Hebermehl in Farben, Lacke, Anstrichstoffe, 3 (1949), 108.
[21]) Teilweise wird u. W. nach der Herstellung dem Chlorkautschuk eine Spur Soda zugefügt. Meistens empfehlen die Hersteller dem Verarbeiter, als Stabilisierungsmittel Epoxidverbindungen zuzusetzen, z. B. niedrigmolekulare Epoxidharze mit niedrigem Epoxidäquivalentgewicht oder epoxidierte Öle.

tracht. Üblich sind außerdem — meist geringfügige — Zusätze von Terphenylharzen (z. B. Clophenharz), Ketonharzen oder Cumaronharzen.
Für die Haltbarkeit eines Chlorkautschuk-Schutzanstriches ist auch der richtige Aufbau des Anstriches und die Vorbehandlung des Untergrundes von entscheidendem Einfluß. Es empfiehlt sich, auf Eisen eine Chlorkautschuk-Mennige vorzustreichen. Auf Beton ist eine Spezialgrundierung angebracht.
Auch eine Kombination von Chlorkautschuk mit Bitumen, Kohlenwasserstoffharzen (Inden- und Cumaron-Harze) und u. U. Steinkohlenteerpech ist möglich. Sie bewirkt eine bemerkenswerte Verbesserung der mechanischen Widerstandsfähigkeit dieser an sich gegen Wasser- und anorganisch-chemische Einflüsse beständigen Bindemittel.
Chlorkautschuk-Filme sollten Temperaturbeanspruchungen über 80 °C auf die Dauer nicht ausgesetzt werden, da bei höheren Temperaturen mit Salzsäureabspaltung gerechnet werden muß.
Chlorkautschuk stellt einen vielseitig anwendbaren Anstrichrohstoff dar, der besonders dann angebracht ist, wenn höhere Ansprüche an die Chemikalienbeständigkeit und Trocknungsgeschwindigkeit der Anstriche gestellt werden. Er ist geeignet für den Schutz von Eisen, Leichtmetall und Beton[22].
Durch Zusätze von hydriertem Ricinusöl lassen sich infolge der Strukturviskosität hohe Schichtdicken bis zu 200μ erreichen[23].

Inländische Handelsprodukte

    Pergut S 5, 10, 20, 40, 90[24]) — Bayer

Ausländische Handelsprodukte

Alloprene	— ICI, England
Clortex	— Societa elettrice ed elettrochimica del Caffaro, Milano, Via priv. Vasto 1, Italien
Parlon	— Hercules

3. Chlorierte Polymere mit Chlorkautschuk-Charakter

In den letzten Jahren sind erfolgreiche Versuche unternommen worden, dem Chlorkautschuk analoge Produkte aus aliphatischen synthetischen Polymeren wie Polyäthylen und Polypropylen herzustellen. Sie werden nach ähnlichen Verfahren, wie sie bei Naturkautschuk bzw. synthetischem Polyisopren angewendet werden, chloriert. Ihre Eigenschaften entsprechen weitestgehend dem Chlorkautschuk, so daß diese Produkte Polymere mit Chlorkautschuk-Charakter darstellen (vgl. S. 212).

[22]) Über spezielle Erfahrungen bzgl. Widerstandsfähigkeit von Chlorkautschuk-Anstrichen berichten einige amerikanische Arbeiten, z. B.: *W. L. Yeo,* Corr. Prevention Control *2,* Heft 7, S. 50, Heft 8, S. 25; Referat: Werkstoffe u. Korrosion *8* (1957), 434. — *Houston,* Corrosion *12* (1956), 191. Referat: Werkstoffe u. Korrosion *8* (1957), 440. — *F. K. Shanweiler,* Paint Varn. Prod. *46* (1956), S. 27 und 75; Referat: Farbe u. Lack *63* (1957), 174. — *H. E. Parker,* Paint Manuf. XXVII, *333* (1957). — Referat: Deutsche Farben-Zeitschrift *11* (1957), 429.
[23]) Vgl. hierzu z. B. *L. Johnsen,* Paint Manuf. *36* (1966), Nr. 4, 43. — Chem. Rundschau *20,* Nr. 43, 801 (25. 10. 67). — *P. A. Herbert,* Surface Coatings *4* (1968), Nr. 7, 223; Referat Farbe u. Lack *74* (1968), Nr. 12, 1202. — *T. F. Birkenhead,* Paint Manuf. *39* (1969), Nr. 7, 29.
[24]) Die Zahl, z. B. S. 40, kennzeichnet die mittlere Viskosität in cP von einer 20%igen Lösung in Xylol.

4. Chlorhaltiger synthetischer Kautschuk

Inländische Handelsnamen:

    Alprodur   Reichhold-Albert
    (chloriertes Polypropylen)

Ausländische Handelsnamen:

    Solpolac   Societa Caffaro, Brescia (Italien)
    (chloriertes Polyäthylen)
    Parlon P   Hercules
    (chloriertes Polypropylen)

4. Chlorhaltiger synthetischer Kautschuk

Für Spezialzwecke werden in steigendem Maße Polymerisationsprodukte des Chloroprens (2-Chlorbutadien)[25] in der Anstrichtechnik für hochwertige chemikalienbeständige Schutzanstriche auf Stahl und Beton verwendet. Die bekannten Handelsmarken sind ®*Neopren*[26]) und ®*Baypren*[26]), die übrigens ihre Hauptanwendung auf dem Kautschuksektor haben[27]).

Für Anstrichzwecke müssen diese Lackrohstoffe mastiziert werden, damit nicht zu körperarme Lösungen entstehen. Die für Anstrichzwecke gebräuchlichen Typen sind Neoprene AC, AD und W bzw. Baypren 321, 320, 210. Ein weiteres Polychloropren, das ohne Mastikation gut löslich ist, befindet sich unter der Bezeichnung *Plastifix PC*®[28]);[29]) auf dem Markt.

Polychloropren kann bzw. muß vulkanisiert werden; mit Hilfe geeigneter Vernetzungsmittel bzw. Beschleuniger läßt sich die Vulkanisation jedoch auf kaltem Wege durchführen. Der Zusatz erfolgt aber erst kurz vor der Verarbeitung, so daß diese Polychloropren-Streichmassen Zweikomponenten-Systeme mit begrenzter Topfzeit (einige Stunden oder Tage) darstellen. Als Vulkanisationsbeschleuniger dienen Metalloxide, vorzugsweise Bleiglätte, spezielle Amine u. a. oder als Vernetzer (speziell bei Plastifix PC) polyfunktionelles Isocyanat[30]).

Vulkanisierte bzw. vernetzte Polychloropren-Filme weisen die gummiartige Zähigkeit eines Elastomeres auf; es ist dies ein grundsätzlicher Unterschied zu Chlorkautschuk und seinen analogen Chlorierungsprodukten.

Als Füllstoff eignet sich hauptsächlich inaktiver Ruß, im besonderen für Beschichtungen mit höchster Chemikalien-, Zug- und Haftfestigkeit, die nicht in diesem Maße erreicht wird, wie bei hellfarbigen Mischungen z. B. mit Kaolin oder Eisenoxidrot.

---

[25]) $CH_2 = \overset{Cl}{\underset{|}{C}} - CH = CH_2$ Chloropren = 2-Chlorbutadien, Herstellung: Dimerisation von Acetylen zu Vinylacetylen und Addition von Salzsäure an dessen Dreifachbindung (Nieuwland-Verfahren) oder Anlagerung von Chlor an Butadien zum 1,2-Dichlorbutadien und anschließende Abspaltung von Salzsäure (Distilliers-Verfahren).

[26]) Neoprene-Hersteller: DuPont de Nemours, Wilmington, USA; Baypren-Hersteller: Farbenfabriken Bayer AG, Leverkusen. Beide Firmen stellen umfangreiches und aufschlußreiches Prospektmaterial über ihre verschiedenen Neoprene- bzw. Baypren-Typen zur Verfügung.

[27]) Dichtungsmassen (z. B. für Fensterprofile) u. Spezialmaterialien für die Kabel- und Auto-Industrie (z. B. Schlauchdecken für Hochdruckschläuche). Die Vorzüge sind u. a. Wetter-, Ozon- u. Alterungs-Beständigkeit u. hohe Abriebfestigkeit.

[28]) Hersteller: Farbenfabriken Bayer AG, Leverkusen.

[29]) Farbe und Lack *74* (1968), Nr. 3, 261.

[30]) K. Hoehne, „Über die Härtung von Polychloroprenanstrichen mit Polyisocyanaten", Farbe und Lack *73* (1967), Nr. 11, 1027.

Die genannten Polymeren lassen sich auch als Einkomponentensystem verwenden; die Anstrichfilme weisen, im Vergleich zu den vulkanisierten, eine geringere Chemikalienbeständigkeit, aber unverminderte Wasserfestigkeit auf.

Polychloroprenanstriche bedürfen eines Haftgrundes (Primer), um eine gute Anfangsfestigkeit zu erzielen; als Basis wird Chlorkautschuk, oft mit Polychloropren-Zusätzen, empfohlen.

Polychloropren-Beschichtungen zeichnen sich durch sehr hohe Widerstandsfähigkeit gegen mechanische und chemische Einflüsse aus. Gegen stark oxydierende Stoffe (konzentrierte Schwefelsäure, Salpetersäure, Chromsäure, Chlorgas) sind Polychloropren-Anstriche nicht beständig.

Achtes Kapitel

Veredelte Naturharze

Das weitaus wichtigste aller Naturharze ist das Kolophonium[1]).
Zur Gewinnung von Kolophonium: Früher wurde Kolophonium ausschließlich aus dem Balsam von Koniferen (Lebendharzung) durch Abdestillieren der flüchtigen Bestandteile, insbesondere des Terpentinöls, gewonnen. — Durch Extraktion der Wurzeln (Stubben) wird heute das sogenannte Wurzelharz hergestellt, dessen Qualität mit der des Balsamharzes derzeit für viele Verwendungszwecke als gleichwertig gelten kann. — Tallharze haben an Bedeutung gewonnen, nachdem auch diese bei der Tallöl-Aufbereitung anfallenden Harze qualitativ, vor allem durch Verringerung des Gehalts an Unverseifbarem, sehr verbessert wurden[2]).
Die Härtung und Neutralisation des Kolophoniums durch Herstellung von Kalk- und Zinksalzen oder Estern von Glycerin oder Pentaerythrit ist seit langem üblich. Das mit Kalk und/oder Zink behandelte Kolophonium wird als gehärtetes oder präpariertes Harz, das veresterte Kolophonium als Harzester bezeichnet[3]). Die Veresterung von Kolophonium geht auf die Patente von Dr. Eugen Schaal[4]) zurück. — Die Kolophonium als maßgeblichen Bestandteil enthaltenden Phenolharze (Kunstkopale) und Maleinatharze werden auf S. 51 und 143 ausführlich erörtert.
Mischester von Kolophonium und anderen organischen Säuren mit Alkoholen wurden mehrfach beschrieben, u. a. mit Fettsäuren, trocknenden Ölen, mit Adipin- oder Sebacinsäure[5]) oder anderen ein- oder zweibasischen Säuren (zu Weichharzen führend)[6]).

---

[1]) Einen vorzüglichen Überblick mit zahlreichen Patent- und Literaturangaben über Gewinnung, chem. Zusammensetzung und Verarbeitung von Kolophonium und verwandte Stoffe geben die Veröffentlichungen von *Prof. Dr. W. Sandermann:* Ullmanns Encyklopädie d. techn. Chemie 3. Aufl., 8. Band, München (1957), S. 400—417. — Kolophonium, ein Überblick über Gewinnung, Chemie und Technik, Beckacite-Nachrichten 3/1957. — Naturharze, Terpentinöl, Tallöl, Chemie und Technologie, Springer-Verlag, 1960. Siehe dort Einstufung amerik. u. franz. Kolophonium-Typen, S. 165.
[2]) Über Zusammensetzung von Kolophonium, Wurzel- u. Tallharz sowie deren Verwendung siehe auch *J. Weiß,* Die industrielle Anwendung von Harzsäuren, Dtsch. Farben-Z. 16 (1962), Nr. 9, 387, 41 Literaturstellen.
[3]) Hersteller von Hartharzen sind u. a. die Firma Abshagen u. Co. AG, Hamburg-Wandsbek — Lechner u. Crebert, Mannheim-Rheinau (Lucral) — Robert Kraemer, Bremen (Erkazit) — Sichel (Lizidur).
[4]) DRP 32 083, *Dr. E. Schaal,* 1884 — DRP 38 467, *Dr. E. Schaal,* 1886. — Vgl. auch DRP 75 119, 1890, Veresterung von Kolophonium und Kopal mit Glycerin u. anderen Alkoholen d. wasserentziehende Mittel.
[5]) AP 178 165 Resinous Products Co., 8. 10. 1928.
[6]) AP 2 398 668, 669, 670, *J. B. Rust,* Montclair Research Corp., 16. 4. 1946. — Weitere Ab-

Beispiele für Handelsprodukte[7]):

Weichharz KTN	Ester aus Naturharz-säuren und Polyäther-alkoholen	Hoechst
Abalyn	Methylabietat	Hercules
Hercolyn	Methyldihydroabietat	Hercules

Veresterungen sind bekanntlich Gleichgewichts-Reaktionen. Daher liegen bei einem Glycerin-Harzester neben einer Hauptmenge an Triabietat auch schwankende Mengen von Mono- und Diabietat vor. — Außerdem neigen Glycerin und seine Derivate zu intermolekularen Verknüpfungen durch Ätherbildung. So ist anzunehmen, daß sich aus zwei Molekülen Diabietat unter Wasseraustritt Diglycerylabietyläther bildet:

$$\begin{array}{l} C_{19}H_{29}-CO-O-\underset{|}{\overset{H}{C}}-H \quad\quad H-\underset{|}{\overset{H}{C}}-O-CO-C_{19}H_{29} \\ C_{19}H_{29}-CO-O-\underset{|}{\overset{|}{C}}-H \quad\quad H-\underset{|}{\overset{|}{C}}-O-CO-C_{19}H_{29} \\ \quad\quad\quad\quad H-\underset{H}{\overset{|}{C}}\!-\!-\!-\!O\!-\!-\!\underset{H}{\overset{|}{C}}-H \end{array}$$
8.1

Diglycerylabietyläther

Auch Kolophonium-Ester des Pentaerythrits (8—10 % Penta auf Harz) werden vielfach als preiswerte Hartharze verwendet; Pentaester sind härter und wasserfester als Glycerinester[8]).

Zum Verständnis der Reaktionen des Kolophoniums ist folgendes zu wissen notwendig: etwa 90 % des Naturharzes bestehen aus „Harzsäuren", deren Hauptmenge einbasische Säuren der Summenformel $C_{19}H_{29}COOH$ darstellen. Allen Harzsäuren liegt das Phenantren-Skelett zugrunde[9]).

Bei den Harzsäuren unterscheidet man den „Abietinsäuretyp" und den „Pimarsäuretyp".

Abietinsäuretyp: Der Abietinsäure ist die Lävopimarsäure isomer:

Abietinsäure   Lävopimarsäure

8.2

---

wandlungen s. *E. Stock,* Technik d. neuzeitl. Lackherstellung, Wissensch. Verlagsges., Stuttgart, 1942, S. 749 f.

[7]) Hersteller von Harzestern sind u. a. die Firmen: Abshagen u. Co. AG, Hamburg-Wandsbek — Lechner u. Crebert, Mannheim-Rheinau (Markennamen: Lucral). — Robert Kraemer, Bremen.

[8]) Reaktion von Pentaerythrit, s. S. 95.

[9]) *W. Sandermann,* a.a.O., Fußnote S. 263. — *J. Weiß,* a.a.O., Fußnote S. 263. — Über die Konstitution der Harzsäuren und ihre Reaktionen vgl. auch *W. Sandermann,* Fette u. Seifen *54,* 129 (1952).

Veredelte Naturharze

Die Lävopimarsäure weist ein Paar konjugierter Doppelbindungen auf, das bevorzugt einer Diels-Alder-Reaktion fähig ist[10]). Es ist anzunehmen, daß bei derartigen Umsetzungen sich zunächst die Abietinsäure in Lävopimarsäure umlagert[11]). — Außerdem kommen im Kolophonium Palustrinsäure und Neoabietinsäure vor.
Der *Pimarsäuretyp* ist charakterisiert z. B. durch die Dextropimarsäure.

8.3

Dextropimarsäure

Zur Zusammensetzung der Tallharze macht *K. S. Ennor*[12]) aufgrund gaschromatographischer Untersuchungen der Methylester detaillierte Angaben. Das aus rohem Tallöl gewonnene Harz besteht danach hauptsächlich aus Abietinsäure und Dehydroabietinsäure[13]). Dagegen wurden im destillierten Tallöl neben wenig Abietinsäure mehr als 50% Dextropimarsäure und ein erheblicher Anteil an Tetrahydroabietinsäure gefunden. Die geringe Anfälligkeit dieser Säuren gegen Autoxydation wird als Erklärung angegeben für die erwiesene gute Wetterbeständigkeit von Alkydharzen aus Harzsäure enthaltenden raffinierten Tallölfettsäuren.
Die chemische Stabilität des Kolophoniums kann verbessert werden durch:
a) Hydrierung, b) Disproportionierung, c) Polymerisation
Durch Hydrierung[14]) werden die oxydationsanfälligen Stellen des Moleküls stabilisiert.

Beispiel für Handelsprodukte

        Staybelite   Hercules

Auch durch Disproportionierung (Isomerisierung) kann die Empfindlichkeit gegen oxydierende Einflüsse verringert werden. Beim Erhitzen mit Hydrierungs-Katalysatoren, in Abwesenheit von Wasserstoff, lagern sich die zweifach ungesättigten Harzsäuren in a) Di- und Tetrahydroabietinsäure und b) Dehydroabietinsäure[15]) um.

---

[10]) Vgl. S. 143: Reaktionsschema der Maleinatharze. — Die andersartigen Reaktionen mit aktiven Phenolharzen, s. S. 53.
[11]) An sich ist die Lävopimarsäure die natürlich vorkommende Form, die sich bei der Aufbereitung des Harzes in Abietinsäure umlagert. Vgl. *W. Foerst*, Neuere Methoden d. präpar. organ. Chemie, 3. Aufl., Verlag Chemie, 1949, S. 325. — *W. Sandermann*, Naturharze, Terpentinöl, Tallöl, Springer-Verlag, 1960, S. 151 f. — Kennzahlen u. Zusammensetzung von Harzen verschiedener Provenienz, s. S. 163 f.
[12]) J. Oil a. Colour Chem. Ass. *51* (1968) Nr. 6, 485—493.
[13]) Auch *W. Sandermann* weist auf den erheblichen Anteil an Dehydroabietinsäure sowohl im Tallölharz als auch im Wurzelharz hin, s. Naturharze, Terpentinöl, Tallöl, Springer-Verlag 1960, S. 164.
[14]) Z. B. AP 2 155 036, Hercules Powder Co., 1937.
[15]) Vgl. hierzu z. B. AP 2 177 530, Hercules Powder Co. (1936) und 2 407 248, Hercules Powder Co. (1942). — *G. C. Harris*, Encyclopedia of Chem. Technology, *11*, 779—810 (1953), vgl. auch Sonderdruck hiervon durch Hercules Powder Co. — *Ullmanns*'s Encyklopädie d. techn. Chemie, 3. Aufl., 8. Band, München, 1957, S. 411.

Beispiele für Handelsprodukte:

Bremar	Kraemer
Gorite	Dixie Pine Products Co., Inc., Hattiesburg, Missisippi
Solros	Heyden-Newport (Newport)

Durch Polymerisation[16]) werden Härte und Beständigkeit erhöht.

Beispiele für Handelsprodukte:

Dymerex-Harze	Hercules
Hobicol	Scado
Nuroz	Heyden-Newport (Newport)
Penros	Heyden-Newport (Newport)
Polyharz	Kraemer
Polypale-Harze	Hercules
Polros	Crosby

Bei der Veresterung von polymerisiertem Harz ist der geringere Bedarf an Alkoholen zu berücksichtigen (ca. 10 % lt. Angabe der Hersteller).

In diesem Zusammenhang sei erwähnt, daß sich auch ausgeschmolzener *Kopal* verestern läßt.

Beispiel für Handelsprodukte:

EE-Kopaledelester	Worlée

Schließlich ist die Trennung des *Dammars* in alkohollösliche und alkoholunlösliche Anteile hier zu erwähnen.

Beispiele für Handelsprodukte:

Liodammar	Sichel — In Estern klar löslich, für NC-Lacke
Lioresen	Sichel — In unpolaren Lösungsmittel löslich, für Öllacke, Grundierungen u. Spachtel
Rokrasin	Kraemer
Worléedammar	Worlée

---

[16]) Polymerisation findet z. B. unter dem Einfluß saurer Agenzien statt, z. B. p-Toluolsulfosäure, AP 2 375 618, Hercules Powder Co. (1942) und Bortrifluorid, DRP 564 897, I.G.-Farben-Ind. (1931). — Vgl. hierzu *E. F. Parker,* Polymerisation of Resin, Paint Manuf. XXVI., 454 (1956), Nr. 12), siehe dort auch weitere Literatur- und Patent-Angaben. — Weitere Einzelheiten und 11 Patent-Angaben s. Ullmann's Encyklopädie der Wissenschaften, Band 8, S. 412, 3. Aufl., 1957.

Neuntes Kapitel

Cellulose-Derivate

Nach den Ausführungen im 1. Kapitel[1]) sind die als Lackrohstoffe verwendeten Cellulose-Derivate den Lackkunstharzen zuzuordnen. Der Praktiker wird sich jedoch der umfangreichen Spezialliteratur[2]) bedienen, so daß im Rahmen dieses Buches nur das Prinzip des Aufbaus der Celluloseester und -äther dargestellt werden soll.
Grundbaustein der Cellulose ist die Glukose $C_6H_{12}O_6$

9.1

Glukose – $C_6H_{12}O_6$

Cellulose besteht aus glukosidisch miteinander verknüpften Cellobiose-Molekülen[3]). Cellobiose besteht aus zwei ätherartig verbundenen Glukosen.

9.2

Cellobiose

---

[1]) Vgl. S.13.
[2]) *Bianchi-Weihe*, Celluloseesterlacke, Berlin 1931. — *F. Zimmer*, Nitrocellulose- und Zaponlacke, Leipzig 1931. — *A. Weihe*, Celluloseester als Lackrohstoffe, Farben, Lacke, Anstrichstoffe 3 (1949), 110 und 135. — *P. Walter*, Collodiumwollen, Farben, Lacke, Anstrichstoffe 3 (1949), 252. — *W. A. Caldwell* und *I. I. Creasy*, The Manufacture of Industrial Cellulose Nitrate, J. of the Oil a. Colour Chemist's Ass. 38 (1955) Nr. 8, 431. — *H. Kittel*, Celluloselacke, Verlag W. A. Colomb, Stuttgart 1955. — *K. Weigel*, Nitrocelluloselacke, Chem. Rundschau 17 (1964) Nr. 15, 410 mit 168 Literaturstellen. — *A. Kraus*,

In der natürlichen (nativen) Cellulose bestehen die Ketten im Gegensatz zur regenerierten Cellulose aus kristallinen Mizellen oder Kristalliten, welche aus etwa 200 Elementarzellen aufgebaut sein sollen. Bei den Derivaten der Cellulose ist die Orientierung wesentlich geringer, bzw. ihre Filme können im allgemeinen im ungedehnten Zustand als orientierungslos betrachtet werden.

Aufgrund der in den Glukosegrundbausteinen vorhandenen drei freien Hydroxylgruppen ist die Cellulose als Polyalkohol zu betrachten; sie kann daher verestert und veräthert werden.

1. Celluloseester

1.1. Nitrocellulose

Veresterung von Cellulose mit Salpetersäure führt zu Nitrocellulose; die für die Lackherstellung (Nitrolacke) verwendbare Ware wird auch *Collodiumwolle,* manchmal auch Nitrowolle oder Lackwolle genannt.

Wesentlich für die Viskositätseigenschaften ist der gleichzeitig bei der Nitrierung (bzw. durch Kochen unter Druck) erzielte Abbaugrad des Cellulosemoleküls. Vom Nitrierungsgrad dagegen hängt es ab, ob esterlösliche Nitrocellulose (11,7—12,2 % Stickstoff) oder alkohollösliche Nitrocellulose (10,6—11,0 % Stickstoff) erhalten wird. Technisch werden Baumwollinters, d. s. die kurzen nicht mehr verspinnbaren Fasern, oder Cellstoff nitriert. Hinsichtlich Elastizität und Vergilbungstendenz steht Nitrocellulose aus Cellstoff derjenigen aus Baumwollinters heute nicht nach. Hersteller und deren Handelstypen sind übersichtlich aufgeführt in der DIN 53 179 „Bestimmung der Viskositätseinstellung von technischer Collodiumwolle".

1.2. Cellulose-Acetat, -Propionat und -Acetobutyrat[4])

Veresterung mit Eisessig und Essigsäureanhydrid bzw. mit Mischungen aus letzterem und Propionsäure oder Buttersäure führt zu Cellulose-Acetaten, -Propionaten bzw. -Acetobutyraten.

Leider existiert keine Monographie über Cellulose-Acetate bzw. Acetobutyrate für das Lackgebiet, weshalb einige Literaturstellen angeführt werden, in denen Herstellung[5]), Lösungs-[6]) und Weichmacherverhalten[7]), allgemeine Eigenschaften[8]), Wetterbeständigkeit[9]), Vernetzungsreaktionen[10]) und Anwendungsgebiete[11]) be-

---

Handbuch der Nitrocelluloselacke, Teil 2, 2., völlig neu bearbeitete Auflage, 1963. W. Pansegrau Verlag, Berlin-Wilmersdorf. — Dsgl., Teil 4, Harze, 1967. —
A. Kraus, Lichtbeständige Nitrocelluloselacke und UV-Absorber, Curt R. Vincentz Verlag, Hannover, 1968.
[3]) *Ullmann*s Encyklopädie der techn. Chemie, 3. Auf., 5. Bd. (1954), 157.
[4]) Für wertvolle Hinweise, insbes. bezgl. der Literaturstellen habe ich Herrn *Dr. H. Meckbach,* Leverkusen, sehr zu danken.
[5]) *R. F. Conaway,* Ind. Eng. Chem. *30* (1938), 516.
[6]) *H. Meckbach,* Dt. Farb. Ztschr. *8* (1954), 316.
[7]) *C. R. Fordyce* et al., Ind. Eng. Chem. *32* (1940), 1053.
[8]) *C. J. Malm* et al., Ind. Eng. Chem *34* (1942), 430. — *C. J. Malm* et al., Ind. Eng. Chem. *43* (1951), 688. — *W. M. Gearhart* et al., Off. Digest *28* (1956), 374.
[9]) *L. W. A. Mayer* et al., Ind. Eng. Chem. *37* (1945), 232.
[10]) *M. Salo* et al., Off. Digest *31* (1959), 1162.
[11]) *C. J. Malm* et al., Ind. Eng. Chem. *41* (1949), 1065. — *J. D. Crowley,* Paint Ind. *76* (1961) Nr. 8, 9. — *J. W. Lowe* et al., Paint, Varn. Prod. *55* (1965) Nr. 8, 37.

2. Celluloseäther

schrieben sind. (Siehe auch die Firmenschriften von Bayer und Eastman sowie Ullmanns Encyklopädie der techn. Chem. Bd. 11 (1960), unter „Lacke".)
Handelsprodukte: Verschiedene „Cellit"-Typen der Farbenfabriken Bayer (Cellit L, PR, BL und BS[12]) sowie entsprechende Typen der Eastman Chem. Prod. Inc., Kingsport, Tennessee (ohne Handelsnamen).

2. Celluloseäther

Die Hydroxylgruppen der Cellulose können auch veräthert werden. Die Herstellung geht aus von der Alkalicellulose (Natriumalkoholat der Cellulose), deren Alkaliatome durch Alkyl- oder Arylreste ausgetauscht werden[13]). Durch oxydativen Abbau wird außerdem eine für die Viskosität des Fertigproduktes maßgebende Molekül-Verkleinerung herbeigeführt.

2.1. Wasserlösliche Celluloseäther, Methyl-, Hydroxyäthylcellulose und Celluloseglykolsäure

Niedrig methylierte Cellulose ist wasserunlöslich, löst sich aber wie die nicht veräthterte Cellulose in Alkalien. Verätherung von knapp der Hälfte der Hydroxylgruppen führt zu wasserlöslichen Produkten. Gesteigerte Methylierung würde wasserunlösliche, jedoch chloroformlösliche (unpolare) Produkte ergeben.
Die Unlöslichkeit in Wasser der nativen Cellulose — bemerkenswert, da das Molekül an jedem zweiten C-Atom eine Hydroxylgruppe enthält — wird dadurch erklärt, daß eine Solvatation durch die Wassermoleküle infolge der Assoziationskräfte zwischen den langen Cellulose-Fadenmolekülen verhindert wird[14]). Durch teilweise Methylierung werden die Cellulosemoleküle auseinandergedrückt, und die nicht methylierten OH-Gruppen werden der Hydratation zugänglich[15]).
Die Unlöslichkeit der handelsüblichen *Methylcellulosen* in heißem Wasser wird so erklärt, daß eine primär gebildete Wasser-Anlagerungsverbindung in der Wärme zerfällt[16]). Auch bei der Herstellung der Methylcellulosen wird die Temperatur stets oberhalb 70 °C gehalten, da sonst keine festen Produkte, sondern kolloidale Lösungen erhalten werden.
So erklärt sich auch die früher übliche Arbeitsanweisung, Methylcellulose mit wenig heißem Wasser anzuquellen: Es wird eine Auflockerung des Mizellengefüges herbeigeführt, welche die Auflösung in kaltem Wasser erleichtert.
Hydroxyäthylcellulosen verhalten sich den Methylcellulosen sehr ähnlich. Es entstehen ebenfalls zunächst wasserunlösliche aber noch alkalilösliche Produkte. Bei fortschreitender Verätherung, etwa bis zu 2/3 der Hydroxylgruppen, ergeben sich wasserlösliche Produkte. Hydroxyäthylcellulose wird durch Alkali-katalysierte Einwirkung von Äthylenoxid auf Cellulose gewonnen:

$$\text{Cell}-\text{OH} + \text{CH}_2-\text{CH}_2 \xrightarrow{\text{NaOH}} \text{Cell}-\text{O}-\text{CH}_2-\text{CH}_2-\text{OH} \qquad 9.3$$
$$\underset{\text{O}}{\diagdown\diagup}$$

---

[12]) Handelsnamen der Farbenfabriken Bayer, Leverkusen; Cellit L ist Acetat, PR Propionat; BL, BP und BS sind verschiedene Grade von Acetobutyrat.
[13]) Zur Herstellung von Celluloseäthern s. Kunststoff-Handbuch Bd. III, Abgewandelte Naturstoffe, *R. Vieweg* u. *E. Becker,* Carl Hanser Verlag, München, 1965, 352 (Celluloseäther bearbeitet von J. Voss). — Ullmann; Encyklopädie der techn. Chemie, 3. Aufl., 5. Bd. (1954), 165.
[14]) *R. Hebermehl,* Farben, Lacke, Anstrichstoffe *3* (1954), 105.
[15]) *L. H. Bock,* Ind. Eng. Chem. *29* (1937), 985.
[16]) *R. Hebermehl,* a.a.O. 105/106.

Hydroxybutyl- und Hydroxypropyl-Cellulose werden als Verdickungsmittel verwendet.

Methylcellulosen und Oxyäthylcellulosen haben als Bindemittel für Leimfarben und als Stabilisierungs- bzw. Verdickungsmittel für die Herstellung von Emulsions- bzw. Dispersionsfarben große praktische Bedeutung.

Von *Celluloseglykolsäure* verwendet man praktisch die alkalilöslichen Produkte, jedoch allenfalls nur als Verdickungsmittel bei der Herstellung von Anstrichemulsionen. Wichtiger sind sie für die Seifenindustrie als Füllmittel und für die Textilindustrie als Hilfsmittel bei der Herstellung von Appreturen und Schlichten.

Die der Herstellung von Celluloseglykolsäure zugrunde liegende Reaktion ist folgende:

$$R-CH_2-O-Na + Cl\,CH_2-COOH \longrightarrow R-CH_2-O-CH_2-COOH + NaCl \qquad 9.4$$

Alkalicellulose   Chloressigsäure   Celluloseglykolsäure

Hersteller von Handelsprodukten:

    DOW Chemical Co., USA
    Henkel & Co., Düsseldorf
    Hercules Powder, USA
    Hoechst
    Kalle & Co., Wiesbaden-Biebrich
    Sichel & Co., Hannover
    Wolff, Walsrode

2.2. Äthylcellulose

Die technische Herstellung von äthylierter Cellulose bezweckt die Gewinnung von Bindemitteln, die in organischen Lösungsmitteln löslich sind. Aus diesem Grunde wird die Verätherung möglichst weit getrieben; der Gehalt an C_2H_5-O-Gruppen dieser Sorten beträgt 47—48 % (2,4 bis 2,5 Hydroxylgruppen pro Glukoseeinheit). Die Äthylcellulose ist ein hochwertiges Bindemittel für die Herstellung von Papier- und Folienlacken sowie Gummi- und Tiefdruckfarben, u. a. auch für den Lebensmittelsektor, da ihre Filme wasserklar, weitgehend lichtecht-, geruch- und geschmacklos sind. Äthylcellulose wird auch für die Herstellung von farblosen Holzlacken und Metallacken (Zaponlacken) verwendet. Als Lösungsmittel wird eine Mischung von 80 % Aromaten und 20 % niedrigen Alkoholen empfohlen. Im Gegensatz zu Acetylcellulose ist Äthylcellulose mit vielen gebräuchlichen Naturharzen, Kunstharzen und Weichmachern verträglich.

Kombinationen von Äthylcellulose mit Wachsen, Paraffinen oder bestimmten Mineralölfraktionen finden als temporärer Oberflächenschutz in Form der Schmelztauchmassen (vgl. auch „strip peel") Verwendung.

Die Herstellung von *Benzylcellulose,* die wenig licht- und wetterecht ist, wurde nach dem 2. Weltkrieg nicht wieder aufgenommen.

Hersteller von Handelsprodukten:

    DOW Chemical Co., USA (Ethocel)
    Hercules

Zehntes Kapitel

Verschiedene Kunstharze

1. Organische Polysulfid-Polymere

Das Prinzip der Herstellung[1]) dieses durch Schwefelbrücken gekennzeichneten Polymeren besteht in der Umsetzung von anorganischen Polysulfiden mit Olefindihalogeniden[2]) nach folgender Schema-Gleichung:

$$n(Hal-R-Hal) + n\,Na_2\,S_x = (-R-S_x-)_n + 2n\,NaHal \qquad 10.1$$

Anstelle einfacher Olefindihalogenide wie 1,2-Dichloräthan werden mit Erfolg Bis(2-chloräthyl)-äther und Bis(2-chloräthyl)-formal herangezogen.

Es lassen sich flüssige Produkte erzielen (Thiokol Liquid Polymers®[3])), die vorzugsweise durch Peroxide, zum Teil auch mit Sikkativen in einen hochmolekularen Zustand übergeführt werden können. Außerdem eignen sie sich sehr gut für die Kombination mit Epoxidharzen. Pigmentiert werden Reaktionslacke auf dieser Basis mit einem Festkörpergehalt von über 70 % für Schutzschichten mit Schichtdicken von 1 mm und mehr von hoher Beständigkeit empfohlen. Hervorgehoben wird für Thiokol-Massen die außerordentlich gute Alterungs-, Chemikalien- und Oxydationsbeständigkeit auch unter Ozon-Einfluß. Auch sind Kombinationen mit Teeren möglich.

Handelsprodukte:

      Thiokole: Thiokol-Gesellschaft mbH., Mannheim-Waldhof

Thiokole haben besondere Bedeutung erlangt für die Herstellung von Dichtungsmassen (Fugendichtungen), Isolierstoffen, Klebemitteln und Imprägnierungen.

2. Polysulfon-Harze®[4])

Polysulfon-Kunststoffe, z. B. in Spritzguß verarbeitet, sollen sich durch ihre mechanischen und elektrischen Werte, durch ihre Chemikalien- und Wärmebestän-

---

[1]) Als empfehlenswerte Übersicht siehe: *L. Hockenberger,* Herstellung und Verwendung fester und flüssiger organischer Polysulfid-Polymerer, Chem, Ing.-Techn. 36 (1964) Nr. 10, 1046.
[2]) *J. C. Patrick,* BP 302 270, 13.12.1927. — *J. Baer,* Kautschuk *10* (1934), 55.
[3]) Thiokol-Ges., Mannheim-Waldhof.
[4]) Eingetragenes Warenzeichen „Union Carbide". — Die Harze erschienen 1965/66 auf dem Markt.

digkeit in einem Intervall von −100 °C bis +150 °C auszeichnen; außerdem sind sie nicht brennbar bzw. „selbstverlöschend"[5].

Das Prinzip der Herstellung[6] besteht in der Kondensation von Dihydroxydiphenylsulfon[7] (ausgehend von der Di-Chlor-Verbindung) und Bisphenol A (Dian)

10.2

Polysulfon

Die Eigenschaften der Polysulfone ließen die Entwicklung von Harzen, die als Lackbindemittel geeignet waren, lohnenswert erscheinen. Entwicklungsprodukte haben ein Molgewicht von rund 30 000; dementsprechend sind gute Löser wie höhere Ketone, wenigstens anteilweise, erforderlich. Die Verträglichkeit ist beschränkt. In Anbetracht der sehr guten Beständigkeitseigenschaften und des ausgezeichneten Haftvermögens der bei 200 °C einzubrennenden Filme erscheint diese Entwicklung interessant, u. a. für Drahtlacke.
Hersteller: Union Carbide

3. Polyimid-Harze[8]

10.3

Polyimide

Das Herstellungsprinzip technisch nutzbarer Polyimide besteht in der Umsetzung der Anhydride 4-basischer Säuren, vorzugsweise Pyromellithsäureanhydrid, mit aromatischen Diaminen[9], z. B. Benzidin, Diamino-diphenyloxid oder Diamino-diphenylmethan

10.4

Pyromellithsäureanhydrid   Diamino-diphenyloxid

---

[5] Chemical and Engineering News, 12.4.65, S. 28 u. 26.4.65, S. 48. — Plastics Design and Processing 43 (Mai 1965), S. 16. — Modern Plastics 42 (Mai 1965), S. 87 u. 196; Referat: Kunststoffe 55 (1965), 716. — J. Paint Technology (Off. Digest) 40 (1968 Nr. 517, 80; Referat: Farbe und Lack 74 (1968) Nr. 8, 812.
[6] Chemie für Labor und Betrieb 19 (1968) Nr. 5, 214, nach einem Bericht von J. Westchester.
[7] Bisphenol „S", BASF.
[8] Herrn P. K. Wieger bin ich für wertvolle Literatur- und Patentangaben sehr zu Dank verpflichtet.
[9] Über präparative Arbeiten berichten: Aromatic Polyimides, G. M. Bower, L. W. Frost (Westinghouse), Journal of Polymer Science, Part A, Vol. 1 (1963), p. 3135—3150. — Vgl. auch Polyimides, W. R. Dunnavant, Plastics Design and Processing, April 1966,

3. Polyimid-Harze

Polyamidocarbonsäure
(noch löslich)

(unlöslich)

10.5

Das in der 1. Reaktionsstufe gebildete Produkt (eine Polyamidocarbonsäure) ist noch löslich und als Lackharz verwendbar. Beim Einbrennen bildet sich unter Wasserabspaltung und Ringschluß daraus das Polyimid[10]). Polyimid-Kunststoffe, wie z. B. der H-Film (DuPont) zeigen auch bei Dauerbeanspruchungen um 180 °C hervorragende elektrische Isoliereigenschaften[11]). Die Belastungsgrenze der Polyimid-Kunststoffe wird teils mit maximal 315 °C angegeben[12]).
Auch bei den Lackharzen sind die Thermostabilität und gleichzeitig vorhandenen Elektroisolier-Eigenschaften der Anreiz für die Entwicklungsarbeiten gewesen[13]). Nachteilig sind die teuren und physiologisch nicht unbedenklichen Lösungsmittel (u. a. wird angegeben Dimethylacetamid).
Die Erhöhung der Resistenz und Thermostabilität durch die Imidgruppe wird auch in den *Polyesterimiden* genutzt, die leichter zu handhaben sind als die reinen Polyimide.
Ein Weg zur Herstellung der Polyesterimide geht über imidgruppenhaltige Dicarbonsäuren (z. B. aus Pyromellithsäureanhydrid und aromatischen Diaminen)

S. 11. — Bezugsquellen für Ausgangsstoffe: Chem. Week v. 9.10.1965. — Beispiele aus der Patent-Literatur: Preparation of Polypyromellit-imides US-Pat. 2 867 609 v. 6.1.1959 DuPont. — Polyimides from Diamines + Di-Acid-Di-Ester-Derivates of Dianhydrides US-Pat. 3 037 966 v. 5.6.1962 Union Carbide Corp. — Polyamides-Acid US-Pat. 3 179 614 v. 20.4.1965 DuPont. — Herst. v. Polyimiden US-Pat. 3 179 630 v. 20.4.1965 DuPont. — (Linear polymeric) Amide-modified polyimides US-Pat. 3 179 635 v. 20.4.1965 Westinghouse Electric Corp. — Polyesterimides Based Varnishes Engl. Pat. 1 028 887 v. 4.8.1964, Dr. Beck & Co., Hamburg. — Ester Imide Resins Engl. Pat. 973 377 v. 1.11.1962 Dr. Beck & Co., Hamburg — F.P. 1 283 378 v. 11.1.1961 Westinghouse Electric — Belg. Pat. 589 179 DuPont. —
[10]) K. Hamann, Farbe und Lack 69 (1963) Nr. 11, 809.
[11]) Aromatic Polypyromellitimides from Aromatic Polyamic Acids (mit Infrarot-Spektren) S. A. Sroogt, A. L. Endrey, S. V. Abramo, E. C. Berr, W. M. Edwards, K. L. Olivier (DuPont), Journal of Polymer Science, Part A Vol. 3 (1965), 1373. Siehe hier u. a. Eigenschaften des unlöslichen Kunststoffs und der Filme. H-Film ist im Prinzip linear aufgebaut. — H-Film, A New High Temperature Dielectric, L. E. Amborski (DuPont), Ind. Eng. Chem. Prod. Res. Develop. 2 (1963) Nr. 3. — Polyesterimide/Aromatic PE-imides, D. F. Lonerni (GE), Journal of Polymer Science, Part A-1, Vol. 4 (1966), 153. — Kunststoffe 53 (1963) Nr. 3, S. 157.
[12]) W. R. Dunnavant, Plastics Design and Processing, April 1966, S. 15.
[13]) Z. B. „Pyre-M. L. Varnish", DuPont de Nemours. — Eine ausgezeichnete Übersicht über Polyimid-Isolierlacke geben K. Schmidt, G. Neubert und H. M. Rombrecht in „Lackdrähte und Isolierungen auf Imid- und Esterimidbasis", ETZ 15 (1963) Heft 21, S. 603.

und deren Veresterung mit Polyalkoholen[14]). Ein anderes Prinzip führt über Oxazolin-Verbindungen[15]), wobei die Polyimidester nach dem Grundschema gebildet werden:

10.6

x = aliphat. oder aromat. Rest

Hierbei wird, da es sich um eine reine Umlagerungsreaktion handelt, kein Wasser abgespalten. Bei Verwendung von Polyoxazolinen tritt dann auch noch eine entsprechende Vernetzung ein.

Auch die Umsetzung von Dioxazolinen mit Maleinsäure-Addukten von Kolophonium, Holzöl und Ricinenöl ist beschrieben[16]), dgl. mit Leinölfettsäure[17]).

Hersteller von Polyimid-Kunststoffen bzw. -Kunstharzen:

Deutschland:	Dr. Beck & Co. AG., Hamburg: Terebec FH und Allobec JC, (Polyesterimid-Basis)
USA:	DuPont
	General Electric
	Narmco Research and Development
	Shawinigan Resins (Monsanto)
	Westinghouse

---

[14]) *K. Schmidt, G. Neubert* und *H.-M. Rombrecht*, ETZ 15 (1963) Heft 21, S. 606: Als zusätzlich Terephthalat-Gruppen enthaltende Handelsprodukte wurden die Terebec-Drahtlacke, Dr. Beck & Co., Hamburg, genannt.

[15]) 10.7

[16]) US-Patente 2 547 497, Rohm und Haas, Philadelphia, 3.1.1950 und 2 547 498, dto., 8.3.1950.

[17]) Über die Umsetzung von Oxazolin-Diolen mit Leinölfettsäure und Polyamidimiden (ggf. zu wasserlöslichen Produkten) wird berichtet: *W. J. DeJarlais, L. E. Gast* und *J. C. Cowan*, J. of Am. Oil Chemists' Society, Vol. 44 (1966), 126. — Copolymerisation von Oxazolinderivaten etc. mit Polycarbonsäuren, siehe auch DBP-Anmeldung 1 261 261 v. 23.9. 1966 (ausgelegt 15.2.1968), Chem. Werke Hüls.

4. Polyspiran-Harze

Spirane[18]) werden aus zwei oder mehreren Ringen zusammengesetzte Verbindungen genannt, dadurch gekennzeichnet, daß die Verknüpfung der Ringe über ein einziges gemeinsames C-Atom erfolgt:

$$\begin{array}{c} H_2C\diagdown_{CH_2}^{CH_2}\diagup C\diagdown_{CH_2}^{CH_2}\diagup CH_2 \end{array} \qquad 10.8$$

Praktisch verwertbare Polyspiran-Kunstharze haben als Grundlage ein Oxetan-Skelett:

$$\left[CH\diagdown_{O-CH_2}^{O-CH_2}\diagup C\diagdown_{CH_2-O}^{CH_2-O}\diagup HC-CH_2-CH_2 \right]_n \qquad 10.9$$

Die technische Synthese der Harze geht von Pentaerythrit oder Mischungen von Penta und Dipenta (z. B. 88 : 22) aus; die Polyspiran-Struktur wird erzielt durch Umsetzung mit Dialdehyden (z. B. Glutaraldehyd) oder Diketonen[19]).
Lösungen in Phenolen, Dimethylsulfoxid oder Pyrrolidon u. a. werden als hochbeständige Drahtlacke empfohlen.
Handelsprodukte sind z. Z. nicht bekannt.

5. Chlorierte Polyäther

Pentaerythrit ist auch der Ausgangsstoff für lineare Polymerisate des 2,2-Bis-chlormethyl-trimethylenoxids[20]) mit ca. 46% Chlorgehalt[21]).

$$\left[-H_2C-\underset{\underset{CH_2Cl}{|}}{\overset{\overset{CH_2Cl}{|}}{C}}-CH_2-O- \right]_n \qquad 10.10$$

Penton®[22])

Dieser chlorierte Polyäther zeichnet sich durch außergewöhnliche chemische Beständigkeit und Wärme-Dauerbelastbarkeit (bis 135 °C) aus. Schutzbezüge finden daher Verwendung in der chemischen Industrie für Geräte, Behälter, Rohre u. dgl.

---

[18]) Von Spira: Brezel.
[19]) AP 2 963 464 vom 6.12.1960, Shawinigan Resins Corp. — Mit Polyisocyanaten vernetzte Polyspiranharze für Drahtlacke: DB Anm. 1 123 104 v. 14.4.1959, Shawinigan Resins Corp. — Mit Anhydriden mehrbasischer Säuren vernetzbare Polyspiranharze (gelöst in Phenol oder dgl.) für Drahtlacke: DB-Anm. 1 210 964 v. 10.8.59, Monsanto Comp.
[20]) Trimethylenoxid = Oxacyclobutan = Oxetan.
[21]) Über die Trichlor- bzw. Trichlor-monoacetyl-Verbindung durch Abspalten von HCl bzw. Acetylchlorid. Houben-Weyl, 4. Aufl., 1963, Band XIV/2, Teil 2, 554. — DBP 931 226 (1954) Degussa. — AP 2.722.520 v. 1.11.1955, BP 764 053 (1955) und DBP 959 949 (1957), Hercules Powder Comp., u. a. Polymerisation in flüssigem Schwefeldioxid.
[22]) Hercules Powder Co.,

Lösungen — in Cyclohexanon z. B. — werden nur für Primer empfohlen. Überzugsschichten werden aus Dispersionen in Lösungsmitteln oder Wasser[23]) oder durch Spritzen von Pulver auf vorgewärmte Gegenstände bzw. durch Wirbelsintern erhalten[24]). Als Einbrenn-Temperatur wird 220—240 °C genannt.

6. Chlorierungsprodukte mehrkerniger Benzolderivate

Durch thermische Zersetzung von Benzol werden mehrkernige Benzolderivate, u. a. Diphenyl, gewonnen.

Diphenyl   10.11

In der Schmelze oder in Lösung nehmen derartige Produkte verhältnismäßig leicht Chlor auf, und zwar bis zu einem Chlorgehalt des Endproduktes von etwa 60 %. Die so gewonnenen Produkte sind niedrigmolekular. Hierher gehört z. B. der bekannte unverseifbare Weichmacher ®*Clophen A 60*[25]). Harzartigen Charakter hat mit einem Erweichungspunkt von ca. 70 °C ®*Clophenharz W,* das vom Hersteller als „hochchloriertes Terphenyl" bezeichnet wird[26]).
Clophenharz W ist farblos und von guter Lichtbeständigkeit, neutral, unverseifbar und unbrennbar. Charakteristisch ist die ausgezeichnete Chemikalienbeständigkeit, welche für die Kombination mit Chlorkautschuk und Polyvinylchlorid von Bedeutung ist. Clophenharz W ist in allen gebräuchlichen Lösungsmitteln mit Ausnahme von niederen Alkoholen löslich und mit sehr vielen Bindemitteln verträglich; mit spritlöslichen Harzen, Nitro- und Acetylcellulose, Polyvinylacetat, Polyacrylmethylestern, Harnstoffharzen und Phenol-modifizierten Ketonharzen dagegen unverträglich. — Auch kleinere Zusätze von Clophenharz W erhöhen in luft- und ofentrocknenden Kunstharzlacken Glanz, Fülle und die Haftung.

Handelsprodukt:

    Clophenharz W   Bayer

---

[23]) Dtsche Farben-Zschr. *14* (1960) Nr. 10, 383 — Chem. Eng. News *38* (1960) Nr. 25, 52.
[24]) Firmenschriften der Hercules Powder Co. — *S. F. Dieckmann,* Dtsche Farben-Zschr. *18* (1964) Nr. 5, 217 — *S. F. Dieckmann,* Kunststoffe *54* (1964) Nr. 5, 306.
[25]) Handelsprodukt der Farbenfabriken Bayer, Leverkusen.
[26]) Es dürfte sich vorzugsweise um die Penta-Verbindung handeln. Vgl. Physikalische u. toxikologische Eigenschaften, siehe: *R. Lefaux,* Chemie u. Toxikologie der Kunststoffe, Krausskopf Verl., Mainz, 1966, S. 165.

Elftes Kapitel

Zur Analyse der Lackkunstharze

Dr. Ernst Schneider

Vorbemerkung

Der Aufgabenstellung dieses Buches entsprechend befaßt sich die folgende analytische Übersicht fast ausschließlich mit den in der Lackindustrie gebräuchlichen Kunstharzen. In Hinblick darauf, daß gerade im vergangenen Jahrzehnt eine starke Aktivität auf dem Gebiet der gesamten Kunststoff-Analyse zu verzeichnen war und darüber hinaus in der Dokumentation erfreulicherweise eine Zusammenführung der teilweise stark verstreuten Veröffentlichungen in übersichtlichen Sammelwerken erfolgte, wird bewußt darauf verzichtet, eine doch nie zu erreichende Vollständigkeit anzustreben. Hauptziel dieses Beitrages soll vielmehr neben der Kurzinformation vor allem die Erschließung der Originalquellen einzelner Analysenmethoden sein. Nicht nur, daß sich eine wörtliche Übernahme der häufig aus recht guten Gründen sehr ausführlich gehaltenen Arbeitsanweisungen aus Platzmangel verbietet, wird es zudem aus eigener praktischer Erfahrung und aus didaktischen Gründen für zweckmäßig gehalten, sich nach Möglichkeit direkt durch das Studium der Originalarbeit zu informieren oder eine der am Schluß genannten zusammenfassenden Darstellungen zu Rate zu ziehen.
An dieser Stelle sei nur ganz kurz darauf hingewiesen, daß zweifellos ohne die überaus fruchtbare Weiterentwicklung spezieller Analysenverfahren, vor allem auf physikalischer Grundlage, auch der heute erreichte hohe Stand der Analytik auf dem Gebiet der Kunstharze nicht denkbar ist.
Genannt seien in diesem Zusammenhang die Fortschritte der Gaschromatographie und der anderen Methoden der Verteilungschromatographie, wie der Säulen-, Papier-, Dünnschicht- und Gel-Permeations-Chromatographie. Auch spektroskopische Methoden, vor allem die Spektroskopie im Infrarot-, Ultraviolett- und sichtbaren Bereich haben zu den erzielten Erfolgen in hohem Maße beigetragen. Als weitere Hilfsmittel, die allerdings einen relativ hohen finanziellen Aufwand erfordern, dürfen die magnetische Kernresonanz- und die Massenspektroskopie nicht unerwähnt bleiben.
Als Abschluß dieser Einleitung zum analytischen Teil eine kurze Bemerkung zur Literatur über die Analyse von Kunstharzen und Kunststoffen. Es existiert naturgemäß eine Vielzahl von Veröffentlichungen auf diesem Arbeitsgebiet, sowohl allgemeiner als auch ganz spezieller Natur. Hierdurch ergibt sich aber auch die Frage der richtigen Auswahl.
Ohne Zweifel führt zur Zeit das umfangreiche Standardwerk von *D. Hummel*, Atlas der Kunststoff-Analyse, Band I, Hochpolymere und Harze[1]) die Reihe dieser

---

[1]) Gemeinsam herausgegeben vom Carl Hanser Verlag, München und Verlag Chemie, Weinheim, 1968.

Publikationen an. Dieses Werk gibt ein geschlossenes Bild des heutigen Standes auf dem gesamten Gebiet. Das Studium dieser Monographie läßt daher auch kaum eine Frage der analytischen Behandlung von Kunstharzen offen.

Des weiteren sind verschiedene Einzeldarstellungen und Zusammenfassungen aus der Feder namhafter Fachleute erschienen, in denen die Analyse der Kunstharze übersichtlich und ausführlich dargelegt ist. Eine Literaturzusammenstellung am Ende dieses Kapitels gibt hierzu eine repräsentative Auswahl und soll damit dem Leser den Zugang zu allgemeinen und speziellen Fragen der Analytik erleichtern.

I. Vorproben

Die nachstehend beschriebenen Vorprüfungen wird man zweckmäßigerweise immer an den Anfang einer jeden Untersuchung stellen, da hierdurch oft schon wertvolle Hinweise auf mögliche Bestandteile der Analysensubstanz oder auf die Abwesenheit bestimmter Stoffe erhalten werden.

Wegen der grundsätzlichen Bedeutung muß bereits an dieser Stelle darauf hingewiesen werden, daß im Falle des Vorliegens von Stoffgemischen diese bei der Analyse schon möglichst frühzeitig aufgetrennt werden sollten. An den jeweiligen Teilfraktionen sind dann entsprechend ausgewählte Prüfverfahren zu wiederholen. Man sollte sich dabei stets von dem Grundsatz leiten lassen:

Zunächst selektiv trennen, danach möglichst empfindlich und eindeutig identifizieren.

Letzteres erreicht man häufig durch geeignete Kopplung und Kombination chemischer und physikalischer Analysenverfahren.

Als physikalische Verfahren zur Auftrennung kommen, auch in Kombination untereinander, in Betracht:

1. *Destillative Trennung:* Lösungsmittel und andere flüchtige Bestandteile werden durch Destillation unter Normaldruck, im Vakuum oder auch durch Wasserdampfdestillation abgetrennt.
2. *Fraktionierte Fällung:* Die als Lösung oder Dispersion vorliegende Analysensubstanz wird in ein als Fällungsmittel wirkendes Lösungsmittel, das in großem Überschuß vorliegt, tropfenweise eingerührt. Der ausgefällte Anteil wird entweder durch Waschen mit dem Fällungsmittel oder durch nochmaliges Umfällen weiter gereinigt.
3. *Fraktionierte Extraktion:* Die möglichst fein verteilte Analysensubstanz wird nacheinander mit einer Reihe von geeigneten Lösungsmitteln erschöpfend extrahiert. Die erhaltenen Fraktionen werden direkt oder nach 2. weiter aufgearbeitet.

Folgende Untersuchungen geben, vor allem in geeigneter Abstimmung untereinander, wertvolle Hinweise für die richtige Einreihung des Analysenmaterials:

1. Reaktion nach *Liebermann-Storch-Morawski*
2. Reaktion nach *Molisch*
3. Nachweis kennzeichnender Elemente (Leitelemente)
4. Entzündungsprobe
5. Pyrolyse durch trockenes Erhitzen
6. Untersuchung der Löslichkeit
7. Bestimmung der Verseifungszahl
8. Qualitative Prüfung auf Formaldehyd

I. Vorproben

9. Qualitative Prüfung auf durch Säure abspaltbare Aldehyde
10. UV-Spektrum
11. IR-Spektrum

Die Fluoreszenzanalyse unter der UV-Lampe hat die ihr früher zugeschriebene Bedeutung nicht behaupten können, da die Fluoreszenzfarben schon durch geringe Spuren an Fremdstoffen (Verunreinigungen oder bewußt beigefügter Zusätze, wie Katalysatoren, Inhibitoren, UV-Absorbern u. a.) empfindlich beeinflußt und verfälscht werden können.

1. Farbreaktion nach Liebermann-Storch-Morawski[2])

Die ursprünglich von *Liebermann* sowie von *Storch* und *Morawski* nur zur Prüfung auf das Vorliegen von Kolophonium (Abietinsäure) herangezogene Reaktion[3]) ergibt bei einer Reihe von Kunstharzen ebenfalls charakteristische Färbungen.

Ausführung: Man löst einige Milligramm der Substanz im Reagenzglas warm in ungefähr 2 ml Essigsäureanhydrid und läßt nach dem Erkalten 2—3 Tropfen konz. Schwefelsäure in das schräggehaltene Reagenzglas fließen. Festgestellt wird die sofort auftretende Färbung, ihre Veränderung nach etwa 10 Minuten und nach nochmaligem Erhitzen.

Da die Reaktion nicht immer sehr spezifisch ist und selbst bei Harzgruppen gleichen Grundaufbaus starke Abweichungen auftreten können, ist stets ein Vergleich mit authentischem Material zu empfehlen. Auftretende Farbtöne bei einigen Kunstharztypen: siehe die Tabelle auf Seite 280.

Weitere Einzelheiten zur Storch-Morawski-Reaktion mit einer Zusammenstellung der Farbreaktionen von über 100 Kunst- und Naturharzen sowie weitere Literaturangaben gibt *A. Kraus*[4]).

2. Reaktion nach Molisch

Ausführung: Einige mg der Probe werden auf einem Uhrglas mit einigen Tropfen konzentrierter Schwefelsäure überschichtet. Auf die Schwefelsäure streut man einige Körnchen α-Naphthol. Bei Anwesenheit von Cellulosederivaten (außer Nitrocellulose, welche die Schwefelsäure intensiv grün färbt) tritt an den Grenzflächen eine starke Violettfärbung auf, die außerordentlich empfindlich ist.

3. Nachweis kennzeichnender Elemente

3.1. Beilsteinprobe (Nachweis von Halogen)

Ausführung: Die zu prüfende Substanz wird an einem zuvor gut ausgeglühten Kupferdraht in die nicht leuchtende Flamme eines Bunsenbrenners gebracht. Bei Anwesenheit von Halogen färbt sich die Flamme grün.

3.2. Aufschluß nach Lassaigne

Ausführung: Man schmilzt etwa 200 mg der zu prüfenden Substanz mit einem erbsengroßen Stück metallischem Kalium (Schutzbrille, Abzug! Vorsicht, bei Was-

---

[2]) Meist nur kurz als „Storch-Morawski-Reaktion" bezeichnet.
[3]) Farbreaktion von Kolophonium, auch verestertem: Dunkelrotviolett, nach einiger Zeit in olivbraun übergehend.
[4]) Dtsch. Farben-Z. *20* (1966), 363.

Reaktionen nach Liebermann-Storch-Morawski

Kunststoff	sofort	nach 10 Min.	nach nochmaligem Erwärmen
Äthylcellulose	gelb-braun	dunkelbraun	dunkelbraun-dunkelrot
Alkydharze, ölmod.	gelb-braun	braun	braun-schwarz
Aldehydharze	schwachrot	olivbraun	dunkelbraun
Chlorkautschuk	gelb-braun	gelb-braun	rötlich gelbbraun
Cumaronharze	schmutzig rot	schmutzig rot	braunrot
Epoxidharze	schwach gelb	gelb	gelb-braun
Ketonharze	rotbraun	rotbraun	rotbraun
Maleinatharze	weinrot, dann olivbraun	olivbraun	dunkel-olivbraun
Phenolharze	rotviolett, rosa oder gelb	braun	rotstichig-gelbbraun
Polyester, ungesättigt	farblos, Ungelöstes rosa	farblos, Ungelöstes rosa	farblos
Polybutadien	schwach gelb	schwach gelb	schwach gelb
Polyvinylacetat	farblos	farblos	blaugrün, dann braun
Polyvinyläther	blau, dann grünlich	rotbraun	braunschwarz
Polyvinylalkohol	farblos	farblos	grün bis schwarz
Polyvinylbutyral	gelb-braun	goldgelb	dunkelbraun
Polyvinylformal	gelb	gelb	graubraun
Vinylchlorid-Vinylacetat-Copolymerisate	farblos	farblos	schmutzig braun
Styroalkydharze	schmutzig braunstichig	schmutzig braunstichig	braun
Urethanalkyde	braunrot, rasch olivgrün	dunkel schmutziggrün	schmutzig gelbbraun
Urethanöle	hellgrün	hellgrün	dunkel olivbraun

Ohne Farbreaktionen bleiben:
Benzylcellulose, Celluloseester, Cyclokautschuk, Harnstoffharze, Melaminharze, Polyolefine, Polytetrafluorchloräthylen, Polyacrylate, Polymethacrylate, Polyacrylnitril, Polyvinylchlorid, nachchloriertes PVC, Polyvinylidenchlorid, chloriertes Polyäthylen, gesättigte Polyester, Polycarbonat, Polyformaldehyd, Polyamide.

I. Vorproben

sergehalt der Probe Explosionsgefahr!) in einem Glühröhrchen oder engem Reagenzglas zuerst mit kleiner Flamme und erhitzt dann auf schwache Rotglut. Das heiße Röhrchen wird in wenig destilliertem Wasser zum Zerspringen gebracht. Die filtrierte Lösung wird dann nach den bekannten Methoden der analytischen Chemie geprüft auf:

Stickstoff (Berlinerblau-Reaktion)
Schwefel (Reaktion mit Nitroprussidnatrium)
Chlor, Brom, (Jod), (Reaktion mit Silbernitrat)
Fluor (Fällung als CaF_2 u. Siliciumtetrafluorid-Reaktionen)
Phosphor (Reaktion mit Ammoniummolybdat)

Nachweis von Stickstoff, Silicium, Phosphat und Titan nach nasser Veraschung mit konz. H_2SO_4 + 60%iger Perchlorsäure: *M. H. Swann* u. *G. G. Esposito*, Analytic. Chem. *30* (1958), 107.

3.3. Verbrennung nach Schöniger[5])

Identifizierungsmethode von Heteroatomen mit halbquantitativer Aussage nach *J. Haslam* u. *H. A. Willis*[6]).
Ausführung: Etwa 20 mg der Probe werden in bekannter Weise in einem mit Sauerstoff gefüllten Rund- oder Erlenmeyerkolben, der 5 ml n NaOH-Lösung als Absorptionsflüssigkeit enthält, verbrannt. Nach der Verbrennung unter gelegentlichem Umschütteln 15 min. stehen lassen. Anschließend 20 ml dest. Wasser zugeben.
Chlorid: Orangerote Färbung nach Zusatz einer salpetersauren Lösung von Eisen(III)-ammoniumsulfat und Quecksilber(II)-rhodanid. Halbquantitative Bestimmung: Extinktion bei 460 nm.
Schwefel: Die Lösung mit H_2O_2 vollständig zu Sulfat oxydieren und dieses in Gegenwart eines Schutzkolloids als $BaSO_4$ ausfällen. Halbquantitative Bestimmung: Extinktion bei 700 nm.
Stickstoff: wird durch die angegebene Methode zu etwa 25% in Nitrit umgewandelt. Reagenslösung: Resorcin in Essigsäure. Es bildet sich ein Nitrosoderivat des Resorcin, das mit Eisen(II)-ionen (Ammoniumeisen(II)-sulfat) eine grüne Färbung ergibt. Halbquantitative Bestimmung: Extinktion bei 690 nm.
Phosphor (Oxydation zu Phosphat): Fällung mit Ammoniummolybdat-Lösung, Reduktion mit Ascorbinsäure: blaue Färbung.
Halbquantitative Bestimmung: Extinktion bei 820 nm.
Fluor: Purpurrote Farbreaktion der Fluorid-Ionen mit Complexan (3-Aminomethylalizarin-N,N-diessigsäure) und Cer(III)-nitrat. Halbquantitative Bestimmung: Extinktion bei 600 nm.

3.4. Auswertung der qualitativen Analyse

Aufgrund der nachgewiesenen Elemente können, z. T. unter Zuhilfenahme der Verseifungszahl, vielfach schon Aussagen über den Kunstharztyp getroffen werden. Leitelemente mit zugehörigen Kunstharztypen[7]):

---

[5]) *W. Schöniger*, Mikrochim. Acta 1955, S. 123.
[6]) Siehe Literaturangabe auf S. 311.
[7]) Aus *Krause/Lange*, Kunststoff-Bestimmungsmöglichkeiten, nach *W. Kupfer*, Z. analyt. Chem. *192* (1963), 219. — s. auch *G. Bandel* u. *W. Kupfer*, Literaturangabe auf S. 311.

Leit-elemente	Kunstharze		
C,H	aliphatisch	aromatisch	
	Polyäthylen Polypropylen Polyisobutylen Polybutadien Polyisopren Naturkautschuk Butylkautschuk	Polystyrol Polyinden Polyxylenyle polymere Erdölfraktionen	
C,H,O	Verseifungszahl = 0	Verseifungszahl unter 200	Verseifungszahl über 200
	Regeneratcellulose Polyvinylalkohol Phenoplaste Phenol-Furfurol-Harze Xylol-Formaldehyd-Harze Celluloseäther Polyvinyläther Cumaronharze Polyglykole Polyvinylacetale polymere Aldehyde Polyketone Epoxidharze	Naturharze modifizierte Pheno- plaste	Celluloseacetat Cellulosebutyrat Celluloseacetobutyrat Polyvinylacetat und dessen Copolymerisate Polyvinylpropionat Polyacrylsäureester Polymethacrylsäureester Alkydharze Polyester Polycarbonsäureanhydride Polykohlensäureester
Halogen	polymere Halogenolefine	Kautschukderivate	Sonstige
	Polyvinylchlorid PVC-Copolymerisate Polyvinylidenchlorid Poly-2-chlorbutadien Polychlorstyrol Polytetrafluoräthylen Polytrifluorchloräthylen Polyvinylfluorid	Chlorkautschuk Kautschuk-Hydro- chlorid Chloriertes Buna	Clophenharze Chlornaphthaline Chlorparaffine
N bzw. N und O	Polyacryl- und Polyvinylverbindungen	Grundkomponente von Formaldehyd-Amino- plasten	Sonstige
	Polyacrylnitril Polyacrylamid Polymethacrylamid Polyvinylidencyanid Polyvinylpyridin Polyvinylpyrrolidon	Harnstoff Äthylenharnstoff Propylenharnstoff Dicyandiamid Melamin Acetylen-diharnstoff Glyoxal-ureide Anilin	Nitrocellulose Polyamide Polyurethane Polyharnstoffe mit Aminen gehärtete Phenoplaste und Epoxidharze

I. Vorproben

Leit-elemente	Kunstharze	
	Syntheseprodukte	modifiz. Naturprodukte
S neben O	Polyäthylenpolysulfid Polydiäthyläther- polysulfide Polythioäther	vulkanisierter Kautschuk geschwefelte Standöle
Si	Siliconöle und -kautschuke Kieselsäureester	
N und S	Thioharnstoff-Formaldehyd-Harze Sulfonamidharze	
Halogen und S	sulfochloriertes Polyäthylen und dessen Vulkanisate mit schwefelhaltigen Verbindungen vulkanisiertes Polychlorbutadien	
N, S, P	Caseinkondensate	
P, N, u. Halogen	Poly-phosphornitrilchlorid	
B	borhaltige Kunststoffe	

4. Entzündungsprobe

Ausführung: Man bringt eine kleine Probe mittels Nickelspatel oder Pinzette in die Sparflamme eines Bunsenbrenners und beobachtet die Entzündbarkeit, das Brennen, ein Verlöschen oder Weiterbrennen außerhalb der Flamme, sowie alle weiteren Begleitumstände des Abbrennvorganges. Nach Ausblasen der Flamme gibt der Geruch der entstandenen Crackprodukte häufig weitere Hinweise.
Siehe die Tabellen Seite 284—286.

5. Pyrolyse durch trockenes Erhitzen

Ausführung: Einige mg der Probe werden in einem Glührohr (kleinem Reagenzglas) trocken erhitzt.
Es wird beobachtet, ob die Probe schmilzt, destilliert, sublimiert oder sich zersetzt. Geruch und Reaktion (sauer, alkalisch oder neutral) werden vermerkt, außerdem ob sich Dämpfe an den kühleren Stellen des Glases wieder kondensieren und ob Zersetzungskohle oder Asche verbleiben.
Eine Reihe von Beobachtungen decken sich hierbei weitgehend mit Ergebnissen nach 4. Es wird daher auf gesonderte Aufzählung verzichtet.

6. Untersuchung der Löslichkeit

Zum Nachweis von Kunstharzen kann vielfach auch die Prüfung auf die Löslichkeitseigenschaften der zu untersuchenden Probe herangezogen werden. Man beobachtet dabei ihr Verhalten in Lösungsmitteln mit verschiedener Polarität.

Verhalten von Kunstharzen beim Verbrennen

Lfd. Nr.	Type	Brennbarkeit und sonst. Verhalten in der Flamme	Probenveränderung	Farbe u. Art der Flamme	Reaktion	Dämpfe Geruch	Sonstiges
1	Acetylcellulose	brennt in der Flamme	schmilzt und tropft; rasche Verkohlung	gelbgrün m. Funken	sauer	Essigsäure, verbranntes Papier	
2	Äthylcellulose	brennt n. Entzünd. weiter	schmilzt und verkohlt	gelbgrüner Rand	neutral	verbranntes Papier	
3	Alkydharze	leicht bis schwer entzündbar, sonst wie 2	schmilzt und zersetzt sich	leuchtend, stark rußend leicht gelb	neutral	kratzend (Acrolein)	
4	Aminharze (Harnstoff- und Melaminharze)	brennt sehr schwer, erlischt außerhalb der Flamme	behält Form bei, verkohlt und springt		alkalisch	Ammoniak, Amine und Formaldehyd	weißes Sublimat gebild. Kohle meist mit weißen Kanten
5	Anilinharze	leicht entzündbar, brennt in der Flamme erlischt außerhalb	bläht auf, erweicht und zersetzt sich	gelb rauchend	neutral	Anilin, Formaldehyd	
6	Benzylcellulose	brennt i. d. Flamme, erlischt außerhalb langsam	schmilzt und verkohlt	leuchtend, rußerd	neutral	Benzaldehyd	
7	Celluloseacetobutyrat	leicht entzündbar, brennt in der Flamme und außerhalb weiter	schmilzt und tropft; Tropfen brennen weiter	dunkelgelb, etwas rußend mit Funken	sauer	Essig- und Buttersäure, verbranntes Papier	
8	Cellulosepropionat	wie 7	wie 7	wie 7	sauer	Propionsäure, verbranntes Papier	
9	Cellulosenitrat (Nitrocellulose)	sehr leicht entzündbar, sonst wie 7	verbrennt sehr heftig und vollständig	hell, weiß, evtl. braune Dämpfe	stark sauer	Stickoxide	
10	Chlorkautschuk	schwer entzündbar, sonst wie 5	zersetzt sich	grüner Saum	stark sauer	Salzsäure u. verbranntes Papier	
11	Cumaron-Inden-Harze	wie 7	schmilzt und zersetzt sich	leuchtend	neutral	Steinkohlenteer	

I. Vorproben 285

Fortsetzung: Verhalten von Kunstharzen beim Verbrennen

Lfd. Nr.	Type	Brennbarkeit und sonst. Verhalten in der Flamme	Probenveränderung	Farbe u. Art der Flamme	Dämpfe Reaktion	Geruch	Sonstiges
12	Epoxidharze	brennt n. Entzündung weiter	wie 11	leuchtend, rußend	neutral	nach Phenol	evtl. Sublimat
13	Kautschuk, natürlicher u. künstlicher	wie 7	erweicht	gelb, rußend	neutral	charakteristisch nach verbranntem Gummi	
14	Methylcellulose	wie 7	schmilzt und verkohlt	gelblich-grün	neutral	leicht süßlich, n. verbranntem Papier	
15	Phenolharze	wie 4	wie 4	hell, rußend	neutral	Phenol- und Formaldehyd	
16	Phenol-Furfurol- und Furanharze	wie 2	wie 4	leuchtend gelb	sauer	süßlich und nach Holzkohle	
17	Polyäthylenterephthalat	schwer entzündbar, sonst wie 7	erweicht, schmilzt und tropft ab	gelborange rußend	sauer	süßlich, aromatisch	
18	Polyamide	mittelschwer entzündbar, sonst wie 2	wie 4, später Zersetzung	gelborange m. blauem Rand	alkalisch	nach verbranntem Horn	
19	Polyacrylate	wie 7	schmilzt unter Zersetzung	leuchtend, rußend	neutral	typisch, stechend	
20	Polyäthylen und Polypropylen	wie 3	schmilzt und tropft	leuchtend, mit blauem Kern	neutral	n. Paraffin (gelöschte Kerze)	Tropfen brennen im Fallen weiter
21	Polycarbonate	wie 10	schmilzt, zersetzt sich und verkohlt	leuchtend, rußend	neutral, anfangs schwach sauer	nicht charakt.	
22	Polyesterharze, ungesättigt	wie 3	erweicht, nur geringfüg. Schmelzen	gelb und leuchtend, rußend	neutral	scharfer Geruch, Styrol	

Fortsetzung: Verhalten von Kunstharzen beim Verbrennen

Lfd. Nr.	Type	Brennbarkeit und sonst. Verhalten in der Flamme	Probenveränderung	Farbe u. Art der Flamme	Dämpfe Reaktion	Geruch	Sonstiges
23	Polyisobutylen	wie 7	schmilzt und zersetzt sich	leuchtend	neutral	schw. nach verbranntem Gummi	
24	Polymethacrylate	leicht entzündbar, sonst wie 7	wie 6, leichtes Verkohlen	leuchtend, gelb mit blauem Kern	neutral	süßlich, fruchtartig	
25	Polystyrol	wie 24	erweicht	leuchtend, rußend	neutral	süßlich nach Hyazinth. (Styrol)	Copolymere ähnl. Verhalt.
26	Polyurethane	wie 7	blasig (wie Siegellack)	bläulich dunkelgelb, leuchtend, etwas rußend	alkalisch	stechend	
27	Polyvinylacetat	wie 7	erweicht		sauer	Essigsäure	
28	Polyvinylacetal	wie 7	erweicht	purpurfarb. Saum	sauer	Essigsäure	
29	Polyvinylalkohol	wie 6	wird braun, sonst wie 23	leuchtend	neutral	kratzend	kein Tropfen wie bei 30
30	Polyvinylbutyral	wie 7	schmilzt und tropft	bläulich, mit gelbem Rand	sauer	nach ranziger Butter	
31	Polyvinylchlorid, Polyvinylidenchlorid	wie 10	erweicht, zersetzt sich unter Braun-Schwarz-färbung	gelborange, grüner Saum	stark sauer	Salzsäure, evtl. Beigeruch	PVC-Mischpolymere verhalten sich ähnlich
32	Polyvinylformal	wie 7	erweicht	gelblich weiß	sauer	leicht süßlich	kein Tropfen wie bei 30
33	Polytetrafluoräthylen	brennt nicht	keine Veränderung	—	stark sauer	bei Rotglut stechend nach Flußsäure	bei Rotglut allmähl. Verdampfen
34	Polytrifluorchloräthylen	wie 33	erweicht	—	stark sauer	bei Rotglut und Salzsäure	wie bei 33
35	Silicone	wie 33	keine Veränderung	—	—		bei starker Flamme SiO_2-Gerüst-Bildung

I. Vorproben

Ausführung: Einige mg der Probe werden in Reagenzgläsern mit den ausgewählten Lösungsmitteln einige Zeit stehen gelassen. Gleichzeitig werden einige mg mit etwa 30 ml Lösungsmittel unter Rückfluß erwärmt.
Eine umfangreiche Zusammenstellung der Löslichkeiten von Kunstharzen sowie eine Gegentafel über das Lösevermögen wichtiger Kunstharz-Lösemittel siehe *Krause/Lange,* Literaturzitat auf S. 311.
Zur Auswertung der Ergebnisse siehe z. B. *R. Nitsche* und *W. Toeldte*[8]), *O. Fuchs*[9]), *A. Gordijenko* und *H. J. Schenck*[10]).

7. Bestimmung der Verseifungszahl

Die Verseifbarkeit kann ebenfalls Auskunft über die Zusammensetzung der Probe geben. Eine Aufstellung von Verseifungszahlen verschiedener Kunstharze ist in der Tabelle unter 3.4. auf Seite 282 enthalten.
Ausführung: Man verseift mit 0,1 n alkoholischer oder im Falle schwerer Verseifbarkeit (z. B. bei Methacrylaten) mit äthylglykolischer KOH durch Kochen unter Rückfluß und titriert die überschüssige Lauge zurück. Durchführung eines Blindversuches unbedingt erforderlich!

8. Qualitative Prüfung auf Formaldehyd

8.1. mit Carbazol/Schwefelsäure

Zu einer Lösung von einigen Körnchen Carbazol in 2 ml konz. Schwefelsäure gibt man eine geringe Menge der Probe oder einige Tropfen ihrer Lösung und erhitzt auf kleiner Flamme. Bei Anwesenheit von Formaldehyd färbt sich die Lösung tief blau.

8.2. mit Chromotropsäure[10a])

Zu einer kleinen Menge der Probe oder einem Tropfen ihrer Lösung gibt man 2—3 ml 70%ige Schwefelsäure und einige Kristalle Chromotropsäure. Man erwärmt einige Minuten auf dem Sparbrenner. Bei Gegenwart von Formaldehyd tritt eine intensive Rotviolettfärbung auf.

9. Qualitative Prüfung auf durch Säure abspaltbare Aldehyde

9.1. mit fuchsinschwefliger Säure

Man löst 0,2 g Fuchsin in 120 ml heißem Wasser, gibt nach dem Abkühlen 2 g Natriumsulfit in 20 ml Wasser und 2 ml konzentrierte Schwefelsäure zu, füllt mit Wasser auf 200 ml auf und läßt bis zur Entfärbung der Lösung stehen. Zu einigen ml des Gemisches gibt man einige ml des Destillates, das durch Spaltung der Probe mittels Phosphorsäure erhalten wurde. Bei Anwesenheit von Aldehyden tritt die rote Fuchsinfärbung auf.

---

[8]) Kunststoffe *40* (1950), 29.
[9]) Kunststoffe *43* (1953), 409.
[10]) Kunststoffe *39* (1949), 2.
[10a]) Farbtest nach *E. Eegriwe* (Z. analyt. Chem. *110* (1937), 22). — Chromotropsäure = 1,8-Dihydroxynaphthalin-3,6-disulfonsäure.

9.2. mit Hydroxylaminhydrochlorid

In einem Kölbchen wird die Probe mit Phosphor- oder Schwefelsäure gespalten und mit Wasserdampf in Hydroxylaminhydrochloridlösung destilliert, die vorher genau auf den Umschlagpunkt von Methylorange eingestellt wurde. Bei Anwesenheit von abspaltbaren Aldehyden wird unter Oximbildung Salzsäure frei, die sich durch Umschlag des Indikators nach orange kundtut.

9.3. mit 2,4-Dinitrophenylhydrazin

Die Probe wird mit Phosphorsäure gespalten, und die flüchtigen Spaltprodukte werden mittels Wasserdampf in eine Lösung von 2,4-Dinitrophenylhydrazin in 20proz. Perchlorsäure destilliert. Bei Gegenwart abspaltbarer Aldehyde fallen gelbe bis orangefarbige Niederschläge aus. Aus dem Stickstoffgehalt der erhaltenen Hydrazone sowie aus ihren Schmelzpunkten kann auf die abgespaltene Carbonylverbindung geschlossen werden. Der Niederschlag kann auch nach dem Auflösen papier- oder dünnschichtchromatographisch auf einzelne Aldehyde untersucht werden.

10. und 11. Auswertung der UV- und IR-Spektren

Die Spektren werden nach den üblichen Verfahren erstellt. Zu ihrer Auswertung muß auf die Literatur verwiesen werden[11]).

Analysengang nach D. Braun

Mit verschiedenen Elementen dieser Vorprüfungen hat *D. Braun*[12]) einen einfachen Analysengang zur Identifizierung unbekannter Polymerer entwickelt. Er geht von Löslichkeitsuntersuchungen der Probe in den Lösungsmitteln: Wasser, Tetrahydrofuran (THF), Dimethylformamid (DMF), Xylol und Ameisensäure aus und kommt auf diese Weise zu einer Einteilung in lösliche (L) und unlösliche (U) Bestandteile. Eine anschließende Pyrolyse der Substanz ergibt entsprechend dem pH-Wert des Pyrolysats (saure, neutrale, alkalische Reaktion) jeweils 3 Untergruppen. Das nachstehende, der Originalarbeit entnommene Analysenschema veranschaulicht die einzelnen Schritte der Trennung (s. S. 289).

Ein weiterer systematischer Trennungsgang innerhalb dieser Untergruppen führt zur Erkennung der vorliegenden Polymeren. Als Hilfsmittel findet hierbei außer einfachen chemischen Prüfungen und Farbreaktionen vor allem die Dünnschichtchromatographie Anwendung. Aus rein praktischen Gründen werden im Verlaufe des Analysenganges auch die nicht vernetzten Phenolharze, die Aminoplaste und die Epoxidharze zusammen mit dem unlöslichen Anteil behandelt. Nachdem sich nämlich die Anwesenheit von Phenolen und von gebundenem Formaldehyd leicht nachweisen läßt, wird auf diese Weise der Trennungsvorgang der sehr viel größeren Gruppe der löslichen Substanzen entlastet. Über Einzelheiten, vor allem der weiteren Identifizierung, gibt die Originalarbeit Auskunft.

---

[11]) Z. Beispiel: *D. Hummel,* Lit. Zit. S. 311; *G. Bandel* u. *W. Kupfer,* Lit. Zit., S. 311; *J. Haslam* u. *H. A. Willis* Lit. Zit. S. 311.
[12]) Farbe u. Lack, 76 (1970), 651.

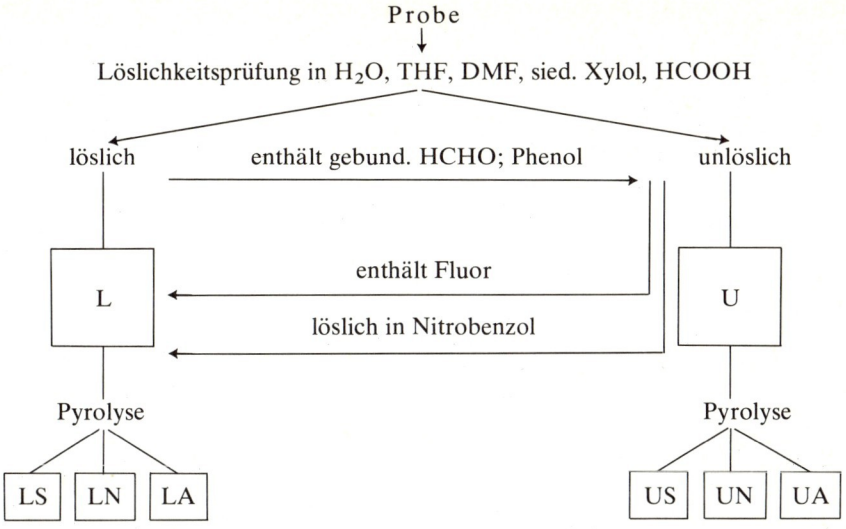

II. Nachweis der einzelnen Kunstharz-Gruppen

1. Kondensationsharze

1.1. Phenolharze

Die Identifizierung von Phenol-Formaldehyd-Kondensaten beruht im wesentlichen auf dem qualitativen Nachweis der Phenolkomponente. Als weiterer Test kann, vor allem bei nicht oder nur teilweise gehärteten Resolen, eine der Prüfungen auf Formaldehyd (s. S. 287) herangezogen werden[13]).

1.1.1. Phenolnachweis nach *Gibbs*. Sehr empfindliche Reaktion. Die Phenolkomponente in Phenolharzen kann dadurch nachgewiesen werden, daß die Probe trocken erhitzt und das abgespaltene Phenol in der Gasphase alkalisch mit 2,6-Dibromchinon-4-chlorimid (oder 2,6-Dichlorchinon-4-chlorimid) zu Indophenolen umgesetzt wird:

11.1

Ausführung: 250—500 mg der trockenen Probe werden in einem Mikroreagenzglas über kleiner Flamme etwa 1 min. erhitzt. Die Öffnung des Reagenzglases wird mit einem Stück Filterpapier bedeckt, das zuvor mit einer ätherischen Lösung von 2,6-Dibrom-4-chlorimid getränkt und anschließend getrocknet wurde. Sodann wird

---

[13]) Als Normblatt liegt vor: Chemische Analyse von Phenol-Formaldehyd-Harzen, Phenoplast-Formmassen und -Formstoffen, DIN 53 748, Ausgabe 7/1970.

das Papier mit 1—2 Tropfen verd. Ammoniak angefeuchtet. Eine auftretende Blaufärbung zeigt die Anwesenheit von Phenolen an.

Diese Prüfung kann wie folgt abgewandelt und dann auch zur quantitativen Bestimmung von Phenolen herangezogen werden: Die Dämpfe werden in Wasser geleitet, zu der wäßrigen Lösung werden das Reagens und einige Tropfen KOH unter kräftigem Schütteln gegeben. Bei Anwesenheit von Phenolen färbt sich die Lösung tiefblau. Zur qualitativen kolorimetrischen Bestimmung siehe[14]).

1.1.2. Reaktion nach *Moir:* das in geeigneter Weise abgespaltene und in Wasser aufgefangene Phenol wird mit einer Lösung von diazotiertem p-Nitranilin zu Azofarbstoffen gekuppelt.

In Phenolharzen ist allerdings meist eine genügend große Menge an freien Phenolen vorhanden, so daß daher eine Extraktion mit Methanol genügt, um darin den Nachweis zu führen[15]). Diese Methode ist sowohl bei festen Harzen als auch bei Phenolharzlacken und -lackfarben anwendbar.

Ausführung: 1 g festes, fein gepulvertes Harz oder 2 ml Lack oder Lackfarbe werden mit Methanol (ca. 8 ml) 30—60 sec zum Sieden erhitzt. Nach Filtration in ein Reagenzglas gibt man 8 ml alkoholische Kalilauge (0,5 n) und 2 ml diazotiertes p-Nitranilin zu. Bei Anwesenheit von Phenolen tritt eine Rot- oder Violettfärbung auf.

Das diazotinierte p-Nitranilin wird immer frisch wie folgt hergestellt: Zu 2 ml einer 0,3 %igen Lösung von p-Nitranilin (1,5 g gelöst in 500 ml ca. 3 %iger Salzsäure) gibt man einige Körnchen festes $NaNO_2$, bis die Lösung gerade farblos geworden ist. In der Lösung muß stets ein geringer Überschuß an Nitrit vorhanden sein (Prüfung mit Kaliumjodid-Stärkepapier!)[16]).

1.1.3. Quantitative kolorimetrische Bestimmung von Phenolharz: *M. H. Swann* und *D. J. Weil*[17]) haben für Phenolharze, deren Phenolkomponente bekannt ist, wie z. B. p-Phenylphenolharze, eine kolorimetrische Bestimmungsmethode ausgearbeitet. Sie basiert auf der Entwicklung einer intensiven Gelbfärbung bei der Einwirkung von salpetriger Säure auf Phenolharze. Durch Vergleich gegen Eichkurven, die mit den entsprechenden Phenolharzen erstellt werden, ergibt sich der Phenolharzanteil der Probe.

1.1.4. Gaschromatische Untersuchungen von Phenolharzen

1.1.4.1. Identifizierung von Phenolharzen durch Pyrolyse-Gaschromatographie: *J. Zulaica* und *G. Guichon,* J. Polymer Sci. Part B *4* (1966), 567.

1.1.4.2. Gaschromatische Bestimmung von Phenol und Formaldehyd in Phenolharzen: *M. P. Stevens* und *D. F. Percival,* Analytic. Chem. *36* (1964), 1023. Säule A für Phenol: 10 % Silicone SF-96 (G. E.) auf Fluoropak; Säule B für Formaldehyd: 10 % Sucrose-octaacetat auf Teflon 6.

1.1.5. Zur IR-Spektroskopie von Phenol-Formaldehyd-Harzen.

1.1.5.1. Übersicht über IR-Spektren verschiedener Phenolharze und ihre Identifizierung durch Zuordnung der verschiedenen Absorptionsbanden: *P. J. Secrest,* Off. Digest Federat. Soc. Paint Technol. *37* (1965), 187.

---

[14]) *C. L. Hilton,* Analytic. Chem. *32* (1960), 383; Ref. Chem. Zbl. *1961,* 1314.

[15]) *J. R. Dooper* u. *J. A. M. v. d. Valk,* Verfkroniek *29* (1956), 171; Ref. Chem. Zbl. *1957,* 1806.

[16]) Nach *C. P. A. Kappelmeier* kann die Reaktion mit Echtrotsalz 3 GL (2-Nitro-4-Chloranilin) anstelle von p-Nitranilin ausgeführt werden.

[17]) Analytic. Chem. *28* (1956), 1463.

II. Nachweis der einzelnen Kunstharz-Gruppen

1.1.5.2.   Bestimmung des freien Phenols in Phenolharzen
Durch quantitative Auswertung der Absorption einer Harzlösung in Aceton bei der Wellenzahl 695 cm^{-1} (14,4 μ) läßt sich der Phenolgehalt auf $\pm 0,3\%$ genau bestimmen[18]).

1.1.6.   Spezielle Verfahren im Rahmen der Analyse von Phenolharzen

1.1.6.1.   Bestimmung von Methylolgruppen durch Reaktion mit Phenol und maßanalytische Bestimmung des bei der Kondensation freigesetzten Wassers mit Karl-Fischer-Lösung[19]): *G. A. Stenmark* und *F. T. Weiss,* Analytic. Chem. *28* (1956), 260[20]).

1.1.6.2.   Bestimmung der phenolischen (OH$_{ph}$) neben alkoholischen (OH$_a$) Hydroxylgruppen in Phenolalkoholen und Resolharzen.
Umsetzung mit Acetanhydrid liefert Summe OH$_{ph}$ + OH$_a$; Umsetzung mit m-Nitrobenzolsulfochlorid ergibt durch Rücktitration OH$_{ph}$[21]).

1.1.6.3.   Analysenmethoden für Alkylphenolharze (u. a. eine jodometrische Bestimmungsmethode von p-tert.-Butylphenol): *P. M. Bogatyrew* et al., (Ref.) Farbe und Lack *70* (1964), 903.

1.1.6.4.   Bestimmung von Alkoxygruppen mit 4—26 C-Atomen durch Rk. mit Jodwasserstoffsäure, Extraktion des gebildeten Alkyljodids mit Benzol, Rk. mit Anilin und Titration des gebild. Aniliniumjodids mit Natriummethylat[22]).

1.1.6.5.   Charakterisierung von Phenolresolen durch fraktionierte Fällung und Trübungstitration: *J. Franz,* Plaste und Kautschuk *12* (1965), 588.

1.2. Furan- und Anilinharze

1.2.1.   Furanharze, Nachweis mit Anilin
Ca. 1 g Harz in Eisessig lösen und 2—3 Tropfen Anilin zufügen. Kräftig rote bis rot-violette Färbung zeigt Furfurol an, das in diesen Harzen immer zumindest in Spuren vorhanden ist.

1.2.2.   Nachweis mit Anilinacetat nach *Feigl*[23])
Fein zerkleinertes Harz mit Methanol extrahieren. Einige Tropfen des Extraktes im Mikrotiegel auf 40 °C erwärmen. Tiegel mit Filterpapier bedecken, das mit Anilinacetat-Lösung (10 % Anilin in 10 %iger Essigsäure) getränkt ist. Bei Anwesenheit von Furfurol sofort oder nach 5—10 min. eine rosa bis rote Färbung.

---

[18]) *J. Smith* et al., Analytic. Chem. *24* (1952), 497; S. hierzu auch Houben-Weyl, Methoden der Org. Chem. 4. Auflage, 1963 (Bd. *14/2*), S. 224.
[19]) Normblatt: Best. d. H$_2$O-Gehaltes nach *Karl Fischer,* DIN 51 777, Blatt 1 und 2, Ausg. 10/1966.
[20]) Zur Best. von Methylolgruppen s. a. *H. S. Lilly* und *W. J. Osmond,* J. Soc. Chem. Ind. *66* (1947), 340.
[21]) *L. M. Schuter* u. *J. P. Berkman,* Ukrain. chem. J. *23* (1957), 669; Ref. Chem. Zbl. *1960,* 159 19. — Siehe auch: Bestimmung alkoholischer OH-Gruppen in organ. Verbindungen (Phthalsäureanhydrid-Methode): *P. J. Elving* u. *B. Warshowsky,* Analytic. Chem. *19* (1947), 1006.
[22]) Anonym, Nachr. a. Chemie u. Technik *12* (1964), 284 (Die Methode erspart die bei der Bestimmung nach Zeisel erforderliche Destillation).
[23]) *F. Feigl,* Tüpfelanalyse, Bd. II, S. 433; 4. Aufl. 1960, Akad. Verlagsges. Frankfurt/M.

1.2.3.   Anilinharze, Reaktion mit Furfurol
Ausführung entsprechend 1.2.1. mit 2—3 Tropfen Furfurol.

1.2.4.   Pyrolyse und Chlorkalkreaktion
Wenig Material pyrolytisch spalten und Pyrolysedämpfe in Natriumhypochlorit- oder Chlorkalk-Lösung einleiten. Rotviolette bzw. violette Färbung zeigt Anilinharz an.

1.3. Harnstoff-Formaldehyd-Harze[24])

1.3.1.   Formaldehydnachweis
Beim Aufkochen der Probe mit Phosphorsäure oder verdünnter Schwefelsäure wird aus Harnstoff-Formaldehyd-Kondensationsprodukten Formaldehyd in Freiheit gesetzt. Dieser läßt sich entweder durch den Geruch feststellen oder dadurch, daß man die wäßrigen Dämpfe in einer Vorlage kondensiert und dort mit fuchsinschwefliger Säure oder durch eine der anderen auf Seite 287 und 288 angegebenen Reaktionen auf Aldehyde nachweist.

1.3.2.   Alkalische Spaltung
Wenig Material mit äthylenglykolischer Kalilauge erhitzen. Geruch nach Ammoniak und sein Nachweis mit feuchtem rotem Lackmuspapier zeigt Vorhandensein von Harnstoffharzen an. Melaminharze, Polyamide und Polyacrylnitril stören nicht.
Auf dieser Hochtemperaturverseifung beruht eine von *M. H. Swann* u. *G. G. Esposito*[25]) ausgearbeitete quantitative Bestimmungsmethode von Harnstoffharzen, auch in Anwesenheit von Alkydharzen.

1.3.3.   Harnstoff-Nachweis mit Urease[26])
Ausführung: 0,25 g der gepulverten Probe in einem 125-ml-Erlenmeyerkolben mit ca. 75 ml 5 %iger H_2SO_4 kochen, bis der Formaldehyd-Geruch verschwunden ist. Dann mit 10 %iger NaOH genau neutralisieren (Phenolphthalein), 1 Tropfen 0,1 n H_2SO_4 und 1 ml 10 %ige Urease-Lösung zufügen. Nachdem ein Streifen rotes Lackmuspapier im Dampfraum des Kolbens angebracht worden ist, wird dieser verschlossen. Nach kurzer Zeit auftretende Blaufärbung des Lackmuspapiers zeigt Harnstoff und damit das Vorliegen eines Harnstoffharzes an. — Sichere Unterscheidung zwischen Harnstoff- und Melaminharzen!

1.3.4.   Quantitative Bestimmung des Formaldehyd-Gehaltes in Harnstoffharzen.

1.3.4.1.   Nach *Zuccari*[27])
Ausführung: 1 g des Materials mit 100 ml Wasser, 10 ml 18 %iger Natronlauge und 40 ml 30 %iger Wasserstoffsuperoxidlösung vermischen, 15 min. stehen lassen, dann 1 Std. (evtl. bei schwer aufzuspaltenden Materialien beide Zeiten verlängern) auf siedendes Wasserbad stellen und anschließend noch 15—30 min. mit kleiner Flamme kochen.
Nach Abkühlung mit 20 %iger Schwefelsäure ansäuern und gebildete Ameisensäure mit Wasserdampf übertreiben (insgesamt 600 ml). Titration mit 0,5 n Natronlauge.

---

[24]) Als Normblatt liegt vor: Chemische Analyse von Harnstoff-, Thioharnstoff- u. Melamin-Formaldehydharzen, Aminoplast-Formmassen u. Formstoffe, DIN 53 749 Ausgabe 7/1970.
[25]) Analytic. Chem. *28* (1956), 1984.
[26]) Aus *H. Saechtling/A. Krause,* Kunststoff-Bestimmungstafel, 5. Aufl. Carl Hanser Verlag, München, 1966.
[27]) *G. C. Zuccari,* Ind. Plastiques *4* (1948), 183.

II. Nachweis der einzelnen Kunstharz-Gruppen

Formaldehyd-Gehalt in Gew.-% $= 1{,}50 \cdot \dfrac{\text{verbr. ml 0,5 n NaOH}}{\text{g Einwaage}}$

1.3.4.2. Nach *Levenson*[28])
Ausführung: Ca. 1 g Harz in Destillierkolben einwägen, 25 ml 85%ige Phosphorsäure und 25 ml Wasser zugeben, zum Sieden erhitzen und insgesamt 200 ml Destillat übertreiben, wobei das Volumen im Destillierkolben durch Zugabe von Wasser konstant gehalten wird.
Vorlage vorher mit 50 ml 0,5 n Natronlauge und 60 ml 3%iger Wasserstoffsuperoxidlösung beschicken.
Destillat 30 min. unter Rückfluß kochen, abkühlen, Kühler spülen und überschüssiges Alkali mit 0,5 n Salzsäure gegen Methylrot zurücktitrieren.
Gleichzeitige Durchführung einer Blindprobe ist erforderlich.

Gesamt-Formaldehyd-Gehalt in Gew.-%
$= 1{,}50 \cdot \dfrac{\text{ml 0,5 n HCl Blindprobe} - \text{ml 0,5 n HCl Probe}}{\text{g Einwaage}}$

1.3.5. Quantitative Bestimmung des Harnstoff-Gehaltes in Harnstoffharzen[29])
Probe muß im pulverisierten Zustand vorliegen. *Ausführung:* Ca. 0,5 g der Probe in Schüttelbombe (VA-Stahl, ca. 18 ml Inhalt) einwiegen, mit 10 ml Benzylamin versetzen und Bombe verschließen. Je nach Beschaffenheit der Probe 15—24 Std. bei 160 °C schütteln. Nach Abkühlung mit insgesamt 150—200 ml Methanol in 400 ml-Becherglas überführen. Ungelöstes durch Glasfiltertiegel G 3 abfiltrieren und Glasfritte mit Methanol nachwaschen. Methanol abdampfen, Rückstand abkühlen, 100 ml 1 n HCl zugeben und 1 min. auf 60 °C erwärmen. Nach dem Abkühlen den gebildeten Dibenzylharnstoff durch Glasfritte G 3 abfiltrieren und dreimal mit je 10 ml Wasser waschen. Bei 105 °C 2 Std. trocknen.

Harnstoffgehalt in Gew.-% $= 24{,}99 \cdot \dfrac{\text{g Auswaage}}{\text{g Einwaage}}$

Melaminharze stören nicht. Die Methode kann qualitativ zum Nachweis von Harnstoffharzen benutzt werden. Schmelzpunkt des aus Alkohol umkristallisierten Dibenzylharnstoffs: 169 °C.

1.3.6. Spezielle Verfahren im Rahmen der Analyse von Harnstoffharzen.

1.3.6.1. Spezifischer Nachweis von Harnstoff (Mikromethode, gilt auch für Thioharnstoff[30])
Ausführung: Wenige mg der Probe mit 1 Tropfen konz. Salzsäure bei 110 °C zur Trockne eindampfen, abkühlen, mit 1 Tropfen Phenylhydrazin (oder kleine Spatelspitze Phenylhydrazoniumchlorid) versetzen und 5 min. im Ölbad auf 195 °C erhitzen.
Nach Abkühlung mit 3 Tropfen Ammoniak 1 : 1 und 5 Tropfen einer 10%igen wäßrigen Nickelsulfatlösung vermischen und mit 10—12 Tropfen Chloroform schütteln.
Violette bis rote Farbe der Chloroformschicht zeigt Harnstoff oder Thioharnstoff an. Nachweisempfindlichkeit: 10 µg Harnstoff, aber 800 µg Thioharnstoff.

---

[28]) *H. Levenson*, Ind. Eng. Chem., Anal. Edition *12* (1940), 332.
[29]) Verfahren ausgehend von *G. Widmer*, Kunststoffe *46* (1956), 359.
[30]) *F. Feigl*, Tüpfelanalyse Bd. II, S. 492, 4. Aufl. 1960, Akad. Verlagsges. Frankfurt/M.

1.3.6.2. Bestimmung des Molverhältnisses Harnstoff : Formaldehyd in Harnstoff-Formaldehyd-Kondensationsprodukten: Verfahren von *P. P. Grad* u. *R. J. Dunn*[31]), modifiziert von *J. Haslam*[32]).

1.3.6.3. Zur quantitativen Analyse der Anfangsstadien von Harnstoffharzen: Arbeitsweisen für Bestimmung von Stickstoff, Gesamt-Harnstoff, Biuret, Mono- und Dimethylolharnstoff, Formaldehyd und Methylolgruppen. Daraus mengenmäßige Errechnung aller Bestandteile[33]).

1.3.6.4. Bestimmung von Harnstoff-, Melamin-, Isocyanat- und Urethanharzen: *M. H. Swann* u. *G. G. Esposito,* Analytic. Chem. *30* (1958), 107.

1.3.6.5. IR-spektroskopische Bestimmung des Anteiles an Harnstoff- bzw. Melaminharzen in Mischungen mit Alkydharzen: *C. D. Miller* u. *O. D. Shreve,* Analytic. Chem. *28* (1956), 200.

1.3.6.6. Nachweis und Trennung von Aminoplasten mit papierchromatographischen Methoden:
Rundfilter- und absteigende Papierchromatographie der HCl-Hydrolysate von Aminoplasten[34]). Verfahren ist anwendbar auf Leime, Lacke u. Tränkharze für Grundier- und Beschichtungsfolien auf Basis von Harnstoff- und Melaminharzen.

1.4. Thioharnstoff-Formaldehyd-Harze

1.4.1. Formaldehydnachweis
Siehe Harnstoffharze, 1.3.1.

1.4.2. Qualitative Prüfung auf Thioharnstoff nach *E. Storfer*[35]).
Sehr empfindliche und spezifische Reaktion.
Ausführung: Harzprobe durch längeres Kochen mit starker wäßriger Alkalilauge, evtl. unter Alkohol- oder Acetonzusatz aufschließen oder mit etwas sirupöser Phosphorsäure im Trockenschrank bei 160 °C 1 Std. erhitzen. Wäßrige Lösung sorgfältig neutralisieren und filtrieren. Filtrat etwa 3 min. mit einer Spatelspitze Kupfer(I)-chlorid kochen. Ein Tropfen der klaren Lösung erzeugt auf einem mit kalt-gesättigter Kaliumferricyanid-Lösung getränkten Filterpapier bei Anwesenheit von Thioharnstoff eine violette bis blaue Färbung.

1.4.3. Nachweis von Thioharnstoff mit Phenylhydrazin siehe 1.3.6.1.

1.5. Melamin-Formaldehyd-Harze

1.5.1. Nachweis und quantitative Bestimmung des Formaldehyds.
Siehe Harnstoffharze, 1.3.1. u. 1.3.4.

1.5.2. Thiosulfat-Reaktionen auf Melamin nach *Feigl*[36]).
Keine Störungen bekannt, vor allem zur Unterscheidung von Harnstoff- und Melaminharzen geeignet. *Ausführung:* Etwa 50—100 mg der Probe mit einigen Tropfen konz. HCl in einem Mikro-Reagenzglas versetzen. Im Ölbad langsam auf

---

[31]) Analytic. Chem. *25* (1953), 1211.
[32]) Chem. Age *71* (1954), 1301.
[33]) *E. Ninagawa,* J. chem. Soc. Japan *76* (1955), 388; Ref. Chem. Zbl. *1960,* 159 19.
[34]) *L. Plath,* Adhäsion *1970,* Heft 5, S. 174.
[35]) Mikrochim. Acta *1* (1937), 260.
[36]) Spot tests for plastics: *F. Feigl* u. *V. Anger,* Modern Plastics *1960,* Maiheft, S. 151, 191, 194, 196.

190—200 °C erhitzen, bis feuchtes Kongorotpapier nicht mehr gebläut wird. Dann einige Kristalle Natriumthiosulfat zu dem erhaltenen Rückstand geben, Reagenzglas mit einem mit 3%igem H_2O_2 befeuchtetem Kongorotpapier bedeckt im Ölbad auf 160 °C erhitzen.

Bei Anwesenheit von Melamin erfolgt Blaufärbung des Kongorotpapiers. *Erläuterung:* Bei Einwirkung von HCl auf Melaminharz bildet sich das Chlorid des Triaminotriazins. Harnstoffharz wird ebenfalls hydrolysiert, der entstehende Harnstoff wird jedoch sogleich in CO_2 und NH_4Cl aufgespalten. Ammoniumchlorid entwickelt unter den Versuchsbedingungen aus Thioschwefelsäure kein SO_2, im Gegensatz zu Chloriden organischer Basen, die schwächer als NH_4OH sind, wie z. B. die schwache Base Melamin (= Triaminotriazin).

1.5.3.   Nachweis von Melaminharz mittels Natriumhypochlorit

Im Gegensatz zu Harnstoffharzen ergibt das Hydrolysat von Melaminharzen mit Natriumhypochlorit in alkalischem Medium eine typische Färbung[37]).

Ausführung: Man kocht ca. 1 g Harz mit 20 ml 80%iger Essigsäure 30 min. lang unter Rückfluß. Nach dem Abkühlen mit Wasser verdünnen und mit NaOH alkalisch stellen. Bei Zugabe von etwas Natriumhypochlorit-Lösung tritt bei Anwesenheit von Melaminharzen eine orangegelbe Färbung auf.

1.5.4.   Nachweis von Melaminharz nach *Kappelmeier*.

Ausführung: Ca. 3 g Harz werden gemeinsam mit 50 ml 45%iger Phosphorsäure zum Sieden erhitzt. Das verdampfende Wasser wird laufend ergänzt, so daß sich im Kolben immer ungefähr 50 ml Flüssigkeit befinden. Zur vollständigen Zersetzung des Melaminharzes muß bis zu 8 Std. gekocht werden. Nach dem Abkühlen scheiden sich meist reichlich Kristallnadeln von Cyanursäure ($C_3N_3(OH)_3 \cdot H_2O$) ab, die beim Trocknen im Vakuumexsikkator oder bei 100 °C ihr Kristallwasser verlieren. Identifizierung z. B. durch IR-Spektroskopie.

1.5.5.   Quantitative Bestimmung des Melamin-Gehaltes in Melaminharzen[38]).

Probe muß im pulverisierten Zustand vorliegen. *Ausführung:* Ca. 0,5 g der Probe in Schüttelbombe (VA-Stahl, ca. 18 ml Inhalt) einwiegen, mit 10 ml konz. Ammoniak (25%ig) versetzen und Bombe verschließen. Je nach Beschaffenheit der Probe 15—24 Std. bei 160 °C schütteln. Nach Abkühlung mit 30 ml dest. Wasser quantitativ in Becherglas überführen und 30 min. in schwachem Sieden halten, wobei das verdampfte Wasser laufend ersetzt wird. Ungelöstes durch Glasfiltertiegel G 3, ggf. G 4 abfiltrieren und Glasfritte dreimal mit je 5 ml kochendem Wasser nachwaschen.

Eine siedend heiße Pikrinsäure-Lösung (2,0 g Pikrinsäure in 150 ml dest. Wasser) wird zu obigem Filtrat gegeben, worauf sich meist sofort Melamin-Pikrat abzuscheiden beginnt. Mindestens 2 Std. absetzen lassen.

Niederschlag durch Glasfiltertiegel G 3 abnutschen, zweimal mit je 5 ml dest. Wasser nachwaschen und 2 Stdn. bei 105 °C trocknen.

$$\text{Melamingehalt in Gew.-\%} = 35,5 \cdot \frac{\text{g Auswaage}}{\text{g Einwaage}}$$

1.5.6.   Bestimmung von Melamin in Melaminharzen durch direkte Titration in wasserfreier Essigsäure[39]).

---

[37]) L. Ernst u. M. Sorkin, Textil-Rdsch. 4 (1949), 237.
[38]) Verfahren ausgehend von G. Widmer, Kunststoffe 46 (1956), 359.
[39]) E. Knappe u. D. Peteri, Z. analyt. Chem. 194 (1963), 417.

Ohne vorherige Hydrolyse läßt sich der Melamingehalt von Melaminharzen durch direkte Titration mit Perchlorsäure in wasserfreiem Eisessig unter Benutzung von Kristallviolett als Indikator quantitativ bestimmen. Unabhängig von der Art seines Einbaues in das Harz verhält sich dabei das Melamin wie eine freie einsäurige Base.

1.5.7. Melaminharz-Bestimmung nach *Swann* und *Esposito*[40]).

Das Verfahren beruht auf der Unlöslichkeit der sauren Hydrolyseprodukte von Melaminharzen in Dioxan und erlaubt ihre schnelle gravimetrische Bestimmung auch in Anwesenheit anderer Harze, wie modifizierte Alkydharze, Epoxidharze u. a.

1.6. Benzoguanaminharze

Ausführung: Etwa 200 mg Harz mit 25 ml 50 %iger Phosphorsäure in einer kleinen Destillationsapparatur spalten. Formaldehyd mit H_2O abdestillieren, Siedetemperatur durch wiederholte Wasserzugabe auf ca. 120 °C halten. Wenn Formaldehyd entfernt ist, zur phosphorsauren Lösung etwa das gleiche Volumen H_2O geben. Beim Abkühlen der Lösung fällt das farblose Benzoguanaminphosphat aus.
Benzoguanamin in Benzoguanamin-Formaldehydharzen läßt sich in der gleichen Weise wie Melamin (s. 1.5.6.) in wasserfreiem Eisessig als einsäurige Base mit Perchlorsäure titrieren.

1.7. Dicyandiamidharze

Nicht ausgehärtete Dicyandiamid-Formaldehyd-Kondensationsprodukte lassen sich durch 2 n H_2SO_4 beim Erhitzen unter Rückfluß spalten. Es entsteht Guanylharnstoff, der so stark basisch ist, daß der H_2SO_4-Überschuß gegen Methylorange zurücktitriert werden kann.

1.8. Sulfonamidharze

Nachweis von Sulfonamid-Formaldehyd-Harz nach *Kappelmeier*. *Ausführung:* Eine benzolische Harzlösung kräftig mit 4 n KOH schütteln und vorsichtig mit 4 n HCl neutralisieren. Es entsteht ein Niederschlag des verwendeten Sulfonamids, meist p-Toluolsulfonamid, Fp = 137 °C.

1.9. Ketonharze

Diese Harze sind unverseifbar. Die Storch-Morawski-Reaktion ist positiv in den Farbtönen orange, braun, rot oder violett. Mit einer verdünnten Lösung von Diphenylamin in konz. H_2SO_4 ergeben sich braune bis rote Farbreaktionen.
Im IR-Spektrum der Ketonharze[41]) treten einige sehr charakteristische Banden auf[42]).

---

[40]) *M. H. Swann* u. *G. G. Esposito*, Analytic. Chem. 29 (1957), 1361.
[41]) *Hummel/Scholl*, S. 178 (siehe Literaturzusammenstellung a. S. 311).
[42]) Auch Aldehyd- oder Aldehyd-Keton-Harze lassen sich aufgrund typischer Bandenkombinationen am besten IR-spektroskopisch erkennen; s. ebenfalls *Hummel/Scholl*, S. 178.

1.10. Alkydharze und andere Polyesterharze

1.10.1. Nachweis von Phthalsäure als Phthalsäureanhydrid
Erhitzen der Probe im Reagenzglas. Ist Phthalsäure vorhanden, so scheiden sich im oberen Teil des Reagenzglases Nadeln von Phthalsäureanhydrid ab. Schmelzpunkt: 131 °C.

1.10.2. Nachweis als Thymolphthalein[43])
Erbsengroße Probe mit dreifacher Menge Thymol und ca. 5 Tropfen konz. H_2SO_4 10 min. im Ölbad auf 120—130 °C erhitzen. Nach Erkalten in 50%igem Äthanol lösen und mit verdünnter Lauge alkalisch machen.
Tiefblaue Färbung zeigt Phthalsäure an[44]).

1.10.3. Quantitative Bestimmung der Komponenten in ölmodifizierten Alkydharzen[45])
Beschreibung des Verfahrens: Das Harz wird mit äthanolischer KOH verseift, das abgeschiedene Dikaliumsalz der o-Phthalsäure abgetrennt und gravimetrisch bestimmt[46]).
Das alkalische Filtrat wird weitgehend von den organischen Lösungsmitteln befreit und der Rückstand in Wasser aufgenommen. Aus der wäßrigen Lösung werden die unverseifbaren Anteile des Harzes mit Äther extrahiert, der Äther abgedampft und der *UV-Anteil* des Harzes ausgewogen.
Nach dem Ansäuern der wäßrigen Phase werden daraus die freigewordenen Fettsäuren in Äther aufgenommen. Nach Verdampfen des Äthers und sorgfältiger Trocknung der verbleibenden *Fettsäuren* werden diese gravimetrisch oder gaschromatographisch[47]) bestimmt.
Ausführliche Beschreibung des Verfahrens:
Normblatt DIN 53 183 Ausgabe 8/1961, Prüfung von einfachen Alkydharzen für Anstrichstoffe.
In der verbleibenden wäßrigen Lösung befinden sich die Polyalkohole, die nach geeigneter Aufarbeitung qualitativ oder quantitativ bestimmt werden können, so z. B. gaschromatographisch. Zur Arbeitsweise siehe u. a.[48]).

1.10.4. Titrimetrisches Verfahren zur Bestimmung von Phthalsäure- und Fettsäuregehalt[49]).

---

[43]) *W. Toeldte,* Farben-Ztg. *45* (1940), 27.
[44]) Bei Anwesenheit von Nitrocellulose ergibt sich eine Grünfärbung.
[45]) Zur Analyse einfacher Alkydharze s. auch: *E. Schröder* u. *K. Thinius,* Dtsch. Farben-Ztg. *14* (1960), 144. — Empfehlungen britischer Fachverbände zur Alkydharz-Analyse: Paint Manuf. *30* (1960), 360. — Auftrennung der Alkydharze durch Aminolyse mit β-Phenyläthylamin: *C. P. A. Kappelmeier,* Fette, Seifen, Anstrichmittel *57* (1955), 229.
[46]) PSA-Bestimmung mit Nitron (1,4-Endimintriazol): *A. Ch. Alvarez,* 5. Fatipec-Kongreßbuch 1959; Ref. Dtsch. Farben-Z. *14* (1960), 60.
[47]) Fettsäuregehalt von Alkydharzen: Normenwerk (amerik.) der ASTM, Methode D 1398-69. — Fettsäurezusammensetzung durch GC-Analyse der Methylester: ASTM D 1983-69.
[48]) Die Perjodat-Oxydation von vicinalen OH-Gruppen nach *Malaprade* als Methode zur Bestimmung von Glykolen u. Glycerin in Alkydharzen: ASTM D 1615-60. — GC-Bestimmung der Polyalkohole: ASTM D 2456-66 T. Über die quantitat. GC-Bestimmung von Polyolen in Alkydharzen: *F. H. De la Court,* Farbe u. Lack *69* (1969), 218. — GC-Auftrennung der Trimethylsilyläther der Polyole: *G. G. Esposito* u. *M. H. Swann,* Analytic. Chem. *41* (1969), 1118.
[49]) *R. Poisson,* Bull. Liaison Féd. Nat. Fabr. Peint. Vernis Encres d' Imprimerie *2* (1961), 57; Ref. Farbe u. Lack *69* (1963), 460.

Nach Verseifung Freisetzung der organischen Säuren durch Ansäuern, Extraktion der Fettsäuren mit Äther, Titration des Ätherauszuges und Berechnung des Ölgehaltes als C_{18}-Säureester; Titration der Phthalsäure in der wäßrigen Schicht.

1.10.5.   Chromatographische Methoden zur Analyse der in Alkydharzen vorhandenen Fettsäuren.

1.10.5.1.   Papierchromatographisches Verfahren nach *Kaufmann* u. *Büscher*[50]).
Verseifung auf dem Papier, papierchromatographische Trennung der Fettsäuren, quantitative Auswertung photometrisch nach Anfärbung mit Cu-acetat und alkohol. Rubeanwasserstoff-Lösung.

1.10.5.2.   „Reversed phase"-Papierchromatographie der Fettsäuren[51]).
Nach chromatographischer Auftrennung der Fettsäuren auf dem Papier werden ihre Cu-Salze gebildet, die dann durch Behandlung mit Kaliumferrocyanid als Kupferferrocyanid-Komplexe sichtbar gemacht werden. Die Methode ist auch zur Ermittlung von Ölgemischen brauchbar.

1.10.6.   Einige Hinweise zur Bestimmung von Dicarbonsäuren in ölmodifizierten Alkyd- und anderen Polyesterharzen.

1.10.6.1.   o-Phthalsäure, Isophthalsäure, Terephthalsäure
o-Phthalsäure: UV-spektroskopische[52]) und polarographische[53]) Methode; gleichzeitige UV-spektroskopische Bestimmung der drei isomeren Phthalsäuren[54]); gravimetrische Bestimmung der Iso- und Terephthalsäure: ASTM D 2690—68.

1.10.6.2.   Andere Dicarbonsäuren
In Betracht kommen u. a.: Malein- und Fumarsäure, Itaconsäure (selten), Bernstein-, Adipin- und Sebacinsäure. Zur Identifizierung dieser Carbonsäuren liegen Arbeiten vor, z. B. von *H. Winterscheidt*[55]), *K. Thinius*[56]), *M. H. Swann*[57]), *J. Arendt* u. *H. J. Schenck*[58]), *P. Fijolka, R. Kayler* u. *J. Lenz*[59]). Die ASTM-Vorschrift D 2456—66 T beschreibt die gaschromatographische Bestimmung von Carbonsäuren.

1.10.7.   Bestimmung des freien Anhydridgehaltes in Polyesterharzen.
Anhydride zweibasischer Säuren bilden in der Kälte mit primären Alkoholen Halbester. Auf dieser Halbesterbildung beruht eine Methode zur Bestimmung des freien Anhydridgehaltes von Harzen[60]).

---

[50]) *H. P. Kaufmann* u. *F. J. Büscher,* Fette, Seifen, Anstrichmittel *62* (1960), 1141.
[51]) *U. Lichthardt,* Farbe und Lack, *63* (1957), 387.
[52]) *O. D. Shreve* u. *M. R. Heether,* Analytic. Chem. *23* (1951), 441.
[53]) *P. D. Garn* u. *E. W. Halline,* Analytic. Chem. *27* (1955), 1562.
[54]) *M. H. Swann, M. L. Adams* u. *J. Weil,* Analytic. Chem. *27* (1955), 1604.
[55]) Seifen-Öle-Fette-Wachse *50* (1954), 711, *51* (1955), 16.
[56]) Farben, Lacke, Anstrichstoffe *4* (1950), 4.
[59]) Analytic. Chem. *21* (1949), 1448; Farbe u. Lack *56* (1950), 106.
[58]) Kunststoffe *48* (1958), 111.
[59]) Kunststoffe *49* (1959), 222.
[60]) Ausführung s. *W. Reiser,* Dtsch. Farben-Z. *11* (1957), 447. — Bestimmung des freien PSA in Alkydharzen: *J. J. Schkolman* u. *J. A. Popowa,* J. angew. Chem. (russ.) *22* (1949), 135; Ref. Chem. Zbl. *1950* I, 922. — monomere Phthal- u. Fumarsäure in Polyesterharzen: *A. P. Kreskov* et al. (Ref.), Farbe u. Lack *72* (1966), 69.

1.10.8. Trennung des Styrol- und ungesättigten Polyesteranteils bei nichtgehärteten UP-Harzen[61]).

Styrol und andere Monomere lassen sich bestimmen, wenn man das UP-Harz mit Benzol verdünnt und unter Rühren in einen Überschuß von Petroläther gießt. Der ungesättigte Polyester fällt aus, während die Monomeren in Lösung bleiben.

1.11. Polyamidharze

Bei der Hydrolyse von Polyamiden durch 24stündiges Erhitzen mit 6 n HCl unter Rückfluß spalten die Säureamidbindungen vollständig unter Rückbildung der Diamine und Dicarbonsäuren auf. Über die weitere Aufarbeitung der Hydrolysate siehe z. B.[62]). Eine papierchromatographische Trennung der Hydrolyseprodukte gibt weitere Hinweise zur Erkennung des Polyamid-Typs[63]). Auch die Dünnschichtchromatographie hat sich nach D. Braun und G. Vorendore[64]) als sehr geeignetes Verfahren bei der Analyse von Polyamiden erwiesen.

1.12. Maleinatharze

Storch-Morawski-Reaktion: weinrote Färbung, die bald nach olivbraun umschlägt.

Beim Cracken der Harze erfolgt im kühlen Teil des Reagenzglases Abscheidung von Bernsteinsäureanhydrid, das z. B. durch Schmelzpunkt oder Umsetzung mit Hydrochinon[65]) identifiziert werden kann.

2. Polyadditionsharze

2.1. Polyisocyanatharze (Polyurethane)[66])

2.1.1. Isocyanate, qualitativer Nachweis

Umsetzung mit Alkoholen (z. B. Methanol) ergibt die entsprechenden Urethane (Carbamidsäureester).

2.1.2. Quantitative Bestimmung

Die Bestimmung des NCO-Gehaltes bzw. des Äquivalentgewichtes von Isocyanaten beruht auf der Umsetzung mit einem sekundären aliphatischen Amin, wie Di-n-Butylamin oder Di-iso-Butylamin und acidimetrischer Rücktitration des überschüssigen Amins gegen Bromphenolblau-Indikator[67]).

Weitere Verfahren zur Isocyanat-Bestimmung siehe[68]).

---

[61]) *H. Saechtling/A. Krause,* Kunststoff-Bestimmungstafel 5. Aufl. 1966, Carl Hanser Verlag, München. — Zur Schnellbest. v. Styrol u. anderen Monomeren: *R. W. Martin,* Analytic. Chem. *21* (1949), 921; beschrieben im Houben-Weyl, Methoden der organ. Chemie 1953 Bd. 2, S. 311.

[62]) *F. Stühlen* u. *H. Horn,* Kunststoffe *46* (1956), 63.

[63]) *H. Zahn* u. *H. Wolf,* Melliand Textilber. *32* (1951), 317. — *H. Zahn* u. *B. Wollemann,* ebenda *32* (1951), 927.

[64]) Kunststoffe *57* (1967), 821.

[65]) *Krause/Lange,* Seite 126 (s. Literaturzusammenstellung a. S. 311).

[66]) Zur Analytik d. Polyurethane siehe *H. Ostromow* in Kunststoff-Handbuch Bd. VII, Polyurethane, Carl Hanser Verlag, München, 1966. S. 413—419.

[67]) *G. Spielberger,* Liebigs Ann. Chem. *562* (1949), 99.

[68]) *S. Siggia* u. *J. G. Hanna,* Analytic. Chem. *20* (1948), 1084. — *H. Bank,* Kunststoffe *37*; (1947), 102. — *W. Funke* u. *K. Hamann,* Farbe u. Lack *64* (1958), 120.

2.1.3. Nachweis von Isocyanaten u. Polyurethanen mit p-Dimethylaminobenzaldehyd[69]).
Ausführung: Eine kleine Probe des zu untersuchenden Materials wird in einem Reagenzglas mit 5—10 ml Eisessig und ungefähr 0,1 g p-Dimethylaminobenzaldehyd bei Raumtemperatur versetzt. Bei Anwesenheit von freien Isocyanatgruppen oder Polyurethanbindungen entwickelt sich sofort oder nach einiger Zeit eine intensive Gelbfärbung.

2.1.4. Schwefelsaure Verseifung[70])
Ausführung: 1 g der Probe mit 25 ml 50%iger H_2SO_4 (Konzentration genau einhalten!) 4 Std. bei 140 °C unter Rückfluß kochen. Bei Anwesenheit von Polyurethanen und Polyharnstoffen entsteht CO_2, das mit $Ba(OH)_2$-Lösung nachgewiesen werden kann[71]).

2.1.5. Pyrolyse
Die Pyrolysedämpfe der Polyurethane besitzen den für Isocyanate charakteristischen scharfen, stechenden Geruch; ihr pH-Wert liegt bei 3—4.

2.1.5.1. Nachweis mit Natriumnitrit[72]).
Die Pyrolysedämpfe werden in wasserfreies Aceton geleitet, das 1 Tropfen einer 10%igen $NaNO_2$-Lösung enthält. Wenn aromatische Isocyanate aus vernetzten Polyurethanen vorhanden sind, färbt sich das Aceton orange bis rotbraun.

2.1.5.2. Nachweis mit Nitrazol[73]).
Die Pyrolysedämpfe werden gegen ein trockenes Filterpapier geleitet, das anschließend mit einer 1%igen methanolischen Lösung des Reagenzes angefeuchtet wird. Je nach den vorliegenden Isocyanaten ergeben sich unterschiedliche, charakteristische Färbungen, siehe[73]).

2.1.6. Dünnschichtchromatographie von Polyurethanen[70])
Die Spaltung wird durch 5stündiges Kochen von 1 g der Probe mit 25 ml einer n-Natriumäthylat-Lösung in Äthanol durchgeführt. Es bilden sich zunächst die Diäthylurethane, aus denen infolge der Anwesenheit von NaOH[74]) die den Isocyanaten entsprechenden Amine (z. B. aus Toluylen-Diisocyanat: Diaminotoluol) entstehen.
Bei der Verseifung von Polyesterurethanen fallen neben den Diäthylestern auch die Natriumsalze der Dicarbonsäuren an, die in Alkohol unlöslich sind und durch Abfiltrieren abgetrennt werden können. Die Polyätherbausteine von Polyätherurethanen werden bei dieser Methode nicht verseift, so daß sie beim Eindampfen als viskose Flüssigkeiten erhalten werden.
Die Verseifung mit Natriumäthylat hat den großen Vorteil, daß die Wasserdampfflüchtigkeit der Diole nicht berücksichtigt werden muß, da auch bei der Aufbereitung des Verseifungsansatzes völlig wasserfrei gearbeitet wird. Über die weiteren Einzelheiten der Dünnschichtchromatographie der einzelnen Komponenten siehe die Originalarbeit.

---

[69]) *M. H. Swann* u. *G. G. Esposito,* Analytic. Chem. *30* (1958), 107.
[70]) *D. Braun* u. *E. Mai,* Kunststoffe *58* (1968), 637.
[71]) Harnstoff-, Thioharnstoff- u. Melamin-Formaldehyd-Harze geben unter diesen Bedingungen ebenfalls CO_2 ab, nicht dagegen Polyamide, Polyacrylnitril u. Polyacrylamid.
[72]) *H. Bank,* Kunststoffe *37* (1947), 102.
[73]) Siehe hierzu Kunststoff-Handbuch Bd. VII, Polyurethane, S. 413 oder Fußnote 70). Nitrazol CF extra (Hersteller Farbwerke Hoechst AG) = p-Nitrobenzoldiazonium-fluorborat.
[74]) Aus dem Wassergehalt des Äthanols bei Herstellung der Natriumäthylat-Lsg.

2.2. Epoxidharze

2.2.1. Qualitativer Nachweis durch den Aldehydtest[75])

Epoxidharze spalten bei der Pyrolyse Acetaldehyd oder dessen Homologe ab.
Ausführung: Etwa 0,5 g der Probe in einem Mikro-Reagenzglas auf 240—250 °C im Ölbad erhitzen. Röhrchen mit einem Filterpapier bedecken, das mit einer frisch bereiteten Lösung von Nitroprussidnatrium und Morpholin (jeweils 5 %) getränkt wurde. Bei Vorhandensein von Epoxidharzen tritt eine Blaufärbung auf.
Erweiterung des Aldehydtestes zur Erkennung von mit aromatischen Aminen vernetzten Epoxidharzen siehe[75]).

2.2.2. Foucry-Teste[76])

Spezifisch für Epoxidharze und Epoxidharz-Ester auf Basis von p,p′-Dioxydiphenylpropan (= Bisphenol A).

2.2.2.1. Umsetzung mit Nitriersäure

Etwa 10 mg des gepulverten Materials in 1 ml konz. H_2SO_4 lösen, 1 ml konz. HNO_3 (d = 1,4) zugeben. Nach 5 min. die Lösung vorsichtig unter Rühren in 100 ml NaOH (5 %ig) gießen. Bei Auftreten einer orangeroten bis kirschroten Färbung ist die Prüfung positiv.
Nicht-phenolische Epoxidharze, Alkydharze, Phenol-, Harnstoff- und Melaminharze und Diphenylolpropan selbst stören die Reaktion nicht.

2.2.2.2. Umsetzung mit Déniges-Reagens

Wenig gepulvertes Material in 1 ml konz. H_2SO_4 lösen, mit 5 ml Déniges-Reagens[77]) versetzen, gut vermischen und 30 min. stehen lassen. Ein orangeroter Niederschlag zeigt Epoxidharz an.

2.2.3. Tüpfelprobe nach *Swann*[78])

Rascher Nachweis für Bisphenol-Epoxidharze auch in getrockneten oder eingebrannten Lackfilmen.
Ausführung: Etwa 100 mg der Probe in 5 ml konz. H_2SO_4 lösen (evtl. auf 40 bis 50 °C erwärmen). Anschließend weiter mit konz. H_2SO_4 verdünnen, bis die Färbung einer 0,1 n $K_2Cr_2O_7$-Lösung entspricht. Mittels eines Glasstabes ein wenig dieser Lösung über ein gewöhnliches Filterpapier streichen. Bei positivem Ausfall entsteht innerhalb 1 min. eine purpurrote Färbung, die dann in blau übergeht.

2.3. Kolorimetrische Bestimmung von Bisphenol-Epoxidharzen und ihrer Fettsäure-Ester[79])

Ausführung: 0,5 g Harz einwiegen und nach Lösen in wenig Methyläthylketon oder Dioxan im Meßkolben auf 100 ml auffüllen. 3 ml dieser Lösung (15 mg Harz) in einem 25-ml-Erlenmeyer-Kolben bei 105—110 °C eindampfen. Abkühlen, 3 ml konz. Schwefelsäure zugeben, Kolben mit Calciumchlorid-Röhrchen verschließen und 30 min. auf 40 °C erhitzen, bis alles gelöst ist. Dann 2 ml einer frisch hergestellten Lösung von 0,15 g Paraformaldehyd in 9 ml konz. Schwefelsäure +1 ml

---

[75]) *F. Feigl* u. *V. Anger,* Modern Plastics *37* (Mai 1960), 191.
[76]) Peintures, Pigments, Vernis *30* (1954), 925. — *A. W. Rudd* u. *J. J. Zonsveld,* ebenda *33* (1957), 35.
[77]) Déniges-Reagens: 10 ml konz. H_2SO_4 + 50 ml H_2O + 2,5 g HgO in der Hitze lösen. Ggf. filtrieren.
[78]) *M. H. Swann,* Off. Digest Federat. Soc. Paint Technol. *30* (1958), No. 406, S. 1277.
[79]) *M. H. Swann* u. *G. G. Esposito,* Analytic. Chem. *28* (1956), 1006.

Wasser zugeben und weitere 30 min. auf 40 °C erwärmen. Ohne abzukühlen in etwa 150 ml Wasser unter heftigem Rühren eingießen, Lösung in 200 ml-Meßkolben überführen (nachspülen) und mit Wasser auffüllen.
Blaufärbung erreicht nach 2 Stdn. ihr Maximum. Photometrische Absorptionsmessung bei 650 nm, Auswertung mit Hilfe einer Eichkurve.

2.4. Gehalt an Epoxidsauerstoff

2.4.1.   Titration mit Bromwasserstoffsäure in Eisessig nach *A. J. Durbetaki*[80])
Ausführung: 0,3—0,6 g der Probe in Tetrahydrofuran oder Dioxan (beide frisch destilliert) in einem 50 ml-Erlenmeyer-Kolben lösen und 5 Tropfen einer 0,1 %igen Kristallviolett-Lösung in Eisessig zugeben. Man titriert aus einer Karl-Fischer-Bürette mit einer 0,1 n-Lösung von HBr in Eisessig[81]) unter Rühren mit einem Magnetrührer bis zum Indikatorumschlag nach blaugrün. Da die Umsetzungen durch H_2O gestört werden, müssen alle Geräte und Chemikalien absolut wasserfrei sein.

$$\text{Epoxidsauerstoff-Gehalt in Gew.-\%} = \frac{(a-b) \cdot T \cdot 0{,}0016}{E} \cdot 100$$

a = ml HBr/Eisessig im Hauptversuch
b = ml HBr/Eisessig im Blindversuch
T = Titer der 0,1 n-HBr/Eisessiglösung
E = Probeeinwaage in g

2.4.2. HCl-Dimethylformamid-Methode:
Arbeitsweise siehe Shell-Schrift „Epikote®" V-3 August 1960

2.5. Bestimmung von Hydroxylgruppen in Epoxidharzen

Bei Epoxidharzen, die noch freie Epoxidgruppen enthalten, ist die übliche Bestimmung des Gehaltes an OH-Gruppen mit Acetanhydrid + Pyridin wegen gleichzeitigen Ablaufs störender Nebenreaktionen nicht ohne weiteres möglich. Die beiden nachstehend angegebenen Methoden umgehen diese Schwierigkeiten.

2.5.1.   Vorreaktion mit Pyridiniumperchlorat[82])
Durch eine der üblichen Acetylierung mit Acetanhydrid + Pyridin vorausgehende Reaktion mit Pyridiniumperchlorat wird der Epoxidring geöffnet. Arbeitsweise s. in der Originalarbeit.

2.5.2.   Vorreaktion mit Chlorwasserstoff[83])
Ausführung: 0,4—0,6 g der Analysenprobe in einem 250 ml-Schliffkolben in 25 ml Chloroform lösen. Einleitung von HCl-Glas (2—3 min) zwecks Umsetzung der Epoxidgruppen zu den Chlorhydrinen. Zur Entfernung des überschüssigen Chlorwasserstoffs 60—90 min Stickstoff einleiten. Nach völliger Entfernung des Lösungsmittels durch Erwärmen des Kolbens in einem Ölbad auf Raumtemperatur

---

[80]) Analytic. Chem. *28* (1956), 2000.
[81]) Im Handel ist wasserfreie, 40 % Bromwasserstoffsäure in Eisessig; man füllt davon ca. 23 ml mit Eisessig zu 1 Liter auf und bestimmt den Titer dieser Lösung gegen Na_2CO_3.
[82]) *A. Bring* u. *F. Kadlecek,* Plaste u. Kautschuk *5* (1958), 43.
[83]) *G. A. Levkovič* u. *T. V. Kubičinskaja,* Lakokrasočnye Mater. Primenenie *1966,* Nr. 6, S. 54; Ref. Farbe u. Lack *73* (1967), 240.

II. Nachweis der einzelnen Kunstharz-Gruppen 303

abkühlen und 10 ml des üblichen Acetylierungsgemisches aus Acetanhydrid + Pyridin zugeben. Unter Rückfluß 90 min auf 100 °C erwärmen. Nach dem Abkühlen Zugabe von 1,5 ml dest. Wasser und nochmaliges Erwärmen auf 100 °C für 15 min. Nach dem Abkühlen wird der Kühler mit 5 ml neutralisiertem Äthanol durchgespült. Titration des Kolbeninhaltes mit 0,5 n KOH (Phenolphthalein).

$$\text{Vorhandene OH-Gruppen} = x = \frac{(a-b) \cdot T \cdot 28}{E}$$

a = ml verbrauchte KOH im Blindversuch
b = ml verbrauchte KOH im Hauptversuch
T = Titer der 0,5 n KOH
E = Probeeinwaage in g

Gehalt an OH-Gruppen (y) in der Analysensubstanz:

$$y = x - \frac{Ep \cdot 56\,000}{43 \cdot 1\,000}$$

EP = %-Gehalt der Epoxidgruppen in der Analysensubstanz

2.5.3. Weitere Verfahren zur OH-Gruppenbestimmung in Epoxidharzen: Acetylierung mit Stearylchlorid in Chloroform[84]). Umsetzung mit Lithiumaluminiumhydrid[85]).

3. Polymerisationsharze

3.1. Farbreaktionen auf Vinylpolymere

3.1.1. Farbteste mit Chloressigsäuren[86])
Ausführung: Je eine kleine Substanzprobe mit einigen g Mono- und Dichloressigsäure 2 min. zum Sieden erhitzen. Tritt nach dieser Zeit keine kräftige Färbung auf, so gilt der Test als negativ.
Spricht auch auf Copolymerisate an, jedoch erhält man nur verwertbare Ergebnisse, wenn das Produkt mindestens zu 2/3 aus Vinyl-Komponenten aufgebaut ist. Naturharze und Derivate, Proteine, Polyvinylalkohol und Salze der Polyacrylsäure stören die Reaktion, andere Polymere verhalten sich negativ.
Farbreaktionen verschiedener Vinylpolymerer siehe Tabelle auf S. 304.

3.1.2. Farbteste durch Polyen-Bildung
H. Wechsler[87]) führte dieses Verfahren zum Nachweis von Polyvinylchlorid ein, *D. Hummel*[88]) modifizierte und erweiterte es zur Unterscheidung der wichtigsten chlorhaltigen Polymeren und Mischpolymerisate, während *H. Rath* u. *L. Heiss*[89]) unabhängig davon Testmethoden zum Erkennen aller Vinylpolymeren entwickelten.

---

[84]) Siehe Fußnote 82).
[85]) *G. A. Stenmark* u. *F. T. Weiss,* Analytic. Chem. *28* (1956), 1784. — Arbeitsweise s. auch Shell-Schrift „Epikote®" V-4, August 1960.
[86]) *H. Winterscheidt,* Seifen-Öle-Fette-Wachse *80* (1954), 239.
[87]) J. Polymer. Sci *11* (1953), 233.
[88]) Kunststoff-Rdsch. *5* (1958), 85.
[89]) Über die Reaktionsweise und den Nachweis von Polyvinyl- und Polyacryl-Verbindungen: Kunststoffe *44* (1954), 341.

Polymeres	Farbreaktion mit	
	Monochloressigsäure	Dichloressigsäure
Polyvinylchlorid	blau	purpur
nachchloriertes Polyvinylchlorid	keine Farbreaktion	keine Farbreaktion
Vinylchlorid-Vinylacetat-Copolymere	bläulich-purpur	rötlich-purpur
Vinylchlorid-Vinylisopropyläther-Copolymeres (80 : 20)	gelbrot bis purpur	blau bis purpur
Vinylchlorid-Vinylacetat-Butylacrylat-Terpolymeres (1 : 1 : 1)	schwachrot, dann bläulich	—
Polyvinylacetat	rötlich-purpur	bläulich-purpur
Polyvinylmethyläther	grün	bläulich-purpur
Polyvinyläthyläther	bläulich-grün	grünlich-blau
Polyvinylisopropyläther	bläulich-grün	grün-blau
Polyvinyldodecyläther	grün	grünlich-blau
Polyvinylcarbazol	hellgrün	blau
Polyvinylpyrrolidon	rosa bis purpur, bei vorsichtigem Erhitzen blaugrün	—

Der Nachweis beruht bei allen diesen Verfahren darauf, daß man die Polyvinylverbindungen in Polyene überführt, die am Auftreten bestimmter Farbtöne erkannt werden können. Eine Differenzierung der einzelnen Polyvinylkörper gelingt durch die Anwendung verschiedener polyenbildender Agenzien. Als solche kommen entweder Pyridin + methanolische NaOH (*Wechsler, Hummel*) oder Natriumalkoholate (*Rath* u. *Heiss*), wie etwa Na-methylat in Methanol für milde oder Na-butylat in Butanol für stärkere Spaltungsbedingungen in Betracht. Auch mit Phenyllithium oder Natriumamid werden die Reaktionen der Polyenbildung durchgeführt. Nähere Einzelheiten sind den Originalarbeiten zu entnehmen.

3.2. Polyvinylchlorid-Mischpolymerisate, Nachweis durch Polyen-Bildung

Ausführung: 1—2 Tropfen der in Tetrahydrofuran gelösten Probe werden auf ein Filterpapier gebracht und getrocknet. — In einem Rundkolben wird durch Auflösen von ca. 100 mg metallischem Natrium in 50 ml absolutem Methanol eine ca. 0,1 n-Natriummethylatlösung hergestellt. In diese bringt man das mit der Analysenprobe vorbehandelte Filterpapier und kocht dann 20 min. unter Rückfluß. Anschließend entnimmt man das Filterpapier dem Kolben und wässert es gründlich. Bei Anwesenheit von PVC-Mischpolymerisaten entsteht ein gelber bis rotbrauner Fleck, der bei längerer Reaktionsdauer in schwarzbraun übergeht.

3.3. Polyvinylchlorid, Polyvinylidenchlorid

Polyvinylchlorid (PVC, 55—56% Cl), PVC nachchloriert (PC, 64—66% Cl) und Polyvinylidenchlorid (ca. 73% Cl) sind durch die angegebenen Chlorgehalte zu unterscheiden.
Nach *Wechsler*[87]) löst man eine Probe in Pyridin, erhitzt 1 min. zum Sieden und gibt 1 ml 2%ige methanolische NaOH zu. PVC und Polyvinylidenchlorid braune bis schwarze, PC rote bis braunrote Färbungen. Farbteste nach *Schweppe*[90]):
1. Man kocht eine Probe mit Butylamin auf. PVC bleibt ungefärbt, PC wird intensiv orange und Polyvinylidenchlorid schwarzbraun.

[90]) *H. Schweppe,* Dtsch. Farben-Z. *17* (1963), 26.

2. Eine Probe wird mit N-Methylpyrrolidon gekocht, bis die Lösung anfängt zu gelatinieren. Dann wird sie in eine Porzellanschale gegossen und konz. H_2SO_4 zugegeben. Die intensiv orangerot gefärbten Lösungen von PVC und PC werden auf Zugabe der H_2SO_4 blau.
Die nach dem Kochen braune Lösung von Polyvinylidenchlorid färbt sich mit H_2SO_4 graugrün.

3.4. Polyvinylester

Diese lassen sich mit alkoholischer KOH verseifen, wobei Polyvinylalkohol ausfällt, der sich beim Verdünnen mit Wasser löst. Bei Zugabe von Säure bleibt die Lösung klar.
Zum Nachweis von *Polyvinylacetat* löst man eine Probe in wenig Eisessig, gibt einige Tropfen Jod-Jodkaliumlösung zu und verdünnt mit viel Wasser. Die Lösung färbt sich intensiv rotviolett. Diese Reaktion fällt bei Mischpolymerisaten des Polyvinylacetats und bei Polyvinylpropionat negativ aus.
Eine einfache Erkennung und Unterscheidung von Polyvinylestern ist papierchromatographisch möglich[90]). Durch Kochen eines Polyvinylesters mit einer alkalischen Lösung von Hydroxylamin in Methanol erhält man Polyvinylalkohol und die der Säurekomponente des Esters entsprechende Hydroxamsäure (z. B. aus Polyvinylacetat Acethydroxamsäure). Sind gleichzeitig Polyacrylsäureester zugegen, so bilden diese Polyacrylhydroxamsäure. Mit dem Fließmittel Isoamylalkohol-Eisessig-Wasser (4 : 1 : 5, obere Schicht) werden die entstandenen Hydroxamsäuren papierchromatographisch aufgetrennt und mit $FeCl_3$-Lösung als purpurfarbene Flecke entwickelt. R_f-Werte: Acethydroxamsäure 0,35, Propionhydroxamsäure 0,52, Polyacrylhydroxamsäure 0,00; Polyvinylalkohol wird an der Startstelle mit einer salzsauren KJ_3-Borax-Lösung durch die Bildung eines blauschwarzen Fleckes nachgewiesen.
Diese Methode zum Nachweis von Polyvinylestern gelingt auch bei Mischpolymerisaten mit PVC. In diesem Falle löst man die Probe in Tetrahydrofuran und gibt dann das NH_2OH-Reagens zu. Celluloseester, die die gleichen Hydroxamsäuren wie Polyvinylester bilden können, lassen sich durch die Molisch-Reaktion (S. 279) ausschließen.

3.5. Polyvinylalkohol

Man löst eine Probe in Wasser, säuert mit verdünnter H_2SO_4 an und gibt 0,1 n-KJ_3-Lösung sowie einige Körnchen Borax zu. Es entsteht eine blaue bis grünliche Färbung, die beim Erhitzen verschwindet[91]). Polyvinylalkohol kann aus wäßriger Lösung mit Äthanol ausgefällt werden.

3.6. Polyvinyläther

Nachweis durch Polyen-Bildung mit Phenyllithium.
Ausführung: Die zu untersuchende Probe wird in wasserfreiem Tetrahydrofuran gelöst und das Reaktionsgefäß mit Stickstoff gefüllt. Man bringt einen Pfropfen trockener Glaswolle in den Kolbenhals und gießt im Stickstoffstrom die Phenyllithiumlösung[92]) zur Analysenprobe. Die Glaswolle wird entfernt, das Gefäß mit einem Glasstopfen verschlossen und geschüttelt. Unter Dunkelfärbung tritt sofort

---

[91]) *H. Saechtling* u. *A. Krause,* Kunststoff-Bestimmungstafel, s. Seite 311.
[92]) Herstellung der Phenyllithiumlsg.: s. *H. Rath,* u. *L. Heiss,* Kunststoffe **44** (1954), 341.

Reaktion ein. Die Farbe geht über tiefrot, violett nach schwarz; das Polyen fällt schließlich als schwarze Gallerte aus.

Man beachte außerdem das für Polyvinyläther charakteristische Verhalten bei der Storch-Morawski-Reaktion (s. S. 279).

3.7. Polyvinylacetale

Reaktion mit Jod-Jodkalium[93]).

Die zu untersuchenden Produkte müssen sorgfältig von anderen Bestandteilen, wie Weichmachern oder weiteren Harzen (z. B. Phenolharzen) befreit sein, da sonst der Nachweis versagt.

Ausführung: Die Probe wird direkt mit 1—2 Tropfen der Reagenzlösung in Berührung gebracht und nach 1 min. Einwirkung mit Wasser abgespült. Reagenzlösung: 10 ml 50%ige Essigsäure + 7 ml Jod-Jodkalium-Lösung (1 g Kaliumjodid + 0,9 g Jod + 40 ml Wasser + 2 ml Glycerin).

Färbungen:
Polyvinylformal: blau bis schwarzviolett
Polyvinylacetal: grün
Polyvinylbutyral: grün bis blau
Polyvinylacetat: oft rot

3.8. Polyacrylate und Polymethacrylate

3.8.1.   Gemeinsame Farbreaktionen[94])

Die Identifizierung und Unterscheidung von Polyacryl- und Polymethacrylsäureestern ist dadurch möglich, daß man sie mit Phenyllithium in Carbinole überführt, die mit verschiedenen Agenzien charakteristische Farbreaktionen ergeben. Einzelheiten siehe Originalarbeit.

3.8.2.   Verseifung

Polyacrylsäureester lassen sich im Gegensatz zu Polymethacrylsäureestern mit alkoholischer KOH verseifen, wobei das Kaliumsalz der Polyacrylsäure ausfällt, das sich bei Zugabe von Wasser löst. Polymethacrylate verseifen erst durch längeres Kochen mit 0,5 n glykolischer Lauge, und dann nur unvollständig.

3.8.3.   Hydroxylaminprobe[95])

Andere Carbonsäureester, z. B. Weichmacher, stören die Reaktion und müssen zunächst durch geeignete Maßnahmen entfernt werden.

Ausführung: Ca. 0,5 g der Probe werden in einem Reagenzglas mit Quarzsand gemischt und trocken in einem Glaswollebausch, der sich in der Öffnung des Reagenzglases befindet, destilliert.

Anschließend Glaswollebausch in ein anderes Reagenzglas bringen und mit 1 ml 15%iger äthanolischer KOH und 1 ml NH_2OH-Lsg. versetzen und gut mischen. In 100 ml Wasser gießen, mit verd. H_2SO_4 schwach ansäuern und einige Tropfen $FeCl_3$-Lösung zugeben.

Polymethacrylate zeigen purpurviolette Färbung, Polyacrylate eine bräunlich-orange Farbtönung.

---

[93]) *K. Brookmann* u. *G. Müller,* Paint Manuf. *25* (1955), 254; Ref. Farbe u. Lack *61* (1955), 217.
[94]) *H. Rath* u. *L. Heiss,* Kunststoffe *44* (1954), 341.
[95]) *H. Rath, G. Nawrath* u. *E. Schönpflug,* Melliand Textilber. *33* (1952), 636.

II. Nachweis der einzelnen Kunstharz-Gruppen 307

Hydroxylaminlösung: 3,5 g $NH_2OH \cdot HCl$ mit 20 ml Methanol kochen; weitere Zugabe von Methanol, bis alles gelöst ist. Heiß in frische, heiße Natriummethylat-Lösung (aus 2,3 g Na + 20 ml absolut. Methanol) gießen, abkühlen lassen und NaCl abfiltrieren. Lösung ist 1—2 Tage haltbar.

3.8.4. Pyrolyse
Polymethacrylate werden bei der Pyrolyse in hoher Ausbeute in die Monomeren depolymerisiert, während Polyacrylate nur zu einem geringen Teil zu den monomeren Estern abgebaut werden und braune, saure, scharf riechende Zersetzungsprodukte liefern.

3.8.5. Nachweis von Methacrylsäuremethylestern[96])
Eine Pyrolyse wie unter 3.8.3. angegeben durchführen. Zu dem kondensierten Pyrolysat einige ml HNO_3 (d:1,4) geben, vorsichtig erhitzen. Reagenzglas bis zur Hälfte mit H_2O auffüllen und einige Tropfen 10%ige $NaNO_2$-Lösung zugeben. Blaugrüne Färbung, die mit Chloroform extrahierbar ist, zeigt Methylmethacrylat an. Andere Methacrylsäureester ergeben nur gelbgrüne bis grüne Färbungen, ebenso Acrylate.

3.8.6. Unterscheidung zwischen Polyacrylaten u. Polymethacrylaten[95])
Pyrolyse nach 3.8.3. ausführen. Das Destillat mit einigen Körnchen $CaCl_2$ trocknen u. erneut destillieren. Das Destillat mit der gleichen Menge frisch destilliertem Phenylhydrazin versetzen und mit 5 ml trockenem Toluol 30 min. unter Rückfluß kochen. Dann mit der 5fachen Menge 85%iger Ameisensäure und 1 Tropfen 30%iger H_2O_2-Lösung einige Minuten schütteln, evtl. erwärmen. Dunkelgrüne Färbung zeigt Acrylat an, das auf diese Weise noch bis zu 1% neben Methacrylat erkennbar ist.

3.8.9. Ermittlung der Alkoholkomponenten von Acrylaten und Methacrylaten.
Bei beiden Harztypen läßt sich die alkoholische Komponente durch Schmelzen mit KOH abspalten und durch Destillation isolieren. Umsetzung der Alkohole mit 3,5-Dinitrobenzoylchlorid zu den entsprechenden Estern, die über den Schmelzpunkt zu erkennen sind oder Identifizierung durch Gaschromatographie.

3.9. Styrol und α-Methylstyrol enthaltende Polymere

Bei der Pyrolyse von praktisch allen vorkommenden Homo- und Copolymerisaten mit Styrol- oder α-Methylstyrolbausteinen entstehen beträchtliche Mengen dieser beiden Monomeren. Zu ihrem raschen Nachweis eignet sich sehr gut die Dünnschichtchromatographie[97]). Arbeitsweise s. Originalarbeit.

3.9.1. Nachweis von Styrol als Dibromstyrol
Ausführung: Die Substanz in einem kleinen Reagenzglas erhitzen, in dessen oberen Teil sich ein Pfropfen aus Glaswolle befindet. Das in der Glaswolle sich ansammelnde Destillat wird aus dieser in einem zweiten Reagenzglas mit Äther ausgezogen.
Zu der Äther-Lösung läßt man Bromdämpfe fließen, bis sie durch überschüssiges Brom gefärbt wird. Nach Verdunsten des Äthers erhält man farblose Kristalle von Dibromstyrol. Umkristalisation aus Petroläther, Schmelzpunkt 74 °C.

---

[96]) *E. B. Mano,* Analytic. Chem. *32* (1960), 291, Ref. Z. analyt. Chem. (1961), 131.
[97]) *D. Braun* u. *G. Nixdorf,* Gummi, Asbest, Kunststoffe *22* (1969), 183.

3.10. Cumaron- und Cumaron-Indenharze

3.10.1.   Pyrolyse
Ausführung: Probe nach 3.8.3. pyrolysieren. Storch-Morawski-Reaktion des Pyrolysats: Cumaronharze typische Rotfärbung, Cumaron-Indenharze orange bis braune Färbung.
Pyrolysat in Methanol lösen, einige Körnchen Natriumnitroprussiat und wenig NaOH bis zur schwach alkalischen Reaktion zugeben: Lösung färbt sich rot, und es entsteht ein roter Niederschlag.

3.10.2.   Farbreaktion mit Brom
Ausführung: 0,5—1,5 g Harz in 10 ml Chloroform lösen, 1 ml Eisessig und 1 ml einer 10%igen Bromlösung in Chloroform hinzufügen und kräftig schütteln. Nach einigen Stdn. entwickelt sich eine rote Färbung, die nach Zugabe von 1—2 ml 0,1 n Natriumthiosulfatlösung bestehen bleiben muß.

4. Siliconharze

4.1. Aufschluß mit H_2SO_4-$HClO_4$[98])

Nach Beendigung des Aufschlusses charakteristischer weißer Niederschlag von Kieselsäure, der beim Verdünnen unlöslich bleibt.

4.2. Farbreaktion mit Benzidin

Ausführung: 20—30 mg der Probe mit einer Spatelspitze Na_2O_2 und der 5fachen Menge Na_2CO_3 vermischen. Eine kleine Menge der Mischung in einer Platindrahtschlinge über freier Flamme zum Schmelzen bringen. Schmelze in etwas Wasser lösen, aufkochen und mit der Lösung ein aschefreies Filter tränken. 1 Tropfen salpetersaure Ammoniummolybdatlösung auf das Papier geben und über einer Flamme trocknen. Dann 1 Tropfen 5%ige Benzidinacetatlösung aufgeben und in NH_3-Dampf halten. Papier färbt sich blau.

5. Abgewandelte Naturprodukte

5.1. Chlorkautschuk

Dieser löst sich im Gegensatz zu Polyvinylchlorid in Tetrachlorkohlenstoff, Äther und Schwefelkohlenstoff, während Kautschukhydrochlorid in den beiden erstgenannten Lösungsmitteln nur quillt bzw. unlöslich ist.
Eine Unterscheidung wichtiger chlorhaltiger Polymerer gelingt nach *D. Hummel*[99]) durch eine modifizierte Reaktion nach *Wechsler*[100]), bei der die auf Polyenbildung beruhenden Färbungen ausgewertet werden. Einzelheiten siehe die Originalarbeit.

---

[98]) *M. H. Swann* u. *G. G. Esposito,* Analyt. Chem. *30* (1958), 107.
[99]) Siehe Fußnote 88).
[100]) Siehe Fußnote 87).

II. Nachweis der einzelnen Kunstharz-Gruppen

5.2. Unterscheidung von Elastomeren und ihren Mischpolymerisaten durch Farbreaktionen mit p-Dimethylaminobenzaldehyd[101])

Zur Unterscheidung chlorhaltiger und anderer gummielastischer Kunststoffe brauchbare Verfahren siehe auch[102]).

6. Cellulosederivate

6.1. Allgemeine Farbreaktion auf Cellulosederivate

6.1.1.   Reaktion nach *Molisch*[103])
Alle Celluloseester und -äther ergeben bei diesem Test eine rote bis violette Färbung, mit Ausnahme von Cellulosenitrat (Nitrocellulose), bei dem eine Grünfärbung auftritt.

6.1.2.   Anilinacetat-Reaktion[104])
Ausführung: Wenige mg Substanz mit 1 Tropfen sirupöser Phosphorsäure vorsichtig im Mikrotiegel erwärmen. Mit Filterpapier bedecken, das mit Anilinacetat (10 % Anilin in 10 %iger Essigsäure) befeuchtet wurde; mit Uhrglas abdecken: rosa bis rote Färbung (Furfurolbildung aus dem Cellulosegerüst).

6.1.3.   Reaktion mit Anthron[105])
Ausführung: Probe mit 10 ml verdünnter H_2SO_4 (3 : 1) aufnehmen, mit 0,5 ml einer 0,5 %igen Lösung von Anthron in Äthanol versetzen und 20 min. auf 90 °C erwärmen: blaugrüne Färbung. Auch als quantitative Bestimmungsmethode geeignet[106]).

6.1.4.   Jodreaktion
Weichmacher müssen vorher entfernt sein.
Ausführung: Probe in eine KJ_3-Lösung (10 % u. 15 % KJ) tauchen, Probe abspülen.
Auftretende Färbungen:
Cellulosenitrat u. Äthylcellulose: gelb.
Celluloseacetat, -butyrat u. Benzylcellulose: braun oder rotbraun.

6.2. Cellulosenitrat (Nitrocellulose)

6.2.1.   Qualitative Prüfung mit Diphenylamin
Cellulosenitrat ist in Benzol unlöslich und läßt sich so von den benzollöslichen Komponenten eines Lackes trennen. Einige Tropfen einer Diphenylamin-Lösung (0,1 g Diphenylamin in 30 ml Wasser + 100 ml konz. H_2SO_4) auf die Probe geben. Starke Blaufärbung zeigt Nitrocellulose an (sehr empfindlich!).

6.2.2.   Tüpfeltest nach *Feigl*[107])
Reduktive Spaltung der Nitrogruppe mit Benzoin in salpetrige Säure und Umwandlung des Celluloseesters durch H_3PO_4 in Hydroxymethylfurfural.

---

[101]) *H. P. Burchfield,* Ind. Engng. Chem. Anal. *17* (1945), 806.
[102]) Farbenfabriken Bayer: Firmenschrift KD 764 b.
[103]) S. S. 279.
[104]) *F. Feigl,* Tüpfelanalyse Bd. II, Seite 494, s. Lit. Zusammenstellung S. 311.
[105]) *E. P. Samsel* u. *J. C. Aldrick,* Analytic. Chem. *29* (1957), 574.
[106]) *M. H. Swann,* Analyt. Chem. *29* (1957), 1504.
[107]) Chemist-Analyst *52* (1963), 47; Ref. Z. analyt. Chemie *207* (1965), 391.

Ausführung: Eine kleine Menge der Probe mit ca. 100—200 mg Benzoin im Ölbad auf 140 °C ggf. auf 160 °C erhitzen. Prüfröhrchen mit einem Filterpapier bedecken, das mit Grießschem Reagens[108]) getränkt ist. Wenn Nitrogruppen vorhanden, erscheint ein roter Fleck.

Nachweis des Celluloserestes: Eine kleine Menge der Probe mit etwa 100—200 mg Thiobarbitursäure u. 1—2 Tropfen 85%iger Phosphorsäure versetzen und im Ölbad auf 130 °C erhitzen. Eine Orangefärbung zeigt positive Reaktion an.

6.2.3.   Bestimmung des Nitrocellulose-Gehaltes in Lacken[109])

Prinzip der Methode: Die Nitrogruppen des in der Untersuchungsprobe enthaltenen Cellulosenitrats (Nitrocellulose) werden durch eine Eisen(II)-Lsg. in essigsaurem Medium reduziert. Die dabei entstandenen Eisen(III)-Ionen werden mit Titan(III)-chlorid titrimetrisch bestimmt.

6.3. Celluloseacetat, Cellulosepropionat und Celluloseacetobutyrat

Zur Unterscheidung der verschiedenen Celluloseester stellt man durch Verseifen und Umsetzen mit NH_2OH, wie unter 3.4. für die Polyvinylester vermerkt, die entsprechenden Hydroxamsäuren her und bestimmt diese, wie ebenfalls dort angegeben, papierchromatographisch[110]). R_f der Butyrhydroxamsäure: 0,69, R_f der anderen Hydroxamsäuren S. 305.

6.4. Celluloseäther

Celluloseäther können am positiven Ausfall der Molisch-Reaktion, an der Unverseifbarkeit und ihren Löslichkeitseigenschaften erkannt werden. Methylcellulose, Carboxymethylcellulose und Hydroxyäthylcellulose lösen sich in Wasser. Äthylcellulose ist nur bei einem geringen Verätherungsgrad noch in Wasser löslich, mit steigendem Äthylierungsgrad steigt ihre Löslichkeit in organischen Lösungsmitteln. Papierchromatographische Differenzierung[110]):

Ausführung: Man hydrolysiert die Celluloseäther durch Kochen mit verdünnter H_2SO_4 und trennt die entstandenen Glucoseäther mit dem Fließmittel n-Butanol-Pyridin-Wasser (3 : 1 : 1). Mit Anilinphthalat entwickelt, ergeben sich braune bis rotbraune Flecken.

R_f-Werte der Hydrolysate auf Papier SS 2040 b:

Methylcellulose	0,24; 0,43; 0,64; 0,80[111])
Äthylcellulose	0,64; 0,80; 0,91
Carboxymethylcellulose	0,03; 0,24
Hydroxyäthylcellulose	0,24; 0,34; 0,43

6.5. Benzylcellulose

Diese läßt sich von den anderen Celluloseäthern durch dem bei der Pyrolyse auftretenden Geruch nach Benzaldehyd unterscheiden.

---

[108]) Grießsches Reagens: Sulfanilsäure 1%ig in Essigsäure (1 : 3), α-Naphthylamin, 0.3%ig in Essigsäure (3 : 1); vor Gebrauch gleiche Volumina mischen.
[109]) Normblatt DIN 53 178 Ausg. 9/1969.
[110]) *H. Schweppe,* Dtsch. Farben-Z. *17* (1963), 26.
[111]) Die unterschiedlichen R_f-Werte bei den einzelnen Hydrolysaten entsprechen den verschiedenen Verätherungsgraden.

Literaturzusammenstellung
(in alphabetischer Reihenfolge der Autorennamen)

I. Buchveröffentlichungen

G. Bandel u. W. Kupfer	Die chemische Prüfung der Kunststoffe: Houwink/Staverman, Chemie u. Technologie der Kunststoffe, 4. Aufl. Akadem. Verlagsges. Leipzig 1963, Bd. III, S. 212—260
F. Cramer	Papierchromatographie, 4. Aufl., Verlag Chemie Weinheim 1958
F. Feigl	Tüpfelanalyse Bd. II, Organischer Teil, 4. Aufl., Akadem. Verlagsges., Frankfurt/M, 1960
J. Haslam u. H. A. Willis	Identification and Analysis of Plastics, Iliffe Books Ltd. London u. Van Nostrand Comp. Inc. Princeton N. J., 1965
M. Hoffmann u. P. Schneider	Hinweise z. Ermittlung der Struktur makromolekularer Stoffe: Houben-Weyl, Methoden der Organischen Chemie, 3. Aufl. 1963 Bd. 14/2, Seite 919—962
D. O. Hummel	Hummel/Scholl, Atlas der Kunststoff-Analyse, Bd. I, Hochpolymere u. Harze, Spektren u. Methoden zur Identifizierung, Carl Hanser Verlag, München und Verlag Chemie, Weinheim 1968
R. Kaiser	Chromatographie in der Gasphase, 2. Aufl. Bibliograph. Institut, Mannheim, 1969
C. P. A. Kappelmeier (Hrsg.)	Chemical Analysis of Resin-Based Coating Materials, Interscience Publ., New York-London, 1959
G. M. Kline (Hrsg.)	Analytical Chemistry of Polymers Part I: Analysis of monomers and polymeric material: Plastics, resins, rubbers, fibers. Part II: Analysis of molecular structure and chemical groups Part III: Identification procedures and chemical analysis, Interscience Publ., New York-London, 1962
A. Krause u. A. Lange	Kunststoff-Bestimmungsmöglichkeiten, eine Anleitung zur einfachen qual. und quant. chemischen Analyse, 2. bearb. Aufl., Carl Hanser Verlag, München, 1970
K. Randerath	Dünnschicht-Chromatographie, Verlag Chemie Weinheim 1965
H. Saechtling u. A. Krause	Kunststoff-Bestimmungstafel, 5. Aufl., Carl Hanser Verlag, München, 1966
E. Stahl (Hrsg.)	Dünnschicht-Chromatographie, 2. Aufl. Springer Verlag, Berlin-Heidelberg-New York, 1966
H. Staudinger, W. Kern u. H. Kämmerer	Anleitung zur organischen qualitativen Analyse, 7. Aufl., Springer Verlag, Berlin-Göttingen-Heidelberg, 1968
K. Thinius	Analytische Chemie der Plaste (Kunststoff-Analyse) Springer Verlag, Berlin-Göttingen-Heidelberg, 1952
G. Zeidler u. G. Bleisch	Laboratoriumsbuch für die Lack- u. Anstrichmittel-Industrie, 3. Aufl., Verlag W. Knapp, Düsseldorf, 1967

II. Zeitschriftenveröffentlichungen

F. Feigl u. V. Anger	Spot tests for plastics: Modern Plastics *37* (1960) No. 9 (Mai), Seite 151, 191, 194, 196
H. Feuerberg	Kunststoff-Analyse durch Pyrolyse, Gaschromatographie und Massenspektrometrie: „G-J-T"-Fachzeitschr. f. d. Laboratorium Heft 10, Nov. 1969, S. 1185; s. auch Z. analyt. Chem. *199* (1964), 121
W. Kupfer	Kunststoff-Analyse: Z. analyt. Chem. *192* (1962), 219—248
B. Laker	Chromatographische Methoden a. d. Anstrichmittelgebiet: Paint Manuf. *34* (1964), 42, Ref. Dtsch. Farben-Z. *19* (1965), 263
K.-D. Ledwoch:	Die Analyse u. Prüfung von Kunststoffen i. d. Zeitschriften-Literatur des Jahres 1968: Kunststoff-Rdsch. *16* (1969), 655, 707 (Anschluß an gleichartige Übersichten der Jahre 1957—1967)

C. A. Lucchesi u. D. J. Tessari	Qualitative and spot tests for polymers and resins: Off. Digest Federat. Soc. Paint Technol. *34* (1962), 387—389
C. A. Lucchesi	Analytical tools for coatings research: Off. Digest Federat. Soc. Paint Technol. *35* (1963), 975—991
R. Nitsche u. W. Toeldte	Löslichkeitsbestimmung zur Identifizierung u. Kennzeichnung hochmolekularer Stoffe: Kunststoffe *40* (1950), 29—34
F. Sadowski u. E. Kühn	Gaschromatische Untersuchung der Pyrolyseprodukte von Lackbindemitteln: Farbe u. Lack *69* (1963), 275
M. Straschill	Rasche Identifizierung von Kunststoffen mit einfachen Methoden: Seifen-Öle-Fette-Wachse *95* (1969), 815, 847, 874
H. Schweppe	Qualitative Analyse von synthetischen Lackbindemitteln: VI. Fatipec-Kongreß-Buch 1962, S. 219, identisch mit Dtsch. Farben-Z. *17* (1963), 26
P. Unger	Colorimetric micro-analysis of resins: Paint Manuf. *34* (1964) No. 1, S. 49

Anhang

Abkürzungen und Anschriften der Hersteller (Europa)

Abshagen	Abshagen & Co. KG, Chemische Fabrik, 2 Hamburg-Wandsbek 1, Schließfach 26
Alcrea	Alcrea, Via Rubens 19, Milano/Italien
Bakelite, England	B X L, Bakelite Xylonite Ltd., Plastic Materials Group, 12—18 Grosvenor Gardens, London SW 1, England
BASF	Badische Anilin- & Soda-Fabrik AG, 67 Ludwigshafen/Rhein
Bayer	Farbenfabriken Bayer AG, 509 Leverkusen
Dr. Beck	Dr. Beck & Co. AG, 2 Hamburg 28, Eiselensweg 5—11
Beck Koller, England	Beck, Koller & Co., Ltd., Beckacite House, Speke, Liverpool 24, England
Bergviks	Bergviks Hartsprodukter Aktiebolag, Söderhamn/Sweden
B.I.P.	B.I.P. Chemicals Ltd., P.O. Box 6, Popes Lande, Oldbury, Warley, Worcs., England
Borregard	Borregard AS, Sarpsborg/Norwegen
BP Chemicals, England	BP Chemicals Ltd., Plastics Dep., Devonshire House, Piccadilly, London W 1, England, früher B.R.P. British Resin Products Ltd.
Cassella	Cassella Farbwerke Mainkur AG, 6 Frankfurt-Fechenheim, Hanauer Landstr. 526
Chem-Plast	Chem-Plast, Societa per Azioni, Piazza Vetra 21, Milano/Italien
Ciba	Ciba AG, 7867 Wehr/Baden
Cray Valley	Cray Valley Products Ltd., St. Mary Cray, Kent, England
Crosfield	Joseph Crosfield & Sons Ltd. P. O. Box 26, Warrington/England
Deutsche Erdöl	Deutsche Erdöl AG, 4102 Homberg, Baumstr. 31
Dynamit Nobel	Dynamit Nobel AG, Sparte Chemikalien, 521 Troisdorf Bez. Köln
DOW	DOW Chemical GmbH., 6 Frankfurt/Main, Wiesenhüttenstr. 18
Ebnöther AG	Dr. M. Ebnöther AG, Sempack-Station/Schweiz
Emser Werke	Emser Werke AG, CH 8022 Zürich/Schweiz, Talacker 16
Esso Chemie	Esso Chemie GmbH., 2 Hamburg 39, Postfach 60 06 60
Goldschmidt	TH. Goldschmidt AG, Chemische Fabriken, 43 Essen, Postfach 17
Hagedorn	A. Hagedorn & Co. AG, 45 Osnabrück, Lotter Str. 95/96
Harburger Fettchemie	Harburger Fettchemie, Brinckman & Mergell GmbH., 21 Hamburg 90, Postfach 61—62
Hendricks & Sommer	Hendricks & Sommer, Fabrik Chem. Produkte, 4154 St. Tönis b. Krefeld, Mühlenstr. 161—163
Henkel	Henkel & Cie GmbH., 4 Düsseldorf 1, Postfach 1100
Heydon	Harold Heydon & Co. Ltd., 86 Bow Road, London, E 3, England
Hoechst	Farbwerke Hoechst AG, 623 Frankfurt/Main 80, Postfach 800320
Hüls	Chemische Werke Hüls AG, 437 Marl, Postfach 11 80
I.C.I.	Imperial Chemicals Industries, Ltd., Imperial Chemical House, Milbank, London, England

Jäger	Ernst Jäger, Fabrik chem. Rohstoffe GmbH., 4 Düsseldorf-Reisholz, Oerschbachstr. 35—39
Kraemer	Lackharzwerk, R. Kraemer, 28 Bremen 1, Postfach 662
Lonza AG	Lonza AG, Basel/Schweiz
Montecatini	Montecatini Edison S.p.A., 21053 Castellanza/Italien, C.so Sempione 5
Necof	Nederlandse Castor Oliefabriek, Necof N.V., Geertruidenberg/Holland
Neville	Neville Cindu Chemie N.V., Uithoorn/Holland, Postbus 6
Norsk Spraengstof	Norsk Spraengstofindustri A/S, P.O.B. 779, Oslo 1/Norway
Noury	Ölwerke Noury & van der Lande GmbH., 424 Emmerich, Postfach 1520
Pechiney	Pechiney-St. Gobain, Avenue Matignon, Paris 8e/ Frankreich
Perstorp	Perstorp AB, Perstorp/Schweden
Plastanol	Plastanol Ltd., Crabtree Manorway, Belvedere, Kent, England
Plüss-Staufer	Plüss-Staufer AG, CH 4665 Oftringen/Schweiz
Polyvinyl Chemie	Polyvinyl Chemie Holland N.V., Waalwijk/Holland, P.O. Box 123
Reichhold-Albert	Reichhold-Albert-Chemie AG, 2 Hamburg 13, Harvestehuder Weg 18
Resia	siehe Montecatini
Resinous Chemicals	Resinous Chemicals (Div. of British Paints Ltd.), Portland Road, Newcastle upon Tyne 2, England
Rhône-Poulenc	Rhône-Poulenc, Paris/Frankreich
Röhm	Röhm GmbH., Chemische Fabrik, 61 Darmstadt, Mainzer Str. 42
Rütag	Rütgerswerke AG, 6 Frankfurt/Main, Mainzer Landstr. 221
Schering	Schering AG, Industrie-Chemikalien, 4619 Bergkamen
Scado	Scado-Archer-Daniels GmbH. & Co, 447 Meppen/Ems, Postfach 203
Scott Bader	Scott Bader & Co., Ltd. Wollaston, Wellingborough, Northants, England
Shell-Chemie	Deutsche Shell-Chemie GmbH., 6 Frankfurt 1, Nibelungenplatz 3
Sichel	Sichel-Werke GmbH., 3 Hannover-Linden 1, Postfach 21 380
SINAC	Société Industrielle, D'Applications Chimiques SINAC, Marcoing (Nord)/Frankreich
SIR	Società Italiana Resine, Milano/Italien
SOAB	Svenska Oljegslageri Aktiebolaget, Mölndal 1 / Schweden, P.O. Box 55
Solvay	Deutsche Solvay-Werke GmbH., 4 Düsseldorf 1, Postfach 2728
Struyck N.V.	Struyck N.V., Zutphen/Holland, Hoornwerk 45
Styrene Co-Polymers	Styrene Co-Polymers, Ltd. Earl Road, Cheadle Hulme, Cheadle, Cheshire, England
Synres	Synres Nederland N.V., HOEK van HOLLAND, Slachthuisweg 30
Synthese	Synthese Kunstharzgesellschaft m.b.H., 419 Kleve, Postfach 470
Synthopol	Synthopol Chemie, Dr. rer. pol. Koch & Co., 215 Buxtehude, Alter Postweg 85
UCB	Union Chimique-Chemische Bedrijven 33, Rue d'Anderlecht, Drogenbos, Brüssel/Belgien
Unilever	Unilever-Emery N.V., Gouda/Holland, P.O. Box 2
VEB Zwickau	VEB Lackkunstharz- und Lackfabrik Zwickau — VVB Lacke und Farben —, 95 Zwickau 2, Schließfach 808
Vianova	Vianova Kunstharz AG, Johannesgasse 14, A-1010 Wien/Österreich
Vinyl Products	Vinyl Products Ltd., Carshalton, Surrey, England

VfT	Verkaufsvereinigung für Teererzeugnisse AG, 43 Essen, Postfach 1793
Wacker	Wacker-Chemie GmbH., 8 München 22, Postfach
Wasag	WASAG Collodiumwolle-Verkaufsabteilung, Nitrochemie GmbH., 8261 Aschau/b. Kraiburg a. Inn
Wolf	Victor Wolf KG, 6497 Steinau Krs. Schlüchtern
Wolff, Walsrode	Wolff & Co. AG, 303 Walsrode, Postfach
Worlée	Worlée-Chemie, Kunstharzfabrik, 2 Hamburg 39, Bellevue 7

Abkürzungen und Anschriften der Hersteller (USA)

Alkydol	Alkydol Laboratories Div., Reichhold Chemicals, Inc., 3242 South Fiftieth Ave., Cicero 50, Illinois
Allied	Allied Chemical Corporation, Plastics and Coal Chemicals Divisions, 40 Rector Street, New York 6, New York
ADM	siehe „Ashland"
Am. Cyanamid	American Cyanamid Company, Plastics and Resins Division, P. O. Box 435, Wallingford, Conn
Amoco	Amoco Chemicals Corporation, 130 East Randolph Drive, Chicago, Illinois
Ashland	Ashland Chemical Company, Resin and Plastics Division, 8 East Long Street, Columbus, Ohio 43216
Bakelite	siehe UCC
Calvert M. W.	Baltimore Paint & Chemical Corp., 2325 Hollins Ferry Rd., Baltimore 30, Maryland
Cargill	Cargill Inc., Cargill Building, Minneapolis, Minn.
Celanese	Celanese Resins, Division of Celanese Coatings Company, P. O. Box 8248, Louisville, Kentucky 40208
Ciba	Ciba Products Company, Division of Ciba Corporation, 556 Morris Avenue, Summit, New Jersey
Crosby	Crosby Chemicals, Inc., DeRidder, Louisiana
DOW	DOW Chemical Company, P. O. Box 467, Midland, Michigan 48640
DuPont	E. I. DuPont de Nemours & Comp., (1) Explosives Department, (2) Elektrochemicals Departmant, Wilmington, Delaware 19898
Eastman	Eastman Chemical Products, Inc., Subsidary of Eastman Kodak Co., Kingsport, Tennessee 37662
Enjay	Enjay Chemical Company, 60 West 49th Street, New York 20, New York
Farnow	Farnow, Inc., 77 Jacobus Avenue, South Kearny, N. J. 07032
Filtered	Filtered Rosin Products, Inc., P. O. Box 349, Baxley, Georgia
F.C.D.	France, Campbell & Darling, Inc., Kenilworth, New Jersey 07033
Freeman	Freeman Chemical Corporation, P. O. Box 247, Port Washington, Wisconsin
General Electric	General Electric Comp., Chem. Materials Department, One Plastics Ave., Pittsfield, Mass.
General Mills	General Mills, Inc., Chemical Division, South Kensington Road, Kankakee, Illinois 60901
Goodrich	B. F. Goodrich Chemical Company, 3135 Euclid Ave., Cleveland, Ohio 44115
Goodyear	Goodyear Tire & Rubber-Company, Inc., Chemical Division, 1144 E. Market Street, Akron, Ohio 44316
Hercules	Hercules Powder Company, Inc. Hercules Tower, 910 Market Street, Wilmington, Delaware 19899
Kellogg	Spencer Kellogg Division of Textron Inc., P. O. Box 807, Buffalo, New York 14240

McWhorter	McWorter Chemicals, Co., Div. of Commercial Solvent Corp., Maybrook Square, Maywood, Illinois 60153
Monsanto	Monsanto Company, Plastics Products & Resins Division, 800 N. Lindbergh Blvd, St. Louis, Mi. 63166
Neville	Neville Chemical Company, Neville Island, Pittsburgh, Pennsylvania 15225
Newport	Newport Division, Tenneco Chemicals, Inc., 300 East 42nd Street, New York, N. Y. 10017
Osborn	C. J. Osborn Company, 1301 West Blancke Street, Linden, New Jersey
Picco	Pennsylvania Industrial Chemical Corp., 120 State Street, Clairton, Pennsylvania 15025
RCI	Reichhold Chemicals, Inc., RCI Building, White Plains, New York 10602
Rohm & Haas	Rohm & Haas Company, Indepedance Mall West, Philadelphia, Pennsylvania 19105
UCC	Union Carbide Corporation, Chemicals and Plastics, 270 Park Avenue, New York, New York 10017
Washburn	T. F. Washburn Company, Division of Purex Corporation, Ltd., 2244 Elston Avenue, Chicago, Illinois 60614

Schrifttum

Die folgende Aufstellung bringt, alphabetisch nach Autorennamen geordnet, Hinweise auf Schrifttum allgemeinen oder grundsätzlichen Inhalts. Spezialliteratur ist in den einzelnen Kapiteln erwähnt.

Blom, A. V., Grundlagen der Anstrichwissenschaft. Verlag Birkhäuser, Basel/Stuttgart, 1954.

Ellis, C., The Chemistry of Synthetic Resins. Reinhold Publishing Corp., New York, 1935.

Houwink, R., Physikalische Eigenschaften und Feinbau von Natur- und Kunstharzen. Akadem. Verlagsges., Leipzig, 1934.

—, Chemie und Technologie der Kunststoffe I u. II. Akadem. Verlagsges., Leipzig, 1954/56.

Houwink, R. und *Staverman, A. J.*, Chemie und Technologie der Kunststoffe, Bd. III Ind. Herstellung u. Eigenschaften der Kunststoffe — 4. Aufl. Akadem. Verlagsges., Leipzig, 1963.

Kern, W., Kapitel „Die organische Chemie der Kunststoffe" in *R. Houwink*, Chemie und Technologie der Kunststoffe, 1.c.

Lefaux, R., Chemie u. Toxikologie der Kunststoffe. Krausskopf-Verl., Mainz, 1966.

Mark, H., Marvel, C., Melville, H. W. u. *Whitby, G. S.*, High Polymers. Interscience Publ., London u. New York, 11 Bände, 1940—1956.

Matiello, I. I., Protective and Decorative Coatings, 5 Bände, I. Wiley and Sons, Inc., New York and Chapman and Hall, Ltd., London, 3. und 4. Aufl. 1947.

Meyer, K. H. u. *Mark, H.*, Hochpolymere Chemie I u. II. Akadem. Verlagsges., Leipzig, 1940, 1. Bd., 3. Aufl. 1953.

Reppe, W., Neue Entwicklungen auf dem Gebiet der Chemie des Acetylens und Kohlenoxids. Springer Verl., Berlin-Göttingen-Heidelberg, 1949.

Röhrs, W., Staudinger, H. u. *Vieweg, R.*, Fortschritte der Chemie, Physik und Technik der makromolekularen Stoffe I u. II. J. F. Lehmanns Verlag München, Band I 1939, Bd. II 1942.

Saechtling, H. J. u. *Zebrowski, W.*, Kunststoff-Taschenbuch. Carl Hanser Verlag, München, 17. Aufl. 1967.

Scheiber, J. u. *Sändig, K.*, Die künstlichen Harze. Wissensch. Verlagsges., Stuttgart, 1929.

Scheiber, J., Chemie u. Technologie der künstlichen Harze, Wissensch. Verlagsges. Stuttgart, 1943.

Scheiber, J., Chemie u. Technologie der künstlichen Harze, Bd. I, Die Polymerisatharze, Wissensch. Verlagsges., 2. Auflage, Stuttgart, 1961.

Schulz, G., Die Kunststoffe, 2. Aufl., Carl Hanser Verlag, München, 1964.
Staudinger, H., Die hochmolekularen organ. Verbindungen, Kautschuk u. Cellulose. Springer Verlag, Berlin-Göttingen-Heidelberg, 1960.
Staudinger, H., Über die makromolekulare Chemie, H. Speyer-Verl., Freiburg/Br., 1954.
Stuart, H. A., Die Physik der Hochpolymeren I—IV, Springer Verlag, Berlin-Göttingen-Leipzig, 1957.
Vieweg, R., Kunststoff-Handbuch, Carl Hanser Verlag, München, 1963—70.

I	Grundfragen des Aufbaues, der Verarbeitung u. der Prüfung	
II	Polyvinylchlorid	1963
III	Abgewandelte Naturstoffe	1965
IV	Polyolefine	1969
V	Polystyrole	
VI	Polyamide	1966
VII	Polyurethane	1966
VIII	Polyester	
IX	Polymethacrylate	
X	Duroplaste	1968
XI	Polyacetale, Epoxidharze, fluorhaltige Polymerisate, Silicone usw.	
XII	Registerband	

Weinmann, K., Beschichten mit Lacken und Kunststoffen, Verlag W. A. Colomb, Stuttgart, 1967.

Patentverzeichnis

Amerikanische Patente

	Seite		Seite		Seite
178 165	263	2 347 923	144	2 745 847	176
563 786	35	2 375 618	266	2 766 294	27
1 098 728	99	2 393 610	176	2 774 799	220
1 098 776	86	2 398 668	263	2 801 227	177
	99	2 398 669	263	2 835 459	123
1 098 777	86	2 398 670	263	2 852 475	123
	99	2 401 897	220	2 852 476	123
1 614 171	52	2 407 248	265	2 867 609	273
1 682 397	247	2 416 903	245	2 884 394	126
1 684 868	244	2 416 904	245	2 884 404	126
1 803 174	86	2 416 905	245	2 914 579	81
1 853 565	244	2 444 333	182	2 915 488	101
1 978 598	146	2 456 408	191	2 916 465	257
1 985 201	247	2 467 171	176	2 918 410	72
1 993 025	146	2 468 982	29	2 918 411	72
1 993 037	146	2 471 396	123	2 918 442	58
2 049 447	56	2 475 587	43	2 918 452	72
2 070 694	245	2 516 309	130	2 939 851	160
2 077 009	245	2 527 577	145	2 945 008	97
2 092 998	245	2 527 578	145	2 954 427	27
2 092 999	245	2 543 635	135	2 963 464	275
2 104 081	247	2 547 497	274	2 981 703	47
2 139 722	245	2 547 498	274	2 982 746	120
2 152 533	245	2 551 573	220	3 025 251	74
2 153 511	105	2 582 985	178	3 037 966	273
2 155 036	265	2 584 773	138	3 043 714	85
2 156 126	246	2 586 092	123	3 053 793	81
2 160 537	246	2 610 910	58	3 054 763	121
2 169 577	117	2 615 008	178	3 106 550	144
2 171 882	66	2 623 891	50	3 179 614	273
2 177 530	265	2 634 245	123	3 179 630	273
2 183 830	245	2 634 251	133	3 179 635	273
2 195 362	130	2 650 213	90	3 247 012	198
2 197 710	246	2 651 589	183	3 261 881	233
2 197 711	246	2 662 069	133	3 318 971	233
2 209 322	245	2 662 070	133	3 338 743	116
2 210 395	245	2 663 649	151	3 417 161	233
2 234 708	245	2 683 130	179		
2 255 313	130	2 686 739	115		
2 272 057	123	2 686 740	115		
2 279 387	123	2 708 192	58		
2 282 827	173	2 722 520	275		
2 308 474	123	2 727 926	27		

Deutsche Bundes-Patente Anmeldungen

	Seite
A 681,22 h,3	73
F 19 012	162
F 37 161	160
G 20 334 IV c/12 r	246
G 21 828 IV b/39 b	245
p 34 109 D	47
DAS 1 011 551	138
	140
DAS 1 019 421	139
DAS 1 022 005	43
DAS 1 024 654	139
DAS 1 025 302	140
DAS 1 026 071	50
DAS 1 032 919	133
DAS 1 033 291	115
DAS 1 038 679	116
DAS 1 052 683	115
DAS 1 054 620	140
DAS 1 058 493	91
DAS 1 073 666	115
	116
DAS 1 074 178	148
DAS 1 086 432	43
DAS 1 093 549	141
DAS 1 110 861	186
DAS 1 113 774	47
DAS 1 113 775	47
DAS 1 117 801	168
DAS 1 134 830	85
DAS 1 142 366	29
DAS 1 159 642	117
DAS 1 209 686	117
DAS 1 233 605	121
DAS 1 250 036	124
DBP 1 123 104	275
DBP 1 123 477	241
DBP 1 210 964	275
DBP 1 232 681	241
DBP 1 232 682	241
DBP 1 261 261	274

Deutsche Bundes-Patente

808 599	115
826 974	85
836 981	117
848 956	245
855 548	118
860 274	81
863 411	186
863 417	89
870 022	85
870 400	159
875 724	81
892 975	85
899 356	244
	245
902 974	245
907 348	85
910 221	160
910 335	188
910 727	188
912 752	122
914 433	81
916 121	135
918 835	82
919 431	135
925 497	161
926 810	246
931 226	275
931 729	188
943 715	47
948 816	137
952 940	160
953 012	161
953 117	138
959 949	275
960 285	245
961 645	58
962 009	140
965 596	58
967 265	130
968 566	160
975 321	118
975 352	120
1 008 435	132
	138
1 013 420	58
1 013 869	160
1 020 183	135
1 022 381	122
1 026 522	138
1 028 333	138
1 034 361	135
1 042 568	92
1 047 429	115
1 048 905	91
1 049 575	173
1 067 549	90
	115
	116
1 076 859	119
1 076 860	119
1 087 348	139
	140
1 101 394	162
1 106 766	160
1 125 652	160
1 129 698	246
1 130 168	245
1 157 238	245
1 178 586	172
1 179 363	172
1 184 946	172
1 187 012	172
1 239 045	116

DDR-Patente

25 337	192
31 574	116

Deutsche Reichs-Patente Anmeldungen

J 74 093	159
	162
p 27 847 D	50

Deutsche Reichs-Patente

17 277	25
32 083	263
38 467	263
75 119	263
85 588	35
233 803	25
237 790	25
254 441	51
269 659	51
270 973	244
271 381	195
281 454	25
281 687	195
281 688	195
281 939	51
289 968	51
302 543	246
325 575	245
337 993	83
340 989	56
349 741	80
357 091	83
357 758	46
359 676	78
364 040	46
379 822	91
386 733	46
391 539	46
396 106	59
400 030	244

Patentverzeichnis

	Seite		Seite		Seite
402 996	85	722 869	245	808 102	115
402 543	59	728 981	155	821 988	139
420 465	245	734 408	150		140
439 962	46	738 354	173	842 958	138
440 003	52	742 429	244	845 861	126
446 707	245	742 519	173	887 394	140
449 276	46	744 578	145	921 622	126
468 391	56	748 253	149	942 465	97
474 787	52	748 829	73	949 191	141
492 592	52	749 512	174	973 377	117
494 709	56	756 058	155		273
497 413	246		161		273
499 825	246		162	988 828	117
504 215	245	767 036	55	995 333	124
511 092	83	870 400	161	1 026 032	117
526 391	80	888 294	79	1 028 887	117
535 078	246				273
540 101	129	**Englische Patente**		1 063 557	116
544 326	129			1 067 541	117
547 517	100	17 378	119	1 093 204	97
	102	24 524	87		
552 624	123	223 636	59	**Französische Patente**	
554 721	123	252 394	86		
561 081	92	259 030	52	539 494	59
563 876	44	302 270	271	592 548	52
	56	328 728	96	644 015	246
	246	334 572	56	676 456	56
564 897	266	374 876	90	711 788	66
565 413	44	407 038	255	711 924	144
	56	414 665	113	748 791	113
571 039	56	417 912	255	803 428	70
571 665	129	442 136	255	809 732	246
574 963	86	442 872	255	852 962	66
584 858	44	459 549	59	859 837	150
587 576	46	459 788	67	875 401	150
596 409	49	461 352	70	889 799	50
598 732	129	462 613	255	915 080	130
601 262	56	474 465	59	976 619	82
605 917	50	484 200	66	982 677	150
613 725	56	497 117	130	1 083 791	71
635 926	128	498 043	66	1 114 722	188
642 767	49	540 168	138	1 141 459	115
642 886	61	573 809	120	1 267 187	98
645 112	61	573 835	120	1 269 628	98
651 189	245	578 867	138	1 283 378	273
675 564	256	579 698	176	1 456 701	116
676 117	174	580 912	120	1 457 068	123
676 485	143	653 501	50	1 462 113	115
684 225	50	665 195	47	1 477 147	235
698 054	44	693 747	187	1 478 134	117
702 503	70	713 312	137	1 480 548	235
705 399	256	760 698	43	1 485 140	235
706 912	256	760 699	43	1 487 393	235
708 440	70	764 053	275	1 488 727	235
713 546	85	792 623	59	1 504 895	235

Italienische Patente

	Seite
373 330	144
392 021	150

Österreichische Patente

158 641	70
176 621	79
180 407	47
229 037	98

Schweizer Patente

	Seite
211 116	174
215 593	76
215 594	76
448 525	124

Belgische Patente

449 369	150
520 976	187
589 179	273

	Seite
621 473	129
628 488	129
653 223	172
658 026	172

Holländische Patente

6 404 540	235
6 710 401	235

Australische Patente

209 629	115

Autorenverzeichnis

Abd El-Mohsen, F. F.   103, 107
Abramo, S. V.   273
Adams, M. L.   298
Adams, R. E.   68, 73
Adams, R. G.   241
Aggarwal, J. S.   124
Albert, K.   51, 52, 66
Alder, K.   93, 128
Aldrick, J. C.   309
Alexander, J.   60
Allan, G. A.   100, 106
Allan, L. H.   141
Allen, I.   56
Allirot, R.   258
Allsebrook, W. E.   120, 148, 193
Allyn, G.   233
Alvarez, A. Ch.   297
Amborski, L. E.   273
Amfiteatrowa, T. A.   152
Anderson, D. V.   127
Anger, V.   294, 301, 311
Applegath, D. D.   232
Arendt, J.   298
Armitage, F.   123
Arlt, H. G.   103, 104
Arsem, W. C.   99
Asche, W.   108
Atherton, C. I.   108, 109
Audikowski, T.   119
Auerbach, D.   190
Auwers, K. v.   36, 37

Bacon, R.   143
Baekeland, L. H.   25
Baer, J.   271
Baeyer, A. v.   25, 80
Baker, R.   102
Baldwin, W. S.   185
Balgley, E.   95
Baltes, J.   105, 120, 128, 173
Bandel, G.   281, 288, 311
Bank, H.   299, 300
Barker, C.   156

Barnett, G.   26
Basel, A.   198
Batzer, H.   90, 176
Baum, F.   37
Bayer, O.   153, 154, 155, 159
Beck, F.   128, 235
Becker, E.   269
Becker, H. J.   65
Behnke, E.   134
Behrend, L.   51
Bemmelen, J. M. van   86
Bender, H. L.   43
Beranova, D.   43
Berchet, G. J.   148
Berend, L.   25
Berger, K.   103, 124
Berger, S. E.   91, 100, 138, 139
Berger, W.   154, 157, 167
Berkman, J. P.   291
Berlin, A. A.   136
Berl-Lunge   18
Bernardo, J. J.   89, 99, 104
Berndtsson, B.   136
Bernhauer, K.   83
Berr, E. C.   273
Berry, D. A.   89, 93, 101
Berry, J.   112
Berry, J. R.   152
Berryman, D. W.   98, 104
Berthelot, M. M.   86
Berzelius, J.   86
Bétant, G.   120, 121
Beyer, O.   20
Beyer, W.   129
Beyersdorfer, P.   14
Bianchi, C.   267
Bieneman, R. A.   124, 128
Bier, G.   212
Birkenhead, T. F.   260
Bischoff, C. A.   69
Bittle, H. G.   231
Bjorsten, J.   130, 134
Blackinton, R. J.   102
Blaga, A.   105

Blais, I. F.   62
Bleisch, G.   311
Blom, A. V.   62, 316
Blumer, L.   25
Bobalek, E. G.   104
Bock, L. H.   269
Bock, R.   226
Böhm-Kasper, K. H.   198
Boenig, H. V.   130, 132, 135, 136
Böttcher, M.   115, 121, 151, 152, 189, 241
Böttger, H.   115
Bogatyrew, P. M.   104, 118, 119, 291
Bohdanecký, M.   131
Bois, W. P.   257
Bolton, B. A.   124
Bosshard, G.   104, 110
Boulger, E. W.   105
Boundy, R. H.   238
Bourry, J.   86, 130
Bower, G. M.   272
Boyer, R. F.   238
Bradley, T. F.   117
Bramer, P. T. v.   94, 97
Braun, D.   132, 210, 288, 299, 300, 307
Braun, J. v.   29
Brause, W.   244, 246, 247
Brett, R. A.   75, 98, 104, 124
Bring, A.   302
Brintzinger, H.   47
Brocker, W.   136
Brockhausen, K.   140
Brockmann, W.   174
Broich, F.   90
Brookmann, K.   226, 306
Brüggel, W.   65
Bruggeman, C. E.   124, 127
Bruin, P.   98, 114, 175, 183, 191
Bruins, P. F.   89, 99, 104, 174

Buck, A. I.   25
Büscher, F. J.   298
Bulifant, T. A.   246
Bult, R.   69, 104
Bunker, E. B.   47, 74
Burchfield, H. P.   309
Burkel, R.   114
Burlant, W.   198
Burrel, H.   20
Buser, K.   189
Busker, D.   181
Byrne, L. F.   100

Cadwell, L. E.   232
Caldwell, W. A.   267
Campbell, T. W.   180
Carlston, E. F.   110, 114
Carmody, W.   245
Carothers, W. H.   87, 89, 98, 147, 148
Carswell, T. S.   26
Castan, P.   174
Chandler, R. H.   115, 141
Chatfield, H. W.   100, 107, 109, 117, 140
Cherdron, H.   226
Chowdhury, D. K.   109
Christensen, G.   98, 102
Christenson, R. M.   231
Chwala, A.   65
Clark, H.   241
Clifton, B. V.   130
Coleman, L. J.   226
Conaway, R. F.   268
Cornish, J. W.   233
Costanza, I. R.   233
Coveney, L. W.   66
Cowan, J. C.   274
Cramer, F.   63, 311
Crawford, R. V.   186
Creasy, I. I.   267
Crowley, J. D.   268
Csillag, L.   190
Cummings, L. O.   106
Cyriax, B.   13

Damen, L.   136
Damm, K.   250, 252
Damusis, A.   156
Dantlo, G.   51
DeJarlais, W. J.   274
De la Court, F. H.   297
Delius, H.   167
Demmler, K.   130, 131, 133, 136
Denninger, W.   141

Depke, F. M.   156, 158
Dexheimer, H.   16
Dianin, A.   29
Dianni, J. D.   258
Dieckmann, S. F.   276
Diels, O.   146
Dittmer, O.   244
Dolgoplsk, B. A.   135
Dombrow, B. A.   154
Dooper, J. R.   290
Dorman, E. N.   181
Dorough, G. L.   89
Dunn, R. J.   294
Dunnavent, W. R.   272, 273
Dupuis, A.   191
Durbetaki, A. J.   302
Dyck, M.   99, 102, 120
Dysseleer, E.   210

Earhart, K. A.   94, 101, 104, 105
Edwards, D. L.   94, 97
Edwards, W. M.   273
Eegriwe, E.   287
Ehlers, J. F.   42, 65
Eick, G.   109
Eigenberger, A.   118
Eigenberger, E.   117
Einhorn, A.   62, 64, 69, 147
Eistert, B.   34
Ekekrantz, T.   83
Elbing, I. N.   151
Ellis, C.   14, 316
Elving, P. J.   291
Endrey, A. L.   273
Engelhardt, F.   72
Ennor, K. S.   265
Ernst, L.   285
Esposito, G. G.   281, 292, 294, 296, 297, 300, 301, 308
Euler, H. v.   25, 33, 39

Fahrenhorst, H.   63, 65
Farkas, A.   180
Farnham, A. G.   43
Feigl, F.   291, 293, 294, 301, 309, 311
Feinauer, R.   131
Feuer, S. S.   133
Feuerberg, H.   311
Fiebach, K.   189
Figaret, J.   175
Fijolka, P.   133, 298

Fikentscher, H.   18, 205
Fikentscher, J. H.   222
Findly, Th. W.   175
Finn, S. R.   35, 65
Finney, D. C.   94, 97
Finus, F.   135
Fisch, W.   175, 191
Fischer, E.   226
Fischer, K.   291
Fleiter, L.   114
Flory, P. J.   14, 87, 98
Floyd, D. E.   150, 184
Focsaneanu, A. O.   91
Foerst, W.   265
Förster, W.   175
Fonrobert, E.   25, 49, 50, 55, 68, 144
Fordham, S.   254
Fordyce, C. R.   268
Forschirm, A.   109
Foster, H.   232
Francis, D. J.   35
Frangen, K.-H.   65, 126, 127
Franz, J.   291
Frazier, C.   232
Fredenhagen, M.   78
Freier, H. J.   152
Frey, K.   79
Frey, S.   212
Friedrich, K.   152
Frisch, K. C.   153, 154
Fritz, F.   255
Frost, L. W.   272
Frunse, N. F.   136
Fry, E. S. J.   47, 74
Fuchs, O.   16, 19, 20, 287
Funke, W.   17, 130, 131, 133, 135, 299

Gäth, R.   14, 200
Garn, P. D.   298
Gast, L. E.   274
Gatschowskij, V. F.   136
Gearhart, W. M.   268
Gebhardt, W.   133, 137
Gehring, H.   142
Geilenkirchen, W.   121, 122, 142
Gemmer, E.   151, 190, 207, 210
Genas, M.   150
Geoghegan, J. T.   103, 104
Gerhart, H. J.   231
Ghanem, N. A.   103, 107
Gibbs, H. D.   289
Gibello, H.   144

Gibson, J. 212
Giesen, M. 111
Gilch, H. 130, 131
Gilkes, K. B. 105, 108
Giller, A. 58
Giua, M. 70
Glaser, D. W. 102
Gloyer, S. W. 127
Glück, A. 78
Götze, W. 151, 152, 156, 183
Golding, B. 253
Goldsmith, H. A. 104
Goodman, I. 88, 91, 116
Goppel, J. M. 98
Gordijenko, A. 287
Gordon, M. 136
Grad, P. P. 294
Graetz, H. J. 68, 74, 112
Grafstrom, L. 95, 101
Greth, A. 24, 25, 37, 41, 45, 48, 49, 50, 52, 54, 60
Griebel, R. D. 75
Griffel, F. 65
Grimsshaw, F. P. 77
Grommers, E. P. 221
Gruber, H. 154, 168
Gündel, C. 250
Guichon, G. 290
Gulinsky, E. 100, 105, 109

Hafner, K. H. 226
Hagen, H. 129
Haines, M. J. 140
Hájek, K. 111
Halbrook, N. J. 143
Halline, E. W. 298
Haman, K. 14, 86, 93, 94, 104, 105, 110, 120, 121, 130, 131, 133, 135, 136, 137, 273, 299
Hamburger, A. 62, 69
Hammarsten, J. 83
Hamprecht, G. 71
Hanna, J. G. 299
Hansch, F. 117
Hanus, F. 65
Hardmann, D. E. 206
Harker, B. 130
Harkins, W. D. 205
Harris, G. C. 265
Harris, S. T. 94
Hart, D. P. 231
Hartmann, E. 35

Haslam, J. 281, 288, 294, 311
Hassel, M. 107
Hauck, K. H. 25, 47, 140, 141, 142
Hauschild, R. 120, 121
Havenith, L. 154, 156, 157, 163
Hays, D. R. 235
Heavers, J. 122
Hebermehl, R. 154, 157, 163, 168, 259, 269
Hechelhammer, W. 147
Hecker-Over, F. 140
Heether, M. R. 298
Heilmann, M. 128
Heinrich, R. L. 101
Heinze, H.-O. 244, 245
Heiss, L. 303, 304, 305, 306
Hellens, F. 47, 74
Helme, J. P. 104, 110
Hempel, R. 120
Henning, J. 130
Hensley, W. L. 74, 75
Herbert, P. A. 260
Herlinger, H. 26
Hermann, F. J. 50
Herrmann, E. 141
Herrmann, W. 137
Herry, F. 111
Herzberg, S. 98
Hesse, W. 43
Hiles, C. R. 253
Hilt, A. 235
Hilton, C. L. 290
Hinsch, J. 198
Hires, P. 104
Hock, H. 27
Hock, K. 69
Hockenberger, L. 271
Hodgins, T. S. 143
Höchtlen, A. 155
Hoehne, K. 258, 261
Hölscher, F. 205, 206
Hönel, H. 25, 44, 45, 47, 56, 246
Hoffmann, A. S. 198
Hoffmann, K. 226
Hoffmann, M. 311
Hoffmann, W. 175, 191
Holfort, H. 99, 102
Holfort, U. 99, 102
Hontschik, J. 37
Hopff, H. 149
Hopwood, J. J. 122, 124

Horn, H. 299
Horn, O. 212
Houston 260
Houwink, R. 13, 15, 24, 25, 88, 146, 149, 196, 316
Hovey, A. G. 143
Howell, K. B. 99
Howell, S. G. 210
Hug, E. 78
Hultzsch, K. 22, 24, 25, 33, 35, 36, 37, 38, 39, 40, 41, 43, 44, 45, 49, 50, 52, 53, 57, 59, 60, 61, 72, 146
Hummel, D. 277, 288, 296, 303, 304, 308, 311
Hunt, T. 105, 108
Hurwitz, M. D. 65
Hutchins, J. E. 125

Ikert, B. 247
Illmann, J. C. 221
Ingberman, A. K. 183
Isaguljani, W. I. 28
Ivanfi, J. 99, 102
Izard, E. F. 90

Jacivic, M. S. 40
Jacobi, B. 205
Jahn, H. 174
James, I. W. 35
Janssen, H. 131, 133
Jarušek, J. 151
Jasching, W. 215
Jenckel, E. 202
Jenkins, F. V. 132, 137, 140
Johannsen, R. 20
Johnsen, L. 261
Johnston, C. W. 98
de Jong, J. I. 62
de Jong, J. R. 114
de Jonge, J. 62
Josephs, M. 93, 101
Josten, F. 85
Juchnowski, G. L. 103
Juventus 109

Kadlecek, F. 302
Kadowaki, H. 62, 64, 66
Kämmerer, H. 35, 45, 311
Kaesmacher, H. 61
Kahrs, K.-H. 212
Kainer, F. 213, 225
Kaiser, R. 311

Kane, A. J.   91, 100
Kapko, J.   69
Kaplan, M.   162
Kappelmeier, C. P. A.   128, 290, 295, 296, 297, 311
Kaprielyan, M. K.   104
Karsten, E.   111
Katz, M.   244
Katzelmann, E.   92
Kaufmann, H. P.   298
Kaul, O. W.   68
Kayler, R.   298
Keeman, H. W.   152
Kelly, H.   245
Kerkow, A.   224
Kern, W.   15, 24, 29, 135, 204, 311, 316
Kertess, A. F.   108, 109
Kesse, I.   68, 73
Kienle, R. H.   22, 86, 87, 98, 99, 114, 155
Kilb, R. W.   98
Kirk-Othmer   28, 86, 90, 154
Kittel, H.   150, 249, 267
Klatte, F.   195
Kleeberg, W.   42
Kleinert, H.   183
Kleinschmidt, E.   105
Kline, G. M.   311
Knappe, E.   295
Knight, W. H.   206
Knödler, S.   131
Koch, H.   98
Koebner, M.   25, 36, 45
Köhler, R.   72
Kölbel, H.   50
König, W.   19, 119, 256, 257
Kolár, O.   111
Kollek, L.   149
Konrad, M.   69
Korf, C.   127
Korfhage, L.   120, 191
Korschak, W. W.   22
Korshak, V. V.   86, 90, 130
Krämer, G.   243
Kraft, W. M.   95, 100, 101, 102, 105, 109
Kraitzer, J.   117
Kraus, A.   49, 268, 279
Krause, A.   281, 287, 292, 299, 305, 311,
Krauß, W.   169, 249, 250, 251, 252, 253

Krcil, F.   14
Kreinhöfer, R.   226
Krejcar, E.   111
Krekeler, K.   213
Kreskov, A. P.   298
Krimm, H.   29
Kronstein, A.   119
Kropf, H.   26, 27
Kruber, O.   245
Kubens, R.   190, 252
Kubičinskaja, T. V.   302
Kuchenbuch, J.   92, 93, 94, 130
Kühn, E.   312
Küster, K. H.   133
Kuhn, W.   14
Kupfer, W.   281, 288, 311
Kuriakose, A. K.   43

Lacroix, H. G.   104
Lady, J. H.   68, 73
Läbisch, L.   103
Laffery, R.   212
Laker, B.   311
Lamb, F.   130
Landig, J. F.   101
Lange, A.   281, 287, 299, 311
Langton, H. M.   245
Laue, E. W.   129
Lawrence, J. R.   130
Lawrence, R. V.   143
Lawrence, W.   107
Lebach, H.   25
Lederer, L.   35
Ledwoch, K. D.   72, 311
Lee, D. F.   256
Lee, H.   174, 181
Lefaux, R.   276, 316
Lendle, A.   79
Lengsfeld, W.   65, 66, 73
Lenz, H.   35
Lenz, J.   299
Leuchs, O.   179
Levenson, H.   293
Levinson, S. B.   114
Levkovič, G. A.   302
Lewin, A.   26
Lichthardt, U.   298
Liesegang, H.   141
Lilly, H. S.   291
Lindner, O.   26
Lissner, O.   176, 181, 183
Littmann, E. R.   144, 145, 146
Loible, J.   191

Lonerni, D. F.   273
Long, J. S.   102
Lowe, A.   156
Lowe, J. W.   268
Lucchesi, C. A.   312
Lüttgen, G.   95
Lützkendorf, W.   250
Lum, F. G.   110, 114
Lynas-Gray, J. I.   104

Maas, W. B.   185
Mack, G. P.   215
Magdanz, H.   124
Mai, E.   300
Malm, C. J.   268
Maltha, P.   136
Manasse, O.   35
Mano, E. B.   307
Manz, A.   68, 167, 186
Mark, H.   14, 196, 199, 316
Marsh, I. W.   258
Martens, C. R.   86, 100, 124
Martin, R.   191
Martin, R. W.   26, 299
Marvel, C. S.   63, 316
Marx, M.   128
Mattiello, I. I.   243, 247, 316
Matting, A.   174
Maurer, K.   148
Mauz, O.   120
Mayer, L. W. A.   268
McCurdy, P. W.   89, 93, 101
McGregor, R. R.   254
McIntosh, A.   221
McKee, R. S.   103
McLean, A.   91, 124
McMaster, L.   78
McSharry, J. J.   210
Meckbach, H.   82, 268
Meer, S. van der   57
Megson, N. J. L.   25, 26, 35
Mell, C. C.   65
Melville, H. W.   316
Memering, L. J.   210
Mennicken, G.   154, 163, 190
Mercurie, A.   233
Metz, H. M.   168
Metzger, L.   150
Meyer, K. H.   14, 196, 316
Michael, T. G. H.   120

Mienes, K. 93
Mikusch, J. D. v. 107, 109, 117, 128
Mildenberg, R. 243, 245
Miller, C. D. 294
Minoru, N. 106
Miranda, T. J. 233
Mleziva, J. 104, 131, 139, 151, 193
Moffett, E. 136
Moir, J. 290
Molines, J. 110
Montorsi, E. 109
Moore, D. T. 93
Morgan, G. T. 25
Morgan, P. 209
Morganstern, K. H. 198
Morgner, J. 116, 240
Morison, P. 125
Morris, C. H. 77
Müller, A. 106, 130, 149
Müller, G. 226, 306
Müller, H. 96
Müller, H. F. 28, 45, 48
Müller, I. 28, 45, 48
Müller, P. 169
Müller, W. 103
Mukherji, B. K. 109
Mullen, T. E. 206
Murdock, I. D. 233
Myatt, C. O. 103, 104
Myron Kin 254

Nan-Loh Yang 136
Naples, F. I. 258
Narracott, E. 191, 193
Natta, F. J. 147
Natta, G. 210
Nawrath, G. 306
Nelson, J. A. 194
Neu, R. 95
Neuberg, G. 51
Neubert, G. 273, 274
Neuhaus, F. 105
Neut, J. H. van der 128
Neville, K. 174, 181
Nichols, P. L. 139
Nielsen, A. 257, 258
Nielsen, E. R. 206
Nielsen, J. 191, 193
Niesen, H. 141, 142
Nieuwenhuis, W. H. M. 232
Nijveld, A. W. 257, 258
Ninagawa, E. 294
Nitsche, R. 287, 312

Nixdorf, G. 307
Noll, W. 250, 251, 252, 254
Nollen, K. 133
North, A. G. 124, 152
Novak, J. 215
Nowak, P. 180

Ohlinger, H. 238
Olivier, K. L. 273
O'Neill, L. A. 124, 125, 128
Oosterhof, H. A. 98, 101, 114, 221, 232
Orsini, L. 163, 258
Orth, H. 153
Oschatz, F. 68
Oschmann, B. F. 54
Osmond, J. 291
Oster, G. 136
Ostromisslensky, J. 196
Ostromow, H. 299

Pallaghy, C. 122
Panidi, E. W. 28
Paquin, A. M. 174, 175, 176, 178, 180, 181
Parker, E. 136
Parker, E. F. 266
Parker, H. E. 258, 260
Parkmann, L. B. 222
Parkyn, B. 130
Parol, J. 80
Paschke, R. F. 93
Patat, F. 15
Patheiger, M. 141
Patrick, J. C. 271
Patrick, W. H. 122
Patton, T. C. 86, 89, 98, 102, 168
Pavlini, C. 212
Pedain, J. 169
Peerman, D. E. 184
Peilstöcker, G. 147
Penczek, P. 138
Percival, D. F. 290
Peteri, D. 295
Petersen, H. 62
Petersen, S. 161, 162
Petropoulos, J. C. 121, 232
Peukert, H. 15
Pfister, F. 257
Pflüger, E. 154, 167
Phillips, T. L. 140
Pigott, E. E. 233

Piria, R. 35
Plath, L. 294
Pleßke, K. 233
Pönitz, W. 110
Pohlemann, H. 128
Poisson, R. 111, 297
Polaine, S. A. 79
Poldervaert, J. L. 257, 258
Popowa, J. A. 298
Post, H. W. 254
Poswick, J. 191
Potnis, S. P. 117
Potter, F. M. 28
Powarda, T. M. 95, 101, 109
Powell, G. M. 206
Powers, P. O. 52
Priest, G. W. 107
Pritchett, E. G. K. 26
Prot, T. 80
Pschorr, F. E. 181
Pummerer, R. 149

Quarles, R. W. 206
Quist, W. 28

Racciu, G. 70
Randerath, K. 311
Ranger, J. O. 175, 193
Rath, H. 303, 304, 305, 306
Rauch-Puntigam, H. 229
Rauh, C. 61
Reader, C. E. L. 221
Redfarn, C. A. 258
Reese, J. 35, 256, 257
Reichert, K. H. 133
Reichherzer, R. 65
Reinfelder, F. 69
Reinhard, H. 224
Reinsch, H. H. 151
Reiser, W. 298
Remond, J. 100
Renfrew, A. 209
Rennie, W. M. O. 56
Reppe, W. 93, 94, 196, 227, 316
Reuther, H. 253
Reynolds, W. W. 75
Rheineck, A. E. 106, 109
Richarts, R. E. 37
Rick, A. 247
Riese, W. A. 75, 91, 124, 130, 136, 141, 170, 181, 208, 216, 235
Rinse, J. 146

Ritschie, P. D.   25
Ritter   245
Rivkin, J. R.   246
Roberts, G.   101
Roberts, G. T.   95, 101
Robertson, W. G. P.   134
Robinson, P. V.   233
Robitschek, P.   26
Roch, J.   250
Rochow, E. G.   254
Röhrs, W.   14, 25, 316
Roelen, Otto   138
Roholt, D. M.   114
Rombrecht, H. M.   273, 274
Ropte, E.   130, 136
Rosenbloom, H.   226
Roth, H.   131, 133
Rudd, A. W.   301
Rüttiger, W.   62
Rust, J. B.   263
Ruzicka, I.   143

Sacco, L. J.   257
Sadowski, F.   312
Saechtling, H.   14, 292, 299, 305, 311, 316
Sändig, K.   13, 316
Salo, M.   68
Salzgeber, R.   174
Samsel, E. P.   309
Sande, M. van   93, 101, 110
Sandermann, W.   108, 142, 143, 263, 264, 265
Sarx, H. F.   172, 226
Sastry, G. M.   124
Saumweber, W.   68
Saunders, I. H.   153, 154
Saunders, S. M. L.   66
Saure, M.   180
Scalan, J.   256
Schaal, E.   263
Schäff, R.   212
Schaufelberger, R. H.   194
Scheele, W.   78, 148
Scheiber, H. K.   220
Scheiber, J.   13, *14*, 15, *26*, 28, 30, 54, 60, 62, 83, 86, 90, 107, 111, 121, 134, 139, 196, 245, 246, 252, 316
Schenk, H. J.   287, 298
Scheuermann, H.   62, 68
Scheufler, W.   73, 76
Schidrowitz, P.   258
Schiemann, G.   35

Schildknecht, C. E.   14, 239
Schkolman, J. J.   298
Schlack, P.   149, 174
Schlenker, F.   96, 117, 118, 119, 188
Schmidt, F.   117, 118
Schmidt, K.   115, 117, 273, 274
Schmidt, P.   173
Schmidt, R.   175
Schmidt, S. P.   98
Schneider, E.   84, 256
Schneider, P.   311
Schneider, R.   103
Schnell, H.   28, 147
Schöllner, R.   103
Schöniger, W.   281
Schönpflug, E.   306
Scholl   296
Schrade, J.   174
Schröder, E.   297
Schulte, E.   14
Schulz, G.   15, 317
Schulz, G. V.   14
Schulz, R. C.   204
Schumann, G.   124
Schuter, L. M.   291
Schwartz, E.   147
Schwarz, A.   209
Schwarz, R.   250
Schwarzer, G. G.   241
Schwarzmann, M.   71
Schwegmann, B.   152
Schwengers, C.   72
Schweppe, H.   304, 310, 312
Scipio, F. J.   127, 186
Secrest, P. J.   37, 104, 290
Seebach, F.   42
Segall, G. H.   233
Seidler, R.   68, 74, 112
Seifert, E.   122
Sekmakas, K.   233
Serenkow, W. J.   33
Sesa, R. J.   107
Shabab, Y.   133
Shanweiler, F. K.   260
Shechter, L.   121, 175
Sheehan, W.   245, 246
Shepherd, D. J.   134
Sherwood, P. W.   26, 27, 91, 92, 94, 95
Shono, T.   38
Shreve, N.   253
Shreve, O. D.   294, 298
Siefgen, W.   157
Siggia, S.   299

Skark, W.   212
Skeist, I.   174
Slansky, P.   128
Smirnowa, S. S.   33
Smith, A. R.   233
Smith, C. D.   143
Smith, D. E.   198
Smith, J.   291
Smith, K. L.   206
Smith, W.   86
Snuparek, J.   43
Solomon, D. H.   15
Sommerville, G. R.   185
Sorenson, W. R.   180
Sorkin, M.   295
Spackman, A. D.   151
Spessard, C. J.   206
Spielberger, G.   299
Spilker, A.   243, 244
Spindel, S.   114
Spoor, H.   128, 233
Sprengling, G. R.   34
Sprock, G.   138
Srna, Ch.   135, 136
Sroogt, S. A.   273
Staddon, A. W.   103
Stahl, E.   311
Standen, G. I. S.   35
Stangl, R.   233
Stanton, J. M.   114
Staudinger, H.   14, 62, 65, 196, 245, 311, 316, 317
Staverman, A. J.   316
Steenstrup, P. V.   50
Stenmark, G. A.   291, 303
Stephen, H. G.   118
Stephens, J. R.   75, 91, 125
Stevens, M. P.   290
Stieger, G.   105
Stock, E.   13, 264
Storfer, E.   294
Straschill, M.   312
Strickland, A.   126, 127
Strien, R. E. v.   124
Strohm, P. F.   180
Stromberg, S. E.   124, 128
Stuart, H. A.   15, 196, 202, 317
Stühlen, F.   299
Suhr, M.   16
Sunderlang, E.   98
Svoboda, G. R.   138
Swann, M. H.   281, 290, 292, 294, 296, 297, 298, 300, 301, 308, 309
Swift, G.   188

Autorenverzeichnis

Talen, H. W. 111
Taniewski, N. 69
Tarassow, K. 59
Tasker, L. 127
Tawn, A. R. H. 141, 182, 184
Taylor, J. R. 127, 232
Terrill, R. L. 125
Tess, R. W. 95, 101, 221
Tessari, D. J. 312
Teuber, P. B. W. 92
Tewes, G. 86, 90, 130, 134, 136, 175, 178
Thaler, H. 68
Thelamon, C. 58
Thinius, K. 297, 298, 311
Thirkel, E. R. 96
Thompson, H. W. 37
Thuriaux, L. 103
Tilitschenka, M. N. 85
Timm, Th. 78
Tinjakowa 135
Tjepkema, P. 194
Toeldte, W. 287, 297, 312
Tolberg, W. 184
Toone, G. C. 156
Torricelli, G. 114
Toseland, P. A. 186
Touchin, H. R. 114
Tovey, H. 130
Trace, L. 123
Tremain, A. 47, 74, 91, 152
Trigaux, G. A. 190
Trimborn, W. 140
Trussel, E. H. 122
Tsatsos, W. T. 221
Tschelzowa, M. S. 118
Tschirch, A. 13
Turkington, V. H. 56
Turner, J. H. W. 179
Turner, R. J. 175, 188, 193
Turunen, L. 19, 136
Twittenhoff, H. 140
Tysall, L. A. 193

Udipi, K. 117, 118
Überreiter, K. 202
Unger, P. 312

Vale, C. P. 62
Valk, J. A. M. v. d. 290
Varga, J. 215

Veersen, G. J. van 186
Veersen, V. 127
Vegter, G. C. 98, 101, 221
Verhulst, G. P. I. 190
Vieweg, R. 14, 149, 269, 316, 317
Vinogradova, S. V. 86, 90, 130
Vlachos, A. 46, 62, 65
Vladyka, J. 131
Völker, T. 229
Vogel, H. A. 231
Vollmert, B. 130
Vorendore, G. 299
Voss, J. 269

Wagner, K. 65, 154, 163, 190
Waite, C. S. 235
Walker, J. F. 29
Walter, G. 78
Walter, P. 267
Walton, R. K. 183
Wanscheidt, A. 42
Warshowsky, B. 291
Warson, E. 14
Waters, E. E. 233
Watson, W. F. 256
Weber, J. R. 174
Wechsler, H. 303, 304, 308
Wegler, R. 26, 80, 175
Wehrenalp, E. B. v. 14
Weigel, K. 46, 86, 94, 130, 142, 154, 174, 175, 181, 233, 267
Weihe, A. 70, 267
Weil, D. J. 290, 298
Weinmann, K. 206, 317
Weisbart, H. 130
Weiss, F. T. 291, 303
Weiss, J. 117
Weiß, J. 263, 264
Weißmann, K. 47
Wekua, K. 50, 104
Wells, E. R. 154
Wende, A. 130
Wenger, F. 149
Wenzel, H. 117
West, H. J. 75
Westchester, J. 198, 272
Westrenen, W. J. van 193
Wheeler, D. H. 93
Whitby, G. S. 244, 316
Whitehouse, A. A. K. 26
Wick, G. 213

Widmer, G. 76, 293, 295
Wiech, G. H. 95, 101
Wiegandt, A. 150
Wieger, P. K. 272
Wienhaus, H. 143
Wiff, J. 114
Wilborn, F. 18, 240
Wildschut, A. J. 184
Wilkinson, R. F. 91, 124, 126
Wille, D. 115, 117
Wille, H. 245
Williams, H. B. 28
Willis, H. A. 281, 288, 311
Winter, K. 233
Winterscheidt, H. 298, 303
Wirpsza, Z. 68
Wise, J. K. 143
Wisemann, P. 93, 132
Wittcoff, H. 152, 184, 185
Wittke, W. 142
Wohl, A. 91
Wohnsiedler, H. P. 73, 112
Wolf, H. 299
Wolf, K. A. 206
Wolkober, Z. 215
Wollemann, B. 299
Wolossjuk, W. M. 103
Woodruff, H. C. 257
Wooster, G. S. 156, 162
Wüllenweber, K. H. 94
Würstlin, F. 14, 202
Wurster, C. 90
Wuyts, H. 59
Wynstra, J. 121, 175

Yanovsky, E. 139
Yeddanapalli, L. M. 35, 43
Yeo, W. L. 260

Zahn, H. 299
Zarney, I. L. 258
Zebrowski, W. 316
Zeidler, G. 311
Zeidler, R. 62
Ziegler, E. 36, 37
Zigeuner, G. 36, 62, 65
Zimmer, F. 267
Zimmermann, D. D. 109
Zinke, A. 25, 33, 37, 45
Zonsfeld, J. J. 98, 301
Zuccari, G. C. 292
Zulaica, J. 290
Zuylen, J. van 74
Zwicky, M. 74

Sachverzeichnis

Abalyn 264
Abietinsäure 143, 264
Abietinsäuretyp 264
Aceplast 99
Acetal 225
Acetaldol 83
Acetoncyanhydrin 196
Acetylcellulose 78
Acidolyse 114
Acidolyseverfahren 103
Acoresen 145
Acothanöl 173
Acothan-Alkydharze 173
Acriplex 234
Acronal 236, 237
Acrylate, Polymere 229
Acrylatharze, Fremdvernetzende 231
Acrylatharze, Hydroxylgruppenhaltige 234
Acrylatharze, Selbstvernetzende 231
Acrylatharze, Siliconmodifizierte 233
Acrylatharze, Thermoplastische 235
Acrylatharze, Wärmehärtende 230
Acrylic 234, 235
Acryloid 234, 236
Acrylsäure 145, 195
Adamantan 30
Addition, Substituierende 128
Adipinsäure 93, 96
Adizet 112
Äthoxylinharze 175
Äthylbenzol 197
Äthylcellulose *270*
Äthylen *197*
Äthylenglykol 94
Äthylenoxid 175
2-Äthylhexansäure 93
Afcolac 224, 237
Albertol (Handelsprodukt) 55
Albertole 51
Albertolsäuren *52*
Alcreftal 112
Alcremal 145
Alcrepol 142
Alcresol 237
Alcrevin 224

Aldehyde, Analyt. Nachweis 287
Aldehydharze 82
Aldoladdition 83
Aldurol 142
Alftalat 99, 112, 114, 116, 122
Algoflon 212
Alkalicellulose 270
Alkoholyse 102
Alkydal 112, 122, 127
Alkydal BG 99
Alkydal U 173
Alkyd-Dispersionen 123
Alkydharze 86
Alkydharze, Acrylierte 119, 122
Alkydharze, Analyt. Best. 297
Alkydharze, Herstellung 102
Alkydharze, Metallverstärkte 117
Alkydharze, Styrolisierte 119, 120
Alkydharze, Thixotrope 152
Alkydharze, Wasserlösliche 123
Alkydöle 110
Alkyds, Chain stopped 101
Alkylphenole 28
Alkylphenolharze 25, *44*, 56
Allobec 274
Allophanate 154, 160
Alloprene 260
Allylalkohol 76
Alnovol 46
Alpex 257
Alprodur 212, 261
Alresat 145, 147
Alresen 58, 60
Alsynol 55
Alu-Alftalat 119
Alukone 119
Aluminium-Alkoholate 118
Amberlac 123
Amberol 145
Aminocapronsäure 149
Aminoplaste 61, 68
Ammoniak-Resole 44
Analysengang nach D. Braun 288
Anilinharze 79
Anilinharze, Analyt. Nachweis 291
Araldit 191

Arochem 55, 145
Arofene 58
Aroplaz 99, 112
Aropol 122
Arothane 173
Arothane 190 173
Arothix 112
Atephen A 48
Azelainsäure 93
Azomethyn 78

Bakelite-Dispersion 58
Bakelite-Harze 46, 47, 48, 49, 50, 51, 58, 77, 99
Bakelite-Melaminharze 76, 77
Barret-Skala 247
Baumwollsaatöl 106
Baycryl 234, 235
Baypren 261
Beckacite OA, OB 248
Beckacrylat 123
Beckocoat 172
Beckophen 51
Beckopox 189, 191
Beckopox-Spezialhärter 185
Beckosol 112
Beckurol 69
Bedacral 237
Bedacryl 112, 122, 123, 234
Bedesol 55, 145
Beetle 67, 75
Beetle BE 76
Beilsteinprobe 279
Benzoesäure 27, 93, 101
Benzoguanamin 77
Benzoguanaminharze, Analyt. Nachweis 296
Benzolkohlenwasserstoff-Formaldehyd-Harze 80
Benzylalkohol 35
Benzylcellulose 270
Bergviks Alkyd 112, 114, 122
Bergviks Maleic Resin 145
Bergviks Phenolic Resin 55
Bexrez 242
Bisphenol A 29, 34, 147, 176
Bisphenol F 178
Bisphenol S 272
Biuret 155, 162
Blockpolymerisation 204
BN-Harz 191
Borwimal 224
Bremar 60, 147, 266
Bronzetinkturen 247
Budium-Lack 241
Butadien 240, 255

Butadiendioxid 178
Butarez 240
Butonharze 241
Butyl-Benzoesäure 93
Butylenglykol 94

Cal-nyn 219
Caprinsäure 93
Caprolaktam 149
Capronsäure 93
Caprylsäure 93
Caradate 158, 172
Carbamidsäure 62, 157
Carbolsäure 26
Carbonylgruppe 82
Cardura-Harze 98
Cargill-Polyurethane 173
Catalin/Synco 46, 47, 48, 49
Celipal 142
Cellit 269
Cellobiose 267
Cellulose 267
Cellulose-Acetat 268
Cellulose-Acetobutyrat 68, 268
Celluloseäther 269
Celluloseäther, Analyt. Nachweis 310
Cellulosederivate, Analyt. Nachweis 309
Celluloseester 268
Celluloseester, Analyt. Nachweis 310
Celluloseglykolsäure 269, 270
Cellulose-Propionat 268
C-Enamel 241
Chelatkomplexe 118
Chempol 112, 142
Chinonmethide 39
Chlorbenzol 27
Chlorbutadien 261
Chloriertes Polyäthylen 212
Chlorkautschuk 258
Chlorkautschuk, Analyt. Nachweis 308
Chloropren 261
Chlorparaffine 259
Chlorsilane 250
Chlorsulfoniertes Polyäthylen 211
Chromanderivate 41
Chromanring 57
CKR-Harz 58
Clarodene 248
Clophen 259
Clophenharz W 276
Clortex 260
Coatings 14
Cofar 219
C-Oil 241
Coil-coating 75
Collacral 236

Sachverzeichnis 333

Collacral VL   229
Collodiumwolle   268
Copolymerisationsphase   136
Corephen   48
Coroc   234
Crayvallac   46, 48, 51, 145
Crestanol   55
Crestin   46, 48
Crilat   237
Crotonaldehyd   83
Croturez   242
Crystik   142
Cumaron   243
Cumaronharz-Artenlisten   248
Cumaronharze, Analyt. Nachweis   308
Cumaronharzhaltige Rückstände   244
Cumar Resin   248
Cumol   27
Cumol-Verfahren   27
Cyanamid   78
Cyanamidharze   78
Cyanursäure   71
Cyclokautschuk   256
Cyklosit   257
Cymel   75, 76

Daltolac/Suprasec   172
Dammar   266
Daratak   219
Darex   219
Dehydroabietinsäure   265
Dénigés-Reagens   301
DER-Harz   191
Desavin   259
Desmalkyd   173
Desmocoll   172
Desmodur AP stabil   161
Desmodur/Desmophen   172
Desmodur HL   164
Desmodur IL   160
Desmodur L   159
Desmodur M   162
Desmodur N   163
Desmodur R   159
Desmodur SJ   164
Desmodur T   158
Desmodur VL   158, 170
Desmophen F 950   116
Desmorapid   163
Dextropimarsäure   265
Diäthylenglykol   94
Diäthylentriamin   182
Dialkanolamine   187
Diaminotriazin   77
Dian   29, 54, 147, 176, 177
Dicarbonsäuren, Analyt. Nachweis   298

Dichinonmethid   56
Dicyandiamid   71, 78, 191
Dicyandiamidharze, Analyt. Nachweis   296
Diels-Alder-Reaktion   92, 128, 143
Dien-Addition   92
Diepoxide   178
Diepoxide, Cycloaliphatische   176
Diglycidyläther   177
Diglycidylester   190
Diglykol   94
Diisocyanat-Polyadditionsverfahren   153
Dimerisierte Fettsäuren   93, 151
Dimethylenätherbrücke   33, *36,* 40
Diofan   211
Di-(oxyäthoxy)-diphenylpropan   116
Dioxy-Diphenyl-Alkane   147
Diphen   49
Diphenolsäure   91
Diphenyl   276
Diphenylcarbonat   147
Diphenylmethan-Diisocyanat   170
Dipol-Moment   19
Dispersionen   20, 206, 208
Doppelbindungsdichte   136
Dow Latex   219, 237, 239
Dow Resin 565   94
Duracron   234
Duraplex   112
Durez   242
Durophen   50, 51
Duroxyn   193
Duxalkyd   112, 122
Dymerex-Harze   266
Dynapol   99, 116
Dynoamid   152
Dynofen   55
Dynomin M   76
Dynomin U   67
Dynores   145
Dynotal   112

EE-Kopaledelester   266
Eigenhärtende Produkte   23
Einfriertemperatur   19, 202
Einkomponentenverfahren   156
Einstufenverfahren   102
Elektroisolierlacke   115, 169
Elektronenstrahl-Härtung   198
Elektrotauchlackierung   47, 126, 235
Elotex   224
Elvacet   219
Elvacite   236
Emerez   152
Emulsionspolymerisation   205
EMU-Pulver   240
Entzündungsprobe   283

Epichlorhydrin 98
Epikote 188, 189, 191
Epikure 185
Epok 58, 67, 75, 76, 99, 122, 142
Epok C 248
Epok D-Marken 234
Epon 191
Eporex 191
Eposir 191
Epotuf 191
Epoxid-Äquivalentgewicht 179, 181
Epoxidgruppen 175
Epoxidharze *174*
Epoxidharze, Analyt. Best. 301
Epoxidharze, Aushärtung 180
Epoxidharze, Kennzahlen 179
Epoxidharz-Ester 192
Epoxidharz-Ester, Wasserlösliche 193
Epoxidharz-Phenolharz-Kombinationen 186
Epoxidierte Olefine 175
Epoxidwert 179, 181
Epoxyharze 175
Ercusol 237
Erdnußöl 110
Erkarex 99, 127
Erkazit 263
ERL-Harz 191
Erweichungsintervall 201
Escopol 241
Escorez-Harze 241
Everflex 219

Fadenmoleküle 15, 200
Fällungspolymerisation 205
Fettsäuren, Analyt. Nachweis 298
Fettsäuren, Dimerisierte 100
Filmbildung 207
Fischöle 107
Flammspritzen 151
Fluon 212
Fluorothene 212
Formaldehyd 29, 287
Formaldehyd, Analyt. Nachweis 287
Formaldehyd, Analyt. Best. 292
Formalin 29
Formol 29
Foucry-Teste 301
Fumarsäure 89, *92*, 100, 132, 143
Funktionalität 31, *32*
Furanharze 60
Furanharze, Analyt. Nachweis 291
Fusion process 104

Gabraster 142
Gantrez VC 218
Gebaganharz J 245

Gelkyd 112
Gelva 218, 219
Geon 216, 218, 219, 220
Glastemperatur 19
Gleichgewichtsreaktion 24
Glukose 267
Glycerin 95
Glycidyläther 176
Glycidylester 98
Glyphtaline 112
Glyphtapheen 112
GMI-Harz 152
Goodrich-Verfahren 196
Gorite 266
Graft copolymerisation 199
Grignardsche Synthese 250
Grilamid 152
Grilon 152
Grilonit 191
Gril-tex 152
Gummilacke 169

Härtbarkeit 23
Härter DX 108 191
Härtung 41, 88, 136
H-aktiv-Äquivalentgewicht 181
Harnstoff 63
Harnstoff, Analyt. Nachweis 293
Harnstoff-Formaldehyd-Harze, Analyt. Best. 292
Harnstoffharze, Nicht plastifizierte 66
Harnstoffharze, Plastifizierte 67
Harze 13
Harzester 263
Harz, Gehärtetes 263
Harz, Präpariertes 263
Harzsäure-modifizierte Phenol-Formaldehyd-Harze 51
Harzsäuren 143, 264
Hautverhinderungsmittel 111
Hercolyn 264
Heso-Alkyd 112, 114, 127
Heso-Amin 67, 76
Heso-Resen 145
Heso-Styren 122
HET-Säure 91, 100
Hexachlorcyclopentadien 91
Hexahydrophthalsäure 91, 100
Hexahydro-Triazin 78, 79
Hexamethoxymethyl-Melamin 75
Hexamethylen-Diisocyanat 162
Hexamethylentetramin 30
Hexantriol 95
Hexylenglykol 94
Heydolac 112
H-Film 273

Sachverzeichnis

Hobicol 266
Hobimal 145
Hobipheen 55
Hochdruckverfahren 209
Hochpolymertechnik 105
Holzlacke 112
Holzöl 107, 246
Hostaflon C 212
Hostaflon F 212
Hostalit 216, 218
Hot-melts 241
Hydro-Duxalkyd 127
Hydro-Icdal 127
Hydrolyd 127, 193
Hydroxyäthylcellulose 269
Hypalon 211
Hyprenal 75

Icdal 112, 122
Imidazole 180
Imidazoline 184
Inden 243
Indirekte Härtung 23, 31
Inhibitionsphase 136
Innere Plastifizierung 50
„in situ"-Adduktlösung 183
Interpol 234
Ionenketten-Polymerisation 199
Isobutylen-Oxydation 197
Isocyanate, Blockierte 161, 167
Isocyanate, Organische 154
Isocyanate, Verkappte 161, 169
Isocyanat-Grundwert 165
Isocyansäure 154
Isocyanursäure, Cyclische 160
Isocyanursäure-Ester 155
Isomerisierung 109
Isononansäure 93
Isooctansäure 93
Isophtalsäure 91, 113, *114*
Isophthalsäureharze 103
Isopren 255
Isopropylbenzol 27
Isosinalkyd 115
Itaconsäure 92, 132

Jägadukt 145
Jägalyd 113, 122, 193
Jägalyd Iso 115
Jägaphen 55
Japhtal 99
Jasol 113

Kalthärtung 48
Karboresin T 115 242
Katalysatoren für Isocyanat-Umsetzungen 163

Kautschuk, Isomerisierter 256
Ketimine 185
Ketonharz A 85
Ketonharze 83
Ketonharze, Analyt. Nachweis 296
Ketonharz N 84
Kettenabbruch 16, 89, 101, 199
Kettenmoleküle 15
Kettenstopper 13
Kettenwachstum 16
Klebelösung der VEB 217
Kohlenwasserstoff-Harze 241
Kokosnußöl 110
Kolophonium 263
Kombilacke 112
Konservendosenlacke 48
Kopal 266
Kreislaufverfahren 104
Kresol 27, 32
Kresol, meta- 31
Kristalliner Bereich 19
Kristallinität 209
Kristallisation 201
Kunstharz AFS, AP, SK, 26m, 1337 85
Kunstharze 14
Kunstharz XF 82
Kunstkopale 51, 54
Kunststoffdispersion 206
Kunststoffpulver-Spritzen 21
k-Wert 18
Kynar 220

Laccain 25, 46
Lackharz Emekal 85
Lackharze VK 2124 82
Lackkunstharze 13
Lackrohstoff PVI 218
Lävopimarsäure 143, 264
Lacktame 149
Lamellon 142
Larodur 234
Lassaigne, Aufschluß nach 279
Latekoll 236
Laurinsäure 93
Leinöl 106
Leitelemente 281
Levepox 191
Lewis-Säuren 199
Liacin 46
Licomat 145
Liebermann-Storch-Morawski-Reaktion 279, 280
Limodur 67, 69, 75, 76
Limophen 50
Limoplast 113
Limoplast AL 99

Linolensäure 108
Liodammar 266
Lioptal 113
Lioptal AL 9035 115
Lioresen 266
Lipatol 142
Litex 239
Lizidur 263
Löslichkeitsparameter 20
Lösungsbenzol 244
Lösungspolymerisation 204
Lucite 236
Lucral 263, 264
Ludopal 162
Luhydran 235
Lumitol 235
Luphen A 50
Luprenal 234, 236
Lustrasol 234, 236
Lustrex 238
Lutofan 218
Lutofan D-Marken 219
Lutonal 228
Luwipal 76

Macamoll 99
Macrynal 234, 235
Maiskeimöl 106
Maleinatharze 144
Maleinatharze, Analyt. Nachweis 299
Maleinsäure 89, *92,* 100, 132, 195
Maleinsäureanhydrid 143
Malinit 145
Mannich-Reaktion 38
Maprenal 75, 76
Maprenal HM 77
Melamin *71*
Melamin, Analyt. Best. 295
Melamin-Formaldehyd-Harze, Analyt. Best. 294
Melaminharze, Wasserlösliche 75
Merginamid L 152, 185
Metallalkoholate 188
Methacrylate, Polymere 229
Methacrylsäure 195
Methoxymethylisocyanat 169
Methylacetylen 197
Methylbutadien 255
Methylcellulose 269
Methylenbrücke 33, *36*
Methylenglykol 29
Methylolharnstoff 64
Methylolmelamine 76
Methylol-phenole 33
Methylsiloxane 251
Methylstyrol 121

Mischpolymerisation 203
Molisch-Reaktion 279, 280, 307
Monomere 16
Mowilith (PVAc) 224
Mowiol 225
Mowital 226
Myristinsäure 93

Naturharze 14, 143
Necires 248
Necires-Petroleumharze 241
Necoftal 113, 115
Necoftal OF 99
Necolin L und S 147
Necomar 147
Necowel 127
Neoabietinsäure 265
NeoCryl 234, 236
Neopentylglykol *94,* 97
Neopren 261
NeoRez 172
NeoVac 227
Niederdruckverfahren nach Ziegler 209
Nirez 242
Nitrocellulose 268
Nitrocellulose, Analyt. Nachweis 309
Nitrowolle 268
Non-woven-fabrics 237
Novolake 31, 42
Nuroz 266
Nylon 148

Ölalkyde 99
Öllänge 110
Ölreaktivität 45
Oiticicaöl 107
Oppanol 213
Organosole 20, 206, 208, 216
Ortho-Novolake 43
Oxazol 274
Oxazolin 274
Oxybenzylalkohol 34
Oxybenzyl-Carbenium-Kation 39

Palmkernöl 110
Palustrinsäure 265
Pantoxyl 76
Paraformaldehyd 30
Paralac 69, 113
Paraloid 236
Parlon 260
Parlon P 261
PC-Stammlösungen der VEB 217
Pelargonsäure 93
Penros 266
Pentaerythrit 95, 264, 275

Sachverzeichnis

Pentaftal 99
Pentalyn 55
Pentandiol 94
Penton 275
Pergut 260
Perillaöl 107
Perlon 149
Perlpolymerisation 204
Pervinan 240
Petrexsäuren 146
Pfropfpolymerisation 130, 199, 204
Phenantren 264
Phenodur 48, 49, 61
Phenol 26, 32
Phenol-Acetaldehyd-Harze 60
Phenol-Acetylen-Harze 61
Phenolalkohole 33, 35
Phenol-Formaldehyd-Harze *30*
Phenolharze *24*
Phenolharze, Analyt. Best. 289
Phenoplaste 24
Phenoxyharze 194
Phosgen 154
Phtalopal 99
Phthalatharze 86
Phthalsäure, Analyt. Best. 298
Phthalsäureanhydrid 100
Piccolyte S 242
Picco Resin 248
Pimarsäuretyp 265
Pinen 242
Pioloform 226
Plascon 113
Plaskon 55
Plastifix 261
Plastirol 122
Plastisole 20, 206, 208, 216
Plastokyd 113
Plastopal 67, 69
Plastopal BT 70
Plexalkyd 123
Plexigum 236
Plextol 237
Pliolite 230
Pliolite AC 239
Pliolite VTAC 239
Pliovic 216
Plusamid CA 75
Plusaqua 127
Plusodur 99
Plusol 113
Polarität 19
Poliplast 113
Polros 266
Polyacrylat-Dispersionen 236
Polyacrylate, Analyt. Nachweis 306

Polyacrylat Schkopau D 237
Polyacrylnitril 202, 230
Polyacrylsäure 201
Polyacrylsäureester 229
Polyaddition 15, 24, 153
Polyadditionsharze 20
Polyäther, Chlorierter 275
Polyäthylen 201
Polyäthylen, Chloriertes 212, 261
Polyalkohol 94
Polyamide *148*
Polyamidharze, Analyt. Nachweis 299
Polyamidoamine 151, 184
Polyamidocarbonsäure 273
Polycarbonate *147*
Polychloropren 261
Polyco 219, 220, 237, 239
Polydien-Harze 241
Polyepoxid-Harze 179
Polyester, Gesättigte 86
Polyesterharze *86*
Polyesterharze, Analyt. Best. 297
Polyesterharze, Ölmodifizierte *99*
Polyesterharze, Ungesättigte 129
Polyesterimide 117, 273
Polyester, Ölfreie gesättigte 96
Polyglycidyläther 180
Polyharz 266
Polyimid-Harze 272
Polyisobutylen 213
Polyisocyanate, Umsetzung mit Epoxidharzen 187
Polyisocyanatharze 153
Polyisocyanatharze, Analyt. Best. 299
Polyisopren 258
Polykondensation 15, 23
Polykondensationsharze 20
Polyleit 142
Polymere, Ataktische 211
Polymere, Isotaktische 210
Polymere, Syndiotaktische 211
Polymerisation 15, 24, 195
Polymerisationsharze 20
Polymethacrylate, Analyt. Nachweis 306
Polymethacrylsäureester 229
Polymonochlortrifluoräthylen 211, 212
Polyol X-450 94
Polypale-Harze 266
Polypeptide 148
Polypropylen, Chloriertes 212, 261
Polyreaktionen 22
Polysiloxane 250
Polyspiran-Harze 275
Polystyrol 202, 238
Polystyrol, Analyt. Nachweis 307
Polystyrol LG 238

Polysulfid-Polymere 271
Polysulfon-Harze 271
Polyterpen-Harze 241
Polytetrafluoräthylen 211, 212
Poly-Tex 219
Polyurethane 153
Polyurethane, Analyt. Best. 299
Polyurethanlacke, Lösungsmittelfreie 169
Polyvinylacetale 225
Polyvinylacetale, Analyt. Nachweis 306
Polyvinylacetat 201, 222
Polyvinylacetat (PVAc) 224
Polyvinylacetat Schkopau 217
Polyvinyläther 227, 228
Polyvinyläther, Analyt. Nachweis 305
Polyvinyläthyläther 228
Polyvinylalkohol 225
Polyvinylalkohol, Analyt. Nachweis 305
Polyvinylalkohol Schkopau 225
Polyvinylbutyral 226
Polyvinylcarbazol 202
Polyvinylchlorid 201, 206, 213
Polyvinylchloridacetat Schkopau 217
Polyvinylchlorid, Analyt. Nachweis 304
Polyvinylester 221
Polyvinylester, Analyt. Nachweis 305
Polyvinylformal 226
Polyvinylidenchlorid 219
Polyvinylidenchlorid, Analyt. Nachweis 304
Polyvinylidenfluorid 220
Polyvinylisobutyläther 228
Polyvinylmethyläther 227
Polyvinylpropionat 223
Polyvinylpyrrolidon 228
Polyviol 225
Pot-life 20
Präkondensat 159
Präkondensation 183, 186
Präpolymerisate 159
Primal 237
Propiofan 224
Propylenglykol 94
Protonbrücken 34, 37, 72
Pulverauftrag, Elektrostatischer 207
Pulver-Beschichtung 190
Pulverlacke 207
PV-butyral Schkopau 226
Pyre-M. L. Varnish 273
Pyrolyse 283
Pyromellithsäure 91
Pyromellithsäureanhydrid 272

Radikale 16, 198
Radikalketten-Polymerisation 198
Rapidgrund-Verfahren 164

Raschig-Verfahren 27
Reaktionsverdünnung 23
Reaktivität 31
Reamide 152
Recristal 55, 145
Reflow-Lacke 232
Reflux process 104
Regler 100
Resamin 61, 67, 76
Resen-Harze 241
Resenoplast 113
Resfurin 67
Resimene 76
Resimene U und RF 67
Resmelin 76, 77
Resole 31, 43, *46*, 50
Resole, Alkohollösliche 47
Resole, Butanolisierte 44
Resole, Einfache 43
Resole, Hochkondensierte 44
Resole, Kalthärtende 48
Resole, Verätherte 49
Resole, Wasserlösliche 47
Resorcin 32
Restiroid 122, 123
Resurfene 58
Resydrol 47, 75, 127
Resydrol M 75
Resyn 218, 219
Rhenalyd 113
Rhodopas 224
Rhoplex 237
Ricinensäuren 107
Ricinolfettsäure 107
Ricinusöl 107, 168, 170
Rochow-Verfahren 250
Rohagit 236
Rokramar 145
Rokrapal 55, 82
Rokraphen 58
Rokraplast 113, 115, 127
Rokrasin 194, 266
Roskydal 142
Rütapox 191

Säureamide 148
Safloröl 106
Saligenin 34
Saran 220
Scadocel 145
Scadoform 49
Scadomex 76
Scadonal 99, 113
Scadonoval 122, 123
Scadonur 67
Scadoset 234

Sachverzeichnis

Scadosol   127
Schiffsche Base   78
Schmelzverfahren   104
Sconatex   219, 220
Scopacron   234
Scopol   222
Scopolux   113
Sebacinsäure   93
Setal   99, 113, 115, 122, 137
Setaliet   58
Setalux   234
Seta-M   145
Setamine   67, 76, 77
Setamul   237
Setyrene   122
Silanole   250
Silicone   249
Siliconfette   *251*
Siliconharze   *251*
Siliconharze, Analyt. Nachweis   308
Siliconharze, Polyester-modifizierte   253
Siliconkautschuk   250, 251
Siliconöle   250, *251*
Siliconöl-Emulsionen   250
Siliconpasten   250
Sinalkyd   99, 122
Sintol   259
Siral   145
Siralkyd   113
Siramin   67, 76
Sirester   115, 142
Sirfen   46, 47, 48, 49, 50, 51, 58
Sirfenol   55
Soafen A   58
Soaflex   99
Soalkyd   99, 113, 115, 122
Soamin   67
Soamin M   76
Sohio-Verfahren   196
Sojaöl   106
Solpolac   212, 261
Solros   266
Solvent process   104
Solvic   216, 217, 218
Sonnenblumenöl   106
Soredur   142
S-PC-Pulver   217
Spenkel   172
Spenkel F   173
Spinnwebeneffektlacke   222
Spiran   275
Stabilisierung von PVC   215
Staybelite   265
Storch-Morawski-Reaktion   279, 280, 296
Styrol   *197*, 238, 307
Styrol-Butadien-Dispersionen   239

Styrolisierte Öle   120
Sulfonamidharze   78
Sulfonamidharze, Analyt. Nachweis   296
Super-Duxalkyd   113
Super-Lioptal   113
Suprapal   238
Suprasec   160
Suspensionspolymerisation   205
Synedol   234
Synkaflex   127
Synkal   113
Synkamine   76
Synkresat   113
Synocryl   234
Synolac   113
Synolit   142
Synresat   99, 122, 123
Synresen   49, 51
Synresin   69, 77
Synresin A   67
Synresin ME   76
Synresol   55, 58
Synresol M   145
Synresyl   224, 237
Synsilat   127
Syntex   113, 257
Synthacryl   234, 235, 236
Synthalyt   113, 194
Synthemul   237
Synthogel   113
Syntholit   55, 145
Synthopur   60
Synthopur 1   58

Tallharz   52, 263, *265*
Tallöl   107
Tallölalkyde   103
Tallölfettsäuren   265
TDI   158
Tedlar-Folie   212
Teer   170
Teerkombination, Epoxidharz-   189
Teflon   212
Terebec   274
Terephthalsäure   91, 113, *115*
Terpalyn   242
Terpenalkohol   59
Terpenkohlenwasserstoffe   145
Terpenphenolharze   59
Terphenyl, Hochchloriertes   276
Tetrahydroabietinsäure   265
Tetrahydrophthalsäure   100
Texicote   224
Thermo-plastic-acrylics   235
Thermo-setting-acrylics   230
Thioharnstoff, Analyt. Nachweis   293

Thioharnstoff-Formaldehydharze, Analyt. Nachweis 294
Thiokol 271
Thioplaste 189
Thixotrope Alkydharze 152
Toluolsulfonamid 78
Toluylen-Diisocyanat 158
Topfzeit 167
Traubenkernöl 106
Triäthylenglykol 94
Triazinharze 77
Triglykol 94
Trimellithsäure 91, 100, 125
Trimethyloläthan 95
Trimethylolpropan 95
Triphenylphosphit 105
Tris-(2-hydroxyäthyl)-isocyanurat 116
Tungophen 82

Ubatol 237
Ucecryl 237
Uceflex 142
Uformite 67, 76
Ultramid 152
Umlaufverfahren 104
Ungesättigte Polyesterharze 126
Unithan 173
UP-Harze 129
UP-Harze, Klebfrei trocknende 137
Uresin B 70
Uretdionring 159
Urethanalkyde 172
Urethanharze 69
Urethanöle 172
Uronring 66

VeoVa 221
Verbrennung nach Schöniger 281
Verdünner R 8 189
Verdünner, Reaktive 189
Vernetzung 16, *17*, 231
Versaduct 152
Versalon 152
Versamid 152
Versatic-Säure 93, 97, 221
Verseifungszahl 287
Vervamul 224
Verzweigung 16, 199
Vestolit 216, 219
Vesturit 99
Viacryl 234
Viadur 55, 145
Vialkyd 113, 115, 122, 123, 173, 194
Viamin 67, 69, 76
Viapal 142

Viaphen 50
Viaphen P 1 58
Vilit 217, 218
Vinamul 224
Vinavil 224
Vinnapas 224
Vinnol 216, 217, 218
Vinnol-Dispersionen 219
Vinoflex 216
Vinoflex MP 400 218
Vinylacetat 195, 221
Vinylbenzoat 221
Vinylchlorid 196, 197
Vinylgruppe 195
Vinylidenchlorid 187, *219*
Vinylite 216, 218
Vinylpolymere, Farbreaktionen auf 303
Vinylpropionat 221
Vinyltoluol 221
Vipolith 224
Viskosität 18
Vistanex 213
Vorlauf-Fettsäuren 101
Vorproben, Analyt. 278

Wash-Primer 226
Wasserstoff-Brückenbindung 20
Weichharz KTN 264
Weichmachung, Innere 203, 237
Wirbelsinterverfahren 151, 207
Wolfamid 152
Worléedammar 266
Worléefen 58
Worléekyd 115
Worléesin 145
Wreseau 127
Wreseau E 75
Wresilac 69, 76
Wresinite 55
Wresinoid 46
Wresinol 99, 122
Wresinyl 48
Wurtzsche Synthese 250
Wurzelharz 263

XF-Harze 82
Xylenol 28, 32

Zeolithe 167, 170, 171
Zinc rich primer 227, 238
Zinkstaubfarben 227, 238
Zweikomponentenlacke 20
Zweikomponentenverfahren 156
Zweistufenverfahren 102